# Grundzüge der Botanik
## für den Hochschulunterricht

Bearbeitet von

## Dr. Ernst Gilg und Dr. P. N. Schürhoff
Professor an der Universität Berlin    Professor an der Universität Berlin

Siebente, umgearbeitete Auflage
der „Grundzüge der Botanik für Pharmazeuten"

Mit 588 Textabbildungen

Berlin
Verlag von Julius Springer
1931

ISBN-13:978-3-642-89447-3          e-ISBN-13:978-3-642-91303-7
DOI: 10.1007/978-3-642-91303-7

# Vorwort.

Die neue Auflage der „Grundzüge der Botanik" hat eine durchgreifende Veränderung erfahren. Dies war notwendig, da die „Grundzüge" der vorigen Auflagen in erster Linie an den Unterricht des angehenden Apothekers während seiner Praktikantenzeit angepaßt waren.

Nachdem nunmehr das Maturum für den Apothekerberuf Voraussetzung geworden und die theoretische Ausbildung des Apothekers fast ganz auf den Hochschulbetrieb übergegangen ist, fallen die Voraussetzungen für ein nur für Pharmazeuten bestimmtes Lehrbuch größtenteils fort; sie bestehen höchstens in einer eingehenderen Berücksichtigung der Anatomie im Hinblick auf die Erfordernisse der Pharmakognosie. Andererseits haben wir es vermieden, das Buch so weit auszubauen, daß es für die Promotion in Botanik die nötigen Kenntnisse vermitteln würde, da hierunter das Einarbeiten in das Arbeitsgebiet und die Übersichtlichkeit gelitten hätte.

In der jetzigen Fassung halten wir die „Grundzüge der Botanik" für geeignet, auch den Studierenden der Naturwissenschaften, der Land- und Forstwissenschaft, der Chemie, der Medizin usw. die notwendigen Kenntnisse in der Botanik für ihr Hochschulstudium zu übermitteln.

Ein Lehrbuch hat die Bestimmung, sowohl Kenntnisse zu übermitteln als auch Erkenntnisse. Die Kenntnisse beruhen auf der Aufnahme von Tatsachenmaterial und werden durch die Naturbeschreibung übermittelt, z. B. durch die Morphologie, Anatomie, Physiologie usw. Die Erkenntnisse sind das Ergebnis von vergleichenden Untersuchungen, also z. B. von vergleichender Morphologie, Anatomie, Physiologie usw. Sie werden durch die Naturforschung erschlossen. Wenn auch das Ziel der Naturwissenschaften die Erkenntnisse sind, so sind für den Naturwissenschaftler die Kenntnisse der Tatsachen nicht minder wichtig, da sie das Material bilden, aus dem die allgemeinen Folgerungen erschlossen werden.

Endlich möchten wir noch betonen, daß wir aus dem Griechischen und Lateinischen stammende, öfter unglücklich gewählte Fachausdrücke bestmöglichst durch allgemein verständliche deutsche ersetzt haben, da wir Rücksicht nehmen müssen auf die Verschiedenartigkeit der deutschen höheren Lehranstalten und ihre Einstellung zu den alten Sprachen, und zudem Fremdwörter auch in der Wissenschaft nur dann eine Berechtigung haben, wenn sie eine neue Begriffsumgrenzung geben.

Berlin, Oktober 1931.

E. Gilg.     P. N. Schürhoff.

# Inhaltsverzeichnis.

# Einleitung.

Mit dem Namen Botanik oder Pflanzenkunde bezeichnet man diejenige Wissenschaft, welche die Kenntnis des Pflanzenreichs zum Gegenstand hat.

Zunächst fällt an der Pflanze ihre äußere Gestalt auf. Man nennt den Zweig der Botanik, welcher sich mit der äußeren Gestalt der Pflanze und ihrer Organe sowie den den Aufbau des Pflanzenkörpers bedingenden allgemeinen Gesetzen beschäftigt, die Lehre von der Gestalt der Pflanzen, äußere Morphologie oder schlechtweg Morphologie (griechisch morphe = Gestalt und logos = Lehre).

Bei dem Zerschneiden und Zerlegen einer Pflanze bemerkt man weiter, daß ihr innerer Bau sehr vielgestaltig ist; man erkennt, wenn nicht mit bloßem Auge, so doch schon bei schwacher Vergrößerung, z. B. am Holundermark, daß dieses aus einzelnen Bläschen oder Zellen besteht, und daß sich z. B. aus der Lindenrinde oder der Leinpflanze ohne weiteres lange Bastfaserbündel herauslösen lassen. Der Betrachtung des inneren Baues der Pflanzen erschließt sich aber erst dann ein ganz ungeahnt weites Feld, wenn man das Mikroskop benutzt, mit dessen Hilfe man die Bilder der Schnittflächen, bis über das Tausendfache vergrößert, zu beobachten vermag. Der Zweig der Botanik, welcher sich mit der Erkenntnis dieser Verhältnisse befaßt, heißt die Lehre von dem inneren Bau der Pflanzen, innere Morphologie oder gewöhnlich Anatomie.

Beide Zweige der botanischen Forschung lehren jedoch nur fertige Zustände zu betrachten und sie allenfalls vom Gesichtspunkte der Anordnung im Raume zu beurteilen. Ihren vollen Wert erlangen beide erst in Verbindung mit einem dritten Zweige, welcher das Studium der Lebensvorgänge in der Pflanze zum Gegenstand hat, der Lehre vom Leben und den (physikalischen und chemischen) Lebenserscheinungen der Pflanzen, der Physiologie (griechisch physis = Natur).

Ein vierter und in gewissem Sinne der älteste selbständige Zweig der Pflanzenkunde ist die Pflanzenbeschreibung, auch spezielle oder systematische Botanik (Systematik) genannt, weil diese neben dem Zwecke der genauen Beschreibung der einzelnen Pflanzen ihre Verwandtschaftsbeziehungen sowie ihre Gruppierung, d. h. die Einordnung in natürliche oder künstliche Systeme und dementsprechend die Entwicklungsgeschichte des Pflanzenreichs, die Phylogenie, zum Gegenstand hat.

Weitere Zweige der Pflanzenkunde sind z. B. die Biologie, die Lehre vom Leben und den Lebenserscheinungen der Organismen, soweit sie in Beziehung zur umgebenden Natur stehen; die Phytogeographie (Pflanzengeographie) oder die Lehre von der Verbreitung der Pflanzen; die Phytopaläontologie (Paläobotanik) oder die Lehre von den vorweltlichen Pflanzen und der Entwicklung der Pflanzenwelt; endlich soll noch genannt werden die Phytopathologie, die Lehre von den Krankheiten der Pflanze.

# Äußere Gestalt der Pflanzen. Morphologie.

## Die Organe der Pflanzen.

Bei den einfachsten, aus einer einzigen Zelle bestehenden und darum im System an den Anfang gestellten pflanzlichen Gebilden finden wir noch keinerlei Gliederung in Organe, da dies aus mindestens einer selbständigen Zelle bestehen, eine ganz besondere Tätigkeit im Leben der Pflanze ausüben und dafür auch ganz besonders eingerichtet sein muß. Wohl aber kann man selbst bei den einzelligen Pflanzen schon eine Arbeitsteilung innerhalb der Zelle beobachten, indem einzelne Bestandteile des Zellenleibes bestimmte Lebensverrichtungen übernehmen.

Auch unter den mehrzelligen Pflanzen finden wir zahlreiche Formen, bei denen die Zellen zwar zu Fäden, Flächen oder Körpern fest vereinigt sind, aber keinen inneren Zusammenhang aufweisen und ihre volle Selbständigkeit bewahrt haben. Auf der nächst höheren Stufe treffen wir dann diejenigen pflanzlichen Organismen, deren Zellen in einem inneren Zusammenhang miteinander stehen und eine biologische Einheit bilden. Bei den einfacheren dieser Formen ist der Körper, der, wie auch bei den früher erwähnten Pflanzen, Thallus (= Lager) genannt wird, noch nicht nach Art der Blütenpflanzen als beblätterter Sproß ausgebildet. Viele unter diesen zeigen an dem Thallus noch keinerlei besondere Gliederung, wohl aber Organe, und nur bei den höher entwickelten finden wir, daß der Thallus in eine Achse und Anhangsorgane gegliedert ist; diese besitzen jedoch nur eine äußere Ähnlichkeit mit den „höheren" Pflanzen, sind aber im Innern gleichartig gebaut und daher nicht mit ähnlichen Gebilden der höheren Pflanzen zu vergleichen. Alle diese Gewächse faßt man zusammen unter dem Namen Thallophyten, zu denen man nach alter Einteilung die Algen, Pilze und Flechten rechnet.

Ihnen stehen die Kormophyten gegenüber, d. h. die Pflanzen, die echte beblätterte Sprosse (= Kormus) aufweisen. Hierher gehören im allgemeinen die Embryophyten, doch ist festzuhalten, daß unter diesen einige trotz sonstiger Abweichungen durchaus thalloidisch gebaut sind, wie z. B. manche Lebermoose.

Auch unter den Kormophyten kann man eine niedere und eine höhere Ausgestaltung unterscheiden. So besitzen die Moose zwar im großen und ganzen beblätterte Sprosse, tragen jedoch nur Rhizoiden, Wurzelhaare, und entbehren durchaus noch der echten Wurzeln, die wir in der morphologischen Stufenfolge erst bei den Farnen antreffen. Bei diesen können wir, wie bei den noch höher stehenden Phanerogamen, d. h. Blütenpflanzen, zwei grundsätzlich verschiedene Organe unterscheiden: die Wurzel, die unter dem Einfluß der Schwerkraft dem Erdmittelpunkt zustrebt, die Pflanze im Boden befestigt und die anorganischen Nährstoffe aus ihm aufnimmt, jedoch niemals Blattorgane trägt, und den sich aufrecht stellenden beblätterten, assimilierenden und die Fortpflanzungsorgane tragenden Sproß.

Wurzel und Sproß sowie die diesem ansitzenden Blätter (vgl. Abb. 1 *w, st* und *bl*) sind deutlich meist schon vor der Keimung am Keimling des Samens zu erkennen; die Anzahl der Keimblätter hat sogar zur Einteilung des Pflanzenreichs Anlaß gegeben.

Bei der Keimung der Blütenpflanzen durchdringt zunächst die junge Wurzel, aus dem Stämmchen oder Hypokotyl (auch häufig Radicula genannt Abb. 1 *w*) hervorbrechend, die Samenschale, dringt senkrecht in den Boden ein und sorgt in später zu erörternder Weise für Wasserzufuhr, damit das junge Pflänzchen, welches zur Zeit noch nicht Nährstoffe aufnehmen und assimilieren kann, mit Hilfe dieses Wassers die Nährstoffe des Samens oder der Keimblätter auflösen und zu seiner Ernährung verwenden kann. Gleichzeitig streckt sich meist das Hypokotyl und das Knöspchen, das Ende der Sproßachse, Plumula genannt (Abb. 1 *st*), richtet sich in die Höhe; die ersten Laubblätter (Abb. 1 *bl*) finden Gelegenheit sich zu entfalten, und während die Reste des ausgesaugten Samens oder die Keimblätter (Kotyledonen, Abb. 1 *c*) in Verwesung übergehen oder vertrocknen, hat sich die junge Pflanze zum getreuen Ebenbild ihrer Mutterpflanze entwickelt.

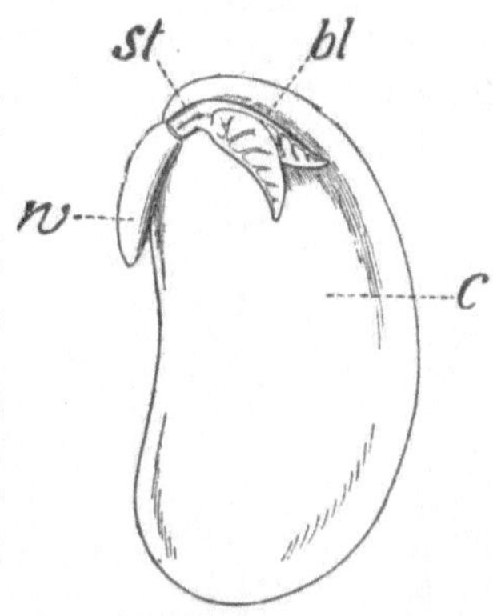

Abb. 1. Keimling einer Dikotyledonee (Phaseolus). *w* Stämmchen (Hypokotyl), aus dem später die Hauptwurzel herauswächst, *st* Knöspchen, *bl* erste Laubblätter, *c* eins der beiden Keimblätter (das andere, obere, wurde entfernt). (C. Müller.)

Die Wurzel (Abb. 2 *w*) zeichnet sich nächst ihrem, dem Erdmittelpunkte zugerichteten Wachstum dadurch aus, daß sie fast nie grün gefärbt ist, nie Blätter trägt, und daß die zahlreich aus ihr hervorbrechenden Seitenwurzeln (Abb. 2 *sw*) endogen entstehen, d. h. im Innern der Hauptwurzel und nicht an der Oberfläche ihren Ursprung haben, wie es bei den Seitenachsen der Stammorgane der Blütenpflanzen der Fall ist. Dies hat seinen Grund darin, daß der Gefäßbündelteil in der Mitte der Wurzelorgane liegt, wie dies in Abb. 2 durch die starke schwarze Mittellinie angedeutet ist, die sich weiter oben, im Stamme, teilt. Hiernach erklärt sich zugleich, in welcher Weise die Wurzel eine der Hauptaufgaben, welche ihr zufallen, erfüllt. Die Wurzel dient nämlich zwei Aufgaben, einer rein physiologischen und einer rein mechanischen. Der physiologische Zweck ist die Aufnahme von Wasser nebst den darin gelösten mineralischen Bestandteilen, was durch die weiter unten zu beschreibenden Wurzelhaare geschieht; der mechanische Zweck hingegen ist die Befestigung der Pflanze in der Erde. Diesen Zweck erfüllen die Hauptwurzel und ihre zahlreichen seitlichen Verzweigungen mit Hilfe ihres zentral gelegenen, zugfesten Leitbündelzylinders etwa in gleicher Weise wie zahlreiche Taue oder Kabel bei dem Verankern eines Fahnenmastes.

1*

Bei den Thallophyten und Bryophyten kommen echte Wurzeln noch nicht vor. Diese werden bei den genannten Pflanzengruppen durch die sog. Rhizoiden ersetzt, einfache oder seltener verzweigte feine Zellfäden, welche die Funktionen der Wurzeln höherer Pflanzen, Befestigung im Boden und teilweise auch Ernährung der Pflanze, ausüben, jedoch keine Wurzelhaube besitzen.

Da die echten Wurzelorgane fortgesetzt an ihrer Spitze im Boden fortwachsen, so würden ihre sehr zarten Vegetationspunkte (d. h. diejenigen Punkte, an denen das Wachstum vor sich geht, vgl. unter Anatomie) Verletzungen durch Steine und dergleichen ausgesetzt sein, wenn sie nicht durch eine darübergebreitete Wurzelhaube geschützt wären.

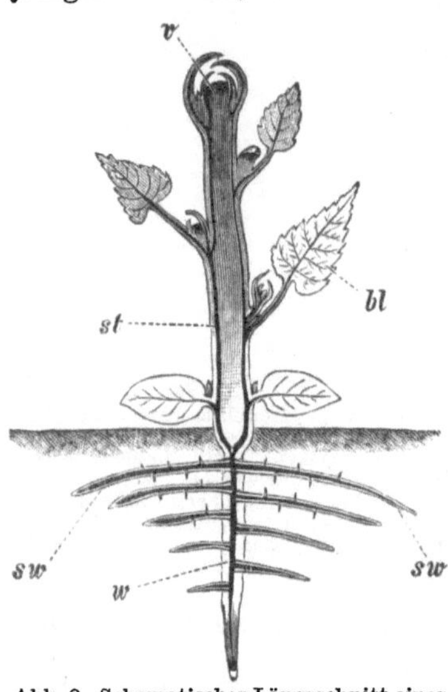

Abb. 2. Schematischer Längsschnitt einer dikotylen Pflanze, *w* Wurzel, *sw* Seitenwurzeln, *st* Stengel, *bl* Blätter, *v* Vegetationspunkt des Stengels. (Nach Frank und Tschirch.)

Der Sproß (Abb. 2 *st*), dessen Wachstumsrichtung, wie schon erwähnt, derjenigen der Wurzel im Prinzip entgegen gesetzt ist, ist in der Regel grün gefärbt und kann sowohl Blattorgane als auch seitliche Wurzelorgane (Adventivwurzeln) entwickeln. Obgleich als Grenze zwischen Wurzel und Sproß von jeher diejenige Stelle angesehen worden ist, in welcher die aufstrebende und die absteigende Wachstumsrichtung zusammentreffen, so hat man doch früher häufig den Irrtum begangen, die unter der Erde liegenden, in ihrem anatomischen Bau deutliche Sproßnatur zeigenden Stammstücke (Rhizome) infolge ihres Vermögens, Seitenwurzeln zu bilden, fälschlich als Wurzeln zu bezeichnen. — Der Vegetationspunkt des Sprosses (Abb. 2 *v*) ist von keiner Haube bekleidet wie derjenige der Wurzel. Schutz vor Verletzung gewähren ihm die darüber sich zusammenwölbenden Anlagen der jungen Blätter.

Am Sproß unterscheidet man leicht zwei meist sehr scharf gekennzeichnete Teile, die Sproßachse oder den Stamm und die Seitenorgane darstellenden Blätter. Letztere wurden unterhalb des Vegetationspunktes, sei es des Hauptstammes oder seitlicher Stammorgane, durch Höckerbildung ausgegliedert, und zwar in der Weise, daß stets das dem Scheitel am nächsten stehende Blatt das jüngste ist. Die Blätter haben, wie die seitlichen Stammorgane, ihren Ursprung an der Oberfläche und nicht im Innern des Stammes, wie dies in Abb. 2 durch die dunkle Linie, welche den sich in die Blätter verzweigenden Leitbündelstrang darstellt, angedeutet ist. Sie entstehen also exogen. Unter den Blattorganen sind keineswegs allein die gewöhnlich mit diesem Namen belegten grünen Laubblätter zu verstehen, sondern es gehören hierhin u. a. auch farblose und dunkle Knospenschuppen sowie die Kelchblätter, Blumenblätter, Staubblätter und Fruchtblätter, d. h. alle Organe der Blüte.

# Formen der Wurzel- und Stammorgane.

Die Hauptwurzel kommt bei den Pflanzen nur in Einzahl vor und entwickelt durch Verzweigung meist zahlreiche Seiten- oder Nebenwurzeln. Ist die Hauptwurzel sehr stark ausgebildet, so nennt man eine solche Form Pfahlwurzel. Bleibt die Hauptwurzel jedoch in der Ausbildung hinter den Nebenwurzeln zurück, wie dies bei den meisten Monokotylen der Fall ist, so spricht man von Faser-, Büschel- oder Adventivwurzeln.

Nach ihrem Aussehen nennt man die Hauptwurzel fädig, kegelförmig, spindelförmig, walzig, zylindrisch, rübenförmig oder kugelig.

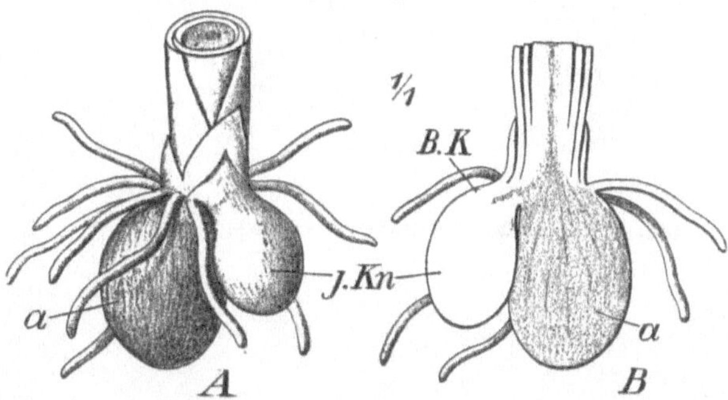

Abb. 3. Orchis militaris. A Knollen einer blühenden Pflanze, B. dieselben längs durchschnitten, ($^1/_1$) a alte, vorjährige Knolle, *j Kn* junge, diesjährige Knolle, die nächstes Jahr die blühende Pflanze *B. K* zur Entwicklung bringen wird.

Nach ihrer Härte bezeichnet man sie, übereinstimmend mit ihrem inneren Bau, als holzig oder fleischig. Die fleischigen Wurzeln dienen meist als Speicherapparate, besonders bei Pflanzen mit überwinternden Wurzeln (Beta, Raphanus) und jährlich absterbendem Kraut. Solche Organe sind meist knollig verdickt und stellen häufig auch Mittelglieder zwischen Stamm- und Wurzelorganen dar (Wurzelknollen, Abb. 3 u. 4).

Die Luftwurzeln, z. B. der Orchidaceen und Araceen, welche in erster Linie dazu bestimmt sind, Wasser aus der Luft aufzunehmen, die Haftwurzeln, z. B. des Efeus (Abb. 5 A) und der Vanille, welche nur der Befestigung dienen, indem sie

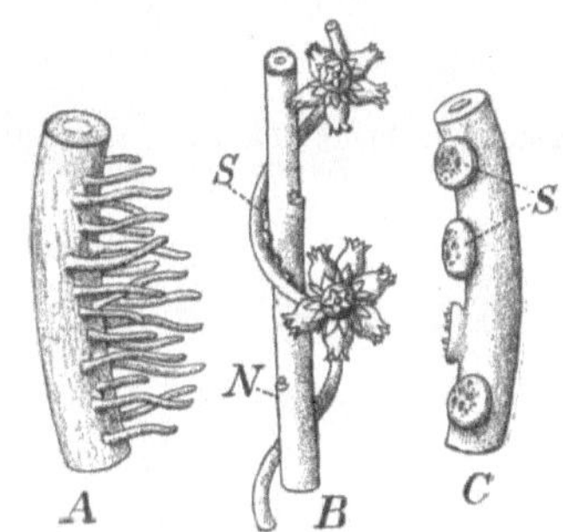

Abb. 5. A Haftwurzeln des Efeus (Hedera helix), B, C Kleeseide (Cuscuta europaea), um eine Wirtspflanze (*N*) herum windend, die Saugwurzeln (*S*) zeigend, C die Saugwurzeln (*S*) des Stengels stärker vergrößert.

Abb. 4. Wurzelknollen von Aconitum napellus. A Mutterknolle, B Tochterknolle, *k* Knospe, *a* Verbindungsglied zwischen Mutter- und Tochterknolle, *sr* Stengelrest.

sich an andere Gewächse äußerlich anklammern oder in Ritzen von Mauern und dergleichen eindringen, ferner die besonders bei tropischen Feigenbäumen vorkommenden Stützwurzeln, die den Mangrove-

Abb. 6.  Ausläufer der Erdbeere (Fragaria vesca).

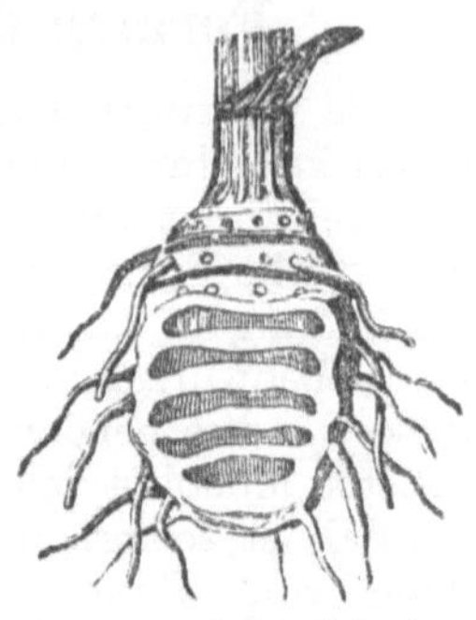

Abb. 9.    Quergefächertes Rhizom des Wasserschierlings (Cicuta virosa), längsdurchschnitten.

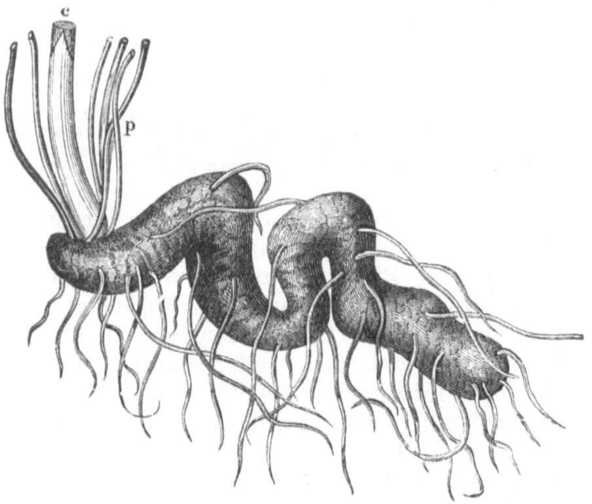

Abb. 7.  Schlangenförmig gewundenes, hinten absterbendes Rhizom von Polygonum bistorta.

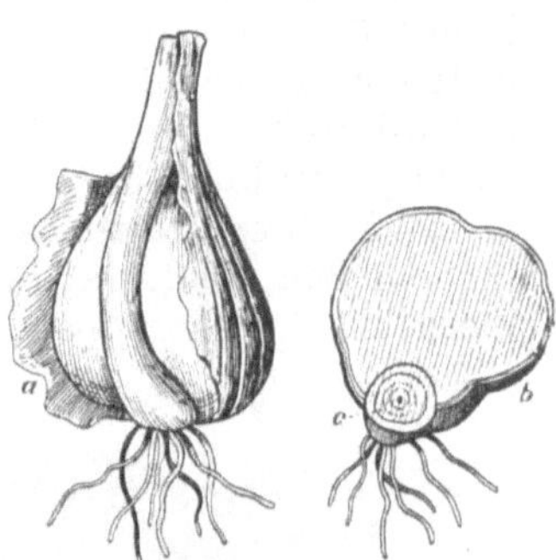

Abb. 10.  Zwiebelknolle der Herbstzeitlose (Colchicum autumnale). *a* von dem Niederblatt befreit, *b* querdurchschnitten, mit dem Stengelquerschnitt *c*.

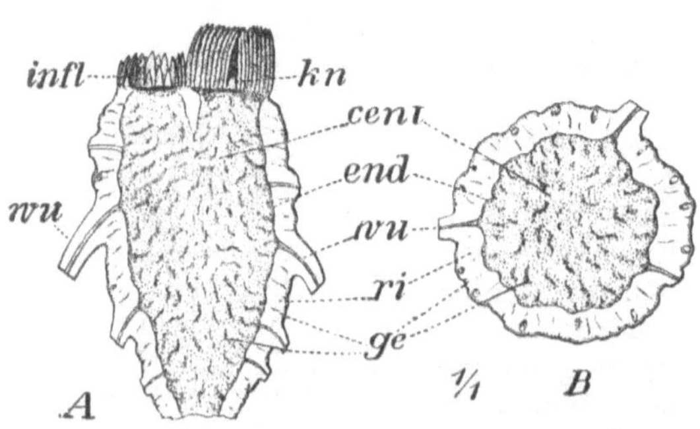



Abb. 8.  Veratrum album.  A Längs-, B Querschnitt durch das Rhizom.  (1/1) *infl* Stelle der diesjährigen, verblühten Pflanze, *kn* Knospe der nächstjährigen, *wu* Wurzelreste, *cent* Zentralzylinder, *end* Endodermis, *ri* Rindenschicht, *ge* Leitbündel.

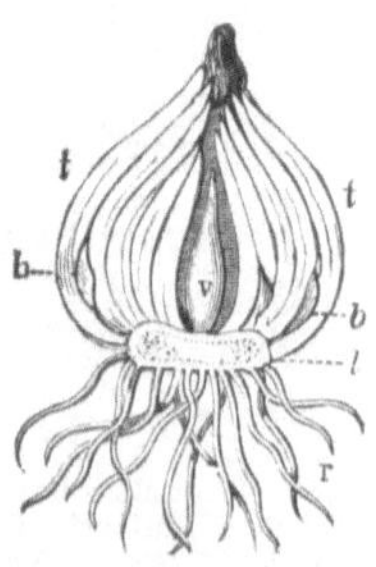



Abb. 11.  Eine Zwiebel längsdurchschnitten. *l* Stengelteil od. „Zwiebelkuchen", *t* die Niederblätter, *v* die Zwiebelknospe, *b* Seitenknospen, *r* Wurzeln.

pflanzen eigentümlichen Stelzwurzeln, weiter die bei manchen Sumpfpflanzen auftretenden, negativ geotropischen Atemwurzeln, die bei manchen Orchidaceen vorkommenden, Chlorophyll führenden und die Blätter ersetzenden Assimilationswurzeln, endlich die Saugwurzeln der Schmarotzergewächse, die die befallene Wirtspflanze aussaugen (Abb. 5 B und C), indem sie in das Gewebe derselben eindringen und sich an die Gefäßbündel anlegen, sind weitere besondere Formen der Wurzeln.

An den Stammorganen (Achsen, Kaulomen, Stengeln) entstehen Seitenachsen stets nur in den Achseln von Blättern (Tragblättern), an den sog. Knoten, wie man die Stellen des Stengels nennt, an denen Blätter ansitzen. Die dazwischenliegenden Stengelglieder heißen Internodien. Stammorgane erkennt man als solche, selbst wenn sie unter der Erde kriechend gefunden werden, auch wenn eigentliche Blätter nicht mehr vorhanden sind, stets an den Ansatzstellen oder Narben von Blättern, welche den Wurzeln ausnahmslos fehlen. Die meistens unterirdischen, manchmal auch der Erde oberflächlich aufliegenden Stengelorgane treten in mannigfachen Formen auf; z. B. bezeichnet man als Ausläufer oder Stolonen (Abb. 6) lange und dünne, schnell wachsende, kriechende und mit sog. Niederblättern versehene Stengel; ferner als Wurzelstöcke oder Rhizome meist kurze, dicke und langsam wachsende, zuweilen hinten absterbende Stengelorgane, z. B. bei Polygonum bistorta (Abb. 7), Veratrum album (Abb. 8) und Cicuta virosa (Abb. 9); als Knollen, z. B. die Kartoffeln, welche den Wurzelknollen (s. o.) in Form und Zweck gleichkommen; als Zwiebelknollen, z. B. Tubera Colchici (Abb. 10), dies sind Verdickungen, an welchen sich neben dem Stengel ein oder mehrere Niederblätter beteiligen, und endlich als Zwiebeln (Abb. 11). An diesen letzteren beschränkt sich der Stengelteil auf ein tellerförmiges Gebilde, Zwiebelkuchen genannt (Abb. 11 *l*), am Grunde der Zwiebel, während die sog. Zwiebelhäute fleischig gewordene Niederblätter (s. S. 10 und Abb. 11 *t*) und demnach Blattorgane sind. Während also bei den Ausläufern die Internodien gestreckt entwickelt sind, sind sie bei der Zwiebel auf das äußerste verkürzt (unentwickelt), die Blätter mithin auf eine mehr breite als lange Stammachse zusammengestaucht.

# Verzweigung.

Die Verzweigung sowohl des Stengels als auch der Wurzel folgt bestimmten Gesetzen. Geht der Vegetationspunkt in zwei Vegetationspunkte auf, die in ihrer weiteren Entwicklung einander gleichen, so erhalten wir die dichotome Verzweigung, wie sie besonders bei manchen Thallophyten sowie Moosen und Farnen vorkommt. Behält jedoch der Vegetationspunkt seine ursprüngliche Richtung unverändert — ohne sich zu teilen — bei und gibt er nur seitliche Organe ab, so entsteht die monopodiale Verzweigung.

Die dichotome Verzweigung wird gabelig genannt, wenn die beiden bei der Verzweigung entstandenen Sprosse sich gleichmäßig entwickeln (Abb. 12 1), schraubelähnlich, wenn bei fortgesetzter dichotomer Verzweigung sich stets der nach der einen Seite liegende Sproß kräftiger entwickelt als der andere (Abb. 12, 3), wickelähnlich, wenn abwechselnd der eine und dann wieder der andere Sproß kräftiger auswächst (Abb. 12, 2).

Eine monopodiale Verzweigung heißt razemös, wenn der aus dem Vegetationspunkt hervorgehende Hauptsproß sich stets stärker entwickelt als die Seitensprosse (Abb. 13 *M*), dagegen zymös, wenn sich die Seitensprosse kräftiger ausbilden als der Hauptsproß (Abb. 13 *S*). Ist bei dieser zymösen Verzweigung mehr als ein Seitenzweig entwickelt, so entsteht bei regelmäßiger Ausbildung von zwei Seitenzweigen das Dichasium, von mehreren das Pleiochasium; kommt dagegen stets nur ein Seitensproß vor, so entsteht das Monochasium oder Sympodium. Dieses wird Schraubel genannt, wenn die Seitensprosse

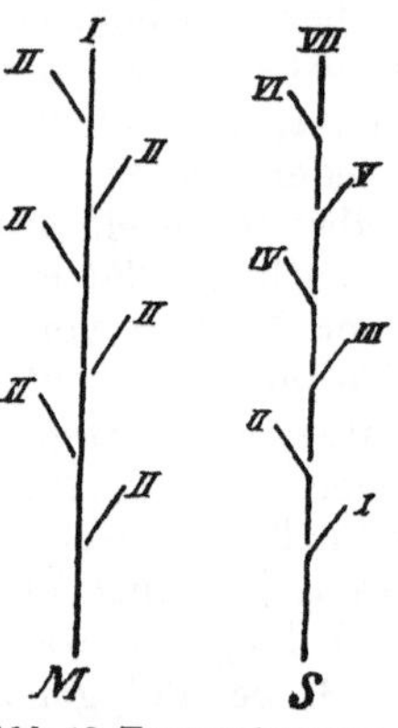

Abb. 13. Formen der monopodialen Verzweigung. *M* razemöse Verzweigung, *S* zymöse Verzweigung.

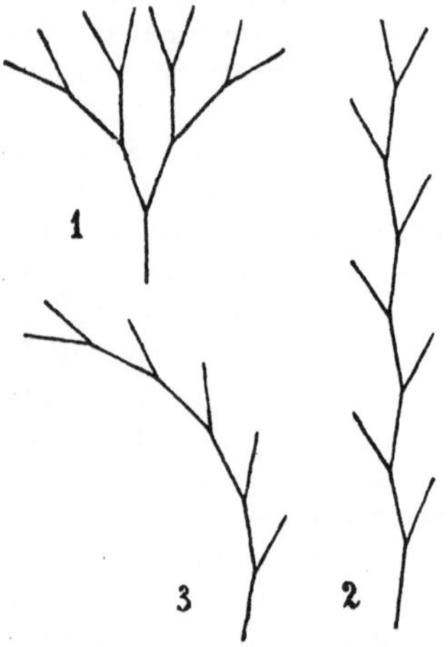

Abb. 12. Formen der dichotomen Verzweigung.

fortlaufend alle auf derselben Seite des Hauptsprosses auftreten, Wickel dagegen, wenn sich jene abwechselnd rechts und links vom Hauptsproß bilden (Abb. 13 *S*).

Es ist in manchen Fällen recht schwer, die wahre Natur der Verzweigungen festzustellen.

## Symmetrieverhältnisse.

Läßt sich irgendein Pflanzenkörper durch mindestens drei Längsschnitte in spiegelbildlich gleiche Hälften zerlegen, so ist er strahlenförmig (aktinomorph, radiär) gebaut; ist jenes nur durch einen Längsschnitt möglich, so wird er gleichhälftig (zygomorph) genannt. Solche Pflanzenkörper, die nach keiner Richtung hin in zwei spiegelbildlich gleiche Hälften zerlegt werden können, sind unsymmetrisch. Pflanzenorgane, bei denen die Ober- und Unterseite bzw. Vorder- und Rückseite verschieden ist, werden ungleichseitig (dorsiventral), solche, bei denen Ober- und Unterseite gleich ist, werden gleichseitig (isolateral) genannt.

## Formen der Blätter.

Blätter sind an der Pflanze in den verschiedensten Formen vorhanden. Man unterscheidet: Keimblätter, Niederblätter, Laubblätter, Hochblätter, Blütenblätter. Letztere sind die speziellen Organe der Blüte.

— An den Blättern selbst unterscheidet man drei Teile, und zwar (Abb. 14): die Blattscheide, den Blattstiel, die Blattspreite. Letztere kann ganz oder geteilt sein. Der Blattstiel und die Blattscheide fehlen häufig.

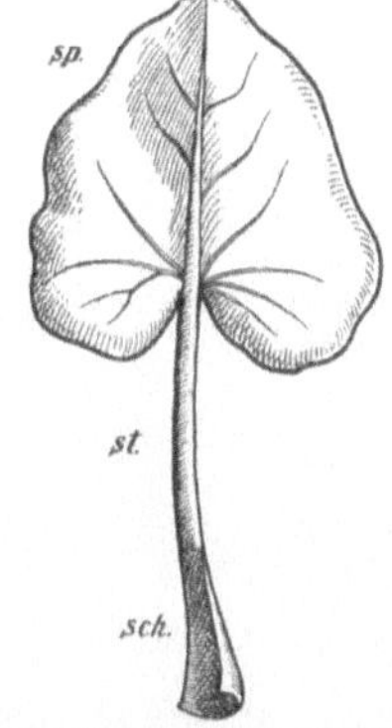

Abb. 14. Schematische Zeichnung eines vollkommenen Blattes. *sch* Blattscheide, *st* Blattstiel, *sp* Blattspreite.

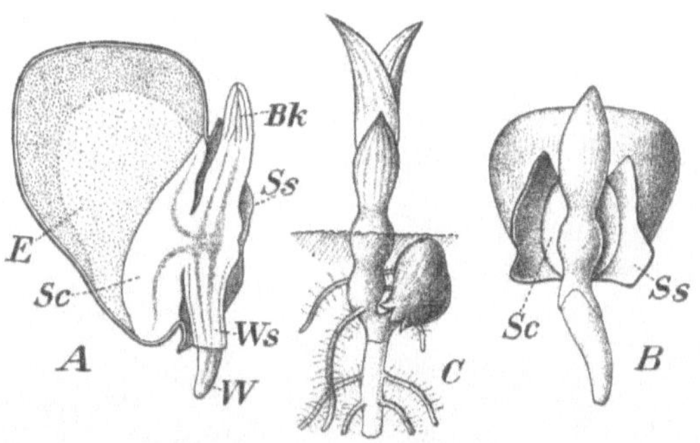

Abb. 15. Mais (Zea mays). *A* Längsschnitt durch den keimenden Samen, *E* Endosperm, *Sc* Scutellum, *Ws* Wurzelscheide, *W* Wurzel, *Bk* Blattknospe, *Ss* die aufgerissene Samenschale.

**Keimblätter** (Kotyledonen) sind die im Samen am Keimling bereits vorhandenen Blätter, welche bei den Monokotylen (Abb. 15) in der Einzahl, bei den Dikotylen (Abb. 16 und 17) zu zweien und bei manchen Nadelholzarten (Abb. 18) zahlreich vorhanden sind. Sie sind dünnhäutig (Abb. 17c) oder fleischig (Abb. 16) und enthalten

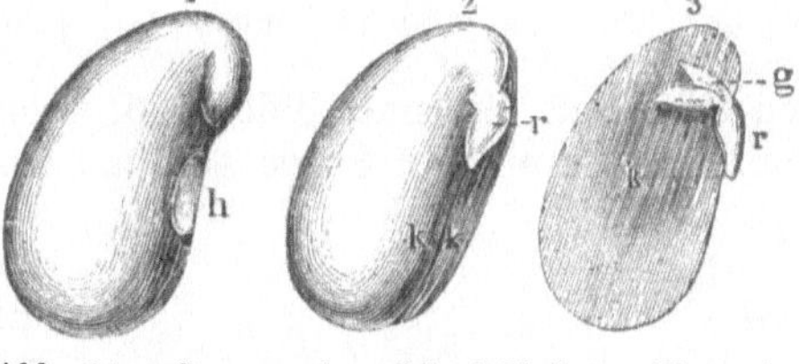

Abb. 16. Samen der Schminkbohne (Phaseolus multiflorus). 1 mit der Samenschale, 2 von der Samenschale befreit, 3 nach Entfernung des einen der beiden Keimblätter. *k* Keimblätter, *r* Radicula, *g* Laubblätter des Knöspchens, *h* Nabelfleck.

im letzteren Falle selbst die Reservestoffe für die erste Ernährung des Keimlings, oder aber sie besorgen zu dem gleichen Zwecke in manchen Fällen die Aussaugung des Nährgewebes der Samen (Abb. 15).

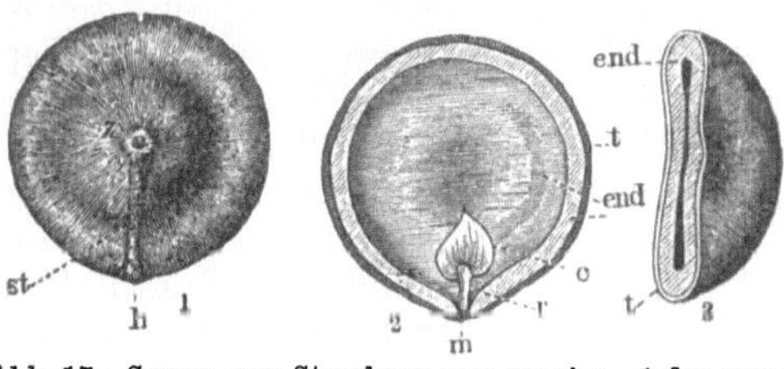

Abb. 17. Samen von Strychnos nux vomica. 1 der ganze Samen, 2 längsdurchschnitten, 3 querdurchschnitten. *r* Radicula, *c* Keimblätter, *end* Endosperm, *t* Samenschale.

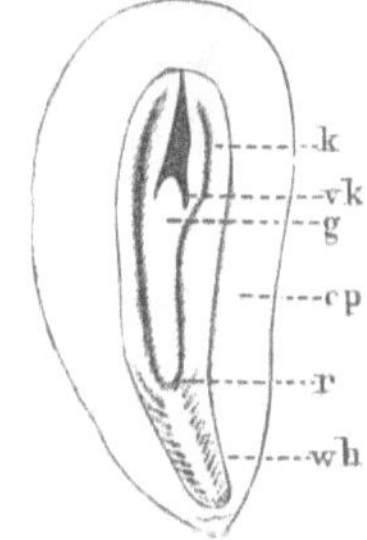

Abb. 18. Samen der Kiefer (Pinus silvestris) längsdurchschnitten. *r* Radicula, *wh* Wurzelhaube, *g* Stengel, *vk* Vegetationspunkt desselben, *k* Keimblätter, *ep* Endosperm.

**Niederblätter** sind stets schuppenförmig gestaltet und besitzen nur selten grüne Färbung. Sie befinden sich meist an unterirdischen Stengelorganen, und zwar einzeln oder zu mehreren tutenförmig gruppiert (Abb. 19) oder bei verkürzten Internodien dicht zusammengedrängt wie bei der Zwiebel (Abb. 11), wo sie Reservestoffbehälter darstellen. Die Niederblätter sitzen mit breiter Basis ohne Blattstiel an, sind parallelnervig und gewöhnlich ganzrandig. Oberirdisch kommen Niederblätter zum Teil an der Basis der jüngsten Zweige von Holzgewächsen als lederartige Knospenschuppen (Roßkastanie) vor.

**Laubblätter** bilden die überwiegende Masse der Blätter an

Abb. 19.  Rhizom der Sandsegge (Carex arenaria).

den Pflanzen.  Sie sind diejenigen, welche im Volksmunde allein als Blätter im gewöhnlichen Sinne gelten.  Ihre Form ist äußerst mannigfaltig. Je nach dem Vorhandensein oder Fehlen des Blattstieles unterscheidet man gestielte Blätter (Abb. 20 a) und sitzende Blätter (b). Zu letzteren gehören auch die Nadeln der Koniferen (c).  Laubblätter sind meist von grüner Farbe, auf der Unterseite in der Regel von einem etwas matteren Ton. Die Laubblätter der Monokotylen sind gewöhnlich parallelnervig (Abb. 20 b). Ausnahmen bilden z. B. die Mehrzahl der Araceen, diejenigen der Dikotylen sind meist verzweigtnervig (fiedernervig, Abb. 20 a). Den Hauptbestandteil der Nerven bilden die aus dem Stengel in die Blattspreite eintretenden und sich dort verzweigenden Leitbündel. Parallelnervige Blätter sind meist sitzend, verzweigtnervige meist gestielt, doch können die letzteren auch des Blattstieles entbehren und auch um-

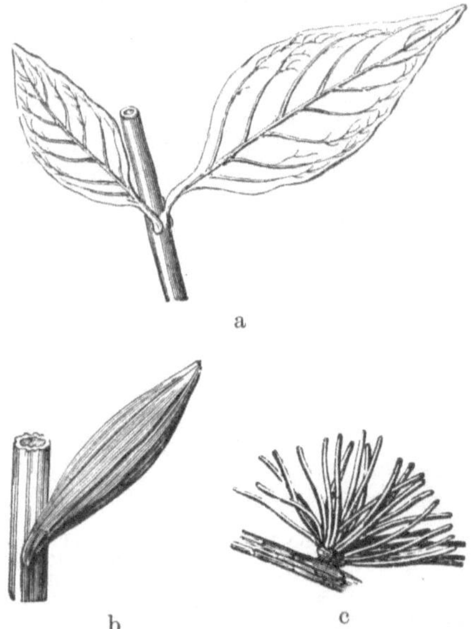

Abb. 20.   a gestielte Blätter, b sitzendes Blatt, c Nadelblätter.

gekehrt bei ersteren Blattstiele vorkommen (Araceen, Bambus).  Die Blätter können ferner stengelumfassend, herablaufend, reitend, verwachsen oder durchwachsen sein (Abb. 21). Infolge der außerordentlich verschiedenen Gestalt, welche die Blattfläche annehmen kann, unterscheidet man, von verschiedenen Gesichtspunkten aus betrachtet, folgende mannigfache Formen:

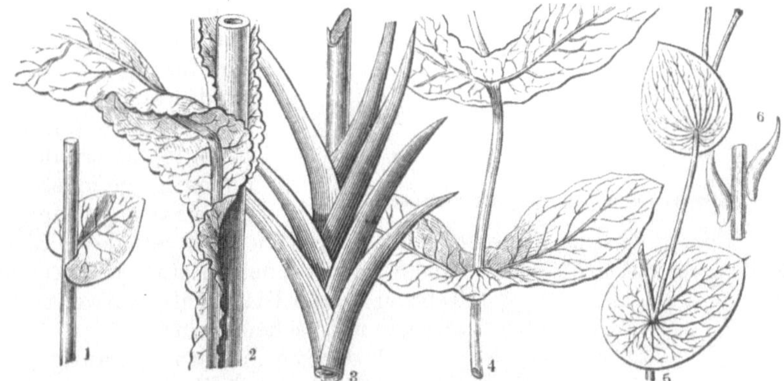

Abb. 21. Verschieden eingefügte Blätter. 1 stengelumfassend, 2 herablaufend, 3 reitend, 4 verwachsen, 5 durchwachsen. 6 ringsum gelöst.

nach dem äußeren Umfange und dem Längen- und Breitenverhältnis (Abb. 22): borstenförmige, pfriemenförmige, lineale (a), nadelförmige, keilförmige, spatelförmige, lanzettliche (b), längliche (c), eiförmige (d), elliptische, kreisrunde (e), nierenförmige und rautenförmige Blätter;

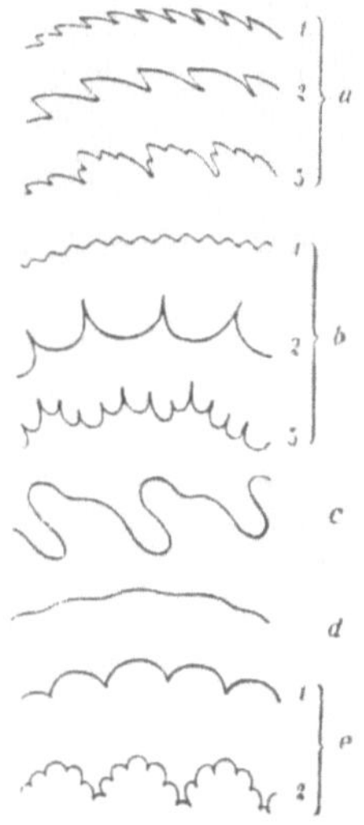

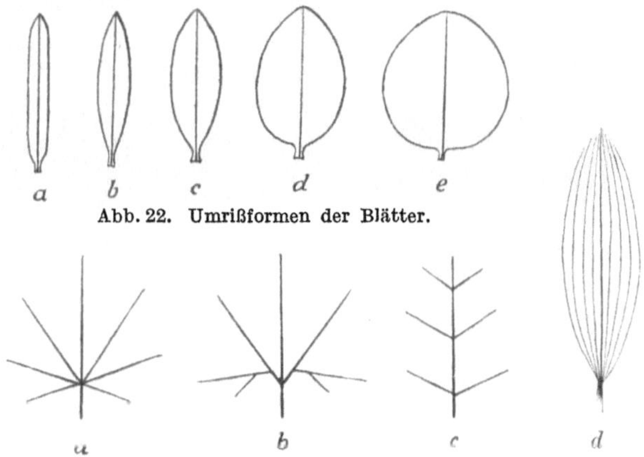

Abb. 22. Umrißformen der Blätter.

Abb. 24. Nervatur der Blätter.

Abb. 23. Berandung des Blattes. a gesägt, 1 fein, 2 grob, 3 doppelt. b gezähnt, 1 fein, 2 grob, 3 doppelt. c gebuchtet. d ausgeschweift. e gekerbt, grob, 2 doppelt.

nach der Spitze: ausgeschnittene, ausgerandete, abgestutzte, abgerundete, spitze, stachelspitzige und zugespitzte Blätter;

nach der Basis: herzförmige, pfeilförmige und spießförmige Blätter;

nach dem Rande (Abb. 23): ganzrandige, wellige, gesägte (a), gezähnte (b), gewimperte, gekerbte (e), ausgeschweifte (d) und gebuchtete (c), sowie doppelt gesägte (a 3), doppelt gezähnte (b 3) und doppelt gekerbte (e 2) Blätter;

nach der Berippung (Nervatur, Abb. 24): handförmige (a), fußförmige (b), fiedernervige (c), endlich parallelnervige (d) Blätter;

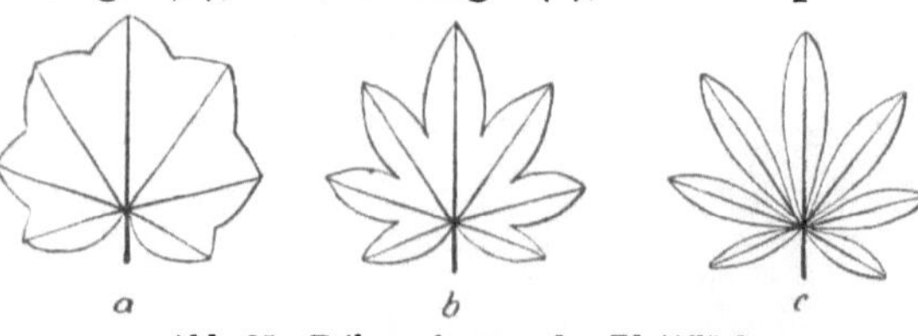

Abb. 25. Teilungsformen der Blattfläche.

nach der Teilung der Blattfläche (Abb. 25): handförmig gelappte (a), handförmig geteilte (b) und gefingerte (c), ferner (Abb. 26) fiederteilige (a), unpaarig gefiederte (b) und paarig gefiederte (c) Blätter. Es gibt auch doppelt, dreifach und vierfach gefiederte Blätter (Abb. 27), bei denen jedes Fiederblättchen wiederum eine entsprechende Teilung seiner Blattfläche aufweist. Und endlich unterscheidet man:

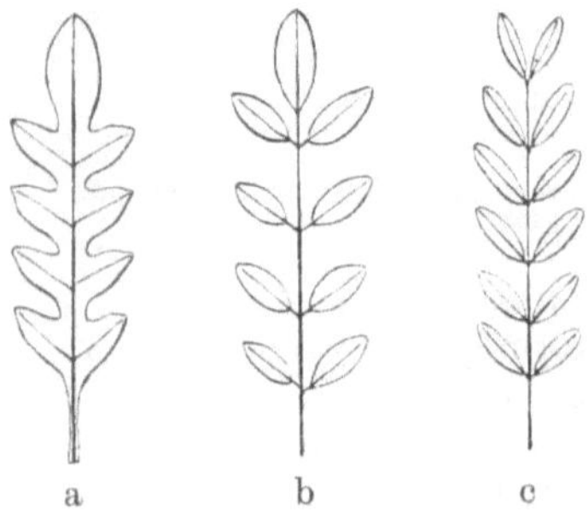

nach der Konsistenz: krautige, häutige, harthäutige, lederige, fleischige Blätter.

Die Knospenlage der Blattspreite (Vernation genannt) kann flach, gefaltet, eingerollt, zurückgerollt und schneckenförmig, ihre Deckung (Ästivation genannt) offen, klappig, dachig, gedreht oder reitend sein.

Abb. 26.   Fiederteilung der Blätter.

Abb. 27.   a doppelt, b dreifach, c vierfach gefiederte Blätter.

Der Blattstiel der Laubblätter besitzt auf seiner Oberseite meist eine längsrinnenförmige Vertiefung, welche das Ablaufen des Regenwassers von der Blattfläche ermöglicht. Er ist zuweilen geflügelt (Abb. 28a), zuweilen auch selbst blattartig verbreitert (Abb. 28b) und wird, wenn eine Blattspreite fehlt, ein Phyllodium genannt.

Die Scheide der Laubblätter ist diejenige Stelle, an welcher der Blattstiel oder, wenn dieser fehlt, die Blattfläche selbst mit dem Stengel verwachsen ist. In ersterem Falle trägt die Scheide häufig Nebenblätter (Abb. 29). Diese sind meist von der Farbe der Laubblätter und stehen seitlich am Blattstiel, zuweilen auch scheinbar im Winkel zwischen Blattstiel und Achse.

Abb. 28.　a geflügelter, b blattartig verbreiteter Blattstiel.

Abb. 29.　Formen der Nebenblätter.

Sie sind meist ganzrandig, oft jedoch selbst gefiedert (Abb. 29 c). Bei ungestielten Laubblättern trägt die Scheide an derjenigen Stelle, wo sie in das Blatt übergeht, häufig ein kleines, zartes, ungefärbtes Häutchen, Blatthäutchen oder Ligula genannt

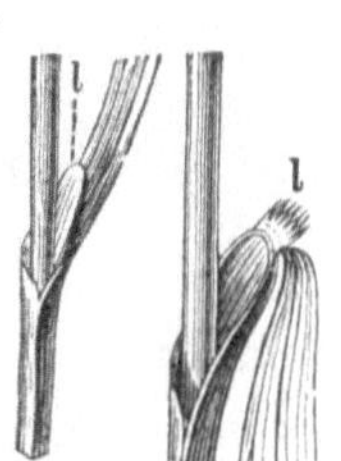

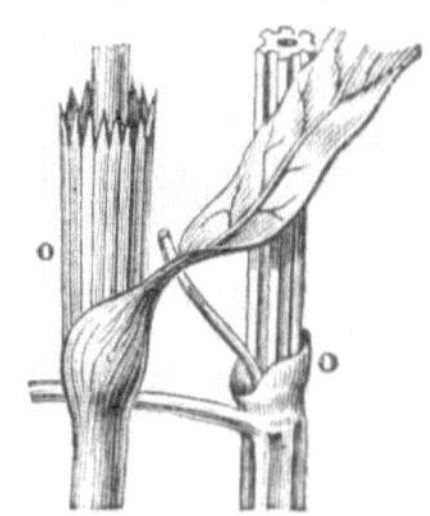

Abb. 30. Blatthäutchen oder Ligula (*l*).

Abb. 31. Tutenförmiges Blatthäutchen oder Ochrea (*o*).

Abb. 32.　Formen der Blattscheide. 1 gespalten, 2 bauchig, 3 geschlossen.

(Abb. 30), mitunter auch eine durch Verwachsung von Nebenblättern gebildete tutenförmige Umhüllung, eine Ochrea (Abb. 31). Die Blattscheide kann bei sitzenden Blättern gespalten, bauchig erweitert und dann nur an der Spitze gespalten oder endlich geschlossen sein (Abb. 32).

In einzelnen Fällen können sich die Laubblätter zu besonderen Organen umbilden. So finden wir z. B. bei manchen Leguminosen und beim Wein, daß die Blattspreite in eine Ranke verwandelt ist, mittels der sich die Pflanze festhält (Abb. 33). In anderen Fällen begegnen wir einer Umbildung von Blatteilen oder Blättern zu Dornen, sei es, daß das ganze Blatt an dieser Umänderung beteiligt ist (Berberis) oder nur die Nebenblätter (Acacia) oder die Spindeln der gefiederten Laubblätter (Astragalus).

Eine andere biologisch sehr interessante Umgestaltung der Laubblätter stellen die Tierfallen dar. Die Wasserpflanze Utricularia bildet aus den zerschlitzten Tauchblättern auf Berührungsreiz reagierende, mit einer Klappe sich schließende Fangapparate, während die Blätter der Nepenthesarten zu kannenförmigen Gebilden umgewandelt sind, die als Fallgruben wirken (s. Abb. 354).

Die Stellung der Blätter zueinander, ihre Insertion an der Achse, wird von bestimmten Regeln beherrscht, welche sich aus ihrer Entstehungsfolge herleiten lassen. Es sei nur kurz darauf hingewiesen, daß an den

Abb. 33. Stengelstück der Erbse mit einem gefiederten Blatte, dessen obere Blattfiedern zu Ranken umgewandelt sind; am Grunde zwei Nebenblätter. (Nach Frank.)

Vegetationspunkten alle Seitenglieder da entstehen, wo sich zwischen den schon ausgegliederten Organen die größte Lücke findet.

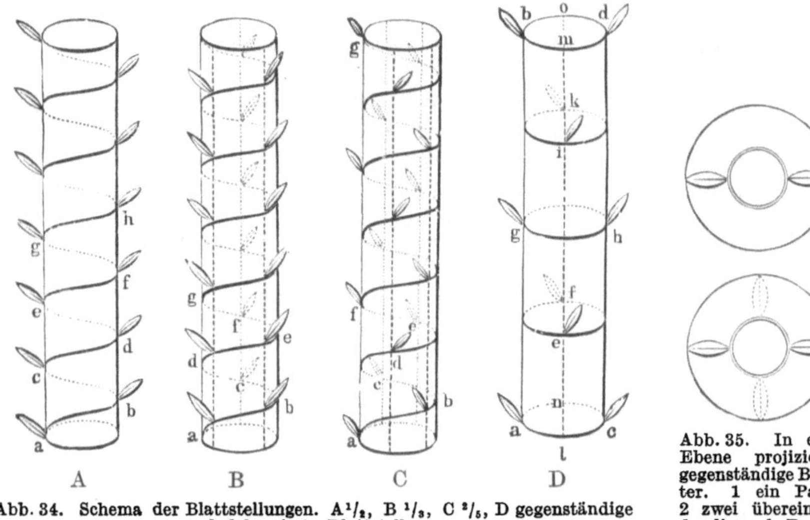

Abb. 34. Schema der Blattstellungen. A $^{1}/_{2}$, B $^{1}/_{3}$, C $^{2}/_{5}$, D gegenständige und dekussierte Blattstellung.

Abb. 35. In eine Ebene projizierte gegenständige Blätter. 1 ein Paar, 2 zwei übereinander liegende Paare.

Man nennt die Blattstellung:

a) wechselständig oder spiralig, wenn die einzelnen Blätter, eine Spirale bildend, in ungleicher Höhe einzeln in die Achse eingefügt sind,

b) gegenständig, wenn je zwei derselben sich in gleicher Höhe gegenüberstehen, und

c) quirlständig, wenn mehr als zwei in gleicher Höhe der Achse entspringen.

Um die Gesetzmäßigkeit zu ergründen, welcher die wechselständigen Blätter im Einzelfalle folgen, ermittelt man zwei in senkrechter Linie übereinander eingefügte Blätter und sieht dann zu, wie man auf dem kürzesten Wege in einer, jedes dazwischenliegende Blatt berührenden Spirallinie von dem unteren zu dem darüberliegenden Blatte gelangt. Ein solcher Umlauf von einem Blatt bis zu dem senkrecht darüberstehenden heißt ein Zyklus. Im Falle A (Abb. 34) z. B. liegt stets das zweite Blatt in derselben Linie, man braucht somit, um in einem Umlaufe dahin zu gelangen, nur zwei Blätter, also $a, b, c, d, e$ usw., zu berühren und drückt dies durch einen Bruch aus, in welchem die Zahl der Umläufe den Zähler und die Zahl der dabei berührten Blätter den Nenner bildet; in gegenwärtigem Falle also $^1/_2$. — In einem anderen Falle B kann man nicht mit zwei senkrechten Linien sämtliche Blätter treffen, sondern mit dreien, und man erreicht in Spirallinie das darüberliegende Blatt, indem man auf einem Umlaufe drei Blätter berührt, also $a, b, c, d, e, f, g$ usw.; man nennt diese Stellung $^1/_3$-Stellung. — In einem weiteren Falle C sind fünf senkrechte Linien nötig, um sämtliche übereinanderliegende Blätter miteinander zu verbinden, und man muß, um auf dem kürzesten Wege von einem Blatte zum nächsten, senkrecht darüberliegenden, zu gelangen, zwei Umläufe in Spirallinie vollziehen, indem man dabei fünf Blätter berührt, also $a, b, c, d, e, f$. Diese Anordnung bezeichnet man demgemäß als $^2/_5$-Blattstellung. Die senkrechten Linien, welche übereinander eingefügte Blätter miteinander verbinden, heißen Geradzeilen, diejenigen Spirallinien jedoch, welche die Blätter miteinander verbinden, deren seitlicher Abstand an der Achse am geringsten ist, heißen Schrägzeilen. Der Ausdruck der Blattstellung in Bruchzahlen hat außer seiner bezeichnenden Kürze noch den Vorteil, gleichzeitig den Winkel (Divergenzwinkel) auszudrücken, welchen die Blätter, auf eine Ebene projiziert, zueinander einnehmen würden. Berührt man: auf einer Umdrehung zwei Blätter, so ist der Divergenzwinkel $^1/_2$ von

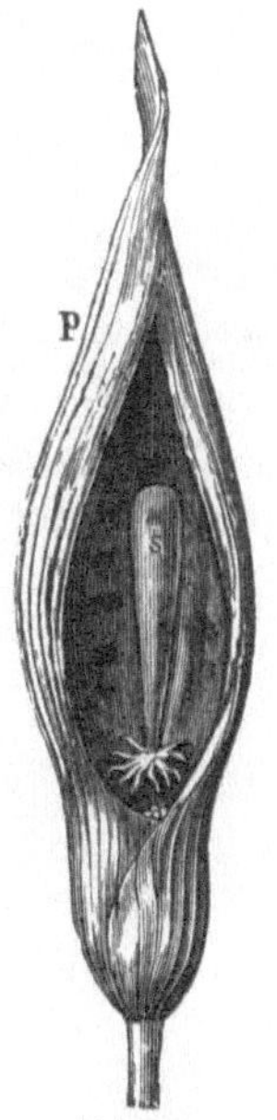

Abb. 36.
Blütenscheide oder Spatha ($p$) von Arum maculatum, $s$ der Blütenkolben (Spadix).

$360^0 = 180^0$, auf einer Umdrehung drei Blätter, so ist der Divergenzwinkel $^1/_3$ von $360^0 = 120^0$, auf zwei Umdrehungen fünf Blätter, so ist der Divergenzwinkel $^2/_5$ von $360^0 = 144^0$ usw. — Man findet: $^1/_2$-Stellung z. B. bei der Linde (Tilia), $^1/_3$-Stellung z. B. bei der Erle (Alnus), $^2/_5$-Stellung z. B. bei dem Hahnenfuß (Ranunculus), $^3/_8$-Stellung z. B. bei der Stechpalme (Ilex), $^5/_{13}$-Stellung z. B. bei dem Löwenzahn (Taraxacum).

Gegenständige Blätter (Abb. 34 D) lassen sich durch zwei Linien auf eine Ebene projizieren, auf welcher sie einen Divergenzwinkel von $180^0$ bilden (Abb. 35, 1). Hier ist der Fall häufig, daß jedes einzelne Paar mit dem vorhergehenden und dem folgenden derart abwechselt (alterniert), daß die die beiden gegenüberliegenden Blätter verbindenden Linien sich rechtwinklig schneiden (Abb. 35, 2). Man nennt dies die gekreuzte oder dekussierte Blattstellung. Gegenständige und gekreuzte Blattstellung ist z. B. allen Lippenblütlern (Labiaten) eigen.

Quirlständige Blätter kann man sich zustande gekommen denken, indem mehrere Paare gegenständiger Blätter oder eine bis mehrere Umdrehungen wechselständiger Blätter durch Verkürzung der zwischenliegenden Achsenstücke (Internodien) in eine Ebene verlegt sind. In Abb. 35, 2 deuten die punktierten Blätter das darunterliegende Paar gegenständiger Blätter an. Liegen diese in einer Ebene, so

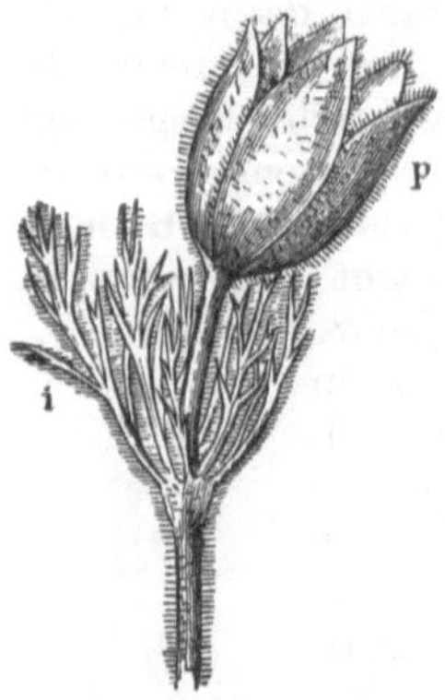

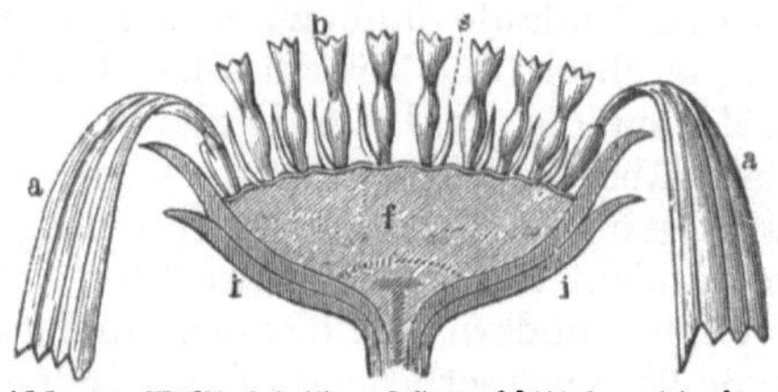

Abb. 37. Außenhülle oder Involucrum (*i*) von Anemone pulsatilla, *p* die Blüte.

Abb. 38. Hüllkelch (*i*) und Spreublättchen (*s*) eines Kompositenköpfchens; *a* und *b* Einzelblüten, *f* der Blütenboden.

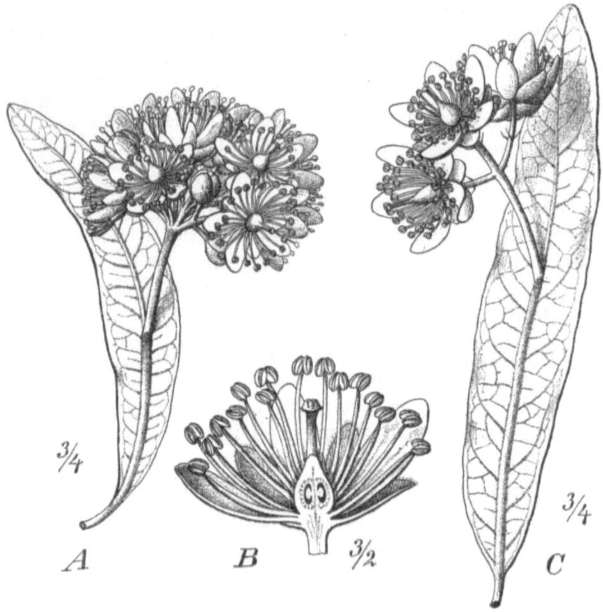

stellt Abb. 35, 2 den Querschnitt durch einen viergliedrigen Blattquirl dar. Es gibt auch sechs-, acht- und mehrgliedrige Blattquirle. Quirlständige Blätter sind beispielsweise dem Tannenwedel (Hippuris vulgaris) eigen.

**Hochblätter** kommen nur an den Blütenständen vor und stehen mit den Blüten in gewisser örtlicher Beziehung. Sie sind den Laubblättern zuweilen ähnlich, zuweilen diesen sogar völlig gleich, häufiger aber von ihnen in Farbe, Gestalt, Konsistenz und Größe außerordentlich verschieden. So besteht z. B. die Blütenscheide (Spatha) vieler Monokotylen (Abb. 36) aus einem

Abb. 39.   A Blütenstand der Winterlinde (Tilia cordata) (³/₄). B einzelne Blüte im Längsschnitt (³/₂).   C Blütenstand der Sommerlinde (Tilia platyphyllos) (³/₄).

Hochblatte, ebenso werden die Außenhülle an den Blüten vieler Dikotylen (Involucrum) (Abb. 37) und der Hüllkelch sowie die Spreublättchen der Kompositen (Abb. 38) von Hochblättern gebildet. Mit der Achse des Blütenstandes verwachsene Hochblätter besitzt die Linde (Abb. 39). Die meisten Blüten sitzen in der Achsel eines, wenn auch kleinen Hochblattes, welches als **Deckblatt** der Blüte bezeichnet wird. Solche Deckblätter können jedoch bei manchen Familien völlig fehlen, z. B. bei den Kruziferen. Auch am Blütenstiele sitzen häufig noch ein oder zwei weitere, oft schuppenförmige Hochblätter an, welche **Vorblätter** genannt werden.

**Blütenblätter** nennt man diejenigen Blätter, welche, in ganz ausgesprochenem Maße umgewandelt, die Blüten der Pflanzen bilden.

# Die Blüte.

Wenn wir uns über die Entwicklungsgeschichte der Blüte unterrichten wollen, so müssen wir von den **Farnen** ausgehen. Wir finden hier die Sporangien, welche die Sporen enthalten, teils an unveränderten, teils an umgewandelten Blättern. Die letzteren bezeichnen wir als **Sporophylle**. Manchmal, z. B. bei den Schachtelhalmen, sind die fertilen Sprosse mit schildchenförmigen Sporophyllen besetzt, die am Sproßgipfel zu ährenartigen Sporangienständen vereinigt sind. Bei den Wasserfarnen unterscheiden wir bereits **Makrosporophylle**, welche als einfachste weibliche Blüten anzusehen sind, und **Mikrosporophylle**, die primitive männliche Blüten darstellen.

Bei den **Gymnospermen** sind die schuppenförmigen Makrosporophylle meist zu zapfenartigen Gebilden vereinigt; die männlichen Blüten, die Mikrosporophylle (vgl. Abb. 294), sind schuppen- oder schildförmig und tragen auf der Unterseite meist mehrere Mikrosporangien, die wir hier auch als Pollensäcke bezeichnen, in welchen die Mikrosporen (Pollenkörner) gebildet werden. Die Blüten der Gymnospermen sind stets eingeschlechtig.

## Die Blüte der Angiospermen.

Als Blüte bezeichnet man bei den Angiospermen die Vereinigung aller Organe eines Sprosses, die in irgendeiner Weise am Zustandekommen der geschlechtlichen Fortpflanzung beteiligt sind. Um zu begreifen, daß sämtliche Teile der Blüte, auch Staubgefäße und Pistille, nichts anderes als umgewandelte (metamorphosierte) Blätter eines Sprosses sind, muß man beachten, daß die Achse, an welcher sie spiralig oder wirtelig angeordnet sind, meist reduziert, d. h. gestaucht ist. Die Anheftungsstellen der Blütenblätter, welche man an der gestreckten Achse übereinanderliegend erblicken würde, liegen in einer horizontalen Ebene, und zwar so, daß — der Verjüngung der Achse nach oben hin entsprechend — der unterste Kreis den weitesten und äußersten, die den Sproß abschließenden Fruchtblätter hingegen den innersten Kreis bilden. Man vergleiche Abb. 40 A, welche eine typische fünfzählige Blüte schematisch mit verlängerter Achse darstellt, und Abb. 40 B, welche den Grundriß der in einer Ebene liegenden Blütenteile wiedergibt. Einen solchen Grundriß nennt man ein **Blütendiagramm** (s. S. 27). Mit Hinweglassung der Vorblätter $\alpha$, $\beta$ und $d$ sowie des oberen Punktes, welcher die Hauptsache bedeutet, wird man in dem Diagramm Abb. 40 B alle Teile der Abb. 40 A wieder erblicken.

Die Homologie der Blütenblätter und der Laubblätter tritt in den mannigfachsten Erscheinungen zutage, so z. B. darin, daß Scheide, Blattstiel und Blattfläche an ersteren mehr oder weniger deutlich unterscheidbar sind, daß ihre Insertion an der Achse von denselben Prinzipien beherrscht wird und ihre Knospenlage sowie Knospendeckung derjenigen der Laubblätter gleich ist.

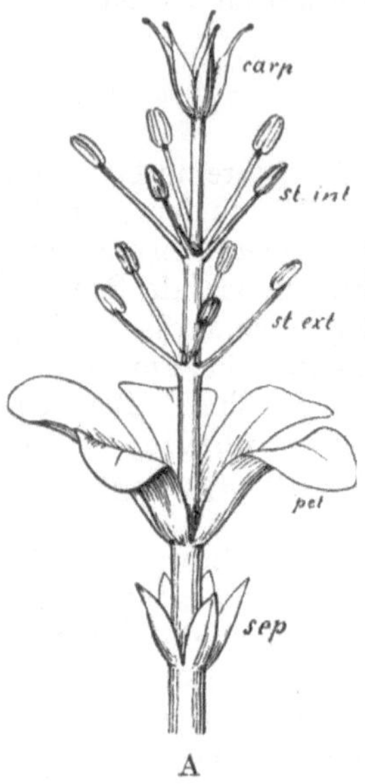

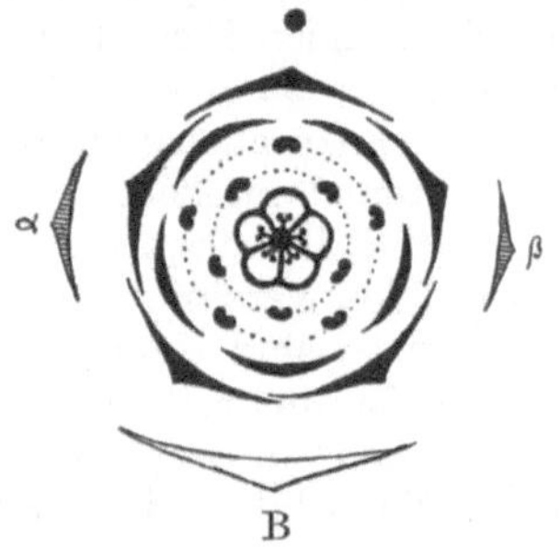

Die vollkommensten Blüten setzen sich aus fünf Blütenblattkreisen zusammen, und zwar: einem Kelchblattkreis, einem Blumenblattkreis, zwei Staubblattkreisen, einem Fruchtblattkreis.

Einer oder mehrere dieser Kreise können an einfacheren Blüten fehlen. Ohne die letztgenannten Kreise, d. h. zwei oder mindestens einen Staubblattkreis und einen Fruchtblattkreis, würden jene jedoch aufhören, Blüten im botanischen Sinne zu sein. Ihr Vorhandensein bedingt vielmehr erst den Charakter der Blüte als Zeugungsort.

Sind sowohl der Fruchtblattkreis als auch beide oder einer der beiden Staubblattkreise, also Makrosporangien und Mikrosporangien, vorhanden, so ist die Blüte zwitterig, d. h. männliche und weibliche Organe sind

Abb. 40. Eine vollkommene fünfzählige Blüte. A schematisch an verlängerter Blütenachse dargestellt, *sep* Kelchblätter, *pet* Blumenblätter, *st. ext* äußere Staubblätter, *st. int* innere Staubblätter. *carp* Fruchtblätter. B Diagramm, d. h. die Teile derselben Blüte in eine Ebene verlegt und quer durchschnitten. (C. Müller.)

auf einem Lager vereinigt (z. B. die Blüte vom Hahnenfuß, Ranunculus). Fehlt der Fruchtblattkreis, so heißt die Blüte männlich, fehlen beide Staubblattkreise, so ist sie weiblich; in beiden Fällen ist die Blüte eingeschlechtig, d. h. männliche und weibliche Organe sind auf zwei Lager verteilt. Sind die eingeschlechtigen Blüten beiderlei Geschlechts auf einer Pflanze vereinigt, so heißt diese einhäusig (monözisch); sie wird zweihäusig (diözisch) genannt, wenn sie nur Blüten eines Geschlechts, und vielehig (polygam), wenn sie sowohl eingeschlechtige als zwitterige Blüten entwickelt. Den Kelchblattkreis und den Blumenblattkreis faßt man beide unter dem Namen Blütenhülle oder Perianth (peri = um, anthos = die Blüte) zusammen. Fehlt die Blütenhülle, so heißt die Blüte nackt (achlamydeisch), andernfalls ist sie behüllt. Ist nur ein Hüllblattkreis vorhanden, so nennt man die Blüte haplochlamydeisch, dagegen diplochlamydeisch, wenn beide Hüllblattkreise ausgebildet sind; sind in letzterem Falle (d. h. bei diplochlamydeischer Blüte) die beiden Hüllblattkreise gleichartig ausgebildet, so nennt man die Blüte homoiochlamydeisch; zeigt dagegen eine Blüte typischen Kelch und Blumenkrone, so wird sie als heterochlamydeisch bezeichnet.

Die Staubblätter, die Mikrosporophylle, nennt man in ihrer Gesamtheit, da sie den männlichen Geschlechtsapparat bilden, das Andrözeum (aner, Genit. andros = der Mann, oikos = das Haus); die Fruchtblätter, die Makrosporophylle, werden als Gynäzeum (gynaikeion = das Frauengemach) bezeichnet.

## Die Kelchblätter.

Der Kelch setzt sich aus Kelchblättern zusammen. Diese können grün und blattartig im gewöhnlichen Sinne oder aber buntgefärbt und dann blumenblattartig gestaltet sein, wie z. B. bei Iris (Abb. 41). Immer aber sind sie ungestielt. Blumenblattartig ausgebildete Kelche nennt man korollinisch oder petaloïd. Bei den unvollkommenen und unregelmäßigen Blüten kann der Kelch auch nur aus einem einzigen Blatt bestehen, er kann sogar nur auf einen Höcker oder Wulst zurückgeführt sein. Bei den Korbblütlern ist er meist borstenförmig (Abb. 42) und wird Pappus genannt.

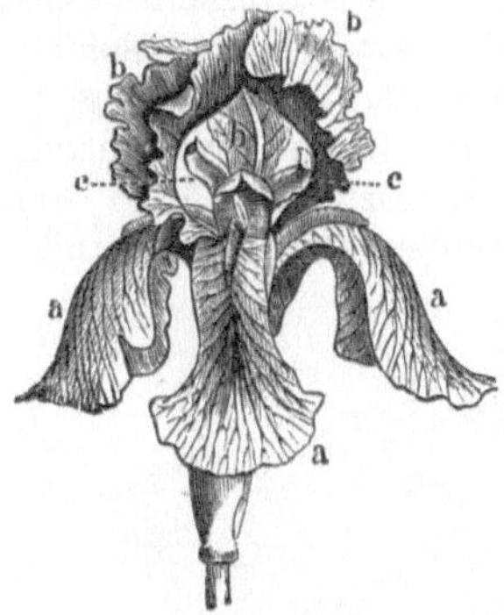

Abb. 41. Blüte von Iris pallida. *a* die blumenblattartigen, buntgefärbten Kelchblätter, *b* die Blumenblätter, *c* die Narben.

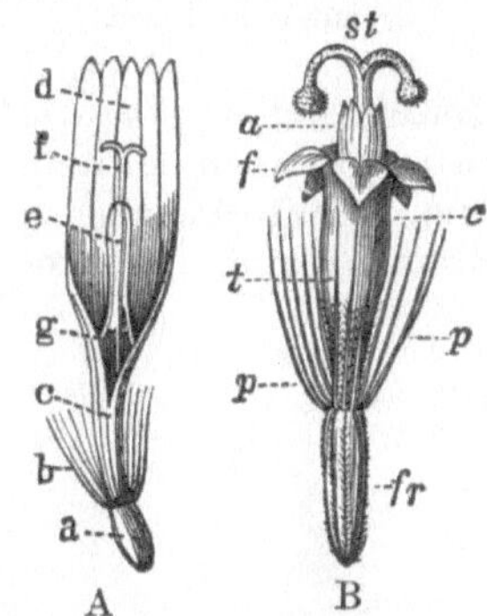

Abb. 42. A Zungenblüte einer Komposite. *b* der Kelch oder Pappus. B Röhrenblüte einer Komposite. *p* der Kelch oder Pappus, *c* die verwachsene Blumenkrone.

Verwachsung der Kelchblätter untereinander.

Häufig sind die Kelchblätter im ganzen Umkreise untereinander verwachsen. Erstreckt sich diese Verwachsung bis zur Spitze, so heißt der Kelch ungeteilt, andernfalls besitzt er mehr oder weniger tiefe Einschnitte und heißt dann geteilt, wenn diese sehr tief, gezähnt, wenn sie ziemlich flach sind; die frei gebliebenen Spitzen heißen der Saum des Kelches. Die Zahl der Zipfel entspricht der Anzahl der verwachsenen Kelchblätter. Bei unregelmäßigen Blüten pflegen ein oder zwei Einschnitte tiefer als die anderen zu sein, und es kommt dadurch ein einlippiger oder zweilippiger Kelch zustande.

## Die Blumenblätter.

Die Blumenblätter (Petala) bilden die Blumenkrone, auch kurzweg Krone (Corolla) genannt. Sie sind nicht immer sitzend, wie die Kelchblätter, sondern häufig mit einem schmalen, längeren oder kürzeren Stiele versehen, welchen man den Nagel nennt, zum Unterschied von dem flächenförmigen Teile des Blumenblattes, der Spreite. An der

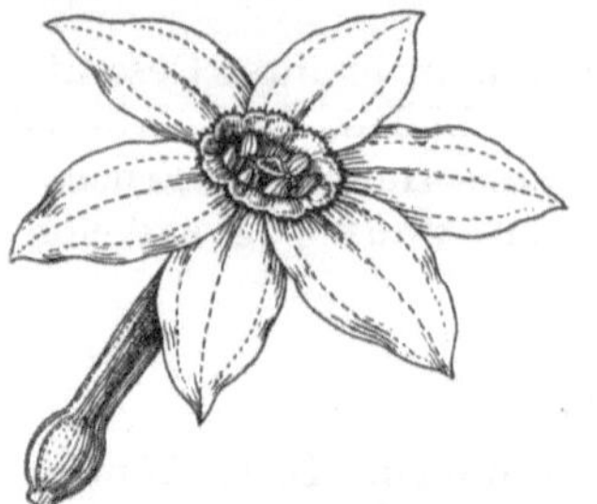

Verbindungsstelle von Spreite und Nagel findet sich nicht selten ein Anhängsel von mannigfaltiger Gestalt, die Zunge (Ligula); sind die Ligulargebilde einer Blüte sehr kräftig ausgebildet, so spricht man von einer Nebenkrone, z. B. bei der Narzisse (Abb. 43).

Abb. 43. Narcissus poëticus. Blüte mit Nebenkrone.

### Verwachsung der Blumenblätter untereinander.

Sehr häufig sind die Blumenblätter mit ihren Rändern verwachsen. Solche Blüten heißen sympetal zum Unterschied von den freiblätterigen, choripetalen Blüten. Die Blumenblätter bilden, wenn verwachsen, eine trichterförmige, röhrenförmige oder glockenförmige (Abb. 44) Blumenkrone. Glockenförmige Blumenkronen können auch im Grunde

Abb. 44. Glockenförmige Blumenkrone der Glockenblume (Campanula rotundifolia).

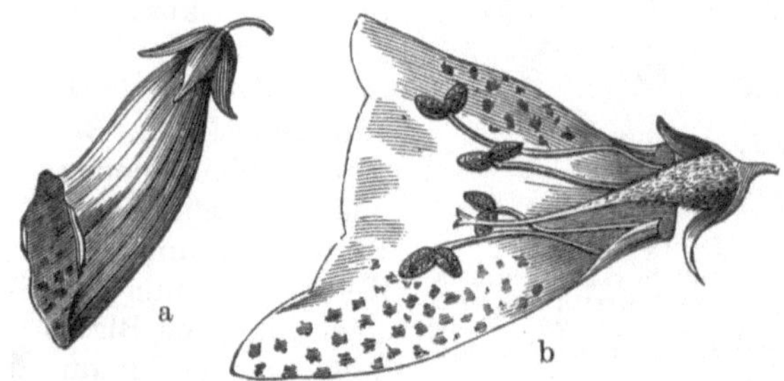


Abb. 45. Trichterförmige Blumenkrone des Fingerhuts (Digitalis purpurea). a von außen, b in der Längsrichtung aufgeschnitten.

verengert sein, wie bei Digitalis (Abb. 45). Vom Saum der Blüte gilt dasselbe, was von dem des Kelches gesagt wurde. Die Verwachsung kann sich nur auf den alleruntersten Teil erstrecken, oder sie kann über alle Zwischenstufen hinweg soweit gehen, daß die Zipfel nur noch als unscheinbare Ausbuchtungen (Abb. 42) sichtbar sind.

### Verwachsung der Blumenblätter mit den Kelchblättern.

Sind die Kelchblätter blumenblattartig entwickelt, so bezeichnet man diese Blütenhülle als Perigon (bei der Mehrzahl der Liliengewächse). Sind Kelch und Blumenblätter am Grunde miteinander verwachsen, so unterscheidet man den Kelchblattkreis als äußeres und den Blumenblattkreis als inneres Perigon. In einigen Fällen verwachsen sämtliche Perigonblätter miteinander — also Blumenblätter mit Kelchblättern —, wie z. B. beim Maiglöckchen (Abb. 53).

# Die Staubblätter.

Die Mikrosporophylle, Staubblätter, auch Staubgefäße oder Stamina genannt, stellen in ihrer Gesamtheit den männlichen Geschlechtsapparat oder das Andrözeum dar. Obwohl die Mehrzahl der Staubgefäße nicht leicht ihre Blattnatur erkennen läßt, so tritt diese doch manchmal, wie z. B. bei Nymphaea, deutlich in die Erscheinung (vgl. Abb. 46, 1, 2, 4, 5, 6), ferner auch an jenen durch gärtnerische Kunst zu „gefüllten Blumen" gewordenen Blüten der Rose, des

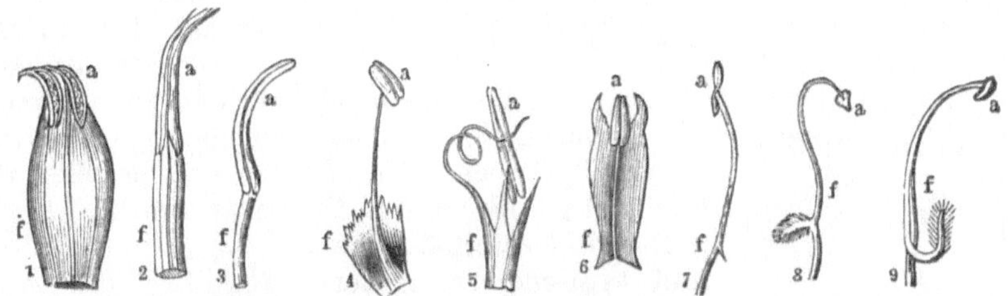

Abb. 46. Verschieden geformte Staubgefäße. *f* Staubfaden oder Filament, *a* Staubbeutel oder Anthere.

Mohns usw., an denen man, solange die Füllung noch nicht vollkommen ist, alle Übergänge von dem fadenförmigen Staubgefäß bis zu den völlig blumenblattartig gewordenen Gebilden beobachten kann.

An dem Staubgefäß typischer Form unterscheidet man den Staubfaden oder das Filament (Abb. 46 *f*), dem Blattstiel entsprechend, und den diesem aufsitzenden Teil, welcher als Staubbeutel oder Anthere (Abb. 46 *a*) bezeichnet wird und die Blattspreite verkörpert. In den meisten Fällen besteht der Staubbeutel aus zwei Längshälften, Staubbeutelfächer oder Thecae genannt, welche einem, die Verlängerung des Staubfadens bildenden Mittelband oder Konnektiv (Abb. 47 *c*) ansitzen. Solche Antheren werden dithezisch genannt; monothezisch dagegen sind diejenigen, die nur eine Theka mit zwei Pollensäcken (wie z. B. bei den Malvazeen) tragen. Je nachdem die Theken der Bauch- oder Rückenseite des Filaments angeheftet sind, wird die Anthere intrors oder extrors genannt. Jedes der Staubbeutelfächer schließt zumeist wiederum zwei nebeneinanderliegende Längshöhlungen, die Mikrosporangien oder Pollensäcke, in sich (Abb. 47 *l*), welche die Mikrosporen, den

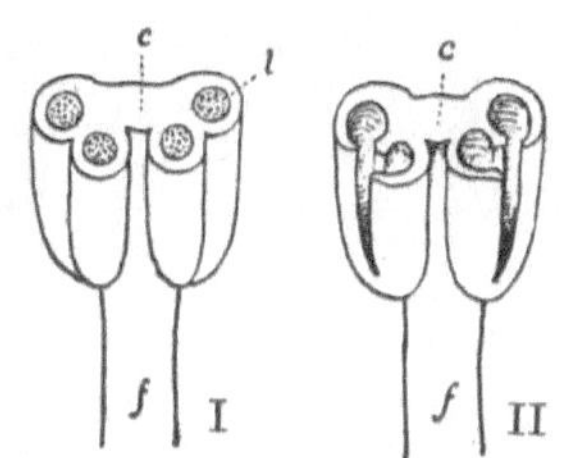

Abb. 47. Antheren zweier Staubgefäße, quer durchschnitten. I geschlossen, II nach dem Ausstreuen des Pollens. *f* Filament, *c* Konnektiv, *l* Pollensäcke.

Pollen oder die Pollenkörner, das sind die männlichen Befruchtungszellen der Pflanze, enthalten. Zur Zeit der Reife öffnen sich gewöhnlich die beiden Pollensäcke durch einen gemeinsamen Längsspalt, wie es Abb. 47, II veranschaulicht; auf diese Weise wird dem Pollen der Austritt gestattet, um durch den Wind oder durch Insekten auf die weiblichen Befruchtungsorgane übertragen zu werden. Die Pollenkörner selbst sind verschieden gestaltet (Abb. 48). Sie sind trocken und glatt, so vorzugsweise in Windblüten, mehr oder weniger klebrig oder stachelig, hauptsächlich in Insektenblüten. Bei der Reife lösen sich gewöhnlich die Pollenkörner voneinander los; seltener bleiben sie zu vieren (nach der Art ihrer Entstehung aus einer Pollenmutterzelle) in Pollentetraden, z. B. bei den Erikazeen und Junka-

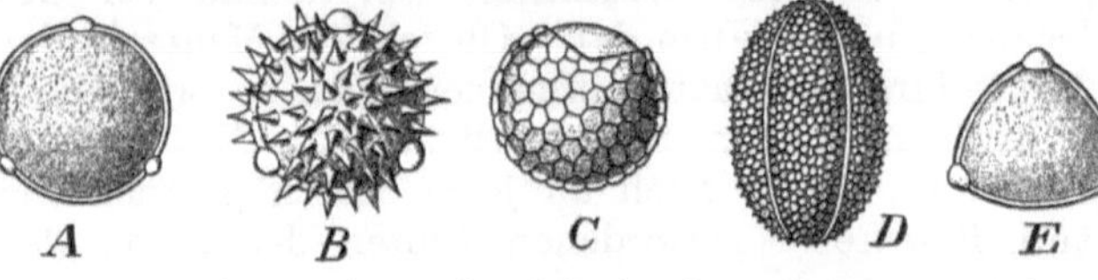
Abb. 48. Pollenkörner. A von Aloe, B Arnica, C Iris, D Acanthus, E Atropa belladonna.

zeen, miteinander verbunden; oder sie bilden, wie bei den Orchidazeen und Asklepiadazeen, eine keulenförmige, zusammenhängende, aus einzelnen Pollenzellgruppen, den Pollinien, bestehende, wachsartige Masse, das Pollinarium.

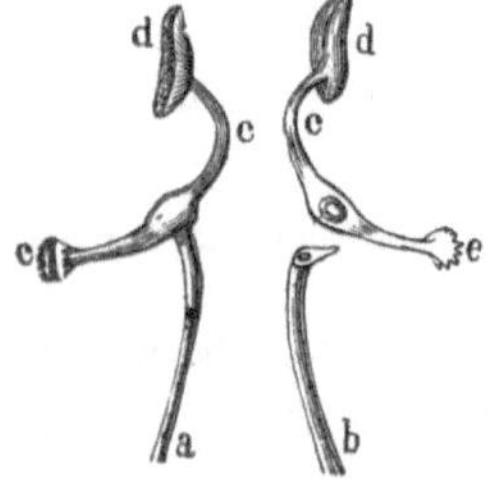
Abb. 49. Staubgefäß der Salbei, Salvia officinalis, mit zweischenkelig verlängertem Konnektiv (c) und einer halben Anthere (d).

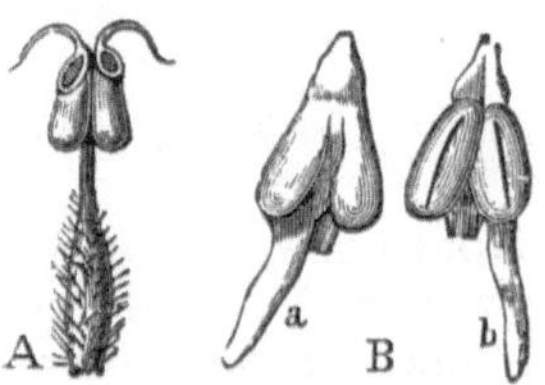
Abb. 50. A gehörnte Anthere der Bärentraube, Arctostaphylos uva ursi. B gespornte Antheren des Stiefmütterchens, Viola tricolor.

Die einfachste, häufigste und typische Form der Staubgefäße kann hier und da Abweichungen zeigen. So z. B. kann das Konnektiv nicht an seinem unteren Ende, sondern in seiner Mitte am Filament angefügt sein, wie man es an der Grasblüte oder bei der Lilie beobachten kann. Auch kann das Konnektiv ungewöhnlich lang sein und die Antherenfächer an seinen Enden tragen, wie bei Salvia officinalis (Abb. 49), wo außerdem das zweite Antherenfach verkümmert oder zurückgebildet ist. Auch verzweigte Staubgefäße kommen vor, z. B. bei Ricinus communis.

Ferner können die Antherenfächer gehörnt sein, wie bei der Bärentraube (Abb. 50 A), oder gespornt, wie bei dem Stiefmütterchen (Abb. 50 B).

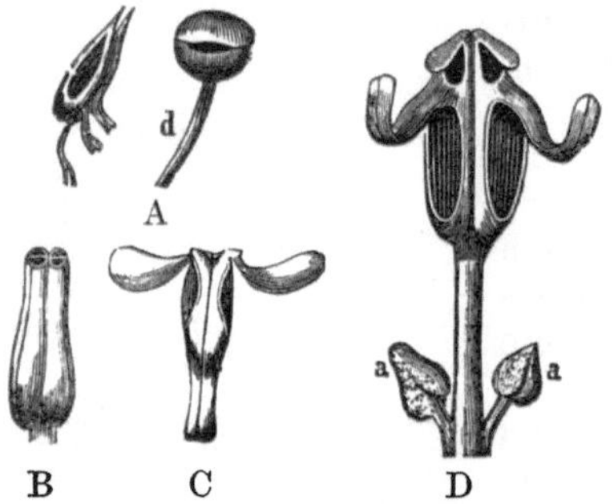

Abb. 51. A mit Spalten aufspringendes Staubgefäß des Heidekrautes (Calluna vulgaris) und des Frauenmantels (Alchemilla vulgaris) (d). B mit Löchern aufspringendes Staubgefäß der Kartoffel (Solanum tuberosum). C mit zwei Klappen aufspringendes Staubgefäß der Berberitze (Berberis vulgaris). D mit vier Klappen aufspringendes Staubgefäß des Zimtbaumes (Cinnamomum zeylanicum).

Auch das Aufspringen der Antherenfächer kann Abweichungen von der oben geschilderten, typischen Art zeigen; so geschieht das Aufspringen bei dem Frauenmantel durch Querspalten (Abb. 51 A d) oder mit Löchern bei den Nachtschattengewächsen (Abb. 51 B), mit zwei Klappen bei der Berberitze (Abb. 51 C) und vielen Lorbeergewächsen, mit vier Klappen bei manchen anderen Lorbeergewächsen (Abb. 51 D).

Das Ausstreuen der Pollenkörner wird zuweilen durch Drehung der Antheren unterstützt, wie z. B. bei dem Tausendgüldenkraut (Abb. 476).

Als Staminodien bezeichnet man unfruchtbare (sterile) Glieder des Andrözeums, welche keinen Pollen erzeugen und entweder verkümmert und funktionslos sind oder als kronblattähnliche oder aber als Nektar absondernde Gebilde Anlockungsmittel für Insekten bei Insektenblütengewächsen darstellen.

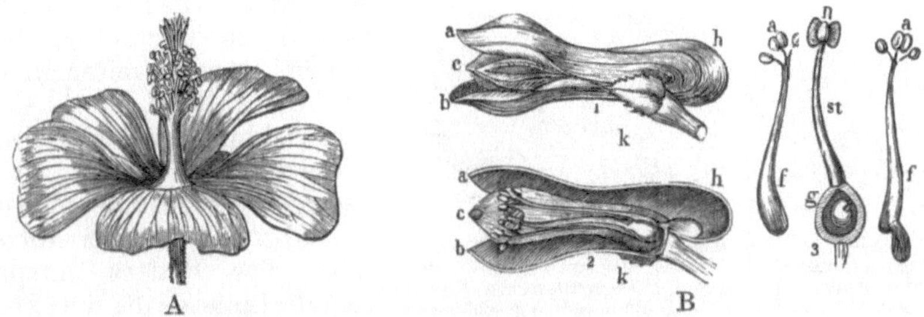

Abb. 52. A zu einem Bündel verwachsene Staubgefäße der Malve (Malva alcea). B zu zwei Bündeln verwachsene Staubgefäße des Erdrauchs (Fumaria officinalis).

### Verwachsung der Staubblätter untereinander.

Die Staubblätter können untereinander an ihren Rändern verwachsen, und zwar entweder im ganzen Umkreise, d. h. zu einer Röhre, oder nur teilweise, d. h. zu einzelnen Bündeln. Diese Verwachsung erstreckt sich jedoch fast niemals auf die Staubblätter in ihrer ganzen Länge, sondern es verwachsen entweder nur die Staubfäden (Leguminosae-Papilionatae) oder aber nur die Staubbeutel (Compositae).

### Verwachsung der Staubblätter mit den Blumenblättern.

In vielen Fällen verwachsen die Staubfäden zum Teil mit den Blumenblättern bzw. mit dem Perigon, und es bleiben nur die Staubbeutel nebst

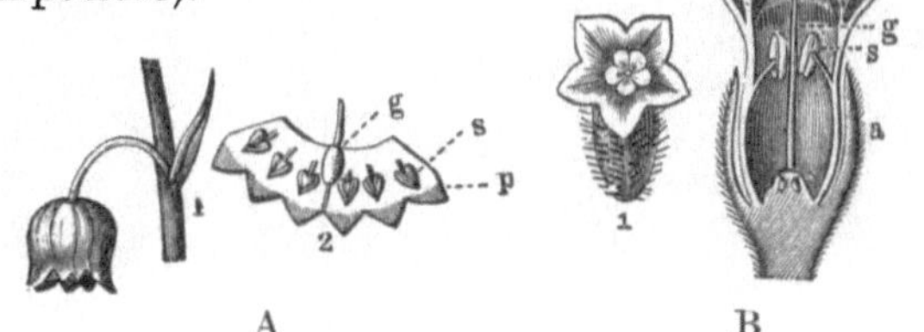

Abb. 53. Mit der Blütenhülle verwachsene Staubgefäße.. A des Maiglöckchens (Convallaria majalis). B der Ochsenzunge (Anchusa officinalis).

dem oberen Teile der Filamente frei, so daß es den Anschein hat, als entsprängen die Staubgefäße nicht dem gemeinsamen Blütenboden, sondern der Blütenhülle. Solche Beispiele bieten das Maiglöckchen (Abb. 53 A) und die Ochsenzunge (Abb. 53 B).

# Die Fruchtblätter.

Die Makrosporophylle oder Fruchtblätter nehmen stets den innersten Kreis der Blüte, also den Gipfel der Blütenachse ein und bilden den weiblichen Blütenanteil, das Gynäzeum. Sie heißen auch Karpelle (karpos = die Frucht) und können entweder einzeln oder zu mehreren in einer Blüte vorhanden sein.

Das Fruchtblatt selbst ist fast nie gestielt, sondern sitzt mit breiter Basis der Achse bzw. dem Blütenboden auf. Da die Fruchtblätter die Samenanlagen, Makrosporangien, einschließen, so sind sie längs der Mittelrippe gefaltet und verwachsen meist an ihren Rändern. Stehen die Fruchtblätter einzeln, so verwachsen ihre beiden Ränder miteinander, wie es Abb. 54 A, B, C in entwicklungsgeschichtlicher Folge darstellt. Die Verwachsungsstelle bezeichnet man als Bauchnaht, die der Mittelrippe des Blattes entsprechende Linie als die Rückennaht. Offene, nicht geschlossene Fruchtblätter besitzt nur

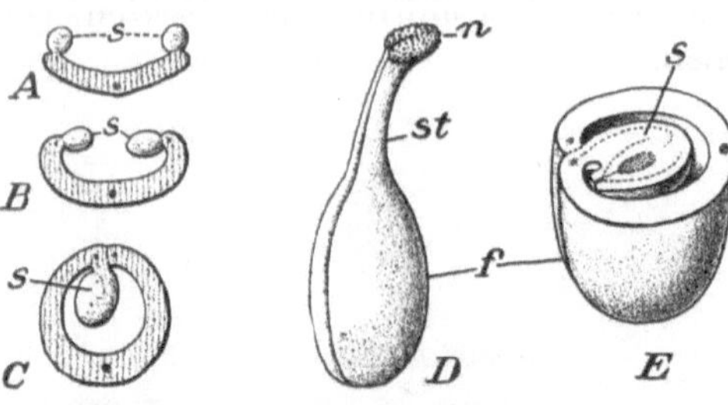

Abb. 54 A—C. Schematische Zeichnung zur Verdeutlichung des ausgebreiteten (A), des mit seinen Rändern einwärts gebogenen (B) und des geschlossenen Fruchtblattes (C) im Querschnitt. D ein einzelnes geschlossenes Fruchtblatt. E dasselbe im Querschnitt. *s* Samenanlagen, *f* Fruchtknoten, *st* Griffel, *n* Narbe.

eine Abteilung von Gewächsen, die Nacktsamigen (Gymnospermae), wogegen alle anderen Blütenpflanzen mit geschlossenen Fruchtblättern als Bedecktsamige (Angiospermae) bezeichnet werden.

Die Fruchtblätter heißen, gleichviel, ob sie einzeln oder gemeinsam den Raum einschließen, welcher die Samenanlagen enthält, Fruchtknoten (Abb. 54 D und E).

Die Spitze der Fruchtblätter wächst zu einem kürzeren oder längeren Fortsatz aus, welcher gerade oder gekrümmt sein kann und als der Griffel beschrieben wird (Abb. 55 *st*). Seine Spitze ist meist verbreitert, von papillöser, drüsig-klebriger Beschaffenheit und wird als Narbe (Abb. 55 *n*) von dem übrigen Teile des Griffels unterschieden. Die Narbe kann bei den Angiospermae niemals

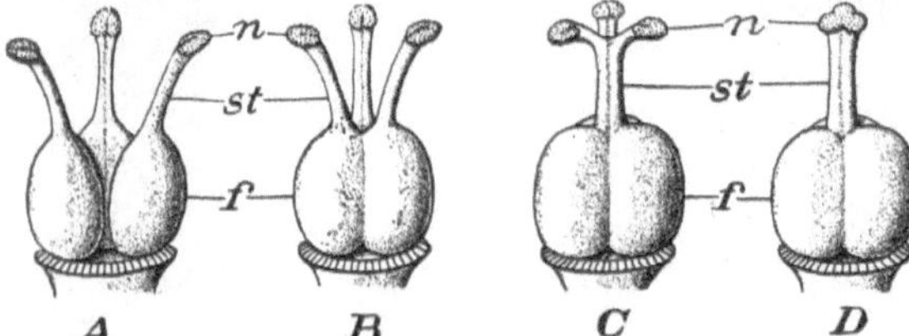

Abb. 55. Verschiedene Grade der Verwachsung der Fruchtblätter. A die drei Fruchtblätter vollkommen frei voneinander. B der untere Teil der drei Fruchtblätter zu einem Fruchtknoten verwachsen, Griffel und Narben frei. C wie B, aber auch die Griffel verwachsen. D Fruchtblätter vollkommen, bis zu den Narben, verwachsen. *f* Fruchtknoten, *st* Griffel, *n* Narben.

fehlen, weil sie zur Aufnahme der Pollenkörner bei der Befruchtung dient; wohl aber kann der Griffel fehlen; in solchem Falle heißt die Narbe sitzend, wie bei den Fruchtblättern des Mohns (Abb. 74). Das aus Fruchtknoten, Griffel und Narbe bestehende Gebilde wird Stempel oder Pistill genannt.

### Verwachsung der Fruchtblätter untereinander.

Die Fälle, wo nur ein einziges Fruchtblatt vorhanden ist, sind verhältnismäßig selten (z. B. bei den Schmetterlingsblütlern). Meist enthält eine Blüte mehrere bis zahlreiche Fruchtblätter, und diese sind dann wiederum nur selten jedes für sich geschlossen und mehr oder weniger unabhängig voneinander, wie bei den Hahnenfußgewächsen (Abb. 55A und 56, 1). In diesem Falle spricht man von einem apokarpen Gynäzeum.

Meist sind die Fruchtblätter untereinander mit ihren Rändern verwachsen und bilden ein synkarpes Gynäzeum. Diese Verwachsung kann wiederum den eigent-

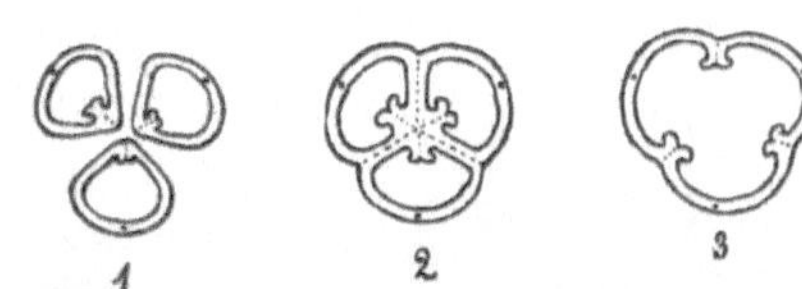

Abb. 56. 1 freie Fruchtblätter. 2 mit Scheidewänden verwachsene und 3 ohne Scheidewände verwachsene Fruchtblätter im Querschnitt.

lichen Blatteil allein betreffen, dann bleiben die Griffel, von denen gewöhnlich so viele vorhanden sind als Fruchtblätter, frei (Abb. 55B). Die Verwachsung kann sich jedoch auch auf die Griffel, und zwar auf diese wiederum nur teilweise (Abb. 55C) oder aber ganz (Abb. 55D) erstrecken. In letzterem Fall ist die Anzahl der Fruchtblätter meist mit der Anzahl der Narbenlappen übereinstimmend.

Der Anzahl der verwachsenen Fruchtblätter entsprechend erscheint auch der Fruchtknoten meist gefächert oder geteilt, doch können auch mehrere Fruchtblätter einen einzigen, ungeteilten Fruchtknoten bilden. Abb. 56, 1 zeigt drei freie, getrennte Fruchtblätter im Querschnitte, Abb. 56, 2 zeigt jene derart miteinander verwachsen, daß durch ihre Ränder drei Scheidewände gebildet werden, und Abb. 56, 3 zeigt dieselbe Verwachsung ohne Scheidewände.

Zuweilen stülpen sich nach erfolgter Befruchtung von der Rückennaht aus scheidewandartige Fortsätze in die Höhlung des Fruchtknotens hinein, welche man als falsche Scheidewände bezeichnet, z. B. beim Lein.

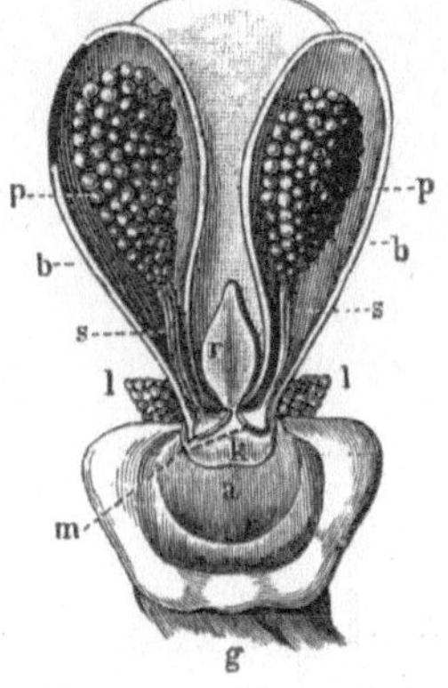

Abb. 57. Der Narbe (a) des Fruchtknotens g aufgewachsene Anthere (b) einer Orchis, p verklebter Pollen, m Klebscheiben, c Konnektiv, r das sog. Schnäbelchen, l verkümmerte Antheren.

Verwachsung der Fruchtblätter mit den Staubblättern.

Eine Verwachsung zwischen Fruchtblättern und Staubblättern kommt fast nur bei den Aristolochiazeen, den Asklepiadazeen und bei den Orchidazeen vor. Bei letzteren ist die filamentlose Anthere (Abb. 57) mit ihren beiden Pollensäcken der Narbe unmittelbar eingefügt, welche den Endpunkt der Griffelsäule bildet. Das durch Verwachsung des Fruchtblattkreises mit dem Staubblattkreise zustande kommende Gebilde nennt man ein Gynostemium.

# Der Blütenboden.

Da, wie bereits erwähnt, angenommen werden muß, daß die Anordnung der einzelnen Blütenblattkreise in erster Linie durch die Stauchung sämtlicher, ursprünglich an einer Achse übereinander angeordneter Blütenteile zustande gekommen ist, so müßten bei der typischen Blüte auch die Einfügungs- oder Insertionsstellen sämtlicher Blütenteile in einer Ebene liegen und ein etwas oberhalb dieser Ebene geführter

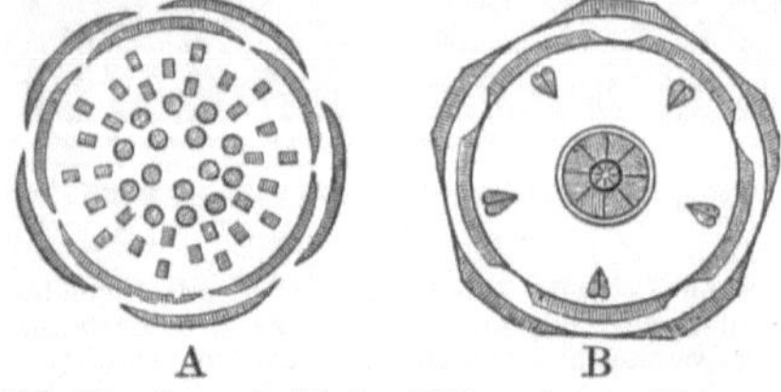

Abb. 58. Querschnitt der Blüten. A vom Hahnenfuß (Ranunculus acer). B der Schlüsselblume (Primula officinalis).

Querschnitt den vollkommenen Grundriß der Blüte veranschaulichen, wie dies in ähnlicher Weise bei dem Bauplan eines Hauses der Fall ist. Diese Querschnitte würden bei dem Hahnenfuß und der Schlüsselblume etwa nebenstehende Bilder ergeben (Abb. 58 A und B).

Indessen erfahren die eben geschilderten Verhältnisse häufig eine Verschiebung dadurch, daß der Achsenteil, welchem die Blütenteile eingefügt sind, sich vergrößert. Dieser Teil heißt der Blütenboden. Er ist fast stets dicker als der Blütenstiel, dessen Gipfel er einnimmt, und erweitert sich häufig durch nachträgliches Wachstum zwischen Andrözeum und Gynäzeum zu einem kegel-, scheiben-, becher- oder krug-

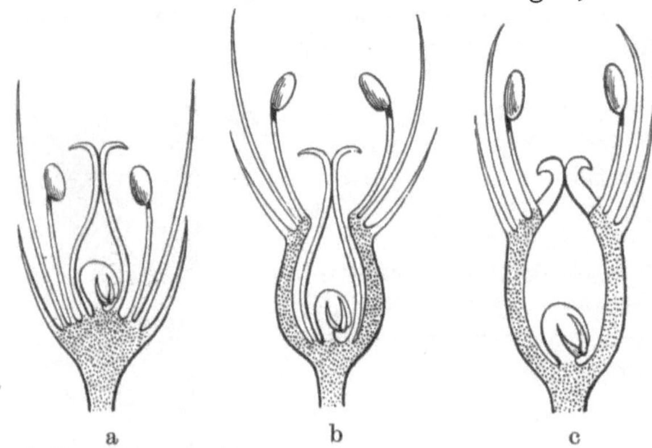

Abb. 59. Stellung des Fruchtknotens zu den übrigen Organen der Blüte. a erhöhte, b vertiefte, c eingesenkte Stellung.

förmigen Gebilde, dem Rezeptakulum oder Achsenbecher. Die Stellung des Fruchtknotens zu den übrigen Teilen der Blüte (Abb. 59) wird durch diese Vergrößerung des Rezeptakulums entweder: a) eine erhöhte oder b) eine vertiefte oder c) eine eingesenkte.

In dem Falle a, welcher der Anordnung des Fruchtknotens an der normal gestauchten Blütenachse entspricht, ist der Fruchtknoten oberständig.

Im zweiten Falle (b) hat sich der scheibenförmig verbreiterte Blütenboden mit seinen Rändern nach oben gewölbt, ohne jedoch über dem Fruchtknoten zusammenzuschließen. In diesem Falle ist der Fruchtknoten ebenfalls oberständig, aber vertieft (auch mittelständig genannt); es ist diese Form eine Mittelstellung zwischen der ersteren und der folgenden Form.

Drittens endlich (c) kann unter sonst gleichen Verhältnissen der Blütenboden oberhalb des Fruchtknotens zusammenschließen und mit dessen Rändern verwachsen, so daß die übrigen Blütenteile unmittelbar über dem Fruchtknoten stehen. Dann heißt der Fruchtknoten unterständig.

Zu erwähnen sind hier noch Auswüchse des Blütenbodens, welche nicht selten vorkommen. Zuweilen sind diese groß und blumenblattartig

(z. B. bei Passiflora), meistens aber weniger auffallend, ungefärbt und wulstförmig. Man bezeichnet sie dann mit dem Namen Diskus. Dieser ist entweder ein zusammenhängender Ring oder bildet eine ringförmige Gruppe von Drüsen und Schuppen, die sich gewöhnlich zwischen Andrözeum und Gynäzeum befinden. Der Diskus scheidet in der Regel behufs Anlockung von Insekten eine zuckerreiche Flüssigkeit, den Nektar, aus und wird dann Nektarium genannt. Doch auch Blätter oder einzelne Teile von Blättern können in der Blüte als Nektarien ausgebildet sein, wie z. B. in einzelnen Fällen die Blumenblätter und die Staubblätter.

## Die Blütendiagramme.

Aus dem soeben Gesagten geht hervor, daß es bei einer großen Anzahl von Blüten nicht möglich ist, durch einen einzigen, in bestimmter Höhe geführten Querschnitt sämtliche Teile der Blüte so zu treffen, daß aus dem gewonnenen Querschnittsbilde die Stellung jener zueinander klar hervorgeht. Um jedoch die Vorteile auszunützen, welche ein vollkommenes Bild von der räumlichen Anordnung der Blütenteile in sich vereinigt, pflegt man sich nach den Gesetzen der geometrischen Projektionslehre die Einfügungs- oder Insertionsstellen sämtlicher Blütenteile, einschließlich des Fruchtknotens, in eine einzige geometrische Ebene verlegt zu denken. Das so entstehende Bild nennt man ein Blütendiagramm.

Ein Blütendiagramm ist imstande, fast alles über die Blüte Wissenswerte zu veranschaulichen. Es läßt sich aus ihm ersehen, ob die Blüte regelmäßig (strahlig, radiär oder aktinomorph) oder gleichhälftig (zygomorph) ist, wie viele Kelch-, Blumen-, Staub- und Fruchtblätter jene besitzt, ob letztere verwachsen oder getrennt sind und echte oder falsche oder beiderlei Scheidewände bilden, ob die Staubgefäße in einem einzigen Kreis oder in mehreren Kreisen angeordnet sind, ob sie vor den Kelch- oder Kronblättern stehen oder spiralig angeordnet sind, ob ihre Antheren nach außen oder nach innen am Staubfaden angeheftet sind, ob die Anordnung der Blütenteile eine kreisförmige, zyklische (kyklos = der Kreis) oder spiralige (azyklische), ja sogar, ob die Blüte eine Endblüte (Terminalblüte) oder eine Seitenblüte ist, und in welcher Stellung sie sich zur Hauptachse, zu ihrem Deckblatt und ihren Vorblättern befindet.

So ist Abb. 60 A der Grundriß einer durchweg dreizähligen, aus fünf Kreisen aufgebauten, regelmäßigen Blüte mit einem Vorblatt, Abb. 60 B der Grundriß einer gleichfalls aus fünf Kreisen aufgebauten, aber durchweg fünfzähligen, regelmäßigen Blüte mit zwei Vorblättern, Abb. 60 C der Grundriß einer fünfzähligen, aber unregelmäßigen, jedoch symmetrischen Blüte mit zwei Vorblättern und je einem Deckblatt (d).

Die hier unter A und B dargestellten Blütendiagramme sind solche von sog. vollständigen Blüten, d. h. von Blüten, in denen sämtliche fünf Blütenblattkreise, nämlich der Kelchblattkreis, der Blumenblattkreis, der äußere Staubblattkreis, der innere Staubblattkreis, der Fruchtblattkreis vorhanden und auch der Zahl ihrer Organe nach vollkommen entwickelt sind. In den Fällen, wo einzelne Organe fehlen, deutet man sie in dem typischen (durch verwandtschaftliche Verhältnisse der Pflanze ermittelten) Grundriß durch Kreuze an (vgl. z. B. Abb. 60C).

Jedoch noch weit mehr läßt sich in diesen Blütendiagrammen zum Ausdruck bringen.

In Abb. 60A ist z. B. für Kelch- und Blumenblätter die gleiche Form gewählt, und es wird damit angedeutet, daß die Kelchblätter nicht als solche ausgestaltet, sondern blumenblattartig ausgebildet sind und mit den Blumenblättern zusammen ein Perigon bilden.

In den Abb. 60B und C hingegen sind die Kelchblätter als außenseitig deutlich gekielt markiert, wodurch die Kelchblattform angedeutet ist. In Abb. 60A stehen die Kelchblätter in einem Kreise, in Abb. 60B sind sie spiralig angeordnet.

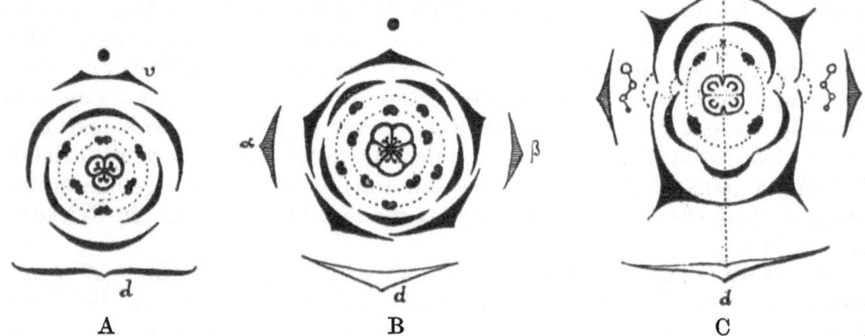

Abb. 60.  Blütendiagramme. A einer dreizähligen Blüte. B einer fünfzähligen, strahligen, obdiplostemonen Blüte.  C einer fünfzähligen, gleichhälftigen Blüte.

In den Abb. 60A und B sind alle Kelch- und Blumenblätter frei, in Abb. 60C sind sie zu zweien oder dreien verwachsen.

Die Staubgefäße bilden in Abb. 60A und B zwei Kreise, in Abb. 60C nur einen, und auch in diesem ist ein Staubblatt nicht entwickelt und deshalb seine Stelle durch ein Kreuz angedeutet.

Im Fruchtknoten endlich läßt sich bei dem Blütendiagramm außer der Zahl der Fruchtblätter angeben, ob diese verwachsen sind, und daß sie in Abb. 60A drei echte, in Abb. 60B fünf echte und in Abb. 60C eine echte Scheidewand und zwei falsche (in diesem Fall nicht bis zur Mitte reichende) Scheidewände besitzen.

Bilden die einzelnen Glieder der Blüte je einen Kreis, so heißt die Blüte zyklisch. Zeigt die Blüte jedoch spiralige Anordnung der Gesamtheit ihrer Glieder, wie es bei den Ranunkulazeen die Regel ist, so wird sie azyklisch oder spiralig genannt, dagegen hemizyklisch, wenn ein Teil ihrer Organe, z. B. Blütenhüllblätter und Staubblätter, spiralig angeordnet ist, während der andere, z. B. die Fruchtblätter, eine zyklische Anordnung zeigt.

Meistens wechseln die einzelnen Organe der verschiedenen Kreise miteinander ab, so daß, von außen betrachtet, vor dem Kelchblatt nicht ein Blumenblatt, sondern erst ein Organ des auf den Blumenblattkreis folgenden Kreises, nämlich des äußeren Staubblattkreises, zu stehen kommt, während das Blumenblatt an derjenigen Stelle eingefügt ist, an welcher zwei Kelchblätter mit ihren Rändern zusammenstoßen. Man nennt dies die alternierende Folge der Blütenblätter. So berührt z. B. bei Abb. 60A ein Radius je ein Kelchblatt, ein äußeres Staubblatt und ein Fruchtblatt, ein anderer Radius hingegen die Organe der dazwischenliegenden Kreise, nämlich je ein Blumenblatt und ein inneres Staubblatt. Diese Stellung der Staubgefäße ist die normale und wird als diplostemones Andrözeum bezeichnet. Eine nicht seltene Abweichung von diesem Blütenbau besteht aber darin, daß die äußeren Staubgefäße vor den Kronenblättern, die inneren vor den Kelchblättern inseriert sind. In diesem Falle wird das Andrözeum obdiplostemon genannt. In dem in Abb. 60B gegebenen Diagramm einer obdiplostemonen Blüte berührt also ein Radius je ein Kelchblatt und ein Staubgefäß des inneren (statt des äußeren) Staubblattkreises, und ein anderer Radius führt durch ein Blumenblatt, ein äußeres Staubgefäß und ein Fruchtblatt.

Blüten, bei denen das Andrözeum nur von einem einzigen vollzähligen Kreis oder Wirtel gebildet wird, heißen haplostemon. Bei solchen unterscheidet man der Stellung nach episepale oder epipetale Staubblätter, je nachdem die Staubblätter vor den Kelch- oder den Blumenblättern stehen.

## Die Blütenformeln.

Obgleich sich durch die Blütendiagramme ein fast vollkommenes Bild der Blüte geben läßt, so hat man doch weiterhin versucht, sich von der bildlichen Darstellung unabhängig zu machen und gibt jenen Bildern in Formeln Ausdruck, welche, anfangs nur dazu bestimmt, die Zahlenverhältnisse wiederzugeben, durch eine Art Zeichensprache so weit ausgestaltet worden sind, daß man in ihnen fast ebensoviel ausdrücken kann wie in der bildlichen Darstellung der Blütendiagramme.

Man bezeichnet mit $K$ den Kelch, mit $C$ (Corolla) die Blumenblätter, mit $P$ ein Perigon, mit $A$ (Andrözeum) die Staubgefäße, mit $G$ (Gynäzeum) die Fruchtblätter und stellt hinter diese Bezeichnungen die Ziffern, welche die Anzahl der einzelnen Organe in jedem Kreise angeben. So würde z. B. die Blütenformel für Abb. 60A lauten:

$$P3 + 3, A3 + 3, G3.$$

Ist die Gliederzahl eines Kreises sehr groß oder unbestimmt, so wird dies durch das Zeichen $\infty$ ausgedrückt.

Fehlende Kreise läßt man nicht weg, sondern ersetzt ihre Zahlen durch 0; die Verwachsung von Gliedern eines Kreises deutet man durch Klammern an, und ob der Fruchtknoten ober- oder unterständig ist, durch einen Strich unter oder über der Zahl; z. B. $G\underline{(3)}$ bedeutet: dreiblättriger, verwachsener, oberständiger Fruchtknoten. Findet Verwachsung einzelner Kreise nur teilweise statt, so daß Ober- und Unterlippe gebildet werden, so setzt man die Zahl der zur Verwachsung der Oberlippe zusammengetretenen Blätter in den Zähler, die der Unterlippe in den Nenner eines Bruches. Endlich kann man auch die Aktinomorphie und die Zygomorphie durch Zeichen andeuten. $\oplus$ bedeutet aktinomorph, $\downarrow$ median zygomorph, $\diagup$ schief und $\leftarrow$ quer zygomorph. Die Blütenformel für Abb. 60C würde, als einer der umständlichsten, also lauten:

$$\downarrow K\tfrac{3}{2},\; C\tfrac{2}{3},\; A\,4+0,\; G\underline{^{(2)}}.$$

# Die Blütenstände.

Nur selten stehen die Blüten einzeln und bilden das Ende des Sprosses, wie dies z. B. bei der Einbeere (Paris quadrifolia) der Fall ist (einachsige Pflanzen Abb. 61). Nicht zu verwechseln sind diese Fälle mit denjenigen, wo die Blütenstiele aus einer Blattrosette dicht über dem Erdboden entspringen, wie bei dem Veilchen (Viola odorata, s. dort); denn tatsächlich bildet in letzterem Falle eine der Blattachseln der Rosette die Ursprungsstelle des Blütenstieles, und die Blüte ist somit ebenso eine seitenständige wie die Mehrzahl der Blüten überhaupt.

Meistens sind die Blüten, wenn deren zahlreiche vorhanden sind, an der Spitze des Haupttriebes oder seiner Seitentriebe dicht zusammengedrängt und bilden daselbst sog. Blütenstände. Ihre Anordnung unterliegt dabei bestimmten Gesetzmäßigkeiten, welchen wiederum die Gesetze der Verzweigung im allgemeinen (s. S. 7) zugrunde liegen.

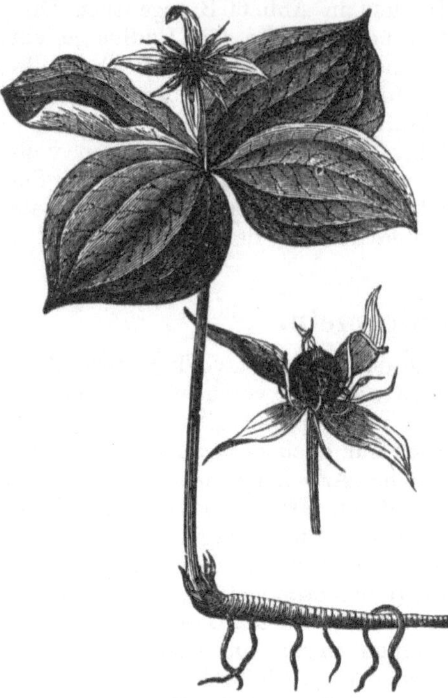

Abb. 61.    Endständige Blüte der Einbeere (Paris quadrifolia).

Alle Blütenstände lassen sich auf zwei Grundformen zurückführen, die beide dem monopodialen Verzweigungssystem angehören (obgleich es scheinbar Ausnahmen gibt), nämlich:

a) die traubigen, botrytischen oder razemösen Blütenstände, und

b) die trugdoldigen oder zymösen Blütenstände.

Bei den traubigen oder razemösen Blütenständen wächst die Hauptachse unbegrenzt fort, und alle Nebenachsen sind Sprosse erster Ordnung, welche der Reihe nach gemeinsam aus einem und demselben Fußstück, der Hauptachse, hervorgegangen sind. Dieses Fortwachsen der

Hauptachse bringt es mit sich, daß die innersten bzw. obersten Blüten noch in der Entwicklung begriffen sind, während die äußeren bzw. unteren Blüten zuweilen schon längst verblüht sind. Aus diesem Grunde kommt den traubigen oder razemösen Blütenständen auch die Benennung zentripetale Blütenstände zu (d. h. in ihrer Blütenfolge dem Mittelpunkt zustrebend, z. B. Hyazinthe, Sonnenblume), während die trugdoldigen oder zymösen auch zentrifugale Blütenstände genannt werden, da stets die End-

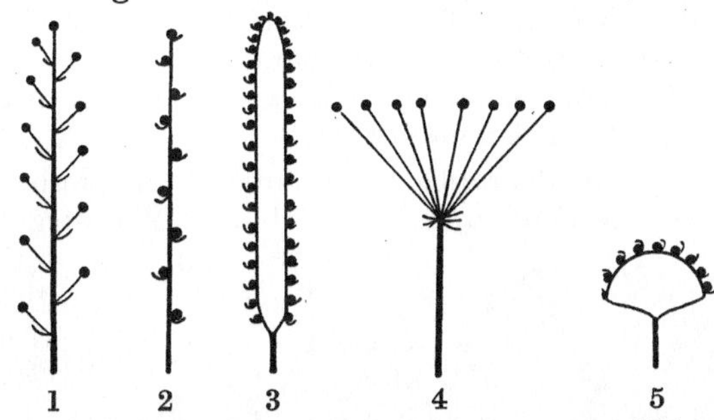

Abb. 62. Schematische Zeichnung der razemösen Blütenstände. 1 Traube. 2 Ähre. 3 Kolben 4. Dolde. 5 Köpfchen.

blüte des jeweiligen Sprosses zuerst blüht, das Aufblühen also vom Mittelpunkt nach der Peripherie hin fortschreitet.

a) Bei den traubigen, razemösen oder zentripetalen Blütenständen können je nach den Längsverhältnissen der Haupt- und Nebenachsen vier Grundformen zustande kommen, und zwar:

1. Hauptachse verlängert — Nebenachsen verlängert: die **Traube** (Racemus), Abb. 62, 1;

2. Hauptachse verlängert — Nebenachsen verkürzt: die **Ähre** (Spica), Abb. 62, 2;

3. Hauptachse verkürzt — Nebenachsen verlängert: die **Dolde** (Umbella), Abb. 62, 4;

4. Hauptachse verkürzt — Nebenachsen verkürzt: das **Köpfchen** (Capitulum), Abb. 62, 5.

Eine Unterform der Ähre ist der **Kolben** (Spadix), Abb. 62, 3, bei welchem die Hauptachse (Spindel) fleischig verdickt ist.

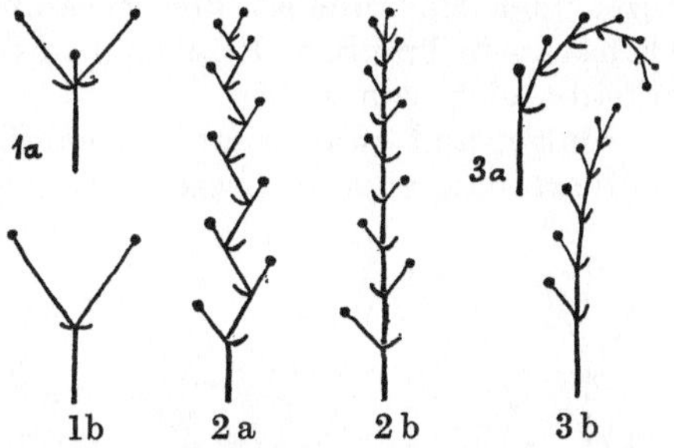

Abb. 63. Schematische Zeichnung der zymösen Blütenstände. 1a Dichasium. 1b gabeliges Dichasium. 2a Wickel. 2b gestreckter Wickel. 3a Schraubel. 3b gestreckte Schraubel.

b) Die trugdoldigen, zymösen oder zentrifugalen Blütenstände lassen folgende Formen unterscheiden:

1. Das **Dichasium.** Dieses besteht aus einer Endblüte und zwei unterhalb derselben an der Hauptachse in gabeliger Verzweigung entstandenen Seitenblüten (Abb. 63, 1a). Fällt die Endblüte ganz weg, was, wenn auch sehr selten, vorkommen kann, so nennt man das Dichasium ein gabeliges oder dichotomes Dichasium (Abb. 63, 1b). Eine Abart des Dichasiums ist das Pleiochasium, bei dem statt zweier Seitenachsen deren drei oder mehrere ausgebildet werden.

2. Der **Wickel.** Dieser entsteht, wenn unterhalb der Endblüte am Hauptsproß sich nur ein Nebensproß entwickelt, aus diesem selbst wiederum nur ein Nebensproß zweiter Ordnung usf. Voraussetzung ist,

daß dies abwechselnd links und rechts von der Abstammungsachse geschieht (Abb. 63, 2a). Hat das Ganze eine gestreckte Form angenommen (Abb. 63, 2b), so ist der Blütenstand von einer Traube nur dadurch zu unterscheiden, daß die Deckblätter den einzelnen Blüten gegenüberstehen. Häufig, besonders bei Borraginazeen und Leguminosen, kommen Doppelwickel vor, bei denen die beiden Seitenachsen eines Dichasiums je zu einem Wickel auswachsen.

3. Die **Schraubel.** Sie entsteht in ähnlicher Weise wie der Wickel, aber mit dem Unterschiede, daß die Verzweigung nur nach einer Richtung hin geschieht. Es existiert hier ebenfalls die gewöhnliche (Abb. 63, 3a) und die gestreckte Form (Abb. 63, 3b).

c) Die zusammengesetzten Blütenstände können aus lauter razemösen oder aus lauter zymösen Teilblütenständen oder aus beiden zugleich gebildet sein. Zusammengesetzte Blütenstände kommen sehr häufig vor. Man

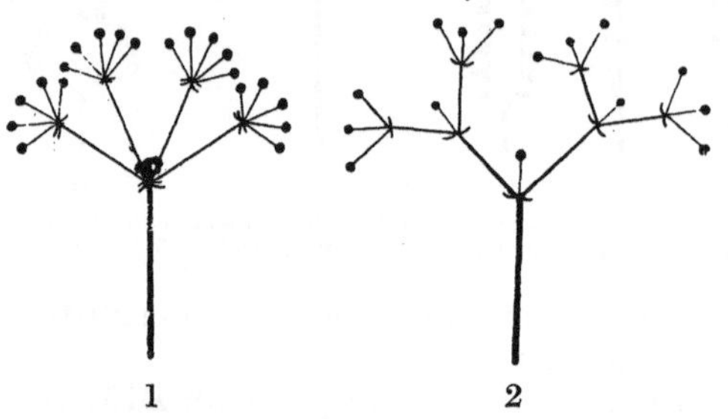

Abb. 64. Schematische Zeichnung zusammengesetzter Blütenstände. 1 Doppeldolde. 2 Trugdolde

bezeichnet sie zumeist der Zusammensetzung entsprechend, z. B. als Dichasien in Trauben, Köpfchen in Schraubeln usw. — Diese Ausdrücke erklären sich von selbst.

Einige, und zwar besonders häufig vorkommende, zusammengesetzte Blütenstände seien hier besonders erwähnt, da sie mit besonderen Namen belegt worden sind. Es sind dies:

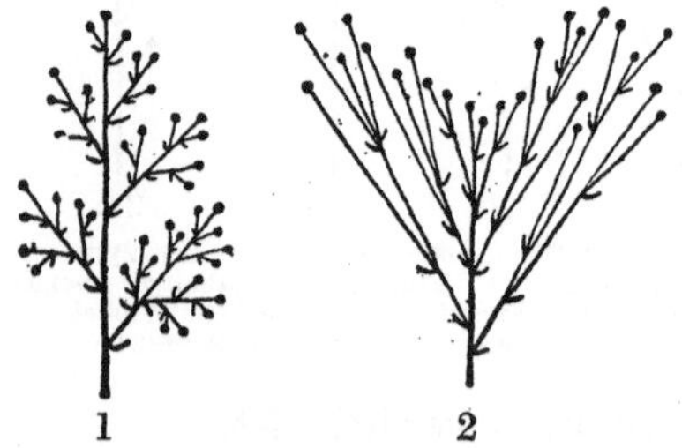

1. Die **Doppeldolde** (Abb. 64, 1) ist eine Dolde, deren einzelne Zweige abermals doldig verzweigt sind. Dies ist derjenige Blütenstand, welcher mit sehr wenigen Ausnahmen bei sämtlichen Doldengewächsen (Umbelliferen) vorkommt.

2. Die **Trugdolde.** Diese entsteht (Abb. 64, 2), wenn sich die Seitenachsen eines zymösen Blütenstandes in gleicher Weise derart verzweigen,

Abb. 65. Schematische Zeichnung zusammengesetzter Blütenstände. 1 Rispe. 2 Spirre.

daß die Blüten ungefähr in einer Ebene liegen (Sambucus nigra). Sie ist im Grunde nichts anderes als ein vielfaches Dichasium.

3. Die **Rispe** (Abb. 65, 1) ist eine Traube, deren einzelne Zweige abermals traubig (oder auch ährenförmig) verzweigt sind, wie es z. B. bei dem Weinstock (Weintraube) der Fall ist.

4. Die **Spirre** (Abb. 65, 2) ist eine Trugdolde mit teils traubenförmigen, teils dichasienartig verzweigten, verlängerten Nebenachsen (Luzula pilosa).

# Blütenbiologie.

Unter Blütenbiologie versteht man die Beziehungen zwischen dem Blütenbau und der Blütenbestäubung. Die Blütenbestäubung, die Übertragung der Mikrosporen auf die Narbe des Fruchtknotens, erfolgt entweder auf den Fruchtknoten derselben Blüten, Selbstbestäubung, oder auf den Fruchtknoten einer anderen Blüte der gleichen Art, Fremdbestäubung.

Verzichtet eine Blüte auf alle Bestäubungseinrichtungen, indem sie sich überhaupt nicht öffnet, so bezeichnet man sie als kleistogam. Die Mikrosporen entsenden dann ihren Pollenschlauch direkt auf die Narbe des Fruchtknotens. Solche kleistogamen Blüten finden wir z. B. beim Veilchen, bei der Balsamine (Impatiens parviflora), beim Sauerklee usw.

In der größten Mehrzahl sind die Blüten jedoch auf Fremdbestäubung (Chasmogamie) eingestellt. Geeignete Einrichtungen, um eine Selbstbestäubung zu verhindern, sind besonders die Trennung der Geschlechter auf verschiedene Blüten durch Monözie und Diözie sowie die zeitlich verschiedene Reifung der männlichen und weiblichen Blütenorgane. Entsprechend der Entwicklungsfolge in der Blüte gelangen meistens die Mikrosporangien zuerst zur Reife und entlassen ihre Pollen, bevor die Narbe empfängnisreif ist (proterandrische Blüten), seltener ist die Narbe zuerst entwickelt (proterogyne Blüten), z. B. beim Wegerich. In einzelnen Fällen bleibt die Befruchtung aus, wenn Pollen auf die Narbe derselben Blüte gelangen (Selbststerilität).

Um aber Fremdbestäubung (Kreuzbefruchtung) zu erzielen, bedarf es einer Übertragung der Pollenkörner auf die Narbe einer anderen Blüte. Eine solche Übertragung kann durch Wind (anemophile Blüten), selten durch Wasser (hydrophile Blüten), meistens durch Tiere (zoophile Blüten), vor allem durch Insekten (entomophile Blüten) erfolgen. Die Blüten entwickeln bestimmte Einrichtungen, die als Anpassungen an die verschiedenen Bestäubungsarten anzusehen sind. Bei den windblütigen Pflanzen werden die Pollen in außerordentlicher Anzahl entwickelt; sie sind leicht und mit glatter Exine versehen, bei einigen Gymnospermen besitzen sie sogar Flugblasen. Die Narbe ist sehr groß und entwickelt sehr lange Papillen. Nektarien und leuchtende Farben werden nicht ausgebildet. Windblütige Pflanzen können schon im zeitigsten Frühjahr bestäubt werden und entwickeln oft ihre Blüten vor den Blättern. Hierher gehören die Nadelbäume, deren Pollenstaub oft die Erde gelb färbt („Schwefelregen"), die Gräser, durch deren zahlreichen Pollen zur Blütezeit oft „Heuschnupfen" hervorgerufen wird, und die Birken, Haselnüsse, Walnüsse, Buchen, Eichen usw.

Bei wasserblütigen Pflanzen (z. B. Vallisneria spiralis) werden weibliche und männliche Blüten an der Oberfläche des Wassers entwickelt. Die letzteren lösen sich ab und treiben durch die Strömung des Wassers zu den weiblichen Blüten.

Die große Mehrzahl der Phanerogamen ist bei der Befruchtung auf die Vermittlung von Tieren, namentlich Insekten, angewiesen (insektenblütige oder entomophile Pflanzen), seltener auf diejenige von

Vögeln oder Schnecken.  Die Zuführung des Pollens zur Narbe ist in diesem Falle nicht so sehr wie bei den Windblütlern dem Zufall anheimgegeben, so daß bei entomophilen Pflanzen der Pollen nicht in so verschwenderischer Fülle erzeugt zu werden braucht.  Um den Besuch der Insekten in den Blüten herbeizuführen, wird in ihnen **Zuckersaft**, welcher als „**Nektar**" an verschiedenen Teilen der Blüte abgeschieden wird, dargeboten, und, um sie von weitem her dazu anzulocken, werden **Düfte** und **bunte Farben** entweder von den Blütenblättern selbst oder in einzelnen Fällen auch durch Hochblätter erzeugt.  Der Pollen der Insektenblütler ist in der Regel nicht staubartig trocken, sondern klebend, oder mit rauhen, haftenden Oberflächen (Abb. 48) versehen, und der Bau der Blüten ist so eingerichtet, daß die Pollenkörner an bestimmten Stellen des Nahrung suchenden Tieres hängenbleiben und von ihm an der filzigen oder klebrigen Narbe einer anderen Blüte abgestreift werden müssen.

Alle diese Einrichtungen sind dazu bestimmt, den Pollen einer Blüte auf die Narbe einer anderen zu übertragen und die Übertragung zwischen den Organen einer und derselben Blüte möglichst zu verhindern, weil auf diesem Wege eine Verschlechterung der Nachkommenschaft herbeigeführt werden würde.  Am sichersten wird natürlich die Selbstbefruchtung vermieden, wenn die Blüten eingeschlechtig sind.  Wo dies nicht der Fall ist, und das trifft für die meisten Phanerogamen zu, wird die Kreuzung mit anderen Individuen durch **Dichogamie** gesichert. Hierunter versteht man die ungleichzeitige Reife der männlichen und weiblichen Geschlechtsorgane.  Denn wenn die männlichen Organe vor den weiblichen oder umgekehrt zur Reife kommen, so wird auch bei Zwitterblüten Selbstbefruchtung vermieden.

Am zahlreichsten und spezialisiertesten sind die blütenbiologischen Anpassungen bei den insektenblütigen Pflanzen.

Die Blüten sind vor allem lebhaft gefärbt, häufig deuten noch besondere Zeichnungen der Blumenblätter (Saftmale) die Lage des Nektars an.  Nach neueren Untersuchungen sind nun z. B. die Bienen teils als „Sucher", teils als „Sammler" ausgebildet.  Die „Sucher" erkennen von weitem an der Blütenfarbe ihre Nektarblumen und finden die geeigneten dann in der Nähe am Blütenduft heraus; sie berichten über ihre Funde durch eine Zeichensprache im Bienenstock und führen dann die „Sammler" zu den betreffenden Blüten hin.

Bestimmte Pflanzen sind infolge des Baues ihrer Blüten, der Weite ihrer Kronenöffnung, der Länge ihrer Kronenröhre auf den Besuch bestimmter Insektenordnungen oder -gattungen, ja manchmal einer ganz bestimmten Insektenart angewiesen.

Die Insekten selbst suchen die Blüten wegen ihrer Nahrung auf, indem sie den Pollen verzehren oder den Nektar aufsaugen.

Als besondere Einrichtung, die eine Kreuzbefruchtung gewährleistet, ist die **Heterostylie** anzusehen, d. h. außer Pflanzen, bei denen die Narben die Antheren überragen, haben wir solche der gleichen Art, bei denen die Verhältnisse umgekehrt liegen. Ein Insekt, das eine kurzgrifflige Blüte besucht hat, bei der also die Staubgefäße langstielig sind, bestäubt nur die Narbe einer langgriffligen Blüte, da die Pollen an der gleichen Stelle des Insektes festhaften, wo die Narbe der langgriffligen Blüte sich befindet. Solche Fälle von Heterostylie treffen wir vor allem bei den Primeln; manche Pflanzenarten bilden sogar dreierlei Blüten aus, die sich durch die verschiedene Länge der Griffel und Staubblätter unterscheiden, z. B. Lythrum salicaria (s. Abb. 66).

Manche Blüten sind auf die Bestäubung einer ganz bestimmten Insektenart angepaßt, so z. B. die der Feige, die durch eine Gallwespe bestäubt werden, wobei diese gleichzeitig ihre Eier ablegt, und die der Yucca (durch die Yuccamotte, die gleichzeitig die Eier in die Fruchtknotenhöhle stopft und die Höhlung dann mit Pollen verschließt).

# Die Frucht.

Da die Blüte nur dem Zwecke der Befruchtung der (wenn wir von den Gymnospermen absehen) in ihrem Fruchtknoten eingeschlossenen Samenanlagen dient, so ist ihre Bestimmung erfüllt, sobald die Befruchtung stattgefunden hat, sei es durch Vermittlung des

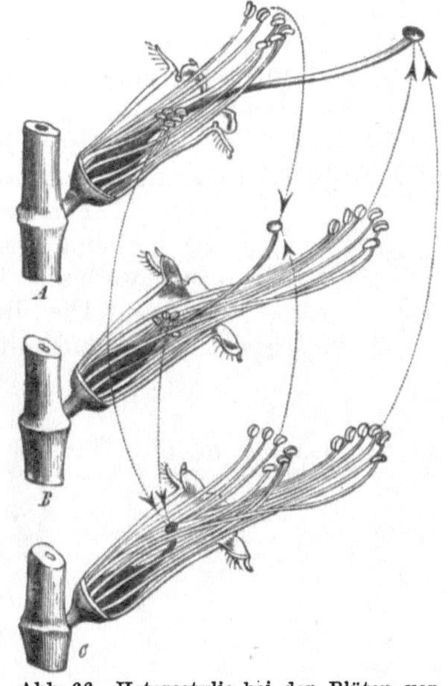

Abb. 66. Heterostylie bei den Blüten von Lythrum salicaria. A langgrifflige. B mittelgrifflige. C kurzgrifflige Blüte.

Windes oder bestimmter Insekten. Staubgefäße, Blumenblätter und oft auch der Kelch sterben ab und lösen sich meist von der Pflanze los, während hingegen die Fruchtblätter zugleich mit der fortschreitenden Entwicklung der Samen zu mannigfach gestalteten Hüllen für die letzteren auswachsen. Wenn hierbei eine verschiedene Ausbildung der äußeren, mittleren und inneren Fruchtblattschicht stattfindet, so unterscheidet man danach an der fertigen Fruchtwandung, dem Perikarp (von außen nach innen): Exokarp, Mesokarp und Endokarp.

An dieser Hüllenbildung können sich jedoch noch andere Teile außer den Fruchtblättern beteiligen, so der Kelch, oder aber, wie es häufig geschieht, der Blütenboden. In diesem Falle spricht man von Scheinfrüchten oder Halbfrüchten.

## Echte Früchte.

Die echten Früchte sind ausnahmslos nur aus den Fruchtblättern (einschließlich der Samenanlagen) hervorgegangen. Man unterscheidet: a) Trockenfrüchte und b) Fleischfrüchte oder Saftfrüchte.

Bei ersteren ergibt sich ein wesentlicher Unterschied wiederum dadurch, daß die Früchte zur Zeit der Reife entweder geschlossen bleiben oder aber von selbst aufspringen, wonach man sie in Schließfrüchte

und Springfrüchte einteilt. Man hat die echten Früchte also wie folgt
zu unterscheiden:

a) **Trockenfrüchte.**

I. Schließfrüchte: 1. Nuß; 2. Achäne; 3. Doppelachäne;
4. Karyopse.

II. Springfrüchte: 1. Balgfrucht; 2. Hülse; 3. Schote; 4. Kapsel.

b) **Fleischfrüchte oder Saftfrüchte.**

1. Steinfrucht; 2. Beere.

Die **Nuß** besitzt ein holziges Perikarp (z. B. die Hanffrucht, die Haselnuß, Abb. 67) und umschließt nur einen einzigen Samen.

Die **Achäne** besitzt eine lederige Hülle mit nur
einem Samen, der der Fruchtwandung fest angewachsen ist (z. B. Kompositenfrüchte, Abb. 68).

Die **Doppelachäne** ist die den Umbelliferen
eigentümliche Frucht, welche aus zwei Frucht-

Abb. 67.  Nuß vom Hasel-
strauch (Corylus avellana).

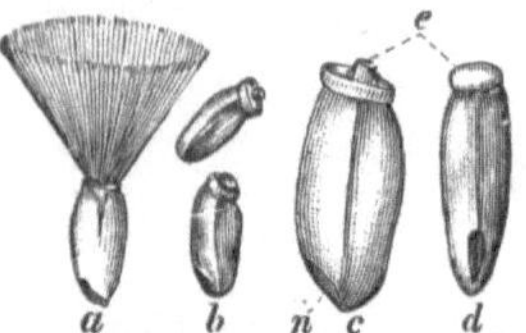

Abb. 68.  Achäne von Silybum
Marianum (c und d vergrößert).

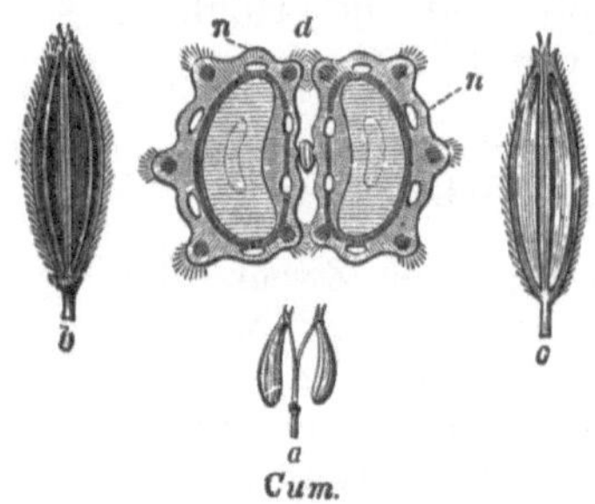

Abb. 69.  Doppelachäne vom Römischen
Kümmel (Cuminum cyminum).

Abb. 70. Drei Balg-
früchte von Aconi-
tum napellus. a die
aufspringende
Bauchnaht, o die
Rückennaht.

blättern hervorgeht. Jede von ihnen schließt einen Samen ein, welcher
mit der Fruchtschale fest verwachsen ist. Bei der Reife zerfallen die
Doppelachänen leicht in zwei Teile, Merikarpien oder Spaltfrüchte
genannt (Abb. 69).

Die **Karyopse** ist die mit einer häutigen, der Samenschale fest angewachsenen Hülle versehene Frucht der Gräser (z. B. Körner des Roggens,
des Weizens).

Die **Balgfrucht** (Folliculus) ist die aus einem einzigen, häutig gewordenen Fruchtblatt gebildete, besonders bei den Ranunkulazeen vorkommende Frucht, welche zur Reifezeit an ihrer Bauchnaht aufspringt
(Abb. 70).

Die **Hülse** (Legumen) wird ebenfalls aus einem Fruchtblatte gebildet, springt aber zur Reifezeit an Bauch- und Rückennaht meist
gleichzeitig auf. Sie ist den Leguminosen eigen (Abb. 71).

Die **Schote** (Siliqua) wird aus zwei Fruchtblättern gebildet,
zwischen denen sich eine falsche Scheidewand befindet. Zur Reifezeit
lösen sich beide Fruchtblätter klappenartig von der Scheidewand ab.
Die Schote ist z. B. den Kruziferen eigen (Abb. 72). Ist sie weniger
als doppelt so lang wie breit, so nennt man sie gewöhnlich Schötchen
(Silicula, Abb. 73).

Die **Kapsel** besteht aus zwei oder mehr Fruchtblättern, welche unter sich verwachsen sind (Abb .74). Sie kann einfächerig sein, wenn die verwachsenen Ränder der Fruchtblätter sich nicht oder nur wenig nach innen einwölben, oder aber mehrfächerig, durch echte Scheidewände geteilt, wenn die verwachsenen

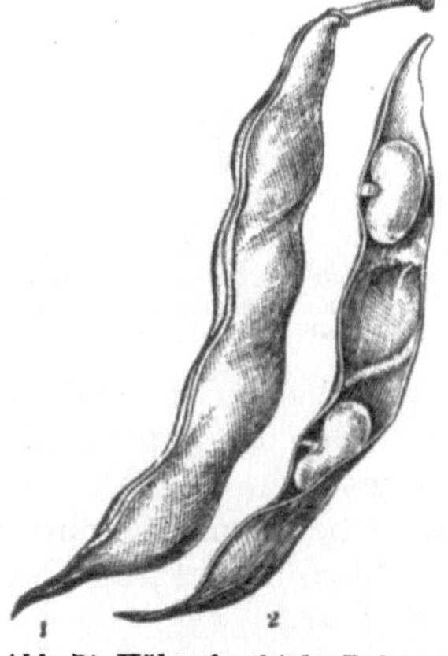

Abb. 71. Hülsenfrucht der Bohne (Phaseolus vulgaris). 1 geschlossen, 2 geöffnet.

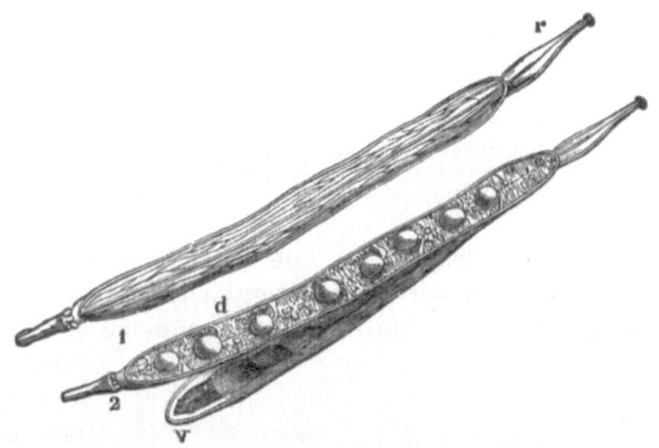

Abb. 72. Schote des Kohls (Brassica oleracea). 1 geschlossen, 2 aufgesprungen; die obere Klappe ist bei 2 entfernt.

Ränder der Fruchtblätter bis zur Mitte reichen oder noch weiterwachsen und innerhalb der Fächer von ·innen vorspringen. Auch können, durch Wucherung der Mittelrippen der einzelnen Fruchtblätter nicht bis zur Mitte reichende, sog. falsche Scheidewände gebildet werden. Zur Zeit der Reife öffnet sich die Kapsel, um die Samen auszustreuen, und man unterscheidet nach der Art und Weise, in welcher das Öffnen vor sich geht, drei Typen:

1. Das Aufspringen findet längs der Scheidewand statt — scheidewandspaltige(septicide) Kapsel (Abb. 75b).

2. Das Aufspringen findet durch einen Längsriß in der Mitte der Außenwand jedes Faches statt — fachspaltige (lokulizide) Kapsel (Abb. 75c).

3. Das Aufspringen findet durch Trennung der Scheidewände und der Außenwände statt — wandbrüchige

Abb. 73. Schötchen des Hirtentäschel, Capsella bursa pastoris). 1 geschlossen, 2 aufgesprungen und vergrößert.

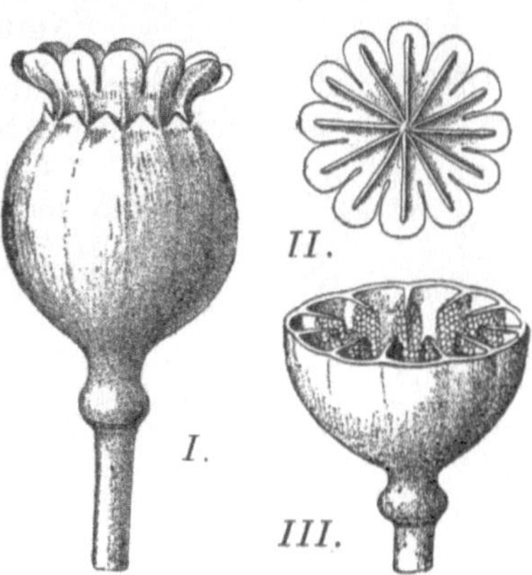

Abb. 74. Papaver somniferum. 1. Kapsel von der Seite gesehen. II. Narbe von oben gesehen. III. Kapsel im Querschnitt, die unvollständigen, mit Samen besetzten Scheidewände zeigend. Vergr. $^2/_3$.

(septifrage) Kapsel (Abb. 75d).

Weiterhin kann das Ausstreuen der Samen auch geschehen, indem sich Löcher in der Kapsel bilden, wie beim Mohn (Abb. 74) oder indem sich der obere Teil der Kapsel deckelförmig abhebt, wie beim Bilsenkraut (Abb. 76) oder manchen Primulazeen (Cyclamen, Anagallis). Man spricht dann von Porenkapseln und Deckelkapseln.

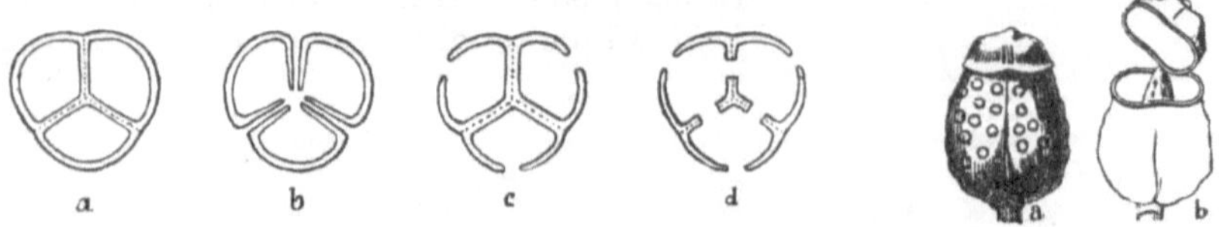

Abb. 75. Verschiedenartig aufspringende Kapseln querdurchschnitten. a dreifächerige, geschlossene Kapsel. b wandspaltig geöffnet. c fachspaltig geöffnet. d wandbrüchig geöffnet.

Abb. 76. Deckelkapsel des Bilsenkrautes (Hyoscyamus niger). a geschlossen. b mit abfallendem Deckel.

Die **Steinfrucht** ist eine Fleischfrucht; durch Verholzen der inneren Fruchtschicht wird eine steinharte Schale um den oder die Samen gebildet; der sogenannte Kern ist von einer fleischig-weichen Schicht umgeben, wie es bei dem Steinobst: Kirschen, Pflaumen, Pfirsichen usw. der Fall ist.

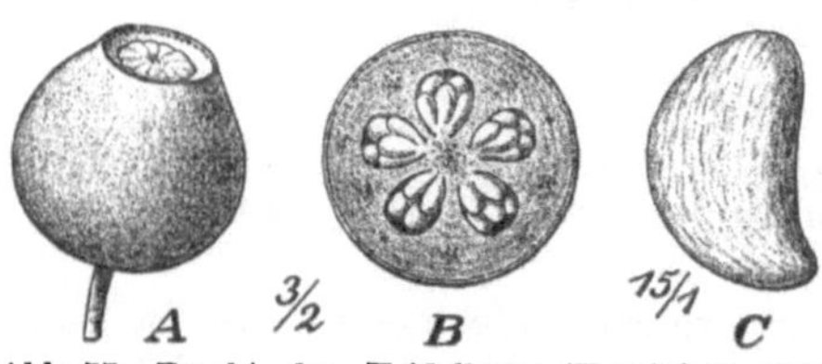

Abb. 77. Frucht der Heidelbeere (Vaccinium myrtillus). A die ganze Frucht. B Frucht querdurchschnitten. C Samen.

Die **Beere** ist eine Fleischfrucht, in welcher die meist zahlreichen Samen unmittelbar von dem weichen Fruchtfleische umgeben werden (Heidelbeere, Abb. 77, Stachelbeere).

## Sammelfrüchte.

Diese entstehen dadurch, daß mehrere oder zahlreiche in einer Blüte vorhandene, ursprünglich freie Karpelle zu einem zusammenhängenden Gebilde verwachsen, z. B. bei der Himbeere und Brombeere.

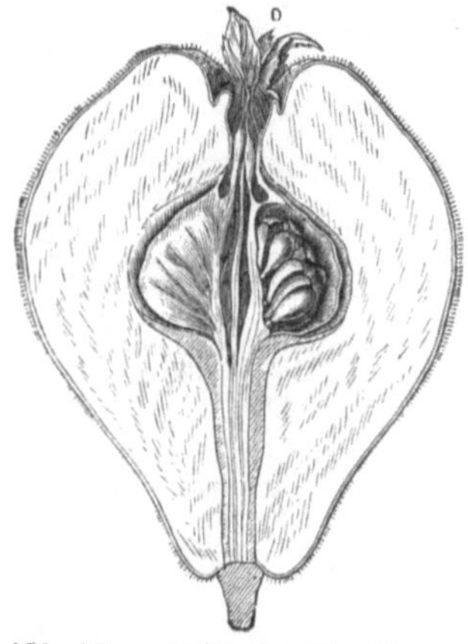

Abb. 78. Quittenfrucht, längsdurchschnitten.

## Schein- oder Halbfrüchte.

Sie finden sich, strenggenommen, bei sämtlichen Pflanzen mit unterständigem Fruchtknoten, da bei diesen stets die Blütenachse an der Fruchtbildung beteiligt ist. Man pflegt jedoch häufig, wie z. B. bei den Achänen und Doppelachänen, darüber hinwegzusehen.

Die Scheinfrüchte sind, wie bereits angedeutet, solche Früchte, an deren Zustandekommen sich auch andere Teile als allein die Fruchtblätter beteiligt haben.

Immer aber sind sie, zum Unterschiede von den Fruchtständen, aus einer einzigen Blüte hervorgegangen. Wichtige Formen derselben sind:

Die **Apfelfrucht**, wel-
che außer bei dem Apfel
auch bei der Birne, der
Quitte, der Mispel an-
getroffen wird (Abb. 78).
Hier ist nur der innere
Teil mit den Samen (das
sog. Gehäuse) aus den
Fruchtblättern hervor-
gegangen. Er unterschei-
det sich beim Durch-
schneiden einer solchen
Frucht durch eine scharf
umschriebene Linie
deutlich von dem ihn
umgebenden fleischi-
gen Teile, welcher aus
dem Fruchtboden
hervorgegangen ist
und oben noch von den
Überresten des Kel-
ches gekrönt zu wer-
den pflegt (Abb. 78c).

Die **Rosenfrucht**
(Abb. 79) ist in
ähnlicher Weise zustande gekommen, nur sitzen hier die
zahlreichen Einzelfrüchtchen
auf der Innenseite des fleischig
gewordenen, krugförmigen
Fruchtbodens an.

Die **Erdbeerfrucht** (Abb. 80)
zeigt umgekehrte Verhältnisse.
Hier bildet der Blütenboden
den mittleren, fleischigen
Kegel, während die gleichfalls von je einem Fruchtblatte umschlossenen Samen,
also Einzelfrüchtchen, jenem
auf seiner ganzen Oberfläche
aufsitzen.

Die **Granatfrucht** (Abb. 81)
ist durch ein ungewöhnlich
starkes Wachstum des Blü-
tenbodens, die **Anakardien-**
frucht (Abb. 82) durch Wucherung des Fruchtstieles zustande gekommen.

Die **Fruchtstände** sind, wie der Namen sagt, nicht aus einer einzigen,
sondern einer gewissen Anzahl von Blüten hervorgegangen. Daß man oft

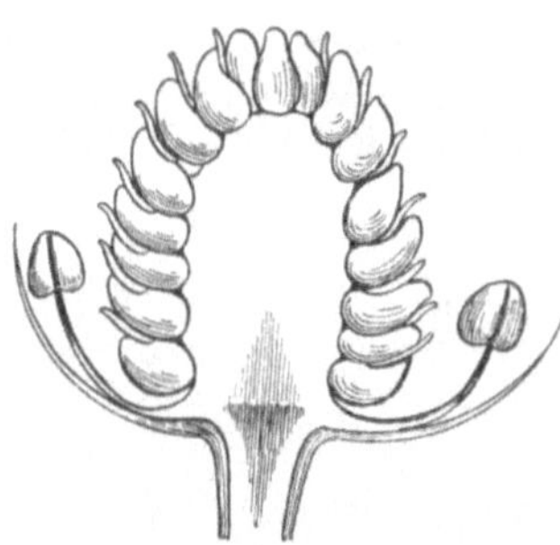

Abb. 79. Rosenfrucht,
längsdurchschnitten.

Abb. 80. Junge Erdbeerfrucht im
Längsschnitt.

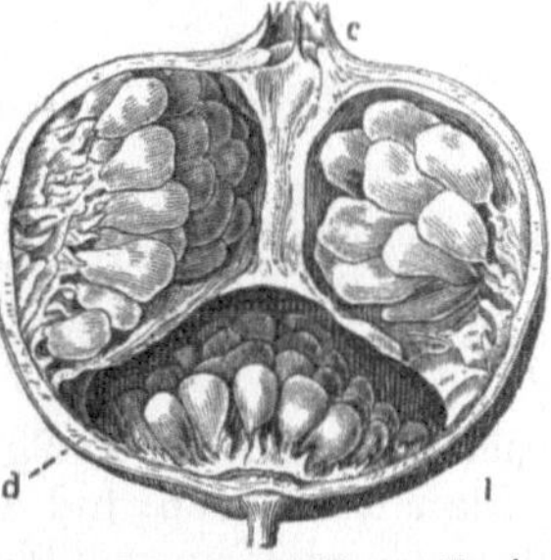

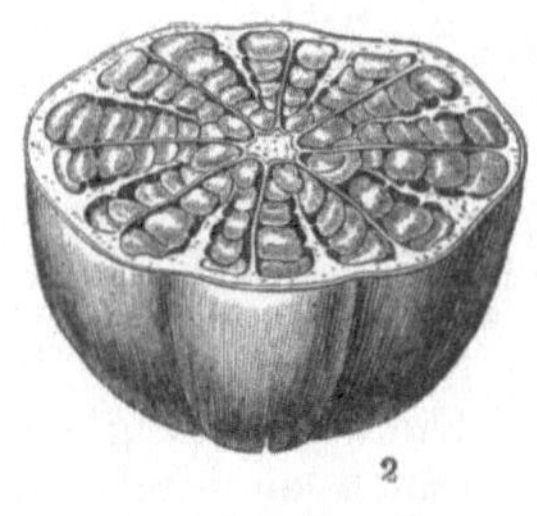

Abb. 81. Granatfrucht von Punica granatum. 1 längsdurchschnitten,
*c* der Kelchsaum, *d* der Blütenboden. 2 querdurchschnitten.

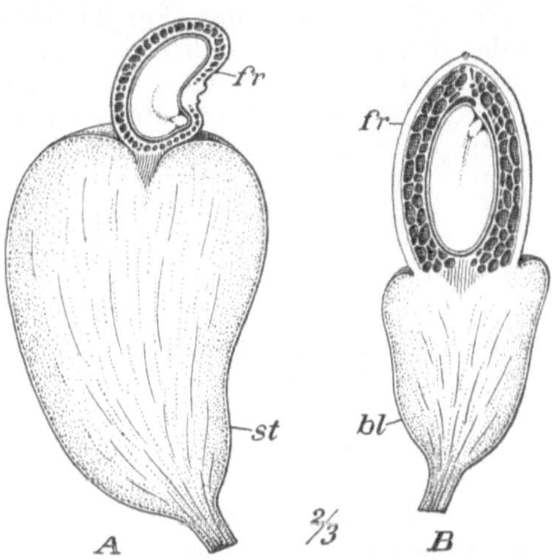

Abb. 82. A Fruchtbildung von Anacardium occidentale.
B von Semecarpus anacardium, *fr* Frucht, *st* fleischig
angeschwollener Fruchtstiel, *bl* fleischig angeschwollener
Blütenboden.

scheinbar eine einzige Frucht vor sich zu haben glaubt, rührt daher, daß derjenige Achsenteil, welchem die Einzelfrüchtchen aufsitzen, fleischig geworden ist. wie z. B. bei der Feige (Abb. 83), Maulbeere und Ananas, oder er ist samt seinen Deckblättern holzig geworden, wie z. B. bei der Erle (Abb. 84).

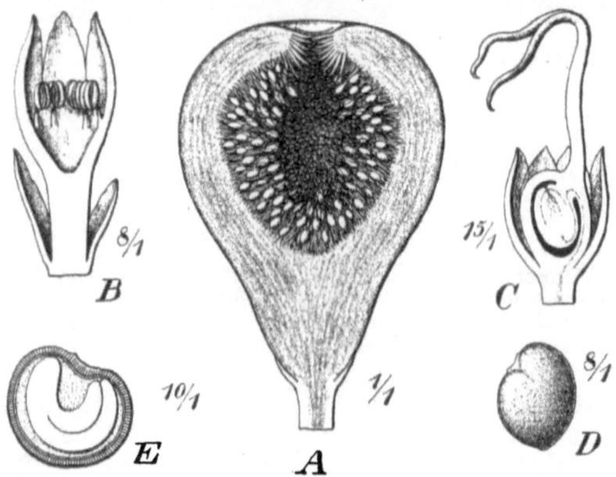

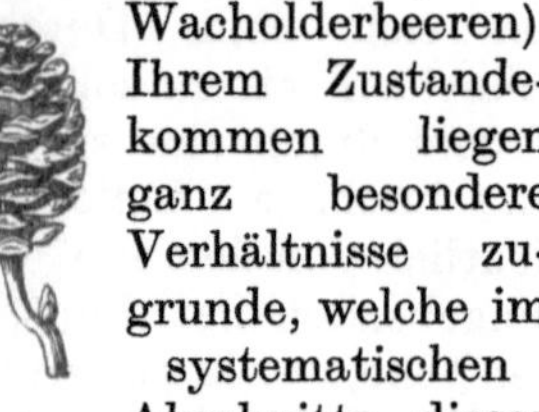

Besondere Erwähnung verdienen hier die Zapfen und Zapfenbeeren der Nadelholzgewächse (z. B. Wacholderbeeren). Ihrem Zustandekommen liegen ganz besondere Verhältnisse zugrunde, welche im systematischen Abschnitte dieses Buches an betreffender Stelle erörtert werden sollen.

Abb. 83. Ficus carica. A Fruchtstand im Längsschnitt ($^1/_1$). B einzelne männliche Blüte im Längsschnitt ($^8/_1$). C weibliche Blüte im Längsschnitt ($^{15}/_1$). D steriler Samen aus einer sog. Gallenblüte ($^8/_1$). E fertiler Samen, längs durchschnitten ($^{10}/_1$).

Abb. 84. Fruchtstand der Erle(Alnus glutinosa).

Die Verbreitung der Samen und Früchte erfolgt teils durch Wind oder Wasser oder durch Tiere. Manche Samen und Früchte haben zu ihrer passiven Bewegung besondere Gewebe ausgebildet. Hierzu rechnen die Flughaare, die entweder den Samen einhüllen (Gossypium) oder fallschirmartige Organe bilden (Pappus der Kompositen), sowie die Fluggewebe, flügelartige Vorrichtungen z. B. an den Samen mancher Koniferen und an Früchten (Ahorn). Ferner gehören hierher lufthaltige Gewebe von Samen und Früchten solcher Pflanzen, die durch Wasserströmungen verbreitet werden, z. B. Tropaeolum.

# Der Samen.

## Die Samenanlage.

Der Samen, zu dessen Schutz oder Verbreitung die Frucht vorhanden ist, liegt einzeln oder zu mehreren (die Gymnospermen sind hier ausgenommen) innerhalb der Frucht und ist mit dieser an der Nabelstelle verbunden. Er stellt das aus der Samenanlage, dem Makrosporangium, hervorgegangene Gebilde dar.

Während die Samenanlagen der Gymnospermen frei an den Fruchtblättern stehen, sind sie bei den Angiospermen stets im Fruchtknoten eingeschlossen. Sie entspringen in der Regel aus den Randteilen der Fruchtblätter und sind dementsprechend im einfächerigen Fruchtknoten meist wandständig oder parietal, im mehrfächerigen meist zentralwinkelständig. Abweichend hiervon ist die scheinbare Erzeugung der Samenanlagen durch die Blütenachse (grundständige Samenanlagen), welche z. B. bei den Reihen der Zentrospermae und der

Primulales vorkommt. Man ist jedoch vielfach geneigt, diese Erscheinung auf Verkümmerung, Verwachsung oder Verschiebung der Scheidewände zurückzuführen.

Die Stellen des Fruchtknotens, an denen die Samenanlagen entspringen, sind mehr oder weniger verdickt und heißen Samenleisten (Plazenten, die schraffierten Stellen in Abb. 85). Aus diesen Samenleisten erhebt sich der Samenstiel, Nabelstrang, welcher das Verbindungsglied zwischen der Samenanlage und der Pflanze bildet.

Der Samenstiel, Nabelstrang (Funiculus) besitzt eine sehr verschiedene Länge, je nachdem die Samenanlage und dementsprechend später der ausgereifte Samen gerade, gekrümmt oder umgewendet ist. Die drei Figuren in Abb. 85 veranschaulichen diese drei verschiedenen Arten von Samenanlagen.

Die Gestalt der Samenanlagen kann eine dreifache sein, und zwar:

1. Gerade oder orthotrop (auch atrop genannt),

2. gekrümmt oder kampylotrop,

3. umgewendet oder anatrop.

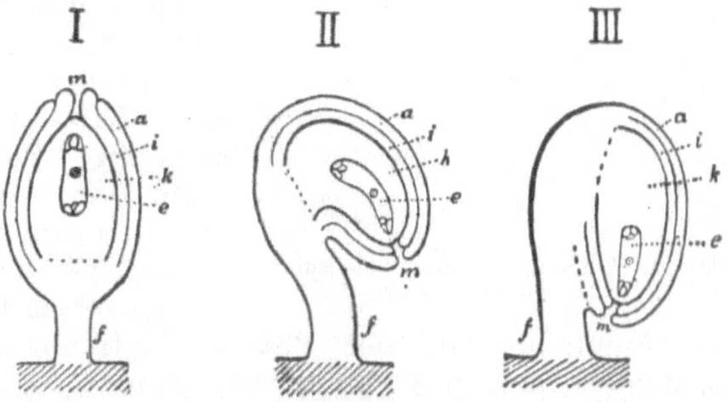

Abb. 85. Samenanlagen verschiedener Gestalt. I gerade, orthotrop oder atrop. II gekrümmt oder kampylotrop. III umgewendet oder anatrop. *f* der Nabelstrang oder Funikulus, *a* äußeres, *i* inneres Integument, *k* Nuzellus oder Knospenkern, *e* Embryosack, *m* Mikropyle.

Gerade Samenanlagen kommen verhältnismäßig selten vor. Bei ihnen liegt der Keimmund (Mikropyle) gegenüber der Anheftungsstelle (Abb. 85, I) (Piperaceae, Polygonaceae).

Gekrümmte Samenanlagen, welche ebenfalls nur bei wenigen Gruppen des Pflanzenreiches vorkommen, besitzen einen bogenförmig nach der Anheftungsstelle zurückgekrümmten Nucellus. Die Mikropyle liegt seitlich oder ist der Ebene, aus welcher der Samen entspringt, mehr oder weniger zugewendet (Abb. 85, II) (Centrospermae).

Umgewendete Samenanlagen sind die häufigsten. Bei ihnen ist die Drehung nach der Anheftungsstelle hin eine so vollkommene, daß eine Krümmung des Inneren gar nicht stattfindet. Der Keimmund liegt unmittelbar neben der Anheftungsstelle (Abb. 85, III).

Die oft langgestreckte Verwachsungsstelle von Samenanlage und Samenstiel wird Raphe genannt und tritt bei Samen, die aus umgewendeten Samenanlagen hervorgegangen sind, häufig auffallend hervor.

Die Stelle, an welcher der Nabelstrang in den Samen eintritt, nennt man den Nabel (Hilum). Dieser liegt:

gegenüber dem Keimmunde bei den aufrechten Samenanlagen;

seitlich vom Keimmunde bei den gekrümmten Samenanlagen;

unmittelbar neben dem Keimmunde bei den umgewendeten Samenanlagen.

Die Stelle, an welcher der Nabelstrang endet, nennt man den **inneren Nabel** oder die **Chalaza**; sie ist in Abb. 85 durch eine punktierte Linie bezeichnet und liegt stets am Grunde des Archespors (Nuzellus).

Die Mehrzahl der Samenanlagen ist seitlich an den Samenleisten angeheftet, und man unterscheidet dann, ob sie **waagerecht abstehend**, **aufwärts gekrümmt** (aufsteigende Samenanlage) oder **abwärts gekrümmt** ist (hängende Samenanlage). Im ersteren Falle unterscheidet man z. B. waagerecht abstehende, gerade (Abb. 86, I), waagerecht abstehende, aufrecht umgewendete (II) und waagerecht abstehende, abwärts umgewendete (III) Samenanlagen. Bei hängenden und aufsteigenden umgewendeten Samenanlagen pflegt man einen Unterschied zu machen; liegt die Samenanlage zwischen Samenleiste und Funikulus, so nennt man sie zugewandt (epitrop), wird sie durch

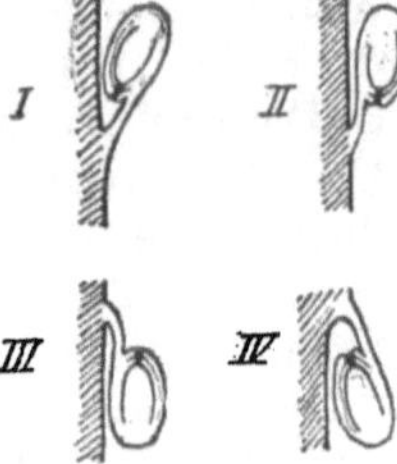

Abb. 87. Richtung der gekrümmten Samenanlagen.

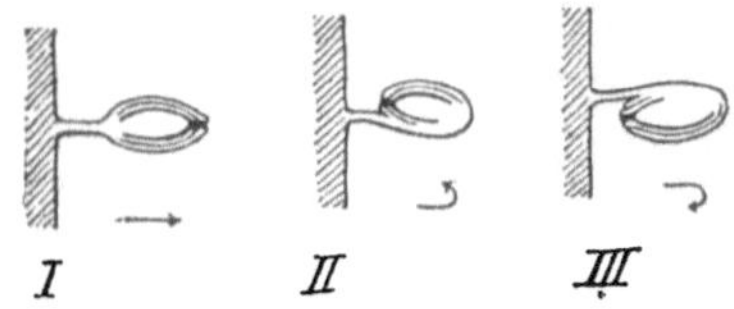

Abb. 86. Stellung der Samenanlagen zur seitlichen Samenleiste.

den Funikulus von der Plazenta getrennt so heißt sie abgewandt (apotrop). In Abb. 87 zeigt beispielsweise Fig. I eine umgewendete aufsteigende, der Samenleiste zugewandte Samenanlage, Fig. II eine ebensolche, der Samenleiste abgewandte, Fig. III eine umgewendete hängende, der Samenleiste abgewandte Samenanlage und Fig. IV endlich eine solche, der Samenleiste zugewandte Samenanlage.

# Der reife Samen.

Nach erfolgter Befruchtung wächst die Samenanlage zum Samen aus und ihre einzelnen Teile erfahren dabei mannigfache Ausbildung. Immer aber entspricht am reifen Samen:

die **Samenschale** — den Integumenten (Wände des Makrosporangiums),

das **Nährgewebe** — wenn es **außerhalb** des Embryosackes entstanden ist, als **Perisperm** dem Nuzellus (= steriles Makrosporangium),
— wenn es **innerhalb** des Embryosackes entstanden ist, als **Endosperm** dem zweiten Embryo (= Nährembryo).

Die Mikropyle schließt sich durch Verwachsung der Integumentränder, und die Verbindung des Samens mit der Pflanze löst sich an der Eintrittsstelle des Nabelstranges, einen sog. **Nabelfleck** (Hilum) hinterlassend. Bei den aus umgewendeten Samenanlagen hervorgegangenen Samen ist der seitlich mit der Samenschale verwachsene Nabelstrang von außen meist deutlich sichtbar und wird als **Raphe** bezeichnet.

Die **Samenschale** ist meist in zwei Schichten gesondert, eine innere, sehr dünne, meist weiße und stets häutige Schicht, welche gewöhnlich aus dem inneren Integument hervorgegangen ist, und eine äußere Schicht.

welche ebenfalls häutig sein kann, wie bei der Walnuß, oder aber lederartig, wie bei der Bohne, oder endlich knochenhart, wie bei dem Weinstock.

Zuweilen, besonders bei Beerenfrüchten,
wird die äußere Schicht des Integuments
fleischig wie das sie umgebende Fruchtfleisch,
so bei der Johannisbeere, oder sie besitzt
Quellschichten, wie beim Leinsamen, welcher
sich beim Einlegen in Wasser mit einer dicken
Schleimhülle umgibt. Meist ist die Samenschale kahl, aber sie kann auch behaart sein
wie bei den Baumwollsamen. Bei Strophanthus und bei den Samen des Weidenröschens
(Epilobium) trägt die Spitze außerdem eine
gestielte oder ungestielte, als Flugorgan
dienende Haarkrone.

Einige Samen besitzen außerdem nachträglich, d. h. nach erfolgter Befruchtung
der Samenanlage entstandene Wucherungen.
Nehmen diese von der Basis des äußeren
Integumentes oder vom Funikulus ihren

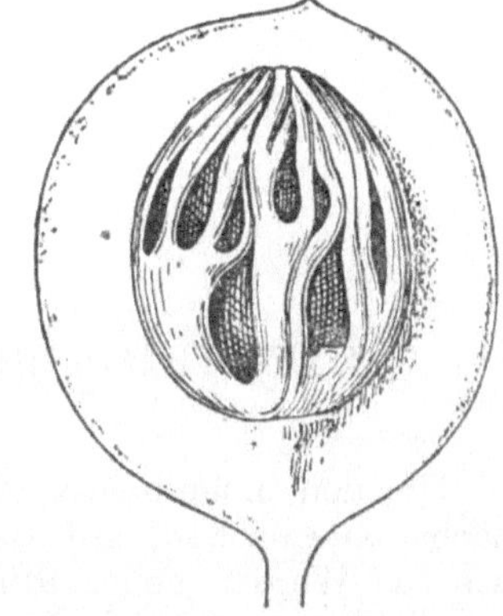

Abb. 88. Myristica fragrans, Samen vom Arillus umgeben, in der
Frucht liegend; die obere Fruchthälfte entfernt.

Ausgang, so nennt man sie Samenmantel (Arillus), z. B. die fälschlich „Blüte“ genannte Muskatblüte, das ist der Arillus der Muskatnuß

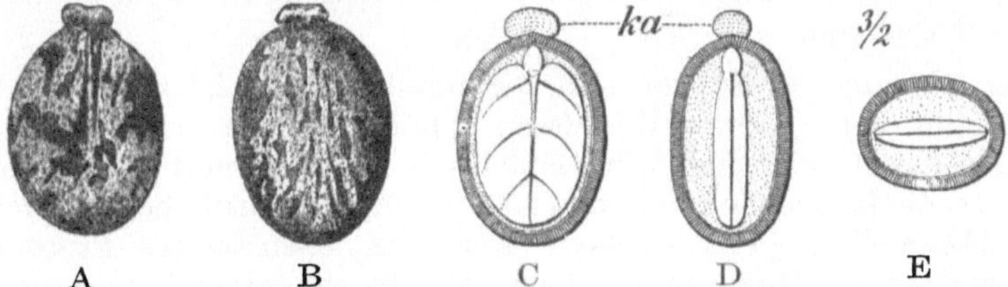


Abb. 89. Rizinussamen. A Samen von vorn. B von hinten. C und D die beiden verschiedenen
Längsschnitte. E Querschnitt ($^3/_2$). ka Caruncula.

(Abb. 88). Eine Wucherung des äußeren Integuments an der Mikropyle
hingegen ist z. B. die Karunkula des Rizinussamens (Abb. 89).

# Physiologische Pflanzenanatomie.

Um den inneren Bau der Pflanzen zu begreifen, muß man sich zunächst klarmachen, auf welche Weise er zustande gekommen ist, d. h. wie das Werden neuer Pflanzen und Pflanzenteile sich vollzieht. Dies geschieht ausnahmslos durch die Tätigkeit der Protoplasmakörper oder Protoplasten. Ihnen allein wohnt Lebenskraft inne, welche nur zeitweise ruht, wie z. B. im Keimling der Samenpflanzen oder in den Sporen der Kryptogamen, unter bestimmten Umständen aber, die man als die Lebensbedingungen der Pflanzen bezeichnet, wieder in Tätigkeit tritt. Die Protoplasten sind zugleich die Träger aller Eigentümlichkeiten der einzelnen Pflanzen und übertragen diese Eigenschaften auf die Nachkommen.

Der lebendige Protoplasmakörper umgibt sich meist mit einer Haut, welche ihn vor äußeren Einflüssen schützt. Diese Haut wird Zellwand genannt und bildet in Gemeinschaft mit dem Protoplasten die lebende Zelle. Jedoch befinden sich im Organismus höher entwickelter Gewächse auch Zellen, welche später kein lebenstätiges Protoplasma mehr enthalten. Diese sind jedoch ausnahmslos einmal, und zwar bei ihrer Entstehung, sowie während der Dauer ihres Wachstums, lebende Zellen gewesen. Diese toten Zellen erfüllen ihre Bestimmung im Pflanzenorganismus nur im Verbande mit anderen, lebenden Zellen. Sie verdienen, strenggenommen, die Bezeichnung „Zelle" nicht mehr, obschon gerade sie diese Namengebung veranlaßten. Die ersten mit Hilfe starker Linsen arbeitenden Forscher nahmen eine Zusammensetzung des Pflanzenkörpers aus winzig kleinen Kammern wahr, welche sie Zellen (Cellulae) nannten, und lange Zeit hindurch galten auch diese Zellen als die Grundelemente der Lebewesen. Ebenso sah man die wasserleitenden „Gefäße" zuerst als inhaltslos und nur Luft führend an und nannte sie daher Luftröhren (Tracheen). Erst später, als das zusammengesetzte Mikroskop in der Erkenntnis weiterzuschreiten gestattete, nahm man wahr, daß als das Grundelement der Lebewesen nur ein ganz bestimmter Teil dieser Zellen zu bezeichnen war, nämlich das lebende Protoplasma. Nichtsdestoweniger ist die Bedeutung der „toten Zellen" für den Organismus der höher entwickelten Gewächse erheblich, denn sie bilden z. B. deren Wasserbahnen und verleihen ihnen die notwendige Festigkeit.

# Zellenlehre.

## Allgemeines über den Bau der Zelle.

Eine normale, jugendliche Zelle läßt folgende Teile erkennen (vgl.
Abb. 90 A):

1. eine dünne, elastische Wandung, welche allseitig geschlossen ist
und die Zellhaut, Zellwand oder Zellmembran genannt wird;

2. eine das gesamte Zellinnere ausfüllende farblose, weiche, zäh-
schleimige, feinkörnige, wasserreiche Substanz, das Protoplasma, in
welchem sich der Zellkern eingelagert findet.

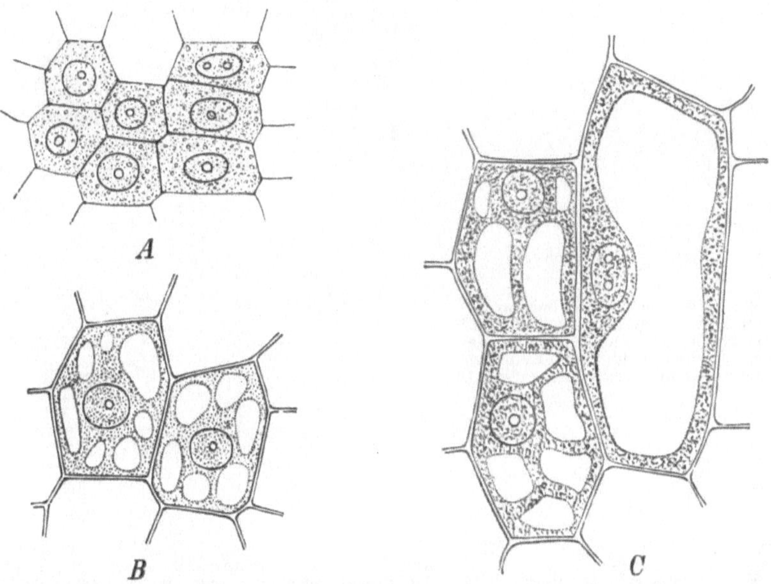


Abb. 90. Wachsende Zellen aus dem Gewebeverbande einer Phanerogame. A das jüngste,
B und C fortgeschrittenere Wachstumsstadien darstellend (etwas schematisiert).

Wächst diese jugendliche Zelle, so erkennen wir, daß im Protoplasma
allmählich mehr und mehr kleine, in erster Linie aus Wasser bestehende
Tröpfchen abgeschieden werden, die Vakuolen. Diese nehmen immer
mehr an Größe zu und fließen meistens dann auch zu mehreren zusammen,
so daß das Protoplasma an Masse oft weit hinter die Vakuolen zurücktritt. Die wäßrige Flüssigkeit, welche die Vakuolen erfüllt, nennt man
Zellsaft (Näheres über den Zellsaft S. 54). In der definitiv ausgebildeten Zelle ist also das Protoplasma von zahlreichen kleinen oder
wenigen großen Vakuolen durchsetzt oder aber das Plasma liegt als
einfacher, mehr oder weniger dünner Schlauch der Wandung der Zelle
an (Abb. 90 B und C), so daß schließlich nur eine große, zentrale Vakuole
vorhanden ist.

Es gibt auch Zellen, welche vollständig nackt sind, d. h. welchen
die Zellwand fehlt. Solche nackte Zellen, die also nur aus Protoplasma

mit eingelagertem Zellkern bestehen, sind nicht etwa unvollkommen, nicht völlig ausgebildet, sondern sie sind sogar zu den allerwichtigsten Lebensäußerungen der Pflanze befähigt, wie zur Ausübung der Fortpflanzung (Gameten, Spermatozoiden) oder zur Vermehrung (Schwärmer). Erst wenn sie ihre Funktion erfüllt haben, umgeben sie sich mit einer vom Plasma ausgeschiedenen Wandung und zeigen hierdurch recht deutlich, daß eben die Hülle nicht, wie das Plasma, zu den unbedingt notwendigen Bestandteilen einer lebenden Zelle gehört.

Außerordentlich verschieden sind die Zellen im Hinblick auf Größe und Gestalt.

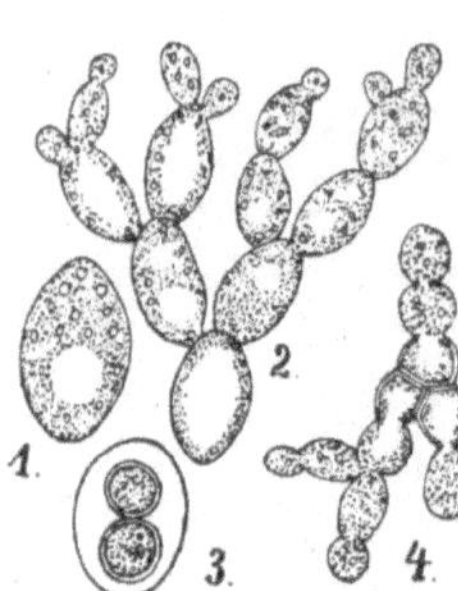

Abb. 91.    Bierhefe (Saccharomyces Cerevisiae). 1 ein einziges Individuum. 2 eine durch Sprossung entstandene Kolonie. (3 Sporenbildung, 4 Keimung von drei aneinanderliegenden Sporen.)

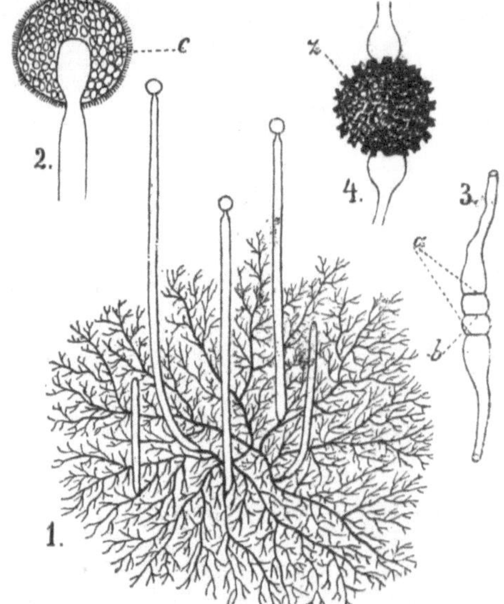

Abb. 92. 1 ein Schimmelpilz; bis auf die Köpfchen der Fruchtträger aus einer einzigen Zelle bestehend (2, 3 und 4 Vermehrungs- und Befruchtungsorgane des Pilzes, siehe später).

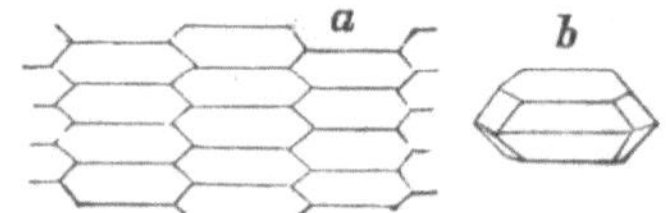

Abb. 93.    a Querschnitt durch ein Markstrahlenparenchym. b eine Zelle desselben körperlich dargestellt.

Sehr unvollkommene Pflanzen, wie viele Algen und Pilze, können nur aus einer einzigen Zelle bestehen. Diese kann äußerst klein sein, wie bei den Bakterien, die erst bei tausendfacher Vergrößerung im Mikroskop deutlich wahrnehmbar sind, und bei denen der Durchmesser manchmal nur $^1/_{2000}$ mm beträgt; größer sind z. B. die Zellen der Hefepilze, von denen ebenfalls jede einzelne ein Pflanzenindividuum darstellt (Abb. 91). Einzelne Zellen können aber auch beträchtlich groß werden und mannigfache Verzweigungen erfahren. Das gesamte Myzelium mancher Pilze z. B. besteht nur aus einer einzigen Zelle (Abb. 92, 1), und die Internodialzellen mancher Charazeen können bis 10 cm Länge und 2 mm Durchmesser betragen.

Zellen, welche vollkommen frei existieren und nach keiner Seite hin von umgebenden Zellen beengt werden, besitzen meist Kugel- oder Schlauchform (z. B. Hefepilze [Abb. 91], Bakterien und Pilzhyphen). Stoßen nur zwei Zellen aneinander, so sind sie an der Berührungsstelle bereits etwas abgeplattet. Stoßen mehrere Zellen aneinander, so ergibt sich durch den gegenseitigen Druck eine vieleckige Form (Abb. 93).

Außer diesen von außen her bedingten Einflüssen auf die Gestalt der Zellen liegen dieser jedoch innere Gestaltungskräfte zugrunde, welche die Form der Tätigkeit anpassen, den die einzelnen Zellen nach ihrer Vollendung im Organismus der Pflanze ausüben sollen, ja diese Gestaltungskräfte sind weit mächtiger als äußere Faktoren, so daß diese nur in zweiter Linie gestaltend wirken. Durch diese Einflüsse wird die Entstehung zweier verschiedener Formen der Zellen herbeigeführt, nämlich:

a) die würfelförmige, parenchymatische Gestalt,

b) die gestreckte, balkenförmige, prosenchymatische Gestalt.

Beide lassen sich auf die obenerwähnten Gestalttypen der freien Zellen zurückführen, und zwar die Gestalt der parenchymatischen Zellen auf die Bläschen- (Kugel-) Form, diejenige der prosenchymatischen Zellen auf die Schlauchform.

**Parenchymatische Zellen** sind demnach polyedrische Zellen, deren Form zwar auch gestreckt sein kann, deren Quer- und Längsschnittsbilder jedoch im allgemeinen keine große Verschiedenheit aufweisen (z. B. Abb. 93). Der Name „Parenchym" wurde von dem ersten englischen Pflanzenanatomen N e h e m i a  G r e w (1628—1711) 1671 gebildet Dieser sah die Leitbündel in den Keimblättern der Bohne als „Samenwurzeln" an und verglich das saftreiche, bei der Keimung sich verflüssigende Gewebe der Bohne, das Parenchym, mit dem feuchten Erdboden; der Name bezeichnet die neben den „Samenwurzeln" befindliche Flüssigkeit (para = neben, encheuma = Flüssigkeit).

**Prosenchymatische Zellen** sind (meist lang) spindelförmig, an den Enden zugespitzt, ineinander eingekeilt; ihr Längsschnittbild weist zwei spitze Winkel auf (vgl. die Abb. 138 C—E weiter hinten unter „Mechanisches System"). Der Name ist von pros = gegen, zwischen, abgeleitet, d. h. es wird dadurch zum Ausdrucke gebracht, daß die Zellen zwischeneinander geschoben sind.

Daß es zwischen diesen beiden Zellformen Zwischenglieder gibt, ist selbstverständlich. Es läßt sich nicht immer mit Sicherheit entscheiden, ob eine bestimmte Zelle in einem Zellgewebe zu dem parenchymatischen oder prosenchymatischen Typus zu rechnen ist.

# Zellinhalt.

**Protoplast.** Der Protoplast ist nicht als eine einfache Flüssigkeit aufzufassen, sondern er besitzt eine wahrscheinlich sehr komplizierte innere Struktur, die es ermöglicht, daß die mannigfaltigen chemischen Reaktionen in einer Zelle nebeneinander vor sich gehen können. Er setzt sich zusammen aus sehr verschiedenen Eiweißstoffen und Wasser und reagiert entweder alkalisch oder neutral. Im Protoplasten vollziehen sich alle Lebensfunktionen der Pflanze, wie z. B. Stoffwechsel, Stofftransport,

Wachstumsbewegungen, Fortpflanzung. Wir unterscheiden im Protoplasten bestimmt geformte Teile, Zellkern und Chromatophoren (welche später gesondert behandelt werden), und eine die Zelle oft mehr oder weniger ausfüllende, meist zähflüssige, ungeformte Grundsubstanz, das Zytoplasma oder Protoplasma, das aber auch oft der Zellwand nur als ein sehr dünner, zuweilen erst bei Kontraktion nach erfolgter Wasserentziehung (Plasmolyse) sichtbar werdender Schlauch anliegt. Das Zytoplasma wird nach seiner Struktur eingeteilt in die von zahlreichen Körnchen (Mikrosomen) erfüllte Grundmasse, das Körnchenplasma, und die wasserhelle Außenschicht, Wandplasma. Diese grenzt das Protoplasma nach der Zellwand als sog. Hautschicht, nach den Vakuolen als Vakuolenwand ab.

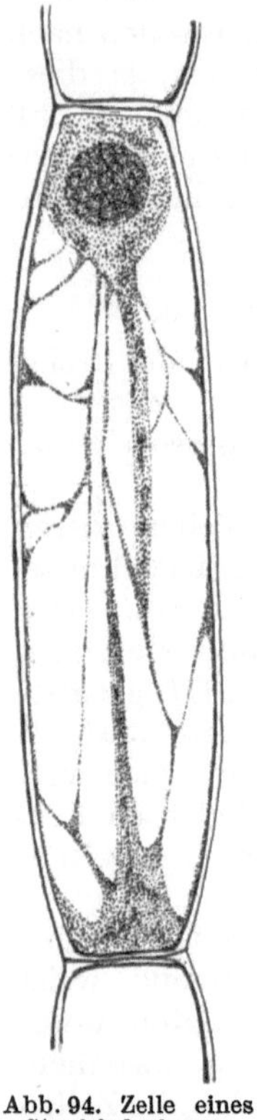

Das Zytoplasma besteht hauptsächlich aus Eiweißstoffen; deshalb wird es auch durch Kochen, durch giftig wirkende Körper, wie z. B. Sublimat, Chromsäure, Osmiumsäure u. a. m. zum Gerinnen gebracht „fixiert". Es nimmt dann gierig Farbstoffe auf. Von Kalilauge wird es gelöst. Besonders charakteristisch ist in physiologischer Hinsicht die osmotische Eigenschaft des Zytoplasmas (Semipermeabilität), daß es zu den Salzen, die im Zellsaftraum enthalten sind, reichlich Wasser zutreten läßt, dieses Wasser aber außerordentlich zähe festhält, wodurch Saftdruck (Turgor) der Zelle hervorgerufen wird (vgl. S. 84).

In den Zellen mancher Pflanzen kann man unter dem Mikroskop sehr deutlich eine Bewegung des Zytoplasmas, die Plasmaströmung, wahrnehmen. Entweder bewegt sich das Zytoplasma in einem einzigen Strom mit konstanter Richtung der Zellwandung entlang, besonders dann, wenn das Zellplasma einen der Wandung anliegenden, die große zentrale Vakuole begrenzenden Schlauch bildet (z. B. in einer Zelle, wie in Abb. 90 C rechts dargestellt). Man nennt diese Bewegung des Plasmas Rotation. Die Rotationsbewegung beobachten wir besonders schön z. B. in den Blattzellen von Helodea canadensis, ferner in den Wurzelhaaren von Vallisneria. Als Zirkulation wird im Gegensatz hierzu die Strömung des Plasmas bezeichnet, wenn das Zytoplasma in isolierten Strömen mit wechselnder Richtung die den Zellsaftraum durchsetzenden Stränge nach dem verschieden gelagerten, oft im Zellinnern aufgehängten Zellkern zu oder von demselben weg durchzieht. Die Zirkulation läßt sich z. B. gut in den Staubfadenhaaren der Arten von Tradescantia (Abb. 94), ferner in den Haaren mancher Solanazeen wahrnehmen. Ganz fehlt die Bewegung im Plasma überhaupt nie, doch geht sie in den meisten Fällen so langsam vor sich, daß sie nicht direkt wahrnehmbar ist. Niemals wandert die Wandschicht mit, und nur so ist die Möglichkeit eines lokalisierten Wachstums der Zellmembran zu erklären.

Die nackten Zellen zeigen häufig eine sehr charakteristische Bewegung. So bewegen sich die nackten Zellen und Zellvereinigungen (Plasmodien) der Schleimpilze (Myxomycetes) dadurch langsam fort, daß aus den Plasmaklümpchen Ausstülpungen (Pseudopodien) hervortreten, in welche allmählich der Zellkörper nachkriecht, worauf sich dann wieder neue läppchenförmige Ausstülpungen bilden. Ganz anders erfolgt das „Schwärmen" der nackten Vermehrungs- und Fort-

Abb. 94. Zelle eines Staubfadenhaares von Tradescantia virginica mit Zirkulation des Protoplasmas in den den Saftraum durchziehenden Zytoplasmassträngen. Stark vergrößert. (Nach Kühne.)

pflanzungsorgane vieler Algen und Pilze. Hier treten aus dem nackten Protoplasten einzelne, wenige bis zahlreiche feine Zytoplasmafäden, die Geißeln oder Zilien, aus, welche eine lebhafte, schlagende Bewegung ausführen und dadurch den Zellkörper rasch durch das Wasser wirbeln. Auch manchen, mit Membran versehenen Zellen, z. B. manchen Bakterien und Volvokazeen, kommt eine solche Schwärm bewegung mittels Geißeln zu.

**Zellkern.** Der Zellkern (Nucleus) findet sich an beliebiger Stelle in das Zytoplasma eingelagert, besonders da, wo in der Zelle gerade das lebhafteste Wachstum stattfindet; er ist, wie oben schon hervorgehoben wurde, nichts anderes als ein Protoplasmagebilde von bestimmter Gestalt, welches sich durch eine Plasmamembran (Kernmembran) vom umliegenden, ungeformten Protoplasma abgrenzt. Die Gestalt des Kerns ist sehr wechselnd. Meistens ist er mehr oder weniger kugelig, seltener linsen- oder scheibenförmig, in einzelnen, wenigen Fällen spindelförmig oder sogar gelappt (Abb. 95; 1, 2, 3). Innerhalb der Kernmembran liegt das den Kernsaftraum durchziehende sog. Kerngerüst, d. h. ein Gewirr von Fäden, welchen zahlreiche, gewisse Farbstoffe (Hämatoxylin, Karmin usw.) speichernde Körnchen (die Chromatinkörner) eingelagert sind. Außer dem Kerngerüst findet man in jedem Kern einen oder mehrere, stark lichtbrechende, ebenfalls leicht färbbare Körper, die Kernkörperchen (Nucleoli). Allermeist enthält eine Zelle nur einen einzigen Kern; in einzelnen großen Zellen, wie in den Milchsaftschläuchen

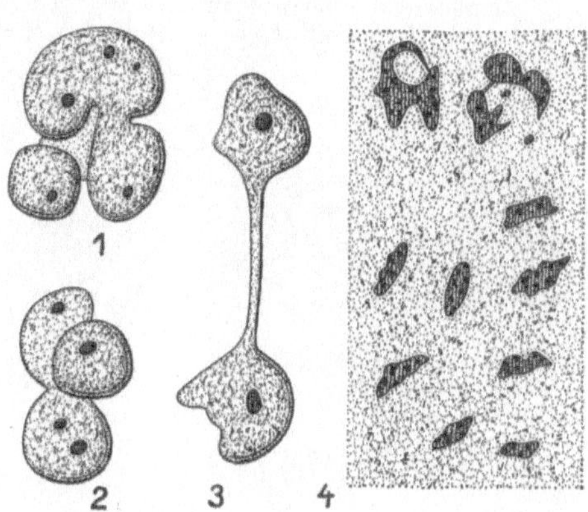

Abb. 95. Amöboide Formen des Kerns bei Tradescantia virginica 1—3. Amitosen im Endosperm von Ranunculus acer 4. (Nach S c h ü r h o f f.)

der höheren Pflanzen oder den großen, ganze Individuen zusammensetzenden Zellschläuchen mancher Algen (Vaucheria, Caulerpa) und Pilze (Phycomycetes) findet man jedoch regelmäßig mehrere bis zahlreiche Kerne. Bei den am tiefsten stehenden Pflanzen, den Bakterien und den Spaltalgen, ist der einwandfreie Nachweis eines Zellkerns noch nicht gelungen.

Niemals kommt es vor, daß sich der Zellkern, welcher offenbar der hauptsächlichste Träger der Vererbungserscheinungen ist, selbständig neu aus dem Protoplasma bildet. Die Bildung von Zellkernen erfolgt stets nur durch eine meist sehr komplizierte Zweiteilung schon vorhandener Kerne, und es ist deshalb klar, daß alle die unendlich zahlreichen Kerne einer höheren Pflanze, z. B. eines Baumes, aus dem befruchteten Kerne einer Eizelle hervorgegangen sind.

Die Zellkernteilung ist meistens ein sehr komplizierter Vorgang. Nur in recht vereinzelten Fällen findet eine direkte (amitotische) Teilung statt (z. B. in alternden Zellen einiger höherer Pflanzen), indem sich der mehr oder weniger kugelige Kern in der Mitte immer stärker biskuitförmig einschnürt, bis sich endlich die

Hälften voneinander trennen (Abb. 95; 4). Niemals erfolgt nach einer direkten
Kernteilung eine Zellteilung, und es kann auch nie mehr eine indirekte Teilung
nachfolgen. In den Internodialzellen der Charazeen werden z. B. durch direkte
Kernteilung bis zu 6000 einzelne Kerne gebildet. Die große Zahl dieser Kerne steht
mit der Größe der Zelle in Zusammenhang. Bei jeder Pflanzenart steht Kern-
oberfläche (aus einem oder mehreren Kernen gebildet) und Zellgröße immer
im bestimmten Verhältnis (Kernplasmarelation!). Wie jedoch schon soeben hervorgehoben wurde, ist eine andere, weit kompliziertere Art der Zellkernteilung als
die normale zu bezeichnen; es ist dies die indirekte (mitotische) Zellkernteilung oder Karyokinese, mit welcher auch stets oder fast stets eine Zellteilung
Hand in Hand geht (vgl. Abb. 96). Ein zur indirekten Teilung sich anschickender
Zellkern vergrößert sich. Die Kernfäden mit den Chromatinkörnchen nehmen eine

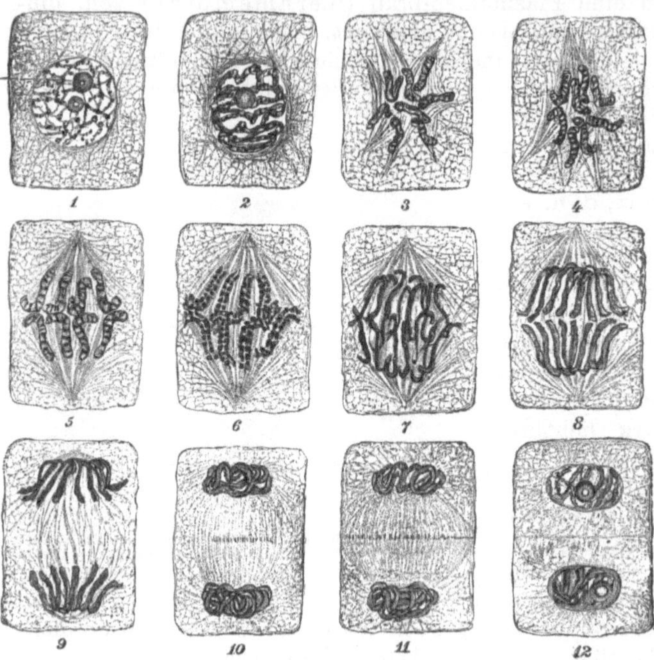

Längsspaltung
vor, dann folgt
eine Verkürzung
und Verdickung
der Kernfäden, die
man wegen ihrer
starken Färbbar-
keit nunmehr als
Chromosomen
bezeichnet. Jede
Pflanze hat eine
für die Spezies fest
normierte Zahl von
Chromosomen.
Kernmembran und
Nukleolen ver-
schwinden. Die
längsgespaltenen
Chromosomen rük-
ken nach der Mitte
der Zelle zur sog.
Kernplatte zu-
sammen, und hier
erfolgt jetzt der
wichtigste Vor-
gang: das Aus-
einanderweichen
der beiden Längs-
hälften jedes
Chromosoms, wel-
che im weiteren
Verlauf nach den

Abb. 96.  Teilungsvorgänge im Zellkern. 1—12 fortschreitende Entwicklungsstadien.  Stark vergrößert. (Nach Strasburger.)

entgegengesetzten Polen der Zelle auseinanderwandern. Hierdurch wird bewirkt, daß sich die Kernsubstanz der Mutterzelle gleichmäßig auf die nun
entstehenden Kerne der Tochterzellen verteilt. Die bisher geschilderten und
weiter zu schildernden Teilungs- resp. Bewegungsvorgänge der Kernbestand-
teile erfolgen natürlich durch die Tätigkeit des lebenden Zytoplasmas, und
hierbei spielt besonders die sog. Kernspindel eine große Rolle, d. h. von den
beiden Polen der sich teilenden Zelle verlaufen gegen den Äquator derselben strahlenförmig divergierende Zytoplasmafäden, welche sicher bei der Umlagerung der Chromosomen eine wichtige Rolle spielen. Man unterscheidet Zugfasern, welche sich an die
Chromosomen anheften und durch Verkürzung diese an die Pole befördern, und
Spindelfasern, welche ein Gerüst bilden, an welchem die Chromosomen entlang
gleiten. Die aus der Längsteilung der Kernsegmente hervorgegangenen Fäden
rücken nun in der oben angegebenen Weise auf den Bahnen der Kernspindeln immer
mehr den Zellpolen zu und bilden allmählich zwei neue Kerne, die sich zuletzt auch
wieder mit einer Kernmembran umgeben und neue Nukleoli erkennen lassen. Ehe
dies erfolgt, treten in allen den Fällen, wo mit der Kernteilung auch eine Zellteilung

Hand in Hand geht, die Spindelfasern (der Phragmoplast) sehr deutlich hervor, und in der Mitte zwischen den beiden Polen, d. h. in der Äquatorialebene der Mutterzelle, zeigen die einzelnen Fäden deutliche Anschwellungen (Zellplatte), aus denen allmählich eine zarte Teilungswand hervorgeht. Nach der Ausbildung der Tochterzellen verschwindet der Phragmoplast. Der Zweck der komplizierten Kernteilung ist in der gleichmäßigen Verteilung der Substanz des Mutterkernes auf die Tochterkerne (Vererbung) zu suchen.

Bei manchen niedrigstehenden Thallophyten ist die indirekte Kernteilung durch die Zentrosomen, die auch bei der Teilung von tierischen Zellen zu beobachten sind, beeinflußt. Es sind dies kleine, kugelige Gebilde, die ursprünglich in der Einzahl jedem Kern anliegen, aber vor der Kernteilung sich teilen und dann je nach den beiden Polen des Kerns wandern (Abb. 97). Um die Zentrosomen bilden sich fädige Strahlungen, und auch die Fasern der Kernspindeln gehen von ihnen aus. Bei höheren Pflanzen sind die Zentrosomen nicht festgestellt worden. Sie kommen nur bei solchen Gymnospermen vor, die Spermatozoiden bilden (Cycas, Dioon, Zamia, Ginkgo), und zwar nur während der Teilungen, die der Spermatozoidbildung vorangehen (Abb. 98). Die Zentrosomen bilden zweifellos das kinetische Zentrum, durch welches

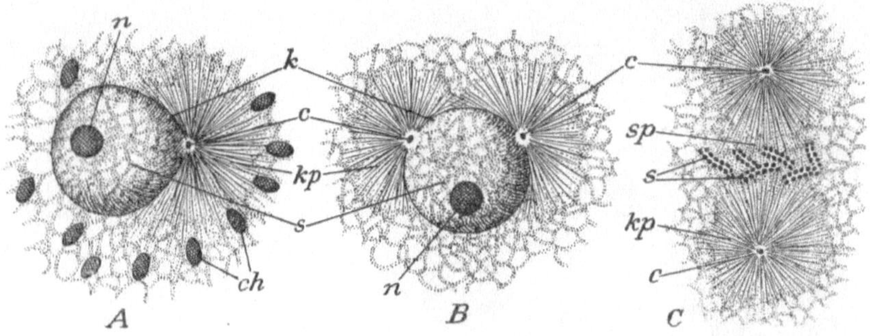


Abb. 97. Das Verhalten der Zentrosomen bei der Kernteilung eines Brauntanges (Fucus). *A* im jungen Kern ist nur ein Zentrosom vorhanden, *B* zur Vorbereitung einer Kernteilung teilt sich das Zentrosom und die beiden neuen Zentrosomen wandern an der Kernwand entlang, bis sie sich gegenüberliegen, *C* Metaphase der Kernteilung, die Zentrosomen an den Polen der Kernspindel. *n* Kernkörperchen, *k* Kernwand, *c* Zentrosom, *ch* Chromatophoren, *kp* Zytoplasmastrahlen. *sp* Spindelfasern, *s* Chromatinsubstanz. (Nach Strasburger).

die Kernteilung eingeleitet wird. Dies können wir daraus entnehmen, daß die tierische Eizelle kein Zentrosom mehr besitzt und zur Teilung unfähig ist; das befruchtende Spermatozoid bringt außer dem männlichen Kern auch ein neues Zentrosom in die Eizelle, worauf sofort die Teilung einsetzt. Die Tatsache, daß wir bei Farnen und spermatozoidbildenden Gymnospermen die Zentrosomen nur noch bei der Spermatozoidbildung beobachten, deutet auf die Wichtigkeit des Zentrosoms für den Befruchtungsprozeß hin. Wir können annehmen, daß bei der Befruchtung auch der Angiospermen die Entwicklungserregung des Eies von dem Spermakern ausgeht, wenn dieser auch morphologisch ein kinetisches Zentrum nicht mehr ausbildet.

Die Zellteilungen finden vor allem an Stellen intensiven Wachstums, den Wachstumszonen, statt; man ermittelt z. B. die Wachstumszone einer Wurzel, indem man an ihr eine Skala von Tuschestrichen anbringt. Man findet dann, daß die Wachstumszone sich durch das Auseinanderweichen der Skala an den Stellen des intensivsten Wachstums markiert. Bei den Wurzeln ist die Wachstumszone auf einige Millimeter beschränkt, bei den Sprossen ist sie wesentlich länger. Die Wurzelspitze wird durch die Wachstumszone mit ziemlicher Gewalt in die Erde gebohrt (Abb. 99). Liegt die Wachstumszone zwischen fertigen Geweben, so spricht man von interkalarem (intercalare = einschalten) Wachstum. So wachsen z. B. die Blätter der Samenpflanzen an der Basis, während im Gegensatz hinzu die Blattwedel der Farne ein Spitzenwachstum besitzen.

Den Gesamtzuwachs kann man mit einem horizontal gestellten Mikroskop oder mit einem Auxanometer messen. Den Zuwachs während einer Zeiteinheit bezeichnet man als Wachstumsgeschwindigkeit.

**Chromatophoren** oder **Plastiden.** Die Farbstoffträger, Chromatophoren oder Plastiden, sind sehr wichtige und auch sehr charakteristische Inhaltsbestandteile der Zellen. Sie sind, ähnlich wie der Zellkern, Protoplasmagebilde von im allgemeinen sehr wechselnder, aber bei den einzelnen Pflanzen bestimmter Gestalt, die meist, wenigstens zu bestimmten Zeiten, als Träger von Farbstoffen fungieren. Sie vermehren sich in ganz ähnlicher Weise wie der Zellkern bei der direkten Zellkernteilung, d. h. sie schnüren sich in der Mitte immer mehr ein, bis die Tochterkörner sich

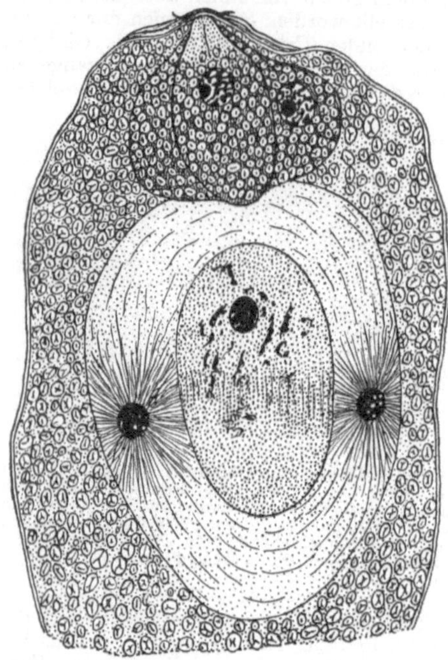

Abb. 98.   Dioon edule.  Pollenschlauch, oben die Stielzelle über den zwei Prothalliumzellen liegend, darunter die Antheridiummutterzelle mit zwei großen Zentrosomen, auch als „Blepharoplasten" bezeichnet. (Nach Chamberlain.)

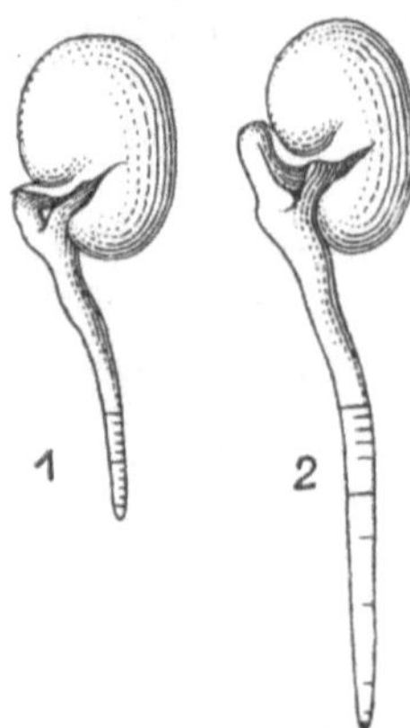


Abb. 99.   Wachstumszone der Wurzel. Die Keimwurzel einer Bohne ist in dem vordersten Zentimeter mit Tuschestrichen in je 1 mm Entfernung markiert (1), die durch das Wachstum innerhalb 24 Stunden voneinander entfernt wurden (2). Das erste Millimeter zeigt das embryonale Wachstum an, die nächsten 5 mm zeigen die größte Verlängerung, die hier durch Streckung der Zellen zustande gekommen ist.

voneinander loslösen. Die Chromatophoren bilden sich — ebenso wie die Kerne — niemals frei aus dem Protoplasma heraus. Man unterscheidet drei Formen der Chromatophoren: Chloroplasten, Leukoplasten und Chromoplasten. Doch ist hervorzuheben, daß alle drei Arten aus denselben Anlagen, den Archiplasten, sich entwickeln und auch jederzeit in die andere Form übergehen können.

1. Chloroplasten. Die Chloroplasten oder Chlorophyllkörner sind diejenigen Farbstoffträger, welche den Pflanzen ihre charakteristische grüne Färbung verleihen. Fast durchweg finden wir sie in den Zellen der grünen Pflanzenteile in großer Zahl in Form von diskusförmigen (flach

scheibenförmigen), selten fast kugeligen Körnern der wandständigen Protoplasmaschicht eingelagert (Abb. 100).

In sehr jugendlichen oder aber älteren, im Dunkeln gehaltenen Pflanzenteilen erkennt man die Chlorophyllkörper als ungefärbte, feinkörnige Protoplasmakörper ohne besondere oder wenigstens deutlich erkennbare Struktur. Unter dem Einflusse des Lichtes entsteht erst der grüne Farbstoff, welcher in der Form von winzigen ölartigen Tröpfchen der protoplasmatischen Grundsubstanz des Kornes eingelagert ist. Dieser Farbstoff der Chlorophyllkörner läßt sich aus grünen Pflanzenteilen leicht durch Alkohol, Schwefelkohlenstoff oder andere Lösungsmittel extrahieren. Die Lösung erweist sich als fluoreszierend: bei durchfallendem Licht ist sie frisch grün, bei auffallendem Licht blutrot. An dieser Lösung läßt sich auch zeigen, daß der grüne Farbstoff nicht einheitlich, sondern ein Gemisch mehrerer Farbstoffe ist. Nach den neuesten Forschungen nimmt man an, daß wir es hier mit einem Gemisch von vier verschiedenen Farbstoffen zu tun haben, den rein grünen, den Chlorophyllkomponenten A und B, einem gelben, dem Xanthophyll, und endlich einem nur in Spuren vertretenen, orangeroten, dem Karotin. Setzt man einer alkoholischen Blattgrünlösung Benzin zu, schüttelt kräftig und läßt absetzen, so erhält man folgendes charakteristische Bild: das Benzin hat das Chlorophyll (und das nicht in die Erscheinung tretende Karotin) aufgenommen und bildet über dem schwereren Alkohol,

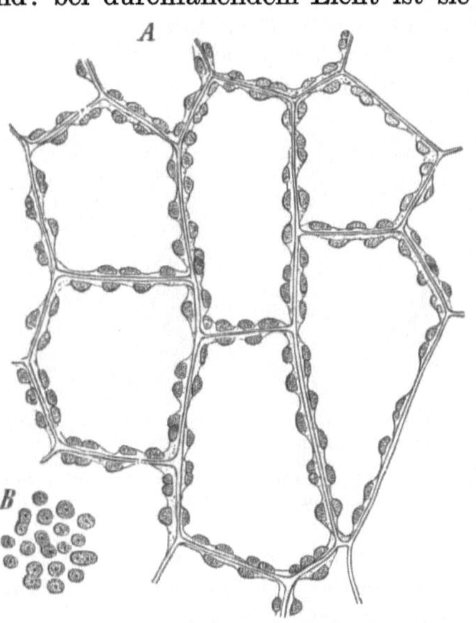

Abb. 100. Chlorophyllkörner im Zytoplasma der Zellen eines Farnprothalliums. A im optischen Durchschnitt der Zellen. B einzelne Körner, zum Teil in Teilung begriffen. (400 mal vergrößert.)

in dem das gelbe Xanthophyll geblieben ist, eine schön grüne Schicht.

Das Chlorophyll *a* kommt in den Blättern etwa in vierfacher Menge wie das Chlorophyll *b* vor. Beide Chlorophylle sind Ester eines Alkohols, des Phytols, und enthalten als Metall Magnesium, aber kein Eisen.

Bei einigen wenigen Formen der Algen ist das Chlorophyll nicht an diskusförmige oder mehr oder weniger kugelige, sondern an plattenförmige, sternförmige oder in Gestalt von Spiralbändern die Zelle umlaufende Protoplasmagebilde gebunden, welche manchmal sehr groß sind und nur zu wenigen oder sogar einzeln die Zelle erfüllen.

Wenn die Vegetationszeit der grünen Gewächse abgelaufen ist, meist also im Herbst, werden die Chloroplasten fast stets aufgelöst, die grüne Färbung verschwindet, winzige gelbe oder gelbrote Körnchen oder Tröpfchen treten auf und bilden die Ursache für die sog. Herbstfärbung der Pflanzen.

2. Leukoplasten. Man bezeichnet die in sehr jugendlichen Organen der Pflanze noch nicht ergrünten Anlagen der Chloroplasten, also die Archiplasten als Leukoplasten; mit demselben Namen werden auch Gebilde bezeichnet, welche in den Reservestoffbehältern der Pflanzen (z. B. in Knollen) enthalten sind, nicht aber die Fähigkeit besitzen, aus anorganischen Stoffen organische zu schaffen, sondern nur die Aufgabe haben, aus den in den Reservestoffbehältern gelösten Kohlehydraten wieder Stärke zu bilden, und zwar meist in der Form größerer Körner von charakteristischer Gestalt (Reservestärke).

3. Chromoplasten. Unter dem allgemeinen Namen Chromoplasten („Farbstoffträger") faßt man alle im Pflanzenreiche vorkommenden Farbstoffträger zusammen, welche nicht grün sind. Sie können aus Chloroplasten oder Leukoplasten (Archiplasten) durch Verwandlung entstanden sein und sind den ersteren in der Form häufig noch vollständig gleich, d. h. sie besitzen die diskusförmige oder kugelige Gestalt der Chlorophyllkörner. Häufig kommt es jedoch auch vor, daß die Chromoplasten infolge Auskristallisierens des Farbstoffes nadelförmige, spindelförmige oder mehr oder weniger tafelförmige Gestalt annehmen (Abb. 101). Der Farbstoff der Chromoplasten ist Karotin und Xanthophyll; er verleiht den Pflanzenteilen, in welchen Chromoplasten vorkommen, eine gelbe bis tief orangerote Färbung.

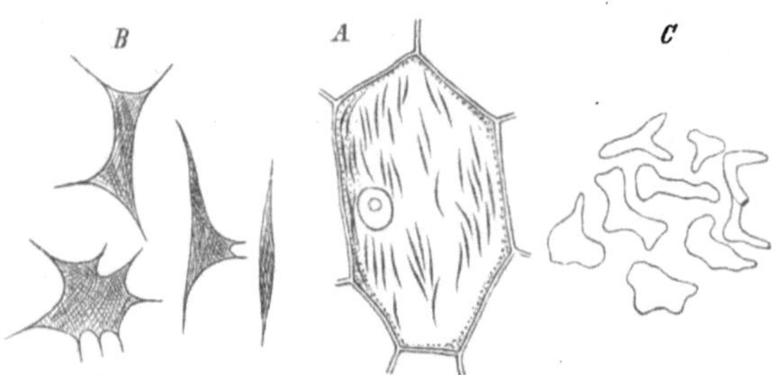


Abb. 101. A Zelle aus dem Perigonblatt von Hemerocallis fulva mit spindelförmigen Chromoplasten. B Chromoplasten aus dem Fruchtfleisch von Pirus aucuparia mit fädigen Farbstoffkristallen. C gelappte Chromoplasten aus den Blumenblättern von Genista tinctoria. Stark vergrößert. (Nach Schimper und Haberlandt.)

Die verschiedenen Plastiden können sich auch, nachdem sie sich schon zu Chloroplasten, Leukoplasten oder Chromoplasten spezialisiert hatten, in eine der anderen Formen umwandeln. So werden z. B. die Chloroplasten mancher Früchte (z. B. Äpfel, Tomaten) beim Reifen zu Chromoplasten; Leukoplasten (z. B. der Kartoffel) werden, wenn die Organe dem Licht ausgesetzt sind, zu Chloroplasten; Chromoplasten (z. B. der Möhre) werden, wenn die Wurzel aus der Erde hervorragt, in Chloroplasten umgewandelt.

Chromoplasten kommen hauptsächlich vor in gefärbten Früchten und in Blumenblättern. Es leuchtet ein, daß nicht alle Färbungen des Pflanzenreiches durch Chromoplasten hervorgerufen sein können, da diese stets nur gelb oder orangerot erscheinen. Die blaue oder grellrote Farbe vieler Blumenblätter ist darauf zurückzuführen, daß bestimmte Zellpartien derselben, meist die Epidermis, einen im Zellsaft gelösten entsprechenden Farbstoff (Anthozyan) enthalten. Die weiße Farbe ist (ähnlich wie bei Bierschaum) auf Lichtreflexe zurückzuführen, nur das Weiß der Birkenrinde wird durch einen Farbstoff, das Betulin, hervorgerufen.

**Zellsaft.** Wie oben schon hervorgehoben wurde, ist das Protoplasma sehr saftreich. In der fertig ausgebildeten, lebendigen Zelle sammelt sich der Zellsaft, der im Gegensatz zum Protoplasma stets sauer reagiert, in mehr oder weniger zahlreichen Vakuolen an, oder die Vakuolen fließen sehr häufig zu einem großen Zellsaftraum zusammen, der von dem der Zellwand anliegenden Plasmaschlauche umschlossen wird (Abb. 90). Der Zellsaft ist nicht etwa reines Wasser, sondern eine wässerige Lösung der verschiedenartigsten Substanzen, welche als überflüssig und unbrauchbar von der Pflanze ausgeschieden (Exkrete) oder aber als Nährstoffe hier abgelagert werden und die später wieder im Stoffwechsel Aufnahme finden. Auf diese im Zellsaft enthaltenen Stoffe wird weiter unten genauer eingegangen werden.

**Stärke.** Es wurde bei der Besprechung der Chloroplasten gezeigt, daß in ihnen durch die Assimilation aus dem primär gebildeten Zucker winzige Stärkekörner (Assimilationsstärke) entstehen können. Diese werden bei Nacht wieder in ein wasserlösliches Kohlehydrat (Zucker) übergeführt und gelangen so, wenn sie nicht sofort für den Aufbau des Pflanzenkörpers verwendet werden, in Reservestoffbehälter (Knollen, Wurzeln, Stämme usw.). Hier beginnt dann, wie schon angeführt, die Tätigkeit der Leukoplasten: diese lagern in

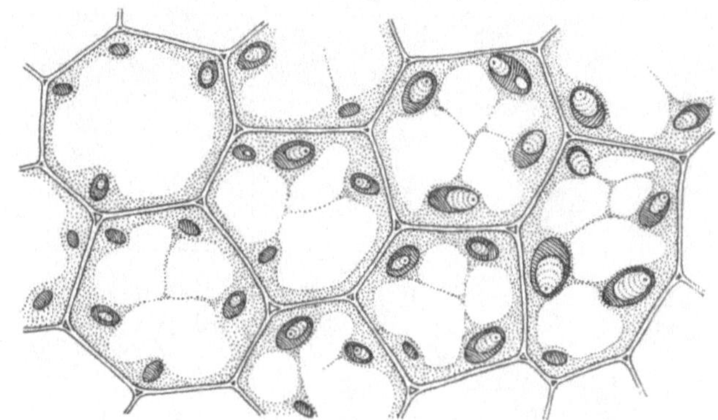

Abb 102. Bildung von Stärke in den Stärkebildnern; Zellen aus dem Querschnitt durch einen Stengel von Pellionia.

ihrem Innern Reservestärke ab. Manchmal kommt es jedoch auch vor, daß die sehr reichlich in den Chlorophyllkörnern gebildeten Kohlehydrate weder gleich gebraucht, noch infolge Überfüllung der Leitungsbahnen nach den Reservestoffbehältern transportiert werden; diese werden dann in der Form kleiner, wenig differenzierter Körnchen meist in der Nähe ihrer Bildungsstätten, in Blättern oder Stengeln, zeitweilig deponiert und als transitorische (Wander-) Stärke bezeichnet (Abb. 102). Die Reservestärkekörner sind meist viel größer als diejenigen der Assimilationsstärke, ferner sind sie meistens durch eine charakteristische Schichtung ausgezeichnet. In den Reservestoffbehältern finden sie sich gewöhnlich in ungeheurer Anzahl (z. B. in der Kartoffel oder in den Getreidefrüchten). Ihre Gestalt ist fast immer mehr oder weniger rundlich, kugelig, auch häufig eiförmig, seltener linsenförmig oder bei großer Anzahl der Körner und gegenseitigem Druck vieleckig.

Die Schichtung und auch die Gestalt der Körner ist meistens eine so charakteristische, daß man sie dazu benutzen kann, um die verschiedenen Stärkesorten unter dem Mikroskop zu unterscheiden. Die Schichtung selbst ist auf einen regelmäßigen Wechsel von dichteren und weicheren

(substanzärmeren) Schichten um ein Zentrum (Kern genannt) zurückzuführen. Sind die Schichten allseitig gleich dick, liegt also der Kern im
Zentrum, so bezeichnet man die Stärkekörner als konzentrisch (Stärke
der Leguminosen, von Weizen, Roggen, Gerste usw., Abb. 103, II u. III).
Sind dagegen die Schichten auf der einen Seite des Kerns stärker, dicker
ausgebildet als auf der anderen, so daß der Kern mehr oder weniger weit

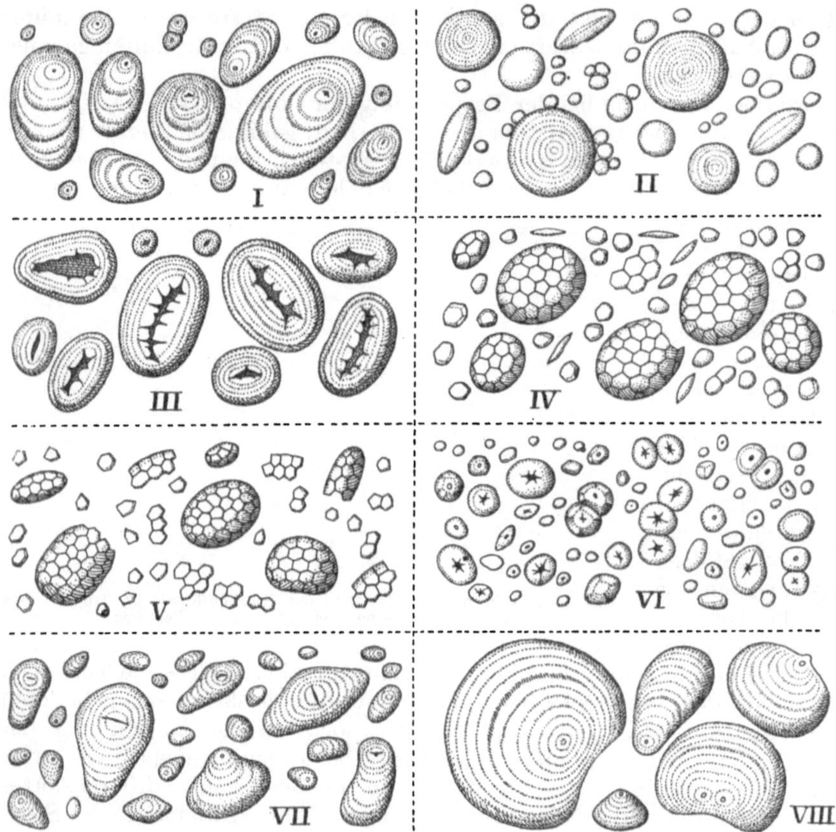

Abb. 103. Stärke. I Kartoffel, II Weizen, III Bohne, IV Hafer, V Reis, VI Mais, VII Maranta,
VIII Canna.

an den Rand der Stärkekorns, manchmal bis in dessen unmittelbare Nähe,
rückt, so werden die Stärkekörner exzentrisch genannt (Stärke der
Kartoffel, Abb. 103, I, der Scitamineae, von welchen weitaus das meiste
Arrowroot herstammt usw., Abb. 103, VII). Nicht selten sind dann
ferner die sog. zusammengesetzten Stärkekörner, d. h. ein Korn
besitzt ganz die Gestalt eines gewöhnlichen kugeligen oder eiförmigen
Korns, erweist sich jedoch als zusammengesetzt aus mehr oder weniger
zahlreichen vieleckigen, kleinen Körnchen (Stärke von Reis und Hafer,
Abb. 103, IV u. V). Nicht zusammengesetzte, aber doch eckige

Körner besitzt z. B. der Mais (Abb. 103, VI). Hier sind die anfangs kugelig angelegten, kleinen Körner in den äußeren Partien des Samens in solcher Menge in den Zellen entwickelt, daß sie sich gegenseitig abplatten und polyedrisch werden. Endlich sind noch die wegen ihrer knochenförmigen oder hantelförmigen Gestalt sehr auffallenden Stärkekörner zu erwähnen, welche man in den Milchsaftschläuchen von Euphorbia antrifft (Abb. 169 B).

Die Form, Größe und Schichtung der Stärkekörner ist für jede Pflanzenart erblich fixiert. Wird in einem Leukoplasten stets nur ein Stärkekorn angelegt, so finden wir stets einzelne Stärkekörner; werden in einem Leukoplasten stets mehrere Stärkekörner angelegt, so finden wir zusammengesetzte Stärkekörner, die an ihren Berührungsstellen eckig abgeplattet sind. Wird nur ein einziges Stärkekorn in jedem Leukoplasten gebildet, so ist es rund und konzentrisch geschichtet, wenn die erste Anlage in der Mitte des Leukoplasten erfolgt, die Anlagerung also von allen Seiten

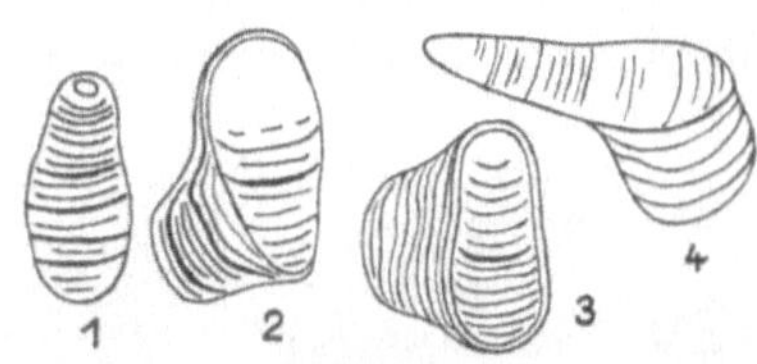

Abb. 104.  Pellionia Daveauana. Stärkekörner eines Stecklings. 1 nach mehrtägiger Verdunkelung ist starke Lösung der Stärkesubstanz eingetreten. 2 und 3 Anlagerung von neun Schichten infolge neuntägiger Assimilation. 4 Anlagerung von fünf Schichten nach fünftägiger Assimilation.

gleichmäßig vor sich geht. Liegt jedoch die erste Anlage eines Stärkekorns exzentrisch, so ist das entstehende Stärkekorn oval bzw. eiförmig und das Schichtungszentrum liegt ebenfalls exzentrisch. Jedes Stärkekorn ist von der plasmatischen Substanz des Leukoplasten umgeben. Die einzelnen Schichten des Stärkekorns sind auf den verschiedenen Wassergehalt der kleinsten Kristalle (Trichiten) zurückzuführen, die das Stärkekorn bilden; der verschiedene Wassergehalt ist abhängig von der Konzentration der Zuckerlösung, aus welcher der Leukoplast die Stärke herstellt; diese verschiedene Konzentration der Zuckerlösung ist wiederum ein Ausdruck für die wechselnde Assimilation bei Tagesund Nachtzeit, so daß man ebensogut sagen kann, die Schichtung der Stärkekörner zeigt die Anzahl der Tage an, die der Leukoplast zum Aufbau benötigt hat (Abb. 104).

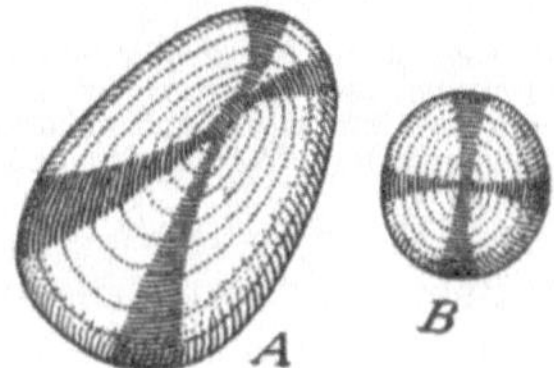

Abb. 105. Stärkekörner im Polarisationsmikroskop. A Kartoffelstärke, B Weizenstärke.

Daß die Stärke aus kleinen radialgestellten Kristallnadeln besteht und daher als Sphärokristall anzusehen ist, findet auch darin eine Stütze, daß sie im Polarisationsmikroskop ein schwarzes Kreuz mit dem Schnittpunkt der beiden Balken im Schichtungszentrum herstellt, wie es auch andere Sphärokristalle zeigen (Abb. 105).

Die Stärkekörner bestehen aus einem Kohlehydrat $(C_6H_{10}O_5)_n$. Sie kommen bei fast allen Pflanzen vor; ausgenommen sind die Pilze und eine Gruppe von Algen (Rhodophyceae). Die Stärke ist mikrochemisch leicht nachzuweisen: beim geringsten Zusatz von Jod tritt sofort Blaufärbung ein, indem sich das Jod in der Stärke mit blauer oder violetter Farbe löst (wie z. B. im Chloroform!); in heißem Wasser quillt die Stärke

auf und wird zu Kleister. Ferner verkleistert die Stärke bei Zusatz von
Kalilauge, während sie durch verdünnte Säure in Zucker übergeführt
und gelöst wird. Reine Stärke, die ein feines, weißes Pulver darstellt, wird durch Auswaschen der Stärkekörner aus stärkereichen Pflan-
zenkörpern, wie z. B. Knollen, gewonnen.

Wird die Stärke der Reservestoffbehälter von der Pflanze wieder gebraucht, so werden die Körner durch Enzyme in eine lösliche Form übergeführt und wandern so nach den Verbrauchsstellen.

Unter Enzymen versteht man organische Katalysatoren von unbekannter chemischer Konstitution, welche chemische Reaktionen be-
schleunigen. Sehr geringe Mengen von ihnen können große Massen von

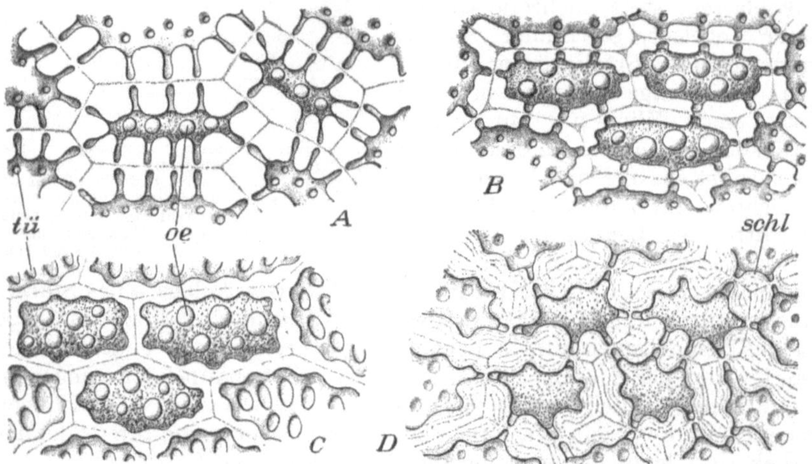

Abb. 106. A ein Stück aus dem Endosperm der Steinnuß (Phytelephas macrocarpa). B aus dem
Endosperm des Samens der Herbstzeitlose (Colchicum autumnale). C aus der Kaffeebohne.
D aus dem Samen des Johannisbrotbaumes (Ceratonia siliqua, mit verschleimten Zellwänden). Die
Zellen sind mit Protoplasma und fettem Öl *oe* gefüllt, wo dasselbe herausgefallen ist, sieht man
die Tüpfel *tü* der Zellwände.

Stoffen verändern. Sie finden sich in den Pflanzengeweben verteilt und
kommen vor allem auch in Samen vor. So findet sich im Getreide Diastase (welche die Stärke in Maltose verwandelt) und Maltase (welche
die Maltose in Dextrose umwandelt). Wohl die reichste Auswahl von
Enzymen besitzt die Hefe, z. B. die Zymase, welche Traubenzucker in
Alkohol und Kohlensäure spaltet, die Invertase, welche Rohrzucker zu
Dextrose umwandelt, ferner die Katalase, Maltase, Lipase (fett-
spaltend), Chymase (Kasein zur Gerinnung bringend), Peptidase
(Polypeptide aufspaltend) usw.

Von den Enzymen machen wir z. B. bei der Herstellung des Bieres
weitgehendst Gebrauch. Durch Keimung von Gerste wird Diastase und
Maltase gebildet, mit denen die Getreidestärke in Dextrose übergeführt
wird; letztere wird durch die Zymase der Hefe in Alkohol und Kohlensäure gespalten.

Wichtig ist ferner eine Glykosidase, das Emulsin, welches das in
den bitteren Mandeln enthaltene Amygdalin in Traubenzucker und

Benzaldehydzyanhydrin spaltet; eine andere Glykosidase ist das My-
rosin, welches das im schwarzen Senf enthaltene Glykosid Sinigrin in
Senföl, Traubenzucker und Kaliumsulfat zerlegt. Auf die Wirkung der
Enzyme ist auch die Veränderung der Wirksamkeit mancher Drogen,
z. B. der Fingerhutblätter, der Faulbaumrinde usw. zurückzuführen.
Durch hohe Temperaturen (scharfes Trocknen!) oder Gifte (Alkohol-
dämpfe!) können sie unwirksam gemacht werden.

**Zuckerarten** (Rohrzucker, Traubenzucker usw.) finden sich ihrer
leichten Löslichkeit wegen fast stets gelöst im Zellsafte. Nur aus sehr
konzentrierten Lösungen scheiden sie
sich, z. B. in den Datteln, dem Johannisbrot, der Meerzwiebel aus. Zuckerarten
sind sehr verbreitet im Pflanzenreiche. Als
Reservestoffe kommen sie besonders im
Zuckerrohr, der Zuckerrübe usw. vor.

**Reservezellulose.** Ein Reservestoff (Hemizellulose), der sich vielfach in Samen
in Form charakteristischer Wandverdickungen findet. Er unterscheidet sich
von echter Zellulose durch seine Spalt-
barkeit in verdünnten Säuren. Er kommt
z. B. vor bei der Palme Phytelephas
macrocarpa, aus deren Kernen die
„Steinnußknöpfe" gedreht werden, ferner
bei den Brechnüssen und besonders bei
vielen Samen der Monokotyledoneen
(Abb. 106). Sowohl durch die dicken Zellwände selbst als auch besonders durch
die dünneren Zellwände der Tüpfelkanäle gehen zahlreiche Plasmaver-
bindungen (Plasmodesmen), die man meistens schon durch Jodlösung sichtbar machen kann (Abb. 107).

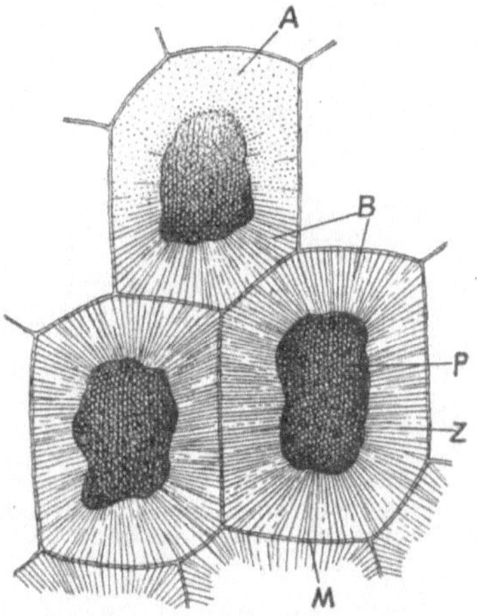


Abb. 107. Querschnitt durch den Samen
von Strychnos nux vomica in Jodlösung
bei starker Vergrößerung. P Protoplast,
Z Zellwand, M Mittellamelle, A Plasmaverbindungen quer getroffen, B dieselben
von der Seite gesehen.

**Ätherisches und fettes Öl.** Bei zahlreichen Pflanzen findet sich im
Zytoplasma der Zellen ätherisches oder fettes Öl in der Form stark licht-
brechender, in der Größe sehr wechselnder, meist winziger Tröpfchen.
Das fette Öl (Gemenge von Fettsäure-Estern) ist als ein Reservestoff aufzufassen und kann manchmal auch in der Form von unregelmäßig geformten, weißen Körnern oder von kristallinischen Nadeln auftreten.
Das ätherische Öl tritt niemals als ein Reservestoff, sondern meist als ein
Sekret (s. unter Sekretionsorgane!) auf. In den Blumenblättern mancher
Pflanzen (so z. B. der Rose) findet sich jedoch das ätherische Öl in Form
feinster Tröpfchen im Zytoplasma der Zellen; es nimmt hier auch manchmal Kristallform an.

**Inulin,** ein Polysaccharid, vertritt die Stelle der Stärke in den Wurzeln
und Rhizomen mehrerer Pflanzenfamilien, hauptsächlich der Kompositen, aber auch der Kampanulazeen, einiger Violazeen usw. Es ist
in der lebenden Pflanze im Zellsaft gelöst und scheidet sich erst nach sehr
raschem Trockenen oder noch besser nach längerem Einlegen der be-

treffenden Pflanzenteile in absoluten Alkohol in der charakteristischen Form von Sphärokristallen aus (Dahliaknollen Abb. 108). Diese lösen sich langsam in kaltem, rasch in warmem Wasser. Bei der Hydrolyse entsteht Fruktose. Ähnlich verhält sich das **Sinistrin** in den Meerzwiebeln.

**Eiweißkörper.** Wie wir gesehen haben, besteht das Protoplasma in erster Linie aus Eiweißstoffen. Aber auch der Zellsaft enthält häufig Eiweiß in größeren oder geringeren Mengen gelöst, und aus dem Zellsaft werden die Eiweißkörper, die **Protein-** oder **Aleuronkörner**, ausgeschieden. Es geschieht dies dadurch, daß den Zellen ihr Zellsaft mehr oder minder entzogen wird, worauf das Eiweiß in sehr wechselnder Form ausfällt (Abb. 109).

In zahlreichen Fällen stellen die Protein- oder Aleuronkörner winzige, rundliche Körner dar. Bei den Hülsenfrüchtlern finden wir z. B. in den Zellen der Samen zahlreiche, große Stärkekörner, während der gesamte übrige Raum der Zellen mit den soeben beschriebenen, winzigen Proteinkörnchen dicht erfüllt ist.

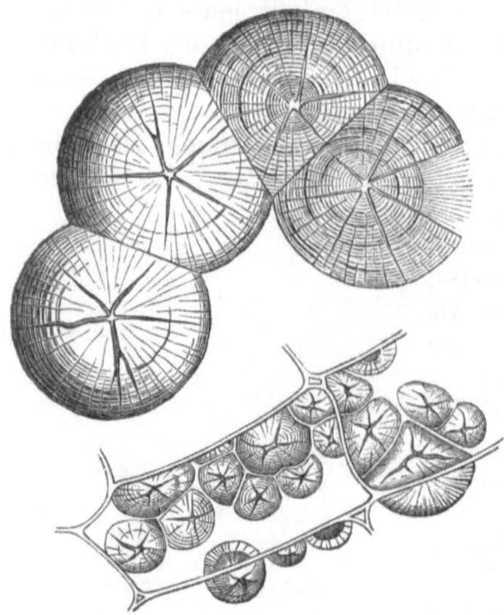

Abb. 108. Sphärokristalle von Inulin in den Zellen der Knollen von Dahlia variabilis. Stark vergrößert. (Nach Sachs.)

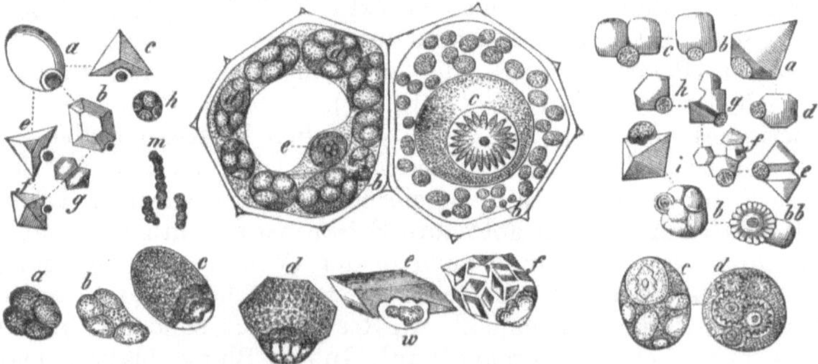

Abb. 109. Aleuronkörner verschiedener Gestalt; in der Mitte zwei Zellen mit Aleuronkörnern angefüllt. Stark vergrößert. (Nach Th. Hartig.)

Manchmal erreichen die Proteinkörner eine ansehnliche Größe, so z. B. in den Samen von **Rizinus** (Abb. 110) und **Bertholletia**, überhaupt in Samen, die reich an fettem Öl sind. Wir finden im fettreichen Protoplasma der Zellen dieser Samen dicht gedrängt liegend rundliche Körner, welche aus protoplasmatischer Grundsubstanz bestehen und häufig, meist erst nach geeigneter Behandlung mit Reagentien, Einschlüsse erkennen lassen: Kristalloide von reiner Eiweißsubstanz (Kristalloide sind im Gegensatz zu Kristallen quellbar), Globoide, rundliche, aus Phosphorsäure, Kalzium und Magnesium bestehende Körper (z. B. inositphosphorsaures Kalzium und Magnesium), und manchmal auch Kristalle von oxalsaurem Kalk; letztere sind besonders charakteristisch in Form von Kalziumoxalatrosetten (kleinen Drusen) für die Aleuronkörner der Umbelliferen. Nicht immer kommen, wie schon angedeutet, diese Einschlüsse sämtlich nebeneinander vor; häufig findet man in den Körnern nur den einen oder den anderen.

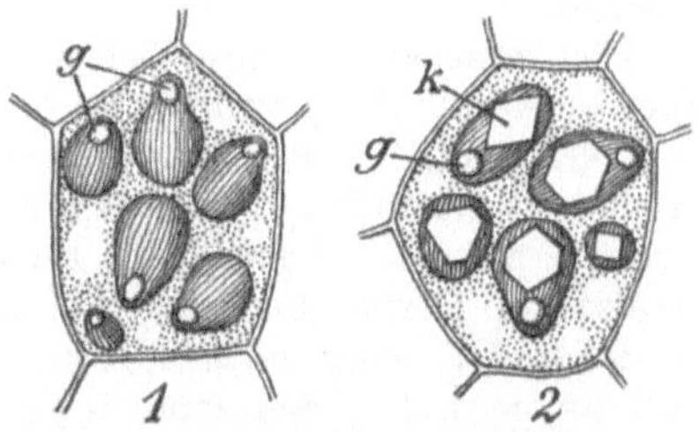

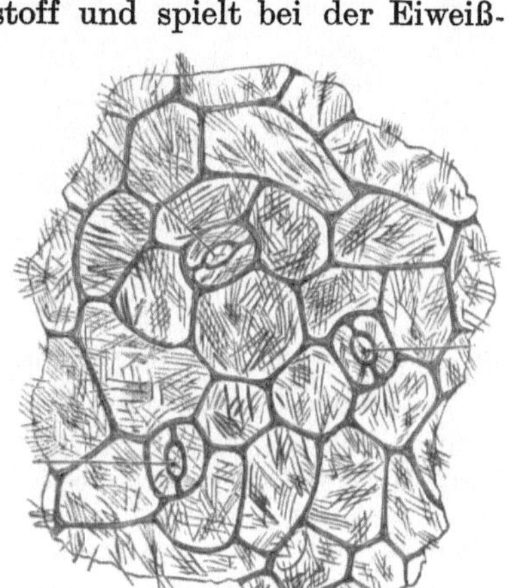

Abb. 110. Endospermzellen von Ricinus communis. 1 in Glyzerin, nur die Globoide (*g*), 2 in Wasser, Globoide (*g*) und Kristalloide (*k*) zeigend.

In den äußersten Schichten mancher Kartoffelsorten, ferner auch in den Zwiebelschalen treten in den Zellen vereinzelte, selten zahlreichere, frei im Protoplasma liegende Proteinkörner in der Form von Kristalloiden auf.

**Asparagin** ist stets gelöst im Zellsaft und besitzt eine große Verbreitung im Pflanzenreiche, z. B. beim Spargel, in Dahliaknollen, Keimlingen usw. Es gilt als wichtiger Baustoff und spielt bei der Eiweißsynthese eine Rolle. Es kann durch Zusatz von Alkohol zum Auskristallisieren gebracht werden.

**Alkaloide** sind stickstoffhaltige Pflanzenbasen, die im Zellsaft gelöst vorkommen. Meist sind sie in der Pflanze an Säuren gebunden (z. B. Apfelsäure, Gerbsäure), mit denen sie leicht lösliche Salze bilden. Läßt man zu einem Schnitte unter dem Mikroskop Kalilauge hinzutreten, so scheidet sich das freie Alkaloid meist in feinen Nadeln aus (Abb. 111). Über die Funktionen der Alkaloide (Reservestoff, Abbauprodukt od. dgl.) besteht noch keine Klarheit.

**Glykoside** kommen ebenso wie die Alkaloide im Zellsaft gelöst vor. Es sind Stoffe, die sich in eine Zuckerart und einen zuckerfreien Körper

Abb. 111. Epidermiszellen eines Blattes von Duboisia myoporoides mit durch Zusatz von Kalilauge zur Ausscheidung gebrachten Duboisinkristallen. Stark vergrößert. (Nach J. Möller.)

zerlegen lassen. Häufig sind sie an Gerbstoffe gebunden. Nach Pfeffer sollen die schwer diosmierenden Glykoside zur Aufspeicherung von Zucker dienen; als besonders wichtige Gruppe der Glykoside sind die Saponine, ferner die auf die Herzfunktion wirkenden Glykoside von Digitalis, Strophanthus, Convallaria usw. zu merken.

**Gerbstoffe** sind ebenfalls meist gelöst im Zellsaft. In getrockneten Pflanzenteilen (Drogen) ist die Gerbstofflösung, wo sie vorhanden war, meist zu durchsichtigen, eckigen Klumpen eingetrocknet oder von den Wandungen der absterbenden Zellen aufgesaugt worden. In den Rinden sind meist oxydierte Gerbstoffe (Phlobaphene) enthalten, welche jenen die charakteristische, braune oder rotbraune bis schwarze Farbe erteilen.

**Pflanzensäuren** kommen frei oder an Alkalien, namentlich Kalk, oder aber an Alkaloide gebunden im Zellsaft der Pflanze vor. Seltener sind sie frei, wie z. B. Zitronensäure in der Zitrone, Weinsäure und Zitronensäure in den Tamarinden. Von den meist gebunden vorkommenden Säuren sind zu nennen: Essigsäure, Propionsäure, Buttersäure, Baldriansäure, Oxalsäure, Bernsteinsäure, Weinsäure und Zitronensäure.

**Kristalle.** Sehr verbreitet sind in den Zellen der Pflanzen Kristalle, und zwar mit verschwindenden Ausnahmen Kristalle von oxal-

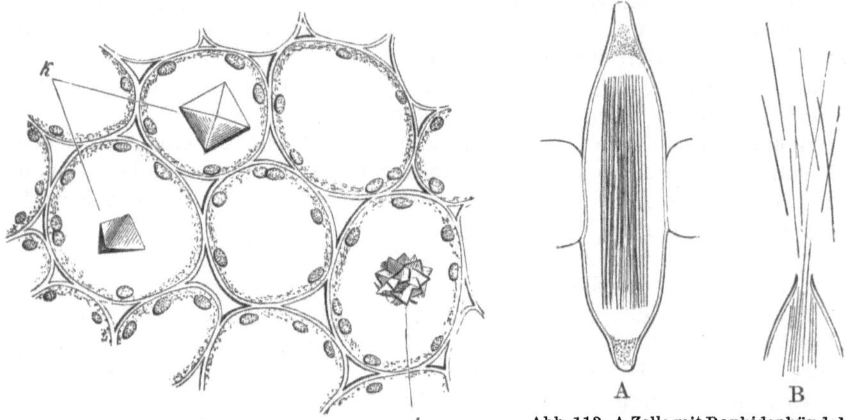

Abb. 112. Kristalle von oxalsaurem Kalk in den Zellen des Blattstieles einer Begonia. 200fach vergrößert. *k* Einzelkristalle, *dr* Druse.

Abb. 113. A Zelle mit Raphidenbündel aus dem Blatt von Pistia stratiotes, B offenes Ende einer solchen Zelle mit teilweise entleerten Raphiden. 250fach vergrößert. (Nach Haberlandt.)

saurem Kalk. Diese finden sich immer in den Vakuolen abgelagert, wo sie aus der Verbindung der im Zellsaft fast stets vorhandenen, als Nebenprodukt des Stoffwechsels entstandenen und vielleicht für die Pflanzen schädlichen, freien Oxalsäure mit den aus dem Nährboden aufgenommenen Kalksalzen entstehen. Eine andere Theorie nimmt an, daß die durch unvollkommene Oxydation bei der Atmung entstehende Oxalsäure die großen Mengen Kalksalze in unlöslicher Form ablagert und dadurch den osmotischen Druck in der Zelle herabsetzt. Man deutet sie vielfach als Schutzmittel gegen Schneckenfraß.

Die Kristalle treten meistens auf als Einzelkristalle (Oktaeder oder klinorrhombische Säulen) oder als Drusen; in diesen Formen kommen sie häufig nebeneinander in denselben oder wenigstens in benachbarten Zellen vor (Abb. 112). Seltener trifft man die Kristalle in Gestalt von Raphiden (Bündel zahlreicher, lang nadelförmiger Körper, Abb. 113) oder als Kristallsand (winzige, in ungeheurer Menge die Zelle erfüllende Körnchen). Das Vorkommen von Raphiden und von Kristallsand ist

häufig für ganze Gruppen des Pflanzenreichs charakteristisch. So treffen
wir z. B. in den Blättern sämtlicher Aloë-Arten massenhaft Raphiden,
in den Blättern vieler Solanazeen,
z. B. im Tabak, zahlreiche Zellen
mit Kristallsand. Die Zellen, welche
Kristalle, besonders diejenigen der
beiden zuletzt beschriebenen Formen, enthalten, sind meistens stark
vergrößert, treten in den Geweben
sehr deutlich hervor und werden
häufig als Kristallschläuche bezeichnet. Sämtliche Zellen, welche

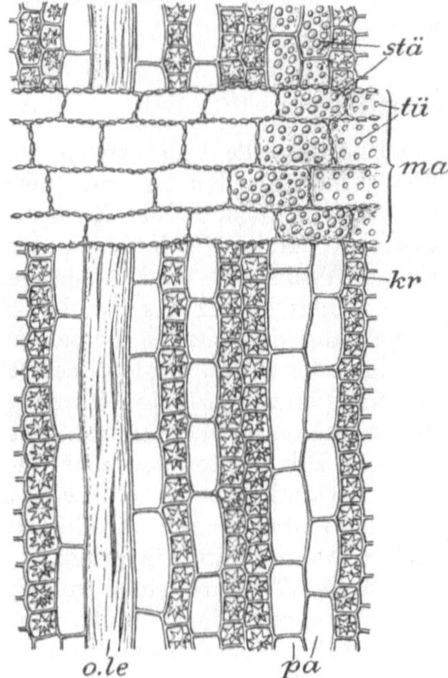

Abb. 114. Radialer Längsschnitt durch die
Granatwurzelrinde. *kr* Kristallzellreihen, *ma*
Markstrahl, *stä* Stärkekörner, *tü* Tüpfel der
Markstrahlzellen.

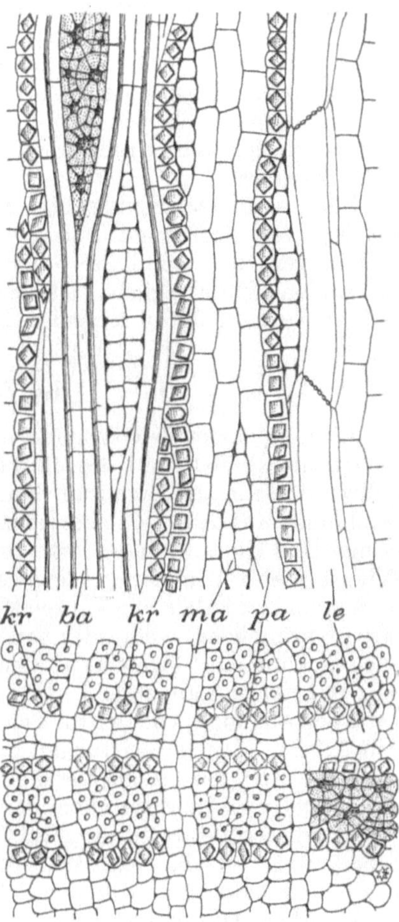

Abb. 115. Eichenrinde im tangentialen Längsschnitt und im Querschnitt. *kr* Kristallzellreihen,
*ba* Bastfasern, *ma* Markstrahl, *pa* Parenchym,
*le* Siebröhren des Phloëms.

Raphiden enthalten (vor allem Monokotyledoneen, Vitazeen, Balsamin-
azeen, Rubiazeen), enthalten auch Schleim und stehen unter einem
hohen Turgordruck, so daß bei Verletzung der Zelle die Kristalle kräftig
herausgeschleudert werden.

Bei zahlreichen Pflanzen liegen die Kristalle in sehr charakteristischer
Weise in sog. Kristallzellreihen angeordnet. Sie finden sich, meist
in nächster Umgebung von mechanischen Elementen (Bastfaserbündeln,
Steinzellgruppen), in regelmäßigen Zellzügen. Besonders in der sekundären Rinde vieler Dikotylen entsteht die Reihenbildung in der Weise,
daß Kambiumzellen durch Querwände in kleine Kammerzellen zerlegt

werden, von denen jede einen Einzelkristall, seltener eine Druse umschließt. Die frühere, meistgebräuchliche Bezeichnung „Kristallkammerfasern" ist unrichtig, da unter Fasern stets eine Zelle oder Zellreihe (gekammerte Fasern) verstanden wird, deren Enden oder Endzellen zugespitzt sind, was für die Kristallzellreihen nicht zutrifft (Abb. 114 und 115).

Nur sehr wenig ist ein Vorkommen von Kristallen von Gips oder kohlensaurem Kalk bekannt. Ihr Nachweis oder die Unterscheidung von Kristallen aus oxalsaurem Kalk geschieht durch Essigsäure bzw. Schwefelsäure.

**Harze, Gummi, Kautschuk.** Die Entstehung mancher Gummiarten, sowie vieler Harze und Balsame beruht jedoch auf krankhaften Veränderungen des Zellinhaltes oder der Membranen, oder jene entstehen in großen, nachträglich sich bildenden Zwischenzellräumen (Interzellularen), nicht in lebenden Zellen.

# Die Zellwand.

Jede in einem Zellverbande stehende Pflanzenzelle und ebenso die überwiegende Mehrzahl der einzellebenden Pflanzenzellen ist von einer Zellwand (Zellhaut, Membran) umgeben, welche im jugendlichen Zustand ein dünnes, aus Zellulose bestehendes Häutchen darstellt, sich aber später in mancher Hinsicht verändert. Im Laufe des Wachstums wird die junge Zelle allmählich immer größer, sie erreicht zuletzt häufig das Hundert-, ja in manchen Fällen das Tausendfache der anfänglichen Größe, sie behält ihre ursprüngliche, mehr oder weniger kugelige oder würfelförmige Gestalt oder sie kann eine durchaus abweichende Form (verzweigt, spindelförmig, lang-faserförmig) annehmen. Die Gestalt, welche eine Zelle annimmt, ist natürlich abhängig von der für den betreffenden Pflanzenteil auszuführenden Arbeit. Manche Leistungen für die Pflanze sind jedoch auch mechanischer Natur, d. h. nicht allein die Form und Größe, sondern die Stärke der Wand gewisser Zellen kommt für das Leben der Pflanze in Frage.

Aus dieser Betrachtung geht hervor, daß die Wandung einer jungen Zelle zwei verschiedene Wachstumserscheinungen zeigen muß: ein Flächenwachstum, durch welches das Volumen der Zelle vergrößert wird, und ein Dickenwachstum, welches der Zelle eine gewisse und oft sogar recht weitgehende Festigkeit verleiht.

Flächenwachstum. Die jugendliche Zellwand ist ein zartes, feinporöses, stark dehnbares, wasserhaltiges Häutchen. Ein Flächenwachstum erfolgt in der Weise, daß in die Poren der jungen Wand stets neue, Zellulosemoleküle vom Protoplasma aus abgelagert werden, während gleichzeitig durch den mächtigen Turgor des Protoplasten der jungen Zelle eine ständige starke Dehnung der Wandung stattfindet. Ein derartiges Wachstum wird als Zunahme von innen heraus, Wachstum durch Einlagerung (Intussuszeption) bezeichnet.

Dickenwachstum. Dickenwachstum der Membran tritt ein, wenn das Größenwachstum der Zelle und damit das Flächenwachstum der Zellwand beendet ist. Das Dickenwachstum der Zellwand ist ein recht komplizierter Vorgang. Entweder wird vom Protoplasma der Zelle ganz allmählich

Zellulosesubstanz auf die jugendliche Zellwand abgelagert oder aber, und dies dürfte der häufigere Fall sein, das Protoplasma scheidet plötzlich eine neue, dünne Zellulosemembran aus, welche an die erstvorhandene von innen angepreßt wird. Diese Art des Wachstums wird als Anlagerung (Apposition) bezeichnet. Die so entstandene, junge Verdickungshaut wächst nun wieder durch Flächenwachstum, bis sie eine gewisse Dicke erreicht hat, worauf auf sie durch Anlagerung vom Plasma wieder eine neue Verdickungsschicht abgelagert werden kann. Diese regelmäßige Schichtenauflagerung läßt sich an ausgewachsenen „mechanischen Zellen" oft noch sehr deutlich wahrnehmen (Abb. 116).

Der Wandverdickungsprozeß geht bei Zellen und Gefäßen (siehe Abb. 152 A—F) nicht immer über die ganze Wandfläche gleichmäßig vor sich. Abgesehen davon, daß nur eine, zwei oder drei Wände oder nur die Ekken verdickt sein können, bleiben auch an den verdickten Wänden selbst wiederum unverdickte Stellen. Bei Zellen sowohl als auch bei Gefäßen zeigen die Verdickungen, wenn sie sich nicht über die ganze Fläche

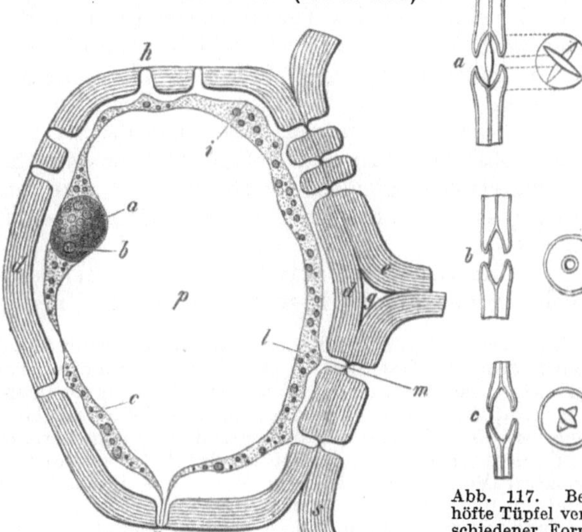

Abb. 116. Querschnitt einer parenchymatischen Zelle mit verdickten Wänden. *d, e* und *s* Zellwände dreier benachbarter Zellen, *a* Zellkern, *b* Nucleolus, *c* kontrahierter Protoplasmaschlauch, *p* zentrale Vakuole, *l* bis *m* korrespondierende Tüpfel. Stark vergrößert. (R. Hartig.)

Abb. 117. Behöfte Tüpfel verschiedener Form im Querschnitt, rechts daneben in der Aufsicht, b und c mit an die Wand gepreßter Mittellamelle. Stark vergrößert. (Th. Hartig.)

erstrecken, oft spiralförmige oder ringförmige Anordnung (Abb. 152 A—C). Durch Verzweigung dieser verdickten Partien auf der Wandfläche entsteht die Form der treppenförmigen und der netzförmigen Verdickungen (Abb. 152 D, E). Die von der Verdickung frei bleibenden Wandpartien nennt man Tüpfel; diese können in ihrer Größe außerordentlich wechseln. Je nachdem die Wandverdickung stattgefunden hat, zeigen auch die Tüpfel zueinander eine sehr charakteristische und unter dem Mikroskop leicht zu erkennende Anordnung (Abb. 152 *d* und *g*). Da die Tüpfel den Zweck haben, den Saftaustausch dickwandiger Zellen oder Gefäße mit benachbarten Zellen oder Gefäßen zu ermöglichen, so stoßen die Tüpfel benachbarter Elemente stets aufeinander (Abb. 116, *l—m*). Man merke sich jedoch, daß diese Tüpfel nicht Löcher in der Zellwand sind, sondern daß die ursprüngliche dünne, für Wasser und Flüssigkeiten durchlässige Membran (Mittellamelle) vorhanden bleibt. Eine besondere Art von Tüpfeln, sog. behöfte Tüpfel oder Hoftüpfel, entsteht dadurch, daß eine unverdickt bleibende Stelle der ursprünglichen Zellwand (Mittellamelle) von der Wandverdickungsschicht überwölbt wird (Abb. 117). Die Mittellamelle kann innerhalb des entstehenden Hohlraumes in der Zellwand dem größeren oder geringeren Flüssigkeitsdruck in der einen oder anderen Zelle entsprechend an die Wand angedrückt werden und so einen Verschluß herbeiführen.

Die dünne Mittellamelle zwischen den Tüpfeln kann manchmal eine nachträgliche Entwicklung erfahren. Liegt sie zwischen einer lebenden, turgeszenten und einer abgestorbenen Zelle oder Röhre (z. B. einem Gefäß), so wird sie infolge des Turgordrucks in die letztere hineingepreßt und rundet sich dort zu einer oft recht umfangreichen Blase ab, die manchmal die ganze Höhlung ausfüllt und die Röhre verstopft. Solche Neubildungen werden als **Thyllen** bezeichnet.

Die Wandverdickungen haben hauptsächlich die Aufgabe, zu verhüten, daß die Zellen und Gefäße von der Seite her zusammengedrückt werden, etwa in gleicher Weise, wie z. B. eine dünne Papphülse durch Einlegen einer Drahtspirale vor dem Zusammendrücken geschützt werden kann.

Den innerhalb der Wandverdickung frei bleibenden Hohlraum der Zellen, besonders der Fasern und Gefäße, nennt man das **Lumen**.

Nur verhältnismäßig selten besteht die Zellwand aus reiner Zellulose, einem Kohlehydrat, welches dieselbe chemische Zusammensetzung zeigt wie die Stärke $(C_6H_{10}O_5)n$, sich durch die Reagentien Chlorzinkjod oder Jod und Schwefelsäure blau färbt, durch Kupferoxydammoniak sowie durch konzentrierte Schwefelsäure rasch löst, in Kalilauge quillt, während sie durch verdünnte Säuren und Alkalien nicht gelöst wird. Meist finden wir der Zellulose Pektinstoffe in größerer oder geringerer Menge beigemischt, welche leicht durch die Reaktion erkannt werden (keine Färbung durch Chlorzinkjod, Löslichkeit in Alkalien nach vorheriger Behandlung mit verdünnten Säuren). Auf diesem abweichenden Verhalten der reinen Zellulose zu den Pektinstoffen beruht das Verfahren der Mazeration. Wir sahen soeben, wie durch ständig fortgesetzte Abscheidung (Apposition) vom Zytoplasma aus neue Wandungsschichten auf die ursprünglich vorhandene dünne Primärwandung einer in der Verdickung begriffenen Zelle abgelagert werden. Die jüngst gebildeten Schichten bestehen aus fast reiner Zellulose, die älteren werden immer reicher an Pektinstoffen, die Primärwandung besteht fast nur noch aus den letzteren. Kocht man nun Gewebekörper einer Pflanze, Holz, Rinde usw. in einer Mischung von chlorsaurem Kali mit Salpetersäure, so erhält man die Zellen der betreffenden Gewebe völlig isoliert voneinander, da die Primärwandung verschwunden ist. — An Stelle von Zellulose tritt bei den Pilzen ein anderes Kohlehydrat, Pilzzellulose, auf. Bei den Bakterien besteht die Membran meist aus Eiweißstoffen.

Noch zahlreiche chemische Veränderungen kann die Zellwand im Laufe der Entwicklung der Zellen erfahren, von denen die wichtigsten hier kurz hervorgehoben sein mögen.

Soll die Zellhaut einen Abschluß bewirken, soll sie für Wasser in tropfbar flüssiger, wie in gasförmiger Gestalt undurchdringbar sein, so wird ein fettartiger Stoff, das Suberin, eingelagert; die weiche und biegsame Zellwand ist nunmehr verkorkt. Genau dasselbe wird erreicht durch die Einlagerung von Kutin. Verkorkte und kutinisierte Membranen färben sich mit Jod und Schwefelsäure gelb, mit dem Fettfarbstoff Sudan III rot.

Verholzt nennen wir eine Membran, in welche ein Lignin genanntes Gemisch verschiedener chemischer Substanzen (z. B. Koniferin und Vanillin) abgelagert wurde, wodurch jene eine ansehnliche Härte erlangt, aber für Wasser in tropfbar flüssiger und gasförmiger Gestalt (überhaupt für Gase) leicht durchdringbar (permeabel) ist. Verholzte Membranen werden durch Phlorogluzin mit Salzsäure rot, durch schwefelsaures Anilin, sowie durch Jod und Schwefelsäure, gelb gefärbt.

Schleimmembranen kommen besonders häufig in Samenschalen vor (Leinsamen, Quittensamen usw.), finden sich aber auch im Innern von Stengeln und Blättern. Im trockenen Zustande sind jene meist ziemlich hart, quellen jedoch bei Wasserzutritt sehr rasch stark auf und zerfließen häufig vollständig. — Pflanzenschleim kann recht verschiedenartigen Ursprung besitzen; außer dem eben beschriebenen sind festzuhalten die Entstehung desselben in Interzellularräumen (Schleimgänge, z. B. bei Malvazeen, Tiliazeen usw.) und auf pathologischem Wege (krankhafte Veränderung der Zellulose, wie z. B. Kirschgummi).

Kieselsäure und Kalksalze findet man häufig der Membran eingelagert, meist in amorpher Form, Kalziumoxalat in sehr seltenen Fällen auch als Kristalle. Verkieselt ist z. B. die Oberhaut der Gräser und Schachtelhalme, ferner die Membran der sog. Kieselalgen (Diatomeen); deshalb bleibt die Form dieser Körper beim Verbrennen und Verwesen unverändert erhalten.

An dieser Stelle sind die eigenartigen Körper zu erwähnen, welche man z. B. in Oberhautzellen der Moraceae, Urticaceae und Acanthaceae antrifft, und die für diese Familien des Pflanzenreiches geradezu ein Kennzeichen darstellen, die Zystolithen (Abb. 118). Diese Gebilde sind als eine Art von Wandverdickung aufzufassen. Von irgendeiner Stelle der Wandung einer sich allmählich stark vergrößernden Zelle erstreckt sich in das Zellinnere ein stielartiger Teil, aus reiner Zellulose bestehend, in welche sich Kieselsäure einlagert. An den unteren Teil dieses Stieles setzen sich sodann schichtenförmig Zelluloselamellen an, die aber von warzigen, aus amorphem, kohlensauren Kalk bestehenden Auswüchsen bedeckt werden. Hierdurch entsteht allmählich ein traubenförmiger, warziger Körper, dessen Kern aus geschichteter Zellulose besteht. Setzt man einem Präparat, welches solche traubenförmige Zystolithen enthält, eine mineralische Säure zu, so kann man unter dem Mikroskop beobachten, wie der kohlensaure Kalk unter Aufbrausen sich löst,

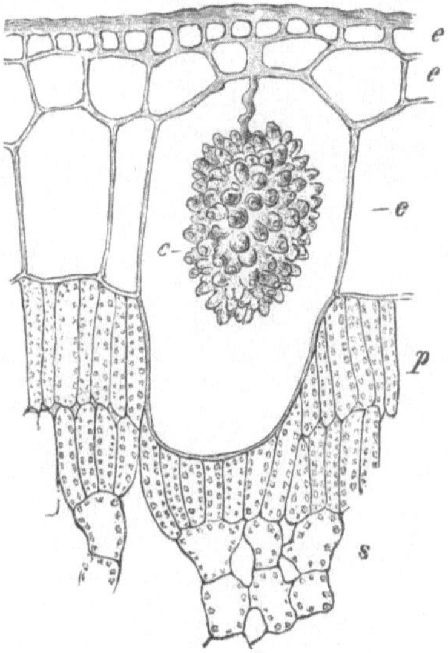

Abb. 118. Querschnitt aus dem Blatt von Ficus elastica. 250 fach vergrößert. c Zystolith, e Epidermiszellen, p Palisadenzellen, s Schwammparenchym. (Nach Strasburger.)

während der Stielteil unverändert bleibt und der Körperteil des Zystolithen als feines Zelluloseskelett hervortritt.

# Die Entstehung der Zellen.

Die Entstehung der Zellen kann man auf zwei Typen zurückführen, welche prinzipiell voneinander verschieden sind.

1. Zellteilung oder Zellfächerung. Der Zellteilung geht die Teilung des Zellkerns voran, ein Vorgang, der oben schon beschrieben wurde. Wir sahen, daß nach dem Auseinanderweichen der Tochterkerne in der Äquatorialebene eine Zellwand angelegt wird. Es entstehen hierdurch zwei Tochterzellen, auf welche Zellkern, Protoplasma, Chloroplasten und Wandung der Mutterzelle vollständig verteilt worden sind (Abb. 96).

Der Fall der Zellbildung, welchen man gewöhnlich als Hefesprossung oder auch als Abschnürung (bei Pilzen) bezeichnet, ist in

5*

mancher Hinsicht von dem soeben beschriebenen Typus abweichend. Eine Zelle treibt nach vorheriger Kernteilung eine kleine seitliche Ausstülpung, in die ein Kern und Protoplasma hineinwandern und welche allmählich mehr und mehr anwächst, sich immer mehr von der Mutterzelle abschnürt, bis es endlich zu einer vollständigen Loslösung kommt (Abb. 91 u. 236).

2. Freie Zellbildung. Im Gegensatz zur Zellfächerung erfolgt bei der freien Zellteilung die Bildung der neuen Zellwand unabhängig von der Kernteilung. Auch wird nicht das gesamte Protoplasma der Mutterzelle zum Aufbau der Tochterzellen verwendet, und vor allem haben die Tochterzellen keinen Anteil an der Membran der Mutterzelle. Als Beispiel sei hier die Sporen-

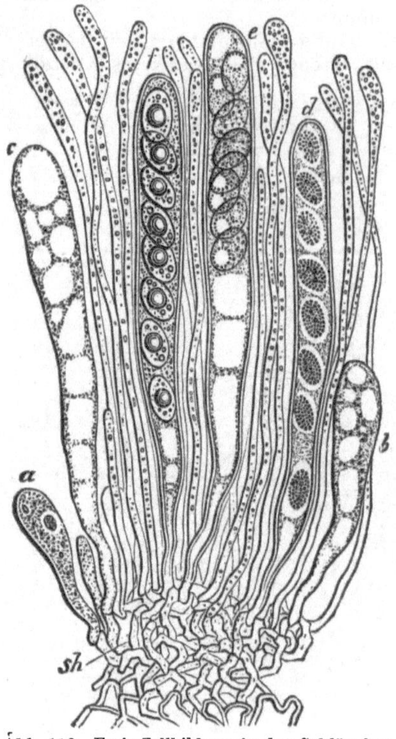

Abb. 119. Freie Zellbildung in den Schläuchen von Peziza convexula. a—f Entwicklungsfolge der Schläuche und Sporen. Stark vergrößert. (Nach Sachs.)

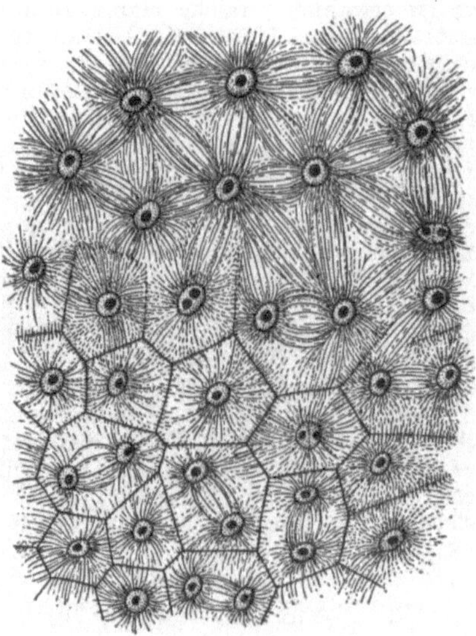

Abb. 120. Reseda odorata. Zellbildung im Endosperm. (Nach Strasburger.)

bildung der Schlauchpilze (Ascomycetes) angeführt. Im jugendlichen, sehr plasmareichen Schlauche finden wir einen einzigen Zellkern. Durch wiederholte Zweiteilung entstehen aus diesem vier oder meist sogar acht Tochterkerne, von welchen jeder von einer bestimmten Menge von Zytoplasma umgeben ist. Von diesem Zytoplasma werden sodann feste Membranen gebildet, und es sind dadurch vier oder acht Zellen, die sog. Sporen, entstanden, die jede mit Membran, Zytoplasma und Zellkern versehen und dem übrigbleibenden Zytoplasma einer einzigen, starken, schlauchartig angeschwollenen Mutterzelle eingelagert sind (Abb. 119). Dieses nicht zur Bildung der Sporen verbrauchte Plasma der Mutterzelle degeneriert allmählich, es wird gallertartig und dient zum Ausstreuen oder Ausschleudern der Sporen aus den Schläuchen.

Freie Zellbildung beobachtet man auch häufig bei der Endospermbildung, der Prothalliumbildung der Gymnospermen usw. Die ursprünglich einkernige Zelle wird durch rasch aufeinanderfolgende Teilungen der Kerne vielkernig und erst dann, wenn die definitive Größe des Organs ungefähr erreicht ist, setzt die Zellwandbildung ein. Hierbei bilden sich aus dem Zytoplasma neue Phragmoplasten (Abb. 120). Auch die Abgrenzung der Elemente des Embryosackes erfolgt durch freie Zellbildung.

# Gewebelehre.

Gruppen von Zellen, welche sich in engerem Verbande zueinander befinden und denen in ihrer Gesamtheit eine gemeinsame Verrichtung im Pflanzenorganismus zufällt, nennt man Gewebe.

**Die Entstehung der Gewebe.** Wir kennen nicht wenige Pflanzen, deren Vegetationskörper aus einer einzigen Zelle besteht, z. B. viele Formen der Algen und Pilze. Weit häufiger — so bei allen höheren Pflanzen — ist der Vegetationskörper aus zahlreichen, ja meistens sehr zahlreichen Zellen gebildet, unter welchen eine strenge Arbeitsteilung stattfindet; sie sind jedoch sämtlich aus einer einzigen Zelle durch fortgesetzte Zweiteilung oder Fächerung hervorgegangen (echte Gewebebildung).

Teilt sich diese Ursprungszelle stets nur nach einer Richtung des Raumes, so entstehen Zellreihen, Zellfäden, bei welchen die Zellen nur mit zwei gegenüberliegenden Endflächen zusammenstoßen. Zellflächen, d. h. einfache Zellschichten, entstehen, wenn die Ursprungszelle sich nach zwei Richtungen des Raumes teilt, endlich Zellkörper, wenn in der Ursprungszelle oder in den aus ihr hervorgegangenen Zellen Teilungen nach allen drei Richtungen des Raumes stattfinden.

Außer durch fortgesetzte Zweiteilung kann ein Gewebe auch durch Verwachsung ursprünglich vereinzelter Zellen oder Zellfäden zu einem Ganzen entstehen, wie dies besonders bei mehreren Gruppen der Pilze der Fall ist (unechte Gewebebildung). Die Fruchtkörper der höheren Pilze, d. h. eben das, was man gewöhnlich als „Pilz“ bezeichnet, bestehen immer aus äußerst dünnen, oft stark verzweigten Zellfäden, Hyphen oder Myzelstränge genannt, welche in der verschiedenartigsten Weise zu Geweben zusammentreten: Entweder sie lagern sich, wie in den Stielen der Hutpilze, parallel nebeneinander und bilden dadurch strangförmige Körper, oder sie verflechten sich so fest und wirr durcheinander, daß sie auf einem Querschnitt durch den betreffenden Teil ein echtes Gewebe vortäuschen (Pseudoparenchym).

**Die anatomisch-physiologische Einteilung der Gewebe** (nach Haberlandt). Je nach der Aufgabe, welche die einzelnen Gewebe zu erfüllen haben, gruppiert man diese zu Gewebesystemen, und zwar unterscheidet man, da die Pflanze, wie jedes andere organische Wesen, aufgebaut, geschützt, gefestigt, ernährt usw. werden muß, um ihrem Endzweck, der Fortpflanzung, zu dienen, im wesentlichen folgende Kategorien von Gewebesystemen:

1. Dem Aufbau dienend: Bildungsgewebesystem (Meristem).
2. Dem Schutze dienend: Hautsystem.

3. Der Festigung dienend: Mechanisches System.

4. Der Ernährung dienend:

a) Absorptionssystem; b) Assimilationssystem; c) Leitungssystem; d) Speichersystem; e) Durchlüftungssystem; f) Sekretionssystem.

5. Der Bewegung dienend: Bewegungssystem.

6. Der Reizaufnahme dienend: Sinnesorgane.

7. Der Reizleitung dienend: Reizleitungsorgane.

8. Dem sekundären Dickenwachstum dienend: System des sekundären Dickenwachstums.

Strenggenommen wären hier auch die der Fortpflanzung dienenden Gewebesysteme zu behandeln. Jedoch ist es üblich geworden, sie bei den entsprechenden Abschnitten der Systematik zu besprechen.

Dem Zweck dieses Buches entsprechend sollen die Gewebesysteme im folgenden in gedrängter Kürze dargestellt werden.

## Der Aufbau der Pflanze. Die Bildungsgewebe.

Unter den mannigfachen Gewebeformen der Pflanzen befinden sich bestimmte Zellen oder Zellgruppen, welche durch die in ihnen sich vollziehenden Zellteilungen die Masse des Pflanzenkörpers und die Zahl seiner Elemente vermehren. Sie stehen mithin im völligen Gegensatz zu allen übrigen Gewebeformen, den Dauergeweben, und führen den Namen Bildungsgewebe oder Meristeme.

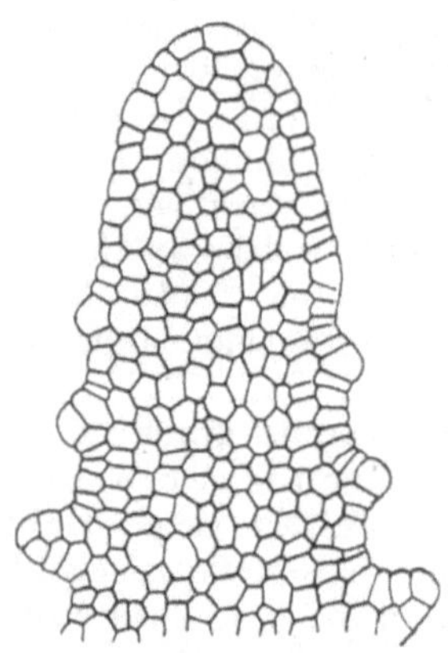

Abb.121. Längsschnitt des Sproß-gipfels der Wasserpest (Helodea canadensis). Stark vergrößert. (Nach Kny.)

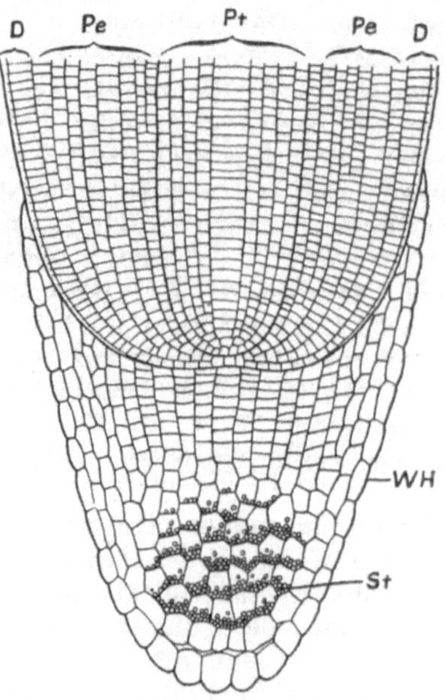


Abb. 122. Wurzelvegetationspunkt der Gerste. Wurzelhaube (*WH*) mit Statolithenstärke(*St*). *D* Dermatogen, *Pe* Periblem, *Pt* Plerom.

Bildungsgewebe, und zwar Urmeristem, das seinen Ursprung direkt von dem Meristem des Embryos genommen hat, findet sich an allen endständigen, wachsenden Teilen der höheren Pflanzen, also an den Spitzen des Stengels (Abb. 121) und der Wurzel (Abb. 122), an den Spitzen sämtlicher Seitentriebe, sowie in den Knospen. Es besteht aus kleinen, dünnwandigen, sehr reichlich Zytoplasma führenden Zellen, welche sich ständig teilen. Man bezeichnet den Sitz der Bildungsgewebe an den Sproßspitzen (und auch in den Knospen, die ja noch nicht ausgewachsene Sprosse sind) als Vegetationspunkte (Abb. 121 u. 122).

Bei den Thallophyten sowie den Moosen und Farnpflanzen findet sich am Vegetationspunkt kein Bildungsgewebe, sondern eine einzige, große, sich stets lebhaft teilende Zelle, die Scheitelzelle, auf die das ganze Wachstum zurückzuführen ist. Während die Scheitelzelle bei Pilzen und einfachen Algen zylinderförmig ist, finden wir bei höherstehenden

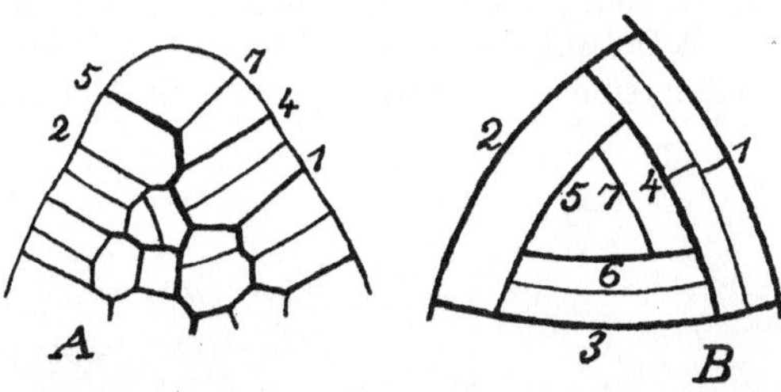

Abb. 123. Wachstum des Sprosses durch eine Scheitelzelle beim Schachtelhalm. A Längsschnitt, B Flächenansicht. Die Zahlen geben die Reihenfolge der Segmentwände nach dem Alter an. (Nach Nägeli und Schwendener.)

Algen uhrglasförmige Scheitelzellen. Bei einigen Lebermoosen begegnen wir einer zweischneidigen Scheitelzelle, die vom Gewebe des Scheitels überdeckt ist. Bei den meisten Gefäßkryptogamen treffen wir jedoch, sowohl an den Vegetationspunkten der Sprosse als auch der Wurzeln, eine

dreiseitige Pyramide als Scheitelzelle an, bei welcher die neuen Zellwände in spiraliger Anordnung angelegt werden, wie man dies besonders am Querschnitt gut erkennen kann (Abb. 123 u. 124).

An den Vegetationspunkten der Gymnospermen und Angiospermen erfolgt das Wachstum nicht mehr durch eine Scheitelzelle, sondern hier finden wir ein kleinzelliges Gewebe, in dem

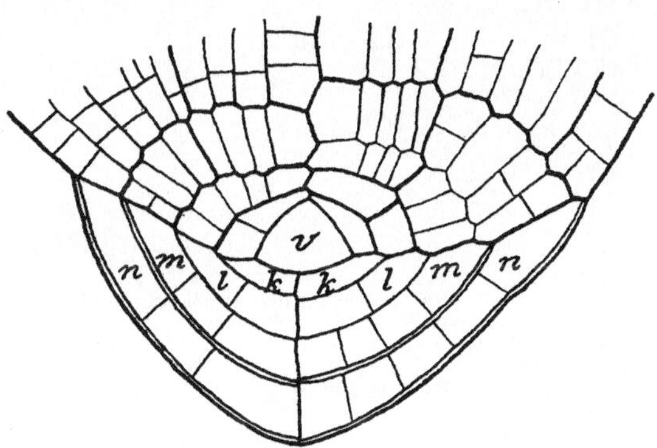

Abb. 124. Scheitelzellenwachstum der Wurzel eines Farns (Pellaea hastata). v Scheitelzelle, bedeckt von den kappenförmigen Segmenten k, l, m, n. (Nach Nägeli und Leitgeb.)

man keine bestimmte Zelle mehr als die ursprüngliche Mutterzelle unterscheiden kann.

Etwas unterhalb des Vegetationspunktes lassen sich bei den höheren Pflanzen meist drei verschiedene Schichten in den Stämmen und Wurzeln unterscheiden. Die äußerste, gewöhnlich nur eine Zellage starke Schicht wird Dermatogen genannt, und aus diesem geht die Oberhaut oder Epidermis hervor. An ihm bemerken wir auch zuerst die Blattanlagen in Form kleiner Höcker. In der Mitte liegt der viele Zellschichten starke, kegelförmige Zentralzylinder, das Plerom, aus dem sich allmählich Mark und Leitbündel entwickeln. Zwischen Plerom und Dermatogen liegt endlich der mehrere Zellschichten umfassende Hohlzylinder des Periblems, aus dem die Rinde hervorgeht (Abb. 122).

An allen echten Wurzeln entwickelt sich über dem Vegetationsscheitel zum Schutze gegen Verletzungen die Wurzelhaube, die bei den Farnen von der Scheitelzelle, bei den höheren Pflanzen vom Urmeristem aus stets durch neue Zellabscheidungen ergänzt wird (Abb. 122 u. 124).

Während die Mehrzahl der von den Vegetationspunkten gebildeten Zellen sich mit fortschreitendem Wachstum zu Dauerzellen umbildet, bleiben bei den Gymnospermen (z. B. Koniferen) und den dikotylen Gewächsen gewisse Partien als ein zwischen Holzteil und Siebteil der Gefäßbündel (s. u.) gelegenes primäres Meristem, Kambium, (Abb. 125 c) dauernd teilungsfähig, wodurch das sog. sekundäre Dickenwachstum ermöglicht wird (s. S. 110). Bei den monokotylen Gewächsen hingegen gehen alle Bildungsgewebezellen in die größeren, dickwandigeren, plasmaärmeren Dauerelemente über, und es bleibt kein Kambium zwischen dem Holzteile und dem Siebteile der Gefäßbündel mehr erhalten

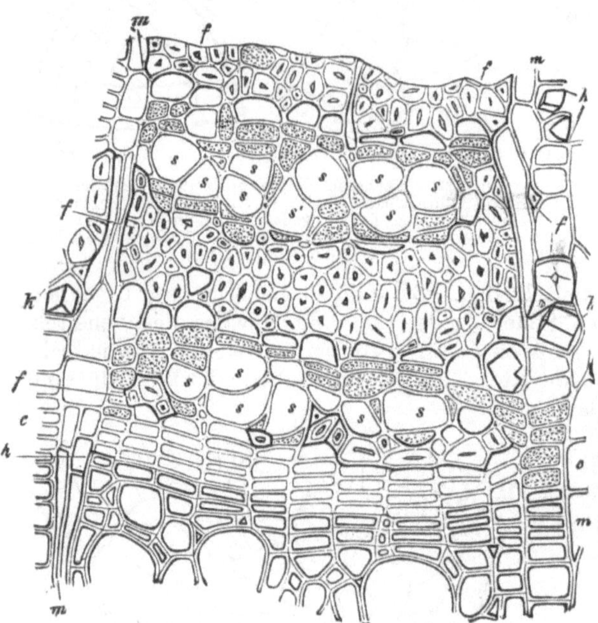

Abb. 125. Teil eines Querschnittes durch einen Lindenzweig. *h* äußere Grenze des Holzteiles, *c* Kambiumzone, von da ab die ganze obere Partie Siebteil, darin *s* Siebröhren, *f* Bastfasergruppen, *k* Zellen mit Kristallen, *m* Markstrahlen. 220fach vergrößert. (Nach de Bary.)

(Abb. 159). Diese Pflanzen zeigen daher kein kambiales, sekundäres Dickenwachstum.

Es kommt aber auch vor, daß scheinbar schon in den Dauerzustand übergegangene Gewebe oder Gewebepartien (wie z. B. Epidermiszellen und Rindenparenchymzellen) sich plötzlich durch fortgesetzte Fächerung zu einem nachträglich entstandenen Meristem, einem Folgemeristem, entwickeln. Folgemeristeme sind z. B. das Phellogen, durch dessen Tätigkeit der Kork gebildet wird, sowie der sog. Wundkallus, der die Aufgabe besitzt, Wundstellen von Pflanzen zu überwallen und zu verschließen, und endlich die zwischen ausgebildeten Geweben liegenden (interkalaren) Wachstumszonen der Blätter.

# Das Hautgewebe.

Zum Schutze gegen äußere Einflüsse und zur Verhinderung der Wasserverdunstung sind alle Organe der höheren Pflanzen mindestens mit einer einschichtigen **Epidermis** oder **Oberhaut** bekleidet. Diese besteht aus tafel- oder plattenförmigen, lückenlos zusammenschließenden, nur wenig Zytoplasma und meist kein Chlorophyll, dagegen meist sehr reichlich Wasser führenden Zellen, deren Außenwand verdickt und außen mit einer kutinisierten Lamelle, der **Kutikula**, bekleidet ist (Abb. 126c u. 127). Kutinisierte Substanz ist für Wasser undurchdringlich, und die Kutikula verhindert so den Verlust von Feuchtigkeit aus

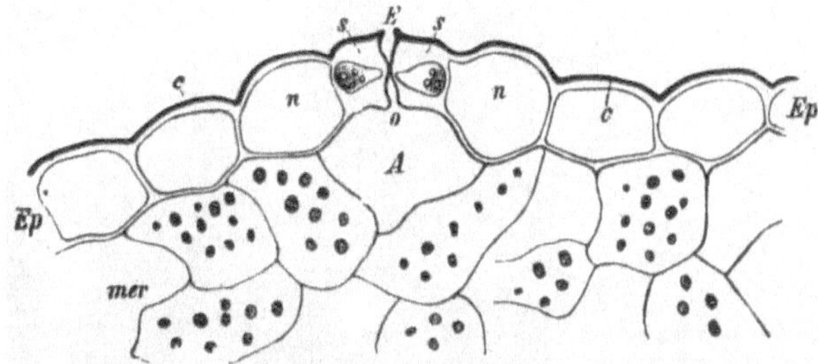

Abb. 126. Querschnitt durch die Epidermis (*Ep*) der Blattunterseite von Mentha piperita. *s* Schließzellen der Spaltöffnung, *n* Nebenzellen, *c* Kutikula, *mer* Schwammparenchym. Stark vergrößert. (Tschirch.)

den Pflanzen. Besonders bei den Gewächsen, die in sehr trockenen Gebieten gedeihen, ist die Kutikula oft von auffallender Dicke. Außerdem kann sie noch durch Auflagerung von Wachs in Form feinster Körnchen oder feiner Stäbchen in ihrer Funktion unterstützt werden. Zur Regelung der Verdunstung und zur Zuführung von Luft nach den Interzellularräumen sind Spaltöffnungen vorhanden (Abb. 126 *E*), welche sich dem jeweiligen Bedarf entsprechend öffnen oder schließen (vgl. unter „Durchlüftungssystem") S. 104. Die Spaltöffnungsschließzellen gehen aus Epidermiszellen hervor (Abb. 128). Die Epidermiszellen niedriger stehender Pflanzen z. B. der Farne enthalten Chlorophyll: Bei den Samenpflanzen hat sich die Epidermis ausschließlich als Schutzorgan spezialisiert und wandelt ihre Archiplasten nicht mehr zu Chloroplasten um. Daß aber tatsächlich jede Epidermiszelle die Anlagen für die Chloroplasten enthält,

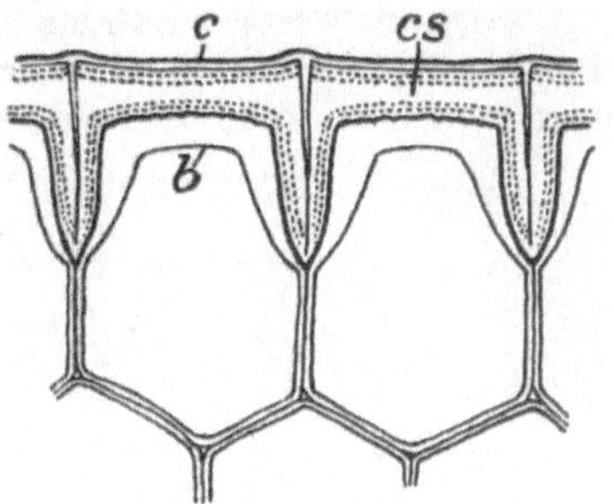

Abb. 127. Epidermiszellen des Blattes von Gasteria acinacifolia. *c* Kutikula, *cs* Schichten mit schwächerer Kutinisierung, *b* Zelluloseschicht. (Nach Haberlandt.)

sehen wir daraus, daß in den Schließzellen die Chloroplasten, die ja nie aus dem Zytoplasma neugebildet werden, sich noch aus ihren Archiplasten entwickeln.

Bei der Aufsicht sind die Epidermiszellen entweder polygonal oder sie zeigen wellenförmige Umrisse; die erstere Form findet sich meist bei lederartigen Blättern (Bärentraubenblättern), die letztere bei zarten Blättern, wo sie eine festere Verbindung der Oberflächenzellen ermöglicht.

Von diagnostischer Bedeutung ist oft die Form der Nebenzellen der
Schließzellen.  Bei den Monokotyledonen finden wir vier langgestreckte,
zum Spaltöffnungsschlitz parallele Nebenzellen mit geraden Wänden. Bei
den Labiaten zwei um die beiden Pole der Schließzellen gelagerte Nebenzellen mit wellenförmigen Umrißlinien, bei den Malvazeen und Solanazeen meist drei Nebenzellen, von denen die eine wesentlich kleiner ist.

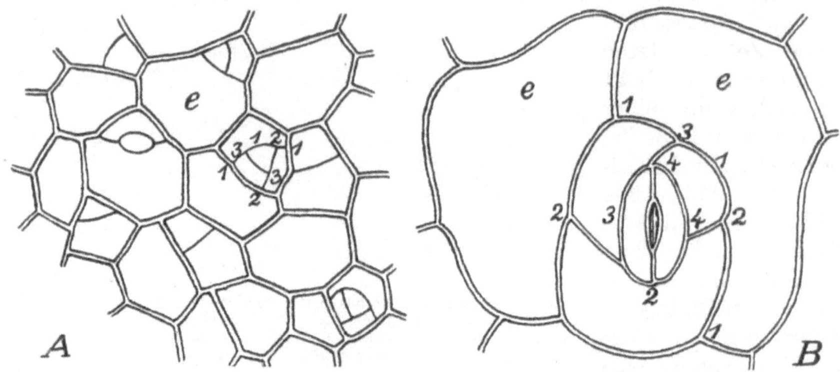

Abb. 128.  Entwicklung der Spaltöffnungen auf dem Blatte von Sedum purpurascens; *A* sehr
junges, *B* fast fertiges Stadium.  Die Zahlen bedeuten die Reihenfolge der die Nebenzellen abscheidenden Zellwände vor der Ausgliederung der Schließzellen; *e* Epidermiszellen. (Nach Sachs.)

Die Verdickung der Außenwände der Epidermiszellen, die bei manchen
Pflanzen sehr weit gehen kann, verleiht diesen eine erhöhte Widerstands-
kraft.  In stark wasserleitenden Teilen größerer Gewächse jedoch, wie z. B.
bei den Stämmen und den Wurzeln der Dikotylen (Bäume und Sträucher),
genügt eine einschichtige Epidermis zum Schutze der inneren Gewebeteile
häufig nicht, besonders da die Epidermis der durch das Dickenwachstum bedingten Ausdehnung der betreffenden Organe nicht zu folgen vermag. In einem
Ausnahmefall bei der Mistel (Viscum album) bleibt die Epidermis stets erhalten,
während sonst fast durch-

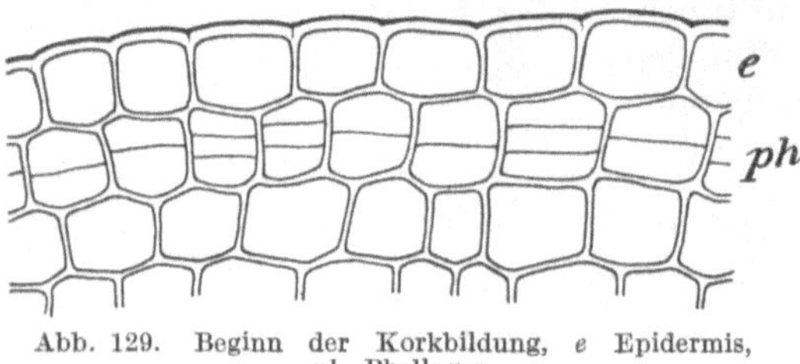

Abb. 129.  Beginn der Korkbildung, *e* Epidermis,
*ph* Phellogen.

weg die Epidermis bei fortschreitendem Dickenwachstum durch viel-
schichtiges Periderm ersetzt wird. Dieses entsteht durch das nachträgliche
Auftreten eines Korkkambiums (Phellogen, Abb. 129), welches sich
beim Stamm entweder in den äußeren Lagen der Rinde oder seltener in der
Epidermis (Weide, Oleander, Pomazeen) selbst bildet als ein Folgemeristem, d. h. ein nachträglich entstandenes Meristem aus schon in den Dauerzustand übergegangener Zellen. Das Korkkambium scheidet übrigens
nicht nur nach außen Korkzellen ab, sondern auch noch nach innen ein
parenchymatisches Gewebe (Phelloderm), welches zur Verstärkung der
äußeren Rinde dient und häufig kollenchymatisch verdickt ist; es ent-

hält meistens Chlorophyll, Stärke usw. Korkbildung läßt sich besonders schön an der Korkeiche studieren, von der der vielschichtige Flaschenkork stammt.

Wenn nachträglich sich weitere (sekundäre, tertiäre usw.) Korkzellreihen in das Gewebe der Rinde hineinschieben, so sondern sie die außerhalb des Korkes liegenden Rindenzellen von dem Saftverkehr des Stammes ab, bringen sie zum Absterben und veranlassen so die sog. Borkenbildung (Abb. 130). Borke ist demnach Kork samt mehr oder weniger großen Partien abgestorbenen Rindengewebes.

Das ganze Borkengewebe kann nun entweder am Stamm erhalten bleiben, z. B. bei der Korkeiche, oder aber die Borke wird regelmäßig abgeworfen. Bilden dann die aufeinanderfolgenden Phellogene konzentrische Mäntel, so springen die älteren Schichten nacheinander auf und rollen sich ab, z. B. beim Kirschbaum, oder sie lösen sich in langen Strähnen los wie bei der Weinrebe. Diese Art Borke wird Ringelborke genannt. Bilden aber die neu auftretenden Phellogenzonen keine konzentrischen Mäntel, sondern muldenförmige Vertiefungen, so spricht man von Schuppen

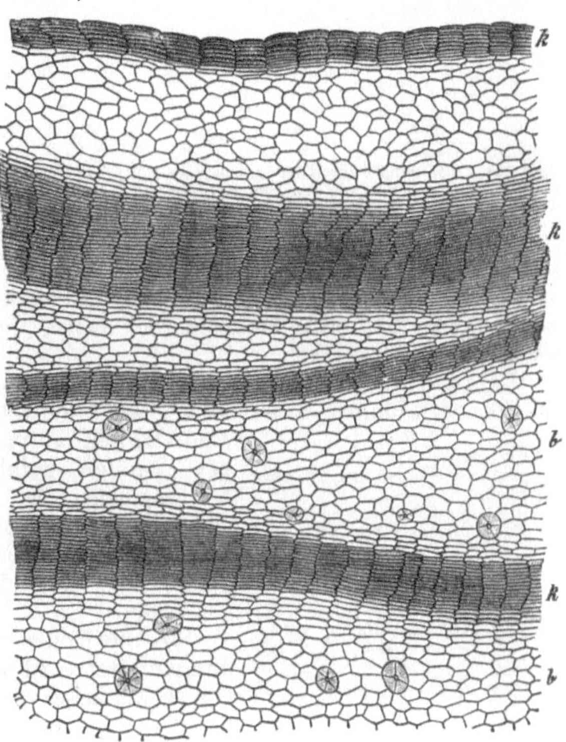

Abb. 130. Borkenbildung bei Cinchona calisaya. Querschnitt durch die Rinde. *k* Korkbänder; durch die Binnenkorkbänder wird Borke gebildet. *b* Rindengewebe. Stark vergrößert. (Berg.)

borke; diese löst sich dann in einzelnen Scheiben ab, z. B. bei der Platane.

Das zuerst angelegte Phellogen kann nach kurzer Zeit zum Wachstumsstillstand kommen, z. B. bei Früchten, oder aber es setzt seine Tätigkeit jahrelang fort, indem es abwechselnd Kork und am Schlusse der Vegetationsperiode dickwandigere Zellen produziert, z. B. bei der Birke. Während hier die Korkzellen infolge ihres Betulin- und Luftgehaltes weiß aussehen, sind die zuletzt abgegebenen, dickwandigen Zellen braun. Der abblätternde, durch die periodische Tätigkeit eines Phellogens entstehende Kork ist daher außen weiß und innen braun gefärbt.

Das Phellogen bildet also nach außen Korkgewebe, welches sich dadurch auszeichnet, daß es durch Einlagerung von Suberin (Glyzerinester der Korksäuren, also ein Fettkörper) wasserdicht wird; es färbt sich infolge seines Suberingehaltes mit Fettfarbstoffen, z. B. mit Alkannin, Sudanrot. Die Membranen enthalten ferner Gerbstoffe, die eine gewisse Schutzwirkung gegen Pilzinfektionen bieten und die braune Färbung der

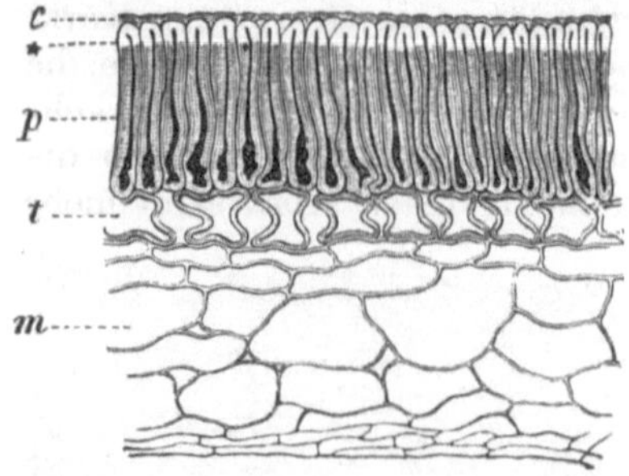

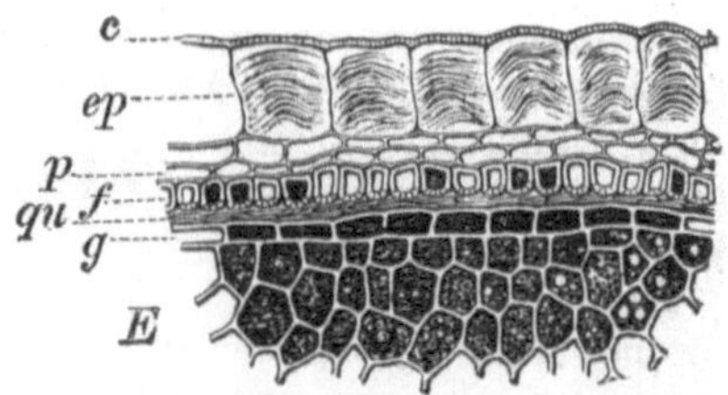

Abb. 131. Querschnitt durch die Samenschale einer Erbse. *p* Epidermis aus hartwandigen Palisadenzellen, *c* Kutikula. Stark vergrößert. (J. Moeller.)

Abb. 132. Querschnitt durch die Randpartie eines Leinsamens. *ep* Epidermis mit den aufgequollenen Schleimschichten, *c* Kutikula Stark vergrößert. (J. Moeller.)

meisten Korkgewebe (durch Oxydation zu Phlobaphenen) bedingen. Die Korkzellen sind tafelförmig und schließen ohne Interzellularräume aneinander; ihre Mittellamellen und meist auch die innerste Lamelle sind meistens verholzt.

Bei den **Wurzeln** der Dikotyledonen und Gymnospermen findet die Peridermbildung aus dem Perikambium, also der Schicht unter der Endodermis, statt. Periderm wird ferner bei Wunden gebildet, und zwar sowohl bei solchen, die durch äußere Eingriffe entstehen (z. B. an Kartoffelscheiben) als auch an physiologischen Wunden, wie sie z. B. bei der Abtrennung von Blättern entstehen.

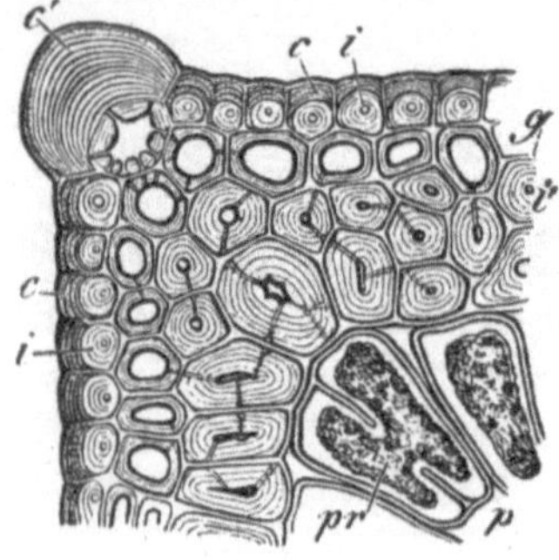

Abb. 133. Querschnitt durch die Nadel von Pinus pinaster (800). *c* kutikularisierte Hautschichten der Epidermiszellen, *i* innere, nicht kutikularisierte Schichten derselben, *c'* sehr stark verdickte Außenwand der an der Kante liegenden Epidermiszellen, bei *g i'* die hypodermalen Zellen, *g* die Mittellamelle, *i'* die geschichtete Zellulose, *p* chlorophyllhaltiges Parenchym, *pr* kontrahierter Inhalt desselben. (Nach Sachs.)

Wo die Epidermis nicht durch Korkbildung ersetzt wird und dennoch gegen außen ein sehr starker Schutz nötig ist, wie z. B. bei den Samen, wird die Widerstandsfähigkeit durch ganz außerordentliche Verdikkung ihrer Zellwand, die fast bis zum Verschwinden des Lumens führen kann, erhöht (Abb. 131).

Die Verstärkung der Zellwände kann dabei aus Zellulose bestehen oder aus Schleimsubstanz (Abb. 132), welche im trockenen, wasserfreien Zustande kaum weniger widerstandsfähig ist als erstere, bei Wasserzutritt jedoch mächtig aufquillt. Auch Verkieselung der Membran zeigen einige Pflanzen (z. B. Schachtelhalmarten) zum Schutze gegen äußere Einflüsse.

Zur mechanischen Verstärkung der Epidermis, oder besonders häufig zur Herstellung eines äußeren Wasserreservoirs um die Pflanze, dient auch häufig die Hypodermis (Abb. 133), d. h. unverdickte oder oft kollenchymatisch oder sklerenchymatisch verdickte, unterhalb der Epidermis liegende, ein- oder mehrschichtige Zellagen.

Als Anhangsgebilde der Oberhaut sind die Haare (Trichome) zu bezeichnen, die sowohl an Wurzeln, als auch an Stengeln und Blättern vorkommen. Sie gehen aus der Oberhaut oder aber den alleräußersten Schichten jener Organe in der Weise hervor, daß einzelne Epidermiszellen oder auch Gruppen derselben auswachsen und sich in verschiedener Weise mehr oder weniger hoch über die Epidermis erheben. Sie zeigen fast niemals eine regelmäßige Anordnung. Man nennt sie schlechthin Haare, wenn sie durch Ausstülpung je einer Epidermiszelle entstanden sind, gleichviel ob das fertige Gebilde einzellig ist oder durch nachträgliche Teilung mehrzellig wird. Als Zottenhaare oder aber als Stacheln (z. B. die „Dornen" der Rosen) werden diejenigen Trichome bezeichnet, welche aus einer mehr oder weniger großen Gruppe von Oberhautzellen hervorgegangen sind.

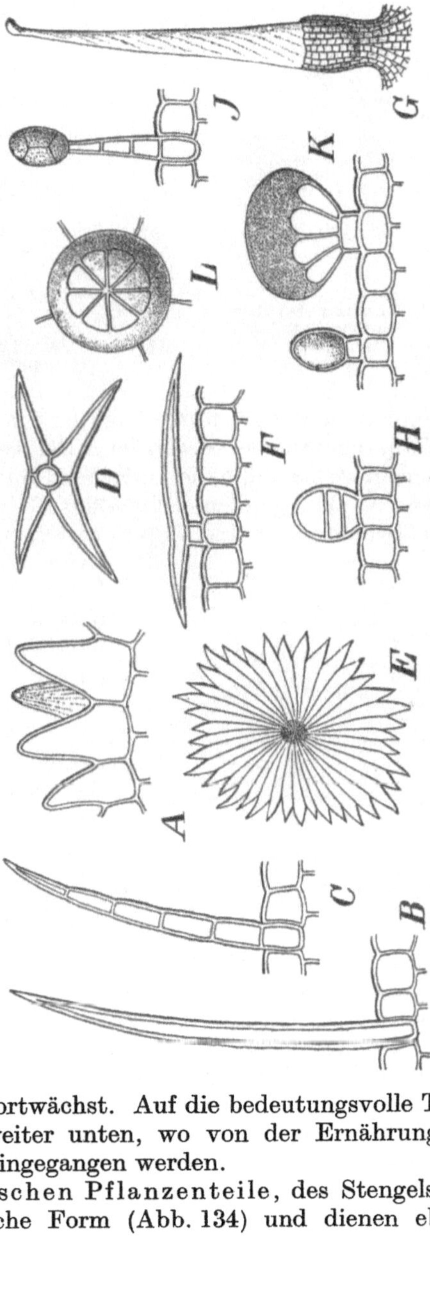

Die Wurzelhaare (Abb. 145) sind diejenigen Organe der Wurzel, welche das Wasser mit den darin gelösten Nährsalzen aus dem Erdreich aufnehmen. Sie stehen stets einige Millimeter hinter der Wurzelspitze und sterben am älteren Teile der Wurzel in dem Maße ab, als die Wurzel fortwächst. Auf die bedeutungsvolle Tätigkeit der Wurzelhaare wird weiter unten, wo von der Ernährung der Pflanze die Rede ist, näher eingegangen werden.

Die Haare der oberirdischen Pflanzenteile, des Stengels und der Blätter, haben mannigfache Form (Abb. 134) und dienen ebenso

Abb. 134. Pflanzenhaare. A Oberhautpapillen von einem Blumenblatt. B einfaches, C gegliedertes Haar. D Sternhaar. E Schuppenhaar. F letzteres im Längsschnitt. G Brennhaar von der Brennnessel. H Schleimhaar. J Drüsenhaar mit mehrzelligem Kopf. K Drüsenhaar mit vielzelligem Kopf (Drüsenschuppe). Letzteres von oben gesehen. Stark vergrößert.

mannigfachen Zwecken. In der Jugend sind alle Haarbildungen mit Zytoplasma erfüllt, und viele behalten diesen Inhalt ständig, andere jedoch verlieren ihn allmählich und ersetzen ihn durch Luft, so daß sie (besonders wenn in größerer Anzahl vorhanden und schuppenförmig ausgebildet) wie ein schützender Mantel die Pflanze gegen Temperaturverschiedenheiten umhüllen und auch starke Verdunstung verhindern (Abb. 135 u. 136). Die Epidermiszellen sind manchmal höckerartig vorgewölbt, wie z. B. auf zahlreichen Blumenblättern, und durch diese

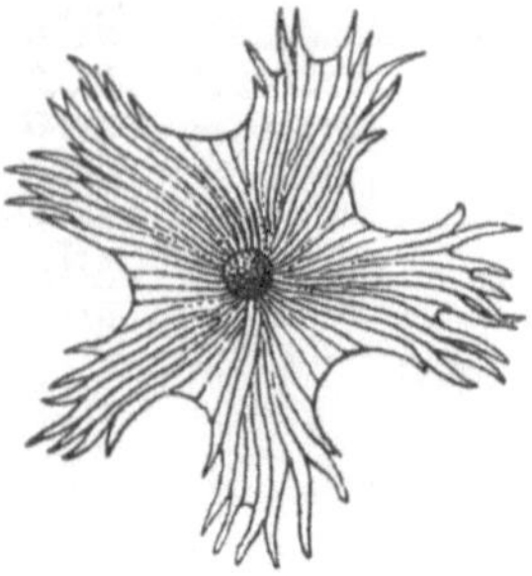

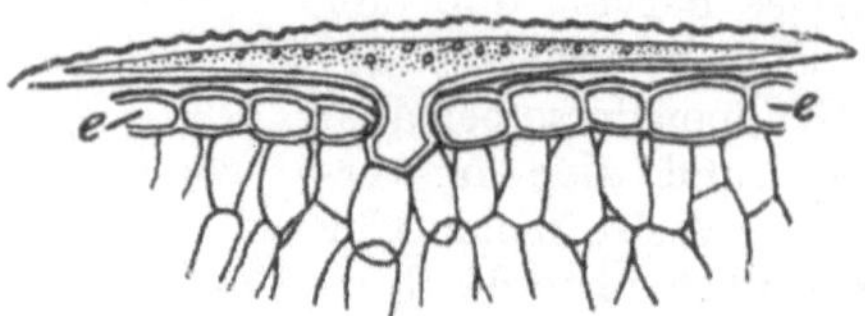

Abb. 135. Schirmhaar (Schülfer) von ᵗ der Oberseite des Laubblattes von Hippophaë rhamnoides. (Nach **Haberlandt**.)

Abb. 136. Einzelliges Spindelhaar der Blattunterseite von Cheiranthus Cheiri. (Nach **De Bary**.)

Papillenbildung wird für unser Auge der charakteristische Samtglanz mancher Pflanzenorgane hervorgerufen. Bei weiterer Vorwölbung der Epidermiszellen entstehen dann die einfachen Haare, die einzellig oder durch Einschieben von Querwänden mehrzellig (**Gliederhaare**) sein können. Oft sind Haare auch verzweigt, und es entstehen so Etagenhaare, Büschelhaare (Abb. 137), Schuppenhaare. Als „Sternhaare" bezeichnet man eine Anzahl aus nebeneinanderliegenden Epidermiszellen gebildeter einzelliger Haare, die zueinander radial angeordnet sind. Besonders wichtig sind die Drüsenhaare, bei denen die Endzelle kugelig oder keulig anschwillt und sich noch häufig nachträglich mehrfach teilt; von den Drüsenzellen wird mehr oder weniger reichlich Sekret abgeschieden, das sich zwischen der Außenwand der Zellen und der abgehobenen, undurchlässigen Kutikula ansammelt.

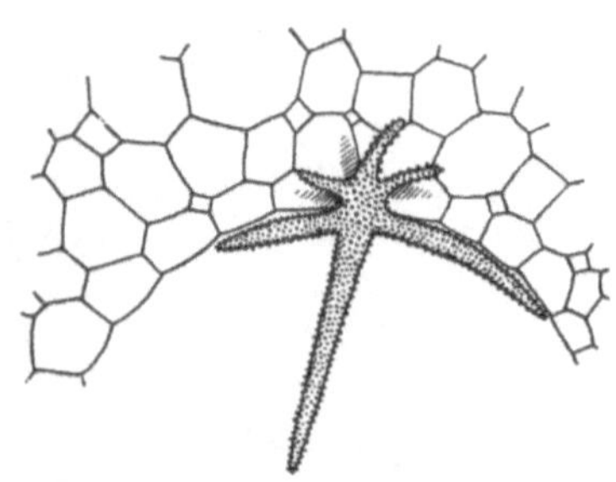

Abb. 137. Querschnitt durch einen Blattstiel von Nymphaea alba. Ein mit Kalkkörperchen besetztes, verholztes Sternhaar ragt in den Interzellularraum hinein. (Nach **Miehe**.)

Sehr bemerkenswert sind die Brennhaare, lange, unten flaschenartig erweiterte, einzellige, am oberen Ende kopfartig abgerundete Haare, deren Membran mehr oder minder verkieselt ist. Unter dem Köpfchen befindet sich eine mikroskopisch gekennzeichnete Stelle, an der beim Berühren das Abbrechen erfolgt, worauf die scharfkantigen Ränder kanülenartig in die Haut eindringen, und der Inhalt der Haare sich in die Wunde ergießt. Dieser Inhalt besteht nicht, wie man früher gewöhnlich annahm, aus Ameisensäure, sondern vielleicht aus Toxinen (einem den Eiweißkörpern ähnlichen Stoff).

# Das Festigungsgewebe. Skelettsystem.
## (Mechanisches System.)

Während das Hautgewebe Schutz gegen schädliche Einflüsse örtlicher Natur bietet, bedarf die Pflanze auch eines inneren Schutzes, welcher sie gegen die Wirkungen der Schwerkraft und des Windes schützt. Diese Schutzvorrichtungen müssen natürlich um so bedeutender sein, je größer die Pflanze ist, das heißt je mehr Angriffspunkte sie den elementaren Gewalten bietet. Wasserpflanzen benötigen daher, soweit ihre Organe vom Wasser umgeben sind, kein besonderes Festigungssystem, Grashalme werden vom Winde gebogen und müssen daher biegungsfest sein, Baumstämme müssen, um unter dem Gewicht ihrer Kronen nicht zu brechen, strebefest sein, Wurzeln müssen, um nicht zerrissen zu werden, zugfest sein usw. Zu diesem Zwecke sind hauptsächlich die dickwandigen Fasern vorhanden, die sich je nach der Bestimmung, welche sie erfüllen sollen, in der Masse des Pflanzenkörpers verschieden verteilt finden. Die Prinzipien für ihre Verteilung sind dieselben, welche bei den Konstruktionen der Technik maßgebend sind; deshalb schließen die zugfesten Organe einen Faserstrang kabelartig in ihrer Mitte ein. Biegungsfeste Organe besitzen meist einen in der Peripherie gelegenen Faserring, strebefeste Organe sind ähnlich gebaut oder die festigenden Elemente sind über den ganzen Querschnitt verteilt.

Die Elemente des Skelettsystems sind, wie diejenigen des Leitungssystems, entweder von gestreckter oder aber von kubischer Gestalt. Die ersteren spielen die Hauptrolle; man bezeichnet sie als Fasern, und zwar die in der Rinde vorkommenden als Bastfasern, die des Holzes als Libriformfasern (Abb. 138 C—E). In Wirklichkeit sind beide physiologisch und auch morphologisch gleich oder fast gleich. Da die verschiedene Bezeichnung also nur auf Grund ihrer topographischen Anordnung gewählt wurde, ist z. B. in einem Drogenpulver nicht festzustellen, ob es sich um Bastfasern oder Libriformfasern handelt; man wählt deshalb die neutrale Bezeichnung „Fasern“. Ihre Wandungen sind stets mehr oder weniger stark verdickt und haben nur spärlich enge, meist spaltenförmige Tüpfel, durch welche sie mit den Nachbarzellen in Verbindung stehen. Ist die Wandverdickung sehr stark vorgeschritten, was zuweilen bis fast zum Verschwinden des Lumens geschieht, so bilden die Tüpfel auf dem Querschnitt nur enge, schmale Kanäle. Bastfasern sind, ihrer Bestimmung entsprechend, häufig sehr lang; solche von über 1 cm Länge sind nicht selten (während Gefäße von solcher Länge viel häufiger vorkommen). Andererseits können wir auch Bastfasern von nur 0,01 mm Länge und weniger. Sie können einzeln stehen, können aber auch Bündel von größerer oder geringerer Stärke bilden. Die Fasern können verholzt oder unverholzt sein, sie spielen als Rohstoff für die Textilindustrie eine große Rolle; die feineren Gewebe, z. B. Leinen (Flachs), bestehen stets aus unverholzten Fasern.

Zu den kubischen Elementen des Skelettsystems gehören die Steinzellen, Sklerenchymzellen oder Sklereiden (Abb. 138 A). Sie besitzen, abgesehen von der parenchymatischen Form, alle Eigentüm-

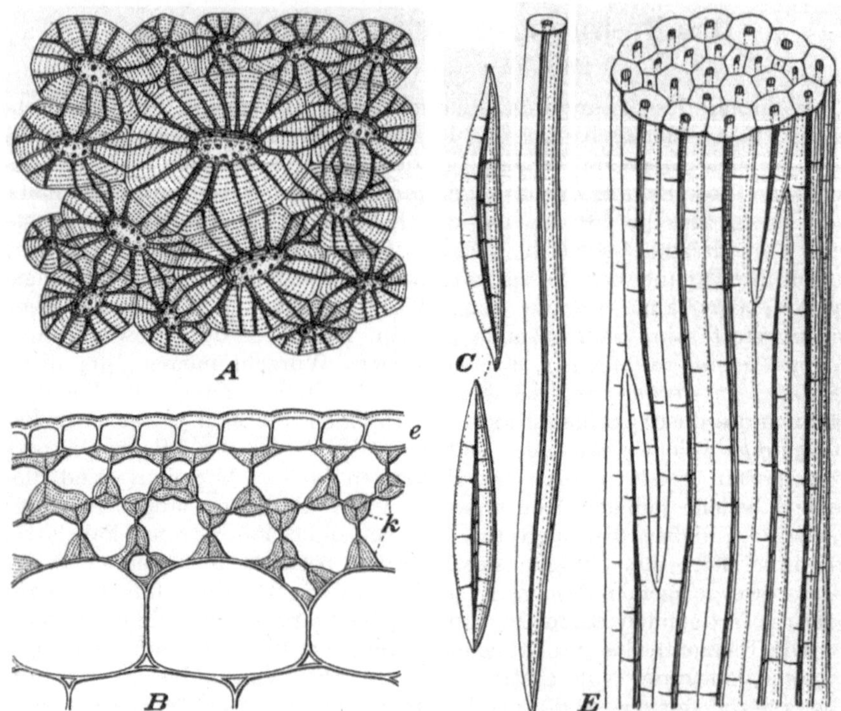

Abb. 138. A Gruppe von Steinzellen (Steinzellnest). B Collenchym (Querschnitt durch einen jungen Stengel, *e* Epidermis, *k* Kollenchym). C, D isolierte Bastfasern (C kurze, knorrige Fasern mit reichlichen Tüpfeln, D langgestreckte typische Faser), E Bastfaserbündel.

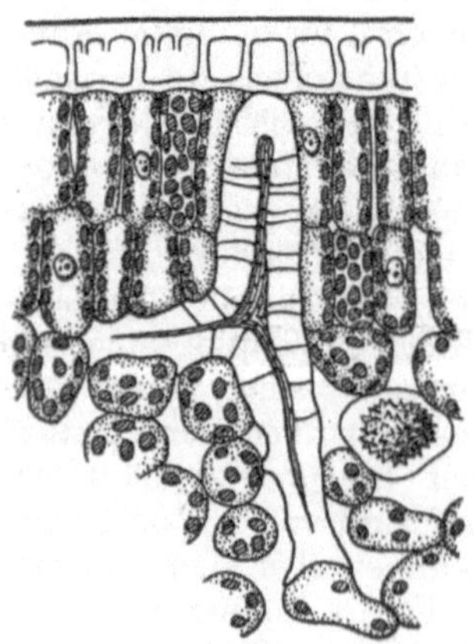

Abb. 139. Steinzelle (Idioblast) im Blatt von Thea japonica. (Nach Haberlandt.)

lichkeiten der Fasern, sind aber meist viel reichlicher und gröber getüpfelt als jene (besonders charakteristisch ist die häufige Verzweigung der Tüpfelkanäle) (Abb. 138 A); sie dienen im übrigen, wie schon aus ihren Formen hervorgeht, niemals der Zug- oder Biegungsfestigkeit, sondern sind hauptsächlich bestimmt, in oft lückenlosem Verbande, z. B. in Frucht- oder Samenschalen, gegen Druck oder das Eindringen fremder Körper schützend zu wirken.

Gestreckte Zellen mit vorwiegend an den Kanten verdickten Wandungen werden als Kollenchymzellen (Abb. 138 B) bezeichnet. Während Fasern und Steinzellen im fertigen Zustand abgestorbene, d. h. protoplasmalose Elemente sind, sind die Kollenchymzellen stets lebend und führen auch häufig noch Chlorophyllkörner. Sie finden sich hauptsächlich in jungen, noch wachsenden Organen und werden später, nach deren definitiver Ausbildung, meist bei Borkenbildung abgestoßen und durch Fasern ersetzt.

# Die Ernährungsgewebe der Pflanze.

Die Pflanze ist als Lebewesen von bestimmten äußeren Faktoren abhängig; sie benötigt zum Leben Nahrungsstoffe, die sie vor allem zum Aufbau ihres Organismus verwendet, sie benutzt als Energiequelle die Atmung, sie nimmt Reize wahr und reagiert auf sie, sie besitzt eine geschlechtliche Fortpflanzung, an welche sich besondere Vererbungsgesetze knüpfen.

Unter den äußeren Faktoren, von denen das Leben bzw. die Lebenstätigkeit der Pflanze abhängig ist, spielen die Hauptrolle die Wärme, das Licht, das Wasser, die Nährstoffe, die Kohlensäure und der Sauerstoff. Für alle diese äußeren Faktoren unterscheidet man, je nach ihrer Einwirkung auf die Lebensfunktionen der Pflanze, drei Kardinalpunkte, das Minimum, unterhalb dessen jede Lebenstätigkeit aufhört, das Optimum, der mittlere Intensitätsgrad, der für die Pflanze am zweckmäßigsten ist, und das Maximum, welche die obere Grenze des Zuträglichen darstellt.

Bei der Wärme sind die besten Lebensbedingungen für unsere einheimischen Pflanzen bei 25—30° gegeben; für arktische oder tropische Pflanzen ergeben sich entsprechend niedrigere bzw. höhere Zahlen, die parasitischen Bakterien der Warmblüter haben ihr Optimum bei 37°; gewisse Spaltpilze und Spaltalgen können noch bei 70° in heißen Quellen leben. Gegen Temperaturen oberhalb des Maximums ist das Zytoplasma saftiger Pflanzenteile sehr empfindlich, da hier Veränderungen des Eiweißes und endlich eine Gerinnung erfolgen; trockenere Pflanzenteile sind viel weniger empfindlich. So verlieren trockene Sporen und Samen bei 100° ihre Keimfähigkeit oft nicht; sporenhaltiges Bakterienmaterial kann man sogar längere Zeit kochen, ohne es abzutöten (z. B. Heubazillensporen). Temperaturen unter dem Minimum schädigen meistens die Pflanzen erst dann, wenn sie unter dem Gefrierpunkt liegen; auch hier tritt die Schädigung nur bei saftigen Organen auf, indem Wasser aus den Zellen in die Interzellularen eintritt, während trockene Pflanzenteile selbst sehr starke Kältegrade gut überstehen, z. B. Sporen, Samen, Rhizome, Bäume und Sträucher. Bakteriensporen kann man sogar eine Zeitlang der Kälte der flüssigen Luft aussetzen.

Eine Reaktion auf den Kältereiz stellt das Süßwerden der Kartoffeln dar; durch die Kälte werden Fermente mobilisiert, die die Stärke der Kartoffel z. T. in Zucker umwandeln. Zuckerlösungen gefrieren nicht so leicht wie Wasser; das Süßwerden der Kartoffeln stellt also einen Schutz gegen die Kältewirkung dar.

Alle grünen Pflanzen sind ferner auf das Licht als Energiequelle angewiesen, da mit Hilfe des Lichtes der Assimilationsprozeß vor sich geht. Das Licht spielt ferner eine Rolle bei der Ausbildung des Chlorophylls; Samen, die bei Lichtabschluß keimen (auch z. B. Kartoffeln im dunklen Keller) bilden kein Chlorophyll aus und die Triebe sind sehr verlängert. Man bezeichnet diese Erscheinung als Vergeilung (Etiolement).

Das Lichtoptimum ist für die grünen Pflanzen verschieden. Schattenpflanzen sind gegen direkte Sonnenbestrahlung empfindlich, während die anderen Pflanzen eine zeitweilige direkte Sonnenbestrahlung verlangen.

Chlorophyllfreie Pflanzen werden durch das Sonnenlicht meistens in ihrer Entwicklung geschädigt; besonders gilt dies von den Bakterien, die meistens schon durch kurze Sonnenbestrahlung abgetötet werden.

Das Wasser spielt für die Pflanze eine besonders wichtige Rolle, indem es einerseits zur Synthese der Kohlehydrate und andererseits zur Aufsaugung und Leitung der mineralischen Nährsubstanzen benötigt wird. Selbstverständlich ist ferner, daß das Zytoplasma einen geringen Wassergehalt zum Leben nötig hat. Wasser und Luft sind die Hauptexistenzbedingungen der Pflanze; daher suchen die Landpflanzen durch mannigfache Einrichtungen den Wasserhaushalt zu regulieren, indem sie z. T. besondere wasserspeichernde Gewebe ausbilden oder die Wasserverdunstung durch mancherlei Anpassungen einschränken, während die Wasserpflanzen häufig besondere Einrichtungen aufweisen, um Luft zu speichern. Pflanzen, die sich an trockene Standorte angepaßt haben (Wüsten- und Steppenpflanzen) bezeichnet man als Xerophyten. Wasserspeichernde Gewebe sind besonders die Hypodermis bei Blättern, fleischige Wurzeln usw. Eine Arbeitsteilung für Wasserversorgung einerseits und Assimilation andererseits stellen die Flechten dar, bei denen die Pilze die Wasserversorgung und die Algen die Assimilation übernehmen. Die Pilze besitzen die besondere Eigenschaft, das Wasser aus der Luft zu kondensieren, so daß sie selbst, ohne mit Wasser in Berührung zu kommen, Wasser tropfenweise abscheiden können, wie z. B. der Hausschwamm, Merulius lacrymans (der tränende!).

In ähnlicher Weise besorgen sich die auf Bäumen lebenden Pflanzen (Epiphyten) ihr Wasser, so die epiphytischen Orchideen mit ihren Luftwurzeln, die Bromeliazeen mit absorbierenden Blätterschuppen. Auch die Moose nehmen das Wasser mit ihrer Oberfläche auf.

Der Sauerstoff ist für alle Pflanzen zur Unterhaltung des Lebens nötig; nur sehr wenige gärungserregende Pilze und Bakterien sind imstande, bei Sauerstoffabschluß zu leben; man bezeichnet solche Bakterien als Anaërobier (aër = Luft, bios = Leben), z. B. Starrkrampfbazillen. Manche Pilze können sowohl bei Luftzutritt, wie bei Luftabschluß leben, Hefen, Heubazillen usw.; man bezeichnet sie als fakultative Anaërobier.

Auch die Wurzeln bedürfen des Sauerstoffes, den sie entweder im absorbierten Wasser gelöst vorfinden, oder der ihnen durch die Interzellularen zugeleitet wird. Wasserpflanzen in stehenden oder sumpfigen Gewässern bilden in den Stengeln (Nymphaea) oder in den Rhizomen (Acorus calamus) ein durch besonders große Interzellularen ausgezeichnetes Luftgewebe (Aërenchym, aër = Luft) aus.

Die Zusammensetzung der Pflanzen zeigt, daß sie hauptsächlich aus Wasser, Kohlehydraten, Eiweiß, Aschebestandteilen (anorganischen Salzen) bestehen. Der Wassergehalt läßt sich durch Bestimmung der Trockensubstanz ermitteln. Durch die Verbrennung wird der Aschegehalt gefunden; in der Asche finden sich fast alle Elemente, vor allem jedoch Chlor, Schwefel, Phosphor, Silizium, Natrium, Kalium, Kalzium, Magnesium und Eisen. Diese Elemente werden in Form von gelösten Verbindungen bei höheren Pflanzen durch das Wurzelsystem absorbiert.

Die organische Substanz des Pflanzenkörpers besteht in erster Linie aus den Elementen Kohlenstoff, Wasserstoff, Stickstoff und Sauerstoff; hiervon nimmt der Kohlenstoff ungefähr die Hälfte ein.

Zur experimentellen Feststellung der notwendigen Mineralstoffe dient die Wasserkultur oder die Sandkultur. Bei der Wasserkultur handelt es sich um geeignete Nährlösungen, die aus Kalzium-, Magnesium-, Kalium- und Eisensalzen in Form von Nitraten, Phosphaten und Sulfaten bestehen (Abb.140). Bei den Sandkulturen handelt es sich um wassergetränkten, reinen Quarzsand, dem die Nährsalze usw. in geeigneten Mengen zugesetzt werden. Manche Pflanzen nehmen noch besondere Mineralien auf, so die Salzpflanzen Kochsalz, die Gramineen, Schachtelhalme und Diatomeen Kieselsäure, die Lykopodiazeen Aluminium, die Meeresalgen Jod.

## Das Absorptionssystem (Wurzelsystem).

Die Aufnahme der mineralischen Nährstoffe geschieht durch das Wurzelsystem. An den jungen Wurzeln wachsen die Oberflächenzellen zu Wurzelhaaren aus, die sich eng an die Erdteilchen des Bodens legen und, da sie nur von

Abb. 140. Wasserkulturen von Buchweizen. A ohne Kalium. B in normaler Nährlösung. C ohne Eisen, oben mit chlorotischen Blättern. (Nach Pfeffer.)

einer dünnen Zellulosehaut bekleidet sind, dem Wasser und den darin gelösten Salzen den Durchtritt auf osmotischem Wege ermöglichen (Abb. 145).

Die Wurzeln besitzen ferner die Möglichkeit, durch Ausscheidung von Säuren unlösliche Bodenbestandteile löslich zu machen. Dies kann man feststellen, indem man eine polierte Marmorplatte in einen Blumentopf mit Erde gibt; überall dort, wo die Wurzelhaare mit der Marmorplatte in Berührung gekommen sind, ist der Marmor angeätzt.

Man kann den Nachweis der Säureausscheidung durch die Wurzeln auch in der Weise führen, daß man eine Wurzel in eine durch Alkali rot-gefärbte Phenolphthaleinlösung taucht; die Lösung wird in kurzer Zeit farblos.

**Osmose.** Um die eigenartigen Verhältnisse bei der Aufnahme der Mineralstoffe aus dem Boden und die Leitung des Wassers in der Pflanze zu verstehen, müssen wir über die Vorgänge bei der Diffussion und Osmose unterrichtet sein (Abb. 141).

Überschichtet man eine wäßrige Lösung eines Salzes mit reinem Wasser, so wandern die gelösten Teile allmählich in das reine Wasser, bis die Konzentrationen völlig gleich sind (Diffusion). Sind die beiden Flüssigkeiten jedoch durch eine Membran getrennt, so kann, falls die Membran in gleicher Weise durchlässig für das Salz und Wasser ist, der Austausch stattfinden wie bei der Diffusion (permeable Membran). Ist aber die Membran für Wasser leichter durchlässig wie für das Salz, so dringt das Wasser durch die Membran in die Salz-lösung ein, das Volumen der Salzlösung nimmt also zu. Läßt die Membran nun das

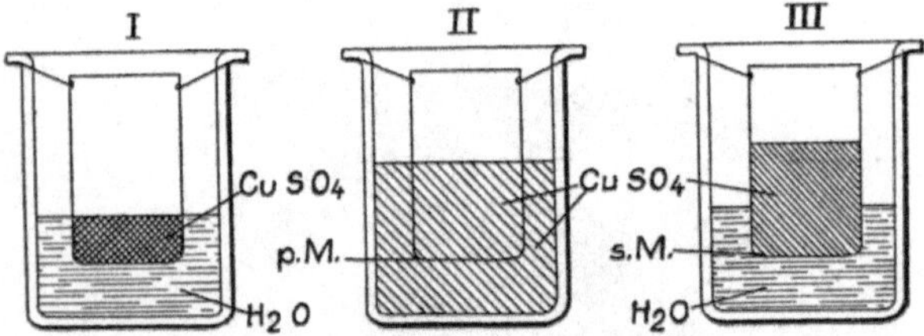


Abb. 141.  Permeable und semipermeable Membranen.  I In dem inneren Gefäß befindet sich eine Kupfersulfatlösung, in dem äußeren reines Wasser.  Ist die trennende Membran permeabel (II *p. M.*), so dringt Kupfersulfat in das äußere und Wasser in das innere Gefäß, bis die äußere und innere Lösung die gleiche Konzentration hat.  Ist die Membran semipermeabel (III *s. M.*), so dringt nur Wasser in das innere Gefäß, dessen Volumen hierdurch steigt.

Salz der Lösung überhaupt nicht durch, sondern nur das Wasser, so bezeich-net man sie als semipermeabel. Bei der Pflanzenzelle ist nun die Zellu-losewand eine permeable Membran, die also außer Wasser auch die Salze diffundieren läßt, die Hautschicht des Protoplasten dagegen stellt eine semi-permeable Membran dar. Da nun der Zellsaft stets Salze gelöst enthält, kann er Wasser durch die Hautschicht der Protoplasten aufnehmen, wodurch der Protoplast sich ausdehnt und eine Spannung erreicht, die man als Turgor-druck bezeichnet.

Legt man jedoch eine Pflanzenzelle in eine Salzlösung von höherer Konzentration als dem Turgor entspricht, der durch die Konzentration des Zellsaftes bedingt wird, so tritt Wasser aus der Zelle aus, der Plasmaschlauch verkleinert sich, löst sich von der Zellwand los und rundet sich ab, bis die Konzentration des Zellsaftes der umgebenden Lösung entspricht. Diesen Vorgang nennen wir Plasmolyse (Abb. 142).

Den osmotischen Druck einer Salzlösung bestimmt man mit einer porösen Tonzelle, auf deren Innenwand ein Häutchen von Ferrozyan-kupfer niedergeschlagen ist. Die Tonzelle selbst ist natürlich für Wasser und Lösungen permeabel wie die pflanzliche Zellwand, das Häutchen von Ferrozyankupfer verhält sich wie die Hautschicht des Protoplasten, ist also semipermeabel. Tauchen wir nunmehr die Tonzelle in reines Wasser, füllen sie selbst aber mit einer Salzlösung, verschließen sie und befestigen an ihr ein Quecksilbermanometer, so zeigt dies Manometer das Eindringen des Wassers in die Tonzelle durch die semipermeable Membran an, bis der Druck des Quecksilbers das weitere Eindringen des Wassers hindert. Wir können also an der Höhe der Quecksilbersäule den osmotischen Druck der betreffenden Lösung messen.

Wählt man nun die Konzentration einer Lösung so, daß man damit eben den Beginn der Plasmolyse erzielt, so entspricht der osmotische Druck der betreffenden Lösung ungefähr dem osmotischen Druck innerhalb der Zelle. Durch Messen des osmotischen Druckes der Lösung bestimmt man dann auch gleichzeitig den osmotischen Druck in der Zelle; man erhält gewöhnlich Werte, die zwischen 5 und 20 Atmosphären (z. B. bei der Zwiebel!) liegen. Dieser osmotische Druck ist ferner ein Ausdruck der Saugkraft, die die Zelle gegenüber Wasser entwickeln kann.

Durch den osmotischen Druck werden die Zellmembranen gespannt. Bestehen zwischen verschiedenen Gewebeteilen Unterschiede im Aus-

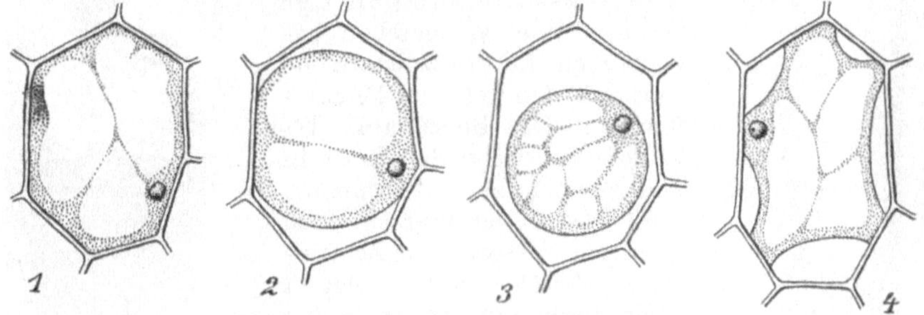

Abb. 142. Plasmolyse. 1—3 aufeinanderfolgende Stadien der Kontraktion des Protoplasten, 4 unvollkommene Plasmolyse, der Zellinhalt ist stellenweise an der Membran haftengeblieben. (Nach Küster.)

dehnungsvermögen ihrer Zellen, so entstehen Gewebespannungen. Z. B. befindet sich in krautigen Stengeln das Mark unter Druckspannung, die peripheren Teile unter Zugspannung. Halbiert man einen solchen Stengel, so verlängert sich der innere Teil, während der äußere sich verkürzt; die Hälften krümmen sich infolgedessen nach außen.

Außer dem osmotischen Druck finden wir im Protoplasten noch den Quellungsdruck, der dadurch hervorgerufen wird, daß z. B. Zellulose und Eiweiß (Zytoplasma) Wasser aufsaugen.

In meristematischen Zellen beruht die Wasseraufsaugung auf dem Quellungsdruck, ebenso bei der Keimung von Samen. Erst später, wenn sich Vakuolen bilden, übernimmt der osmotische Druck die Saugkraft.

Die Aufnahme der Mineralstoffe erfolgt, wie bereits gesagt, durch die Wurzelhaare. Es können nur solche Salze durch die Hautschicht des Protoplasten aufgenommen werden, für welche diese in mehr oder weniger hohem Grade permeabel ist. Der Grad der Durchlässigkeit für die einzelnen Salze ist bei den verschiedenen Pflanzen verschieden; der Protoplast besitzt ein Wahlvermögen für die einzelnen Salze. Er nimmt infolgedessen aus einer Lösung verschiedener Salze diese durchaus nicht ihrer Konzentration entsprechend auf.

Der Protoplast hat ferner die Möglichkeit, seinen osmotischen Druck herabzusetzen, indem er die Konzentration des Zellsaftes durch Bildung unlöslicher Salze (oxalsaurer Kalk!) herabsetzt oder z. B. Traubenzucker in Stärke verwandelt.

Stirbt die Zelle ab, so wird die Hautschicht des Protoplasten für die im Zellsaft gelösten Stoffe durchlässig. Dies ist besonders zu beobachten an im Zellsaft gelösten Farbstoffen, z. B. bei der Roten Rübe; hier tritt nach dem Kochen der Farbstoff, wie natürlich auch die anderen im Zellsaft gelösten Bestandteile, in das umgebende Wasser aus. Das gleiche sehen wir bei Diatomeen, deren Chlorophyll durch Fukoxanthin verdeckt wird; beim Absterben der Zellen geht das Fukoxanthin in Lösung und tritt aus der Zelle aus, die Chromatophoren der Diatomeen erscheinen dann grün.

**Die Wasserleitung in der Pflanze.** Wie wir gesehen haben, nehmen die Wurzelhaare das Wasser mit den gelösten Mineralstoffen aus dem Boden auf. Da nun die osmotische Saugkraft in jungen Wurzeln zentral zunimmt, so wird das von den Wurzelhaaren aufgesaugte Wasser zum Zentralzylinder geleitet und tritt hier in die Leitbündel ein, wo es in den Tracheen aufwärts geführt wird. Da die Blätter stets Wasser verdunsten, wodurch ihr Turgor sinkt und die Saugkraft ihrer Zellen steigt, so entsteht ein Wasserstrom von den Gefäßen des Leitbündels zu diesen Zellen hin. Dieser Verdunstungszug setzt allerdings voraus, daß von der Wurzel bis zum Blatt durchgehende Wasserfäden, die nicht durch Luft unterbrochen sein dürfen, vorhanden sind, und zweitens muß die Kohäsion des Wassers groß genug sein, um ein Reißen der Fäden zu verhindern.

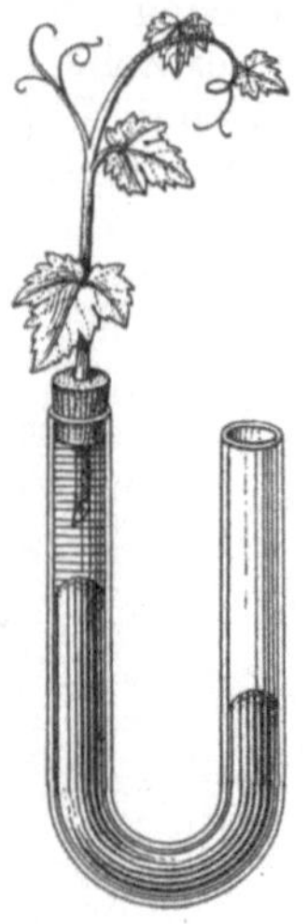

Abb. 143. Die Saugkraft der Transpiration. Der Sproß ist luftdicht in ein U-förmiges Rohr eingesetzt, in welchem sich Wasser und Quecksilber befinden; durch das Aufsaugen des Wassers wird das Quecksilber im linken Schenkel in die Höhe gezogen.

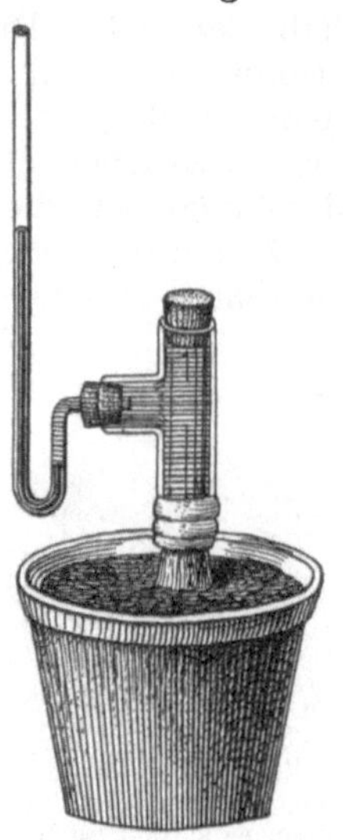

Abb. 144. Der Wurzeldruck. Auf den Stumpf eines Stammes wird wasserdicht ein Steigrohr aufgesetzt. Das durch den Blutungsdruck der Wurzel ausgepreßte Wasser treibt das Quecksilber im Steigrohr in die Höhe.

Experimentell läßt sich nachweisen, daß transpirierende Sprosse eine Quecksilbersäule zu heben vermögen (Abb. 143).

Außer der Zugkraft des Transpirationsstromes kommt noch die Druckwirkung von unten her für die Wasserleitung in Betracht. Lebende Zellen vermögen Wasser auszupressen, wie das Bluten der Bäume im Frühjahr nach Anbohren der Stämme zeigt. Dieses Auspressen von Wasser ist besonders stark, wenn Pflanzen über der Wurzel abgeschnitten werden. Man kann dann die Stärke des Wurzeldruckes durch ein aufgesetztes Quecksilbermanometer messen. Immerhin ist die Kraft des Wurzeldruckes nicht genügend groß, um ein Aufsteigen des Wassers bei hohen Bäumen erklären zu können (Abb. 144).

Der Aufstieg des Wassers erfolgt nicht in der Rinde, da man diese bis auf den Holzkörper durchschneiden kann, ohne daß der betreffende Zweig verwelkt (Ringelungsversuch). Läßt man dagegen den größten Teil der Rinde intakt und durchschneidet den Holzkörper, so tritt schnelles Welken ein. Auch durch Verstopfung der Gefäße mit erstarrenden Gelatinelösungen ruft man ein Welken des Zweiges hervor; es wird also das Wasser

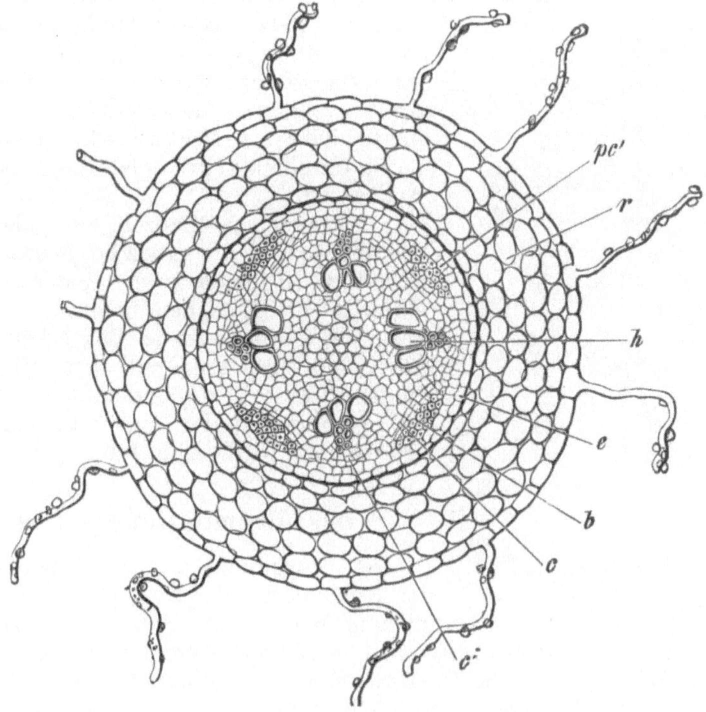


Abb. 145. Querschnitt durch eine junge Wurzel, um das Anlagern der Wurzelhaare an die Gesteinsteilchen zu zeigen. *h* Holzteile, *c* Siebteile. Stark vergrößert. (R. Hartig.)

durch die offenen Lumina der Gefäße und nicht durch die Zellwände geleitet.

Nach einer anderen Anschauung soll der Auftrieb des Wassers durch die Pulsationsfähigkeit lebender Zellen, die in unmittelbarer Nähe des Kambiums bei dikotylen Pflanzen liegen, erfolgen.

Bei den phanerogamen Schmarotzergewächsen vertreten Saugorgane (Haustorien) die Stelle der Wurzelhaare (Abb. 5, *b, c*); bei Moosen und anderen Kryptogamen, denen Wurzeln überhaupt fehlen, nennt man die wurzelhaarähnlichen Gebilde, welche dort unmittelbar an dem Grunde des Stengels entspringen, Rhizoiden.

Es soll endlich noch erwähnt werden, daß bei zahlreichen Pflanzen, ja sogar bei waldbildenden Bäumen, wie z. B. der Kiefer, Wurzelhaare nicht ausgebildet werden, sondern durch die sog. **Mykorrhiza** ersetzt werden. Man versteht hierunter einen Mantel aus dicht verflochtenen Pilzfäden (die Arten der Pilze sind vielfach noch unbekannt), die entweder die Wurzeln nur oberflächlich umkleiden (ektotrophe M.) oder aber in die äußersten Schichten eindringen (endotrophe M.). Sie sind imstande, die im Boden, besonders im Waldboden, enthaltenen organischen Nährstoffe direkt aufzunehmen und ihrer Wirtspflanze zuzuführen. Andererseits leben sie aber auch auf Kosten der Nährstoffe, die die Wirtspflanze als Assimilate gebildet hat. Wir haben demnach hier einen Fall von Lebensgemeinschaft (Symbiose) zwischen Blütenpflanze und Pilz. Lebt hingegen die Pflanze vollkommen auf Kosten des Wurzelpilzes, indem sie selbst keine Assimilate bildet (z. B. Neottia nidus avis), so ist die Blütenpflanze ein Parasit des Mykorrhizapilzes.

Bei manchen Pflanzen, vor allem bei **Leguminosen**, aber auch bei gewissen Nadelhölzern (**Podocarpus**), finden wir die Wurzeln mit Knöllchen besetzt, in denen Stickstoff assimilierende Bakterien leben. Diese sind sogar imstande, den atmosphärischen Stickstoff zu binden, so daß durch die Leguminosen der Boden an Stickstoff angereichert wird (Abb. 146).

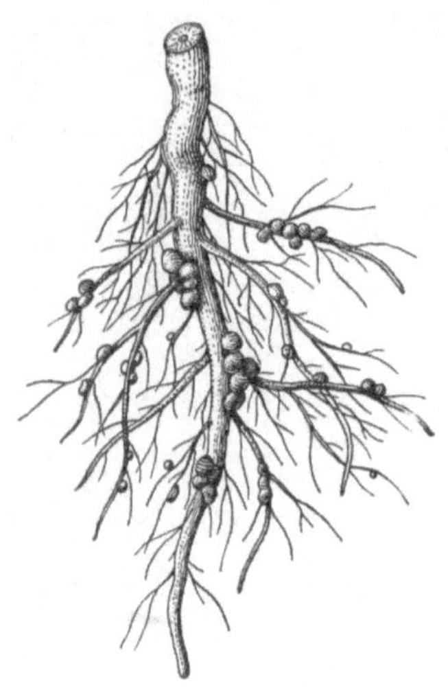

Abb. 146. Wurzel der Lupine mit Knöllchen besetzt, in denen die stickstoffassimilierenden Bakterien leben. Etwas verkleinert.

# Das Assimilationssystem.

Die Gewinnung des Kohlenstoffs aus der Kohlensäure der Luft und seine Überführung in organische Substanz wird bei der Pflanze als **Assimilationsprozeß** bezeichnet, während man beim Tierreich diesen Namen für alle Ernährungsprozesse gebraucht, bei denen eine Umbildung der gebotenen Nährstoffe in die Körpersubstanz der Organismen stattfindet. Zur Arbeitsleistung der Assimilation sind alle Chlorophyllkörper besitzende, grün gefärbten Teile der Pflanze befähigt. In erster Linie hat daher das Assimilationssystem seinen Sitz in den der umgebenden Atmosphäre allerseits zugänglichen **Blättern**. Die Chlorophyllkörper sind die Laboratorien, in denen sich dieser für die gesamte Lebewelt wichtigste, chemische Prozeß ausschließlich abspielt. Höchst bemerkenswert ist jedoch, daß die Chlorophyllkörper nur mit Hilfe von Licht und Wärme diese ihre Funktion erfüllen können. Man bezeichnet diesen Vorgang daher als **Photosynthese** (Abb. 147). Um möglichst viel Licht als Energiequelle zu absorbieren, müßten die Chloroplasten schwarz sein; das hätte aber den Nachteil, daß in der Mittagszeit eine viel zu starke Belichtung stattfände. Dadurch nun, daß die Chloroplasten grün sind, absorbieren sie nur das Licht ihrer Komplementärfarbe, also **Rot**. Sie fangen daher schon früh (Morgenrot!) an zu assimilieren und können noch bis zum Abend

(Abendrot!) die Assimilation fortsetzen, während sie von den vielen blauen Strahlen des Mittagslichtes keinen Gebrauch machen, so daß der Assimilationsvorgang nicht zu starke Tageskurven aufweist.

Während jedoch die Sonne in einer Sommertagsmittagsstunde etwa 8000 Kalorien auf 1 qm Land ausstrahlt, werden im Durchschnitt von der deutschen Landwirtschaft nur 300 Kalorien von derselben Fläche im Jahr geerntet; bei Zuckerrüben steigt allerdings die Ernte auf 5000 Kalorien für das Quadratmeter. Es ist allerdings zu berücksichtigen, daß unsere Freilandpflanzen von der Sonnenwärme den weitaus größten Teil dazu benötigen, um den Transpirationsstrom durch Wasserverdampfung in die Höhe zu ziehen.

Abb. 147. Nachweis der Photosynthese. Ein Blatt wird mit einer Stanniolschablone bedeckt, die ausgestanzt das Wort „Stärke" zeigt, und dann einen Tag dem Licht ausgesetzt. Abends wird das Blatt von der Pflanze entfernt und mit Alkohol behandelt; es zeigt dann in wäßriger Jodlösung durch die Färbung der Assimilationsstärke das Wort „Stärke" in dunkler Farbe.

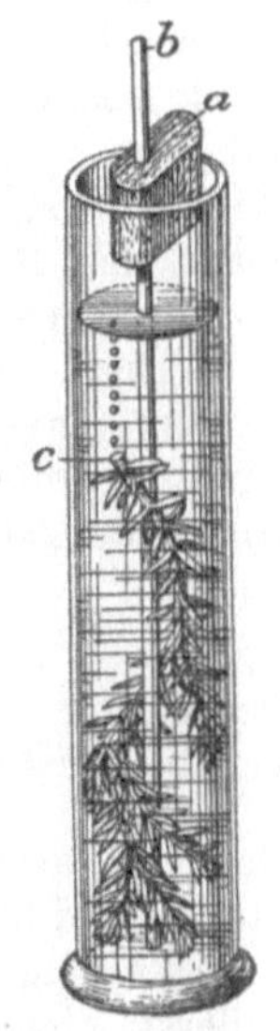

Abb. 148. Messung der Assimilation durch Zählung der aufsteigenden Blasen von Sauerstoff, die an der Schnittfläche c der Wasserpflanze Helodea canadensis entweichen. Die Pflanze ist an dem Glasstab b und dieser durch den Kork a befestigt. (Nach Pfeffer.)

Die Intensität der Assimilation kann man messen, indem man abgeschnittene Wasserpflanzen (Helodea canadensis) in einem Zylinder mit Wasser dem Lichte aussetzt. Es entweicht dann, entsprechend der untenstehenden Formel, Sauerstoff in kleinen Bläschen; durch Zählen der Bläschen läßt

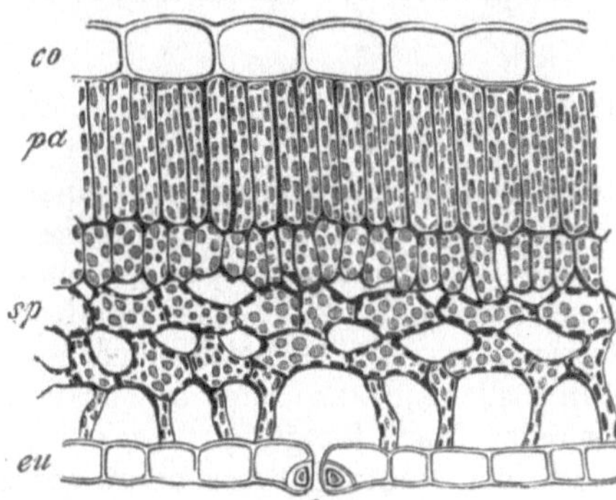

Abb. 149. Teil des Querschnittes durch ein Buchenblatt. *pa* Palisadenzellen, *sp* Schwammparenchym, *co* obere Epidermis, *cu* untere Epidermis, *s* Spaltöffnung. Stark vergrößert.

sich die Assimilationsenergie bei verschiedener Belichtung bestimmen (Abb. 148). Alle Blätter enthalten reichlich Chlorophyll, besonders reichlich aber auf der dem Lichte am meisten ausgesetzten oberen Blattseite, welche meist schon oberflächlich betrachtet dem Auge tiefer grün erscheint als die Unterseite.

Die Chlorophyllkörner sind an der Blattoberseite in schmalen schlauchförmigen, rechtwinklig zur Blattfläche pfahlartig nebeneinandergestellten Zellen, den Palisadenzellen, enthalten (Abb. 149 *pa*). Auf der Unterseite der Blätter befindet sich das Schwammparenchym (Abb. 149 *sp*). Nur sehr selten kommt es vor, daß — vor allem bei stielrunden Blättern — die Ober- und Unterseite von Palisadenparenchym oder auch von Schwammparenchym eingenommen wird. Letzteres ist von zahl-

reichen Interzellularräumen durchsetzt, die mit den Spaltöffnungen in
Verbindung stehen, so daß hierdurch ein Gasaustausch zwischen dem
Blattinnern und der äußeren Luft stattfinden kann. Die Kohlensäure
diffundiert, in Wasser gelöst, in die Zellen des Blattparenchyms. Die in
der Luft enthaltene Menge Kohlensäure (0,03 %) stellt für die Assimilation
nicht das Optimum dar; dieses liegt vielmehr bei etwa 3 % $CO_2$. Man
hat daher erfolgreich Versuche angestellt mit den bei der Feuerung ent-
weichenden Gasen eine „Kohlensäuredüngung" vorzunehmen. Die
Kohlensäure der Luft stammt in erster Linie aus dem Humus. Ver-
hütet man eine Entfernung der Bodenkohlensäure durch geeigneten
Windschutz, z. B. Hecken, so steigt der Ertrag der Pflanzen sehr an.
Auch die Rosettenblätter mancher Pflanzen dürften in erster Linie
als eine Anpassung an die Aufnahme der Bodenkohlensäure zu deuten sein.

Welche Produkte es sind, die aus der Assimilation unmittelbar
hervorgehen, ist noch nicht mit voller Sicherheit bekannt. Man kann
nur annehmen, daß Kohlensäure und Wasser sich unter Ausscheidung
von Sauerstoff nach folgender Gleichung umsetzen:

$$CO_2 \ + \ H_2O \ = \ CH_2O \ + \ O_2.$$
$$\text{Kohlensäure} \quad \text{Wasser} \quad \text{Formaldehyd} \quad \text{Sauerstoff}$$

Der zweite Schritt besteht in einer Kondensation des Formaldehyds zu
Traubenzucker
$$6\,CH_2O = C_6H_{12}O_6.$$

Der Traubenzucker wird zum Teil schon an seinem Entstehungsort zu
Stärke weiter polymerisiert.

Als einziges sichtbares Produkt der Assimilationstätigkeit erscheinen
äußerst kleine Stärkekörnchen in den Chlorophyllkörnern derjenigen
Zellen, in denen die Assimilationsvorgänge sich abspielen. Jene sind besonders reichlich am Abend sehr sonniger Tage, also nach sehr lebhafter
Assimilation, zu beobachten (Assimilationsstärke). Die Stärkekörnchen
gehen im Pflanzenkörper bald wieder in lösliche Stärke oder in Zuckerarten über und werden als solche in gelöster Form fortgeführt, was sich
bei Tage nur schwer beobachten läßt, in der Nacht aber besonders auffällig ist. Dies geschieht zunächst durch die Leitbündel der Blattnerven, welche mit denen des Blattstieles, wo ein solcher vorhanden ist, und
weiterhin mit denen der Stengelteile in Verbindung stehen, um auf dieser
Bahn entweder zu den Orten des Verbrauchs, den Vegetationspunkten,
oder zu den Orten der Aufspeicherung, z. B. den Samen, Knollen,
Rhizomen usw., hingeleitet zu werden (Reservestärke).

Die Ableitung der organischen Baustoffe findet vor allem in lebenden
Elementen, besonders den Siebröhren statt, bei holzigen Pflanzen also
im Gegensatz zum Wasser in der Rinde. Wird ein Steckling geringelt
(Ringelungsversuch, vgl. auch S. 87) und in Wasser gesetzt, so entwickeln sich die Adventivwurzeln stets nur oberhalb der Ringelung.

Wir sehen hieraus bereits, daß die Pflanze ihre Leitungsorgane auch
in bezug auf die Richtung der Leitungsströme differenziert hat. Sie
unterscheidet also in dieser Beziehung ebenfalls ein Oben und Unten,
sie hat, wie man sich ausdrückt, einen oberen und unteren „Pol"; sie
besitzt demnach eine „Polarität". Man kann dies experimentell an

abgeschnittenen Zweigstücken nachweisen, die man in einem dunklen feuchten Raum hält; an dem „Wurzelpol", einerlei ob dieser nach oben oder unten gerichtet ist, entwickeln sich Wurzeln, am „Sproßpol" hingegen Laubsprosse (Abb. 150).

Andererseits werden dem Assimilationsgewebe der Blätter durch die in den Blattnerven enthaltenen Leitbündel alle diejenigen Stoffe zugeführt, welche außer der Kohlensäure zum Zwecke der Assimilation nötig sind, also hauptsächlich Wasser, daneben aber auch die anorganischen Salze, deren Anwesenheit zur Umbildung des Kohlenstoffs in die Stickstoff, Schwefel und Phosphor enthaltenden Eiweißstoffe erforderlich ist. Über den Verlauf der Entstehung von Eiweißkörpern jedoch weiß man noch weniger Genaues, als über den der Kohlehydrate aus Kohlensäure und Wasser. Daß sie aber aus Kohlehydraten und gelösten Mineralstoffen erfolgt, schließt man aus der beobachteten Zufuhr und dem Verbrauch dieser Stoffe an den Plasmabildungsstätten. Vermutlich erfolgt die Eiweißbildung durch Kopplung von Aminosäuren und weitere Polymerisation.

Nach der oberen Formel tritt für jedes verbrauchte Volumen Kohlensäure ein Volumen Sauerstoff auf. Der Assimilationsquotient $\dfrac{C_2}{O_2}$ ist also $= 1$.

Das gasförmig entweichende Nebenprodukt der Kohlenstoffassimilation sowohl, als auch der Stickstoffverarbeitung ist Sauerstoff. Dieser wird durch die Lebenstätigkeit der Pflanzen in äußerst ausgiebigem Maße entbunden. Er tritt in das Interzellularsystem und dann durch die Spaltöffnungen in die Atmosphäre (vgl. Bestimmung der Assimilationsenergie bei Wasserpflanzen S. 89).

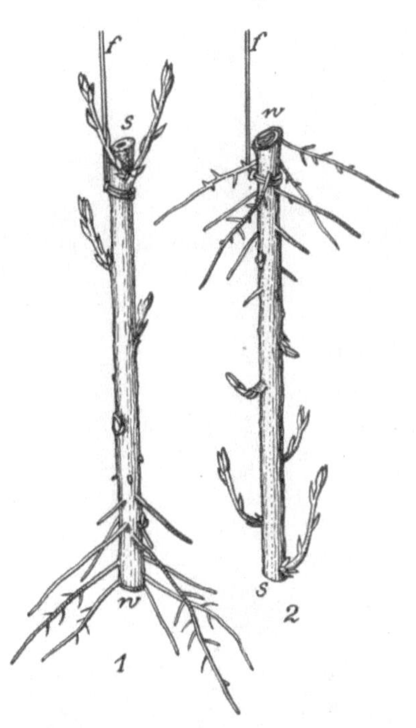

Abb. 150. Die Polarität der Pflanze. Zwei Zweigstücke einer Weide, in dunklem, feuchtem Raume aufgehängt und zum Austreiben gebracht. 1 in normaler, 2 in umgekehrter Lage. In beiden Fällen haben sich die Sprosse am morphologisch oberen Ende (*s*), die Wurzeln am morphologisch unteren Ende (*w*) gebildet. (Nach Pfeffer.)

**Atmung.** Während zur Ernährung der Pflanzen bei Licht die Kohlensäure der Luft zerlegt und dabei Sauerstoff erzeugt wird, geht neben diesem Prozeß ständig ein zweiter einher, die Atmung, durch welchen umgekehrt Sauerstoff eingeatmet und Kohlensäure ausgeatmet wird. Quantitativ steht jedoch der Sauerstoffverbrauch der Pflanzen bei der Atmung der Sauerstoffentbindung bei der Assimilation so bedeutend nach, daß die Bedeutung der Pflanzen als Sauerstoffregeneratoren im Haushalte der Natur dadurch nicht beeinträchtigt wird.

Der Atmungsprozeß der Pflanzen ist genau wie beim tierischen Organismus ein Oxydationsprozeß, welcher zur Unterhaltung der Lebenstätigkeit erforderlich ist, weil durch ihn Energie erzeugt wird. Um die Betriebskraft zum Leben zu erlangen, opfert die Pflanze einen Teil ihrer organischen Substanz, namentlich Kohlehydrate, der physiologischen Verbrennung, deren Endprodukt Kohlensäure und Wasser ist:

$$C_6H_{10}O_5 + 6\,O_2 = 6\,CO_2 + 5\,H_2O \quad \text{oder} \quad C_6H_{12}O_6 + 6\,O_2 = 6\,CO_2 + 6\,H_2O.$$
$$\underset{\text{Stärke}}{\qquad} \qquad\qquad\qquad\qquad \underset{\text{Traubenzucker}}{\qquad}$$

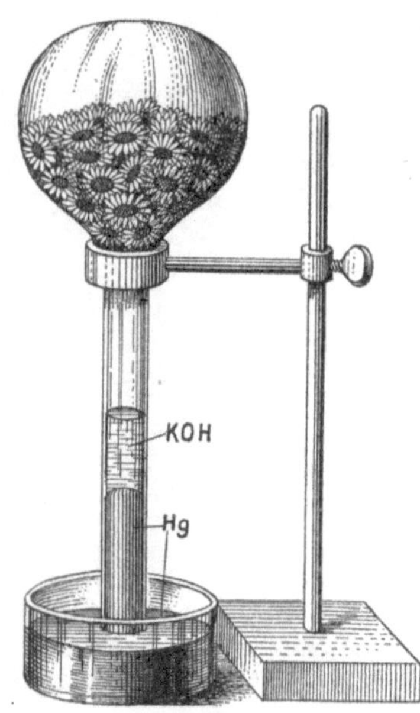


Abb. 151. Atmungsversuch. Die Blumen im Kolben atmen Kohlensäure aus, diese wird durch die Kalilauge KOH absorbiert; da bei der Atmung Sauerstoff der Luft verbraucht wird, steigt die Kalilauge bzw. das darunter befindliche Quecksilber in die Höhe.

Assimilation und Atmung sind also zwei Lebensprozesse, welche ganz unabhängig voneinander im pflanzlichen Organismus sich vollziehen. Während aber die Assimilation nur unter dem Einflusse des Lichtes durch die chlorophyllhaltigen Pflanzenteile bewerkstelligt wird, findet die Atmung durch alle lebenden Pflanzenteile ununterbrochen Tag und Nacht statt, denn der durch den Atmungsprozeß sich vollziehende Eintritt von Sauerstoff in den Chemismus der Zellen ist ununterbrochen erforderlich, um die lebendige Substanz des Protoplasmas im Zustande normaler Tätigkeit zu erhalten und Umsetzungen zu verhüten, welche die Lebenstätigkeit hemmen oder aufheben könnten. Daher geben die Pflanzen während der Nacht Kohlensäure ab und das Trockengewicht nimmt im Dunklen ab. Nicht grüne Pflanzenteile, z. B. Blüten, geben auch bei Tage nur $CO_2$ (Abb. 151) ab, ebenso wie die Pilze.

Da nach der obigen Formel für je ein Volumen verbrauchten Sauerstoffs ein Volumen Kohlensäure ausgeatmet wird, ist der Atmungsquotient $\dfrac{CO_2}{O_2} = 1$. Abweichungen hiervon zeigen die Keimlinge fettspeichernder Samen, da die Fette sauerstoffarm sind und vor der Atmung durch Aufnahme von Sauerstoff zu Kohlehydraten oxydiert werden müssen. Sie scheiden daher weniger Kohlensäure aus, als sie Sauerstoff aufnehmen; der Atmungsquotient liegt daher unter 1. Das gleiche ist der Fall bei einigen Sukkulenten, bei denen die Oxydation nur bis zur Apfelsäure oder Oxalsäure erfolgt, z. B. bei den Krassulazeen.

Die Bakterien gewinnen zum Teil ihre Energie durch Oxydation des Schwefelwasserstoffes zu Schwefel und dann zu Schwefelsäure (Schwefelbakterien) oder von Ammoniak zu Nitriten bzw. von Nitriten zu Nitraten (nitrifizierende Bakterien) oder von Eisenoxydul zu Eisenoxyd (Eisenbakterien) oder von Äthylalkohol zu Essigsäure (Essigbakterien).

Abgesehen von diesen oxydativen Spaltungen können einige Pilze ihre zum Leben notwendige Energie durch nichtoxydative Spaltungsvorgänge gewinnen. Solche Spaltungsvorgänge nennt man **intramolekulare Atmung** und den Vorgang selbst **Gärung**. Bei der Gärung werden neben Kohlensäure noch andere Verbindungen erzeugt, z. B. Alkohol (bei der Hefegärung), Milchsäure (bei der Milchsäuregärung). Neben den streng aëroben und streng anaëroben Mikroorganismen unterscheidet man solche, die mit und ohne Luft leben können, und bezeichnet diese als fakultativ anaërob; so vermehrt sich die Hefe besonders bei Luftzufuhr, sie bewirkt die kräftigste Gärung bei Luftabschluß. Bei der alkoholischen Gärung wird noch nicht $^1/_{20}$ der Energie wie bei der Atmung frei gemacht; es müssen daher große Mengen Zucker gespalten werden, um die nötige Energie zu liefern. Die Nektarhefen, denen reichlich Zucker zur Verfügung steht, verwenden den gebildeten Alkohol unter Sauerstoffaufnahme zur Fettsynthese.

Die intramolekulare Atmung findet aber auch bei Blütenpflanzen statt, sobald Sauerstoff fehlt. Es bilden sich dann z. B. beim Keimen des Getreides unter Luftabschluß fast gleiche Mengen Kohlensäure und Alkohol. 20 g keimfähige Weizenkörner in Wasser 1 Stunde eingeweicht, dann 6 Stunden im **Luftstrom** belassen, lieferten 256 mg Kohlensäure. Im **Wasserstoffstrom** lieferten sie 203 mg Kohlensäure und 204 mg Alkohol.

Man stellt sich den Vorgang bei der Atmung in der Weise vor, daß an den Zucker zunächst Wasser angelagert wird, dann findet Wasserstoffentziehung (Dehydrierung) statt unter gleichzeitigem Freiwerden von Kohlensäure; der abgespaltene Wasserstoff wird von leicht reduzierbaren Körpern, die man als „Atmungspigmente" bezeichnet hat, aufgenommen und von diesen durch Oxydasen mit Benutzung des Luftsauerstoffs in Wasser übergeführt.

Eine andere Theorie nimmt an, daß das Eisen in der Pflanze als Sauerstoffüberträger dient, indem die Kohlehydrate zugleich mit Sauerstoff an eisenhaltige Oberflächen adsorbiert werden.

Endlich kann man auch von der intramolekularen Atmung ausgehen und die Atmung selbst als einen Gärungsvorgang auffassen. Von den gebildeten Produkten Kohlensäure und Alkohol wird der letztere bei Gegenwart von Sauerstoff wieder assimiliert. In gleicher Weise wird z. B. der Alkohol von der Hefe bei Gegenwart von genügend Sauerstoff wieder assimiliert und in Fett oder bei Gegenwart von Stickstoff in Eiweiß umgewandelt. Die Stärke der Atmung entspricht der Intensität der Lebensvorgänge, so daß z. B. Blüten und junge Triebe reichlich atmen, während alte Sprosse oder trockene Samen kaum eine Atmung nachweisen lassen.

Da die Atmung ein Verbrennungsprozeß ist, wird durch diesen Vorgang Wärme frei, die allerdings von der Pflanze infolge der großen Oberfläche sofort an die Umgebung abgegeben wird. Auch wird durch die Transpiration Kälte erzeugt, so daß hier ein Ausgleich gegeben ist. Die Atmungswärme ist meßbar, wenn man lebhaft atmende Pflanzenteile zusammenhäuft und isoliert. Auch in Blüten wird oft eine die Außentemperatur um mehrere Grade übersteigende Wärme gebildet, wodurch

z. B. Insekten angelockt werden (Arum). Häufig sind jedoch bei der Erwärmung Mikroorganismen beteiligt, so z. B. bei der Erwärmung von feuchtem Heu; hier kann sich die Erhitzung infolge Auftretens thermophiler Bakterien auf etwa 75° steigern.

## Das Leitungssystem.

Die Elemente, welche alle höher organisierten Gewächse von den feinsten Wurzelenden bis in alle Blattspitzen durchziehen, durch welche, von osmotischen und anderen, teilweise noch unbekannten Kräften getrieben, beständig Ströme von Wasser und von Nährlösungen fließen, sind die Leitbündel oder Gefäßbündel.

Dieser Ausdruck darf nicht zu der falschen Auffassung Veranlassung geben, als müßten die Bündel nur aus Gefäßen bestehen; es gibt sogar Bündel, die überhaupt keine Gefäße enthalten, sondern an ihrer Stelle nur Tracheïden besitzen. Der Ausdruck Fibrovasalstränge, welchen man für Gefäßbündel braucht, schließt jene Ungenauigkeit nicht aus, hingegen ist die Bezeichnung Leitbündel zutreffender. Alle drei Ausdrücke werden in gleichem Sinne gebraucht.

Die Leitbündel gehen, wie wir schon oben sahen, aus dem Plerom hervor, aus dem sich zuerst Reihen meristematischen Gewebes, die sog. Prokambiumstränge, differenzieren. Aus den äußeren Partien dieser Prokambiumstränge entwickelt sich der Siebteil, aus den inneren der Holzteil der Leitbündel. Bei den Monokotyledoneen ist damit das Prokambium erloschen, während bei Dikotyledoneen und Gymnospermen ein Teil desselben bestehen bleibt und — zwischen Sieb- und Holzteil liegend — später als Kambium das Dickenwachstum herbeiführt.

Jedes Leitbündel oder Gefäßbündel (Mestom) besteht aus zwei Teilen, dem Holzteil oder Hadrom (auch Vasalteil oder Xylem [xylon = das Holz] genannt), und dem Siebteil oder Leptom (auch als Kribralteil oder Phloëm [phloios = die Rinde] bezeichnet)[1].

Die Elemente des Holzteils sind oder können sein: Gefäße, Tracheïden, Libriformfasern, Ersatzfasern und Holzparenchym.

Die Elemente des Siebteiles sind oder können sein: Siebröhren, Geleitzellen, Kambiformzellen, Siebparenchym und Bastfasern.

Elemente des Holzteils (vgl. hierzu Abb. 152, auch 154—156):

Die Gefäße, auch Tracheen genannt (*trachea* = Luftröhre, da man die Gefäße früher irrtümlich als stets lufthaltig ansah), sind keine Einzelzellen, sondern Zellfusionen, d. h. lange Röhren, entstanden durch mehr oder weniger vollständige Auflösung der Querwände in langen Reihen übereinanderliegender Zellen. Die Grenzen der einzelnen zu einem Gefäß verschmolzenen Zellen sind noch als ringförmiger Randwulst (ringförmige Durchlochung) an den Gefäßwandungen erkennbar; oder es werden von den Querwänden nur einzelne Streifen aufgelöst, so daß jene einer Leiter mit mehr oder weniger zahlreichen Sprossen gleichen (leiter-

---

[1] Mit den Bezeichnungen Phloëm und Xylem umfaßt man allerdings nicht nur die leitenden, sondern auch zugleich die mechanischen Elemente (Stereom), welche im Siebteil, resp. im Holzteil vorkommen. Mit dem Namen Mestom bezeichnen wir sämtliche leitenden Elemente des Leitbündels; mit Leptom nur diejenigen des Siebteils, mit Hadrom nur diejenigen des Holzteils; Phloëm ist also Leptom + Stereom, Xylem = Hadrom + Stereom.

förmige Durchlochung). Nach der Ausbildung der Gefäße verschwindet aus ihnen das Protoplasma; die Gefäße stellen dann tote Röhren dar. Die Länge der Gefäße erreicht niemals die Länge der ganzen Pflanze; sie beträgt z. B. bei der Erle durchschnittlich 5,7 cm, bei der Birke 12 cm, bei der Ulme 32 cm, bei der Eiche 57 cm, bei der Robinie (fälschlich Akazie genannt) 70 cm. Die Gefäße jüngerer Zweige sind stets kürzer als diejenigen älterer Zweige bis zum vierten Jahre. So beträgt ihre Länge z. B. bei einem einjährigen Zweige des türkischen Flieders 5 cm, bei einem zweijährigen 14 cm, einem dreijährigen 24 cm, einem vierjährigen 37 cm.

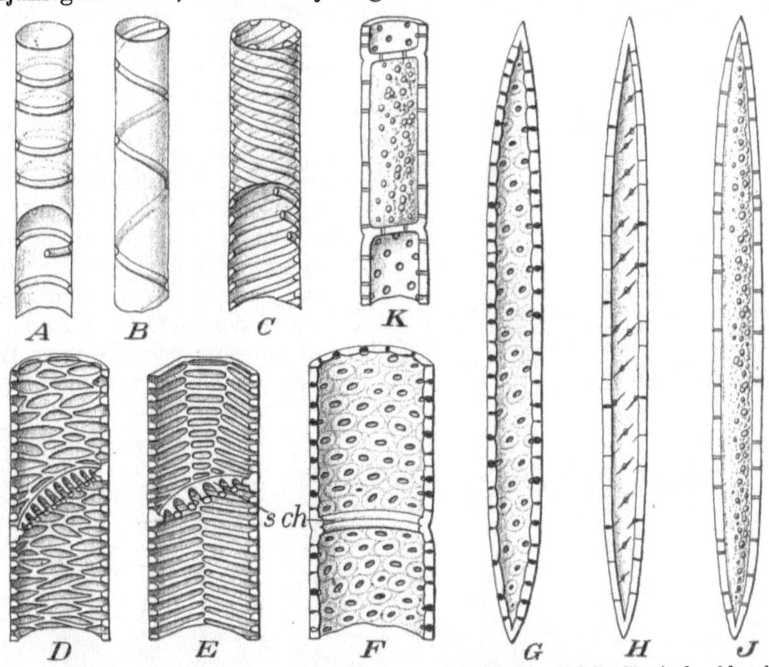


Abb. 152. Elemente des Holzteils. A Ringgefäß. B, C Spiralgefäße. D leiterförmig durchbrochenes Netzgefäß. E leiterförmig perforiertes Treppengefäß. F ringförmig durchbrochenes Hoftüpfelgefäß. *sch* ursprüngliche Scheidewand der Gefäßglieder. G Tracheïde. H Libriformfaser. I Ersatzfaser. K Holzparenchym, letztere beiden mit Protoplasma und Stärkekörnern gefüllt.

Man darf daraus jedoch nicht schließen, daß die anfangs kürzer angelegten Gefäße etwa nachträglich an Länge gewinnen, sondern es beruht dies lediglich darauf, daß die während einer neuen Wachstumsperiode sich bildenden Gefäße eine bedeutendere Länge erreichen, als die Gefäße des Vorjahres im ausgebildeten Zustande besitzen. Auch im Verlauf eines einzelnen Zweiges selbst zeigen die Gefäße an verschiedenen Stellen verschiedene Längen, und zwar so, daß die Länge derselben von der Basis des Zweiges an stetig zunimmt, etwas über der Mitte des Zweiges ihren Höhepunkt erreicht und dann nach der Spitze zu rasch zu einem geringen Maße herabsinkt. Die Weite der Gefäße ist sehr verschieden und wechselt zwischen 0,004 mm bis 0,3 mm. Namentlich sind die erstentstandenen primären Gefäße enger als später angelegte, sog. sekundäre Gefäße. Ganz besonders weite Gefäße treffen wir in den Lianenstämmen an.

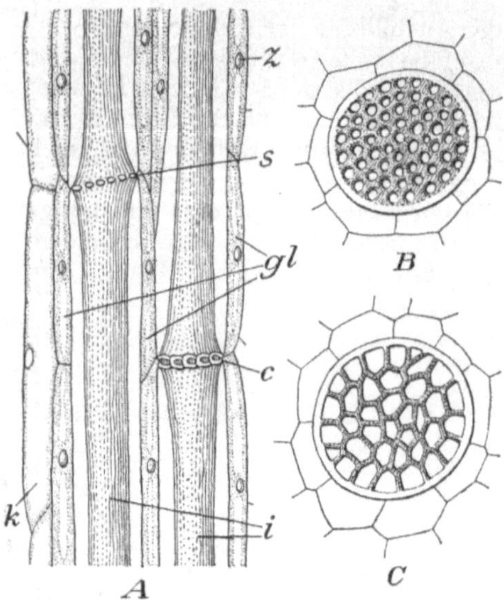

Abb. 153. Elemente des Siebteils. A Siebröhren im Längsschnitt von Geleitzellen *gl* umgeben. B, C zwei Siebplatten von oben, *z* Zellkern, *s* Siebplatte, *i* Inhalt der Siebröhre, *c* Verdickung der Siebplatte, *k* Kambiformzelle. (B, C nach Haberlandt.)

Über die charakteristische Gestalt der Wandverdickungsformen, die bei den Gefäßen vorkommen, welche im Prinzip jedoch sich nicht von den Wandverdickungsformen der Zellen unterscheiden, ist S. 65 bereits berichtet worden. Die Namen Ringgefäße, Spiralgefäße, Treppengefäße, Netzgefäße, Tüpfelgefäße (Abb. 152) beziehen sich nur auf die Art ihrer Wandverdickungen.

Die Tracheïden (*trachea* = Luftröhre, Gefäß, und eidos = das Aussehen, d. h. den Gefäßen oder Tracheen ähnlich) sind tote Zellen von langgestreckter und meist an beiden Enden zugespitzter Gestalt (Abb. 152 G) und im Gegensatz zu den Gefäßen Einzelzellen mit ringsum geschlossener Wandung. Sie können 1 mm lang, ja

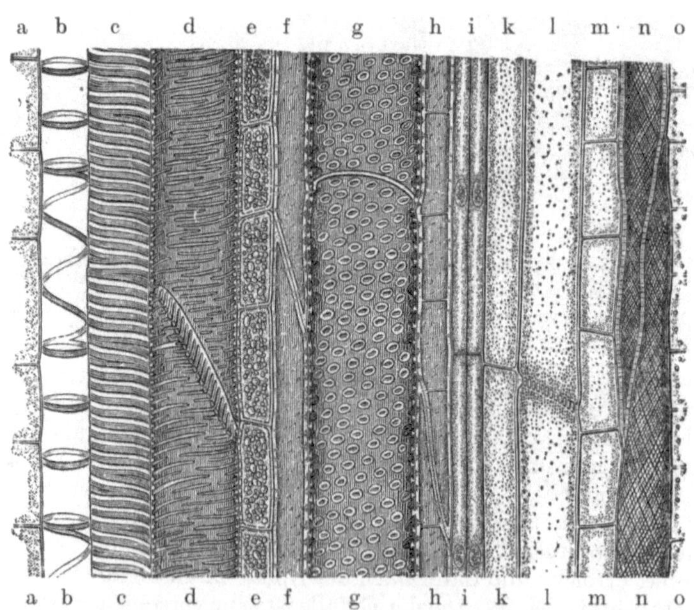


Abb. 154. Schematischer Radiallängsschnitt durch das Leitbündel (Gefäßbündel) einer dikotylen Pflanze. a Markzellen, b Ringgefäß, c Spiralgefäß, d Netzgefäß, e Holzparenchym, f Libriformfasern, g Gefäß mit behöften Tüpfeln, h Holzparenchym, i Kambium, k Geleitzellen, l Siebröhre, m Siebparenchym, n Bastfasern, o Rindenparenchym. Etwa 250fach vergrößert. (Nach Kny.)

bei den Koniferen, wo sie am charakteristischsten vorkommen, sogar 4 mm lang sein. Die Verdickung der Wände findet in ganz ähnlicher Weise statt, wie bei den Gefäßen. Namentlich kommen sehr große behöfte Tüpfel an den Tracheïden der Nadelhölzer vor (vgl. Abb. 587); die Nadelhölzer besitzen Gefäße (abgesehen von spärlichen, sehr engen Primärgefäßen) überhaupt nicht.

**Die Libriformfasern** lassen sich sehr zutreffend als die Bastfasern des Holzkörpers bezeichnen; sie haben mit der Saftleitung nichts zu tun und dienen nur mechanischen Zwecken. Meist sind sie länger als die Tracheïden und viel stärker verdickt, es fehlen ihnen auch durchweg die behöften Tüpfel; nur recht spärlich findet man bei ihnen enge einfache Tüpfel (Abb. 152 H). Es ist jedoch festzuhalten, daß sich zwischen Tracheïden und Libriformfasern einerseits und Libriformfasern und den gleich zu besprechenden Ersatzfasern, ja sogar zu dem Holzparenchym andererseits alle Übergänge finden. Echte Libriformfasern enthalten kein Protoplasma mehr.

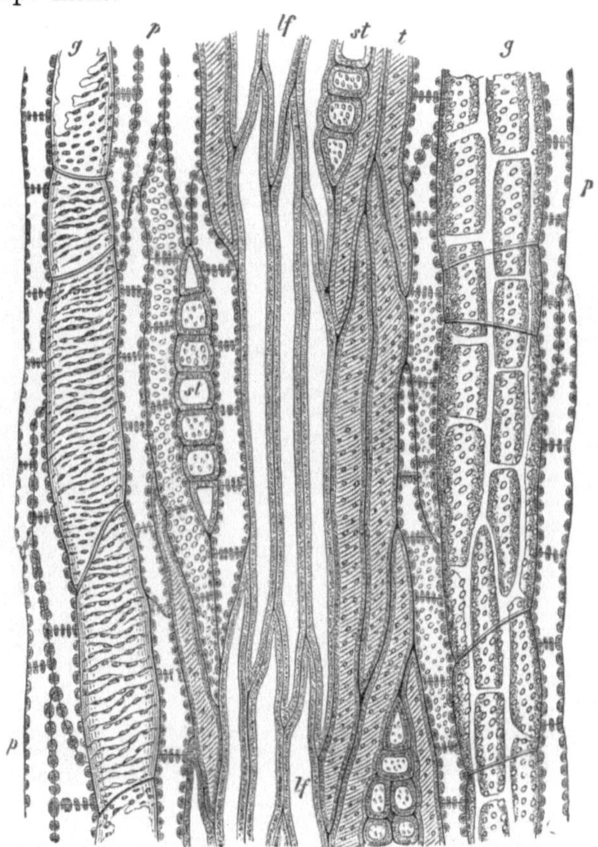


Abb. 155. Tangentialer Längsschnitt durch das sekundäre Holz von Ailanthus glandulosa. *g* Gefäße, *st* querdurchschnittene Markstrahlen, *p* Holzparenchym, *t* Tracheïden, *lf* Libriformfasern. Stark vergrößert. (Nach Sachs.)

**Die Ersatzfasern** sind Elemente, die den Libriformfasern sehr ähnlich sind, sich aber dadurch von diesen unterscheiden, daß sie gewöhnlich viel dünnwandiger und stets von lebendem Protoplasma erfüllt sind (Abb. 152 J).

**Das Holzparenchym** (Abb. 152 K) besteht, wie schon der Name sagt, aus mehr oder weniger parenchymatischen, lebenden Zellen mit verhältnismäßig dünnen, aber wie bei den vier vorher genannten Elementen meist ebenfalls verholzten Wänden. Es umkleidet oft die Gefäße, kommt aber auch in größeren Gruppen im Holzkörper vor. In seinen Zellen treten häufig nachträgliche Querwandbildungen auf.

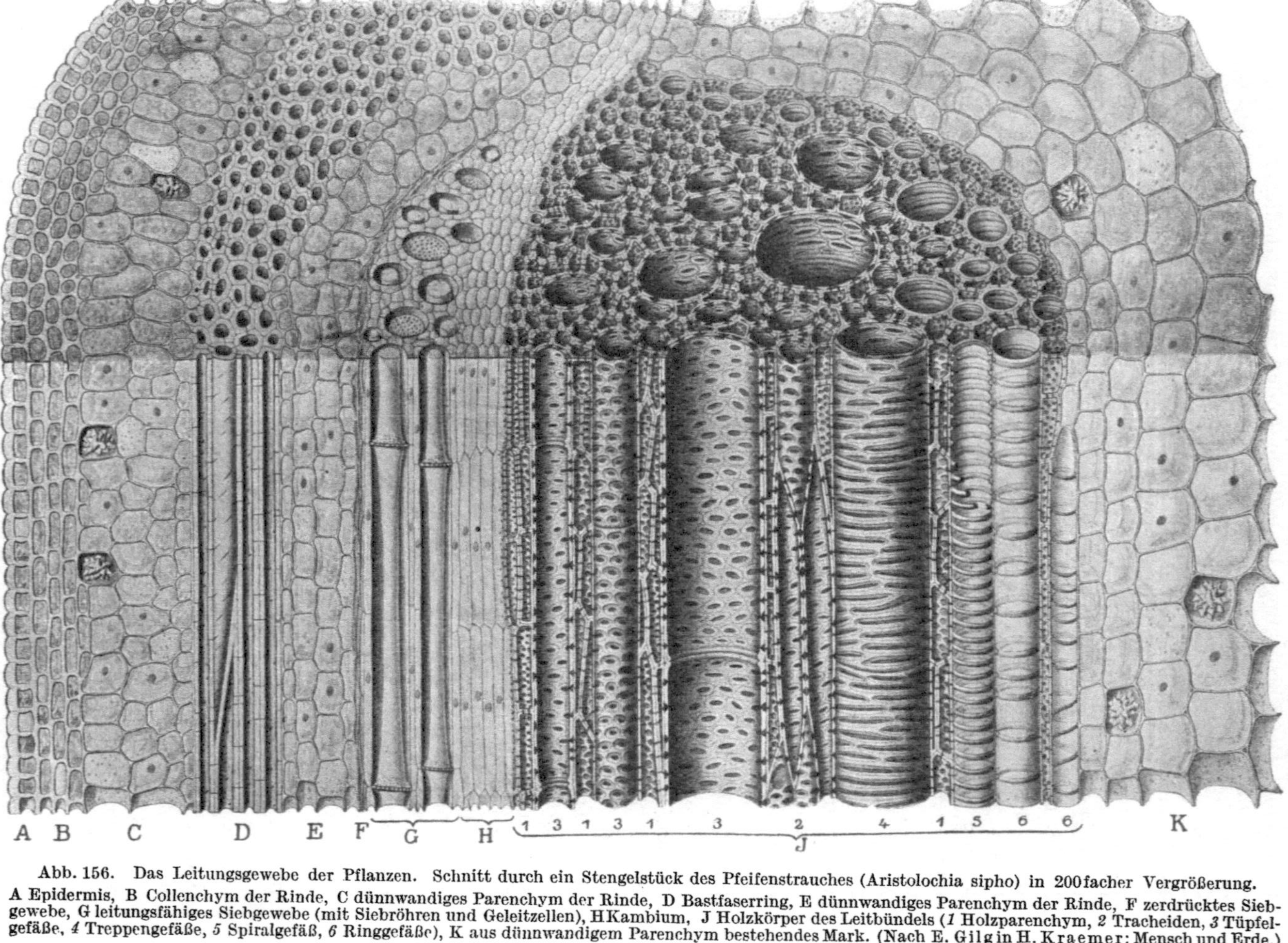



Abb. 156. Das Leitungsgewebe der Pflanzen. Schnitt durch ein Stengelstück des Pfeifenstrauches (Aristolochia sipho) in 200facher Vergrößerung.
A Epidermis, B Collenchym der Rinde, C dünnwandiges Parenchym der Rinde, D Bastfaserring, E dünnwandiges Parenchym der Rinde, F zerdrücktes Siebgewebe, G leitungsfähiges Siebgewebe (mit Siebröhren und Geleitzellen), H Kambium, J Holzkörper des Leitbündels (1 Holzparenchym, 2 Tracheiden, 3 Tüpfelgefäße, 4 Treppengefäße, 5 Spiralgefäß, 6 Ringgefäße), K aus dünnwandigem Parenchym bestehendes Mark. (Nach E. Gilg in H. Kraemer: Mensch und Erde.)

Elemente des Siebteils (vgl. hierzu Abb. 153, 154, auch 156 u. 157):
**Die Siebröhren** entstehen, wie die Gefäße, aus in Reihen übereinanderliegenden Zellen, jedoch kommen die Querwände dieser Zellen nicht
zum Verschwinden, sondern sie bleiben als sog. **Siebplatten** bestehen
(Abb. 153, 157); diese werden teilweise verdickt, die dünnbleibenden Stellen aber vollkommen aufgelöst. Häufig, aber nicht immer, stehen diese Siebplatten schief zur Längsrichtung der Siebröhren. Diese können bis zu 2 mm lang und bis 0,08 mm weit sein und enthalten stets lebendes Protoplasma.

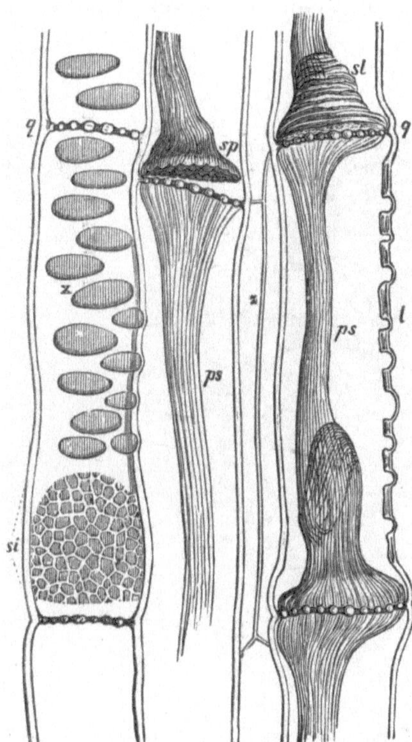

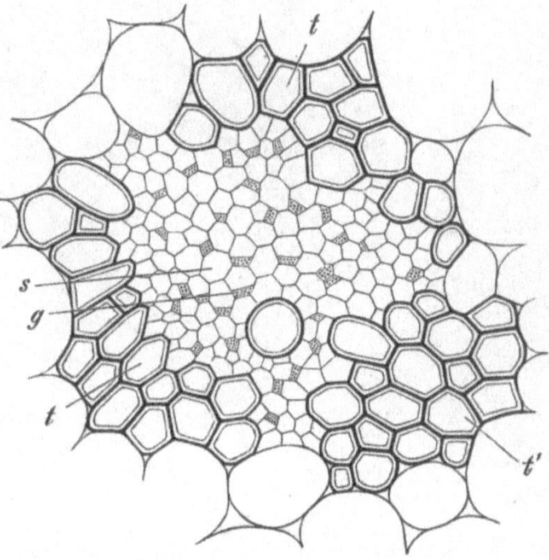

Abb. 157. Längsschnitt durch den Siebteil von Cucurbita pepo. *si* junge Siebplatte an einer Seitenwand; bei *x* und *l* bilden sich später gleichfalls Siebplatten; *ps*, *sp* und *sl* kontrahierter Inhalt der Siebröhrenglieder; *z* Geleitzellen. Stark vergrößert. (Nach Sachs.)

Abb. 158. Querschnitt durch ein konzentrisches Leitbündel im Rhizom von Iris (350 fach vergrößert); *t* Tracheen, *t′* zuerst entstandene Tracheen, *s* Siebröhren, *g* Geleitzellen.

Das Protoplasma der einzelnen Zellen der Siebröhren steht durch die feinen Löcher der Siebplatten in offener Verbindung miteinander. Da ihre Wandungen nicht oder nur in sehr geringem Maße sich verdicken, keinesfalls aber verholzen, so werden alle Siebröhren, welche der Leitung (siehe oben) nicht mehr dienen, häufig bis zum Verschwinden ihres Lumens (Hohlraums) durch kräftigere, ihnen benachbarte Zellen zusammengepreßt und bilden dann in ihrer Gesamtheit eine hornige Masse, das sog. **Keratenchym** (keras = Horn).

**Die Geleitzellen** (Abb. 153 *gl*, 157 *z*) umkleiden, bzw. geleiten die Siebröhren und unterstützen diese vermutlich in ihren Funktionen, da in ihnen wahrscheinlich die Eiweißsubstanzen gebildet werden. Sie entstehen mit der benachbarten Siebröhrenzelle aus einer und derselben Mutterzelle, enthalten sehr reichlich Protoplasma und besitzen meist ein enges Lumen. Die an die Siebröhren angrenzenden Wände sind fein getüpfelt.

**Die Kambiformzellen** sind dünnwandige, langgestreckte, reichlich Protoplasma führende Zellen mit zugespitzten Enden. Sie unterscheiden sich nur recht unwesentlich von den Geleitzellen. Ihre Funktion ist noch nicht sicher erwiesen.

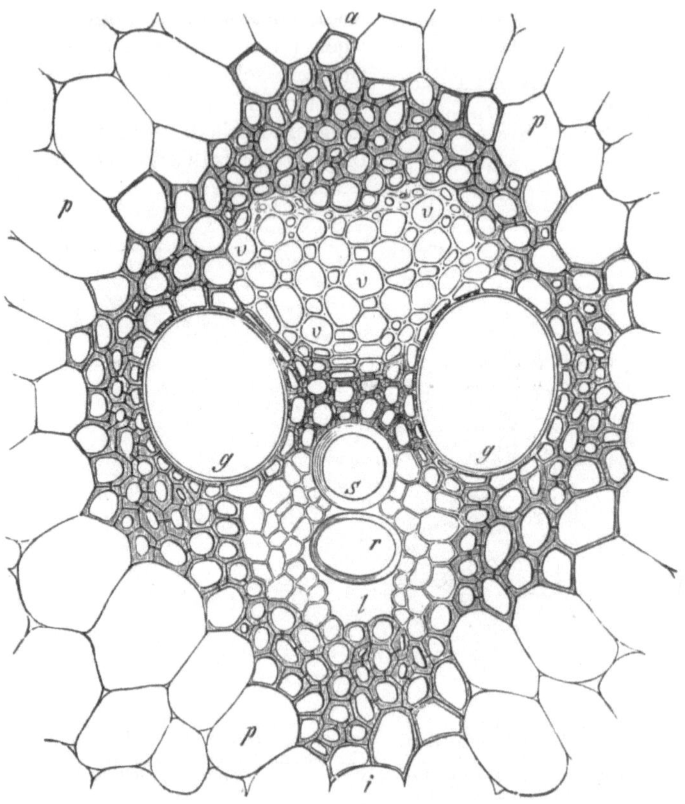

Abb. 159. Querschnitt eines geschlossenen Leitbündels im Stamm von Zea mays (550).
*a* Außenseite,  *i* Innenseite bezüglich der Stammachse, *p* Grundgewebe, *g* große getüpfelte Gefäße, *s* Spiralgefäß, *r* Ring eines Ringgefäßes, *l* lufthaltige Lücke, durch Zerreißen entstanden, umgeben von dünnwandigen Zellen. Zwischen den beiden Gefäßen *g* liegen kleinere, netzartig verdickte und behöft getüpfelte Gefäße. Diese Zellformen bilden den Holzteil. — Im Siebteil liegen die Siebröhren (*v*), durch ihre Weite ausgezeichnet; die kleineren viereckigen Zellen dazwischen sind die Geleitzellen; der ganze Strang ist umgeben von einer Faserscheide. (Nach Sachs.)

**Siebparenchym** (Abb. 154 *m*) nennt man die gleichfalls dünnwandigen, parenchymatischen, protoplasmaführenden, mehr oder weniger kubischen oder wenigstens nur unbedeutend gestreckten Zellen, welche stets in Gemeinschaft mit den vorher genannten Elementen im Siebteil vorkommen.

Dem Holzteil der Leitbündel fällt die Aufgabe zu, das durch die Wurzeln aufgenommene, Nährsalze enthaltende Wasser nach den Stellen der Assimilation, namentlich den Blättern, zu führen, wo es zum Teil verdunstet, zum Teil nebst den mitgeführten Salzen in oben geschilderter Weise chemisch gebunden wird. Der Siebteil hingegen hat die Aufgabe,

die durch die Assimilationstätigkeit der Pflanze entstandenen Kohlenstoff-
oder Stickstoffverbindungen nach den Orten ihres Verbrauchs zu führen,
also nach den Vegeta-
tionspunkten und dem
Kambium, wo sie als
Baustoffe für neue Zel-
len des Pflanzenkör-
pers verbraucht wer-
den. Auch nach den
Blüten und heran-
wachsenden Früchten
ist ein starker Nah-
rungsstrom gerichtet,
wo er zur Bildung der
an Kohlenstoff- und
Stickstoffverbindun-
gen reichen Samen
dient; im Herbst, wenn
die Pflanze in den Zu-
stand der Ruhe über-
geht, werden die den
Winter überdauernden
Teile, wie Stamm, Rhi-
zom, Knollen, Wur-
zeln usw. mit Nährstof-
fen angefüllt. Im Früh-
jahr, wenn die Wachs-
tumsperiode der Pflan-
zen beginnt, steigen sie
in gelöster Form mit
dem Saftstrom auf, um
Baustoffe für die neu
zu bildenden Blätter
und die jungen Sprosse
zu liefern.

### Anordnung
### der Leitbündel.

*Konzentrische, kollate-
rale, bikollaterale und
radiale Leitbündel.*

Im Leitbündel (Ge-
fäßbündel) können
Holzteil und Siebteil
verschieden zueinan-
der angeordnet sein.

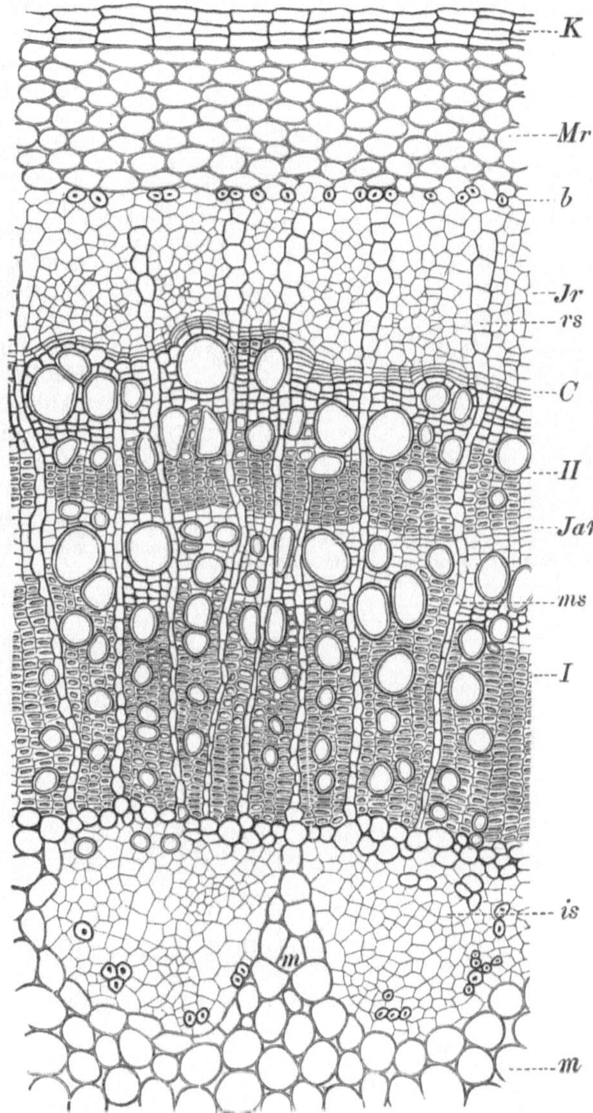


Abb. 160. Querschnitt durch einen zweijährigen Zweig von Solanum dulcamara mit bikollateralen Leitbündeln. Stark vergrößert.
*K* Kork, *Mr* Außen- (primäre) Rinde, *b* Bastfasern, *Jr* Innen-
(sekundäre) Rinde (äußerer Siebteil), *rs* Rindenstrahl, *C* Kambium,
*Jar* Jahresring des Holzkörpers (*I* erstes Jahr, *II* zweites Jahr),
*ms* Markstrahl, *is* innerer Siebteil, *m* Mark. (Nach Tschirch.)

Umschließt einer der beiden Teile den anderen
ringförmig, also entweder der Holzteil den Siebteil oder der Siebteil

den Holzteil, so wird das Bündel ein **konzentrisches** genannt. Dieser Fall kommt recht selten, z. B. bei Monokotyledoneen (Abb. 158), vor, bei denen der Siebteil vom Holzteil umschlossen wird.

Liegen jedoch Holzteil und Siebteil nebeneinander, so sind zwei Fälle möglich, wenn man die gegenseitige Lage beider Teile zur Wachstumsachse des Sprosses in Betracht zieht, welchem das Leitbündel angehört, nämlich:

a) der Siebteil liegt, von der Peripherie des Sprosses aus betrachtet, in der Richtung des Radius **vor** dem Holzteil (Abb. 159 und 170 $A$), dann ist das Leitbündel ein **kollaterales**. Dies ist bei den **Stengelorganen** der Monokotylen und Dikotylen der normale Fall. In verhältnismäßig wenigen Fällen findet sich Sieb-

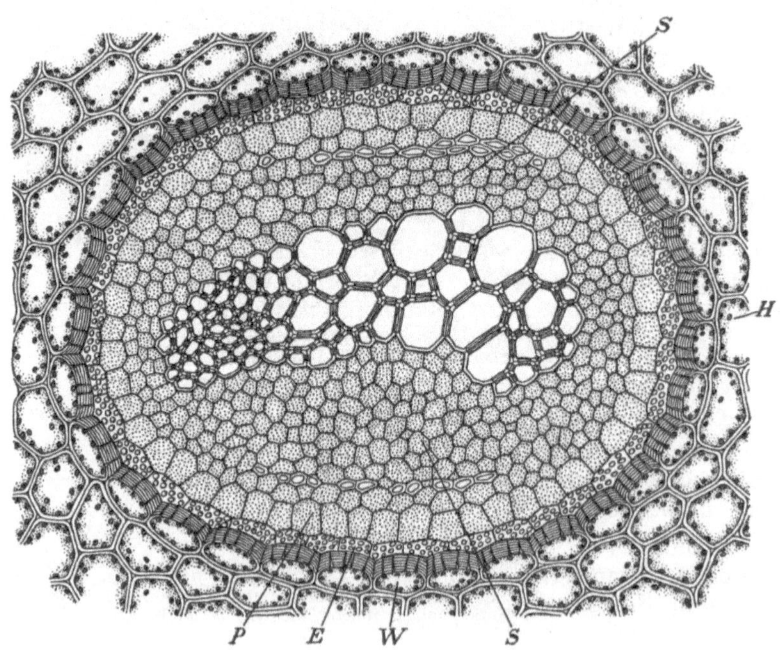

Abb. 161. Cucurbita pepo. Bikollaterales Leitbündel. *s* Siebteil, *c* Kambium, *g* Gefäße des Holzteils, $s_1$ nach innen gelegener Siebteil.

Abb. 162. Querschnitt durch das Leitbündel. In der Mitte der Holzteil (*H*), oben und unten davon Siebteile (*S*), *E* Stärkeschicht, *W* Leitbündelscheide. (Nach Kny.)

gewebe außer vor dem Holzteil, auch noch hinter dem Holzteil. Man spricht in diesen Fällen (Cucurbitaceae, Solanaceae, Apocynaceae usw.) von **bikollateralen** Leitbündeln (Abb. 160, 161);

b) der Siebteil liegt in der Richtung des Radius **neben** dem Holzteil (Abb. 145, 170 *B*), dann ist das Leitbündel ein **radiäres oder radiales**. Dies ist bei allen **Wurzel**organen der Fall.

Die verschiedenen Typen der Leitbündel in den Stammorganen lassen sich gut voneinander ableiten unter der Voraussetzung, daß man die Leitbündel der Farne (Abb. 162) als bikollateral und nicht als konzentrisch ansieht. Schon bei den Farnen finden wir in einigen Fällen sekundäres Dickenwachstum. Da der Siebteil meist nur **ein Jahr** funktionsfähig bleibt und das Kambium, welches das Dickenwachstum bewirkt, zwischen dem **äußeren** Siebteil und dem Holzteil angelegt wird, so verkümmert der innere Siebteil, ausgenommen bei Pflanzen, die in ihrer Entwicklungsgeschichte stets einjährig geblieben sind. Es entstehen also aus bikollateralen Leitbündeln kollaterale. Die Bildung von konzentrischen Leitbündeln bei den Monokotyledonen ist darauf zurückzuführen, daß diese Pflanzen, als typische Wasserpflanzen, die mechanischen Festigungselemente verloren haben und daher die starkwandigen Gefäße um den zartwandigen Siebteil herum als mechanischen Schutz ordnen.

## Das Speichersystem.

Die von der grünen Pflanze durch die Assimilation produzierten Baustoffe finden nur zum Teil sofortige Verwendung, und zwar an den Orten des Aufbaues, an den Vegetationspunkten des Stengels und der Wurzel. Es findet deshalb, besonders im Hochsommer und Herbst, wo das Wachstum der meisten Pflanzen schon völlig aufhört oder wenigstens sehr eingeschränkt wird, in den verschiedensten Organen eine Speicherung statt. Das typische Speichergewebe dieser Organe zeigt einen ganz charakteristischen Bau; es besteht aus kugeligen, aber gegeneinander abgeplatteten, meist dünnwandigen Parenchymzellen, welche kleine oder wenigstens nur recht unbedeutende Interzellularräume besitzen. Das Speichergewebe findet sich vor allem in Wurzeln, Knollen, Zwiebeln, Samen, oft aber auch in Stengeln, selten in Blättern, und führt als Reservestoffe Stärke, Zucker, Eiweiß, fettes Öl, in manchen Fällen auch Reservezellulose.

Aber nicht nur die Behälter der Pflanze für organische Nährstoffe sind zum Speichersystem zu rechnen, sondern auch die Reservoire für Wasser, welche wir bei vielen Pflanzen heißer und trockener Standorte, den Steppen- und Wüstenpflanzen, antreffen. Diese eigenartigen, oft fleischigen Gewächse sammeln in mächtigen Speicherorganen während der oft nur kurzen feuchten Jahreszeit Wasser an, welches dann während der Trockenperiode allmählich verbraucht wird. In den Blättern, manchmal auch in den Stengeln zahlreicher derartiger Pflanzen finden wir verhältnismäßig riesige Wassergewebe, welche bei feuchtem Wetter vollgefüllt sind, deren Zellwände jedoch nach größerer oder geringerer Zeit der Dürre allmählich zusammenfallen in dem Maße, wie der wässerige Inhalt aufgebraucht wird. Bei Wasserzutritt schwellen die Zellen sofort wieder an und die Zellwände führen in dieser Weise blasebalgartige Bewegungen aus.

## Das Durchlüftungsgewebe.

Der Eintritt der atmosphärischen Luft in den pflanzlichen Organismus vollzieht sich bei höher organisierten Gewächsen, welche mit undurchlässigen Hautschichten versehen sind, durch die Spaltöffnungen und die Lentizellen. Nur Zellen, welche mit umgebendem Wasser oder umgebender Luft in unmittelbarer Berührung stehen, können die zur Assimilation und Atmung notwendigen Stoffe direkt aufnehmen, während die rings von anderen Zellen lückenlos umgebenen Zellen mehrschichtiger Gewebe auf die Zuführung der Gase durch Luftkanäle (Interzellulargänge) angewiesen sind. Diese durchsetzen den Pflanzenkörper und stehen durch die Spaltöffnungen und Lentizellen mit der Außenatmosphäre in Verbindung. Sie dienen auch dazu, die Verdunstung des überschüssigen Wassers zu bewerkstelligen, welches von der Wurzel aufgestiegen ist und die anorganischen Nährstoffe (die Salze der Erdschicht in gelöstem Zustande) den Orten des Verbrauchs zum Zwecke der Ernährung, d. h. zur Bildung neuer Baustoffe, zugeführt hat. So bildet sich ein die ganze Pflanze durchziehender Transpirationsstrom. Die Transpiration hat für die Pflanze die Aufgabe eine schnelle Bewegung des Wasserstromes und dadurch der Nährsalze zu erreichen, ferner eine Konzentration der Lösungen vorzunehmen und endlich durch die bei der Verdunstung entstehende Kälte die Temperatur der Pflanze, vor allem bei starker Sonnenbestrahlung herabzusetzen. Pflanzen, die im stehenden, also wenig Sauerstoff enthaltenden Wasser, z. B. Sümpfen, leben, sind durch besonders ausgebildete Interzellularräume ausgezeichnet, so daß sie die Luft speichern können. Ein solches lockeres Gewebe bezeichnet man als Aërenchym (aër = Luft); es findet sich z. B. bei Acorus calamus, Taxodium distichum usw.

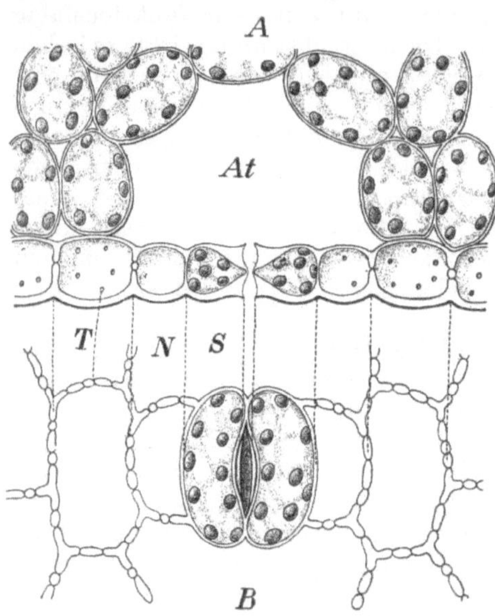



Abb. 163. Spaltöffnung von Tradescantia. A im Querschnitt (des Blattes), B von oben gesehen. *At* Atemhöhle, *S* Schließzellen, *N* Nebenzellen, *T* Tüpfel in der Zellwand.

Die Spaltöffnungen oder Stomata (Abb. 163 und 164) sind namentlich an Blättern, und zwar meistens auf ihrer Unterseite (auf der Blattunterseite findet man auf einem Quadratmillimeter durchschnittlich 100 Spaltöffnungen, eine Zahl, die aber manchmal bis auf das Siebenfache steigen kann), aber auch an anderen grünen Teilen der Pflanze in der Epidermis zerstreut. Bei Wasserpflanzen, deren Blätter auf dem Wasser schwimmen, kommen Spaltöffnungen nur auf der Oberseite vor (Nuphar,

Nymphaea). Sie bestehen aus Zellpaaren, zwischen denen je ein Interzellulargang spaltenförmig endigt. Unter jeder Spaltöffnung befindet sich im Blattgewebe ein großer Interzellularraum, die Atemhöhle, wie auf Abb. 163 ersichtlich ist. Die Zellpaare, Schließzellen genannt, sind

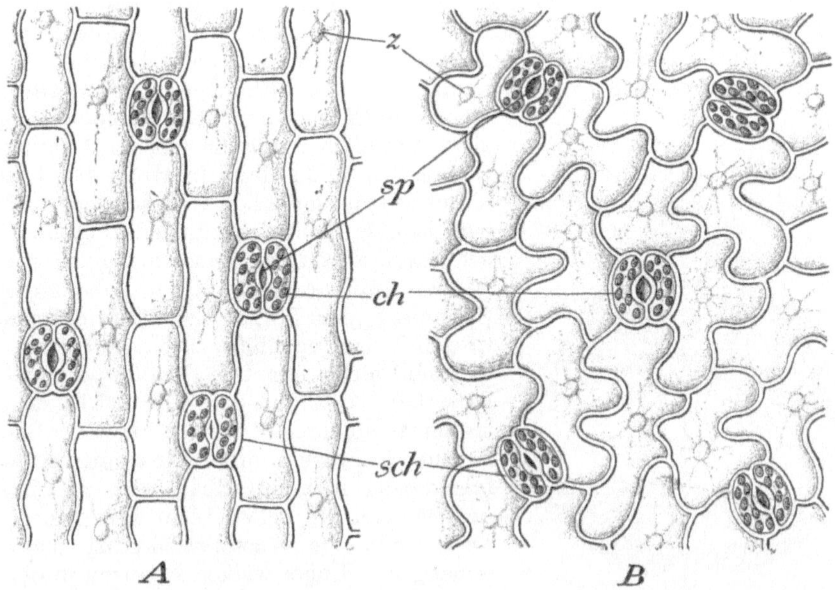


Abb. 164. Epidermis von Laubblättern mit Spaltöffnungen, von oben gesehen. A mit geraden, B mit gewundenen Zellwänden. z Zellkern, sp Spaltöffnung, ch Chlorophyllkörner, sch Schließzellen.

durch ihren eigenartigen, komplizierten Bau befähigt, die zwischen ihnen liegende Öffnung zu erweitern, zu verengern oder ganz zu schließen und dadurch den Austausch der Gase zwischen den Interzellularräumen der Pflanze und der Atmosphäre je nach Bedarf zu regeln (Abb. 165). Sie entstehen aus Epidermiszellen und sind Schwesterzellen, die aus dersel-

ben Mutterzelle hervorgegangen sind. Später haben sie sich durch einen Spalt getrennt. In den langgestreckten Epidermiszellen von Monokotyledonenblättern teilt sich eine Epidermiszelle in eine untere, größere und eine obere, kleinere Hälfte und aus letzterer gehen durch Längsteilung die Schließzellen hervor (Abb. 164 A). Diese kleinere Zelle wird stets an dem

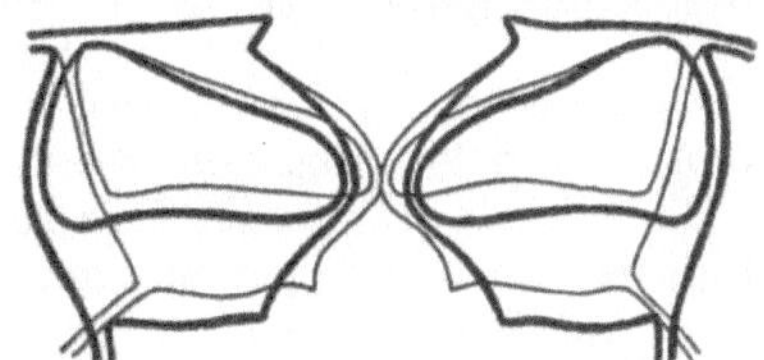

Abb. 165. Spaltöffnung von Helleborus, offen (dicke Linien), geschlossen (dünne Linien). (Nach Schwendener.)

der Blattspitze zugewandten Ende der Epidermiszelle abgegliedert. Die Schließzellen führen im Gegensatz zu den anderen Epidermiszellen Chlorophyll. Dadurch sind sie in der Lage, sowohl durch Assimilation Zucker zu bilden, als auch osmotisch unwirksame Substanz (Stärke) in osmotisch wirksame (Zucker) zu verwandeln und umgekehrt. Im Gegensatz zu den Assimilaten in dem Mesophyll des Blattes werden die Assimi-

late der Schließzellen nicht fortgeleitet, sondern verbleiben in den Schließzellen. Verdunkelt man daher ein Blatt einen oder mehrere Tage, legt es zur
Abtötung und zur Entziehung des Chlorophylls in Alkohol und dann in
wässerige Jodlösung, so enthält das Mesophyll keine Stärke mehr, während
die Schließzellen ihre Stärke behalten haben. Durch die Erhöhung oder
Verminderung des Turgordruckes wird unter gleichzeitiger Ausdehnung
oder Zusammenziehung der Zellen der Schließmechanismus betätigt. Es
ist festzuhalten, daß im allgemeinen die Spaltöffnungen geöffnet sind,
wenn die Pflanze Feuchtigkeit genug be-
sitzt, um nicht durch die mit der Atmung
und Assimilation Hand in Hand gehende
Transpiration geschädigt zu werden, daß
sich jedoch die Spaltöffnungen allmählich
schließen, sobald sich Wassermangel in der
Pflanze fühlbar macht, d. h. sobald die
Spannung, der Turgor des Protoplasmas
in den Zellen, nachläßt. Die Spaltöffnungen sind nicht nur für den Wasserhaushalt allein bestimmt, da sie auch $CO_2$ eintreten lassen müssen, was vor allem bei Belichtung in Frage kommt. Sie reagieren infolgedessen auch auf Beleuchtung, indem sie sich im hellen Licht weit öffnen,
auch wenn die Wasserversorgung nicht
günstig ist. Daher welken Pflanzen in der
Sonne eher als im Schatten (Abb. 166).

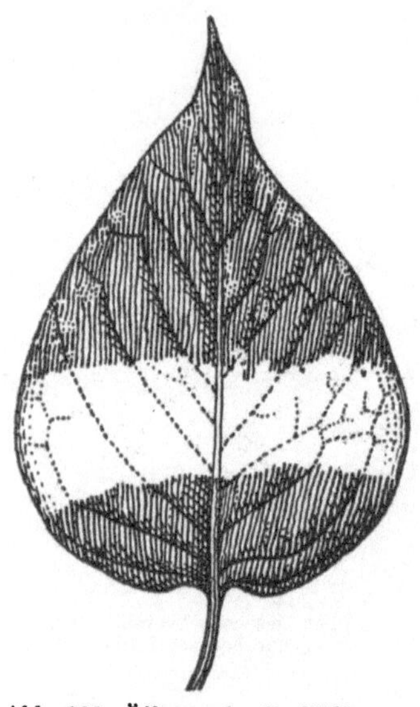

Abb. 166. Öffnung der Spaltöffnungen
im Licht. Ein Blatt des Flieders wird
in der Mitte verdunkelt, während die
Enden dem Licht ausgesetzt werden.
Nur die belichteten Spaltöffnungen
bleiben offen und lassen absoluten
Alkohol eindringen, wodurch eine
Dunkelfärbung der betreffenden Blatt-
teile entsteht. (Nach Molisch).

Die Transpirationsgröße ist also abhängig vom Wassergehalt der Pflanze,
dem Licht, ferner der Trockenheit der umgebenden Luft und besonders auch vom
Wind. Bei Xerophyten ist die Transpirationsgröße durch besondere Einrichtungen (stark kutikularisierte Epidermis,
Haare, Versenkung der Spaltöffnungen)
sehr herabgesetzt. Die Transpirationsgröße wird an dem Gewichts-
verlust durch Wägung gemessen.

Die Lentizellen oder Rindenporen (Abb. 167) ersetzen die Spaltöffnungen an denjenigen Stengelorganen, an welchen Korkbildung stattfindet. Es sind vorgewölbte Partien im Korkgewebe, welche aus lockeren,
sog. Füllzellen bestehen, durch deren Interzellulargänge die atmosphä-
rische Luft in die Stämme einzudringen vermag. Sie werden bereits, bevor
die Peridermbildung begonnen hat, angelegt, indem sich unter den Spaltöffnungen ein schalenförmiges Kambium bildet. Die durch dieses Kambium gebildeten Füllzellen runden sich ab und verkorken; Lentizellen
findet man nur an jüngeren Stämmen und Ästen, da sie an älteren durch
die Borkenbildung abgeworfen sind. Nur wenn der gesamte Kork lange
behalten wird, wie z. B. bei der Birke, findet man sie selbst an älteren
Stämmen, wo sie dann durch das Dickenwachstum zu queren Streifen

ausgezogen sind. Sie vermitteln den Gasaustausch der inneren Gewebe mit der Atmosphäre sehr wahrscheinlich in der Weise, daß durch sie die Gase in die Markstrahlen gelangen, von denen aus sie sich auf alle lebenden Gewebe des Stammes von innen her zu verteilen imstande sind.

Besonders bei solchen Pflanzen, die in sumpfigem, sauerstoffarmem Wasser oder aber im Salzwasser wachsen (z. B. bei den Mangrovepflanzen an den tropischen Meeresküsten), findet man besondere von den Wurzeln ausgehende, über den Boden oder das Wasser hervorragende, negativ geotropische Organe (Pneumathoden), die infolge ihres lockeren Baues befähigt sind, reichlich Luft zu den untergetauchten Organen der

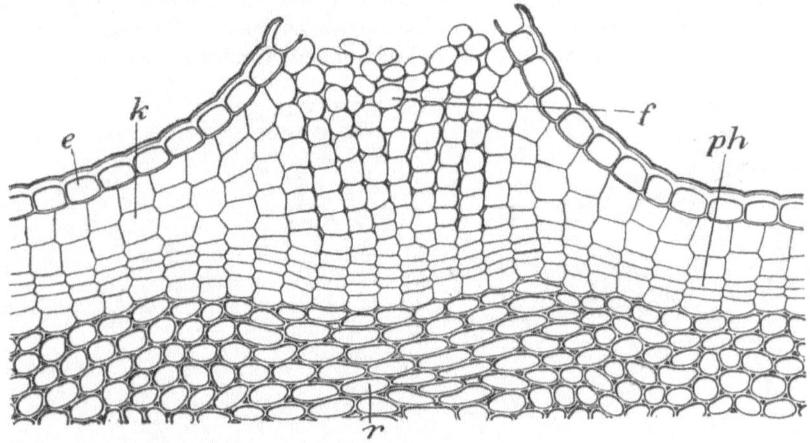


Abb. 167. Lentizelle an einem jungen Zweig. *e* Epidermis, *k* Korkgewebe, *ph* Phellogen, *f* Füllgewebe, *r* Rinde.

Gewächse zu leiten. In erster Linie sind sie jedoch Trägerorgane für die Seitenwurzeln.

## Das Sekretionssystem.

Wie vom Tier, so werden auch von der Pflanze zahlreiche, chemisch sehr verschiedenartige Stoffe aufgenommen oder sogar gebildet, welche nicht vollständig verbraucht werden; die Reststoffe werden späterhin meist nicht weiter umgearbeitet und spielen im Haushalt der Pflanze keine Rolle mehr, sie werden als mehr oder weniger unbrauchbar oder schädlich aus den Leitungsbahnen oder den Reservestoffbehältern entfernt und als Sekrete in besondere Sekretionsorgane abgeschieden.

Es sollen die wichtigsten derselben kurz hier angeführt werden.

**Hydathoden.** Bei zahlreichen Pflanzen kommt es vor, daß Wasser in der Form von Wassertropfen meist aus den Blättern ausgeschieden wird, wenn die Transpiration nur sehr gering, d. h. unter normal ist. Das Wasser tritt hierbei allermeist durch sog. Wasserspalten aus, d. h. durch Gebilde, die oft ganz das Aussehen von Spaltöffnungen besitzen, sich aber nicht öffnen und schließen können; sie finden sich meistens an den randständigen Blattzähnen, z. B. bei der Kapuzinerkresse, oder aber an den Spitzen mancher Blätter, wie bei den Gräsern und Arazeen.

**Drüsenhaare.** Ein Drüsenhaar, das sich als Sekretionsorgan der Epidermis bezeichnen läßt, gliedert sich in einen Stielteil und einen oberen sezernierenden, kopfigen Teil, welch letzterer meistens aus mehreren bis zahlreichen Zellen besteht. Das Sekret wird durch die Kutikula festgehalten und sammelt sich häufig in der Form großer Blasen zwischen der Zellulosemembran und der weit abgehobenen Kutikula (z. B. bei den Hopfendrüsen, Labiatendrüsen (vgl. Abb. 134, J—L). Es wird häufig dadurch frei, daß die sehr stark gespannte Kutikula aufplatzt. Da die Kutikula aus einer fettartigen Substanz besteht, wird sie von ätherischen Ölen durchtränkt, so daß diese auch bei intakter Kutikula verdunsten können. Das ätherische Öl wirkt auf kleinere Tiere meist giftig; z. B. werden Ameisen durch manche Labiaten narkotisiert oder getötet. Man kann daher die Drüsenhaare als Schutz gegen Tierfraß ansehen.

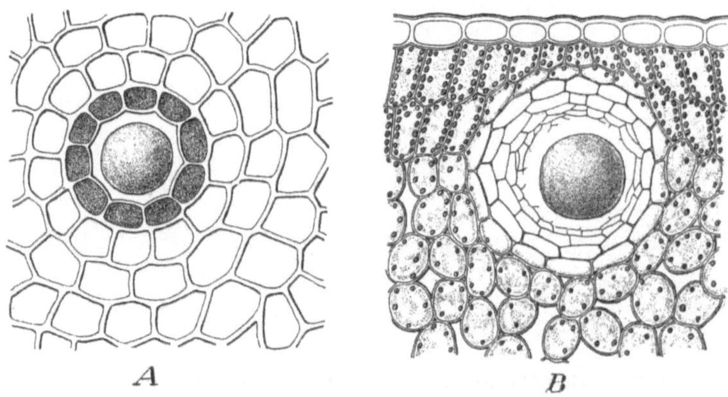


Abb. 168. A Schizogener Sekretbehälter aus der Wurzel von Arnika. B Lysigener Sekretbehälter aus dem Pomeranzenblatt. Stark vergrößert.

**Sekretzellen.** Es sind dies mehr oder weniger rundlich-würfelförmige oder auch häufig schlauchartig langgestreckte Zellen, welche einzeln im Parenchym eingebettet oder zu größeren Gruppen oder Zellzügen vereinigt sind. Es findet sich in ihnen Harz, ätherisches Öl, Schleim oder Gerbstoff.

**Sekretbehälter.** Man macht einen Unterschied zwischen schizogenen (= durch Auseinanderweichen entstandenen) und lysigenen (= durch Auflösung entstandenen) Sekretbehältern. Erstere bilden sich in folgender Weise: In jungen Organen findet man an der Stelle, welche später durch einen Sekretbehälter eingenommen wird, auf dem Querschnitt eine einzige plasmareiche Zelle, welche sich bald kreuzweise in vier oder in sechs Zellen spaltet. Diese bleiben sehr inhaltsreich und zartwandig und weichen in der Mitte auseinander, so daß ein anfangs nur enger Zwischenzellraum entsteht. Die zartwandigen Zellen (Epithelzellen) teilen sich darauf noch lebhaft, die Lücke vergrößert sich und verlängert sich oft nach oben im wachsenden Organ, so daß sie allmählich zu einem mehr oder weniger weiten Behälter oder einem sich langhin erstreckenden Kanal wird. In diesen wird sodann von den Epithelzellen Sekret abgeschieden (Abb. 168 *A*).

Die lysigenen Behälter entstehen in etwas komplizierterer Weise. In jungen Zuständen findet man an bestimmten Stellen Nester von zartwandigen und reichlich Protoplasma führenden Zellen. Die Wände dieser Zellen fangen nun plötzlich an sich aufzulösen und wandeln sich wie der Zellinhalt zu einem Sekret um. Später werden noch mehr Zellen in den Auflösungsprozeß hineingezogen, wodurch die Sekretlücke sich immer mehr vergrößert und reichlich mit Inhalt erfüllt wird (Abb. 168 B).

Sehr häufig kommt es vor, daß typisch schizogene Sekretbehälter sich nachträglich lysigen weiterbilden. Man sieht in diesem Fall, daß die anfangs normal ausgebildeten und einen sezernierenden Kranz um den Behälter bildenden Epithelzellen allmählich aufgelöst werden, ja daß sogar auch weitere den Gang umgebende parenchymatische Zellen bald in den Auflösungsprozeß hineingezogen werden. Es ist in einem solchen Zustand nicht mehr festzustellen, daß der Behälter ursprünglich schizogen entstanden war, und man bezeichnet einen solchen gewöhnlich als schizolysigen. **Milchsaftschläuche** oder -**röhren.** Die Milchsaftschläuche können auf zwei ganz verschiedenartige Weisen entstanden ein. Entweder bilden sie sich ganz so wie die Gefäße, d. h. in geraden oder stark verzweigten Reihen von übereinanderliegenden Zellen werden die Querwände aufgelöst, worauf mehr oder weniger lange Röhren (gegliederte [= aus einzelnen Gliedern entstandene] Milchsaftschläuche) entstehen; oder aber sie gehen aus dem fortgesetzten Wachstum und der Verzweigung von einzelnen, schon im jungen Keimling enthaltenen Zellen hervor, welche pilzfadenähnlich interzellular die ganze, allmählich heranwachsende Pflanze durchziehen; man bezeichnet diese letzteren als ungegliederte Milchsaftschläuche (Abb. 169).

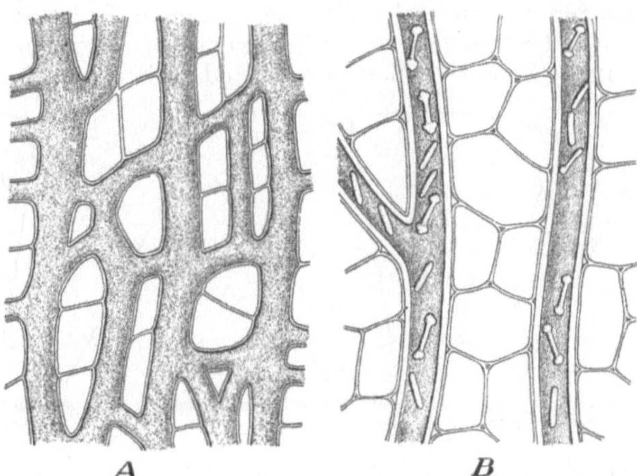



Abb. 169. Milchsaftschläuche im Längsschnitt. A gegliedert und anastomosierend aus der Schwarzwurzel. B ungegliedert von einer Euphorbia mit knochen- oder hantelförmigen Stärkekörnern. Stark vergrößert.

Die Milchsaftschläuche besitzen einen sehr dünnen Protoplasmaschlauch und zahlreiche Kerne. Ihre Wandung ist meist nur schwach, kann aber auch eine ansehnliche Dicke erreichen. Der Milchsaft, weiß, gelb bis orangerot gefärbt, stellt eine Emulsion dar, d. h. eine wässerige Flüssigkeit, in der Körnchen (Stärke) und Tröpfchen (Fett, Kautschuk, Guttapercha, Harz, Alkaloide) suspendiert sind. Gelegentlich ist im Milchsaft auch Zucker und Eiweiß vertreten, und es ist wohl kaum zweifelhaft, daß derartige für die Pflanze so außerordentlich wertvolle

Stoffe später wieder in den Kreislauf ihres Lebensprozesses einbezogen werden. Sicher besitzt jedoch der Milchsaft für die ihn führenden Gewächse die Bedeutung, daß er als Schutzmittel dient. Wird nämlich eine solche Pflanze verletzt, so tritt der unter starkem Druck gehaltene Milchsaft rasch in großen Mengen aus und bedeckt, an der Luft schnell erhärtend, die Wundfläche mit festem Verschluß.

# Das System des sekundären Dickenwachstums.

Bei den kollateralen Leitbündeln der Gymnospermen und Dikotylen (Abb. 170 *A*) verläuft das neue Elemente erzeugende Bildungsgewebe, Kambium genannt, in der Richtung der punktierten Linie rings um den Stammittelpunkt. Ursprünglich findet sich das Kambium nur in den Leitbündeln selbst (Faszikular-Kambium), und zwar als eine schmale Zone zwischen Siebteil und Holzteil (Abb. 171 *c*); es ergänzt sich

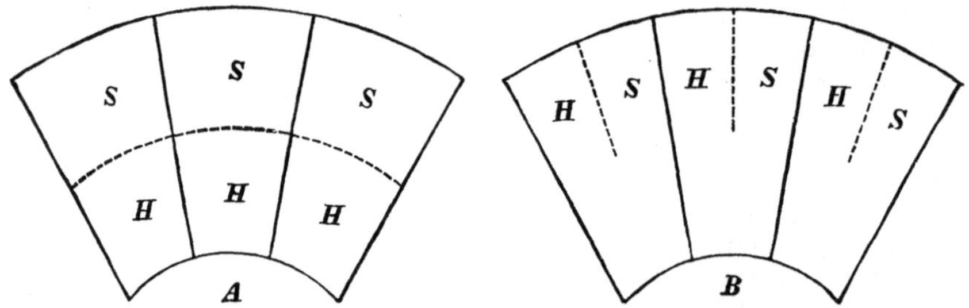

Abb. 170. Schematische Zeichnung zur Verdeutlichung der gegenseitigen Lage von Holzteil und Siebteil. A in kollateralen Leitbündeln. B in radialen Leitbündeln. *H* Holzteil, *S* Siebteil.

jedoch zwischen den Leitbündeln durch ein nachträglich aus dem Grundgewebe entstandenes Bildungsgewebe, das sog. Interfaszikular-Kambium. (Abb. 171 *cb*), zu einem geschlossenen Ring, welcher nach außen fortwährend neue Siebelemente, nach innen neue Holzelemente erzeugt und hierdurch das sekundäre Dickenwachstum der Stammorgane bewerkstelligt.

In welcher Weise aus einer Anzahl ursprünglich voneinander getrennter kollateraler Leitbündel bei fortschreitendem Wachstum ein Querschnittsbild von demjenigen Aussehen entsteht, wie es der Querschnitt durch einen beliebigen Dikotylenstengel, -stamm oder -zweig zeigt, läßt sich aus Abb. 172 ersehen. Die in der ersten Anlage vorhandenen Holzteile unterscheidet man als primäres Holz (Abb. 172 $h^1$) im Gegensatz zu dem durch die Wachstumstätigkeit des Kambiums entstandenen sekundären Holz ($h^2$). Die ursprünglich vorhandenen radial verlaufenden Verbindungen von Mark zur Rinde (*mk*) bleiben bestehen, dadurch, daß das Kambium an den betreffenden Stellen parenchymatische, meist radial etwas gestreckte Zellen hervorbringt; sie kennzeichnen sich als die primären (ursprünglichen) Markstrahlen dadurch, daß sie das Mark mit der äußeren Rinde wie im anfänglichen, so auch im späteren Stadium miteinander verbinden, also den gesamten Holzkörper und die innere Rinde durchsetzen ($mk^1$); (in Abb. 173 die dunklen Linien, welche von innen nach außen das Holz durchlaufen). Sekundäre Markstrahlen ($mk^2$) endigen innenseits im Holzteile, außenseits im Siebteile. Im Siebteile ist das Verhältnis natürlich insofern ein umgekehrtes, als dort die primären Elemente ($p^1$) außen, die sekundären ($p^2$) hingegen innen, also ebenfalls wie im Holzteile dem Kambium zunächst liegen.

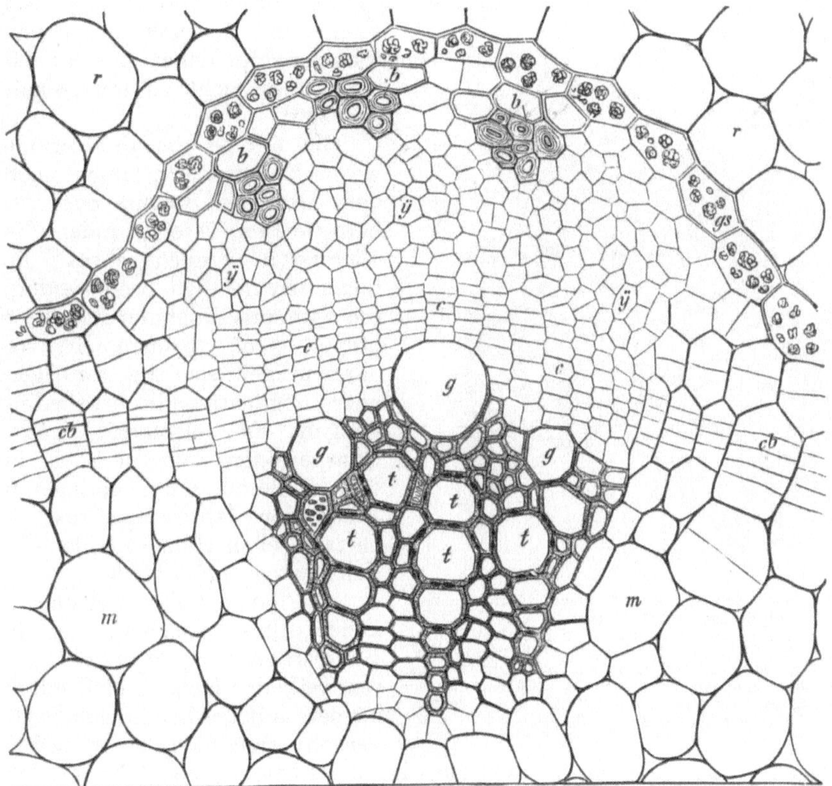

Abb. 171. Querschnitt durch das kollaterale, offene Leitbündel von Ricinus communis. *r* Rinde, *m* Mark, *c* Faszikularkambium, *cb* Interfaszikularkambium; innerhalb *c* der Holzteil, in diesem bezeichnet *t* enge Tüpfelgefäße, *g* weite Tüpfelgefäße; außerhalb des Kambiums liegt das Siebgewebe *y*; *b* Bastfaserbündel. — Das Leitbündel ist auf seiner Außenseite von einer Stärkescheide umgeben. — Stark vergrößert. (Nach Sachs.)

Es mag hier erwähnt sein, daß infolge der im Frühjahr bedeutenderen, im Sommer geringeren Leitungstätigkeit des Holzkörpers sich deutliche konzentrische Kreise in vielen Dikotylenstämmen unterscheiden lassen, von denen jeder eine Wachstumsperiode umfaßt (Abb. 173). Denn im Frühjahr, zur Zeit, wo die neuen Triebe sich entwickeln, werden tracheale Elemente von größerer Weite und geringerer Wandungsdicke im Holzteile ausgebildet, als im Spätsommer. So entsteht abwechselnd Frühjahrsholz mit vielen und weiten Gefäßen und Tracheïden, und Herbstholz mit vorwiegend solchen Hadrom-Elementen, welche der Festigung dienen und des-

halb eine geringere Weite ihres Lumens aufweisen. Aus der Anzahl der
Ringe, welche auf dem Querschnitt eines Baumstammes schon mit bloßem
Auge als solche erkennbar sind, kann man daher. leicht das Alter des
Stammes erkennen. Man nennt diese Ringe Jahresringe.

Solche Jahresringe findet man in der Regel nur in solchen Pflanzen,
die eine scharf ausgeprägte Vegetationsruhe (Winterruhe oder Trocken-
ruhe) durchmachen. Doch kann es selbst bei diesen vorkommen, daß
Früh- und Spätholz kaum ver-
schieden und daher die Jahresringe fast nicht zu unterscheiden sind.

Die Dicke der Jahresringe
wechselt sehr stark, einmal nach
dem Alter des Baumes oder der
betreffenden Zweige, indem die
allerersten ziemlich schmal, die
folgenden ziemlich breit werden,
um dann mit zunehmendem Alter
immer mehr abzunehmen; sodann prägen sich die günstigen
oder ungünstigen Lebensbedingungen der einzelnen Vegetationsperioden sehr deutlich in
der größeren oder geringeren
Dicke der Jahresringe aus. ——
In tropischen Hölzern fehlen die
Jahresringe meist völlig.

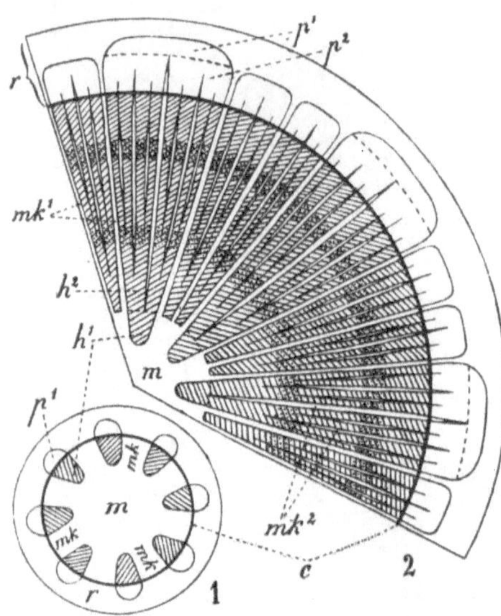

Abb. 172. 1 Schematischer Querschnitt durch einen
einjährigen Stengel mit acht Leitbündeln; 2 Teil des
schematischen Querschnittes durch denselben Stengel
nach dreijährigem Wachstum; *c* Kambiumring,
*m* Mark, *mk* Markverbindungen, $mk^1$ primäre und
$mk^2$ sekundäre Markstrahlen, $h^1$ primäres und $h^2$
sekundäres Holz (Xylem), $p^1$ primäre und $p^2$ sekundäre Rinde (Phloëm). (H. Potonié.)

In Pflanzenteilen, welche ein
hohes Alter erreichen, also in
Baumstämmen, pflegen die älteren Teile des Holz- und Rinden-
körpers mit der Zeit an dem Saftverkehr sich nicht mehr zu be-
teiligen. Man bezeichnet dann die älteren Holzteile, welche nur noch
der Festigung dienen und sich meist auch (gewöhnlich infolge Einlagerung harzartiger Stoffe) durch dunklere Färbung auszeichnen, als
Kernholz, zum Unterschiede von den jungen, leitungsfähigen Holz-
elementen, dem Splint.

In einem normal gebauten Stamm unterscheidet man dreierlei Haupt-
schnittebenen, von denen jede ganz besondere Eigenheiten zeigt:

1. Den Querschnitt, auch Hirnschnitt genannt, der rechtwinklig
zur Wachstumsrichtung liegt. Auf ihm zeigen sich die Markstrahlen als
radial verlaufende Streifen von größerer oder geringerer Breite, die die
meist konzentrischen Jahresringe rechtwinklig durchsetzen;

2. den radialen Längsschnitt, der in der Längsrichtung des
Stammes verläuft und die Mitte des Marks trifft; auf ihm treten die Markstrahlen als mehr oder minder breite, in der Schnittebene liegende Par-
enchymbinden auf;

3. den tangentialen Längsschnitt, der rechtwinklig zum vorigen und parallel zur Längsachse, aber als Tangente zu den Jahresringen oder Zuwachszonen geführt ist und die Markstrahlen so trifft, daß sie als eiförmige oder zweispitzige Gebilde auf ihm erscheinen.

Um ein vollständiges Bild vom Aufbau eines Holzkörpers zu gewinnen, sind stets die drei genannten Schnitte nötig (vgl. Abb. 174).

Normalerweise sind die Jahresringe ringsum gleich stark, so daß das Dickenwachstum konzentrisch ist. Nicht selten tritt aber an Stämmen und fast regelmäßig an schräg aufwärts oder waagerecht wachsenden

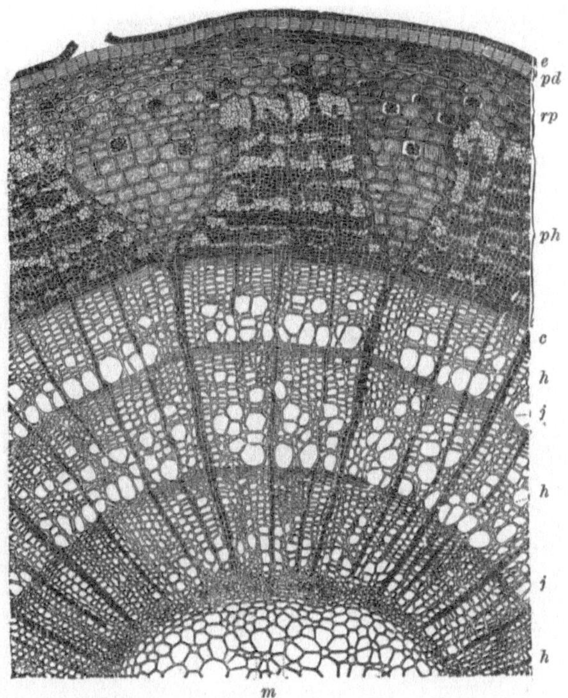

Abb. 173. Teil des Querschnittes durch einen dreijährigen Lindenzweig. *e* Epidermis, *pd* Periderm, *rp* primäre Rinde, *ph* sekundäre Rinde (Phloëm), *c* Kambium, *h* Holzkörper, *j* Grenze der Jahresringe, *m* Mark. Schwach vergrößert. (Nach Kny.)

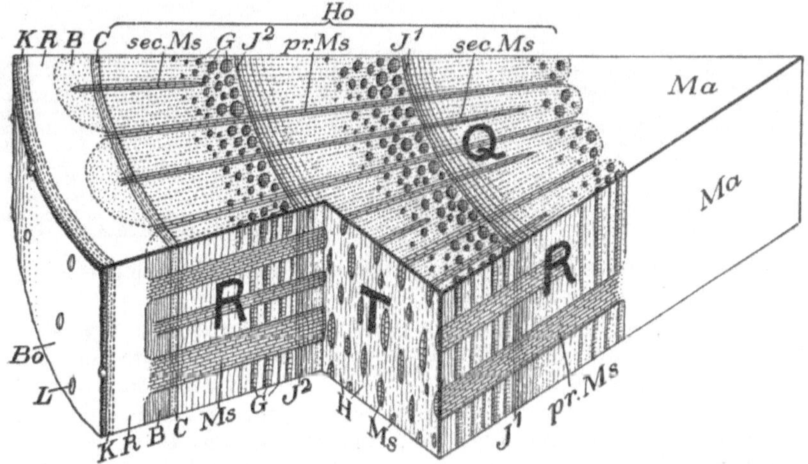

Abb. 174. Stammstück eines dreijährigen Zweiges einer Dikotyledonee, das die drei Schnittebenen (Q Querschnitt, R Radialschnitt, T Tangentialschnitt) zur Darstellung bringt. *Bo* Korkaußenschicht mit Lentizellen (*L*), *K* Korkgewebe, *R* primäre Rinde, *B* Leptom (= sekundäre Rinde, Bast), *C* Kambiumring, *Ho* Holzkörper, *H* Holzfasern, *G* Gefäße, *J¹* erster, *J²* zweiter Jahresring, *Ms* Markstrahlen (*sec. Ms* = sekundäre Markstrahlen, *pr. Ms* = primäre Markstrahlen), *Ma Mark*.

Gilg-Schürhoff, Botanik. 7. Aufl.         8

Zweigen eine einseitige Förderung, also ein exzentrisches Wachstum auf. Nimmt die Oberseite stärker zu, so spricht man von Epinastie, wird dagegen die Unterseite kräftiger ausgebildet, von Hyponastie.

Für gewisse Pflanzenfamilien und besonders für holzige Lianen ist eine mehr oder minder tiefgehende Zerklüftung des Holzkörpers charakteristisch, die entweder dadurch hervorgerufen werden kann, daß an ·gewissen Stellen die Tätigkeit des Kambiums erlischt oder von ihm nur einseitig Rindenelemente gebildet werden, oder daß innerhalb der sekundären Rinde eine Neubildung von Kambium auftritt, das in seiner weiteren

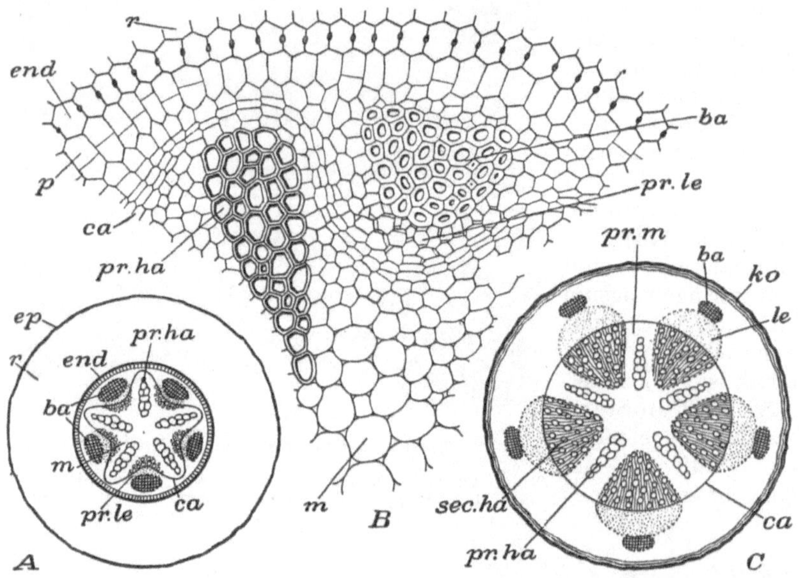

Abb. 175. Dickenwachstum der Wurzel. A junge Wurzel im Querschnitt, in der das Kambium schon kurze Zeit tätig war (schwach vergrößert), *ep* Epidermis, *r* Rinde, *end* Endodermis mit Casparyschen Streifen, *ca* Kambium (innerhalb der Einbuchtungen des Kambiums, unterhalb der Bastfaserbündel und des primären Leptoms, erkennt man schon die neugebildeten Gruppen von sekundärem Hadrom, Gefäße), *pr. ha* primäres Hadrom, *pr. le* primäres Leptom, *ba* Bastfaserbündel, *m* Mark. B Teil dieser Wurzel stärker vergrößert, das Kambium eben in der Bildung begriffen, *r* Rinde, *end* Endodermis, *p* Perikambium (vereinzelte tangentiale Teilungswände aufweisend), *ba* Bastfaserbündel, *ca* das sich eben bildende zwischen Leptom und Hadrom geschlängelt verlaufende Kambium, *pr. ha* primäres Hadrom, *pr. le* primäres Leptom, *m* Mark. C etwas ältere Wurzel im Querschnitt, das Kambium schon einen regelmäßigen Ring bildend. *ko* Kork, *ba* Bastfaserbündel, *ca* Kambium, *pr. ha* primäres Hadrom, *pr. m* primäre Markstrahlen, *sec. ha* sekundäres Hadrom, *le* sekundäres Leptom.

Entwicklung neue, von dem ursprünglichen durch Rindengewebe getrennte Holzkörper hervorbringt.

So kommt es z. B. bisweilen vor, daß in einem konzentrisch gebauten Stamm das Kambium nur kurze Zeit tätig ist und in der Rinde immer von neuem Kambialzonen auftreten (Phytolacca); der Stamm besteht dann zuletzt aus zahlreichen konzentrischen, wechselnden Holzteilen und Siebteilen.

Anders als bei den Stammorganen vollzieht sich das Dickenwachstum bei den Wurzelorganen, also beim Vorhandensein radialer Leitbündel (Abb. 175, 170 B). Hier verläuft das Kambium in radial gestellten Linien zwischen den Holzteilen und Siebteilen des Leitbündels (in der Abb. 170 B die drei punktierten Linien zwischen H und S). Ferner ent-

stehen an den Innenseiten der Siebteile durch Teilung des dort befindlichen Grundgewebes neue Kambiumstreifen, welche nach innen Holzelemente, nach außen Siebelemente bilden. Ihre Ränder treffen zuletzt
vor den Holzteilen zusammen und bilden dann einen ununterbrochenen
Kambiumring, dessen anfänglich buchtig verlaufende Linie sich durch
seine Tätigkeit bald zu einem ringförmigen Verlauf wie bei kollateralen
Leitbündeln ausgleicht, so daß stark in die Dicke gewachsene Wurzeln von
Stammteilen nur dann zu unterschei-
den sind, wenn noch im Zentrum die
primären Holzteile vorhanden sind.

Häufig ist die Oberseite der horizontal verlaufenden Seitenwurzeln
viel stärker ausgebildet als die Unterseite; ganz besonders tritt dies hervor
bei den Bretterwurzeln tropischer
Bäume (Ficus-Arten u. a.).

Bei den Monokotylen finden wir
gewöhnlich kein Dickenwachstum, obwohl wir auch hier dicken Stämmen
begegnen. In solchen Fällen wachsen
die Stämme mit einem mächtigen
Sproßscheitel, so daß ihr Gewebe sofort eine außerordentliche Dicke erreicht; auch können die Grundgewebe-
zellen nachträglich noch ein gewisses
Wachstum zeigen.

Eine Anzahl Monokotyledonen,
und zwar solche, die ein verzweigtes
Sproßsystem besitzen (Aloë, Dracaena, Yucca), zeigen jedoch ein
regelmäßiges Dickenwachstum durch
Anlage eines peripheren Meristems,
welches nach innen neues Grundgewebe liefert, in welchen sich neue
Leitbündel differenzieren, und nach
außen nur eine unbedeutende sekundäre Rinde bildet (Abb. 176).

Ganz unregelmäßiges Dicken-

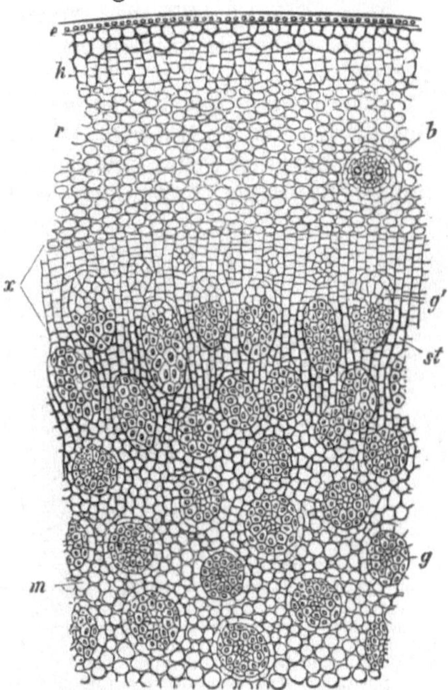

Abb. 176. Stück des Querschnitts eines etwa
13 mm dicken, 1 m hohen Stämmchens
einer Dracaena (schwach vergrößert). *e* Epidermis, *k* Periderm, *r* primäre Rinde, *b* ein
durch diese austretender Blattspurstrang,
*g* primäre Bündel des Stammes zwischen
Parenchym *m*, *x* Jungzuwachs-, Kambium-
ähnliche Zone mit Initialsträngen; weiter
nach innen fertiges Holz, *g′* sekundäre
konzentrische Leitbündel, *st* markstrahl-
ähnliche Parenchymstreifen. (De Bary.)

wachstum finden wir bei sehr vielen Lianen, bei denen meist der
Holzkörper in einzelne Stränge aufgelöst wird, wodurch eine größere
Biegsamkeit zustande kommt. In anderen Fällen kann sich sogar nach
Einstellung der Tätigkeit des primären Kambiums ein neuer Kambiumring in der Rinde ausbilden und sich dieser Vorgang häufig wiederholen; in dieser Weise geht z. B. das Dickenwachstum der Zuckerrübe
vor sich. Wenn das Kambium nicht gleichmäßig arbeitet und z. B. statt
Holzelemente Parenchymzellen anlegt, kommen unregelmäßige Holzkörper zustande (gekielte Wurzeln, z. B. bei Senega), die wahrscheinlich
die Bedeutung haben, die Wurzeln in das Erdreich hineinzuziehen.

# Physiologie der Bewegungen.

Während man früher annahm, ein Hauptunterschied zwischen Pflanzen- und Tierreich sei, daß die Pflanzen im Gegensatz zum Tier keine Bewegungen vornehmen könnten, haben spätere Beobachtungen zu der Erkenntnis geführt, daß auch die Pflanzen sehr verschiedenartige Bewegungen ausführen können.

Man unterscheidet zwei Arten von Bewegungen, die Ortsveränderungen einerseits, Krümmungsbewegungen einzelner Organe andererseits.

Alle selbständigen Bewegungen der Pflanze beruhen auf einer Reaktion, die durch einen bestimmten Reiz ausgelöst wird.

Alle lebenden Organismen sind reizbar, d. h. sie sind gegen bestimmte äußere Einflüsse empfindlich und antworten auf diese in bestimmter Weise. Die Reizaufnahme erfolgt durch den Protoplasten. Während bei einzelligen Organismen natürlich der Protoplast die verschiedensten Reize aufnimmt, tritt bei höheren Pflanzen insofern eine Arbeitsteilung ein, als gewisse Organe für die Reizaufnahme besonders ausgestattet werden.

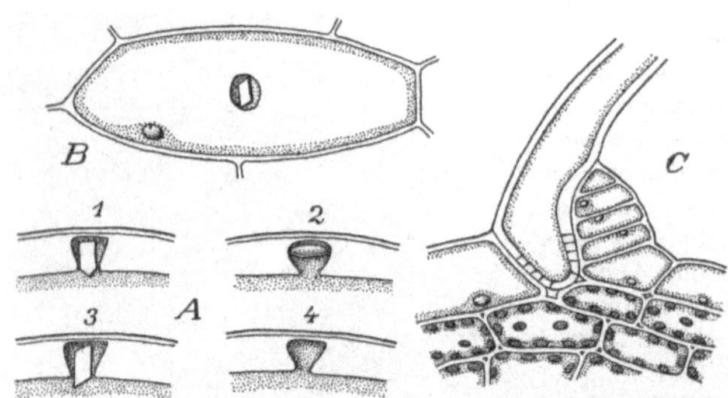

Abb. 177. Fühltüpfel und Fühlborste. A Fühltüpfel in den Epidermisaußenwänden der Ranken von Cucurbita melopepo. B Oberflächenansicht einer Epidermiszelle der Ranke von Cucurbita pepo, in der Mitte der Fühltüpfel. C Medianer Längsschnitt durch ein Fühlhaar der Blattspindel von Biophytum sensitivum; von der Haarzelle ist nur der unterste Teil dargestellt. (Nach Haberlandt.)

Als Sinnesorgane für die Aufnahme **mechanischer Reize** (Stoß, Reibung, Berührung) finden wir Einrichtungen, die eine unmittelbare Einwirkung des Reizes auf den Protoplasten begünstigen und unterscheiden daher Fühltüpfel, Fühlpapillen, Fühlhaare und Fühlborsten (Abb. 177).

Fühltüpfel sind tüpfelartige unverdickte Stellen der Membran, die sich z. B. bei den Ranken der Kukurbitazeen finden. Zwar ist die Epidermis der Ranken im allgemeinen bereits ein Sinnesorgan, welches Berührungsreize aufnimmt, die Ausbildung der Fühltüpfel stellt jedoch eine besondere Anpassung dar. Als Reiz wirkt nur die Berührung mit einem festen Körper mit rauher Oberfläche, nicht aber z. B. der Anprall von Wassertropfen. Ferner finden wir Fühltüpfel an den Drüsenzotten (Tentakel) der fleischfressenden Droserazeen (Abb. 178).

Fühlpapillen stellen papillös vorspringende Teile der Epidermis dar und zeigen eine besonders hohe Empfindlichkeit gegen Berührungsreize, sie kommen allein an reizbaren Staubfäden und einigen Ranken vor.

Fühlhaare und Fühlborsten sind eigentlich nicht typische Sinnesorgane, da sie den Reiz nicht „empfinden", sondern ihn nur an einen reizempfindlichen Protoplasten rein mechanisch weitergeben; meistens wirken sie als Hebel, wodurch der Reiz auf den empfindlichen Protoplasten wesentlich verstärkt wird. In manchen Fällen besitzen die Fühlhaare bzw. -borsten ein reizbares Gelenk, d. h. im unteren Teile der Fühlhaare befindet sich eine große, protoplasmareiche Zelle, deren Protoplast durch Zusammenklappen des Gelenkes eine vorübergehende Deformation, die die Sinnesempfindung auslöst, erleidet.

Als Sinnesorgane für den **Schwerkraftreiz** werden Einrichtungen angesehen, die auf einer verschiedenen Empfindlichkeit der horizontalen und vertikalen Hautschichten des Protoplasten bestimmter Zellen gegen den Druck der in diesen Zellen befindlichen Stärkekörner beruhen. Derartige Organe sind z. B. im Tierreich vielfach verbreitet und dienen als Gleichgewichtsorgane, „Statolithen". Bei den Pflanzen finden sich solche Organe, aus zahlreichen Zellen bestehend, in der Wurzel — meistens der Wurzelhaube —, den Stengeln — hier als „Stärkescheide" ausgebildet — und besonders an den geotropisch reizbaren Gelenkknoten der Gräser (s. auch Abb. 122).

Eine besondere Ausbildung zeigen die **Lichtsinnesorgane** der Pflanzen. Sie bestehen im Prinzip darin, daß eine Oberflächenzelle als konvexe Linse ausgebildet ist und infolgedessen auf die Hautschicht der Protoplasten eine konzentrierte Lichtwirkung ausübt. Während nun die untere, horizontale Hautschicht dem Lichtreiz gegenüber unempfindlich ist, sind die seitlichen Hautschichten stark empfindlich und geben den Lichtreiz weiter. Die Konstruktion der Sammellinse wird erreicht entweder durch eine papillöse Epidermis oder bei glatter Epidermis durch eine gebogene Innenwandung der Epidermiszelle oder durch lokale Lichtsinnesorgane, meist zu linsenförmigen Zellen umgewandelte Haare. Letz-

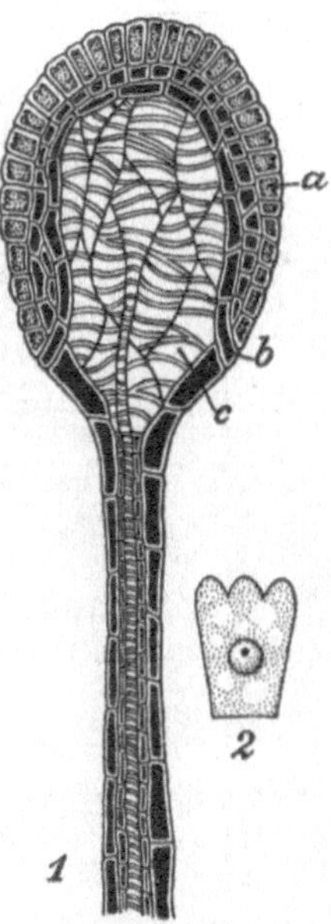

Abb. 178. Tentakel von Drosera anglica. 1 ein ganzes Tentakel. 2 Protoplast einer Randzelle mit Fühltüpfeln.

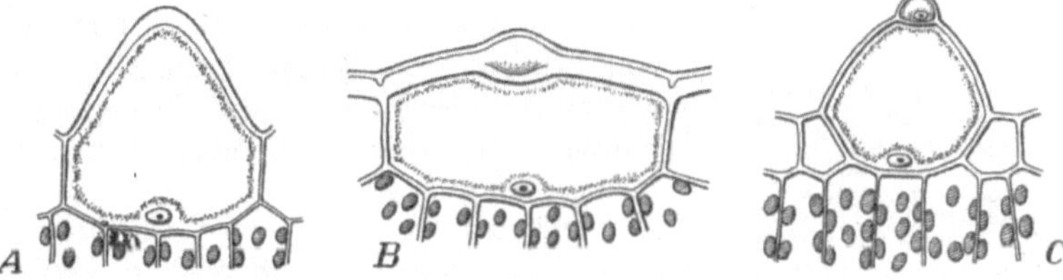

Abb. 170. Lichtsinnesorgane der Laubblätter. A Epidermiszelle von Anthurium. B desgleichen von Campanula persicifolia. C desgleichen von Fittonia Verschaffeltii. (Nach Haberlandt.)

tere Organe haben eine gewisse Ähnlichkeit mit einem Auge und werden daher als „Ozellen" bezeichnet (Abb. 179).

Als ganz spezifisches Lichtsinnesorgan ist der bei zahlreichen Flagellaten, Peridineen und bei den Schwärmsporen der meisten Algen auftretende „Augenfleck" anzusehen, der wahrscheinlich den lichtempfindlichen Protoplasten vor allseitiger Beleuchtung zu schützen hat.

Zwischen der Reizaufnahme und Reizreaktion liegt als Zwischenglied die Reizleitung. Diese kann auf eine einzige Zelle beschränkt sein, wenn Reizaufnahme und Reizreaktion in derselben Zelle erfolgen; sie kann andererseits sich über längere Strecken fortpflanzen, wenn Reizaufnahme und Reizreaktion in räumlich getrennten Organen stattfinden. Im ersteren Falle kann man von intrazellulärer, im zweiten von interzellulärer Reizleitung sprechen. Die Leitung erfolgt in letzterem Falle durch die Plasmaverbindungen der einzelnen Protoplasten.

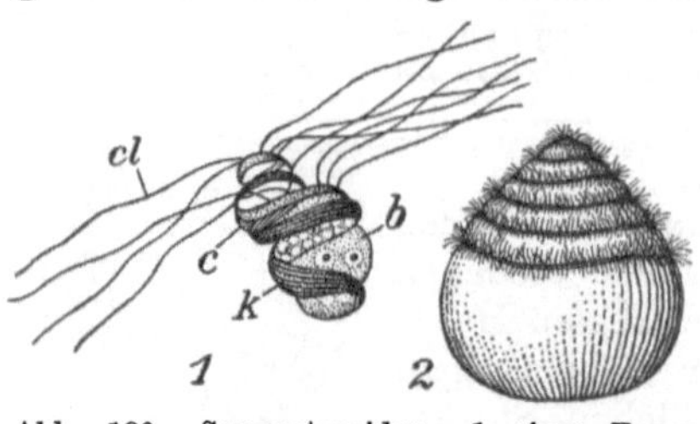

Abb. 180. Spermatozoiden. 1 eines Farns (Struthiopteris germanica); *k* Zellkern, *cl* Geißeln, *b* Blase, aus einer Vakuole hervorgegangen, *c* Zytoplasma. (Nach Shaw.) 2 einer Gymnosperme (Zamia floridana). (Nach Webber.)

Bei Mimosa pudica findet die Reizleitung in einem besonderen reizleitenden Gewebesystem statt. Die reizleitenden Elemente bestehen aus langen, schlauchartigen, in Längsreihen liegenden Zellen des Siebteils.

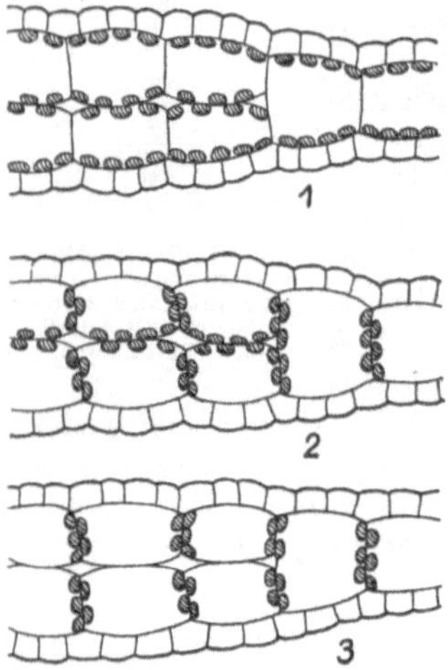

**Ortsbewegungen, Taxien.** Aktive Ortsveränderungen können im Pflanzenreiche auf verschiedene Weise vorgenommen werden. Bei den Schleimpilzen finden wir die amöboide Bewegung, die darin besteht, daß der nackte Protoplast nach einer bestimmten Richtung Fortsätze aussendet und später die Hauptmasse nach sich zieht. Ein anderer Bewegungsmechanismus ist die Geißelbewegung; hier bewegt sich das Individuum (Bakterien, Flagellaten, Schwärmer von Algen, Spermatozoiden der Moose, Farne und einiger Gymnospermen [Abb. 180]) mit Hilfe von protoplasmatischen, fadenartigen Gebilden in schraubenartiger Bewegung im Wasser; bei den Diatomeen finden wir als besonderen Typus eine Gleitbewegung, die durch einen in der Raphe der Diatomeenschale zirkulierenden Wasser- oder vielleicht Protoplasmastrom hervorgerufen wird.

Abb. 181. Phototaxis, Chloroplastenverlagerung bei Lemna trisulca. 1 im Licht mittlerer Intensität, alle Chromatophoren an den Längswänden dem Licht ausgesetzt. 2 verdunkelt, Chromatophoren sowohl an den Längs- als auch an den Querwänden. 3 besonnt, Chromatophoren nur an den Querwänden, wo sie den Sonnenstrahlen am wenigsten ausgesetzt sind. (Nach Stahl.)

Endlich ist noch darauf hinzuweisen, daß die Zirkulation und Rotation im Protoplasma (s. S. 48) ebenfalls eine Ortsveränderung darstellt. Ob die Ortsveränderungen des Zellkerns und der Chloroplasten zu den aktiven oder passiven Bewegungen gehören, ist noch nicht sichergestellt.

Die Ortsbewegungen sind, ebenso wie die Reizaufnahme, von einem Minimum günstiger Faktoren
(Wärme usw.) abhängig, da im anderen Falle Starre-
zustände auftreten.

Die ortsverändernden aktiven Bewegungen bezeichnet man je nach der Reaktion auf den auslösenden Reiz als Taxien und unterscheidet z. B.
Phototaxis, Chemotaxis usw. Die Reaktion
kann im positiven und negativen Sinne verlaufen,
was häufig von der Konzentration des Reizes abhängig ist. Phototaktische Bewegungen führen
z. B. die Algen aus, indem sie sich in einem
einseitig belichteten Glasgefäß an der Lichtseite
sammeln. Auch die Einstellung der Chloroplasten zur
günstigsten Lichtwirkung ist auf Phototaxis zurückzuführen (Abb. 181).

Beispiele für Chemotaxis bieten uns z. B. die Bakterien (Abb. 182); auf Zuckerlösungen, Fleischextrakt
usw. antworten sie in positivem Sinne, während sie auf
Säuren negativ chemotaktisch reagieren. Die Spermato-

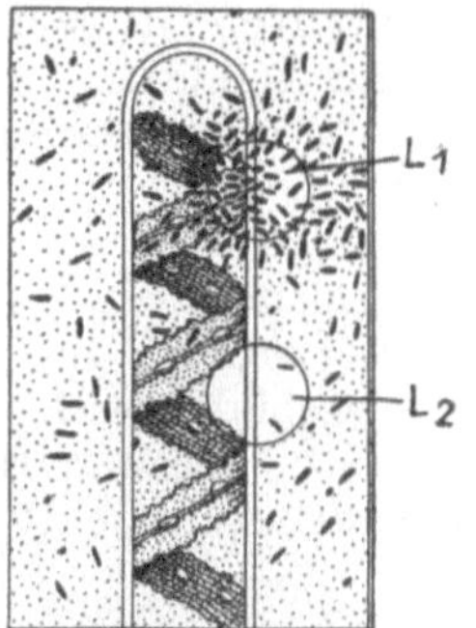


Abb. 182. Aërotaxis.
Spirogyrazelle; an zwei
kreisförmigen Stellen
($L_1$ und $L_2$) beleuchtet.
Bakterienansammlung
nur, wo der belichtete
Flecken das Chloro-
phyllband getroffen hat
und nun unter dem
Einfluß der Assimila-
tion Sauerstoff aus-
geschieden wird.

zoiden der Farne regieren positiv auf äpfelsaure Salze, die der Laubmoose
auf Rohrzucker. Zur Anlockung der Farnspermatozoiden aus reinem Wasser
genügt z. B. schon eine 0,001 proz. Lösung von Äpfel-
säure (Reizschwelle!); will man jedoch Farnspermatozoiden aus einer beliebigen, schwachen Äpfelsäure-
lösung in Kapillaren einfangen, so muß die Lösung
in der Kapillare stets dreißigmal so konzentriert sein
(Webersches Gesetz).

**Krümmungsbewegungen.** Die Krümmungsbewegungen betreffen nur einzelne Organe und werden
verursacht durch Wachstumserscheinungen, Turgor-
änderungen sowie durch hygroskopische oder Quellungsmechanismen.

Die hygroskopischen Bewegungsmechanis-
men sind solche Einrichtungen, die bei Aufnahme
oder Abgabe von Wasser in die Zellmembranen
zweckentsprechende Bewegungen ausführen, z. B. die
Peristomzähnchen der Moose, die Öffnungsmechanis-
men der Kapselfrüchte, die Grannen mancher Gramineen,
die stielartigen Fortsätze der Storchschnabelfrüchte
(z. B. bei Erodium, Abb. 183). Kohäsionsmechanismen nennt man solche Konstruktionen, bei denen die
Bewegung durch Verdunstung des in den Zellen befindlichen Wassers und die gleichzeitig auftretenden
mechanischen Spannungen hervorgerufen wird, z. B.

Abb. 183. Früchtchen
von Erodium gruinum.
1 trocken, aufgerollt;
2 feucht, gestreckt.

in den Sporangien beim Ausschleudern der Sporen
der Farne, bei den Elateren der Lebermooskapseln und bei der
Öffnung der Antheren; im letzteren Falle dürfte es sich wohl um

eine Kombination von Kohäsionsmechanismen mit Quellungsmechanismen handeln.

Turgorbewegungen sind solche, die auf der plötzlichen Ausgleichung von Gewebe- und Turgorspannung beruhen. Es gehören hierher die zahlreichen Öffnungs- und Schleuderbewegungen, die an Blüten zum Ausschleudern des Pollens durch schnellende Bewegung der Staubblätter und an Früchten zur Entleerung der Samen (Spritzgurke, Impatiens) ausgebildet sind.

Die meisten Krümmungsbewegungen sind jedoch auf einseitig gefördertes Wachstum zurückzuführen.

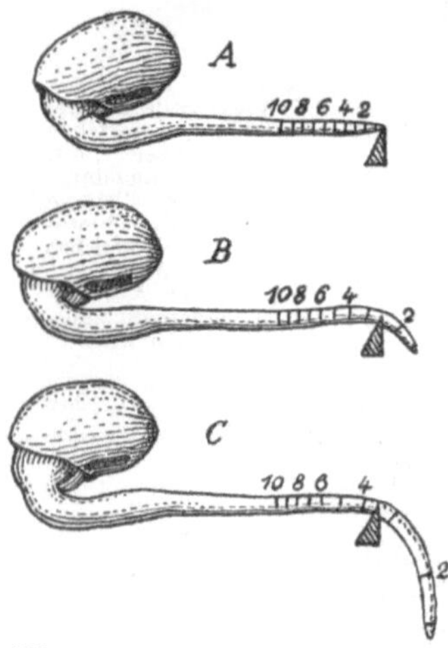

Abb. 184. Geotropismus. Keimende Lupinen in horizontaler Lage, A zu Beginn des Versuches. B nach drei, C nach acht Stunden. (Nach Pfeffer.)

Die Krümmungsbewegungen kann man einteilen in autonome, auf inneren Faktoren beruhende, und in induzierte, auf durch äußere Reize bedingte.

Autonome Wachstumsbewegungen, Nutationen. Zu den autonomen Krümmungsbewegungen, die teils ganz unregelmäßig, teils pendelnd, teils kreisend verlaufen können und die als Nutationen bezeichnet werden, rechnet man vor allem die kreisenden Nutationen der Schlingpflanzen, die hierdurch einen Stützpunkt suchen.

Induzierte Wachstumsbewegungen, Tropismen. Zu den induzierten oder Reizbewegungen gehören alle die Wachstumskrümmungen, die auf einen Reiz entweder dadurch reagieren, daß das betreffende Organ in eine bestimmte Richtung zum Reiz gebracht wird (Tropismen), oder aber keine bestimmte Reizrichtung annehmen, so daß die Richtung der Krümmung allein durch das Organ bestimmt wird.

Bei den Tropismen unterscheiden wir orthotrope Organe, bei denen sich das Organ in die Reizrichtung stellt, und plagiotrope Organe, bei denen sich das Organ quer zur Richtung des auslösenden Reizes stellt. Als hauptsächlichste Tropismen sind der Geotropismus und der Phototropismus zu nennen; ferner kommen noch in Betracht der Chemotropismus, Haptotropismus und endlich der Autotropismus.

Der Geotropismus ist die Eigenschaft der Pflanze auf den Schwerkraftreiz entweder orthotrop (positiv oder negativ) oder plagiotrop zu reagieren. Die Schwerkraft kann durch die Zentrifugalkraft ersetzt werden. Negativ geotropisch sind alle aufrecht wachsenden Pflanzenteile, also z. B. Stengel. Werden sie in eine von der Reizrichtung abweichende Richtung gebracht, so stellen sie sich durch entsprechendes einseitiges Wachstum wieder negativ orthotrop ein. Besonders auffallend ist diese Wachstumskrümmung bei Pflanzen mit Gelenkknoten; bei diesen findet nur in den Knoten, obwohl das Wachstum hier bereits zum Stillstand gekommen war, eine einseitige Wachstumskrümmung statt. Positiv geotropisch sind die Hauptwurzeln; bringt man Keimwurzeln in die Querlage, so krümmen sie sich bald, so daß sie die positiv geotropische Richtung einschlagen. Der Ort der geotropischen Krümmung fällt hierbei mit der Hauptwachstumszone zusammen (Abb. 184). Zu den plagiotrop-geotropischen Organen gehören die Wurzelstöcke und Ausläufer.

Unter Phototropismus versteht man die Eigenschaft der Pflanze, ihre Organe zur Richtung des Lichtes zu orientieren. Bemerkenswert ist, daß gerade die blauen und violetten Strahlen am kräftigsten phototropisch wirken, während ja bei der Assimilation die roten Strahlen am wirksamsten sind. Im allgemeinen sind die Sprosse positiv, die Wurzeln (ausgenommen die Atemwurzeln der Mangrovepflanzen) negativ phototropisch, die Blattspreiten sind plagiophototropisch. Hervorzuheben ist noch, daß auch manche Pilze positiv phototropisch sind (Abb. 185).

Interessante Versuche lassen sich mit der Spitze des ersten Keimblattes (der Koleoptile) der Gräser anstellen. Nur diese Spitze ist phototropisch reizbar, die Reizreaktion erfolgt im Hypokotyl. Wird nach kurzer einseitiger Belichtung die oberste Kuppe der Koleoptile abgeschnitten, so erfolgt nur eine sehr geringe Krümmung; wird diese Kuppe aber sofort wieder aufgesetzt, so findet eine fast normale phototropische Krümmung des Hypokotyls statt, als ob der Zusammenhang der lebenden Zellen nicht unterbrochen wäre. Dies beweist, daß die Reizleitung in diesen Fällen auf der Bildung tropisch wirkender Reizstoffe beruht.

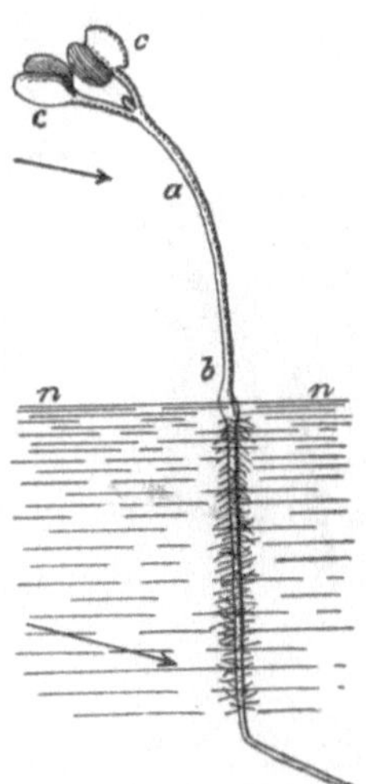

Abb. 185. Positiver und negativer Phototropismus. Keimpflanze von Sinapis albea in Nährlösung (n) kultiviert mit positiv heliotropischem Sproß und negativ heliotropischer Wurzel. Die Pfeile zeigten die Richtung der Lichtstrahlen an. (Nach Sachs.)

Chemotropismus äußert sich entweder in positivem Sinne, indem z. B. Pollenschläuche oder Pilzhyphen der Konzentration entgegenwachsen, oder aber negativ dadurch, daß sich das Wachstum von den schädlichen Stoffen abwendet.

Unter Haptotropismus oder Kontaktreizbarkeit versteht man die Fähigkeit der Ranken, sich um eine Stütze fest anzulegen. Durch die autonomen Nutationen erfolgt die erste Berührung und dann vermitteln die Fühltüpfel den Kontaktreiz. Es erfolgt durch intensives Wachstum der abgewandten Flanke eine kräftige Umschlingung der Stütze.

Endlich ist noch der Autotropismus zu erwähnen; man versteht hierunter die Streckung des betreffenden Organs nach Aufhören des Reizes.

**Nastische Bewegungen.** Während die tropistischen und taktischen Bewegungen in bestimmter Beziehung zur Richtung des auslösenden Reizes stehen, bezeichnet man Bewegungen, die auf Grund eines Reizes erfolgen, ohne daß jedoch die Reizrichtung von maßgebendem Einfluß ist, als nastische Bewegungen.

Unter den nastischen Bewegungen ist in erster Linie die Stoßreizbarkeit bei Mimosa pudica (Abb. 186) sowie die Reaktion mancher Staubgefäße auf Berührungsreiz (Sparmannia, Berberis usw.) zu nennen. Als Chemonastie bezeichnen wir das Zusammenneigen der Tentakel von Dro-

Abb. 186. Mimosa pudica. Die beiden unteren Blätter sind durch einen Stoß gereizt und haben infolgedessen ihre Fiederblättchen nach oben zusammengeschlagen; die Blattstiele sind in ihren Gelenken nach unten geklappt.

sera, wenn man die Blätter mit Insekten, Fleisch, Käse usw. füttert. Reizbar ist nur das Köpfchen, die Bewegung wird durch rasches Wachstum der Basis der Tentakel ausgeführt.

Endlich gehören noch hierher die Schlafbewegungen von Leguminosen, Impatiens u. a. (nyktinastische Bewegungen). Gewöhnlich heben sich die Blätter am Tage und senken sich bei Nacht. Das gleiche findet sich bei manchen Blüten, z. B. schließen sich die Blüten der Seerose und die Blütenköpfchen der Kompositen bei Nacht und öffnen sich bei Tage, während sich die Blüten einiger Melandriumarten umgekehrt verhalten. In manchen Fällen sind die nyktinastischen Bewegungen vor allem durch den Temperaturwechsel bedingt, so schließen sich z. B. Tulpe und Krokus bei Kälte und öffnen sich in der Wärme.

# Fortpflanzung und Vererbung.

Aus jeder lebenden Zelle einer Pflanze kann sich eine neue Pflanze der gleichen Art entwickeln, falls die letzte Kernteilung eine Mitose war; die vielkernigen Internodialzellen der Charazeen z. B. sind nicht entwicklungsfähig, da ihre Kerne durch amitotische Teilung entstanden sind. Es können daher aus Pilzsporen, Stecklingen, Zwiebeln, Kartoffeln, Blättern (z. B. bei Begonia!) neue Pflanzen sich entwickeln. Diese auf ungeschlechtlichem Wege entstandenen einzelnen Individuen stellen also mit dem Pflanzenindividuum, von dem sie abgetrennt sind, Geschwister dar, da sie mit diesem die gleichen Eltern haben. Sie bilden also miteinander die engste Verwandtschaft. Man bezeichnet daher die sämtlichen Geschwister als einen Klon (clone [englisch] = Verwandtschaft). So bilden z. B. sämtliche Individuen des Safrans einen Klon, da der Safran seit vielen hundert Jahren nur durch Zwiebeln vermehrt wird. Zu nahe Verwandtschaft bedingt oft Unfruchtbarkeit; auch dies ist beim Safran festzustellen, denn eine Befruchtung findet überhaupt nicht mehr statt, obwohl die Geschlechtsorgane normal ausgebildet werden.

Bei der normalen Kernteilung entsprechen, wie bereits ausgeführt, die Tochterkerne hinsichtlich ihres Vererbungsgutes dem Mutterkern. Tritt daher bei einer Pflanze eine bestimmte Veränderung auf, die in den Chromosomen verankert ist, was wir als Mutation bezeichnen, so können wir diese Veränderung durch vegetative Vermehrung festhalten, und wir benutzen daher absichtlich diese Art der Vermehrung, wenn es gilt, solche Mutationen zu erhalten. Es sei erinnert an unsere Obstsorten, Kartoffeln und Zierpflanzen mit besonderem Wuchs oder eigenartiger Blütenausbildung.

Die ungeschlechtliche Vermehrung kann also durch Stecklinge erfolgen, die selbständig zu neuen Pflanzen heranwachsen. In vielen Fällen wendet man jedoch in der Praxis das Verfahren an, die Stecklinge (Reiser) auf eine Unterlage zu pfropfen (Abb. 187). Wenn man nun z. B. auf eine Quitte als Unterlage ein Birnreis pfropft, so nimmt dieses in der Beschaffenheit seiner Blätter, Blüten und Früchte keine Merkmale der Quitte an, wenn auch in Ernährung und Wachstum gegenseitige Beeinflussungen erfolgen.

Allerdings glaubte man lange Zeit, daß es möglich sei, auf dem Wege der Pfropfung Bastarde herzustellen, für die Darwin den Namen Pfropfhybriden aufstellte. In den botanischen Gärten findet man z. B. den Cytisus Adami, der durch den Gärtner Adam hergestellt war, indem ein Stück Rinde des Cytisus purpureus auf den Stamm von Laburnum vulgare geimpft war. Nach einiger Zeit entwickelte sich an der Verwachsungsstelle ein Zweig, der die Mischcharaktere der beiden in Verbindung gebrachten Pflanzen zeigte. In

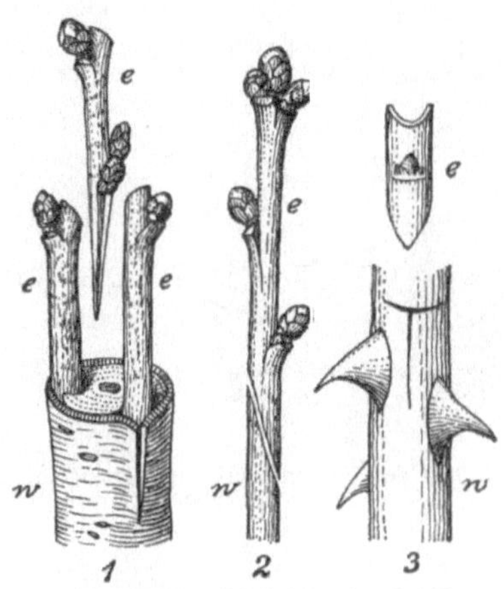



Abb. 187. Verschiedene Arten der Veredelung. 1 Pfropfen. 2 Kopulieren. 3 Okulieren. w Wildling, e Edelreis. (Nach Noll.)

ähnlicher Weise kannte man einen Crataegomespilus, den man für einen Pfropfbastard zwischen Weißdorn (Crataegus) und Mispel (Mespilus) hielt.

Aufgeklärt wurde dies eigenartige Verhalten durch die Versuche Winklers, der durch Pfropfungen zwischen dem Nachtschatten (Solanum nigrum) und der Tomate (Solanum lycopersicum), an der Verwachsungsstelle von Pfropfreis und Unterlage Knospen erhielt, aus denen Stecklinge gezogen wurden, die in der einen Seitenhälfte die Kennzeichen des Nachtschattens und in der anderen die der Tomate besaßen. Man bezeichnet solche Pflanzen, die aus zweien zusammengesetzt sind, als **Chimären** (unter Chimäre versteht man in der griechischen Sage ein Doppelwesen aus Löwe und Drache). Außer solchen aus verschiedenen Längshälften zusammengesetzten Pflanzen (= Sektorialchimären [Abb. 189]), wurden auch solche gezüchtet, bei denen die Innenschichten von der einen Art, die Außenschichten von der anderen stammen (= Periklinalchimären [Abb. 188 u. 190]).

Die geschlechtliche Fortpflanzung ist dadurch gekennzeichnet, daß zwei Zellen und vor allem ihre Kerne miteinander verschmelzen. Das Produkt der Befruchtung, die Zygote, enthält daher in ihrem Kern die Summe der Chromosomen

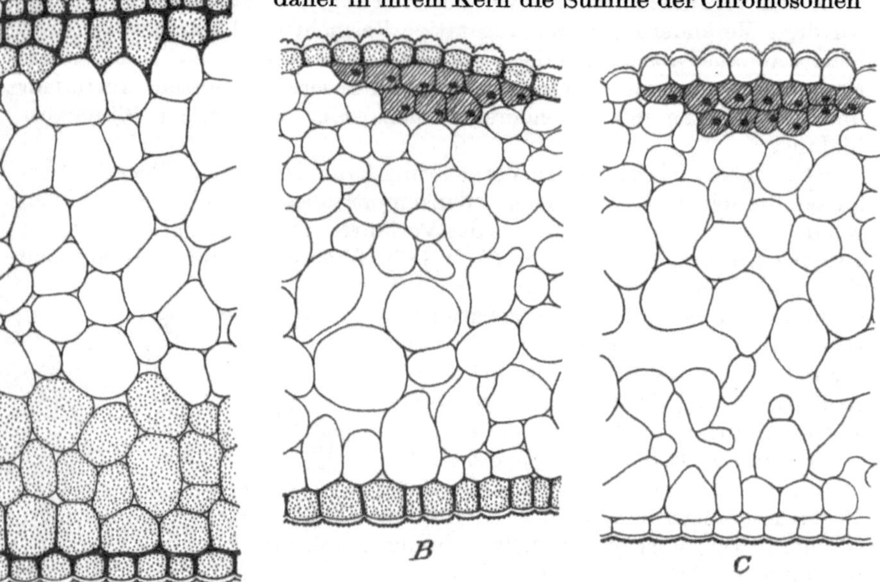

Abb. 188. Querschnitte durch ein Blumenblatt. A von Cytisus purpureus, B von Cytisus Adami und C von Laburnum vulgare. Die Epidermis des Cytisus Adami ist ganz identisch mit der von Cytisus purpureus, alles innere Gewebe ist identisch mit dem von Laburnum vulgare. (Nach Buder.)

Abb. 189. Sektorialchimäre von Solanum nigrum und S. lycopersicum. Unten der Tomatenmuttersproß mit dem eingesetzten Nachtschattenkeil. Alles aus dem Gewebe des Nachtschattens entstandene Gewebe ist punktiert, das Tomatengewebe unpunktiert. (Nach Winkler.)

des Vaters und der Mutter. Findet die Befruchtung zwischen Individuen der gleichen Art statt, so ist die Zahl der Chromosomen im Kern der Zygote doppelt so groß (diploid) als die einfache (haploide) Chromosomenzahl in den Geschlechtszellen (Gameten) der Eltern. Kopulieren aber Gameten verschiedener Arten, die sich durch ihre Chromosomenzahl unterscheiden, so besitzt natürlich der Zygotenkern die Summe der Chromosomenzahlen der Gametenkerne der Eltern. Die Gameten von Drosera rotundifolia haben 10 Chromosomen, die von Dr. longifolia 20. Der Bastard Dr. rotundifolia $\times$ longifolia besitzt also im Kern seiner Zygote 30 Chromosomen.

Ungeschlechtliche Vermehrung findet auch statt, wenn bei der Ausbildung der ♀ „haploiden" Generation die Reduktionsteilung unterbleibt, so daß z. B. alle Kerne des Embryosackes diploid sind. Die diploide Eizelle besitzt dann die Fähigkeit ohne Befruchtung zum Embryo auszuwachsen. Man bezeichnet dies Verhalten als Geschlechtsverlust (Apogamie). Wir finden ein solches Verhalten z. B. stets bei Taraxacum officinale; meistens zeigen in diesen Fällen die Pollen, die ja nicht mehr zur Verwendung gelangen, starke Entartungserscheinungen. Früher glaubte man, daß in manchen Fällen auch die haploide Eizelle sich weiter entwickeln könne und bezeichnete dies als Parthenogenese. Als Beispiel hierfür galt Chara crinita, die fast überall nur in weiblichen Exemplaren vorkommt und ohne Befruchtung ihre Oosporen zur Reife bringt. Es hat sich dann aber herausgestellt, daß bei der Keimung der Oospore im Gegensatz zu den anderen Charazeen keine Reduktionsteilung erfolgt, so daß die Pflanze diploid ist, während die anderen Charazeen haploid sind.

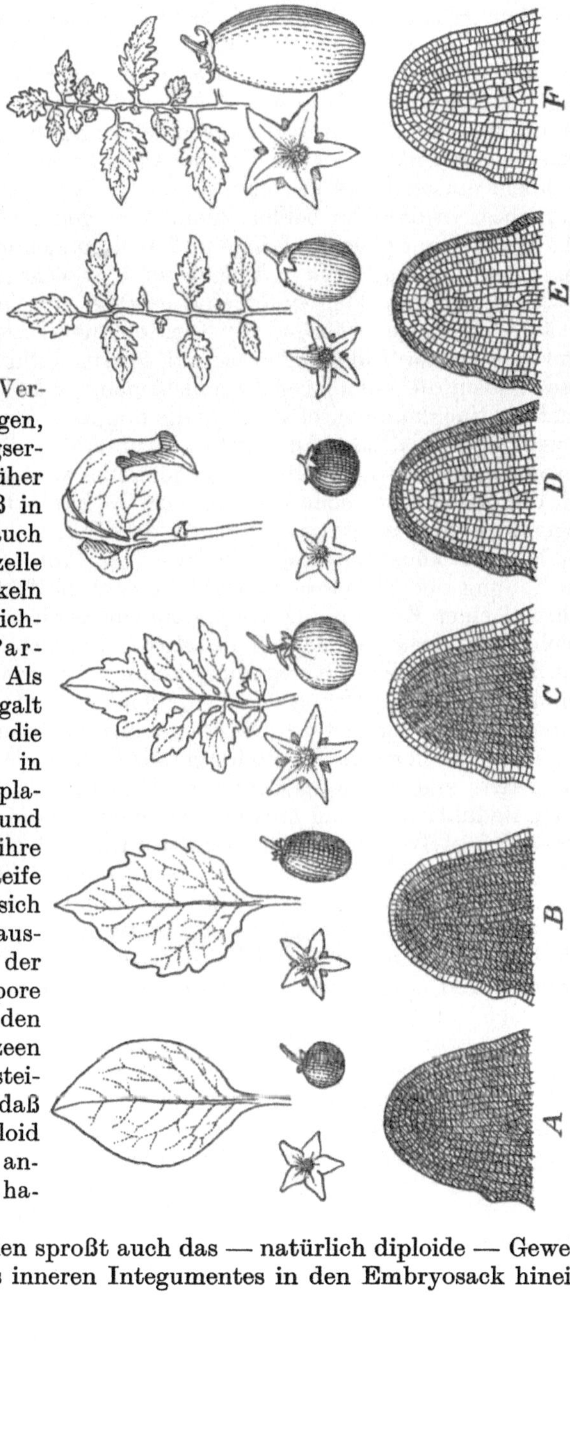

In einigen Fällen sproßt auch das — natürlich diploide — Gewebe des Nuzellus bzw. des inneren Integumentes in den Embryosack hinein und

Abb. 190. Periklinalchimären zwischen Solanum nigrum und Solanum lycopersicum, nebst den Eltern. Abgebildet sind die Blätter, Blüten und Früchte sowie ein Längsschnitt durch den Vegetationspunkt. Man erkennt besonders an den Vegetationspunkten die Beteiligung der beiden Elternpflanzen an dem Aufbau der einzelnen periklinen Schichten. A. Solanum nigrum. B S. tubingense. C S. proteus. D S. Gaertnerianum. E S. Koelreuterianum. F S. lycopersicum. (Nach H. Winkler.)

bildet ein oder mehrere (Polyembryonie) den normal entstandenen Embryonen völlig gleichende Keime (Nuzellarembryonie).

Die Anzahl der Chromosomen in den Kernen der vegetativen Zellen höherer Pflanzen ist, falls keine Bastardierung durch Gameten mit teils gerader, teils ungerader Chromosomenzahl vorliegt, durch zwei teilbar. Dies kommt daher, daß die Pflanzen sich aus einer befruchteten Eizelle entwickelt haben, deren Kern aus der Verschmelzung des mütterlichen Eikerns mit dem väterlichen Spermakern hervorgegangen ist. Eikern und Spermakern haben nicht nur die gleiche Anzahl von Chromosomen, sondern je einem mütterlichen Chromosom entspricht in seinen Erbanlagen ein väterliches, so daß die beiden zueinander gehörigen Elternchromosomen häufig an ihrer gleichen Länge und auch manchmal an ihrer Form, z. B. an Einschnürungen, zu erkennen sind. Solche zwei „homologe" Chromosomen besitzen zueinander eine gewisse Anziehungskraft — eine Affinität —, so daß sie während der Kernteilungen meist Nachbarn sind.

Wenn nun in der Blüte Eikerne und Spermakerne gebildet werden sollen, so müssen die homologen Chromosomen wieder getrennt werden, weil sonst die Nachkommenschaft stets die doppelte Anzahl von Chromosomen, wie die Eltern, besitzen würde. Es muß also eine Reduktion der Chromosomenzahl auf die Hälfte vorgenommen werden. Hierdurch bekommen die Geschlechtszellen die einfache (= haploide) Chromosomenzahl gegenüber den vegetativen Kernen der Pflanze, die die doppelte (= diploide) Chromosomenzahl aufweisen (vgl. Abb. 191).

Eine Teilung der Chromosomenzahl in zwei Hälften kann natürlich nur während einer Kernteilung vorgenommen werden, da nur während einer solchen die Chromosomen sich als selbständige Gebilde differenzieren. Bevor es nun aber zu einer Kernteilung kommt, ist, wie bereits erwähnt, stets schon eine Längsspaltung der Chromomeren und also auch des einzelnen Chromosoms eingetreten. Die notwendige Folge ist daher, daß diese bereits begonnene normale Kernteilung auch zu Ende geführt werden muß, da bereits eine Verdoppelung der Chromosomen erfolgt ist.

Bei der Reduktionsteilung müssen also einesteils die homologen Chromosomen auf zwei Tochterkerne verteilt werden, anderenteils müssen die in der Prophase längsgespaltenen Chromosomen ebenfalls wieder auf zwei Tochterkerne verteilt werden, so daß für die Reduktion der Chromosomenzahl auf die Hälfte zwei Teilungsvorgänge nötig sind, zwischen denen kein Ruheszutand eintreten darf, weil sonst wieder eine Aussonderung der Chromosomen und damit eine neue Längsspaltung veranlaßt würde.

Wir finden infolgedessen, daß die Reduktionsteilung aus einem diploiden Kern vier haploide Tochterkerne liefert, und daß zwischen den beiden unmittelbar aufeinanderfolgenden Teilungen, der heterotypischen und der homöotypischen, kein Ruhestadium des Kern liegt, sondern nur ein Zwischenstadium, die Interkinese.

Die haploide Generation entwickelt sich bei den Blütenpflanzen teils in den Antheren und bildet dort die Pollenkörner, teils in den Samenanlagen und bildet dort den Embryosack mit der Eizelle aus. Bei der Befruchtung dringen die beiden Spermakerne in den Embryosack ein; der eine Spermakern verschmilzt mit dem Eikern und bildet nun den diploidkernigen

Embryo, der andere Spermakern verschmilzt mit dem sekundären Embryosackkern und entwickelt sich zum Endosperm, welches ebenfalls einen Embryo, den Nährembryo, darstellt. Der Embryo besitzt also die

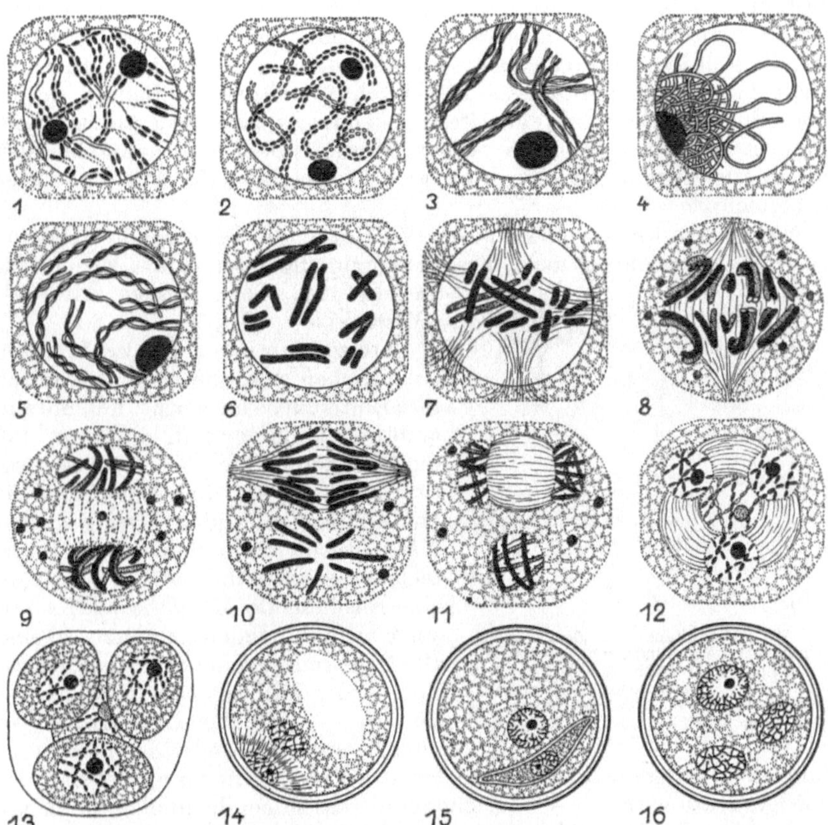

Abb. 191. Die allotypischen Teilungen in der Pollenmutterzelle. 1. Spaltung der Chromosomen in der Prophase der ersten Teilung. 2. Die gespaltenen Chromosomen nach der ersten Kontraktion. 3. Die (gespaltenen) väterlichen und mütterlichen Chromosomen paaren sich und bilden die Gemini. 4. Stadium der Verklumpung (Synapsis), in welchem zum Teil Teile der Chromosomen miteinander ausgetauscht werden. 5. Die Gemini treten erneut hervor und verkürzen sich. 6. Diakinese, die homologen (gleichlangen) Chromosomen der Eltern lassen infolge von Verklebung die in der Prophase stattgefundene Längsspaltung nicht mehr erkennen. Unten haben sich ein kurzes (♂) und ein langes (♀) Chromosomen gepaart, wie es bei diözischen Pflanzen der Fall ist. Dies Stadium eignet sich am besten zur Ermittlung der Chromosomenzahl. 7. Eine multipolare Spindel wird angelegt. 8. Heterotypische Teilung; die väterlichen und mütterlichen Chromosomen trennen sich wieder, hierbei wird die Längsspaltung der Fig. 1 wieder sichtbar. 9. Die Interkinese; zwischen den beiden Teilungen tritt kein Ruhestadium ein. 10. Die homöotypischen Teilungen, oben in der Seitenansicht, unten in der Polansicht. 11. Die Bildung der Tetradenkerne. 12. Freie Zellbildung um die Tetradenkerne. 13. Die Tetradenzellen (junge Pollen). 14. Die erste Teilung des Pollenkerns; Abgrenzung der uhrglasförmigen Antheridiummutterzelle; Vakuolenstadium des Pollenkorns. 15. Die Antheridiummutterzelle ist in das Zytoplasma des Pollenkorns eingewandert; die Vakuole ist verschwunden. 16. Pollenkorn, bei dem sich die Antheridiummutterzelle vor der Bildung des Pollenschlauches geteilt hat; der obere Kern ist der vegetative Kern, die beiden unteren sind die Spermakerne.

Eigenschaften des Vaters und der Mutter. Während, wie bereits ausgeführt, bei der vegetativen Vermehrung alle individuellen Änderungen erhalten bleiben, findet bei geschlechtlicher Vermehrung eine Vermischung der väterlichen und mütterlichen Eigenschaften statt, wodurch individuelle

Unterschiede ausgeglichen werden. Wir können also in dem Befruchtungsvorgang einen ausgleichenden Faktor sehen.

Wenden wir uns nunmehr zu den wissenschaftlichen Grundlagen der Genetik, so stehen uns zwei Methoden zur Verfügung, nämlich die Analyse und die Synthese. Man benutzt zum Experimentieren Pflanzen derselben Art, die sich in einem oder mehreren Merkmalen unterscheiden, und man erhält dann durch Kreuzung — also durch Synthese — Pflanzen, die ein Gemisch dieser Merkmale enthalten; andererseits bestäubt man die Nachkommen solcher Kreuzungen untereinander, wobei man dann eine Aufspaltung der einzelnen Merkmale beobachtet, was also als Merkmalsanalyse zu bezeichnen wäre.

Nach dem Entdecker dieser Vererbungserscheinungen, Gregor Mendel, hezeichnet man diese Gesetzmäßigkeiten als „Mendelsche Regeln" und die Vorgänge selbst als „Mendeln".

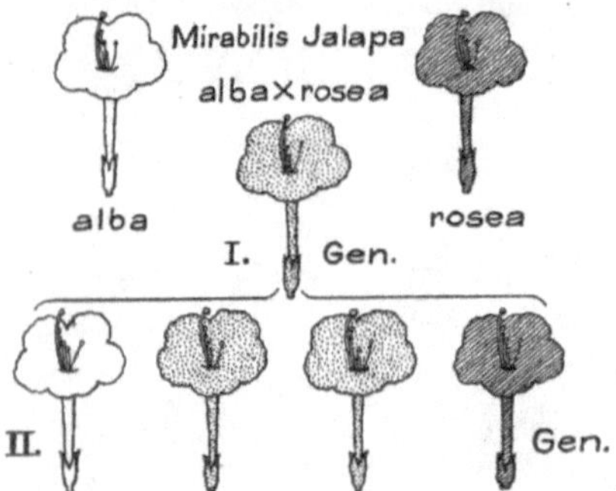


Abb. 192. Vererbung bei gleichstarken Eigenschaften. Mirabilis jalapa weißblühend gekreuzt mit einer rotblühenden Form der gleichen Art. I. Generation der rosablühende Intermediärbastard. II. Generation Herausmendeln der Elternformen neben den Bastardformen.

Kreuzt man nun z. B. zwei Pflanzen der gleichen Art, die sich aber durch ihre Blütenfarbe unterscheiden, miteinander, so kann der Fall eintreten, daß die Nachkommen in der ersten Generation in bezug auf dieses Merkmal die Mitte zwischen beiden Eltern halten; man spricht dann von einem Intermediärbastard (Abb. 192). Wird z.B. eine rotblühende *Mirabilis jalapa* mit einer weißblühenden gekreuzt, so sind alle Nachkommen in der ersten Generation — der Tochter- oder Filialgeneration $(F_1)$ — rosablühend. Bestäubt man nun die einzelnen Individuen der rosablühenden $F_1$-Generation miteinander, so erhält man in der nächsten — der Enkelgeneration $(F_2)$ — weißblühende, rosablühende und rotblühende Exemplare. Die Nachkommen gleichen also nur teilweise den Eltern, teilweise hat eine Aufspaltung in die Stammformen — die Großeltern — stattgefunden. Die rosablühenden Exemplare verhalten sich, wenn sie miteinander gekreuzt werden, wie die rosablühende $F_1$-Generation, während die weiß- oder rotblühenden Exemplare sich wie die Stammeltern verhalten.

Wir sind in diesem genannten Fall berechtigt, uns vorzustellen, daß in einem der väterlichen Chromosomen z. B. die Anlage des Rotblühens vorhanden ist, und in dem homologen Chromosom der Mutter die Anlage des Weißblühens. In der $F_1$-Generation wirken dann beide Anlagen gleichzeitig, und das Ergebnis ist die Rosafarbe der Blüte. Bei der Reduktionsteilung werden die Eigenschaften wieder getrennt, indem die eine Hälfte der Pollenkörner die Anlage für Rotblühen, die andere Hälfte die Anlage für Weißblühen zugeteilt bekommt. Das gleiche ist für die Eizellen der Fall. Werden nunmehr diese Pflanzen der $F_1$-Generation miteinander gekreuzt, so werden die Spermakerne mit der Anlage für das Rotblühen teils Eizellen mit der Anlage für Rotblühen, teils solche mit der Anlage für

Weißblühen befruchten; das gleiche gilt für die Spermakerne mit der Anlage für Weißblühen. Werden also z. B. vier Eizellen, von denen zwei die Anlage für Rotblühen (R) und zwei die Anlage für Weißblühen (W) enthalten, mit vier Spermakernen, von denen ebenfalls zwei die Anlage für R und zwei die Anlage für W enthalten, befruchtet, so erhalten wir folgende Kombination: RR, RW, WR, WW. Die Pflanzen, welche nur die Faktoren RR enthalten, blühen rot, die mit den Faktoren WW weiß, und die, welche beide Faktoren enthalten, blühen rosa. Die rotblühenden Pflanzen (RR) liefern bei der Reduktionsteilung haploide Kerne, die nur den Faktor R enthalten, die weißblühenden nur Kerne mit dem Faktor W, und die rosablühenden sowohl Kerne mit dem Faktor R als auch solche mit dem Faktor W.

Besitzt nun eine befruchtete Eizelle, also eine Zygote, das gleiche Merkmalspaar, z. B. RR, so nennt man die Pflanze homozygotisch, sind die homologen Merkmale verschieden, also z. B. RW, so nennt man die Pflanze heterozygotisch. Homozygotische Pflanzen erzeugen also gleiche Nachkommen, heterozygotische spalten in die Elternformen auf.

Wir haben bisher den Fall besprochen, daß die differierende Eigenschaft der Eltern gleich stark ist, so daß demgemäß der Bastard eine Mischung dieser Eigenschaften zeigt und also in bezug auf dieses Merkmal in der Mitte zwischen den beiden Elternformen steht. Weit häufiger sind jedoch die Fälle, in denen von zwei unterschiedlichen Eigenschaften die eine allein zur Geltung kommt, man sagt dann, diese Eigenschaft dominiert, während die andere als rezessiv bezeichnet wird. Kreuzt man also z. B. zwei Pflanzen miteinander, von denen die eine dominierendes Rotblühen, die andere rezessives Weißblühen zeigt, so sind alle Exemplare der $F_1$-Generation rotblühend, sie enthalten gleichzeitig den Faktor R (dominierend rot) und den Faktor w (rezessiv weiß). Die $F_2$-Generation besteht dann aus Pflanzen mit den Faktoren RR, Rw, wR, ww, d. h. die erste Pflanze ist homozygotisch rotblühend und entspricht der roten Form der Stammeltern, die beiden nächsten sind heterozygotisch und durch Dominanz des R-Faktors rotblühend, die letzte Pflanze ist homozygotisch weißblühend wie die andere Form der Stammeltern.

Ebensogut wie man die $F_1$-Generation unter sich kreuzen kann, kann man auch eine Rückkreuzung dieser $F_1$-Generation mit einer der Stammelternformen vornehmen; es kämen dann z. B. einerseits die Faktoren R, R und andererseits R, w in Betracht. Die nächste Generation würde also zur Hälfte aus Pflanzen RR und zur Hälfte aus Pflanzen Rw bestehen, d. h. alle Pflanzen wären rotblühend, jedoch die eine Hälfte homozygotisch wie die rote Stammelternform, die andere Hälfte heterozygotisch und nur durch Dominanz rot.

Ein typisches Beispiel von Dominanz in der Vererbung bietet die Kreuzung von *Urtica pilulifera* mit *Urtica Dodartii*. Die erstere besitzt sehr stark gezähnte, die letztere nur sehr schwach gezähnte Blätter. Das Merkmal der starken Zähnelung ist dominierend und infolgedessen finden wir in der ersten Tochtergeneration alle Pflanzen mit stark gezähnten Blättern. Bei der zweiten Generation ist ein Viertel reine *U. pilulifera*, ein Viertel reine *U. Dodartii* und zwei Viertel sind durch Dominanz stark gezähnelte Bastarde (Abb. 193). Die herausgemendelten reinen Arten geben selbstverständlich, wenn gleichartige gekreuzt werden, stets reine Arten der beiden Stammeltern. Die Kreuzung der Bastarde liefert stets das gleiche Aufspaltungsverhältnis wie die zweite Generation.

Bisher haben wir das erbliche Verhalten von Pflanzen besprochen, die sich nur in einem einzigen Merkmal unterschieden. Gehen wir nun dazu über, die Nachkommenschaft solcher Formen zu betrachten, die sich in zwei Merkmalen unterscheiden. Zuerst sei noch bemerkt, daß man Bastarde, die sich nur in einem Merkmal unterscheiden, Monohybriden nennt, solche mit zwei verschiedenen Merkmalen Dihybriden, und solche mit mehreren, verschiedenen Merkmalen Polyhybriden. Nehmen wir

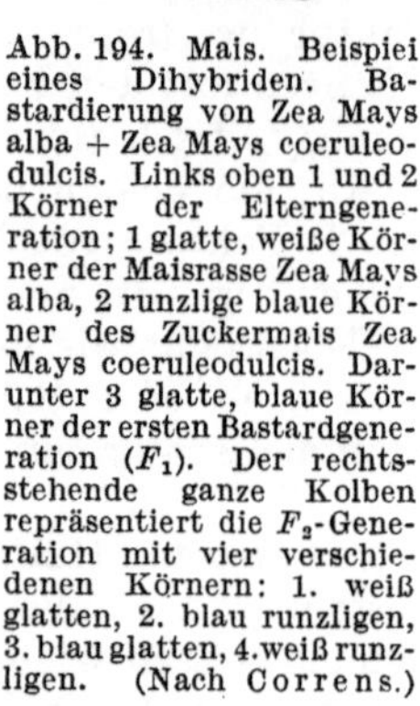

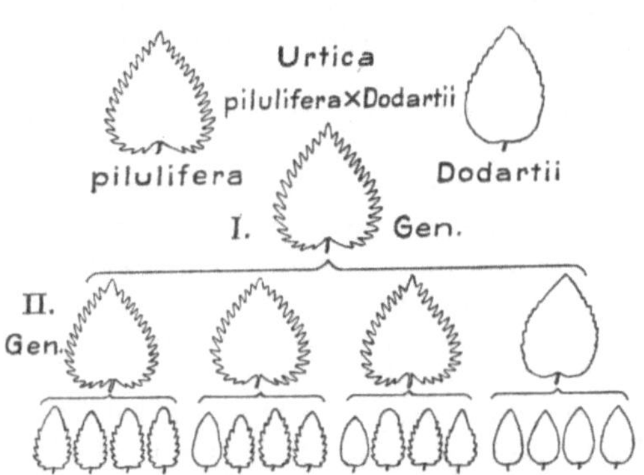


Abb. 193. Vererbung eines dominierenden Merkmals. Urtica pilulifera, mit stark gezähnten Blättern, gekreuzt mit U. Dodartii, mit nur sehr schwach gezähnten Blättern. In der ersten Generation haben alle Individuen sehr stark gezähnte Blätter. In der zweiten Generation mendeln die Stammformen wieder heraus, während die Hälfte wieder Bastarde sind. (Nach Correns.)

Abb. 194. Mais. Beispiel eines Dihybriden. Bastardierung von Zea Mays alba + Zea Mays coeruleodulcis. Links oben 1 und 2 Körner der Elterngeneration; 1 glatte, weiße Körner der Maisrasse Zea Mays alba, 2 runzlige blaue Körner des Zuckermais Zea Mays coeruleodulcis. Darunter 3 glatte, blaue Körner der ersten Bastardgeneration ($F_1$). Der rechtsstehende ganze Kolben repräsentiert die $F_2$-Generation mit vier verschiedenen Körnern: 1. weiß glatten, 2. blau runzligen, 3. blau glatten, 4. weiß runzligen. (Nach Correns.)

als Beispiel für Dihybriden zwei Maisrassen, den glatten, weißen Stärkemais und den runzeligen, blauen Zuckermais. Dominierend ist einesteils die Eigenschaft „glatt", andererseits die Eigenschaft „blau". Die $F_1$-Generation wird dann nur glatte, blaue Körner besitzen. Doch sind die Körner nur durch Dominanz glatt und blau. Die $F_2$-Generation zeigt nun Körner, die den Elternformen entsprechen, also weiß und glatt oder blau und runzelig sind, aber auch blaue, glatte und weiße, runzelige. Wir erhalten also aus dem Bastard ($F_1$) zwei neue, ganz konstante Sippen, glatt-blau und runzelig-weiß neben den beiden Elternsippen jedesmal dann, wenn der Zufall lauter gleiche Anlagen zusammengebracht hatte (Abb. 194). Es würde zu weit führen, wenn wir die sich hieraus ableitenden Verhältnisse bis ins einzelne besprechen würden. Noch komplizierter werden natürlich die Vererbungserscheinungen bei Polyhybriden.

# Abstammungslehre.

Unsere naturwissenschaftliche Erkenntnis sagt uns, daß die uns heute umgebende Pflanzenwelt eine Entwicklungsstufe aus niederen Formen darstellt. Wir müssen daher annehmen, daß sich alle Organismen aus einer oder mehreren Arten von Urorganismen entwickelt haben, während z. B. Linné die Konstanz der Arten als wissenschaftliches Dogma ansah.

Als Ursache der Veränderungen sieht die Darwinsche Theorie die Selektion, die natürliche Auslese aus spontan aufgetretenen Veränderungen an. Durch diese Auslese sollen sich Individuen mit ausgeprägten, zweckmäßigen Änderungen besser im „Kampf ums Dasein" erhalten können, als ihre Genossen, denen die neuen Merkmale fehlen. Hierzu ist jedoch zu sagen, daß keineswegs alle Verschiedenheiten in der Lebewelt nur auf Anpassungen beruhen, gerade die Hauptstufen der Entwicklung bleiben durch den Darwinismus ungeklärt. Der Darwinismus setzt ferner das, was erklärt werden muß, die Entwicklung, schon voraus, denn es kann erst etwas ausgelesen werden, wenn es gebildet ist. Die Ursachen für die Neubildung übergeht er vollständig. Ferner haben kleine Abweichungen meist gar keinen Selektionswert, d. h. sie nützen weder, noch schaden sie dem Individuum. Auch die Vorstellung einer Häufung der Erbanlage durch Zuchtwahl ist unzutreffend. Er kann daher nicht als Erklärung der Stammesentwicklung angesehen werden. Seine große Bedeutung liegt jedoch darin, daß er der Deszendenztheorie zum Siege verholfen hat.

Die Mutationstheorie stellt sich auf den Boden der nachweislichen Tatsache, daß durch Mutationen sprungweise zweckmäßige und unzweckmäßige Änderungen auftreten, die vererblich sind, und von denen die unzweckmäßigen natürlich ausgeschaltet werden.

Hingegen nimmt der Lamarckismus an, daß die durch äußere Faktoren bewirkten Änderungen (z. B. der Hochgebirgspflanzen im Flachland und umgekehrt) auf die Dauer erblich werden, eine Annahme, die bisher keineswegs bewiesen ist. Die ganze Anschauung beruht auf der Annahme der Vererbung erworbener Eigenschaften. Auch der Lamarckismus vermag nicht die Stammesentwicklung zu erklären; er kann nur als Hilfshypothese für besondere Fälle betrachtet werden.

# Einteilung der Pflanzen. Systematik.

## Die Verwandtschaft der Pflanzen.

Eine einzelne Pflanze nennt man ein **Individuum**, d. h. ein Wesen, welches selbständig und ohne Beihilfe anderer, gleichgestalteter Wesen lebt und leben kann. Gleichgestaltete Individuen, welche durch ihre Abstammung miteinander verwandt sind, d. h. gemeinsame Nachkommen eines Urahns oder eines Urahnenpaares sind, gehören derselben **Art** (Spezies) an. Um beurteilen zu können, welche Individuen gleichgestaltet sind, werden insbesondere die Form und der Aufbau des Pflanzenkörpers berücksichtigt. Jede Art hat ihre besonderen Merkmale, welche erblich sind und in der Nachkommenschaft nahezu unverändert hervortreten.

Falls jedoch durch Standort, Klima, Bodenbeschaffenheit oder gärtnerische Kunst Verschiedenheiten erzeugt werden, welche, obschon sie (in letzterem Falle besonders) sehr augenfällig sein können, dennoch das Wesen der Pflanze nicht ändern, so nennt man diese **Varietäten**. Blumenkohl, Kopfkohl, Blätterkohl und Kohlrabi sind z. B. Varietäten der Art Brassica oleracea.

Während die Zahl der Varietäten bei den Kulturgewächsen ungemein groß ist, wird die Zahl der auf der ganzen Erde vorhandenen **Arten** an Blütenpflanzen auf zwei- bis dreihunderttausend geschätzt. In Deutschland allein mögen mit Einschluß der eingebürgerten Fremdlinge etwa 3000 Phanerogamenarten vorkommen. Die Zahl der Kryptogamenarten ist noch ganz erheblich größer.

Die Arten selbst zeigen untereinander wiederum eine größere oder geringere Ähnlichkeit. Einige weichen nur in einem, andere in mehreren, die meisten aber in zahlreichen Merkmalen voneinander ab. Von dieser größeren oder geringeren Ähnlichkeit schließt man auf einen näheren oder entfernteren Grad der **Verwandtschaft** und vereinigt näher verwandte Arten zu einer **Gattung** (Genus). Die Zahl der bekannten Phanerogamengattungen schätzt man auf über 10 000.

Jeder Pflanze hat man einen aus zwei Worten gebildeten lateinischen Namen beigelegt, und zwar ist die Gattung in demselben durch ein Hauptwort vertreten, z. B. *Aconitum*, während die Art durch ein Eigenschaftswort, z. B. *ferox*, oder durch ein anderes wie ein Adjektivum gebrauchtes Wort, z. B. *napellus*, bezeichnet wird. Man nennt dies die **binäre Nomenklatur**, die durch Linné eingeführt wurde. Hinter dem Pflanzennamen pflegt man den Namen desjenigen Botanikers anzuführen (Autornamen), welcher der Pflanze den betreffenden Namen gegeben hat, weil manche Arten von verschiedenen Forschern verschieden benannt worden sind.

Es soll hierfür ein Beispiel angeführt werden: Caryophyllus aromaticus Linné (Fam. Myrtaceae). Die Stammpflanze der Nelken (Gewürznelken) wurde 1753 (in dem Jahr, in dem die binäre Nomenklatur beginnt) von Linné (oft einfach L. abgekürzt) unter dem obigen Namen beschrieben. Bei genaueren Studien über die Myrtaceae stellte es sich heraus, daß die Gattung Caryophyllus sich nicht aufrecht erhalten läßt, so daß unsere Pflanze entweder zu der großen Gattung Eugenia oder aber spezieller zu der Gattung Jambosa (die manchmal nur als eine Sektion von Eugenia angesehen wird) gestellt werden muß. Deshalb nannte Thunberg 1788 unsere Pflanze Eugenia caryophyllata Thbg.

Diese Benennung war insofern unrichtig, als nach den allgemeinen Nomenklaturregeln der einmal gegebene Artnamen beibehalten werden mußte, wenn dem nicht Hindernisse entgegenstanden. Baillon nannte also 1877 den Nelkenbaum Eugenia aromatica (L.) Baill. Aber auch dieser Name kann nicht beibehalten werden, weil schon im Jahre 1854 Berg eine ganz andere Pflanze als Eugenia aromatica beschrieben hatte. Nun hatte Niedenzu 1898 festgestellt, daß unsere Pflanze zu der Gattung Jambosa zu bringen ist und nannte jene in Übereinstimmung mit den Nomenklaturregeln Jambosa caryophyllus (Sprengel) Niedenzu; er hatte den ersten Artnamen (aromaticus) nicht verwenden können wie K. Schumann 1896 wollte, da auch bei Jambosa schon eine im Jahre 1855 aufgestellte Art, J. aromatica Miquel, bestand. Den Artnamen „caryophyllus" fand er schon vor, da Sprengel im Jahre 1825 fälschlich den Nelkenbaum Myrtus caryophyllus Sprengel genannt hatte.

Die Stammpflanze des Nelkenbaums muß also Jambosa caryophyllus (Sprengel) Niedenzu heißen.

Die wesentlichste Eigenschaft der Art ist die Beibehaltung ihrer spezifischen Merkmale bei der Fortpflanzung. Die Fortpflanzung wird von den Pflanzen in der verschiedensten Art und Weise ausgeführt, und es herrscht dabei eine solche Mannigfaltigkeit, daß jede Familie, jede Gattung, ja oft die einzelne Art hierfür besonders ausgeprägte Eigentümlichkeiten besitzt, namentlich wenn man die Gruppe der Kryptogamen in gleicher Linie mit den Phanerogamen in Betracht zieht. Auf diese Abweichungen in den Fortpflanzungsorganen und deren Funktionen ist die ganze Systematik so wesentlich begründet, daß sie in der Hauptsache auf eine spezielle Darstellung der Fortpflanzungsformen und -organe im Pflanzenreich hinausläuft.

Aus den überaus vielgestaltigen Formen der Fortpflanzungsart treten zwei verschiedene Wege scharf getrennt hervor: die ungeschlechtliche oder vegetative Fortpflanzung (welche man besser als Vermehrung bezeichnet) und die geschlechtliche oder sexuelle Fortpflanzung.

Die vegetative, ungeschlechtliche Vermehrung besteht in der Bildung von Zellen oder Zellkörpern (Stecklinge, Ableger), welche nach ihrer Lostrennung von der Mutterpflanze ohne weiteres, entweder sofort oder nach einer gewissen Ruhezeit, zu neuen, selbständigen Einzelwesen derselben Art heranwachsen.

Bei der sexuellen oder geschlechtlichen Fortpflanzung hingegen werden zweierlei Fortpflanzungszellen erzeugt, von denen jede zwar die

Eigentümlichkeiten ihrer Art in sich trägt, welche jedoch nicht die Fähigkeit besitzen, zu Nachkommen ihrer Art auszuwachsen, bevor ihnen Gelegenheit geboten ist, miteinander zu verschmelzen. Man unterscheidet männliche und weibliche Zellen. Erst wenn die weibliche Zelle den Inhalt der männlichen Zelle in sich aufgenommen hat und ihr Kern mit dem männlichen vollständig verschmolzen ist, wird sie entwicklungsfähig und beginnt ein intensives Wachstum. Neue Spielarten und Varietäten entstehen fast nur auf sexuellem Wege, während vegetativ erzeugte neue Individuen meistens die Merkmale ihrer Mutterpflanze streng beibehalten.

Die ungeschlechtliche Vermehrung geschieht bei Phanerogamen meist neben der geschlechtlichen Fortpflanzung, und zwar spontan durch Brutknospen, Brutzwiebeln, Knollen oder Ausläufer, künstlich durch Ableger, Senker oder Stecklinge, sowie durch Pfropfen, Okulieren und Kopulieren (vgl. S. 123).

Auf der speziellen Charakteristik der Fortpflanzungsarten, -Formen und -Organe begründet sich, wie schon erwähnt, die Systematik. Sie gruppiert die Pflanzen nach übereinstimmenden Merkmalen und stellt jene nebeneinander oder auseinander; indem sie den Wert und die Bedeutung ihrer Ähnlichkeiten und Verschiedenheiten abschätzt.

Ein in so geschilderter Weise zustande gekommenes System nennt man Natürliches System, und zwar deshalb, weil es auf der natürlichen Verwandtschaft der Gewächse untereinander beruht, — ein Begriff, welcher durch die von Lamarck aufgestellte und von Charles Darwin ausführlicher begründete Lehre, die sog. Deszendenztheorie, begründet und näher erläutert wurde. Da diese Lehre das Prinzip vertritt, daß die Ureltern eines jeden Individuums nicht diesem gleich, sondern niedriger organisiert gewesen sind, so stellt ein natürliches System gleichsam den Stammbaum des gesamten Pflanzenreiches dar. Ein vollendetes natürliches System würde aber aus demselben Grunde nur dann aufzustellen möglich sein, wenn ihr Verfasser die Entwicklungsgeschichte sämtlicher Pflanzen kennen würde, selbst derjenigen, welche im Laufe der Jahrmillionen bereits aufgehört haben zu existieren. Alle vorhandenen natürlichen Systeme aber müssen unzulänglich sein und bleiben, weil die durch Mangel der stammesgeschichtlichen Erkenntnis entstehenden Lücken durch Spekulationen ausgefüllt werden müssen. Hieraus erklärt sich die Verschiedenheit der einzelnen Systeme verschiedener Verfasser. In seinen Hauptumrissen können wir den Entwicklungsgang des Pflanzenreiches gleichwohl als aufgeklärt betrachten, und deshalb stimmen auch die Hauptabteilungen der natürlichen Systeme im allgemeinen überein.

Man faßt Arten mit gemeinsamen Merkmalen zu Gattungen zusammen, mehrere Gattungen zu Familien, die Familien wieder zu Unterreihen, diese zu Reihen und die Reihen endlich zu Klassen. Bei den Merkmalen hat man „wesentliche" und „unwesentliche" zu unterscheiden, doch hat es sich herausgestellt, daß viele Merkmale in der einen Gruppe wesentlich, in anderen unwesentlich sind; z.B. ist die Verwachsung der Blumenblätter bei den Liliazeen (Convallaria!) als unwesentlich anzusehen, während dasselbe Merkmal bei den Dikotyledoneen von besonderer Bedeutung ist.

# Künstliche Pflanzensysteme.

Als man begann die Pflanzen zu klassifizieren, glaubte man sie nach einzelnen, willkürlich gewählten, an allen Pflanzen leicht erkennbaren Merkmalen ordnen zu müssen und schuf daher künstliche Systeme, welche die Beschaffenheit der Wurzel, der Blätter, der Blüten oder aber der Früchte zur Grundlage hatten. Als Hauptzweck bei Aufstellung dieser Systeme galt das praktische Ziel, die einzelnen Pflanzen mit Hilfe der Merkmale, nach denen sie gruppiert sind, möglichst leicht auffinden und bestimmen zu können. Unter ihnen allen hat das im Jahre 1735 von Carl von Linné aufgestellte System nicht nur große Bedeutung erlangt, sondern eine geraume Zeit hindurch sogar die Botanik allein beherrscht. Es hat die Beschaffenheit der Geschlechtsorgane der Pflanzen zum Ausgangspunkte und heißt deshalb auch Geschlechtssystem oder Sexualsystem.

Das Linnésche System zerfällt in Klassen und Ordnungen. Die Klassenmerkmale beruhen im wesentlichen auf der Beschaffenheit der Staubgefäße, also der männlichen Befruchtungsorgane, während für die Bildung und Benennung der Ordnungen entweder die Zahl der Griffel, oder der Bau der Frucht, oder Zahl und Verwachsung der Staubgefäße, oder Geschlecht und Fruchtbarkeit der Einzelblüten (in der XIX. Klasse) usw. maßgebend sind.

Wenn es sich darum handelt, welchem **natürlichen** Pflanzensystem wir uns im folgenden anzuschließen haben werden, so kann nach dem heutigen Stande der Wissenschaft nur das Englersche System in Frage kommen, welches im besten Sinne des Wortes als ein phylogenetisches System bezeichnet werden darf und, alle Resultate der neuesten Forschungen berücksichtigend, nach bestimmten, fest formulierten Grundsätzen von den einfachsten bis zu den kompliziertesten Gestalten des Pflanzenreiches fortschreitet.

# Übersicht über die wichtigsten Familien, Gattungen und Arten des Pflanzenreiches nach dem Englerschen System.

Noch vor verhältnismäßig kurzer Zeit glaubte man, daß die Gliederung des Gewächsreiches in zwei große Gruppen, die Kryptogamen und die Phanerogamen, die einzig zutreffende wäre, wie wir dies auch noch im Eichlerschen System durchgeführt finden. Die Bezeichnung Kryptogamen und Phanerogamen für die zwei großen Gruppen des Pflanzenreiches ist jedoch heutzutage nicht mehr richtig. Dem Wortlaut nach würden die Kryptogamen (kryptos = verborgen, und gamos = die Ehe) Pflanzen sein, deren Befruchtungsorgane dem menschlichen Auge nicht sichtbar sind, die Phanerogamen (phaneros = offenbar) hingegen solche Gewächse, deren Befruchtungsorgane in Gestalt von Blüten dem menschlichen Auge mehr oder weniger auffällig erscheinen. Seit der Vervollkommnung und allgemeinen Anwendung des Mikroskops und seit dem Studium der feineren Vorgänge bei der Befruchtung aber hat diese Unterscheidung ihre Bedeutung verloren; nur wenn die Übersetzung etwas anders gefaßt wird, d. h. wenn man unter dem Namen Kryptogamen diejenigen Pflanzen begreift, welche der Blüten im gewöhnlichen Sinne entbehren und deren Befruchtungsorgane meist nur unter dem Mikroskop deutlich gesehen werden können, hingegen unter dem Namen Phanerogamen jene Gewächse zusammenfaßt, welche Blüten tragen und deren (ohne Beihilfe des Mikroskops sichtbare) Befruchtungsorgane als metamorphosierte Blätter zu gelten haben, so könnten diese althergebrachten und eingebürgerten Bezeichnungen auch ihrem Wortlaute nach Geltung behalten.

Man ist jedoch in neuerer Zeit immer tiefer in die Kenntnis der sog. Kryptogamen eingedrungen und hat dabei die Erfahrung gemacht, daß unter den hierher gerechneten Formen sich ungemein tiefgreifende Unterschiede bemerkbar machen, Unterschiede, welche mindestens so schwerwiegend sind als die soeben zwischen Kryptogamen und Phanerogamen aufgeführten. Es hat sich deshalb die Notwendigkeit herausgestellt, nicht nur zwei, sondern zahlreiche gleichwertige Abteilungen des Pflanzenreiches aufzustellen. Gleichwertig sind diese Abteilungen natürlich nur in morphologischer, nicht in praktischer Hinsicht; daher sollen einige Abteilungen nicht oder nur ganz kurz erwähnt werden.

Eine Übersicht über die Anordnung des Englerschen Systems ermöglicht das Inhaltsverzeichnis am Anfang des Buches.

## I. Abteilung.

# Schizophyta. Spaltpflanzen.

Als Spaltpflanzen bezeichnet man winzige, nur mit starken mikroskopischen Vergrößerungen wahrnehmbare, einzellige Organismen, die entweder gänzlich ungefärbt sind oder aber die verschiedensten Farben zeigen, nie jedoch die rein chlorophyllgrüne. Die Individuen leben entweder einzeln oder sie sind zu sehr verschiedenartig gestalteten Kolonien lose vereinigt, wobei jede Einzelzelle vollständig selbständig ist, für sich allein zu leben vermag und sich zu vermehren befähigt ist. Eine geschlechtliche Fortpflanzung fehlt den Spaltpflanzen vollständig, die Vermehrung erfolgt nur durch fortgesetzte Zweiteilung; es finden sich bei ihnen häufig auch Sporen oder Dauerzellen, d. h. mehr oder weniger dickwandige Zellen, welche befähigt sind, ungünstige Vegetationsverhältnisse (Trockenzeiten, Winter u. dgl.) ohne Schaden zu überdauern, um dann beim Eintreten günstigerer Bedingungen wieder zum normalen, vegetativen Zustand zurückzukehren. Echte Kerne fehlen. Teilung stets quer zur Hauptachse.

## 1. Klasse.

# Schizomycetes (Bacteria). Bakterien, Spaltpilze.

In neuerer Zeit haben die Bakterien eine solche Wichtigkeit für das Leben und den ganzen Haushalt des Menschen erlangt, daß es angebracht erscheint, sie hier etwas ausführlicher zu behandeln.

Die Gestalt der Bakterien ist überaus einförmig. Im allgemeinen können wir drei Formen unterscheiden, welche wir stets mit kleinen Abänderungen wiederfinden; die Kugel, das gerade und das krumme Stäbchen, oder nach De Bary die Formen der Billardkugel, eines Bleistifts und eines Korkziehers. Die Bakterien sind ganz außerordentlich klein. Der Durchmesser der Kugelbakterien beträgt meistens etwa $^1/_{1000}$ mm, man kennt jedoch auch Formen, welche nur $^1/_{2000}$ mm Durchmesser besitzen. Sehr selten finden sich Arten von einem Durchmesser von $^1/_{500}$ mm. Bei den Stäbchenbakterien beträgt die Dicke kaum jemals mehr als der Durchmesser der Kugelbakterien, ihre Länge dagegen ist außerordentlich schwankend, und wir kennen solche, welche sich der Kugelform stark nähern, und andere, deren Länge die Dicke vielfach übertrifft.

Wie oben bei der Charakteristik der Schizophyta hervorgehoben wurde, vermehren sich alle hierher gehörigen Formen nur durch Zweiteilung. Dabei können sich die hierdurch gebildeten Zellindividuen sofort nach der Ausbildung voneinander trennen oder aber in Verbänden oder „Kolonien" mehr oder weniger fest miteinander vereinigt bleiben, welche je nach der engeren oder lockeren Vereinigung regelmäßige oder unregelmäßige Umrisse besitzen.

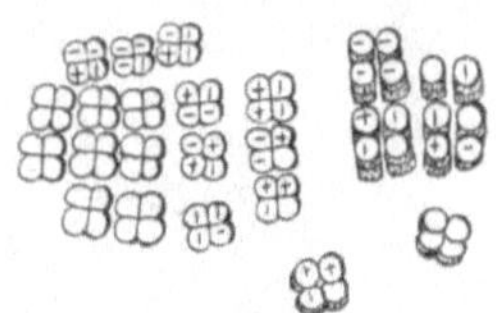

Abb. 195. Der Paketspaltpilz (Sarcina). Etwa 1000 mal vergrößert.

Bleiben die Zellen nach erfolgter Spaltung fest miteinander vereinigt, so entstehen bei den Kugelbakterien bei einer Teilung nach einer Richtung des Raumes rosenkranzartige Ketten, eine Wachstumsweise, die man allgemein als die Streptokokkusform bezeichnet. Bei einer Teilung nach zwei Richtungen des Raumes entstehen Zellplatten; erfolgt endlich die Spaltung der Zellen nach drei Richtungen des Raumes, so resultieren Zellhaufen von eigenartiger Gestalt, welche man am besten mit der von gleichseitigen, fest umschnürten Warenballen vergleichen kann (Sarcina, Abb. 195).

In weitaus den meisten Fällen trennen sich die einzelnen Zellen jedoch gleich nach erfolgter Spaltung und weisen dann keine weiteren Beziehungen zueinander auf.

Die Stäbchenbakterien oder Bazillen zeigen nicht so verschiedene Wuchsformen wie die Kugelbakterien. Bei ihnen erfolgt nämlich die Teilung ausschließlich nach einer Richtung des Raumes, und zwar stets quer zu ihrer Längsachse, so daß bei einer bleibenden Vereinigung der durch die fortgesetzten Teilungen entstehenden Zellen mehr oder weniger lange Fäden entstehen. Es ist einleuchtend, daß bei geraden Einzelzellen auch die entstehenden Zellfäden fast gerade sind und nur unbedeutende, sekundäre Krümmungen aufzuweisen haben, daß dagegen bei gebogenen Einzelzellen schraubenförmig gewundene Fäden entstehen müssen. Aber auch bei den Stäbchenbakterien ist der häufigste Fall der, daß sich die einzelnen Individuen nach erfolgter Spaltung voneinander loslösen.

Bei dem Teilungsvorgange selbst erreicht jede der Mutterzellen eine gewisse Maximalgröße, worauf sich in deren Mitte eine zarte Scheidewand bemerkbar macht, welche die Zelle in zwei gleiche oder wenigstens fast gleiche Tochterzellen zerlegt.

Unter günstigen Bedingungen können die Teilungen bei vielen Arten sehr rasch aufeinanderfolgen. Man kennt zahlreiche Bakterien, bei welchen bei Anwesenheit reichlicher Nährstoffe, günstiger Temperatur und Belichtung das Wachstum so schnell ist, daß durchschnittlich jede halbe Stunde eine Teilung der Zellen erfolgt, daß also aus einer einzigen Mutterzelle in sechs Stunden 4096, in 24 Stunden gar 280000000000000 Individuen hervorgegangen sind. Tatsächlich werden solche Fälle nur sehr selten eintreten, denn irgendwelche äußere Bedingungen werden sich meistens bald ändern, sei es, daß in dieser Zeit Nahrungsmangel eintritt oder doch die Konzentration der Nährstoffe geringer wird, oder daß sich bei der Vegetation der Bakterien Stoffwechselprodukte bilden, die hemmend auf die Entwicklung der Individuen einwirken. Immerhin zeigen aber diese Zahlen, welcher ungeheuren Vermehrung die Bakterien fähig sind, wenn ihnen die gegebenen Verhältnisse zusagen, daß sie reichlich durch ihre Zahl ersetzen können, was ihnen an Größe abgeht.

Abb. 196. Spirochaete pallida, Erreger der Syphilis.

Als die höchststehenden, am weitesten differenzierten Bakterien faßt man eine Abteilung derselben auf, welche früher als Fadenbakterien bezeichnet wurde, welche man jetzt jedoch meist treffender unter dem Namen Scheidenbakterien zusammenfaßt. Denn das ausschlaggebende und ihre Stellung bedingende Moment ist nicht das, daß sie in einzelnen Fällen zu langen Fäden vereinigt sind, denn das finden wir auch noch bei anderen Bakterien, sondern daß um die Fäden eine zarte, aber deutlich nachweisbare, gemeinsame Gallerthülle oder -scheide abgesondert wird, welche mit dem Alter der Fäden an Dicke und Deutlichkeit zunimmt.

Über den genaueren Aufbau der einzelnen Zellen wissen wir im allgemeinen — eine Folge der Kleinheit der Bakterien — nur sehr wenig. In manchen Fällen verhält sich die Zellhaut der Bakterien gegen Reagentien so oder ähnlich wie die der höheren Pflanzen, oft aber auch so, wie wir sie bei den echten Pilzen finden; sie besteht dann aus einer Modifikation der echten Zellulose, welche man allgemein als Pilzzellulose bezeichnet. Ferner kennt man einige Formen, bei welchen die Zellhaut deutlich gefärbt ist. Die Zellhaut selbst erweist sich meist als fest und starr, so daß die Zellen ihre Form nicht ändern können; bei der wichtigen Gattung Spirochaete dagegen sind die Zellen schlangenartig biegsam.

Über den Zellinhalt der Bakterien ist nur verhältnismäßig wenig Sicheres bekannt, und besonders wenig weiß man über die Plasmastruktur. Ein Zellkern ist mit Sicherheit noch nicht nachgewiesen worden.

Um die verschiedenen Formen, ferner die Geißeln, Sporen usw. zu untersuchen, ferner zur Diagnostik einzelner Arten bedient man sich bestimmter Färbungen, wozu Anilinfarben Verwendung finden, z. B. Me-

thylenblau, Fuchsin (meistens als Karbolfuchsin); häufig handelt es sich
um sehr komplizierte Färbemethoden. Die einfachste „negative" Färbe-
methode ist die „Burri"sche Tuschefärbung. Mischt man gleiche Teile
bakterienhaltiger Flüssigkeit und flüssiger Tusche miteinander und
streicht diese Mischung in dünner Schicht auf einem Objektträger aus,
so erscheinen die Bakterien weiß auf braunem Grunde.

Sehr interessant ist es, daß eine große Zahl von Spaltpilzen die Fähigkeit der Eigenbewegung besitzt.

Bei den kugeligen Bakterien finden wir diese Beweglichkeit nur äußerst
selten, um so mehr dagegen bei den Stäbchen- und Schraubenbakterien.
Je nach der Art, der Gestalt und endlich auch dem Alter und der Größe
erfolgt die Bewegung langsam oder blitzschnell, gleitend oder unregelmäßig hin und her zitternd oder endlich in auffallender Weise schlängelnd.

Früher hatte man keine Erklärung für die Bewegung der Spaltpilze, denn es war unmöglich, Bewegungsorgane zu erkennen. Später
gelang es durch komplizierte Färbungsmethoden die Bewegungsvermittler,
äußerst feine und zarte Protoplasmastränge, sichtbar zu machen, die sog.
Geißeln oder Zilien, die von sehr verschiedenen
Stellen der Bakterienzellen ausgehen können
und durch peitschenartiges Schlagen die Zelle
durch die Flüssigkeit hindurchbewegen. Man
kennt Formen, bei denen die Geißeln einzeln
an einem oder beiden Enden der Zelle stehen
(Abb. 197), aber auch solche, wo die Zilien zu
mehreren oder sogar in größeren Büscheln und
häufig von einem Punkte mitten am Körper
ausstrahlen.

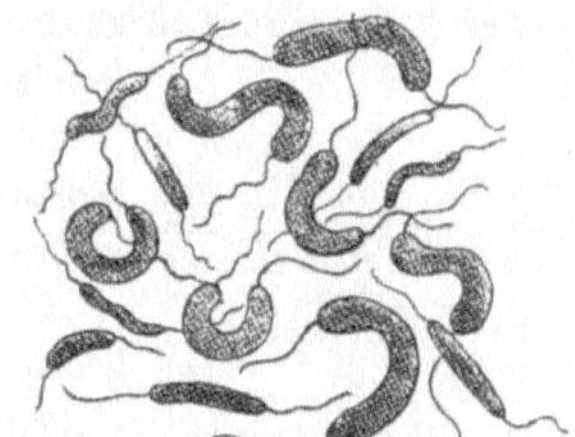

Abb. 197. Geißeltragende Bakterien, gefärbt. 1000 mal vergr.
(Nach Migula.)

Die Bakterien besitzen niemals Chlorophyll,
zeigen also nicht die Fähigkeit, wie die grünen Pflanzen aus Wasser und
der Kohlensäure der Atmosphäre Kohlehydrate zu bilden und dieselben
zum Aufbau ihres Körpers zu verwenden; sie vermögen nicht organische
Verbindungen aus anorganischen herzustellen und sind infolgedessen auf
die Annahme schon zubereiteter Nahrung angewiesen: sie gehören nicht
zu den produzierenden, sondern zu den verzehrenden Lebewesen. In
dieser physiologischen Hinsicht verhalten sie sich ganz wie die Pilze und
wurden deshalb auch Spaltpilze genannt, obgleich sie zu den echten
Pilzen keinerlei verwandtschaftliche Beziehungen aufweisen. Der eben
angeführte Name ist jedoch insofern für sie sehr bezeichnend, weil er
dartut, daß ihre Vermehrung eben ausschließlich durch fortgesetzte
Teilung, Spaltung der Zellen, erfolgt.

Bei vielen Bakterien hat man auch die Bildung von Dauerzellen oder
Sporen beobachten können. Diese tritt meist nur dann ein, wenn eine
Erschöpfung des Nährbodens sich bemerkbar macht oder wenn ungünstige
Vegetationsbedingungen herannahen; denn im Dauerzustand, als Sporen,
sind die Individuen befähigt, Austrocknung, Nahrungsmangel und fast
alle übrigen schädlichen Einflüsse zu überstehen.

Die Bildung der Sporen ist im allgemeinen ziemlich leicht zu
beobachten (Abb. 198). Die zur Sporenbildung schreitende Zelle gibt

zunächst die fortgesetzten Teilungen auf, ohne sich sonst von den vegetativen Zellen zu unterscheiden. In dem homogenen oder sehr feinkörnigen Plasma bildet sich nun aber bald an einer oft etwas anschwellenden Stelle ein heller Fleck, der meist allmählich stark heranwächst, selten schon von Anfang an (d. h. von dem Moment an, wo er überhaupt erkennbar wird) die definitive Größe besitzt. Dieser Fleck nimmt ständig an Helligkeit und Lichtbrechungsvermögen zu und scheidet zuletzt eine deutlich umschriebene starke Wand ab. Während dieses Prozesses zerfällt das bei der Sporenbildung nicht verwertete Protoplasma, die Zellwand der ursprünglichen Bakterienzelle wird allmählich aufgelöst, d. h. sie wird immer undeutlicher und verschwindet zuletzt ganz, so daß die Spore völlig frei wird.

Wie oben schon ausgeführt wurde, können die Bakterien sich ihre organischen Nährstoffe, welche sie zum Leben brauchen, nicht selbst bereiten; sie sind deshalb darauf angewiesen, mindestens einen Teil ihrer Nährstoffe anderen lebenden oder toten Organismen zu entziehen; sie sind daher, von wenigen Ausnahmen abgesehen, heterotroph. Man bezeichnet die Bakterien als **parasitisch**, wenn sie sich auf oder in noch lebenden, pflanzlichen oder tierischen Organismen ernähren; als **saprophytisch** dagegen, wenn sie die organischen Stoffe aus abgestorbenen Lebewesen entnehmen und auf oder in denselben vegetieren.

Abb. 198. Vorgang der Sporenbildung bei Bacillus subtilis, dem Heubazillus. Eine Zelle in verschiedenen Stadien, vom Beginn bis zur vollendeten Ausbildung der Spore. (Nach Migula.)

Zu ihrem Gedeihen bedürfen die Bakterien fast genau derselben Nährstoffe, welche auch für die höheren Pflanzen unbedingt notwendig sind. Nicht alle Bakterienarten besitzen jedoch organischen Verbindungen gegenüber die gleiche Zersetzungsfähigkeit. Es hat sich auch herausgestellt daß z. B. ein gewisser Stoff noch sehr lebhaft von einer Bakterienart ausgebeutet werden kann, der vorher schon von einem anderen Spaltpilz befallen und nach Aussaugung gewisser Verbindungen wieder verlassen worden war. Es ergibt sich also hieraus, daß den organischen Körpern von irgendeinem Bakterium nur gewisse Atomgruppen entzogen werden, während die zurückbleibende, einfachere chemische Verbindung dann später von anderen Bakterien noch weiter zerlegt werden kann, so weit, daß zuletzt von derselben nur noch die anorganischen Verbindungen: Wasser, Kohlensäure und Ammoniak übrigbleiben.

Es ist klar, daß sich nach der verschiedenartigen Zusammensetzung der Nährstoffe auch sehr verschiedenartige Vorgänge bei der Nahrungsaufnahme der Bakterien zeigen müssen. Man hat auch in der Tat drei Gruppen von Zersetzungserscheinungen unterschieden, welche jedoch vielfach ineinander übergehen, nämlich die **Fäulnis**, eine Zersetzung stickstoffhaltiger Verbindungen, die **Verwesung**, eine Zersetzung von Kohlenstoffverbindungen im allgemeinen, und endlich die **Gärung** als Zersetzung einiger bestimmter organischer Verbindungen der Kohlehydrate. Für alle drei Prozesse ist gemeinsam, daß den dabei beteiligten Verbindungen gewisse Atomgruppen entzogen werden und daß dadurch einfachere chemische Körper resultieren. Daß sich während dieser Vorgänge häufig noch sehr komplizierte Stoffe in geringerer Menge bilden können, ist bekannt, wir wissen jedoch noch nichts über die genaueren Bedingungen ihres Entstehens.

Eine sehr wichtige Eigenschaft vieler Bakterien ist die, daß sie imstande sind, Fermente oder Enzyme zu bilden, chemische Verbindungen, welche ganz die Arbeit lebender Zellen zu verrichten vermögen. Ihrer chemischen Natur nach sind diese Stoffe noch nicht vollständig aufgeklärt worden; man weiß jedoch, daß sie befähigt sind, gewisse und oft recht wichtige Veränderungen anderer chemischer Verbindungen zu bewirken. Die Bedeutung dieser Ausscheidungsprodukte der Bakterien liegt darin, daß ihnen Stoffe durch dieselben zubereitet werden, die sie für ihre Ernährung direkt verwerten können. So ist z. B. der Kohlenstoff in der Stärke und im Rohrzucker für die Bakterien nicht ohne weiteres zur Aufnahme vorbereitet, während er aus dem Traubenzucker sofort aufgenommen werden kann.

Wir finden ferner bei anderen Bakterien Fermente, durch welche die unverdaulichen Eiweißstoffe in Pepton verwandelt werden, oder solche, welche Zellulose in eine lösliche und assimilierbare Form überführen. Alle diese Fermente sind jedoch nicht etwa ausschließlich charakteristisch für die Bakterien, wir finden dieselben auch sowohl im Tierreich, als auch im Pflanzenreich bei anderen Gruppen. Sie sind es, welche bei der Verdauung im Speichel, im Magensaft und im Pankreassaft eine sehr wichtige Rolle spielen, die auch bekanntlich bei den „insektenfressenden" höheren Pflanzen als Verdauungsvermittler auftreten, die endlich in den keimenden Samen häufig die Lösung der Stärke und anderer Reservestoffe für die junge Keimpflanze einleiten und ausführen (vgl. auch S. 58).

Speziell charakteristisch dagegen für zahlreiche Bakterien sind die bei ihrer Vegetation und ihrer zersetzenden Tätigkeit auftretenden Nebenprodukte, welche man zum großen Teil erst in neuester Zeit näher kennen und würdigen lernte. Hierher zählen z. B. die Ptomaïne oder Leichengifte, welche zum Teil zu den furchtbarsten Giften überhaupt gehören, basische Verbindungen, die manchen pflanzlichen Alkaloiden in ihrer Zusammensetzung sehr ähnlich sind, ja mit einzelnen derselben, so z. B. mit dem Gifte des Fliegenschwammes, dem Muskarin, völlig übereinstimmen. Die Ptomaïne entwickeln sich unter der Tätigkeit der Bakterien hauptsächlich in faulendem Fleisch und sind in den Körpern von Tieren und Menschen sehr schwer mit völliger Sicherheit nachzuweisen, besonders da sie eben kaum von manchen pflanzlichen Alkaloiden unterschieden werden können. Vielleicht noch weniger bekannt und noch schwieriger nachzuweisen sind auch die äußerst giftigen Eiweißverbindungen (Toxine), welche man ebenfalls als Stoffwechselprodukte der Bakterien auffaßt.

Durch die Tätigkeit der Bakterien erhalten wir endlich eine Anzahl sehr wichtiger Stoffe, so Alkohol und zahlreiche organische Säuren, wie die Milchsäure, die Buttersäure, die Essigsäure usw. Sehr interessant ist es, daß diese Stoffwechselprodukte oft von den Bakterien in solchen Mengen hervorgebracht werden, daß sie selbst daran zugrunde gehen, oft lange bevor die ihnen gebotenen Nährstoffe aufgebraucht sind.

Manche Bakterien haben die Eigenschaft, in ihren Zellen eine Substanz zu erzeugen, die im Dunklen leuchtet; sie sind photogen. Diese

„Leuchtbakterien" kommen vor allem auf Fischen, aber auch auf Fleisch vor, besonders wenn dieses bei niederer Temperatur gehalten wird. Man nimmt an, daß diese „Biolumineszenz" durch Oxydation einer organischen Verbindung in Gegenwart eines Enzyms erfolgt.

Die meisten Spaltpilze bedürfen zu ihrer Entwicklung unbedingt der Anwesenheit des atmosphärischen Sauerstoffes, d. h. sie sind Aërobionten, andere können sich sowohl bei Anwesenheit wie bei Fehlen des Sauerstoffs ungestört entwickeln und werden als fakultative Aërobionten bezeichnet. Es gibt aber auch Formen unter den Bakterien, die dadurch einzig im Pflanzen- und Tierreich dastehen, daß sie nur dann sich kräftig zu entwickeln vermögen, wenn der Sauerstoff der Luft nicht zu ihnen gelangt, und die bei Luftzutritt früher oder später zugrunde gehen, die Anaërobionten. Diese letzteren Spaltpilze sind demnach als bis aufs äußerste angepaßte Saprophyten und Parasiten befähigt, selbst den Sauerstoff, den jedes Lebewesen zur Atmung nötig hat, aus den ihnen gebotenen Nährstoffen zu entnehmen.

Man teilt die Spaltpilze gewöhnlich nach ihrem physiologischen Verhalten in drei Gruppen ein, von denen wir die eine, die der Gärungserreger (zymogene Bakterien), soeben schon besprochen haben.

In die zweite Gruppe rechnet man die Formen, welche besonders für die Medizin sehr wichtig geworden sind, die krankheitserregenden oder pathogenen Bakterien. Sie sind Parasiten, d. h. sie besitzen die Fähigkeit, aus dem lebenden Körper anderer Organismen ihre Nährstoffe zu entnehmen, nachdem sie den Widerstand der lebenden Zellen gebrochen haben.

Die Arten der dritten physiologischen Gruppe endlich bezeichnet man als chromogene Bakterien. Sie scheiden während ihres Stoffwechsels Farbstoffe aus, wodurch ihre Kolonien oft ein farbenprächtiges Aussehen erhalten: rote, blaue, grüne, gelbe, braune, violette Farbstoffe, welche sich in ihrem chemischen und optischen Verhalten sehr eng an die Anilinfarbstoffe anlehnen. Als eines der bekanntesten und charakteristischsten Beispiele dieser Arten sei hier nur der „Bazillus der blutenden Hostie", Bacillus prodigiosus, erwähnt.

Für das ungestörte, vegetative Wachstum der Bakterien ist außer dem passenden Nährsubstrat die geeignete Temperatur von größter Wichtigkeit. Wie bei allen übrigen Lebewesen kennt man auch für die Bakterien ein Temperaturoptimum, bei welchem sie sich am kräftigsten entwickeln, und eine obere und untere Temperaturgrenze, bei deren Überschreitung das Wachstum aufhört. Die drei Grenzen sind jedoch je nach der Art sehr wechselnd; bei einzelnen Arten liegen sie nur wenige Grade auseinander, während sie bei anderen fast 50° Unterschied zeigen. Der Tuberkelbazillus, der Erreger der Lungenschwindsucht, wächst z. B. am besten bei 37°, er stellt sein Wachstum ein über 42° und unter 28°; dagegen zeigt der Heubazillus (Bacillus subtilis) sein Wachstumsoptimum bei 30°, entwickelt sich aber auch noch in den Grenzen von 5 bis 50°.

Völlig unempfindlich sind viele Bakterien gegen Kälte insofern, als selbst die höchsten Kältegrade ihrem Leben nichts schaden. Es ist selbstverständlich, daß unterhalb 0° bei allen, auch den ausdauerndsten Arten die Lebenstätigkeit, vor allem deren lebhafteste Äußerung, die fortgesetzte Spaltung der Individuen, sofort aufhört; man hat aber Bakterien in Kältegrade bis zu 110⁰ gebracht und sie einfrieren lassen; sobald sie wieder aufgetaut waren, setzten sie ihr Wachstum, ohne nur die geringste Schädigung zu zeigen, sogleich wieder fort. Auf der anderen Seite gibt es aber auch Bakterien, die sehr hohe Temperaturen zu ertragen vermögen, z. B. solche, die sich noch bei 74⁰ zu vermehren imstande sind, und die man deshalb häufig in Thermalwässern findet.

Von besonderem Interesse dürfte sein, daß die Bakterien durch ultramikroskopische Lebewesen, „Bakteriophagen", (vielleicht handelt es sich aber auch um ein Enzym) erkranken und dabei aufgelöst werden. Setzt man z. B. einer Bouillonkultur von Typhusbazillen ein Filtrat vom Stuhlgang eines Typhusgenesenden zu, so sind nach kurzer Zeit die Typhusbazillen aus der Kultur völlig verschwunden.

Bei allen diesen soeben geschilderten Verhältnissen handelte es sich stets um die vegetativen Zustände der Bakterien. Ganz anders verhalten sich jedoch die Ruhezustände derselben, die Sporen. Diese besitzen eine erstaunliche Widerstandsfähigkeit gegen alle möglichen ungünstigen Verhältnisse, vor allem gegen hohe Temperaturen.

Die Versuche vieler Forscher früherer Jahre scheiterten oft an einer ganz unerklärlichen Erscheinung. Trotzdem dieselben nämlich die aufs beste verschlossenen Flaschen mit Nährflüssigkeit stundenlang der Siedetemperatur ausgesetzt hatten, entwickelten sich darin manchmal nach einiger Zeit Bakterien in großen Mengen, deren Auftreten dann als Beweismittel für die Theorie der „Urzeugung" angesprochen wurde. Jetzt wissen wir, daß das Erscheinen der Bakterien in dieser Weise durchaus nichts Auffallendes ist; denn es sind viele Arten der Spaltpilze bekannt, deren Sporen ohne Schaden ein stundenlanges Sieden zu ertragen vermögen. Nicht alle Bakteriensporen sind jedoch so widerstandsfähig, und so ist man in manchen Fällen imstande, durch längeres Kochen aus einer von vielen Bakterienarten besiedelten Nährflüssigkeit eine ganz bestimmte Art zu isolieren und rein zu erhalten. Um z. B. eine Kultur des Heubazillus anzulegen, kocht man einen Heuaufguß etwa eine Stunde lang. Hierbei sterben alle oder fast alle der im Aufguß enthaltenen Bakterien und deren Sporen ab, bis auf die des Heubazillus, dessen Sporen im Gegenteil durch das Kochen zu reger Wachstumstätigkeit und zu raschem Keimen angeregt zu werden scheinen. Im übrigen kennt man keine einzige Art, deren Sporen bei einem mehrstündigen Kochen in reinem Wasser nicht getötet werden. Die Flüssigkeit, in welcher sie sich befinden, bedingt in dieser Beziehung große Unterschiede, denn es hat sich herausgestellt, daß ihr Absterben in sauer reagierenden Flüssigkeiten bei einer viel niedrigeren Temperatur, resp. bei anderen Arten nach viel kürzerem Kochen erfolgt, als in neutralen oder alkalischen; hierauf beruht auch die Bakterienfreiheit der Torfmoore und des Torfmulls.

Auch gegen Austrocknung sind die Sporen der meisten Bakterien sehr widerstandsfähig, und man weiß mit Bestimmtheit, daß einzelne derselben im Trockenen mehrere Jahre hindurch ihre Keimkraft zu bewahren vermögen. Die vegetativen Zustände brauchen dagegen zu ihrem Gedeihen notwendig eine bestimmte Menge Wasser und vermögen meist Trockenheit nur wenige Tage lang auszuhalten; doch kennt man auch vereinzelte Formen, die, ohne Sporen zu besitzen, mehrere Monate hindurch der Austrocknung widerstehen.

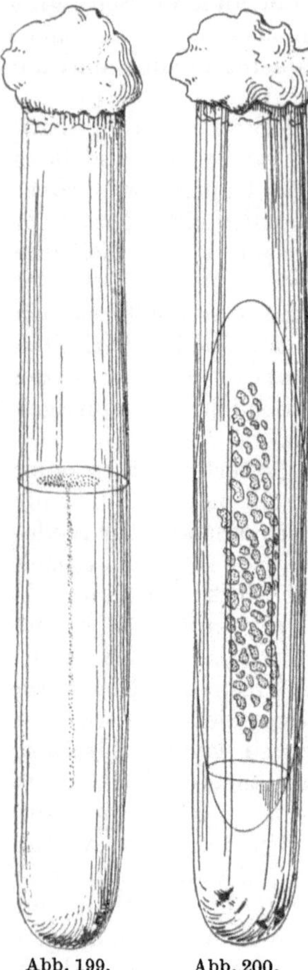

Abb. 199. Stichkultur des Typhusbazillus auf Nährgelatine. (Nach Migula.)

Abb. 200. Strichkultur des Tuberkelbazillus auf Blutserum. (Nach Migula.)

Daß wir gegen die Bakterien wirksame Gifte besitzen, ist allgemein bekannt. Das wichtigste Abtötungsmittel der Spaltpilze ist das Sublimat (Quecksilberchlorid), welches in den meisten Fällen schon in einer Verdünnung von $^1/_{10000}$ die vegetativen Zustände zum Absterben bringt, während alle Sporen bei einer solchen von $^1/_{5000}$ nach mehrstündigem Einwirken, bei $^1/_{1000}$ in wenigen Minuten der Vernichtung anheimfallen.

Wie wichtig die Methoden sind, um die Bakterien und ihre Sporen abzutöten, namentlich zum Zweck der Konservierung der Nahrungsmittel, zur Beseitigung der Krankheitsstoffe usw., ist bekannt. Je besser wir die Bakterien und ihre Lebensäußerungen kennenlernen, desto mehr werden wir auch Mittel und Wege finden, um ihnen erfolgreich gegenübertreten zu können.

Es erübrigt sich, noch einige Worte über die Kulturmethoden der Bakterien zu sagen.

Vor den grundlegenden Arbeiten Robert Kochs hatte man kein Mittel, um die einzelnen Bakterienformen in Reinkulturen zu züchten. Dieser Forscher zeigte nun, daß flüssige Nährmedien, welche bisher ausschließlich zur Bakterienkultur benutzt worden waren, unbrauchbar seien. Er fand dadurch, daß er den flüssigen Nährmedien Gelatine oder Agar-Agar zusetzte, einen Nährboden, welcher nach dem Wunsche des Forschers durch Temperaturveränderung stets in den festen oder den flüssigen Zustand übergeführt werden konnte und dabei völlig durchsichtig blieb. Es zeigte sich, daß die Bakterien auf dem ihnen gebotenen Nährboden ausgezeichnet gediehen, daß sie aber auch je nach der Art außerordentlich charakteristische Verschiedenheiten in ihrem Wuchs aufwiesen (Abb. 199 u. 200). Der größte und sofort in die Augen fallende Vorteil dieser Methode aber war der, daß es sich auf diese Weise als möglich herausstellte, die einzelnen in einer bestimmten Masse enthaltenen Bakterienarten voneinander zu trennen, indem man den Nährboden in flache Schalen (Petri-Schalen) ausgießt und ihn mit einer Platinnadel mit dem Untersuchungsmaterial beimpft. Man kann das Untersuchungsmaterial auch vor dem Ausgießen dem halb erkalteten Nährboden zusetzen oder die ausgegossene Schicht eine Zeitlang der Luft aussetzen (Abb. 201).

Eine andere Methode, Mikroorganismen aus einem Gemisch zu isolieren, ist die „Tröpfchenkultur" von Lindner. Mit einer ausgeglühten Zeichenfeder bringt man auf ein steriles Deckgläschen dicht nebeneinander stehende Tröpfchen einer Nährlösung, die die betreffenden Mikroorganismen enthält; das Deckgläschen legt man mit den Tröpfchen nach unten auf einen Objektträger mit hohlem Ausschliff, nachdem man um die Höhlung herum einen Vaselinring gezogen hat. Unter dem Mikroskop kann man feststellen, in welchen Tröpfchen sich Mikroorganismen befinden und kann deren Entwicklung dauernd beobachten. Dies Ver-

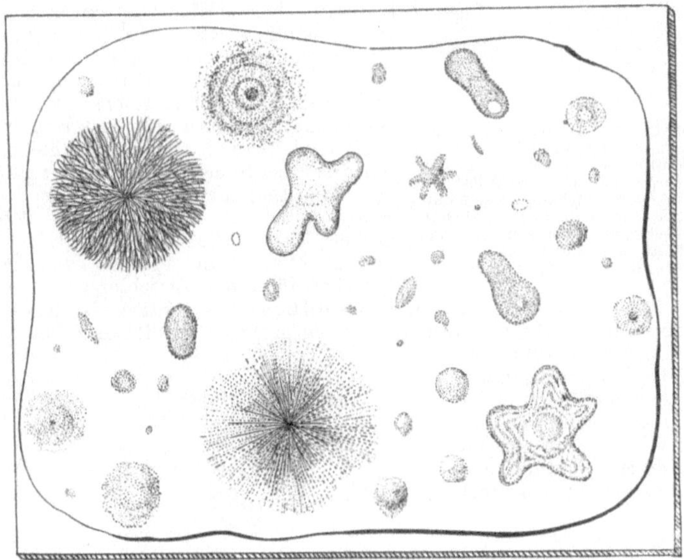

Abb. 201. Kulturplatte mit aus der Luft aufgefangenen Bakterienkolonien. (Nach Migula.)

fahren hat wegen seiner Einfachheit besonders in technischen Betrieben weitgehend Eingang gefunden.

Die Anordnung der Bakterien ist nach dem System von Migula, das auf morphologischer Basis beruht, getroffen worden.

## 1. Reihe. **Eubacteria.**

Zellen ohne Schwefelkörnchen und ohne den roten oder violetten Farbstoff Bakteriopurpurin.

### Fam. **Bacteriaceae** (Stäbchenbakterien).

Die Zellen sind zylindrisch, kurz oder lang, meist gerade, seltener leicht gebogen, vor der Teilung sich stets auf die doppelte Länge streckend. Nicht selten sind fadenförmige Kolonien oder starke Aufquellung der Membran.

Die Arten der Gattung **Bacterium** besitzen niemals Geißeln, zeigen also auch keine Bewegung.

**Bacterium acidi lactici** tritt in der Form kleiner, kurzer Stäbchen auf, welche meistens zu zweien zusammenhängen. Seine Sporen sind imstande, ein kurz andauerndes Kochen ohne Gefahr zu überstehen. Es bewirkt in erster Linie das Sauerwerden der Milch, und zwar dadurch, daß es den Milchzucker in Milchsäure und Kohlensäure zu verwandeln vermag. — Sehr charakteristisch ist, daß die in der Milch erzeugte Säuremenge nie 1 % übersteigt; denn schon in dieser geringen Menge wirkt die Säure, welche doch das Produkt des Spaltpilzes ist, nachteilig und hemmend auf seine weitere Entwicklung ein.

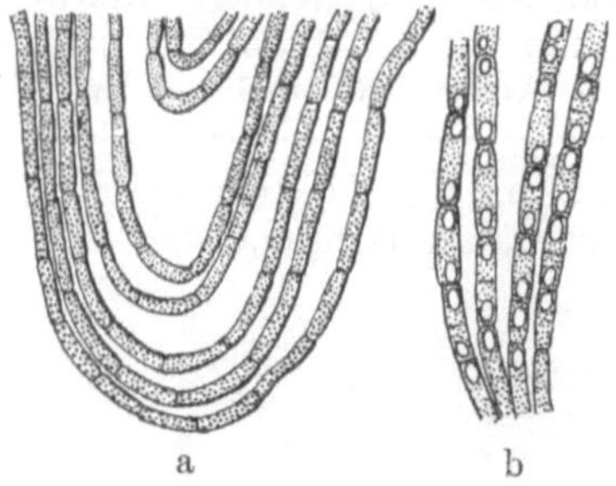

Abb. 202. Milzbrand. a Vom Rande einer im hängenden Tropfen auf Deckglas gewachsenen Kultur. b Sporenhaltige Fäden. Die Sporen liegen genau in der Mitte der Zellen, doch sind die meisten zuletzt entstandenen Scheidewände nicht sichtbar, weshalb es scheint, als wenn jede Zelle zwei Sporen enthielte, die an den Polen liegen. (1000 mal vergrößert.) (Nach Migula.)

**Bacterium aceticum**, der **Essigsäurebazillus**, besitzt die Fähigkeit, in den Stoffen zu vegetieren, welche vorher schon von anderen Bakterien bereitet worden sind und in welchen jene nicht mehr weiterzuleben vermochten, d.h. er vegetiert in Alkohol, welcher für die meisten Spaltpilze als Gift wirkt, und vergärt ihn in Essigsäure. In den allermeisten Fällen ist auf ihn auch das Sauerwerden von Fruchtsäften, Wein und Bier zurückzuführen. Da der Essigsäurebazillus zu ungehindertem Wachstum großer Sauerstoffmengen bedarf, so ist ein rasches Wachstum in gut verschlossenen Flaschen für ihn ausgeschlossen.

**Bacterium anthracis**, der **Milzbrandbazillus**, tritt meist in der Form langer Fäden auf, welche aus verhältnismäßig großen und dicken Zellen bestehen (Abb. 202 u. 203). Äußerlich zeigen sie große Übereinstimmung mit denen des Heubazillus, lassen sich aber doch leicht von diesem unterscheiden, da sie nie Geißeln besitzen, während jene Form (wenigstens in einzelnen

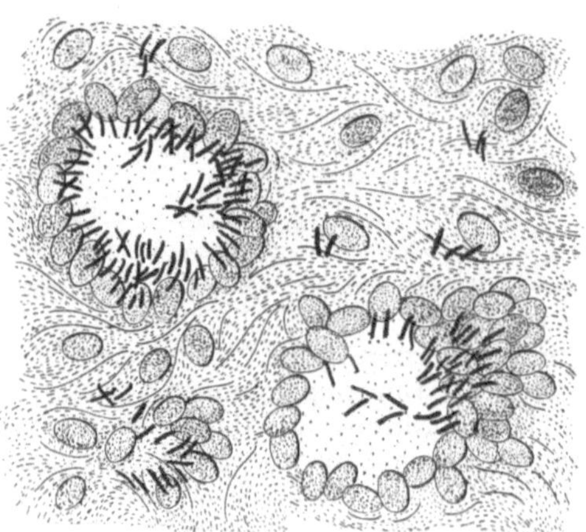

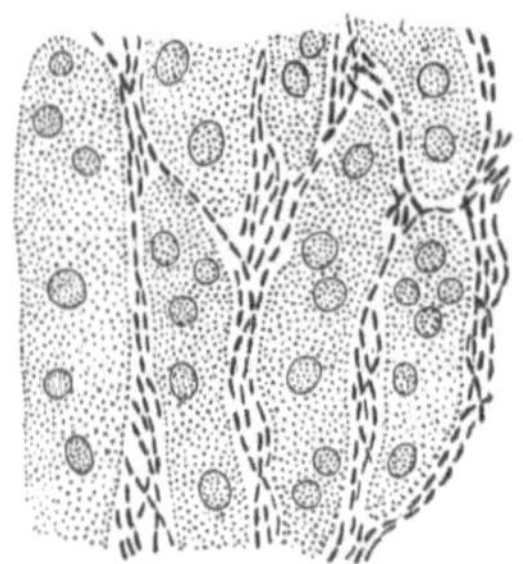

Abb. 203. Milzbrand. Schnitt durch Gewebe (gefärbt). 400 mal vergrößert. (Nach Migula.)

Abb. 204. Tuberkelbazillus. Schnitt durch einen Tuberkelknoten der Lunge, in der zwei mit zahlreichen Bazillen erfüllte Riesenzellen zu erkennen sind. Die Bazillen treten durch die Karbolfuchsinfärbung als dunkle Striche sehr deutlich hervor. 1000 mal vergrößert. (Nach Migula.)

Entwicklungsstadien) durch lebhafte Bewegung ausgezeichnet ist. Die Ähnlichkeit dieser beiden Spaltpilze hatte Veranlassung zu der Theorie gegeben, daß dasselbe Bakterium sowohl indifferent wie pathologisch auftreten könne. **Robert Koch** führte beim Milzbrandbazillus zum erstenmal den lückenlosen Beweis für die pathogenen Eigenschaften eines Organismus.

**Bacterium tuberculosis**, der **Tuberkelbazillus**, ist der Krankheitskeim der Schwindsucht.

Erst 1882 wurde durch Robert Koch der Tuberkelbazillus wirklich zweifellos nachgewiesen, nachdem es ihm gelungen war, ein besonderes Verfahren aufzufinden, mittels dessen er den Bazillus färben konnte, so daß er sich scharf von den Geweben abhob. Der Tuberkelbazillus besitzt die Gestalt eines feinen, schlanken, sehr schwach gebogenen Stäbchens und kommt meist einzeln vor, selten zu zweien zusammenhängend (Abb. 204). Er bildet nie Sporen, die vegetativen Zellen sind jedoch ganz außerordentlich widerstandsfähig gegen äußere Einflüsse und sind imstande, längere Zeit hindurch hohe Temperaturen und Trockenheit ohne Schaden zu ertragen.

Auf weitere wichtige Arten der Gattung Bacterium, so z. B. auf B. pneumoniae (Erreger der Lungenentzündung), B. leprae (Leprabazillus), B. influenzae (Keim der Influenza), B. diphtheriae (Erreger der Diphtherie) soll hier nicht näher eingegangen werden.

Die Gattung **Bacillus** unterscheidet sich dadurch von Bacterium, daß ihre Arten an ihrer ganzen Oberfläche mit zerstreuten Geißeln ausgerüstet sind.

Bacillus subtilis, der Heubazillus, kann fast als „indifferent“ bezeichnet werden, da er weder pathogen, noch chromogen ist und nur sehr schwache Gärungen hervorruft. Diese Art ist in mehrfacher Hinsicht von historischem Interesse. An ihr wurde zuerst die Sporenbildung und -keimung beobachtet. Ferner wurde oben schon darauf hingewiesen, daß sie infolge ihrer Ähnlichkeit mit dem Milzbrandbazillus früher sehr viel zur Theorie von der Veränderlichkeit der Bakterienarten beitrug.

Der Heubazillus ist ein sehr beliebtes Probeobjekt für mannigfache Bakterienuntersuchungen. Denn einmal ist er völlig harmlos und gibt nie zu Erkrankungen Veranlassung, dann ist er außerordentlich genügsam und gedeiht auf den denkbar dürftigsten Nährböden, endlich zeigt er, wie oben schon angeführt wurde, eine auffallende Widerstandsfähigkeit der Sporen. Um Reinkulturen zu erhalten, übergießt man Heu mit Wasser, das man einen Tag lang stehen läßt und dann, um eventuellen Schmutz zu entfernen, ganz roh filtriert. Die abgegossene Flüssigkeit wird sodann in eine mit einem Wattepfropf versehene Flasche gegossen und eine Stunde lang gekocht. Die meisten der außerordentlich zahlreichen in diesem Aufgusse enthaltenen Bakterien gehen samt ihren Sporen während des Kochens zugrunde, die Sporen des Heubazillus halten jedoch sehr gut aus und beginnen sofort nach erfolgtem Erkalten der Nährflüssigkeit mit dem Auskeimen. Es ist deshalb klar, daß man den so außerordentlich widerstandsfähigen Heubazillus sehr gern als Probeobjekt benutzt, um Desinfektionsapparate auf ihre Leistungsfähigkeit zu prüfen.

Bacillus prodigiosus, der sog. Hostienpilz oder Blutwunderpilz, hat schon zu allen Zeiten viel von sich reden gemacht und rief besonders im Mittelalter abergläubische Vorstellungen hervor. Diese Art besteht aus kleinen, ovalen oder schmal eiförmigen Zellen, die bei genügendem Nährstoff sich außerordentlich schnell vermehren und einen grell karminroten oder blutroten Farbstoff ausscheiden. In der Auswahl der Nährstoffe ist diese Form nicht wählerisch und nimmt mit allerlei organischen Stoffen, wie Eiern, Milch, Rüben, gekochten Kartoffeln, Brot usw., vorlieb. Wenn der Pilz längere Zeit hindurch vegetiert hat, so produziert er Trimethylamin, einen nach Heringslake riechenden Stoff, dessen widerlicher Geruch alle befallenen Gegenstände völlig ungenießbar macht. Besonders feuchte, dumpfige Orte sind für das Wachstum dieses Spaltpilzes sehr geeignet, und so kann es uns nicht wundern, daß er sich hier und da auch auf Hostien einstellte und das Volk in früheren Zeiten in Aufregung und Schrecken versetzte.

Bacillus amylobacter ist der Organismus, welcher die Buttersäure erzeugt. Er ist von allen zymogenen Bakterien dadurch ausgezeichnet, daß er nur bei Abschluß von Luft, besonders aber von Sauerstoff, sich lebhaft zu entwickeln vermag. Die Buttersäuregärung wird vom Bacillus amylobacter in sehr verschiedenen Stoffen hervorgerufen, so in Stärkelösungen, Dextrin, Zuckerarten und sehr wahrscheinlich noch in anderen Kohlehydraten. Besonders häufig findet man, daß diese Gärung in der Milch auftritt, wenn die Milchsäuregärung, durch das

Bacterium acidi lactici hervorgerufen, vorüber ist. Diese beiden Bakterien ergänzen sich insofern ausgezeichnet, als der letztgenannte auf den in der Milch enthaltenen Sauerstoff angewiesen ist und ihn auch fast völlig verbraucht, so daß dann nachher der sauerstoffeindliche Buttersäurebazillus einen merkbar bitteren Geschmack hervorruft, was bei zu lange stehengelassener Sauermilch oft recht deutlich hervortritt.

Bacillus typhi, der Typhusbazillus, bildet ziemlich kleine, kurze Stäbchen, welche nur wenige Male länger als breit sind und häufig — in Kulturen — kurze, weniggliedrige Fäden bilden (Abb. 205). Besonders in jugendlichen Stadien sind die Einzelzellen sehr beweglich, und zwar geht diese Bewegung von einem Geißelbüschel aus, welches von einem Punkte des Bazillus entspringt.

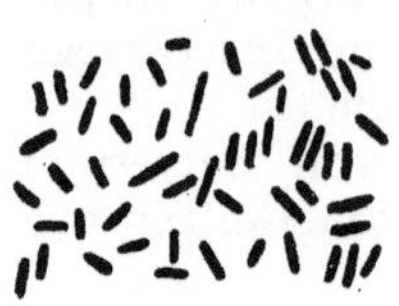

Abb. 205. Typhusbazillus. Deckglaspräparat von einer vier Tage alten Kultur, gefärbt. 1000 mal vergrößert. (Nach Migula.)

Auffallend ist beim Typhusbazillus, daß sich die vegetativen Zellen außerordentlich widerstandsfähig erweisen und z. B. ein Austrocknen von mehreren Wochen unbeschadet zu ertragen vermögen. Es ist dies von großer Bedeutung für ihn, da er keine Sporen bildet und so im Kampfe ums Dasein viel schlechter ausgestattet ist als viele andere Bakterien.

Es ist zweifellos, daß der Bacillus typhi als „fakultativer Parasit" anzusehen ist, da er sich sehr gut außerhalb des menschlichen Körpers in feuchter Erde, im Wasser und in der Milch zu vermehren vermag, gelegentlich aber in den Körper eindringt und dort sein gefährliches Wachstum fortsetzt.

Die Ansteckung erfolgt nur durch Aufnahme des Bazillus mit der Nahrung in den Verdauungskanal oder natürlich auch dadurch, daß bakterienhaltige Gegenstände mit den Lippen in Berührung kommen.

Außer dem echten Typhusbazillus gibt es eine Gruppe, die als Paratyphusbazillen bezeichnet wird. Ein zur Gruppe Paratyphus B gehöriger Bazillus ist der Mäusetyphusbazillus, der zur Vernichtung von Mäusen kultiviert wird.

Die Gattung **Pseudomonas** unterscheidet sich von den Gattungen Bacterium und Bacillus dadurch, daß ihre Zellen mit polaren Geißeln versehen sind. Hierher gehört z. B. Pseudomonas europaea, der Erzeuger der Nitrifikation im Boden.

## Fam. **Spirillaceae** (Schraubenbakterien).

Zu dieser Familie stellt man die Bakterien von halbkreisförmiger bis schraubenförmig gewundener Gestalt der Zellen. Die Zellen sind geißellos oder durch polare Geißeln ausgezeichnet.

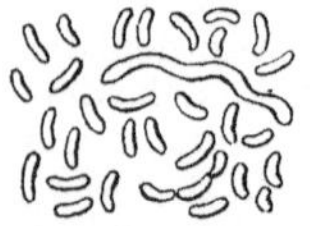

Die Arten der Gattung **Microspira** besitzen starre, nicht biegsame Zellen mit meist einzelnen polaren Geißeln.

Zu dieser Gattung gehören nur wenige Arten von allgemeinerer Bedeutung; eine Ausnahme macht jedoch Microspira comma, der Cholerabazillus, ein Spaltpilz, der zu den furchtbarsten Schädlingen des Menschen gerechnet werden muß.

Abb. 206. Cholerabazillen, etwa 1000 mal vergr. (Nach Migula.)

Der Cholerabazillus ist bei uns nicht einheimisch; die Seuche wird nur von Zeit zu Zeit aus Indien, wo die Krankheit endemisch ist und in manchen Gegenden überhaupt niemals erlischt, zu uns überführt. Erst seit dem Jahr 1884 kennen wir den Erreger der furchtbaren Krankheit, welcher von Robert Koch damals auf einer Studienreise in Ägypten und Ostindien festgestellt wurde. Er besitzt die Form kleiner, leicht gebogener Stäbchen, welche meistens vereinzelt und frei voneinander vorkommen, in selteneren Fällen jedoch auch zu mehreren in Form einer Schraube vereinigt bleiben können (Abb. 206). Die Einzelzellen besitzen eine starre Membran und eine, seltener zwei bis drei polare, wellig gebogene Zilien, wodurch die Individuen auf dem Höhepunkt ihrer Entwicklung außerordentlich schnell sich bewegen.

Die Gattung **Spirillum** umfaßt Bazillen von schraubig gewundener Zellform, welche sich von Microspira hauptsächlich durch die Büschel von Geißeln an beiden Polen unterscheiden.

Zu **Spirochaete** stellt man Arten mit schlangenartig biegsamen Zellen und schlangenartiger Bewegung.

Spirochaete pallida (Abb. 196) ist als Erreger der Syphilis bekanntgeworden.

## Fam. **Phycobacteriaceae** (*Chlamydobacteriaceae.* Scheidenbakterien).

Fadenförmige, von mehr oder weniger deutlich sichtbarer Gallertscheide umgebene, Kolonien bildende Zellen, welche sich nur selten nach drei Richtungen des Raumes teilen und dadurch körperförmige Kolonien bilden.

Die zu dieser Familie gehörige Gattung **Crenothrix** enthält nur eine Art, Cr. polyspora (Abb. 207 b), welche sich infolge ihrer ungeheuer schnell erfolgenden Vermehrung schon oft sehr unangenehm bemerkbar gemacht hat. Diese Art bildet unverzweigte Zellfäden, deren Zellen sich anfangs nur nach einer Richtung des Raumes teilen, später jedoch nach drei Richtungen des Raumes. Darauf runden sich die Teilungszellen ab und werden zu Vermehrungszellen. Die einzelnen Fäden, welche nur wenige Millimeter Länge erreichen, setzen sich in Büscheln an vom Wasser berieseltem Holz, an Mauern und Röhren fest und vermögen sich unter noch nicht völlig geklärten, für sie günstigen Bedingungen so auffallend zu vermehren, daß Gräben dicht erfüllt und Wasserleitungsröhren völlig verstopft werden können. Noch schlimmer ist die Anwesenheit dieser Art, wenn sie abzusterben beginnt, denn sie bringt dann einen so widerlichen Geruch hervor, daß das Wasser vollständig ungenießbar wird.

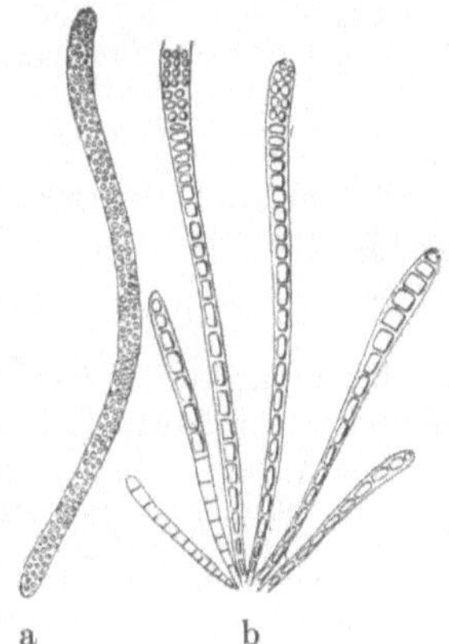

Abb. 207. a Beggiatoa alba, b Crenothrix polyspora.

**Sphaerotilus** dichotomus (= Cladothrix dichotoma) tritt in der Gestalt kleiner, in der Jugend festsitzender Fäden auf. Diese Art kommt in Sumpfwässern sehr häufig vor; sie vermehrt sich sehr stark und sammelt sich besonders an der Wasseroberfläche an, wo sie auffallende Kahmhäute bildet.

## Fam. **Coccaceae** (Kugelbakterien).

Die zu dieser Familie gehörigen Bakterien besitzen kugelige Zellen, welche sich vor der Teilung nicht in die Länge strecken. Die Zellteilung erfolgt nach einer, nach zwei oder aber nach drei Richtungen des Raumes. Die Zellen leben frei oder in Kolonien locker vereinigt. Sie besitzen höchst selten Geißeln, zeigen deshalb auch keine Bewegung.

**Streptococcus** pyogenes ist ein gefährlicher Eitererreger, dessen Zellen meist eine Anordnung in perlschnurartige Reihen zeigen.

**Streptococcus** mesenterioides, früher auch Leuconostoc mesenterioides genannt, ist der sog. Froschlaichpilz (Abb. 208). In passenden Nährsubstraten entwickelt er sich ganz überraschend schnell: aus wenigen Zellen sind bald gallertige Klümpchen entstanden, und nach kurzer Zeit ist das ganze Kulturgefäß von einer schleimig-gallertigen Masse erfüllt. Bei mikroskopischer Betrachtung läßt sich zeigen, daß die verhältnismäßig kleinen, runden Zellen in mächtigen, dickwurstartigen Gallertscheiden eingebettet liegen. Früher war dieser Pilz besonders in Zuckerfabriken sehr gefürchtet, da er sich hier und da einzustellen pflegte, in kürzester Frist alle zuckerhaltigen Stoffe zerstörte und die befallenen Behälter vollständig ausfüllte, ja sogar oft die Abwassergräben verstopfte.

Die Gattung **Micrococcus** enthält zahlreiche wichtige Arten zymogener, chromogener und pathogener Natur (M. gonorrhoeae, Erreger der Gonorrhöe).

**Sarcina** ventriculi, der Paketspaltpilz (Abb. 195), findet sich häufig im Magen Magenleidender, ohne daß er die Ursache der Krankheit zu sein scheint. Charakteristisch ist die Art dadurch, daß ihre Zellen sich nach drei Richtungen des Raumes teilen und in eigentümlich warenballenartigen Anhäufungen vereinigt bleiben.

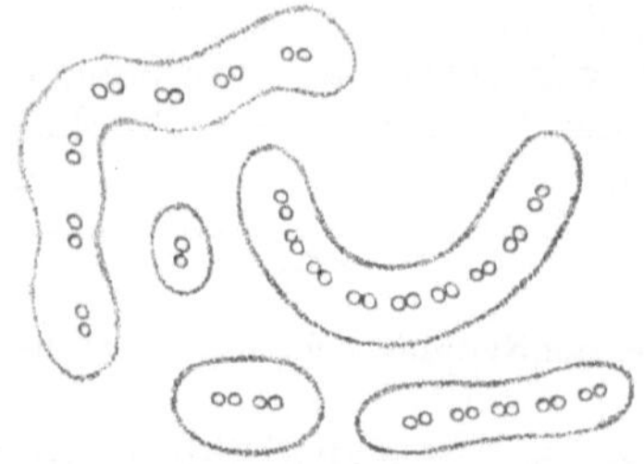

Abb. 208. Der Froschlaichpilz (Streptococcus mesenterioides). 1000mal vergr. (Nach Migula.)

**Azotobacter** chroococcus oxydiert Kohlenstoffverbindungen und spielt eine Rolle bei Stickstoffumsetzungen im Meer.

## 2. Reihe. Thiobacteria.

Zellen mit Schwefeleinschlüssen, farblos oder durch Bakteriopurpurin rot oder violett gefärbt.

### Fam. Beggiatoaceae.

Durch undulierende Membran bewegliche, fadenförmige, unbescheidete Kolonien bildende Zellen, welche Schwefelkörnchen enthalten.

Die Arten der Gattung **Beggiatoa** (Abb. 207a) treten besonders häufig in schwefelhaltigem Wasser auf, fehlen auch meist nicht in Abwässern von Fabriken. Charakteristisch ist für sie, daß sie imstande sind, Schwefelverbindungen zu zersetzen und dadurch Schwefelwasserstoffgeruch in Schwefelquellen hervorzurufen. Im Inneren der Zellen finden wir stets feine, stark lichtbrechende Schwefelkörnchen aufgespeichert.

### Fam. Rhodobacteriaceae.

Der Zellinhalt der hierher gehörigen Spaltpilze ist durch den Farbstoff Bakteriopurpurin rosa, rot oder violett gefärbt, ferner sind darin Schwefelkörnchen enthalten.

**Lamprocystis** roseopersicina ist ein Spaltpilz, der sich häufig in Sümpfen und Gräben findet und dem Wasser derselben einen auffallend rosavioletten Farbenton verleihen kann.

## 2. Klasse.

# Schizophyceae (auch Cyanophyceae, Phycochromaceae genannt). Spaltalgen.

Die Spaltalgen entsprechen in Bau und Vermehrung den Spaltpilzen. Ihre Zellen enthalten jedoch den Farbstoff Phykozyan, welcher mit Chlorophyll gemischt das Phykochrom bildet und den Individuen eine spangrüne, blaugrüne, seltener rote oder violette Färbung verleiht.

Ihre Vermehrung erfolgt durch fortgesetzte Zweiteilung; häufig werden auch ungeschlechtliche Dauersporen gebildet. Die Zellen sind häufig von Gallertscheiden umgeben. — Die hierher gehörigen Arten spielen im Haushalte der Natur meist nur eine untergeordnete Rolle und sollen deshalb nur kurz besprochen werden.

## Fam. Oscillatoriaceae.

Zu dieser Familie stellt man Individuen, welche aus geldstückartigen oder scheibenförmigen Zellen bestehen; diese sind stets zu einfachen, unverzweigten Fäden verbunden. Die Fäden besitzen meist die Gestalt von Geldrollen und sind fast immer von einer mehr oder weniger dicken Gallertscheide umgeben. Eine ganz besonders charakteristische Eigenschaft der Arten dieser Familie, woher letztere auch ihren Namen erhalten hat, ist die auffallende Eigenbewegung der Fäden. Diese gleiten nämlich stets langsam hin und her, indem unter einer fortgesetzten Drehung um ihre Längsachse die leicht gewundenen Enden pendelartig von einer Seite zur anderen schwingen. Ihre vegetative Vermehrung erfolgt häufig in der Weise, daß Stücke der Fäden durch ihre selbständige Bewegung in der Gallertscheide sich aus dem Fadenverbande lösen und zuletzt auch die Scheide selbst verlassen. Nachdem sie frei geworden sind, beginnen die Zellen dieses Teilfadens sich sehr lebhaft zu teilen und wachsen bald zu einem neuen Faden aus.

Die vegetativen Zellen besitzen eine ungewöhnliche Widerstandsfähigkeit; sie können eintrocknen, ja sogar einfrieren, ohne in ihrer Vegetationstätigkeit gestört zu werden. Besondere Dauerzellen kommen deshalb nicht vor.

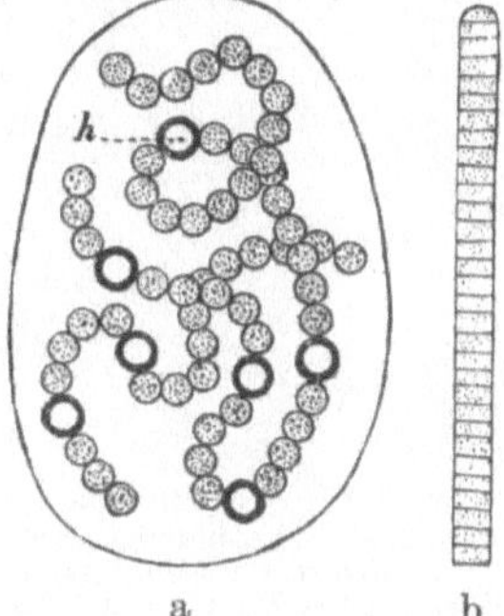

Abb. 209. a eine Nostockolonie, von einer Gallerthülle umgeben. *h* Heterozysten; b Stück eines Oscillatoriafadens. Stark vergrößert.

Zu dieser Familie gehört die Gattung **Oscillatoria** (Abb. 209 b), welche über die ganze Erde mit sehr zahlreichen Arten verbreitet ist und sich auf feuchter Erde und besonders in schmutzigen Pfützen, Rinnsteinen, Abwässern überall findet. Häufig trifft man die Oscillatoriaarten auch in heißen Thermalwässern an. In manchen Fällen sind sie durch einen eigenartig unangenehmen, modrigen Geruch ausgezeichnet.

## Fam. Nostocaceae.

Hierher werden zu fadenförmigen, unverzweigten Kolonien vereinigte Individuen gestellt, deren Zellen eine deutliche Kugelform aufweisen (Abb. 209 a). Die Kolonien besitzen eine sehr charakteristische, perlschnurartige oder rosenkranzförmige Gestalt. In den Fäden treffen wir hier und da einzelne größere Zellen, die Grenzzellen (Heterozysten), welche im Gegensatz zu den normalen vegetativen Zellen von gelblicher Farbe sind und nie die Fähigkeit, sich zu teilen, besitzen. Außerdem finden wir bei der Familie Sporen entwickelt, Dauerzellen, welche dadurch entstehen, daß gewöhnliche vegetative Zellen an Größe mehr oder weniger zunehmen und ein dicke Wandung erhalten. Infolge dieses Schutzes sind die Sporen imstande, der Kälte des Winters und den im Sommer häufig erfolgenden Austrocknungen ihrer Standorte erfolgreich Widerstand zu bieten.

Bei den meisten Arten der Familie wird Gallerte ausgeschieden, und zwar in solcher Menge, daß die Zellfäden zu vielen in der bis zur Größe eines Apfels anschwellenden, strukturlosen Gallertmasse eingebettet liegen. Diese Kugeln schwimmen zum Teil an der Wasseroberfläche, teils sitzen sie anderen Pflanzen an.

Eine der häufigsten Arten, **Nostoc** commune, kommt oft auf feuchtem Boden vor und ist bei Feuchtigkeitsanwesenheit mit unbewaffnetem Auge leicht zu erkennen, da die Gallertmassen bis handgroß werden und unregelmäßig hirnartig gefaltet sind. Tritt jedoch Trockenheit ein, so schrumpft die Gallerte zusammen, und von den Kolonien ist kaum noch etwas wahrzunehmen. Auf der anderen Seite genügt aber auch ein Regenguß, um die auffallenden Körper in ihrer ganzen Größe wieder herzustellen, und dieser Umstand hat beim Volke in vielen Gegenden zu dem Märchen vom Gallertregen oder Froschlaichregen geführt. — Viele Nostokazeen gehören zu den „Wasserblüte" erzeugenden Organismen, die zeitweise in Seen eine Massenvegetation bilden. **Aphanizomenon** flos aquae und **Anabaena** flos aquae treten z. B. oft so massenhaft auf, daß sie ganzen Seen eine spangrüne Färbung und ölfarbenartige Beschaffenheit verleihen.

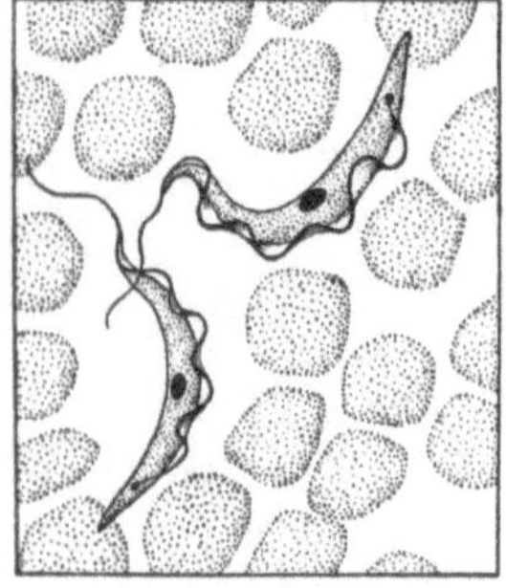

Abb. 210. Trypanosoma gambiense, Erreger der Schlafkrankheit. Ausstrichpräparat des Blutes eines Erkrankten.

### Fam. Chroococcaceae.

Zu dieser Familie bringt man die Formen, deren Zellen eine rundliche, kugelige oder geldstückartige Gestalt besitzen. Die Zellindividuen leben einzeln, oder sie sind durch eine Gallertausscheidung zu sehr verschiedenartigen Kolonien — jedoch nie fadenförmigen — vereinigt.

Sehr interessant ist die Art und Weise der Teilung. Bei einzelnen Arten, wie z. B. bei **Gloeothece** und **Aphanothece**, teilen sich die Zellen stets nur nach einer Richtung des Raumes, und die so gebildeten Individuen trennen sich bald voneinander. Bei anderen Gattungen dagegen, wie z. B. bei **Merismopedia**, finden wir eine Teilung nach zwei Richtungen des Raumes, und da hier die Einzelindividuen in einer Gallerte eingebettet liegen, so erhalten wir tafelförmige Kolonien. Wieder andere Formen teilen sich nun aber sogar nach drei Richtungen des Raumes, d. h. wir erhalten bei fortgesetzter Teilung und bei reichlicher Gallertausscheidung Kolonien von kugeliger oder sogar ziemlich streng würfelförmiger Gestalt, so z. B. bei **Gloeocapsa** und **Chroococcus**.

Sämtliche Arten dieser Familie findet man auf feuchter Erde, an feuchten Baumstämmen und besonders häufig in stehendem Wasser.

## II. Abteilung.

# Flagellatae.

Mikroskopisch kleine, geißeltragende, mit einer oder zwei pulsierenden Vakuolen versehene Lebewesen. Vermehrung ungeschlechtlich durch einfache Längsteilung. Ernährung durch pflanzliche Assimilation oder saprophytisch, parasitisch oder tierisch. Euglena viridis mit grünen Chromatophoren und rotem Augenfleck.

Zu den gefährlichsten Krankheitserregern gehören die Trypanosomaarten, z. B. Tr. gambiense, der Erreger der Schlafkrankheit, der durch eine Stechfliege (Glossina palpalis) übertragen wird (Abb. 210).

# III. Abteilung.
# Dinoflagellatae (Peridineae). Peridineen.

Die Peridineen sind winzige, einzellige Lebewesen, welche mit einer Zellulosemembran versehen sind. Sie sind besonders dadurch charakterisiert, daß um ihren Zellkörper eine furchenartige Einschnürung, die Querfurche, ringförmig herumläuft, welche von einer zweiten Furche, der Längsfurche, senkrecht durchschnitten wird. Nur bei wenigen Formen fehlt dies Merkmal; dagegen finden wir bei allen Arten eine Einrichtung, welche mit der Furchenbildung im engsten Zusammenhang steht, Bewegungsorgane von auffallender Anordnung, wie wir sie sonst bei keiner Gruppe des Pflanzenreiches antreffen. Die Peridineen besitzen nämlich durchweg zwei Geißeln, deren eine in der Längsrichtung der Zelle getragen und dabei meist in der Längsfurche geschützt wird, während die andere sich entsprechend der Querfurche im Kreise um den Zellkörper herumlegt und wellenförmige Bewegungen ausführt (Abb. 211).

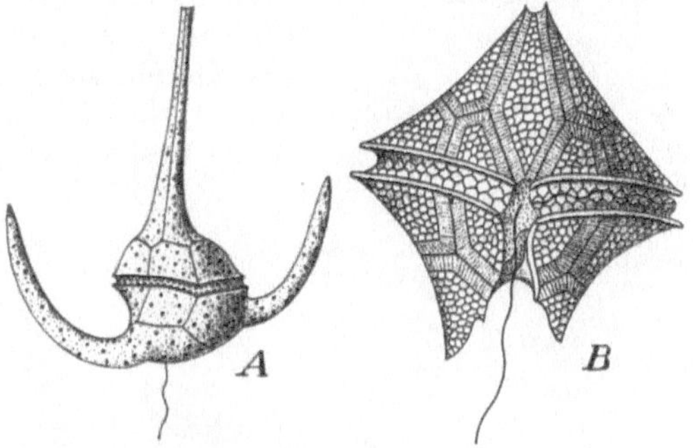

Abb. 211. Planktonperidineen. A Ceratium tripos. B Peridinium divergens. Stark vergrößert. (Nach Schütt.)

Die Membran der Peridineen ist unverkieselt. Sie besitzen ein eigenartiges, zentrifugales Dickenwachstum, wodurch Membranplatten in der Form poröser Lamellen gebildet werden. Auf diese sind oft nach außen hervorragende Verdickungsleisten aufgesetzt, welche in manchen Fällen sehr bedeutende Dimensionen annehmen und den einzelnen Arten merkwürdige Gestalten verleihen können.

Weitaus die meisten Peridineen besitzen gelbe Chromatophoren, welche von plattenförmiger Gestalt sind und infolge ihres Chlorophyllgehaltes diese Formen zur Assimilation befähigen, d. h. ihnen ermöglichen, unter dem Einfluß des Lichtes aus den ihnen in ihrem Lebenselement, dem Meere, nie fehlenden Substanzen Wasser und Kohlensäure organische Substanzen zu schaffen.

Über die Fortpflanzungsverhältnisse der Arten dieser Familie sind wir noch nicht in allen Punkten genau unterrichtet. Wir kennen dagegen gut die ungeschlechtliche Vermehrung, welche durch fortgesetzte Zweiteilung der Individuen erfolgt. Nur sehr selten findet die Teilung während des Umherschwärmens statt; meist geht ihr ein kürzer oder länger andauernder Ruhezustand voraus.

Die Peridineen sind deshalb von großer Wichtigkeit, weil sie einen großen Bruchteil des Planktons darstellen, d. h. derjenigen Pflanzen, welche die Flora des hohen Meeres ausmachen und dort auch allein das Leben der Tiere ermöglichen. Bei den Bacillariophyta soll hierüber eingehender berichtet werden. Manche der Peridineen sind auch am Meeresleuchten beteiligt.

## IV. Abteilung.

# Bacillariophyta. Diatomeen. Kieselalgen.

Die Diatomeen sind durchweg winzige, mikroskopische, einzellige Lebewesen, deren Protoplasmakörper von einer Zellmembran umhüllt wird. Diese Membran besteht aus einer Pektinmembran, der außen — dies ist für die Diatomeen charakteristisch — ein Kieselpanzer aufgelagert ist. Wird der Zellkörper der Diatomeen geglüht, so bleibt ihre Form deshalb unverändert erhalten: die Hemizellulose Pektin verbrennt zwar, dafür bleibt aber das Kieselgerüst zurück, und nun treten die Struktureigentümlichkeiten der Zellhülle, zarte Rinnen oder hervorragende Leisten (Abb. 212), um so deutlicher hervor. Die Diatomeen sind einzellebende

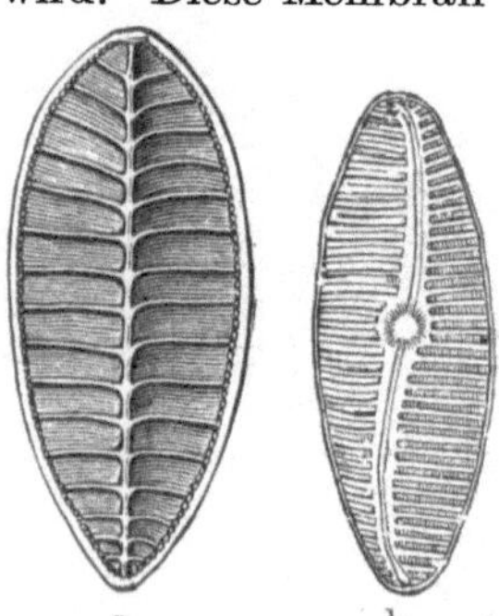
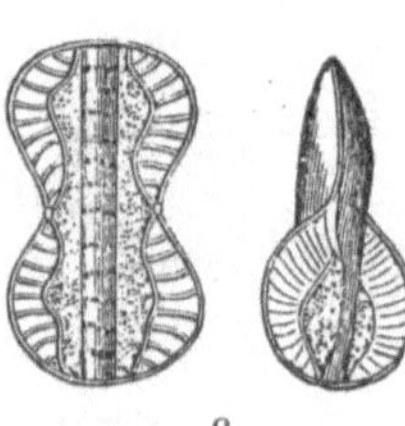

Abb. 212. Diatomeen. a Surirella gemma. b Scoliopleura Jenneri. c Amphiprora paludosa. Sämtlich stark vergrößert.

Zellen, oder ihre Zellen sind zu fadenförmigen, mitunter von Schleim umhüllten Kolonien vereinigt; häufig sitzen die einzelnen Zellen auf Gallertstielen auf.

Die Membran der Diatomeenzelle besteht nicht aus einem einzigen, den Plasmakörper allseitig umschließenden Stück, sondern sie ist zusammengesetzt aus zwei Teilen, welche wie die Hälften einer Schachtel ineinandergreifen. Geradeso nämlich, wie von den beiden Hälften einer Schachtel die eine mit ihren Rändern über die andere geschoben wird, so wird auch die Diatomeenzelle dadurch abgeschlossen, daß die Ränder der Hälften übereinanderliegen, ohne jedoch zu verwachsen, wobei die Hälften stets in einer Richtung beweglich bleiben. Es ist demnach auch ganz selbstverständlich, daß eine unter dem Mikroskop beobachtete Diatomeenzelle zwei ganz verschiedene Bilder bieten muß, je nachdem sie ihre Deckel- oder aber ihre Seitenfläche, die Schalenansicht oder die Gürtelbandansicht, dem Beschauer zukehrt (Abb. 213).

Die Diatomeen enthalten ein an körnige oder plattenförmige Chromatophoren gebundenes Chlorophyll, welches jedoch durch den Farbstoff Diatomin verdeckt wird, so daß die Diatomeenzelle stets gelb bis gelbbraun erscheint. Durch den Chlorophyllgehalt sind die Diatomeen, wie alle grünen Pflanzen, imstande, Kohlensäure zu assimilieren.

Die Vermehrung der Diatomeen erfolgt ausschließlich durch Teilung, welche stets nur in einer Richtung erfolgt, nämlich parallel den Schalenseiten. Die beiden Schalenhälften rückten dabei auseinander, der Zellinhalt, resp. das Protoplasma mit Inhaltskörper der sich teilenden Zelle zerfällt in zwei gleiche Teile, von denen jeder mit einer der auseinandergerückten Zellhälften in Verbindung bleibt.

Durch diese Teilprotoplasmen werden sodann je eine neue Schalen- (resp. Schachtel-) Hälfte gebildet, welche mit ihren Rändern resp. Gürtelbandseiten in die beiden auseinandergerückten Schalenhälften der Mutterzelle eingeschachtelt sind.

Es ist klar, daß die panzerartig festen Schalen der Diatomeen nicht die Fähigkeit besitzen können, noch nachträglich zu wachsen, daß also bei fortgesetzter Zweiteilung der Individuen infolge des ständigen Einschachtelns in die Schalen der Mutterpflanze eine allmähliche Verkürzung im Längsdurchmesser der Zellen eintreten muß.

Wenn diese Teilungsvorgänge unbegrenzt weitergehen würden, so müßte selbstverständlich die Größe der Diatomeen ständig abnehmen. Wir können in der Tat auch die zunächst auffallende Erscheinung konstatieren, daß die Individuen einer und derselben Art an Größe ganz außerordentlich variieren und daß ein Zellindividuum ein anderes derselben Art oft um das Mehrfache übertreffen kann.

Damit aber diese Verkleinerung in Wirklichkeit nicht zu weit geht, besitzen die Diatomeen ein Regulativ, das von außerordentlichem Interesse ist, die sog. Auxosporenbildung (Abb. 214). Sobald nämlich eine Zelle durch die oft in ziemlich kurzen Zeitabständen erfolgende Zweiteilung eine gewisse Minimalgröße erreicht hat, so erfolgt eine eigenartige Bildung, welche den Erfolg hat, daß das Individuum wieder die Maximalgröße seiner Art erlangt. Der Prozeß ist nach den einzelnen Arten sehr verschieden, dagegen ist der Erfolg genau derselbe.

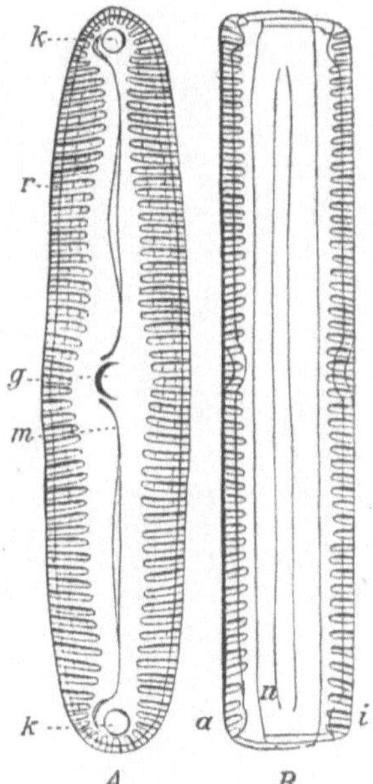

Abb. 213. Eine Bacillariacee oder Diatomee (Pinnularia viridis). A Schalenansicht, *r* Riefen, *m* Mittellinie, *k* Endknoten, *g* Mittelknoten. B Gürtelbandansicht, *a* äußere, *i* innere Schale, *n* Nebenlinien. 800 mal vergrößert. (Nach Pfitzer.)

Die meisten Pennatae sind durch eine eigenartige gleitende Bewegung ausgezeichnet, andere sind imstande, sich im offenen Tropfen frei, als ob sie schwämmen, zu bewegen.

In bezug auf ihre Lebensverhältnisse teilt man die Diatomeen ein in Grunddiatomeen und Planktondiatomeen. Erstere sind mehr oder weniger an den Boden gebunden, d. h. sie sind so gebaut, daß sie nur in seichterem Wasser leben können, während die letzteren an ein frei schwebendes Leben in tiefem Wasser angepaßt sind. Die Grunddiatomeen werden sich also naturgemäß meist in Gräben, seichten Gewässern, kleinen Bächen, im Meer endlich längs der Küste finden, wo sie am Boden auf der nackten Erde, noch häufiger aber an Wasserpflanzen festsitzend vorkommen und hier oft braune Überzüge bilden. Die Planktondiatomeen dagegen sind die hauptsächlichsten Bewohner des hohen Meeres und bevölkern dieses in ungeheuren Schwärmen, indem sie mit den oben kurz besprochenen Peridineen zusammen fast ausschließlich die Flora der Ozeane ausmachen und in diesen infolge ihrer stoffbauenden Eigenschaften das tierische Leben ermöglichen. Jedoch erfüllen sie nicht das ganze Meer in gleicher Dichtigkeit, denn sie finden sich nur in einer Wasserschicht von einigen hundert Metern unter der Wasseroberfläche und nehmen nach unten zu schnell an Menge ab. Es ist dies auch ganz selbstverständlich. Denn wir wissen ja, daß die Diatomeen nur bei Anwesenheit von Licht aus Kohlensäure und Wasser organische Substanz erzeugen können, deren sie zu ihrer Lebenstätigkeit bedürfen. Schon in der Tiefe von wenigen Hunderten von Metern sind jedoch kaum noch Spuren von Licht nachzuweisen, bis dahin dringt kein Sonnenstrahl vor; in einer größeren Tiefe muß jedes auf das Licht angewiesene Lebewesen zugrunde gehen.

Von abgestorbenen Diatomeen verwest nur der Inhalt; das Kieselgerüst bleibt unversehrt erhalten. Die sog. Kieselgurlager, die man stellenweise in großer Ausdehnung antrifft

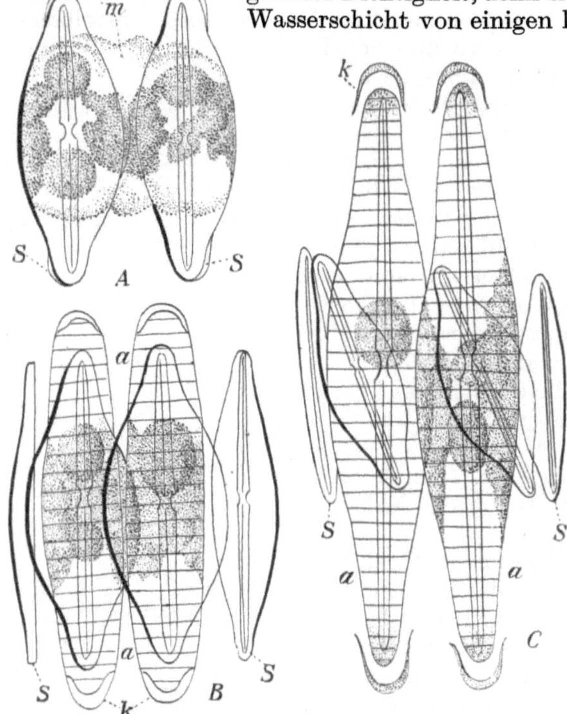

Abb. 214. Frustulina saxonica in Konjugation. A Berührung der beiden Mutterzellen der Auxosporen zwischen den geöffneten Schalen. B Auxosporen, welche eben ihre Kappen abstoßen, zwischen den vier leeren Schalen der kopulierenden Individuen. C Auxosporen, welche schon die Schalen der neuen sog. Erstlingszelle um sich entwickelt haben. s Schalen der in Konjugation befindlichen Zellen, m Gallerthülle der sich berührenden Plasmamassen, a Auxosporen und k deren Kappen. — In Abb. C wurde der Deutlichkeit wegen nur in der Auxospore rechts der gesamte Inhalt gezeichnet. 1200 mal vergrößert. (Nach Pfitzer.)

und die hauptsächlich zur Herstellung von Dynamit ausgebeutet werden, bestehen aus fast reinen Massen von Diatomeen-Kieselgerüsten.

Zu der Klasse der Bacillariales gehört nur die einzige sehr formenreiche Familie (über 2000 Arten sind bekannt) der

### Fam. Bacillariaceae.

Die Familie teilt man ein in die Centricae, die zumeist die Form runder Schachteln haben, und in die Pennatae, die schiffchenförmig oder stabförmig sind.

Die Centricae haben keine Raphe und meist kleine und zahlreiche Chromatophoren. Die Centricae sind ebenso wie die Pennatae in ihren vegetativen Formen diploid; sie sind ausgezeichnet durch die Bildung von zahlreichen, mit zwei Geißeln versehenen Schwärmern, die sich zu je zwei zu einer Zygote vereinigen, die darauf durch einen einfachen Wachstumsvorgang, die Auxosporenbildung, die normale Größe erreicht; die Schwärmer weisen auf die Verwandtschaft mit braunen Flagellaten hin.

Die Pennatae besitzen eine Raphe und meist zwei plattenförmige Chromatophoren. Sie haben aktive Bewegung in der Richtung der Raphe. Die Auxosporenbildung stellt bei den Pennatae einen sexuellen Vorgang dar, indem unmittelbar vor der Kopulation zweier Zellen in jeder Zelle die Reduktionsteilung eintritt. Von den in jeder Zelle gebildeten vier haploiden Kernen degenerieren jedoch je zwei oder drei, und dementsprechend werden nur zwei oder nur eine Auxospore gebildet. Die Kerne der Pennaten sind also stets diploid. In einigen Fällen ist der sexuelle Vorgang ganz unterdrückt und die Auxosporenbildung erfolgt als reiner Wachstumsvorgang.

Keine der Arten der Familie besitzt speziell größere Wichtigkeit, so daß auf sie nicht näher eingegangen werden soll. Ziemlich bekannt ist die Diatomee **Pleurosigma** angulatum, die eine besonders feine Schalenstruktur besitzt und deshalb zur Prüfung der Leistungsfähigkeit von Mikroskopen viel gebraucht wird.

V. Abteilung.

# Conjugatae. Jochalgen.

Hierher stellt man chlorophyllgrüne Algen, welche entweder einzellig sind oder aber einfache, unverzweigte Fäden bilden. Jede einzelne Zelle ist jedoch auch im letzteren Falle ein durchaus selbständiges, zur Teilung und Fortpflanzung befähigtes Individuum, welches nur in sehr lockerem Verhältnis zu dem Gesamtorganismus des Fadens steht. In jeder Zelle liegt ein einziger deutlicher Zellkern. Die geschlechtliche Fortpflanzung erfolgt in der Weise, daß die Inhalte zweier Zellen miteinander verschmelzen (kopulieren) und eine Spore bilden.

Die Conjugatae sind sicher mit den Bacillariophyta nahe verwandt; sie sind jedoch leicht von ihnen zu unterscheiden, da sie rein grün gefärbt sind und nie eine verkieselte Membran besitzen.

### Fam. Desmidiaceae.

Die Arten dieser Familie bestehen meist aus einzelnen Zellen, selten sind diese Zellen zu sehr locker vereinigten Fäden verbunden. Die Zellen sind ferner meistens durch eine Einschnürung der Membran in der Mitte in symmetrische Hälften geteilt oder sie besitzen einen in symmetrische Hälften geteilten Protoplasmainhalt, was besonders infolge der sehr mannigfach gestalteten Chromatophoren scharf hervortritt. Hierher gehören ganz besonders schöne und zierliche Formen, die häufig in Moorgräben und in Wasserlachen gut zu beobachten sind. — Die geschlechtliche Fortpflanzung ist ähnlich derjenigen, die in der folgenden Familie besprochen werden soll.

## Fam. Zygnemataceae.

Hierher gehören nur Arten, deren zylindrische Zellen zu unverzweigten Zellfäden fest vereinigt sind.  Im Protoplasma der Zellen liegen sehr verschieden gestaltete Chromatophoren, meist ein bis mehrere spiralige, die Zellwand beinahe berührende Chlorophyllbänder.

Die Kopulation erfolgt in folgender Weise (Abb.215). Von den Zellen zufällig nebeneinander liegender oder durcheinander gewirrter Fäden, selten von Zellen desselben Fadens, wachsen Kopulationsfortsätze aus und solchen anderer Zellen entgegen, bis sie sich berühren. Darauf wird die trennende Membran aufgelöst, und nun strömt das Plasma der einen kopulierenden Zelle in die andere Zelle ein.

Nachdem sich dann die beiden Plasmamassen vereinigt haben, wird von ihnen aus durch Bildung einer festen Wand die Spore, die sog. Zygospore oder Jochspore, erzeugt. Sie ist befähigt, lange Zeit hindurch ungünstigen äußeren Verhältnissen, Kälte, Hitze, Austrocknung usw. Widerstand zu bieten und keimt dann, sobald ihr wieder zusagende Verhältnisse geboten werden. Bei der Keimung erfolgt zuerst eine Reduktionsteilung, die vier Kerne liefert, von denen aber drei degenerieren, dann wächst aus der Spore sofort wieder ein neuer haploider Zellfaden hervor. — Wir werden später sehen, daß ganz ähnliche Fortpflanzungsverhältnisse auch bei einer Gruppe der Pilze (Zygomycetes) vorkommen.

Man kennt von dieser Familie etwa 100 Arten, die in süßem oder brackischem Wasser vorkommen.

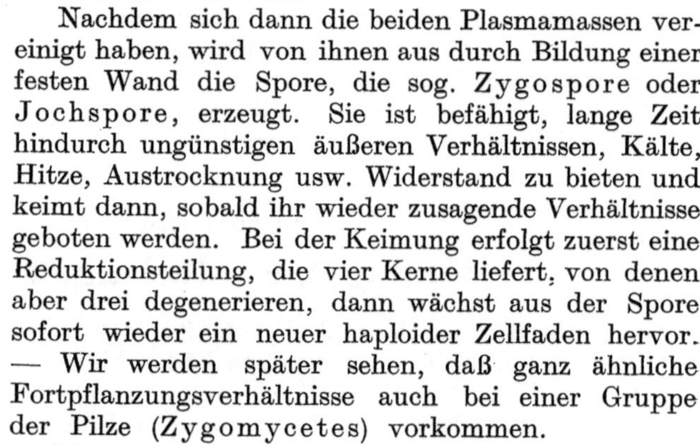

Abb. 215.  Kopulation einer Spirogyra. I ruhende Zellen, II eben zur Konjugation schreitende Zellen, III vollzogene Kopulation; der Inhalt der rechten Zelle tritt in die linke über und bildet dort in IV die Zygospore.

Es ist besonders die Gattung **Spirogyra** zu erwähnen, deren Arten durch die Spiralläufigkeit ihrer Chromatophoren ausgezeichnet sind, während die Gattung **Zygnema** in jeder Zelle zwei sternförmige Chromatophoren besitzt.

## VI. Abteilung.

# Chlorophyceae.  Grünalgen.

Chlorophyllgrüne Algen, welche entweder einzellig sind oder aber aus mehr- bis vielzelligen Fäden, Flächen oder Körpern bestehen. Sehr häufig sind auch hier noch die Zellverbände als Kolonien einzelliger Lebewesen aufzufassen, von denen jedes seine volle Selbständigkeit besitzt. Erst allmählich bildet sich in dieser Klasse eine Art von Arbeitsteilung aus, wo dann die vielzelligen Verbände wirklich ein Individuum darstellen, dessen verschiedene Zellen unter Umständen verschiedenartige Leistungen zu verrichten haben. Jede Zelle kann einen oder mehrere Zellkerne enthalten.

Bei den im folgenden zu beschreibenden Formen unterscheidet man eine ungeschlechtliche Vermehrung von der geschlechtlichen Fortpflanzung.

Meistens wird die ungeschlechtliche Vermehrung durch Schwärmer (auch manchmal unrichtig „Schwärmsporen" oder „Zoosporen" genannt) bewirkt. Diese entstehen in vegetativen Zellen und sind hautlose, kugelige, ei- oder birnförmige Protoplasmamassen, die sich meistens sehr lebhaft mittelst Geißeln (Zilien) im Wasser bewegen. Die Anzahl der Geißeln ist sehr wechselnd, auch ist der Ort ihrer Festheftung sehr verschieden; meist jedoch finden sie sich zu zweien an einem Pol der Zelle, in der Regel dem spitzeren Ende eingefügt. Die Schwärmer führen Zellkern und Chlorophyll und sind gegen Licht, Wärme und chemische Reagentien empfindlich, d. h. sie werden von denselben angezogen oder abgestoßen. Häufig kommt bei ihnen auch ein kleiner roter „Augenfleck" vor.

Nachdem die Schwärmer nach ihrem Entstehen längere oder kürzere Zeit scheinbar ziellos im Wasser umhergeirrt sind, gelangen sie allmählich zur Ruhe und umgeben sich mit einer deutlichen, wenn auch nur dünnen Membran. Bald darauf beginnt die Zweiteilung, aus der zuletzt die fertige Alge resultiert.

Die geschlechtliche Fortpflanzung ist meist bedeutend komplizierter als die soeben betrachtete ungeschlechtliche Vermehrung. Sie läßt sich stets auf denselben Vorgang zurückführen: auf eine Verschmelzung zweier (gleichartiger oder ungleichartiger) Plasmamassen.

Der einfachste Fall ist der, daß die zur Vereinigung gelangenden Plasmamengen gleichartig sind, d. h. in Form und Größe miteinander übereinstimmen. Diese geschlechtlichen Protoplasten oder Geschlechtszellen werden Gameten, die Zelle, in der sie entstehen, Gametangium genannt. Die Geschlechtszellen sind allermeist schwärmend, d. h. sie unterscheiden sich in ihrem Aussehen oft in nichts von den ungeschlechtlichen Schwärmern. Die gleichartigen Gameten, auch Isogameten genannt, schwärmen kürzere oder längere Zeit im Wasser umher, bis sie einem anderen Gameten begegnen. Beide eilen aufeinander zu und stoßen mit ihren vorderen farblosen Polenden, an denen die Zilien stehen, zusammen. Dann legen sie sich seitlich aneinander, allmählich werden die Zilien in den Plasmaleib eingezogen, die Kerne vereinigen sich, und die Gameten verschmelzen vollständig zu einem einzigen Plasmagebilde, das sich dann sehr rasch mit einer Zellwand umgibt und zur Zygote wird.

Man findet nun schon häufig Fälle, in denen zwar die Geschlechtszellen sämtlich noch beweglich sind, wo man aber deutlich größere, nur langsam bewegliche und kleinere, sehr rasch dahineilende unterscheiden kann. Hier ist schon eine Differenzierung erfolgt, und man spricht von Heterogameten (= ungleichartigen Gameten, Anisogameten): die kleineren Gameten stellen die männlichen, die größeren die weiblichen Geschlechtszellen dar.

Noch weiter durchgeführt treffen wir dies dann bei einer großen Anzahl von Algen, wo die zur Vereinigung gelangenden Geschlechtszellen absolut keine Ähnlichkeit mehr miteinander besitzen. Diese Arten bilden in besonderen Zellen, die **Antheridien** genannt werden, kleine, mittelst Zilien schnell bewegliche, schwärmerartige und oft gelb gefärbte männliche Gameten, welche man in diesem Falle **Spermatozoiden** nennt, und sehr viel größere, kugelige, zilienlose und deshalb unbewegliche weibliche Protoplasmamassen, die **Eizellen** oder **Oosphären** (= Eikugeln). Letztere verlassen in den meisten Fällen nicht einmal mehr die Zelle, in der sie gebildet worden sind und die **Oogonium** (= eibildende Zelle) genannt wird, sondern die Spermatozoiden dringen durch ein Loch in der Wandung des Oogoniums zu der Eizelle oder den Eizellen vor, um diese zu befruchten. Nach der Befruchtung entsteht aus der Eizelle die **Eispore** oder **Oospore**.

1. Klasse.
# Protococcales.

Hierher werden Pflanzen gestellt, welche einzellig sind oder zu locker vereinigten und außerordentlich verschieden gestalteten Verbänden und Kolonien zusammentreten, die nicht selten in Gallertmassen eingelagert sind. Die Zellen besitzen nie ein Spitzenwachstum und haben meistens je einen Zellkern; selten sind mehrere Zellkerne in den Zellen anzutreffen.

1. Reihe.    **Volvocales.**

Vegetative Zellen durch Geißeln aktiv beweglich.

## Fam. Volvocaceae.

Diese Familie wurde früher fast allgemein dem Tierreich zugezählt, weil die hierher gehörigen, einzelligen oder zu Kolonien vereinigten Lebewesen fast während ihres ganzen Lebens frei im Wasser umherschwärmen, und zwar mit Hilfe von Zilien, die von den mit Membran versehenen Einzelzellen ausgehen (Abb. 216, 1). Jede der Zellen besitzt meist nur ein grünes Chromatophor, welches aber in manchen Fällen durch einen roten Farbstoff verdeckt sein kann.

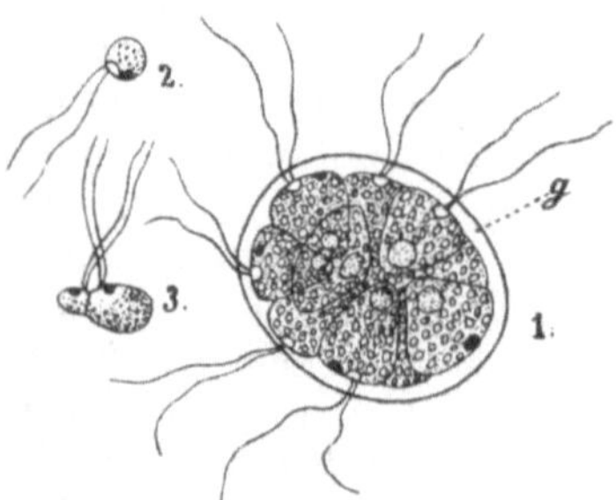

Abb. 216. 1 Pandorina morum, eine schwärmende Kolonie, 2 ein schwärmender Gamet derselben, 3 zwei solche in Verschmelzung begriffen. (Nach Pringsheim.)

Die hierher gehörige Gattung **Haematococcus** ist dadurch ausgezeichnet, daß ihre Zellen einzeln leben und in ihnen das Chlorophyll häufig durch einen roten Farbstoff, das Hämatochrom, verdeckt wird. **Haematococcus pluvialis** entwickelt sich häufig in Wasserlachen und stehenden Gewässern in solchen Mengen, daß das Wasser rot gefärbt erscheint. — **Chlamydomonas nivalis** dagegen gehört zu jenen Lebewesen, die selbst auf Eis und Schnee lebensfähig bleiben, ja sich ungestört entwickeln und in den Hochgebirgen und den Polarländern oft auf weite Strecken hin den auffallenden „roten Schnee" bilden.

Sehr viel komplizierter gebaut ist **Volvox** globator, eine Alge, die nicht selten in stehenden Gewässern, Altwassern und dergleichen sich findet. Die Einzelzellen leben in Kolonien, welche bis über 20 000 Zellen umfassen und die am Rande einer Gallerthohlkugel eingelagert sind. Die Befruchtung findet hier zwischen Spermatozoiden und Eizellen·statt.

## 2. Reihe. **Euprotococcales.**

Vegetative Zellen nicht aktiv beweglich.

### Fam. Pleurococcaceae.

Die hierher gestellten Arten bestehen aus einzelnlebenden Zellen, die
stets unbeweglich sind und sich durch fortgesetzte Zweiteilung vermehren.
Sie kommen im Wasser oder auf feuchter Erde vor.

**Pleurococcus** vulgaris ist diejenige Alge, welche meistens die Rinde von
Bäumen in dichter, grüner Schicht überzieht. Doch nicht allseitig umkleidet sie
bekanntlich den Stamm, sondern fast nur auf der Nordseite, so daß in nicht zu
dichten Wäldern die Orientierung durch sie sehr erleichtert wird. Es hat dies den
Grund, daß alle diejenigen Zellen, welche sich auf anderen Seiten des Stammes
als der Nordseite bilden, stets wieder zugrunde gehen, sobald sie von der Sonne
intensiv getroffen werden.

2. Klasse.

# Ulotrichales.

Hierher gehören Arten, welche aus einfachen oder verzweigten Fäden
oder ein- bis zweischichtigen Flächen bestehen mit fest vereinigten, meist
einen, selten mehrere Zellkerne führenden Zellen. Die Einzelzellen der
Individuen haben hier also ihre Selbständigkeit verloren, das Individuum
ist mehrzellig geworden, und jede Zelle hat ihre ganz bestimmten Leistungen für den Gesamtorganismus beizutragen.

### Fam. Ulvaceae.

Zu dieser Familie gehört der sog. „Meersalat", **Ulva** latissima, eine
Alge, welche sich im Meer- und Brackwasser an den Küsten oft in großer
Menge findet. Ihr Zellkörper besteht aus einer einschichtigen oder zweischichtigen Zellfläche von ansehnlicher Ausdehnung und unregelmäßig
gelappter Form.

### Fam. Chaetophoraceae.

Zu dieser Familie wird eine Alge gerechnet, welche den Geruch des
„Veilchensteins" hervorbringt, **Trentepohlia** iolithus. Sie besteht aus
auf Steinen festsitzenden, verzweigten Zellfäden, deren Chlorophyll
durch einen orangeroten Farbstoff verdeckt wird. Die ungeschlechtliche
Vermehrung erfolgt durch Schwärmer, die geschlechtliche Fortpflanzung
durch Isogameten. Der „Veilchenstein" findet sich nur in der reinen
Luft der Berge, besonders auf alten, kalkfreien Gesteinen (Granit, Gneis,
Glimmerschiefer) in ständig feuchter Atmosphäre.

### Fam. Oedogoniaceae.

Von dieser Familie ist besonders die Gattung **Oedogonium** von Interesse, deren Arten, wenigstens zum großen Teil, durch eine auffallende
Art der Fortpflanzung ausgezeichnet sind (Abb. 217).

Ihre Zellfäden sind einfach. Die ungeschlechtliche Vermehrung erfolgt durch
große Schwärmer, welche an einem Pol einen ganzen Kranz von Zilien tragen. Die
geschlechtliche Fortpflanzung wird durch Spermatozoiden und Eizellen bewirkt.
Erstere werden in Antheridien gebildet, in kurzen, flachen und zu mehreren bis

vielen übereinanderliegenden Zellen, und zwar so, daß aus jeder der Zellen einzelne oder je zwei derselben hervorgehen, welche in der Form sehr an die Schwärmer erinnern. Die Eizellen entstehen einzeln in fast kugelförmig anschwellenden Zellen, den Oogonien, welche sich auch häufig zu mehreren nebeneinander im Faden entwickeln. Bei der Reife der Geschlechtszellen treten die Spermatozoiden aus den Antheridien aus, schwärmen im Wasser umher, dringen durch ein Loch der Oogonwandung zu den Eizellen vor und befruchten diese.

Manchmal kommt aber auch ein Verhalten vor, welches zu den wunderbarsten Erscheinungen der Pflanzenwelt überhaupt gehört. Man findet nämlich, daß ungeschlechtliche Schwärmer sich in der Nähe der Oogonien an den Faden ansetzen und sich mit einer Membran umgeben. Sehr bald wachsen sie dann zu einem kleinen, wenigzelligen Faden aus, von dem einige Zellen vegetativ bleiben, während wenige an der Spitze gelegene sich zu Antheridien von der normalen, flachen Gestalt umformen. Aus ihnen treten Spermatozoiden aus und dringen in die nahegelegenen Oogonien ein, wo sie die Befruchtung der Eizellen ausführen. Man hat die von den Schwärmern gebildeten, kleinen männlichen Fäden „Zwergmännchen" genannt und dadurch ihr physiologisches Verhalten sehr treffend ausgedrückt.

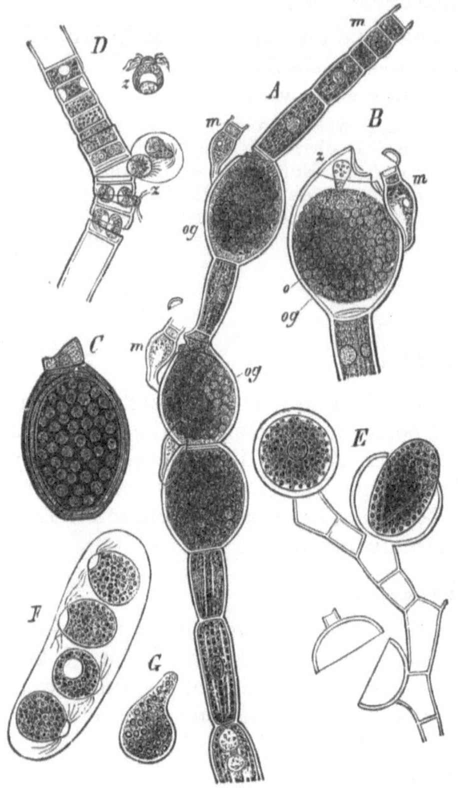

Abb. 217. A Oedogonium ciliatum. *og* befruchtete Oogonien; *m* die Zwergmännchen, welche die Spermatozoiden schon entlassen haben; sie sind erwachsen aus Schwärmern, die in den Zellen *m* am oberen Ende der Figur gebildet wurden. B ein Oogonium derselben Pflanze im Augenblicke der Befruchtung; *og* Oogonium, *o* Eizelle, *m* Zwergmännchen, *z* Spermatozoid. C reife Oospore derselben Pflanze. D Oedogonium gemelliparum; die Schwärmer *z* treten aus ihren Mutterzellen aus. E Stück einer Pflanze von Bulbochaete. F die durch Teilung der Oospore von Bulbochaete entstandenen vier Schwärmer, deren jeder zu einer neuen Pflanze auswächst (G). (Nach Pringsheim.)

## 3. Klasse.

# Siphonales.
# Schlauchalgen.

Die Schlauchalgen sind von den bisher betrachteten dadurch unterschieden, daß ihre Zellen mit Spitzenwachstum versehen sind. Die Individuen selbst besitzen meist einen reich gegliederten Thallus, und doch besteht dieser im vegetativen Zustand durchweg nur aus einer einzigen, oft sehr großen Zelle, die zahlreiche Zellkerne enthält.

### Fam. Vaucheriaceae.

Zu dieser Familie gehört eine morphologisch wichtige Alge, **Vaucheria sessilis**, welche, wie die nahestehende Art Vaucheria dichotoma, in süßem und brackischem Wasser, aber auch auf feuchter Erde vorkommt und über die ganze Erde verbreitet ist.

Ihr Thallus ist im vegetativen Zustand stets einzellig, fadenförmig und unregelmäßig oder gabelig verzweigt. Wenn diese Formen zur ungeschlechtlichen Vermehrung schreiten, so gliedern sich die Astspitzen durch Querwände vom übrigen Thallus ab, und in diesen Endzellen werden meist zahlreiche Schwärmer erzeugt. Bei der geschlechtlichen Fortpflanzung werden zunächst seitlich am Thallus kurze und oft gekrümmte Seitenzweige gebildet, die sich durch eine Querwand abgliedern und von denen einzelne zu Antheridien, die anderen zu Oogonien werden. Beide Geschlechtsorgane (Abb. 218, 3) befinden sich meist dicht nebeneinander auf den Zellfäden. In den Antheridien werden nun sehr zahlreiche, mit zwei Geißeln versehene Spermatozoiden gebildet, während das Oogon nur eine einzige Eizelle enthält. Bei der Reife der Geschlechtszellen öffnet sich das Antheridium an der Spitze mit einem Loch, die Spermatozoiden schlüpfen aus und schwärmen zu dem benachbarten Oogon hinüber, wo sie durch eine Öffnung der Membran eindringen und eines von ihnen die Eizelle befruchtet.

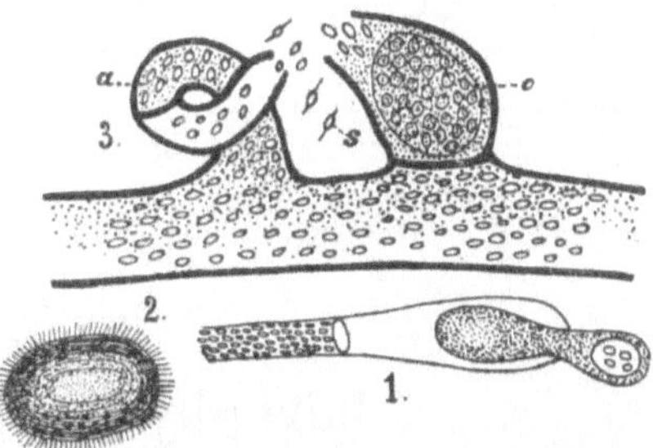

Abb. 218.  Eine Schlauchalge (Vaucheria sessilis). 1 Austritt eines Schwärmers aus einem Astende. 2 Schwärmer, an seiner ganzen Oberfläche von Zilien besetzt. 3 Befruchtung der Oosphäre im Oogonium (*o*) durch die im Antheridium (*a*) enthaltenen Spermatozoiden (*s*). (Nach Pringsheim.)

Dieser Vorgang ist deshalb von Wichtigkeit, weil wir bei einer Gruppe der Pilze (Oomycetes) fast dieselbe Art der Fortpflanzung finden.

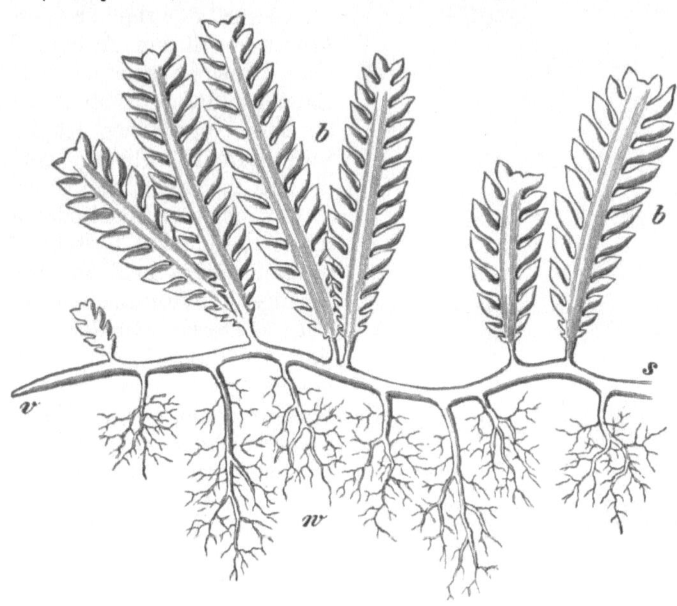

Abb. 219.  Caulerpa crassifolia; einzellige Pflanze mit reich gegliedertem Thallus; *s* dem Stamm, *b* den Blättern, *w* der Wurzel entsprechende Teile desselben, *v* Spitze. (Nach Sachs.)

## Fam. Caulerpaceae.

Die hierher gehörigen Arten besitzen einen ganz auffallend gegliederten Thallus. Jedes Individuum besteht aus einer einzigen, mächtigen, ge-

11*

gliederten Zelle, welche von sehr zahlreichen ausstützenden Zellulose-
balken durchzogen wird. Die Zelle ist aber gegliedert in einen wurzel-,
stengel- und blattartigen Teil (Abb. 219) und erhält dadurch ganz das
Aussehen einer höheren Pflanze, bei welcher sich die Einzelzellen in die
Funktionen der Pflanze geteilt haben. Die Vermehrung erfolgt dadurch,
daß sich einzelne Thallusteile loslösen und zu neuen Pflanzen anwachsen.

Die zahlreichen Arten der Gattung **Caulerpa** sind Bewohner der Küsten
tropischer und subtropischer Meere.

# VII. Abteilung.

# Charophyta. Armleuchteralgen.

Es gehört hierher nur die eine **Fam. Characeae,**

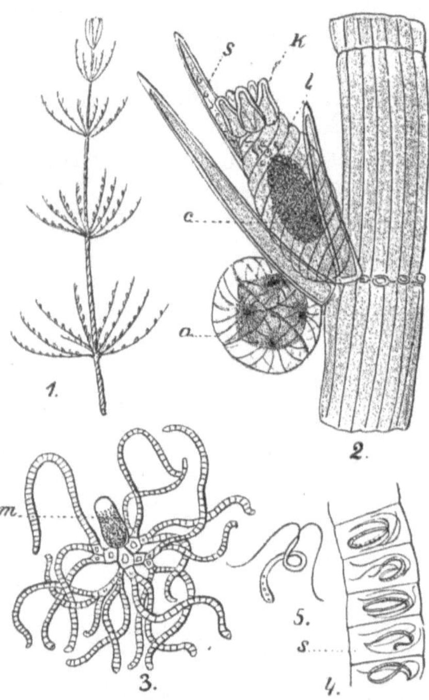

Abb. 220. Die Armleuchteralge Chara fragilis.
1 ein Zweigstück mit ansitzenden Geschlechtsorganen in natürlicher Größe. 2 ein Zweigstück-
chen stark vergrößert: *a* Antheridium, *s* Seiten-
zweigchen, in deren Achsel das Oogonium steht,
*l* dessen Berindungszellen, *k* das Krönchen,
*c* die befruchtungsfähige Eizelle. 3 Manubrium
mit den die Spermatozoiden enthaltenden Zellfäden. 4 Stück eines solchen Zellfadens stärker
vergrößert. 5 ein einzelnes Spermatozoid noch
stärker vergrößert.

deren Arten in süßem und brak-
kischem Wasser über die ganze Erde
verbreitet sind und auch bei uns
sehr häufig vorkommen. Sie gehören zu den charakteristischen Bestandteilen der Bodenflora stehender oder nur schwach fließender
Gewässer oder flacher Seen und erinnern in ihrem Äußern in mancher Hinsicht an stark verkleinerte
Schachtelhalme (Abb. 220).

Ihre Sproßachse ist in längere
und kürzere Glieder geteilt und
enthält reichlich reingrünes Chlorophyll. Die längeren Glieder, als Internodien bezeichnet, bestehen aus einer
großen, oft bis zu 20 cm langen, vielkernigen, zylindrischen Zelle (2).
Die kürzeren Glieder werden als
Knoten bezeichnet. Von ihnen
gehen Quirle von ziemlich kurzen
Seitenzweigen aus, welche sich allermeist nicht mehr verzweigen, und
an denen die Fortpflanzungsorgane,
Antheridien und Oogonien, zur Entwicklung kommen (2). Ferner senden die Knotenzellen häufig sehr
zahlreiche haarartige Zellen aus,
die sich den Internodien fest anlegen
und dieselben förmlich als Rindenschicht (Berindungszellen) umgeben.

Die Antheridien (2*a*) zeigen einen sehr komplizierten Bau. Sie sind
von kugeliger Gestalt und besitzen eine aus acht flachen und rot gefärbten,
einzelligen Schildern bestehende Hülle mit eigenartig eingefalteten Rän-

dern. In der Mitte dieser Schilder sitzt innen ein kurzer Träger, das **Manubrium**, auf, von welchem wieder eine große Zahl von vielzelligen Zellfäden in das Antheridiuminnere ausstrahlt (3). In jeder der kurzen Zellen dieser Zellfäden entsteht je ein Spermatozoid. Diese treten bei ihrer Reife aus und sprengen die Schilder des Antheridiums, wodurch sie in das umgebende Wasser gelangen (4, 5).

Die Oogonien bestehen im reifen Zustande aus der mächtigen Eizelle, welche durch fünf von ihrem Grunde herauswachsende Hüllzellen berindet wird. Letztere verlängern sich meist noch über die Eizelle hinaus und drehen sich an der Spitze derselben zu einer krönchenartigen Bildung (2*k*) zusammen. Bei der Rei.e des Oogoniums weichen die das Krönchen zusammensetzenden Zellen unterhalb der Spitze auseinander, oder aber das ganze Krönchen fällt ab, so daß die Spermatozoiden in das Oogon einzudringen und die Eizelle zu befruchten vermögen. Nachdem die Befruchtung erfolgt ist, entsteht aus der Eizelle eine derbwandige und reichlich mit Stärke erfüllte Oospore, welche imstande ist, den Winter oder eine Austrocknung ohne Schaden zu überstehen. Im Frühjahr findet vor der Keimung die Reduktionsteilung statt, so daß die Pflanzen haploid sind.

Sehr interessant ist, daß einzelne Arten der Familie durch eine parthenogenetische Entwicklung (somatische Parthenogenesis) ausgezeichnet sind. Es kommt nämlich vor, daß die Antheridien und Oogonien auf getrennten Pflanzen auftreten, ferner daß an manchen Standorten stets nur Individuen weiblichen Geschlechts vorkommen. Und doch entwickeln sich die Oosphären regelmäßig zu Oosporen, geradeso als wenn sie normal befruchtet worden wären. Dies kommt dadurch zustande, daß vor der Keimung der Oospore die Reduktionsteilung unterbleibt; infolgedessen sind die normalen Chara-Individuen haploid, die parthenogenetische (apogame) Chara crinita aber diploid.

Besonders häufig sind die Arten der Gattungen **Chara** (berindet) und **Nitella** (unberindet), von welchen jedoch keine eine speziellere Bedeutung besitzt.

## VIII. Abteilung.

# Phaeophyceae. Braunalgen oder Brauntange.

Vielzellige Algen, deren Chlorophyll durch einen braunen Farbstoff, das Phykophäin, verdeckt ist, und die deshalb eine charakteristische, braune Färbung aufweisen. Wie bei den Chlorophyceae kennen wir auch bei vielen hierher gehörigen Arten eine ungeschlechtliche Vermehrung durch Schwärmer und eine geschlechtliche Fortpflanzung durch Gameten, oder aber durch Spermatozoiden und Eizellen. Schwärmer und Gameten sind dadurch ausgezeichnet, daß bei ihnen die beiden Zilien seitlich eingefügt sind.

### 1. Reihe. **Ectocarpales.**

Fortpflanzungsorgane aus oberflächlichen Teilen der Sprosse auswachsend und frei am Thallus stehend, meist Isogamie.

### Fam. Ectocarpaceae.

Hierher gehört die große und an den deutschen Meeresküsten reich vertretene Gattung Ectocarpus. Ihre Arten bestehen aus einfachen oder verzweigten Zellfäden, welche dem Substrate aufsitzen. Die Fäden wachsen nicht durch Spitzenwachstum, sondern dadurch, daß wenigstens eine Zeitlang alle Zellen die Fähigkeit besitzen, sich zu teilen. An der Spitze der Fäden oder auch an Seitenästen entstehen die Geschlechtsorgane, und zwar so, daß entweder in der großen Endzelle direkt die Gameten entstehen oder aber, daß jene sich in sehr zahlreiche kleine Zellen teilt, von welchen jede einen Gameten hervorbringt. Diese Gameten sind stets gleichartig (Isogameten) und lassen sich nach den Geschlechtern nicht voneinander unterscheiden.

## 2. Reihe. Laminariales.

### Fam. Laminariaceae.

Zu dieser Familie werden die auffallendsten Formen unter den Algen gerechnet. Ihr Thallus ist, ähnlich wie bei den schon behandelten Caulerpaceae, in einen wurzel-, stengel- und blattähnlichen Teil differenziert, doch besteht hier das Individuum aus unzähligen kleinen Zellen, welche alle oder fast alle gleichartig und nicht zu einer bestimmten Arbeitsteilung fortgeschritten sind. Anfangs wächst die Pflanze dadurch, daß alle ihre Zellen teilungsfähig sind. Später aber sind die Wachstumszonen auf ganz bestimmte Punkte des Thallus beschränkt und hierdurch werden dann die auffallenden Gestaltungsverhältnisse mancher Arten hervorgebracht. Die Vermehrung erfolgt durch Schwärmer, welche in einfächerigen Sporangien gebildet werden; diese letzteren sitzen in großen Mengen auf der Thallusoberfläche zusammen und bedecken diese oft fast vollständig. Aus den Schwärmern (Zoosporen) gehen aber nicht sofort die großen Tange hervor, sondern es entwickeln

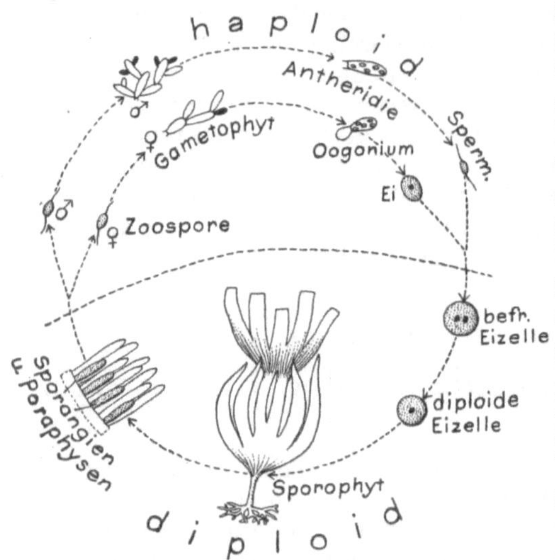


Abb. 221. Entwicklungskreis von Laminaria.

sich aus ihnen zunächst winzige Geschlechtspflanzen. Das durch ein Spermatozoid befruchtete Ei derselben erzeugt dann erst wieder den großen Thallus. (Generationswechsel!) (Abb. 221.)

Alle Laminariaceae sind typische Meeresstrandsalgen.

Besonders verbreitet an den Küsten der Nord- und Ostsee ist **Laminaria digitata**, ausgezeichnet durch ihren meist handförmig geteilten Blattthallus. Die

besonders in den Polarmeeren, aber auch in der Nordsee (Helgoland) verbreitete
Laminaria Cloustoni liefert die früher offizinellen Stipites Laminariae,
welche in der Chirurgie von großer Bedeutung waren, jetzt fast nur zur Tabletten-
herstellung als Quellungsmaterial Verwendung finden.  Es wird von ihr der stamm-
artige Teil verwendet.  Dieser schrumpft beim Trocknen sehr stark zusammen,
besitzt jedoch infolge seines großen Schleimgehaltes die Fähigkeit, bei späterem
Feuchtigkeitszutritt stark aufzuquellen.

Laminaria saccharina wird zur Gewinnung von Jod und Mannit gesammelt.

**Macrocystis** pyrifera, ein Tang, welchen man mit vollstem Recht als die größte
Pflanze bezeichnen kann, ist besonders reich in den antarktischen Meeren verbreitet und findet sich an den Orten ihres Vorkommens in ungeheuren Mengen. Die einzelne Pflanze kann eine Länge von über 300 m erreichen.

## 3. Reihe. Fucales.

Fortpflanzungsorgane im Inneren von besonderen Behältern (Kon-
zeptakeln) stehend.
Keine ungeschlechtliche Vermehrung durch Schwärmer.

### Fam. Fucaceae.

Die hierher gerech-
neten Brauntange be-
sitzen einen aus zahl-
losen fest vereinigten Zellen zusammengesetzten, fast lederartig har-
ten Thallus. Zahlreiche Arten sind durch große, kugelige oder birnförmige Auftreibungen aus-
gezeichnet, d. h. durch

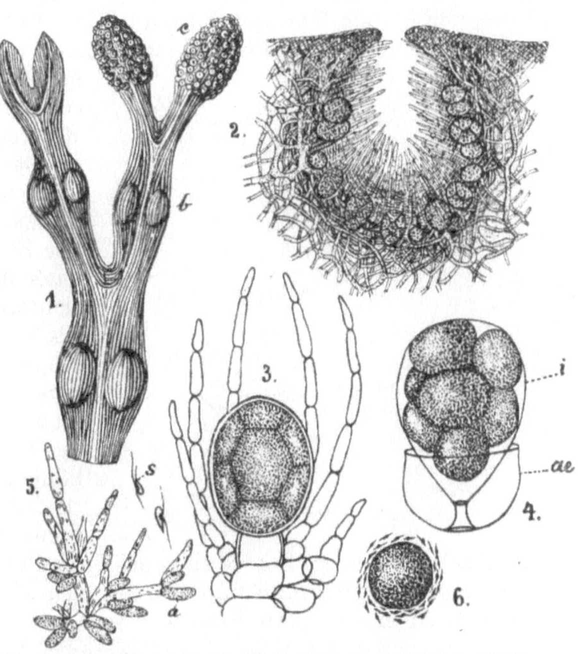

Abb. 222.  Die Braunalge Fucus vesiculosus. 1 Stück des Thallus
mit Schwimmblasen (*b*) und Behältern der Befruchtungsorgane (*c*).
2 eine kugelige Höhlung (Conceptaculum) des verdickten Thallus-
endes. 3 ein Oogonium. 4 ein solches im Begriff die Eizellen zu
entleeren. 5 Antheridien (*a*), einem verzweigten Haare ansitzend,
daneben zwei bewimperte Spermatozoiden (*s*). 6 eine Eizelle von
Spermatozoiden umschwärmt. 1 in natürlicher Größe, 2—6 mehr
oder weniger stark vergrößert. (Nach Thuret.)

mit Luft erfüllte Erweiterungen des Thallus,
welche als Schwimmblasen fungieren und die Aufgabe haben, die am
Meeresboden an den Küsten festsitzenden Pflanzen durch den starken
Auftrieb in mehr oder weniger senkrechter Stellung zu erhalten. Die
Geschlechtsorgane sind in eigenartigen Höhlungen der Thallusoberfläche,
den Konzeptakeln, enthalten, welche sich meistens an den Enden der
Thalluslappen in größerer Anzahl finden (Abb. 222). Diese Konzeptakeln
entstehen in der Weise, daß um eine bestimmte Stelle, auf welcher sich
die Geschlechtsorgane zu bilden beginnen, die oberflächlichen Zellen des
Thallus ein starkes Wachstum erlangen. Sehr bald kommt es dann soweit,
daß die Geschlechtsorgane von einem Thalluswalle umgeben sind, und
zuletzt entwickelt sich dieser Wall so stark, daß die Geschlechtsorgane in

einem nur an der Spitze eine kleine Öffnung besitzenden Behälter liegen. Ein solches Konzeptakulum kann gleichzeitig beide Geschlechter enthalten, oder aber letztere sind auf verschiedene Konzeptakeln, ja sogar oft auf verschiedene Individuen verteilt. Die Antheridien entstehen in großer Menge an stark verzweigten Zellfäden und enthalten bei der Reife zahlreiche gelbe, birnförmige Spermatozoiden. Die Oogonien sind kurz gestielt, dunkelbraun, von ovaler Form und entwickeln zwei, vier oder acht Eizellen. Bei der Reife treten die Eizellen aus dem Oogon aus und bleiben unbeweglich in dem Konzeptakulum liegen. Die Eizellen werden von den Spermatozoiden in ungeheuren Mengen umschwärmt, so daß sie zuletzt in

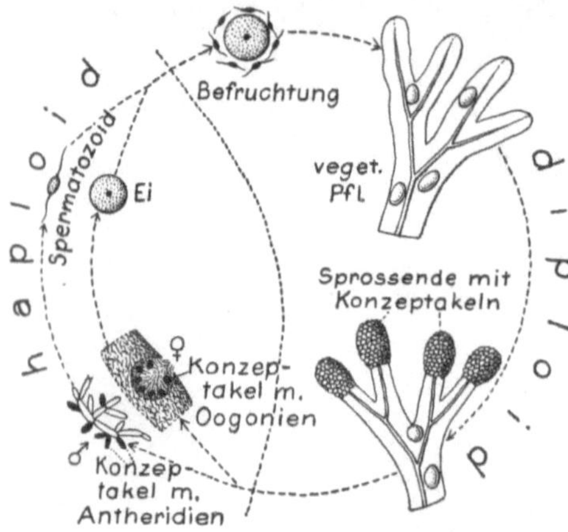

Abb. 223. Entwicklungskreis von Fucus.

eine drehende Bewegung versetzt werden und allmählich die Konzeptakeln verlassen.

Der Transport der Eizellen wird besonders dadurch unterstützt, daß die Innenwandung der Konzeptakeln mit starren, nach der Ausgangsöffnung gerichteten Haaren ausgekleidet ist, wodurch erzielt wird, daß umgekehrt wie bei einer Fischreuse kleine Körper wohl den Hohlraum verlassen, dagegen nicht mehr in ihn eindringen können. Während dieses Transportes erfolgt die Befruchtung, indem eines der Spermatozoiden in die Eizelle eindringt. Sofort nach erfolgter Befruchtung umgibt sich die Eizelle mit einer Membran und wächst, sich an irgendeinen Gegenstand ansetzend, zu einer neuen Pflanze aus.

**Fucus** vesiculosus und F. serratus kommen an den Küsten der nordischen Meere, in der Ost- und Nordsee, oft in ungeheuren Mengen vor. Sie werden stellenweise gesammelt, da man aus ihnen durch Verbrennen die sog. Tangsoda gewinnt, auch Kelp oder in der französischen Algenfischerei Goémon genannt (die oft angeführte Bezeichnung Varec bedeutet Seegras, Zostera marina). Diese Tange enthalten auch beträchtliche Mengen von Jod, weshalb sie früher medizinisch verwendet wurden.

Zu der Familie der Fucaceae gehört auch die Gattung **Sargassum,** deren Arten in erster Linie zu der Zusammensetzung des sog. Sargassomeeres beitragen. Sie wachsen an den Küsten des mexikanischen Meerbusens, werden dort durch die Gewalt des Golfstromes losgerissen, in den Atlantischen Ozean getrieben und durch Strömungsverhältnisse an den Ort zusammengetragen, welcher nach ihnen den Namen Sargassomeer führt.

## 4. Reihe. **Dictyotales.**

Ungeschlechtliche Vermehrung durch haploide Aplanosporen, d. h. nicht aktiv bewegliche, vegetative, sich teilende Zellen. Oogonium mit einer Eizelle. Regelmäßiges Wechseln zwischen haploider und diploider Phase.

## Fam. Dictyotaceae.

**Dictyota** dichotoma, ausgezeichnet durch charakteristisches, dichotomes Scheitelzellwachstum, ist häufig an der Küste der Nordsee und des Mittelmeeres.

## IX. Abteilung.

# Rhodophyceae. Rotalgen oder Rottange, auch oft Florideen genannt.

Die Rhodophyzeen (rhodos = rot) sind mit wenigen Ausnahmen Meeresalgen. Ihre lebhafte, rote Farbe rührt von Phykoërythrin her, einem Farbstoff, welcher das Chlorophyllgrün verdeckt und im Seewasser unlöslich ist, durch kaltes Süßwasser hingegen ausgezogen wird. Alkalien, sowie der Einfluß des Lichtes zerstören den Farbstoff gleichfalls, weshalb die offizinellen Drogen

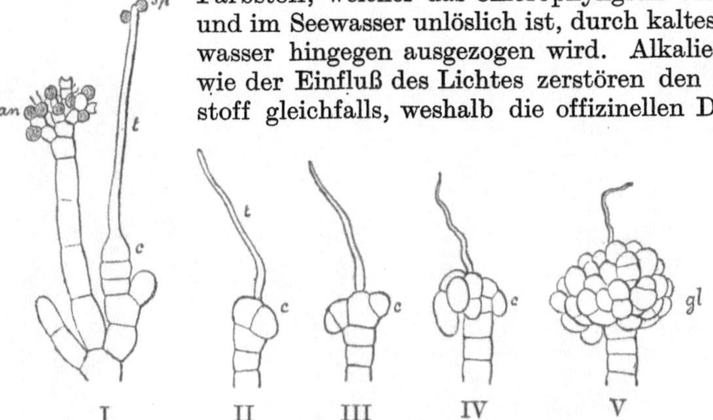


Abb. 224. Geschlechtsorgane einer Rotalge. I ein Zweig mit Antheridien (*an*) und einem Karpogon (*c*), letzteres mit der Trichogyne (*t*) versehen; an diesem sitzen zwei Spermatien an (*sp*), welche im Begriff sind, die Befruchtung zu vollziehen. II—V stellen die nach erfolgter Befruchtung vor sich gehende Ausbildung des Karpogons (*c*) zu einem Fruchthaufen (V *gl*) dar.

dieser Algengruppe farblos sind. Die Rottange besitzen eine ungeschlechtliche Vermehrung und eine geschlechtliche Fortpflanzung. Erstere geschieht durch Sporen, welche meist zu vier (in Tetraden) in einzelnen Zellen (Sporangien) zusammenliegen und Tetrasporen genannt werden. Die geschlechtlichen Fortpflanzungsorgane bestehen in den männlichen Antheridien, welche nackte unbewegliche, kugelige Zellen (Spermatien) erzeugen, und den weiblichen Karpogonien, Zellen von eigenartiger Gestalt, mit einem basalen, etwas angeschwollenen Teil, von welchem ein fadenförmiger Teil (die Trichogyne, Abb. 224 *t*) ausläuft. An diesem haften die durch das Wasser herangespülten Spermatien und vollziehen die Befruchtung, deren Resultat ein sog. Fruchthaufen (Karposporen) ist. Auf die Einzelheiten dieses oft sehr komplizierten Befruchtungsvorganges kann an dieser Stelle nicht näher eingegangen werden. — Schwärmer werden bei den Rottangen nicht gebildet.

Off. **Chondrus** crispus (Abb. 225) und **Gigartina** mamillosa (Abb. 226) wachsen an felsigen Küsten Europas sowie Nordamerikas und sind die Stammpflanzen des „Carrageen", des sog. „Irländisch Moos". — **Gelidium** Amansii und wahrscheinlich auch andere Florideen sind die Stammpflanzen der Droge „Agar-Agar".

**Alsidium** helminthochorton, eine Alge des Mittelländischen Meeres, wurde früher gleichfalls gesammelt und als Wurmmittel unter dem Namen „Helminthochorton" medizinisch gebraucht.

Sehr zahlreiche schleimhaltige Arten der Rottange werden in Japan gesammelt und bilden ein wichtiges Volksnahrungsmittel.

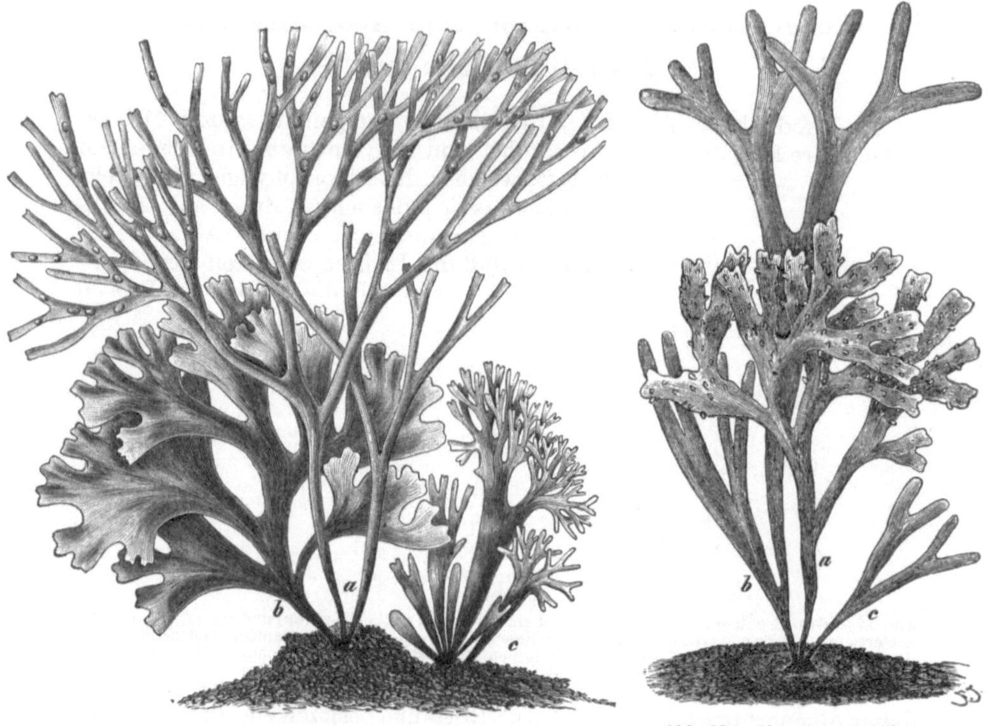

Abb. 225. Chondrus crispus.     Abb. 226. Gigartina mamillosa.

**Batrachospermum** moniliforme und andere Arten der Gattung kommen im fließenden Süßwasser vor und sind von reingrüner Farbe.

## X. Abteilung.

# Myxomycetes. Schleimpilze.

Die hierher gehörigen Formen bilden einen Übergang zwischen dem Pflanzen- und dem Tierreich und werden auch noch häufig dem Tierreiche zugerechnet. Sie sollen im folgenden ziemlich ausführlich abgehandelt werden, da sie allen übrigen Vertretern der Pflanzenwelt recht schroff gegenüberstehen und ihre Lebensverhältnisse von großem, morphologischem Interesse sind.

Die Schleimpilze sind chlorophyllfreie, d. h. nicht grün gefärbte Organismen, welche während ihres vegetativen Zustandes aus nackten, membranlosen Zellen bestehen und während dieser Zeit stets die Fähigkeit besitzen, sich zu bewegen. Sie besitzen eine geschlechtliche Fortpflanzung; ferner finden wir bei ihnen eine sehr reichliche ungeschlechtliche Vermehrung. Diese erfolgt durch Vermehrungszellen, Sporen, welche frei oder in geschlossenen Behältern gebildet werden. Bei der Keimung der Sporen tritt ihr Protoplasma entweder als ein „Schwärmer" oder als ein amöboider Körper hervor oder aber, er erweist sich erst als Schwärmer, um dann später zu einem amöboiden Körper zu werden, Dieser vermehrt sich sehr lebhaft durch fortgesetzte Zweiteilung und tritt mit den aus anderen Sporen ausgetretenen Protoplasmamengen in Vereinigung, wodurch größere Plasmaansammlungen, sog. Plasmodien,

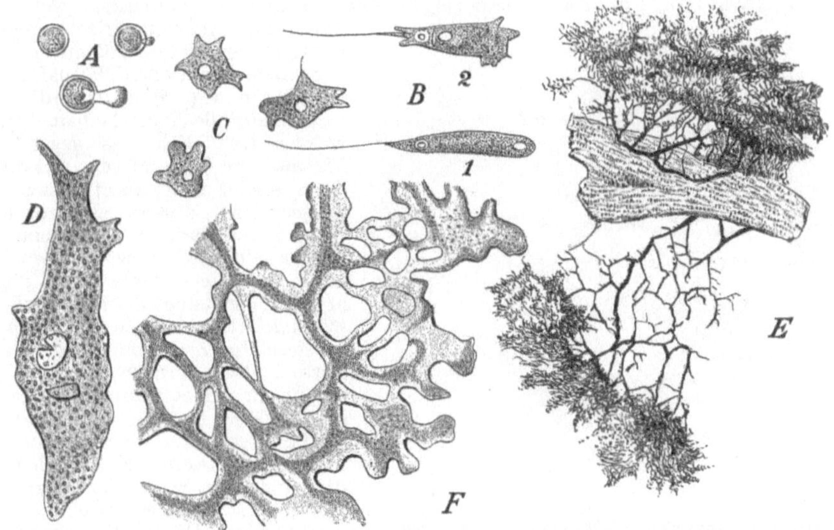

Abb. 227. A Sporen und Keimung von Comatricha nigra. B Schwärmer von Didymium serpula. C Amöben von Fuligo septica. D kleines Plasmodium derselben. E ausgebildetes Plasmodium von Didymium serpula. F ein Teil eines Plasmodiums von Didymium granulosum. (Nach Schröder in „Natürliche Pflanzenfamilien".)

entstehen. Diese bewegen sich, geradeso wie die einzelnen amöboiden Körper, längere Zeit in eigenartig kriechender Weise fort, bis sie zum Vermehrungsakt schreiten und Sporen hervorbringen, die den Winter oder ungünstige Vegetationsperioden ohne Schaden zu überdauern vermögen (vgl. Abb. 227).

Es sei hier ein Schleimpilz geschildert, welcher häufig in sehr auffallender Form auftritt, die sog. Lohblüte (Fuligo septica).

Die derbwandigen Vermehrungszellen, die Sporen der Lohblüte, besitzen die Fähigkeit, bei geschützter, trockener Aufbewahrung mehrere Jahre hindurch ihre Keimkraft zu bewahren. Gelangen sie jedoch dann, eventuell auch schon bald nach der Bildung, unter günstige Vegetationsverhältnisse, d. h. ist ihnen genügend Feuchtigkeit und Wärme geboten, so keimen sie. Hierbei nimmt das Protoplasma der Spore reichlich Wasser auf, schwillt dadurch stark an und sprengt die Wandung. Darauf verläßt das Plasma die Sporenwandung und stellt ein winziges, nur mit starken Mikroskopvergrößerungen wahrnehmbares, hautloses Klümpchen dar, welches befähigt ist, seine äußere Gestalt zu verändern. Bald nach erfolgter Keimung nimmt das Plasmaklümpchen eine ungefähr wurstförmige Gestalt an;

das vordere Ende, in dem der Zellkern liegt, läuft spitz aus und endet in einen langen, dünnen Faden, die Geißel oder Zilie, das hintere Ende ist abgerundet und besitzt eine pulsierende Vakuole, wir haben das Schwärmstadium der Myxomyzeten vor uns. Man sieht unter dem Mikroskop, daß sich diese Protoplasmagebilde im Wasser rasch zu bewegen vermögen, indem sie, die starkschlagende Geißel voran und ihren Plasmaleib stark biegend, schnell dahinschwimmen oder, wenn weniger Feuchtigkeit vorhanden ist, mehr hüpfend oder sogar fast kriechend ihre Lage verändern. Sie vermehren sich lebhaft durch fortgesetzte Zweiteilung und sind befähigt, sich längere Zeit hindurch aus den in der umgebenden Flüssigkeit enthaltenen Nährstoffen zu ernähren. (Vgl. Abb. 228.)

Allmählich wird jedoch ihre Bewegung langsamer, und zuletzt kommen sie ganz zur Ruhe. Die Geißel wird in den Protoplasmakörper eingezogen, der Körper selbst rundet sich mehr oder weniger ab, und es tritt jetzt allmählich der Zustand der Myxamöben ein. Auch diese zeigen eine deutliche Ortsänderung, welche durch eine Art von Kriechen erfolgt, in der Weise, daß an einer oder mehreren Stellen Plasmafortsätze, die sog. Pseudopodien (= Scheinfüße) erscheinen, in welche allmählich das gesamte Plasma hineinwandert, worauf dann wieder neue Ausstülpungen ausgeschickt, andere eingezogen werden und dadurch der Plasmakörper willkürlich vorwärts bewegt wird. In dieser Weise leben die Myxamöben eine Zeitlang selbständig fort, indem sie sich durch fortgesetzte Zweiteilung in der Mitte lebhaft vermehren.

In ein drittes Stadium, die geschlechtliche Fortpflanzung, tritt die Lohblüte dann, wenn die Myxamöben ihre Zweiteilung einstellen, die einzelnen Protoplasmakörper allmählich zu zweien miteinander verschmelzen. Die durch den Kopulationsakt entstandenen diploiden

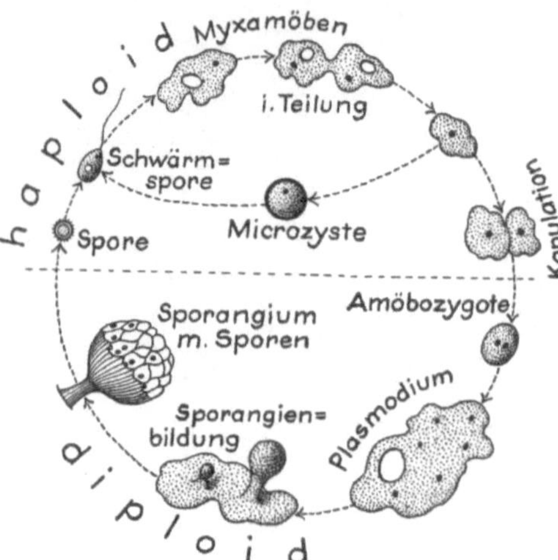


Abb. 228. Entwicklungskreis eines Myxomyzeten.

Amöbenzygoten verschmelzen zu größeren mehrkernigen Plasmodien, die, ganz wie früher die Myxamöben, durch ihre Pseudopodien ständig ihre Lage verändern. Diese Plasmodien bilden zusammenhängende Massen von weicher, rahmartiger Beschaffenheit und bestehen aus einer wasserhellen Grundsubstanz, in welche Plasmakörnchen, Fetttröpfchen und Kalkkörnchen eingebettet sind und in der wir noch deutlich die zahlreichen Zellkerne der Einzelzygoten erkennen, aus denen sich das komplizierte Gebilde des Plasmodiums zusammensetzt.

Dieser Plasmodienzustand, d. h. dasjenige, was man gewöhnlich als „Lohblüte" bezeichnet, stellt den Hauptlebenszustand der Myxomyzeten dar, da sie längere Zeit in demselben beharren. Die schleimige Masse ist in ständig fortschreitender Bewegung, indem sich ihre lang ausgezogenen, oft aderartig verzweigten Stränge auf der Oberfläche oder im Inneren der Haufen von Gerberlohe hinziehen, sich immer wieder verästeln, netzförmig miteinander in Zusammenhang treten und oft langgestreckte, sehr verschieden dicke Äste bilden, die viele Zentimeter lang werden können. In diesen Strängen findet man stets nicht unbedeutende Massen von kohlensaurem Kalk abgelagert, ferner auch chromgelbe Farbstoffe, wodurch die Plasmodien so auffallend werden und sich von der dunkleren Lohe scharf und deutlich abheben.

Nachdem nun die Lohblüte längere Zeit im Plasmodienzustand gelebt und eine Art von Reife erlangt hat, schreitet sie, vielleicht hauptsächlich durch äußere Bedingungen beeinflußt, zur Vermehrung resp. Sporenbildung.

Diese Sporenbildung erfolgt, nachdem sich die ersten Anfänge gezeigt haben, sehr rasch. Die Plasmodien treten in diesem Stadium aus dem Innern der Lohehaufen an die Oberfläche derselben und bilden dicke, korallenartig verzweigte und zu einem anastomosierenden Netzwerk verbundene Stränge, die in ihrer Gesamtheit oft mehr als faustgroße, anfangs schleimige Körper bilden. Sehr bald differenziert sich in diesen Plasmaklumpen der äußere Teil zu einer dicken, strukturlosen, festen Hülle, welche das innere weiche Plasma umschließt. In letzterem bilden sich sehr zahlreiche, kleine, von einer dünnen Haut umgebene, mit kernreichem Plasma angefüllte Kammern, die Sporangien. Nachdem dann die Kerne dieses Plasmas durch die Reduktionsteilung haploid geworden sind und sich gleichzeitig außerordentlich vermehrt haben, zerfällt dasselbe durch gleichzeitige Teilung in sehr zahlreiche, winzige Portionen, welche sich, nachdem sie sich abgerundet haben, mit einer starken Membran umgeben und so zu dicht neben-

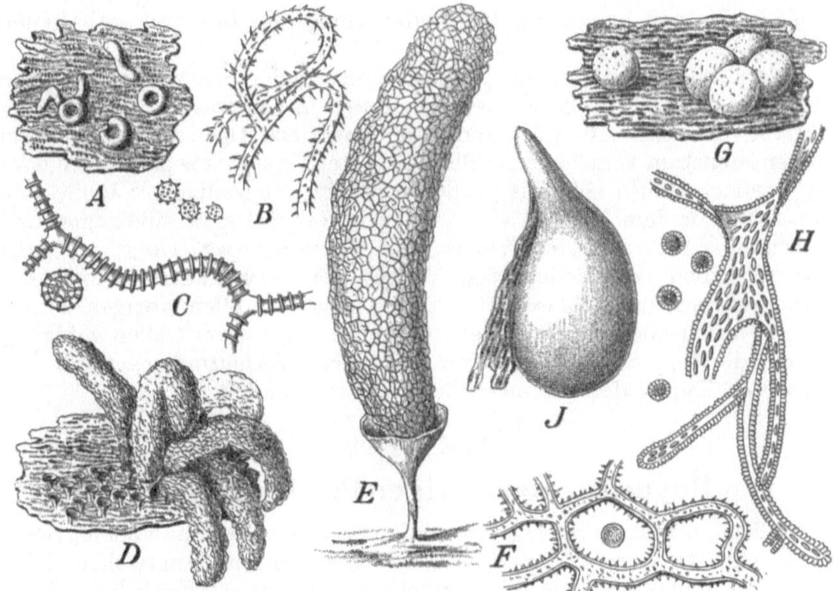

Abb. 229. Fruchtkörper verschiedener Myxomyzeten (A, D, E, G, J) mit Haargeflecht oder Capillitium (B, C, F, H) und Sporen (B, F, H). (Nach Schröder: Natürliche Pflanzenfamilien.)

einanderliegenden Vermehrungszellen, Sporen, werden. Ein Teil des Plasmas der Sporangien jedoch, welcher zwischen den Kernen liegt, macht eine Art von Erstarrungsprozeß durch und wird zu einem fädig-netzartigen, stark entwickelten Gerüst, dem Capillitium oder Haargeflecht (vgl. Abb. 229). In letzteres werden, ebenso wie in die übrigen Teile der Wandungen, die in den Plasmodien in großen Mengen vorhandenen Kalkmassen abgelagert.

Mit der Bildung der Sporen ist der Lebenszyklus der Lohblüte abgeschlossen. Jene können lange Zeit hindurch in diesem latenten Zustand verharren, bis unter günstigen äußeren Bedingungen das Plasma der Sporen wieder austritt und nach einem Schwärmer- und Amöbenstadium zum Hauptlebenszustand, der Plasmodienbildung, schreitet.

Diese soeben ausführlich besprochene Art, **Fuligo** septica, die Lohblüte, gehört zu den **Myxogasteres,** einer Klasse der Myxomycetes, welche weitaus die meisten bisher bekannten Arten dieser eigenartigen Lebewesen umfaßt. Sie sind sämtlich Saprophyten, d. h. sie leben auf abgestorbenen und vermodernden Pflanzenteilen. Keine derselben besitzt größere praktische Bedeutung.

XI. Abteilung.

# Eumycetes. Fungi. Echte Pilze.

Zwischen Algen und Pilzen besteht ein wirklich durchgreifender Unterschied: erstere enthalten Chlorophyll, während dieses den letzteren fehlt. Da also die Pilze nicht die Fähigkeit besitzen, aus anorganischen Stoffen organische zu bilden und sich in dieser Hinsicht ganz analog den Tieren verhalten, so sind sie auf ein saprophytisches oder parasitisches Leben angewiesen, d. h. sie entnehmen anderen, toten oder lebenden Organismen die von jenen gebildeten oder wenigstens in ihnen enthaltenen organischen Stoffe.

Besonders mit der Algengruppe der Siphonales zeigen einige Gruppen der Pilze noch sehr große Übereinstimmung, in vegetativer wie in reproduktiver Hinsicht. Alle Pilze sind nämlich wie jene Algen stets mit echtem Spitzenwachstum versehen; ihr Thallus besteht aus locker gelagerten oder eng verflochtenen, ein- bis außerordentlich vielzelligen Fäden, den Hyphen oder dem Myzelium, welche in das Substrat eindringen und diesem seine Nährstoffe entziehen. Die Vermehrung erfolgt auf ganz außerordentlich verschiedenartige Weise: Bei einer kleinen Gruppe der Phykomyzeten durch bewegliche Schwärmer, bei allen übrigen Pilzen dagegen durch abgeschnürte oder im Innern vegetativer Zellen gebildete Sporen, die sog. Konidien. Von besonderer Bedeutung sind die verschiedenen Typen der geschlechtlichen Fortpflanzung.

1. Klasse.

## Phycomycetes. Algenähnliche Pilze.

Ihr Thallus besteht im vegetativen Zustand fast stets aus einer einzigen, meist sehr stark verzweigten und oft ungemein umfangreichen Zelle. Außer der ungeschlechtlichen Vermehrung findet geschlechtliche Fortpflanzung statt durch Kopulation von Spermatozoid und Ei oder von Spermakern mit Eikern. Es entstehen so Oosporen bzw. Zygosporen (Zygoten), bei deren Keimung die Reduktionsteilung eintritt.

### 1. Reihe. Archimycetes.

Alle hierher gehörigen Formen — nur wenige sind bisher bekannt — sind Parasiten in lebenden Pflanzenzellen.

Bei der Keimung der Spore tritt ein Schwärmer aus, der dann zur Amöbe wird und zuletzt mit anderen zusammen ein echtes Plasmodium bildet, welches dem der Lohblüte gleicht. Bei der Sporenbildung zerfällt jedoch das ganze Plasmodium durch fortgesetzte Zweiteilung in zahlreiche Portionen, die sich sodann mit einer Membran umgeben und so zu Sporen werden. Diese liegen entweder frei in der Nährzelle und füllen dieselbe fast ganz aus oder sie lagern sich in Gruppen zusammen.

Von den hierher gehörigen Formen kommt für uns nur **Plasmodiophora Brassicae** in Betracht, ein gefährlicher Parasit der Kohlgewächse, welcher über ganz Europa und Nordamerika verbreitet ist und die in Deutschland gewöhnlich als „Kohlkropf" oder „Kohlhernie" bezeichnete Krankheit hervorruft. Man erkennt die Krankheit daran, daß die Nebenwurzeln der infizierten Kohlpflanzen sich stark verdicken und mit unregelmäßigen, wurst- oder knollenförmigen Auftreibungen versehen sind. Auch die Hauptwurzel wird von den Parasiten befallen und aufgetrieben, jedoch nicht so stark wie die Nebenwurzeln.

## 2. Reihe. Zygomycetes.

Hierher gehören saprophytische und parasitische Pilze mit reich verzweigtem Myzel. Die ungeschlechtlichen Vermehrungssporen entstehen im Innern vegetativer Zellen oder werden von Myzelschläuchen abgeschnürt. Die geschlechtliche Fortpflanzung ist derjenigen, welche wir bei der Algengattung Spirogyra (Conjugatae) kennen lernten, sehr ähnlich.

### Fam. Mucoraceae.

Als Vertreter dieser Familie soll der sog. Köpfchenschimmel, Mucor mucedo (Abb. 230), besprochen werden.

Er kommt besonders häufig auf Pferdemist vor, oft aber auch auf allen möglichen, nährstoffreichen Substanzen. Wenn auf diese Stoffe eine Spore des Pilzes gefallen ist, so keimt diese bald mit einem Keimschlauche aus, welcher sich mächtig durch Spitzenwachstum streckt, sich nach allen Seiten verzweigt und überall hin — stets einzellig bleibend — das Nährsubstrat durchzieht. Nachdem dieser vegetative Teil des Pilzes, das Myzel, eine gewisse Stärke erlangt und genügende Nährstoffe aufgenommen hat, sehen wir ihn zur Vermehrung schreiten. Zu

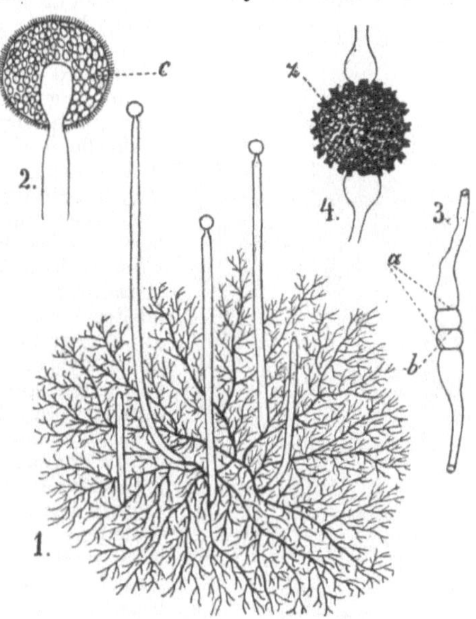

Abb. 230. 1 Phycomyces nitens mit drei reifen und zwei sich entwickelnden Sporangien. 2 Längsschnitt durch den Gipfel eines Sporangiums von Mucor mucedo, c Sporen. 3 zwei Myzelzweige in Kopulation begriffen. 4 die daraus entstandene Zygospore (z). (Nach Sachs und Brefeld.)

diesem Zwecke konzentriert sich ein großer Teil des in der oft riesigen Zelle enthaltenen Protoplasmas an einem oder einigen Punkten derselben, von welchen aus dann aufrechte, in die Luft hineinragende, plasmareiche, dicke Äste gebildet werden. Nach kurzer Zeit schwillt ihre Spitze kugelig an und gliedert sich durch eine gewölbte Querwand, die sog. Columella, von dem Stiele ab. In dieser abgeschnürten Zelle, dem Sporangium, zerfällt nun das Protoplasma in sehr zahlreiche, kleine Portionen, welche sich zuletzt mit einer festen Membran umgeben und so zu Sporen werden. Es ist jedoch festzuhalten, daß nicht das gesamte Protoplasma zur Sporenbildung verbraucht wird, sondern daß zwischen den Sporen noch ein Teil desselben übrigbleibt, die sog. Zwischensubstanz, welche außerordentlich stark quellungsfähig ist. Tritt bei der Sporenreife Feuchtigkeit zu dem Sporangium, so nimmt die Zwischensubstanz dieselbe auf, quillt sehr stark und sprengt die Sporangienwand, worauf die Sporen, in die zähe Flüssigkeit eingehüllt, heruntertropfen und leicht verbreitet werden. Die Sporen besitzen die Fähigkeit, sofort, nachdem sie ein zusagendes, feuchtes Substrat gefunden haben, zu keimen und sehr rasch wieder neue Myzelien zu bilden. Wenn wir nun berücksichtigen, daß ein einziges Myzel viele Sporangien hervorbringen kann, daß ein Sporangium meist außerordentlich zahlreiche Sporen enthält und diese sofort wieder keimungsfähig sind, so läßt sich begreifen, wie außerordentlich stark die Verbreitungsfähigkeit dieses Pilzes durch die ungeschlechtlichen Vermehrungssporen ist.

Enthält das Nährsubstrat, auf welchem sich der Mucor entwickelt hat, reichlich Nährstoffe und Feuchtigkeit, so bleibt der Pilz meist ständig bei dieser soeben geschilderten ungeschlechtlichen Vermehrung. Sobald aber die Nährstoffe abnehmen oder sonst ungünstige Vegetationsbedingungen eintreten, so schreitet der Pilz zur geschlechtlichen Fortpflanzung. Auch jetzt werden durch eine Protoplasmakonzentration dicke Äste am Myzel gebildet, welche sich aber nicht in die Luft erheben, sondern in der Höhe des Nährsubstrates bleiben. Je zwei derselben wachsen einander entgegen, schwellen an ihren Enden, nachdem sie sich aneinandergelegt haben, keulenförmig an, worauf sich die angeschwollenen Endzellen durch Querwände abgliedern. Sodann wird die trennende Membran zwischen den beiden Zellen aufgelöst, deren Inhalte vereinigen sich und bilden eine große kugelige Spore, die sog. Zygospore. Diese vergrößert sich noch nachträglich sehr stark, erhält eine dicke, warzige Wandung und wird allmählich dadurch frei, daß die Myzeläste, aus denen sie hervorgegangen ist, verwelken und vermodern. Die Zygospore kann nicht, wie die Konidien, sofort keimen, sondern muß eine gewisse Ruheperiode durchmachen. Infolge ihrer dicken Wandung ist sie imstande, unbeschadet lange Zeit Austrocknung und Kälte zu ertragen.

Früher kannte man nicht die Bedingungen, unter denen Zygosporenbildung auftritt, und war bei Kulturversuchen auf den Zufall angewiesen. Später entdeckte man, daß gewisse Mukorazeen homothallisch sind, d. h. daß Zygosporen zwischen zwei Ästen desselben Thallus gebildet werden. Bei zahlreichen anderen jedoch fand man Heterothallie, d. h. bei ihnen werden Zygosporen nur beim Zusammentreffen von Ästen verschiedener Thalli gebildet, die zwar äußerlich nicht voneinander zu unterscheiden, aber offenbar physiologisch verschieden sind. Da man sie nicht als ♂ und ♀ bezeichnen kann, hat man die beiden Formen als + - und — -Thallus bezeichnet. Heute ist man imstande leicht durch Aussaat der Sporen einer heterothallischen Mukorazee Zygosporen zu erhalten.

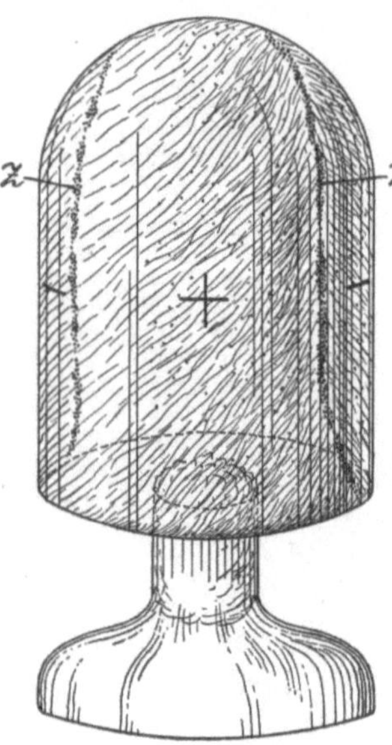

Abb. 231. Phycomyces nitens. In einem Kulturgefäß nach Lindner wurden Aussaaten von + - und — -Sporen an den Stellen + und — gemacht; hieraus haben sich Myzelien entwickelt, die bei Z aufeinandergestoßen sind und dort Zygosporen gebildet haben.

Von Interesse ist, daß bei anderen Arten der Gattung Mucor zwar die Konjugationsäste regelmäßig angelegt werden, ohne daß es aber zur Vereinigung zweier derselben kommt, oder daß sich die Äste treffen, ohne daß die Plasmainhalte zusammentreten; und doch werden in diesen Fällen regelmäßig Sporen gebildet, welche sich von den normalen, geschlechtlich gebildeten Sporen in nichts unterscheiden. Man nennt diese Azygosporen. Sie sind als eine Reduktionserscheinung zu deuten, als ein Zurücktreten der Geschlechtlichkeit, und sind für das Verständnis der bei den höheren Pilzen zu beobachtenden Verhältnisse von großer Wichtigkeit.

## Fam. Entomophthoraceae.

Zu dieser Familie gehören allermeist parasitisch lebende Arten, von denen eine der bekanntesten **Empusa** Muscae ist, die die in jedem Spätjahr zu beobachtende Fliegenseuche erregt.

Vom Sommer jedes Jahres bis in den Spätherbst hinein sieht man tote Fliegen oft in großen Mengen an Mauern oder Fenstern sitzen, welche von einem hellgelben oder weißen Hofe umgeben sind. Dieser Hof besteht aus einem Haufen von Sporen, welche stark klebrig sind. Kriecht nun eine Fliege über einen solchen Sporenhaufen, so bleiben leicht einige der Sporen an ihrem Hinterleib hängen. Diese keimen sofort und bilden einen Keimschlauch, welcher durch die zarteren Partien des Fliegenhinterleibes sich einbohrt und, sobald er in den Körper gelangt ist, mächtig zu wuchern und sich auszubreiten beginnt. Sehr bald wird das Insekt nach allen Richtungen hin vom Myzel durchzogen, der Nährstoffe beraubt, zuletzt gänzlich ausgefüllt, förmlich ausgestopft und allmählich zum Absterben gebracht. Nun brechen kräftige Myzelfäden, die sog. Konidienträger, zwischen den Hinterleibsringen in aufrechten Reihen hervor und schnüren in ungeheuren Mengen Sporen, Konidien, ab, welche oft zentimeterweit weggeschleudert werden. — Bei dieser Familie werden also die Sporen abgeschnürt und nicht im Inneren von Sporangien gebildet wie bei den Mucoraceae.

Die geschlechtliche Fortpflanzung der Entomophthoraceae erfolgt ähnlich wie bei den Mucoraceae.

### 3. Reihe. Oomycetes.

Saprophyten oder Parasiten. Ungeschlechtliche Vermehrung sehr wechselnd. Geschlechtliche Fortpflanzung ähnlich wie bei der Siphonales- (Algen-) Gattung Vaucheria durch Bildung von Oosporen.

### Fam. Peronosporaceae.

Von dieser wichtigen Familie soll ein Vertreter genauer geschildert werden.

Die Arten der Gattung **Phytophthora** sind zum Teil als Parasiten gefürchtet. Besonders Ph. infestans ist hier

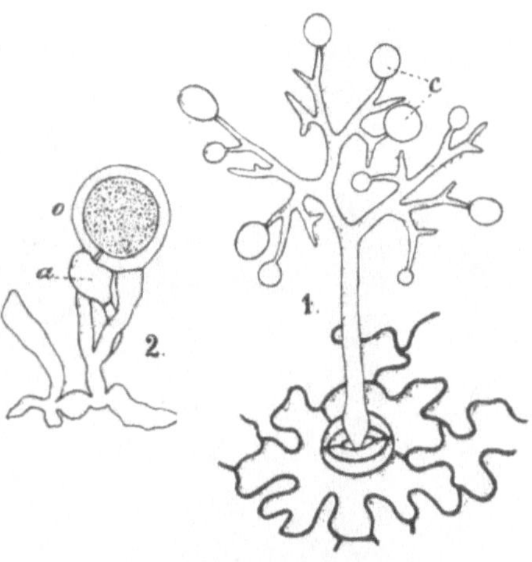

Abb. 232. Peronospora calotheca. 1 ein Sporangienträger aus einer Spaltöffnung der Nährpflanze hervortretend, *c* Sporangien. 2 geschlechtliche Fortpflanzung desselben Pilzes, *a* Antheridium, *o* Oogonium. Stark vergrößert. (Nach Kny.)

anzuführen, ein Pilz, welcher eine der gefährlichsten Erkrankungen der Kartoffelpflanze herbeiführt und in manchen Jahren schon gewaltigen Schaden angerichtet hat. Man bemerkt an den erkrankten Pflanzen zuerst, daß die Blätter sich zu bräunen beginnen. Die Flecken nehmen an Größe immer zu, und bald ist das Blatt vollständig abgestorben. Auch die Kartoffelknollen werden angesteckt, und zwar kann dies erfolgen, während die Knollen mit der Pflanze noch in Verbindung stehen, oder erst, wenn sie geerntet sind und überwintert werden. Hauptsächlich durch diese erkrankten Knollen, in welchen sich das Myzel lebend erhält, wird die Krankheit dann im folgenden Jahre wieder weiter verbreitet und tritt häufig so frühzeitig und gefährlich auf, daß Knollen gar nicht mehr entstehen. — Die ungeschlechtliche Vermehrung findet in folgender Weise statt:

Die konidienartigen Sporangien, von Birnform, entstehen an den Astenden reich verzweigter Träger, die einzeln oder oft auch in ganzen Büscheln durch die Spaltöffnungen der Wirtspflanze hervorbrechen (s. Abb. 232, 1), während der vegetative Teil des Pilzes im Inneren der Wirtspflanze wuchert und derselben Nährstoffe entzieht. Die Sporangien fallen nun, sobald sie ihre Reife erreicht haben, von ihren Trägern ab und werden durch den Wind verbreitet. Wird ihnen dann genügend Feuchtigkeit geboten, so treten aus ihnen Schwärmer in großer Anzahl aus, welche eine Zeitlang schwärmen, dann zur Ruhe kommen und in das Substrat eindringen. Finden sie nicht die zusagende Nährpflanze, so gehen sie zugrunde. Die geschlechtliche Fortpflanzung erfolgt wie bei Pythium (s. S. 179).

Von den Arten dieser Familie sei endlich noch **Plasmopara** viticola erwähnt, der sog. „falsche Mehltau" des Weinstockes, der oft großen Schaden anzurichten vermag. Man bemerkt auf den erkrankten Blättern einen mit bloßem Auge deutlich erkennbaren Schimmel, welcher sich unter dem Mikroskop als durch die Sporangienträger (vgl. Abb. 232) hervorgerufen erweist. Diese treten in großen Mengen aus den Spaltöffnungen der Blätter hervor und verbreiten infolge der Unzahl der gebildeten Sporangien die Krankheit sehr rasch, während die vegetativen Hyphen das Blattinnere nach allen Richtungen durchziehen, demselben die Nährstoffe entnehmen und so das Blatt zu frühzeitigem Welken und Abfallen bringen.

## Fam. **Saprolegniaceae.**

Die zu dieser Familie zu rechnenden Formen sind echte Wasserpilze, welche meist als Saprophyten auf abgestorbenen Pflanzen oder Tieren

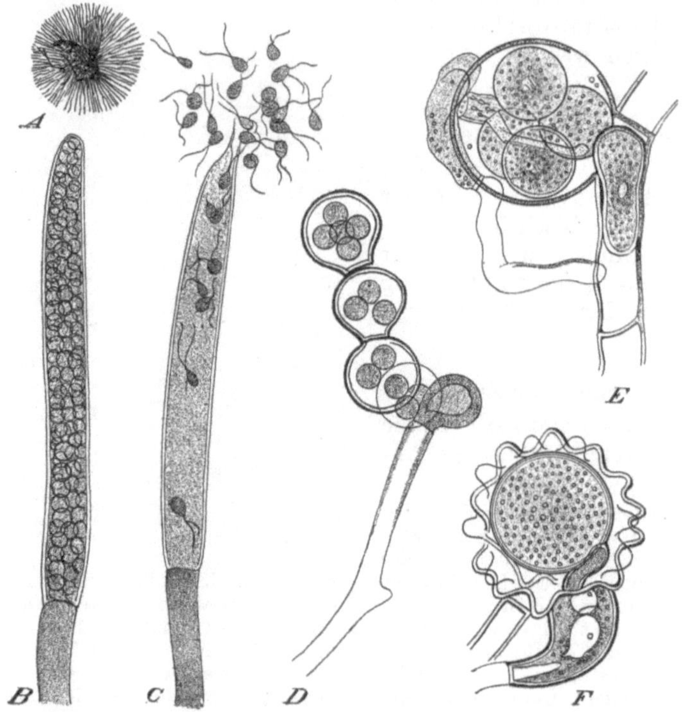

Abb. 233. A—C Saprolegnia Thuretii. A Fliege mit Saprolegniarasen. B Schwärmsporangium vor, C nach Entleerung der Schwärmer. D S. monilifera. Oogonien. E S. Thuretii. Oogonium und Antheridium. F S. asterophora. Oogonium und Antheridium. A natürliche Größe, B—D etwa 200 mal, E 400 mal, F 600 mal vergrößert. (A—C nach Thuret. D—F nach De Bary.)

leben, die aber auch manchmal parasitisch werden und lebende Tiere befallen (Abb. 233). Die ungeschlechtliche Vermehrung erfolgt geradeso wie bei vielen Algen durch Schwärmer, welche in ungeheurer Anzahl in langgestreckten Schläuchen, den Sporangien, entstehen. Die geschlechtliche Fortpflanzung wird durch Antheridien und Oogonien vermittelt, ähnlich wie wir dies bei der folgenden Familie kennenlernen werden.

Es ist jedoch festzuhalten, daß bei den Saprolegniaceae die Geschlechtlichkeit oft schon sehr zurücktritt; in manchen Fällen werden gar keine Antheridien mehr gebildet, und doch entwickeln sich die meist in der Mehrzahl entstandenen Eizellen regelmäßig — auf parthenogenetischem Wege — zu Oosporen.

### Fam. Pythiaceae.

**Pythium** De Baryanum ist ein winziger, mikroskopischer, fadenartiger Pilz, welcher besonders junge Keimpflanzen befällt und denselben häufig großen Schaden zufügt. Die ungeschlechtliche Vermehrung erfolgt durch mit zwei Zilien versehene Schwärmer, welche in meist kugeligen Sporangien in großer Menge gebildet werden (vgl. auch Abb. 233 B, C). Die geschlechtliche Fortpflanzung geht in folgender Weise vor sich. Einzelne Teile des einzelligen Thallus, meist die Spitzen der Zweige, schwellen an und trennen sich vom übrigen Thallus durch Querwände ab; es sind dies die Oogonien. Ihr Protoplasma differenziert sich in eine zentrale, mit körnigem Plasma erfüllte Kugel, die eigentliche Eizelle, welche von einem wasserhellen Protoplasma, dem sog. Periplasma, umhüllt wird. In der Nähe dieser Oogonien entstehen an anderen Zweigenden kurze Zellen, die Antheridien, welche sich bald dem Oogonium anlegen. Sie treiben von der Anlegestelle aus einen kurzen Fortsatz, den Befruchtungsschlauch, durch die Oogonwandung und das Periplasma hindurch, welcher sich der Eizelle anlegt und dessen Plasmainhalt sich mit demjenigen der Eizelle vermengt. Darauf umgibt sich sofort die Eizelle mit einer starken Membran und wird zur Oospore, welche erst nach einer gewissen Ruheperiode wieder keimen kann.

2. Klasse.

# Ascomycetes.  Schlauchpilze.

Das Myzel besteht aus äußerst zarten, durch Querwände geteilten Fäden. Die Askomyzeten zeigen einen ausgeprägten Befruchtungsvorgang. Der Entwicklungsgang (Abb. 234) ist folgender: Aus der haploiden Askospore entwickelt sich ein Myzel, welches entweder an Konidien Konidiosporen abschnürt, die wiederum zu einem Myzel auskeimen, oder aber zur Bildung der Askusfrüchte schreitet. Die Endzellen der Schläuche schwellen nunmehr an und bilden teils Oogonien (= Askogone), teils Antheridien. Beide Organe sind vielkernig; die Askogone haben eine lange, gebogene vielkernige Schlauchzelle, die Trichogyne, aufsitzen. Diese legt sich an das Antheridium

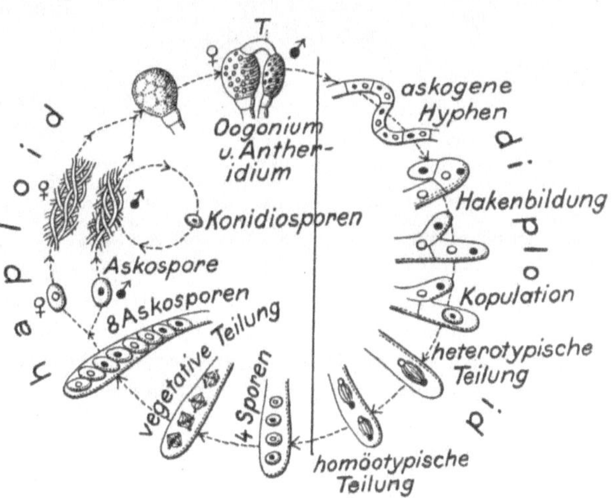


Abb. 234.  Entwicklungskreis eines heterothallischen Askomyzeten.

an, die an das Antheridium und das Askogon angrenzende Zellwand der Trichogyne wird aufgelöst, während die Kerne der Trichogyne degenerieren. Nun wandern die männlichen Kerne aus dem Antheridium durch den Schlauch der Trichogyne in das Askogon. Hier treten männliche und weibliche Kerne paarweise zusammen, ohne jedoch miteinander zu verschmelzen. Aus dem befruchteten Askogon wachsen zahlreiche

Schläuche, die askogenen Hyphen, in denen sich die Kernpaare stets gleichzeitig teilen. Dann erfolgt Zellwandbildung, so daß jede Zelle ein Kernpaar enthält. In der Askusfrucht liegen zahlreiche Schläuche nebeneinander und bilden eine palisadenartige Schicht, das Hymenium; meist sind die einzelnen Aszi durch unfruchtbare Schläuche (Paraphysen) getrennt. Wenn sich die askogenen Hyphen zu Aszi umbilden, bildet sich aus der Endzelle der Hyphe nach eigenartiger Verzweigung (Hakenbildung) die Askusanlage, in welcher die beiden Kerne verschmelzen. In diesem Askus vollzieht nun der diploide Kern die beiden allotypischen Teilungen, wodurch vier haploide Kerne gebildet werden. Darauf folgt noch eine gewöhnliche Teilung jedes Sporenkerns, so daß gewöhnlich im Askus acht Sporen enthalten sind; doch wechselt die Zahl innerhalb ganz bestimmter Grenzen. Wir kennen auch Fälle, wo die Sporenzahl des Askus 4, 8, 16, 32, 64, 128 beträgt. Die Erklärung für diese bestimmte Zahlenreihe beruht darin, daß der ursprünglich einzige durch den Kopulationsvorgang diploid gewordene Kern des Askus die Reduktionsteilung vornimmt, wodurch vier haploide Kerne gebildet werden, daß darauf meist die Tochterkerne noch mehrere Teilungen durchmachen und aus denselben dann Sporen hervorgehen.

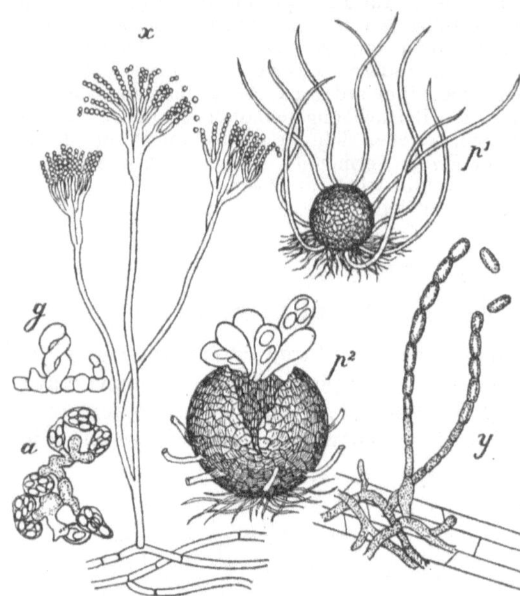

Abb. 235. Schimmelpilze. *a, g, x* Penicillium crustaceum, der Pinselschimmel; *x* ein Konidienträger, *g* fertile Hyphe, *a* Aszi mit Sporen; *p, y* Erysiphe communis. *p¹* Fruchtkörper, *p²* Fruchtkörper, die Aszi entlassend, *y* Abschnürung der Konidien an vegetativen Myzelfäden. Stark vergrößert. (Nach Brefeld und Frank.)

Bei der Sporenbildung wird nicht das gesamte Protoplasma des Askus verbraucht, sondern es bleibt stets ein Teil desselben, das Periplasma, zurück, in welchem die Sporen eingebettet liegen und welches dann später zur Verbreitung der Sporen beiträgt. Bei der Sporenreife nimmt nämlich das Periplasma gierig Feuchtigkeit auf und quillt dadurch stark. Der Askus wird dabei mehr und mehr aufgetrieben und seine Membran allmählich immer mehr gespannt, bis diese zuletzt dem Drucke nicht mehr widerstehen kann, am Scheitel aufreißt und sich zusammenzieht, wodurch der gesamte Inhalt, Sporen und Periplasma, mit großer Kraft herausgeschleudert wird. Das Periplasma ist klebrig, und die Sporen haften leicht anderen Gegenständen und Lebewesen an, durch welche sie dann verbreitet werden.

Bei einigen Familien zeigt sich im Befruchtungsvorgang eine starke Reduktion, indem die Sexualität ganz oder teilweise verlorengegangen ist, so daß sich die Aszi ohne vorherige Befruchtung entwickeln.

## Fam. **Aspergillaceae** (Schimmelpilze).

Die hierher gehörigen Formen werden gewöhnlich schlechthin als „Schimmelpilze" bezeichnet und spielen im Haushalte der Natur eine große Rolle.

**Aspergillus** herbariorum, der sog. „blaue Schimmel", stellt sich auf allen vegetabilischen Substanzen ein und besitzt ein geradezu ungeheures Verbreitungsvermögen. Sobald die Sporen auf irgendwelche organische Substanzen gelangt sind, bilden sie ein reich verzweigtes Myzel, an dem sehr bald die Konidienfruchtform auftritt. Es erheben sich vom Myzel zahlreiche dicke, senkrecht stehende Äste, welche an der Spitze kopfig anschwellen, die Konidienträger (Abb. 236).

Von den Köpfen entstehen sodann kurze, zylindrische Zellen, die sog. Sterigmen, welche in großer Menge Konidien in langen Ketten abschnüren. Diese werden durch den Wind verweht und können, auf einen Nährboden gelangt, sofort keimen. Längere Zeit dauert diese Konidienbildung gleichmäßig fort, so daß also die Vermehrung des Pilzes ganz ungeheuer sein kann. Erst wenn das Substrat nährstoffärmer wird, schreitet der Pilz zur Bildung der Askosporen.

Zu dieser Familie gehört auch **Penicillium** crustaceum, der gemeine Pinsel-

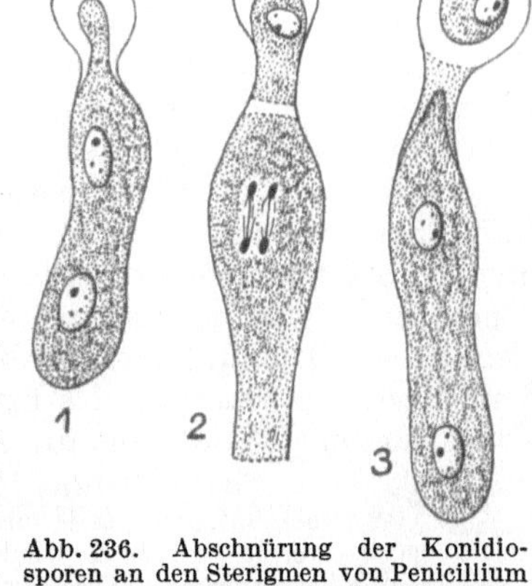

Abb. 236. Abschnürung der Konidiosporen an den Sterigmen von Penicillium crustaceum. 1 Sterigma mit zwei Kernen, Beginn der Sporenanlage, 2 Kernteilung im Sterigma, der oberste Kern ist in die Sporenanlage gewandert, der Protoplast der neuen Spore hat sich schon abgegrenzt, 3 Spore fast fertig, Sterigma wieder zweikernig. (Nach Schürhoff).

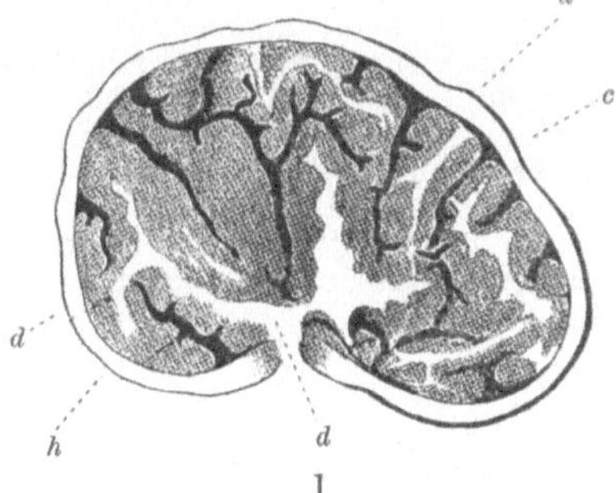

Abb. 237. Eine Trüffel (Tuber rufum). 1 Fruchtkörper im Vertikalschnitt, 5mal vergrößert, a die Rinde, d das lufthaltige Gewebe, c dunkle Adern lückenlosen Gewebes, h das askusbildende, später gekammerte Gewebe. 2 ein Stückchen des Hymeniums, 450mal vergrößert. (Nach Tulasne.)

schimmel (Abb. 235 a, g, x), welcher ebenfalls auf fast sämtlichen Substraten fortkommt und dieselbe außerordentliche Vermehrung zeigt wie der vorige Pilz. Er weicht hauptsächlich dadurch vom „blauen Schimmel" ab, daß bei ihm die Konidienträger an der Spitze mehrfach gegabelt sind (Abb. 235 x). Askosporen werden nur sehr selten und nur auf bestimmten Substanzen (z. B. Brot, sehr konzentrierten Zuckerlösungen) gebildet. Penicillium brevicaule entwickelt auf seinem Nährsubstrat, wenn dieses auch nur geringste Mengen Arsen enthält, einen starken Knoblauchgeruch und dient deshalb zum Nachweis von Arsenverbindungen. **Citromyces** erzeugt in Zuckerlösungen Zitronensäure.

## Fam. Eutuberaceae (Trüffelpilze).

Die Trüffelpilze besitzen ein weit verzweigtes Myzel, welches in der Erde wuchert und wohl stets den Wurzeln holziger Pflanzen aufsitzt. Die Askosporen werden gebildet in großen, unterirdisch liegenden, fleischig-knollenförmigen Fruchtkörpern, welche von unregelmäßig gewundenen Luftgängen durchsetzt sind (Abb. 237). Die Wände dieser Gänge sind mit der Schlauchschicht (Askohymenium) ausgekleidet. In jedem Askus liegen meist vier, manchmal aber auch zwei oder acht Sporen, welche ziemlich groß sind, gewöhnlich eine stachelige Membran besitzen und erst durch Verwitterung des Fruchtkörpers frei werden. Das Innere des Fruchtkörpers ist fleischig, die Außenwand ist jedoch fest und hart.

**Tuber** melanosporum ist die sog. Perigordtrüffel, welche seit längerer Zeit schon auf den Wurzeln von Eichen in Südfrankreich kultiviert wird und auch in Süddeutschland wildwachsend vorkommt. Die Perigordtrüffel ist ungefähr nuß- bis faustgroß, schwarzrötlich und besitzt etwa die Konsistenz der Kartoffel. Ihr Wert beruht in ihrem feinen Geschmack und dem starken Aroma.

## Fam. Helvellaceae.

Für die hierher gehörigen Arten ist charakteristisch, daß das Askohymenium (die Schicht der Aszi) frei an der Außenseite sehr verschiedenartig geformter, fleischiger Fruchtkörper liegt.

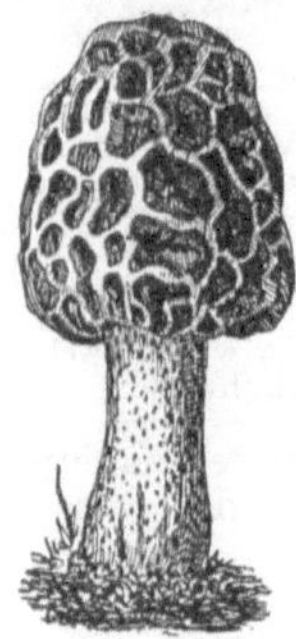

Abb. 238. Morchella esculenta, die Speisemorchel.

Zu dieser Familie gehört die Morchel (**Morchella** esculenta, Abb. 238), ein Pilz, welcher zu den wichtigsten Speisepilzen gehört. Diese Art ist dadurch ausgezeichnet, daß ihr Fruchtkörper in einen unfruchtbaren Stiel und einen fruchtbaren, kopfförmigen, oberen Teil geschieden ist. Die Morchel tritt stellenweise auf sandigem Boden und auf Waldwiesen in Mengen auf, kann aber an denselben Stellen oft wieder jahrelang verschwinden. Sie enthält keine giftigen oder schädlichen Stoffe und bildet eine geschätzte Delikatesse.

Auch **Gyromitra** esculenta (oder Helvella esculenta), die Stockmorchel oder Lorchel, welche der Morchel ziemlich ähnlich ist, wird gern gegessen. Sie enthält jedoch im frischen und getrockneten Zustand ein heftiges Gift (Helvellasäure); dieses ist jedoch in kochendem Wasser löslich, so daß der Pilz nach dem Abgießen des Wassers ungefährlich und genießbar ist.

## Fam. Hypocreaceae.

Hierher gehört ein sehr interessanter Pilz, welcher auffallende Bildungen hervorbringt:

Off. **Claviceps** purpurea, der Pilz des Mutterkorns. Die Entwicklung dieses Pilzes soll ausführlich geschildert werden, da das Mutterkorn offizinell ist und wir hier auch ein Beispiel von einem überaus formenreichen Pilze besitzen.

Viele Gräser, besonders manche unserer Getreidepflanzen, werden zu ihrer Blütezeit von dem Pilz befallen. Seine Sporen gelangen auf die Blütenstände, keimen dort aus und senden einen Keimschlauch durch die Oberhaut des Fruchtknotens. In dem jungen Fruchtknoten, dem reichliche Nährsäfte (eigentlich zur Samenbildung bestimmt!) zuströmen, entwickelt sich der Pilz sehr rasch, so daß das Myzel ihn bald vollständig erfüllt. Hierdurch wird auch die Form des Fruchtknotens geändert. Es resultiert bald ein schmutzigweißes, fleischiges, überall von tiefen Furchen durchzogenes, etwa zylindrisches Gebilde, durch dessen Oberhaut überall die Pilzhyphen hervortreten, d. h. der Grasfruchtknoten wird zu einem Lager, einem Stroma, des Pilzes. In den Furchen des Stromas (Abb. 239, 2) schnüren nun die Hyphen sehr zahlreiche Konidien ab, zugleich wird dort aber auch eine süße Flüssigkeit produziert, in welcher die Sporen schwimmen, und die man früher oft als Honigtau bezeichnet hat. Durch diesen süßen Saft werden zahlreiche Insekten herbeigelockt, welche beim Aufnehmen desselben sich mit den im Safte schwimmenden Konidien beladen und sie beim Besuchen anderer Grasblüten auf diese verschleppen. Auch diese Blüten werden dann sofort vom Pilze befallen, so daß die Krankheit rasch eine große, fast epidemische Ausbreitung gewinnen kann und oft bedeutenden Schaden anrichtet.

Die geschilderte Konidienbildung dauert so lange an, als die Nährstoffe dem Fruchtknoten in reichlicher Menge zufließen. Sobald aber die Grasart dem Ende ihrer Vegetationsperiode zuschreitet, tritt der Pilz in ein anderes Stadium ein. Die Sporenbildung hört auf, dagegen zeigt das Myzel ein um so energischeres Wachstum. Die Hyphen verzweigen sich sehr lebhaft, verflechten sich fest miteinander, und das bisher fleischige Stroma wird nun zu einem verlängert-zylindrischen, durch und durch

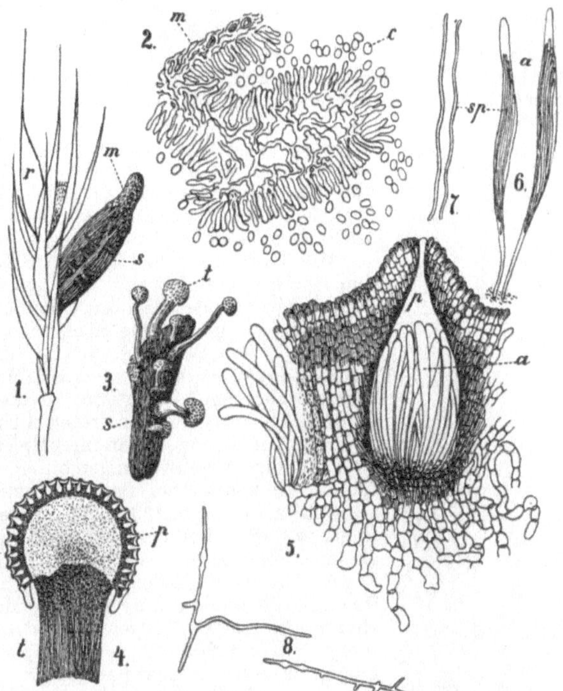

Abb. 239. Der Mutterkornpilz (Claviceps purpurea). 1 Grasähre mit dem Sklerotium (*s*) und Resten des vertrockneten Fruchtknotens (*m*), natürliche Größe. 2 Bildung der Konidien, *m* Myzelium, *c* abgeschnürte Konidien, stark vergrößert. 3 Sklerotium (*s*) zu Perithezienträgern (*t*) auswachsend, natürliche Größe. 4 Längsschnitt durch das Köpfchen eines Perithezienträgers, *p* Perithezien. 5 Längsschnitt durch ein Perithezium (*p*) mit den Aszi (*a*). 6 zwei Aszi (*a*) mit den Sporen (*sp*). 7 letztere stärker vergrößert. 8 zwei Sporen in Keimung begriffen. 4—8 stark vergrößert. (Nach Tulasne.)

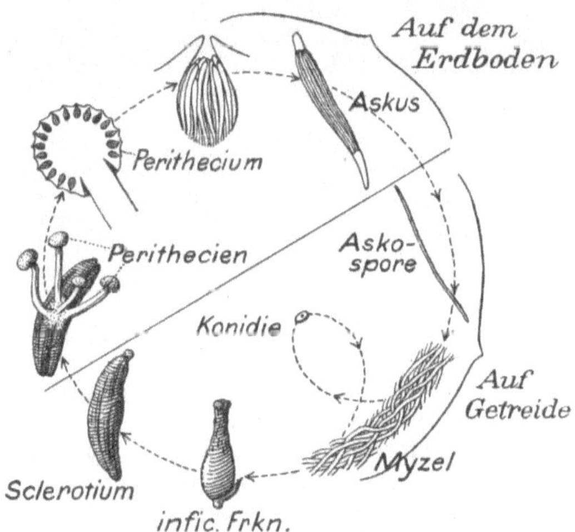


Abb. 240.  Entwicklungskreis von Claviceps purpurea.

festen, fast holzharten Körper, einem **Dauerzustand** des Pilzes, einem sog.
**Sklerotium.** In ihm füllen sich die Zellen des Pilzes allmählich, nachdem ihr
starkes Wachstum aufgehört hat, mit Reservestoffen (besonders fettem Öl), und das
Sklerotium erhält zuletzt eine dunkelviolett bis schwarz gefärbte, harte, fast hornige
Rindenschicht, die sich deutlich von der etwas weicheren Innenschicht abhebt. Das
auffallende Gebilde ragt weit über die Spelzen des Grases hinaus
und bildet so das **Mutterkorn,** das **Secale cornutum** (Abb. 241
und 239, 1), über dessen plötzliche Entstehung man sich früher
natürlich keine Vorstellung machen konnte. Jetzt wird das
Mutterkorn sehr viel medizinisch verwertet und ist offizinell.

Mit Hilfe der geschilderten Sklerotien, welche zuletzt aus
den Spelzen abfallen und auf dem Boden liegen bleiben, über-
dauert der Pilz den Winter. Sobald aber im Frühjahr reichliche
Feuchtigkeit und Wärme erscheinen, beginnen die Sklerotien zu
„keimen" (Abb. 239, 3). Unter Zuhilfenahme der reichlich angesammelten Reservestoffe setzen die Hyphen das während des Winters unterbrochene Wachstum wieder fort. Durch die rissige Rindenschicht der Sklerotien treten mehrere bis viele dicke Bündel
von Hyphen hervor, die an ihrer Spitze bald hellrote bis purpur-
rote, kugelige Anschwellungen bilden. An der Peripherie derselben
finden wir zahlreiche, flaschenförmige Einsenkungen, die sog.
**Perithezien** (Abb. 239, 4, 5), in welchen die Askusbildung erfolgt, und wir erkennen, daß diese Hyphenbüschel und -köpfchen
als eine Vereinigung zahlreicher Askusfrüchte aufzufassen sind.
Die Aszi besitzen die Form langer zylindrischer Schläuche, und in
ihnen liegen je acht dünne und lange, fadenförmig gestreckte Askosporen (Abb. 239, 6, 7), welche bald aus den Schläuchen herausgeschleudert und dann durch die Luft weithin verweht werden. Gelangen sie rechtzeitig zur Keimung auf die Blütenstände der Gramineen, so wiederholt sich der geschilderte Kreislauf von neuem.

In die Verwandtschaft der Gattung
**Claviceps** gehört die interessante Gattung **Cordyceps,** welche besonders reich in
den Tropen vertreten ist, bei uns aber nur
mit einer einzigen Form auftritt. Während **Claviceps** parasitisch auf Pflanzen
lebt, sind die Arten von **Cordyceps** fast
durchweg auffallende Parasiten auf Rau-
pen und Puppen. Wird eine solche von
einer Spore befallen, so keimt diese bald
und dringt mit einem Schlauche in das
Lebewesen ein. Binnen kurzem wird das
Insekt durch das ungeheuer wuchernde
Myzel zum Absterben gebracht, und zwar
so, daß die Form desselben völlig erhalten
bleibt, da es förmlich ausgestopft worden
ist. Der Körper des Tieres wird also selbst
zum Sklerotium, aus dem dann später
das askusbildende Stroma hervorbricht.

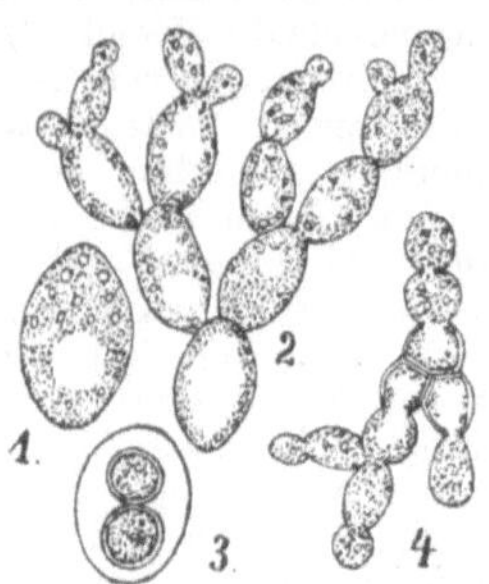

Abb. 242. Saccharomyces
cerevisiae. 1 ein einzelnes
Individuum. 2 eine durch
Sprossung entstandene Ko-
lonie. 3 ein Individuum mit
zwei Sporen. 4 drei auskei-
mende Sporen. Stark vergr.
(Nach Rees.)

Abb. 241. Roggen-
ähre mit mehreren
in Mutterkorn
umgewandelten
Früchten (³/₄).

## Fam. Saccharomycetaceae.

Die Arten der Gattung **Saccharomyces** sind stets winzige, nur mit
starken Mikroskopvergrößerungen zu erkennende, rundliche Zellen, welche
sich außerordentlich lebhaft durch Sprossung vermehren: an dem Ende
einer Zelle bilden sich Ausstülpungen in der Ein- oder Mehrzahl, welche
rasch heranwachsen und sich zuletzt von der Mutterzelle abschnüren
(Abb. 242). Bei vielen Arten kommt es regelmäßig, bei anderen meist

erst nach Erschöpfung ihres Substrates an Nährstoffen, zur Bildung von Sporen, d. h. die wenig veränderten Hefezellen werden zu Aszi, in denen Sporen entstehen. Bei sehr vielen Hefen enthält der Askus nur vier Sporen, die bei den meisten Arten (z. B. Bier- und Weinhefe) ohne vorhergegangene Kopulation, also „apogam", entstehen, so daß der ganze Lebenszyklus dieser Hefen nur in einer Phase verläuft. Offenbar sind die Saccharomycetaceae sehr reduzierte Formen.

Die Saccharomycetaceae stellen die typischen Gärungserreger dar, welche imstande sind, in zuckerhaltigen Säften Alkohol zu erzeugen. Ihr Studium hat besonders deshalb eine große Bedeutung erlangt, weil man nachweisen konnte, daß die verschiedenen Arten, Formen und Rassen ganz verschiedenartige Gärungen hervorrufen. Man ist deshalb jetzt bestrebt, Reinkulturen herzustellen, in welchen sich nur eine ganz bestimmte Art entwickelt, und von welcher man dann auch eine ganz bestimmt verlaufende und gleichmäßige Resultate erzielende Gärung erwarten darf. Nur auf diese Weise ist es möglich, stets dieselbe Sorte Bier zu brauen, und es ist höchstwahrscheinlich, wenn nicht ganz sicher, daß auch die Güte und das Bouquet des Weines wesentlich durch die Art des Gärungserregers beeinflußt wird.

Die Hefen zeichnen sich vor allem auch durch das Vorkommen zahlreicher Enzyme aus. Das wichtigste ist die Zymase, durch welche Traubenzucker in Alkohol und Kohlensäure gespalten wird, ferner die Invertase, die Rohrzucker zu Traubenzucker umwandelt, Emulsin, das Glykoside spaltet, eine fettspaltende Lipase, eine Polypeptide aufspaltende Peptidase, eine Oxydase usw. Ferner enthält die Hefe das Vitamin B und endlich eisen- und phosphorreiche Nukleoproteide, die therapeutisch als wertvoll angesehen werden.

Neuere Forschungen haben auch gezeigt, daß die Hefen, wie wir dies bereits bei Bakterien kennengelernt haben, häufig in Symbiose mit anderen Lebewesen leben. Besonders kommen hier Insekten in Frage, die spezielle „Hefezuchtorgane" (Myzetome) besitzen, welche man früher als „Ernährungsdotter" ansah. Die Insekten, es handelt sich meistens um Zuckersauger, wie Blattläuse, Zikaden usw., benutzen die Hefe zur Spaltung des Zuckers. Bei der Mannazikade hat man sogar zwei Paar solcher Hefezuchtorgane gefunden, und in jedem Paar eine besondere Hefeart.

Auch mit Bakterien kommen die Hefen manchmal vergesellschaftet vor, z. B. mit dem Bakterium xylinum bei der Bildung des Tee-Kwaß, eines Gärungsgetränkes, wobei die Hefe den Zucker in Alkohol und Kohlensäure spaltet, während das Bakterium den Alkohol zu Glykuronsäure oxydiert.

3. Klasse.

# Basidiomycetes. Basidienpilze.

Die zu dieser Klasse gehörigen Formen besitzen geradeso wie die Askomyzeten ein vielzelliges, oft außerordentlich reich entwickeltes Myzel. Wie bei den Askomyzeten kennen wir endlich auch hier ungeschlechtliche und geschlechtliche Sporenbildung. Die Basidiomyzeten können sehr verschiedengestaltig sein und unterscheiden sich häufig in nichts von denjenigen, die wir bei der vorigen Klasse beobachteten. Die sexuelle Vermehrung kennzeichnet sich durch die Bildung von Basidiosporen, und zwar an Trägern von eigenartiger Form. Bei den weitaus

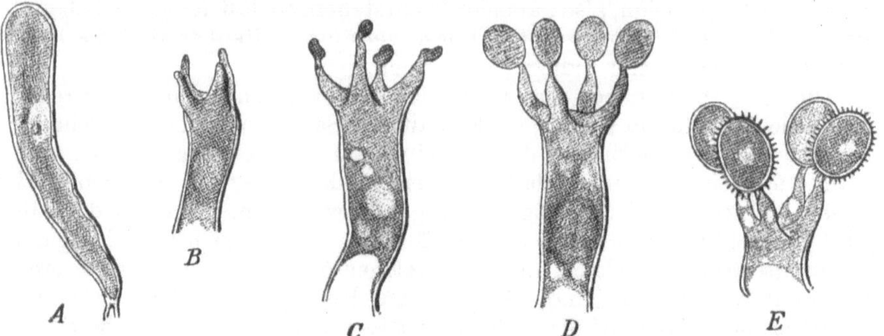


Abb. 243. Entwicklungsstadien einer Basidie (von Corticium amorphum) in der Reihenfolge von A—E, anfangs noch ohne Sterigmen und Sporen, zuletzt mit reifen Sporen. (Nach De Bary.)

meisten Basidiomyzeten entstehen die Basidiosporen in fest normierter Zahl an Trägern (Basidien) von ganz bestimmter Gestalt und Ausbildung (Abb. 243).

Als Typus für die Entwicklung der Basidiomyzeten sei folgendes Schema gegeben (s. Abb. 244): Man unterscheidet männliche und weibliche Basiodio-

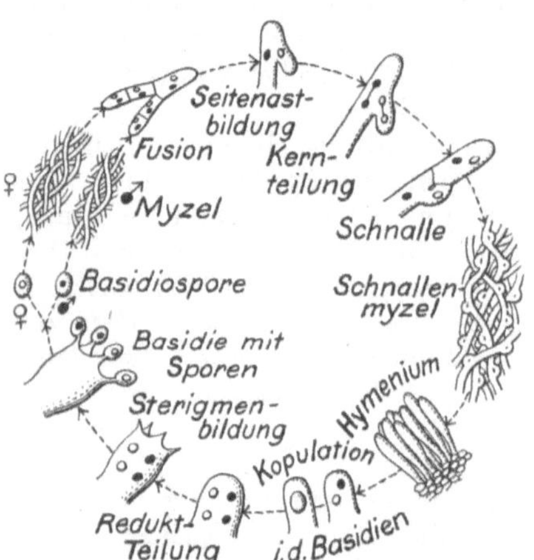


Abb. 244.  Entwicklungskreis der Basidiomyzeten.

sporen. Jede Basidiospore keimt zu einem Myzel aus. Stoßen verschiedengeschlechtliche Myzelfäden zusammen, so können sie verschmelzen; es entsteht hierdurch eine Zelle mit zwei verschiedengeschlechtlichen Kernen. Aus dieser Zelle entwickelt sich nunmehr ein Myzel in ähnlicher Weise wie bei der Hakenbildung der askogenen Hyphen der Askomyzeten. Die beiden Kerne teilen sich nämlich stets gleichzeitig, und während die oberen zwei Tochterkerne in der neu gebildeten Gipfelzelle abgegrenzt werden, bildet sich unterhalb dieser Zelle ein seitlicher Haken, in welchen der eine der beiden unteren Kerne eintritt; dieser Haken vereinigt sich darauf seitlich wieder mit der Hyphe, und auf diese Weise erhält auch die zweite Gipfelzelle die beiden anderen Tochterkerne. Man nennt diesen Vorgang „Schnallenbildung“. Dieser Vorgang kann sich lange Zeit wiederholen, so daß hierdurch ein „Schnallenmyzel“ entsteht. Endlich bildet sich dann aus parallelen Hyphen ein Hymenium, die Enden der Hyphen schwellen an, ihre beiden Kerne kopulieren, dann folgt die Reduktionsteilung, wodurch vier Kerne, zwei männliche und zwei weibliche, gebildet werden. Die Hyphe bildet nun vier Ausstülpungen (Sterigmen), in welche je ein Kern hineinwandert und genau wie bei den Konidien eine „Basidiospore" bildet.

Wir stellen die Basidiomyzeten hinter die Askomyzeten, weil sie — ganz abgesehen von ihren vielfältigen Fruchtformen — als reduzierte Askomyzeten anzusehen sein dürften. Während wir bei den Askomyzeten nach der Reduktionsteilung noch eine oder sogar mehrere vegetative Teilungen vor der Sporenbildung finden, haben wir bei den Basidiomyzeten nur die vier durch die Reduktionsteilung entstandenen Kerne. Die Sterigmenbildung und die Abschnürung der Sporen bei den Basidiomyzeten zeigt uns, daß es sich morphologisch um Konidienbildung, also den ungeschlechtlichen Vermehrungsprozeß handelt, und wir können uns dies am besten in der Weise erklären, daß wir annehmen, aus den Tetrasporen der Reduktionsteilung habe sich früher ein Myzel gebildet, welches dann wieder Konidiosporen gebildet habe. Dies Myzel ist später fortgefallen; die vegetativen Teilungen der Tetrasporenkerne der Askomyzeten würden sich ebenfalls als reduzierte Myzelbildung mit Konidiosporen erklären lassen.

## 1. Unterklasse. *Hemibasidii.*

Basidien stets aus anfangs zweikernigen, bei der Reife einkernigen Teleutosporen entsprossen.

Es gehört hierher eine größere Anzahl von parasitischen Pilzen, welche in vielen Fällen unseren Kulturgewächsen bedeutenden Schaden zuzufügen vermögen und deshalb von großer wirtschaftlicher Bedeutung sind. Es soll aus diesem Grunde auf sie etwas genauer eingegangen werden.

## Fam. Ustilaginaceae (Brandpilze).

Die Basidien besitzen Querwände. Eine der charakteristischsten und sehr häufig zu beobachtenden Formen der Brandpilze ist **Ustilago Avenae**.

Man bemerkt häufig auf Haferfeldern, daß in zahlreichen Fruchtständen keine Körner ausgebildet werden, sondern daß sich an deren Stelle ein dunkelbraunes Pulver findet (Abb. 245, 1). Unter dem Mikroskop erweist sich dieses als eine dichte Masse derbwandiger, brauner Sporen (Brandsporen), welche — wie zahlreiche Untersuchungen zweifellos ergeben haben — befähigt sind, lange Zeit hindurch trotz der ungünstigsten Verhältnisse ihre Keimkraft zu bewahren. Sobald man diese Sporen in Nährflüssigkeiten oder auch nur in Wasser bringt, treiben sie sehr rasch einen kurzen, vierzelligen Keimschlauch (die Basidie) aus, welcher sich als ein Fruchtträger erweist. Denn seitlich an den Zellen des Schlauches werden bald feine Anschwellungen gebildet, welche rasch heranwachsen, sich bei der Reife ablösen und Basidiosporen darstellen (Abb. 245, 3).

Die Basidiosporen kopulieren meist unmittelbar nach der Keimung und bilden dann ein aus zweikernigen Zellen bestehendes Myzel, meist unter Schnallenbildung. In den Fruchtknoten der Gräser bilden sich dann perlschnurähnliche Ketten, die in einzelne derbwandige Sporen (Brandsporen) zerfallen. Diese Sporen sind anfangs zweikernig, bald aber verschmelzen die beiden Kerne zu einem Diploidkern, der bei der Basidienbildung durch die Reduktionsteilung vier haploide Kerne liefert.

Es hat sich herausgestellt, daß jede unserer Getreidepflanzen eine besondere Art dieser Brandpilze beherbergt, die man früher alle unter Ustilago segetum zusammengefaßt hatte. So wird der Hafer von U. Avenae, Gerste von U. Hordei, Weizen von U. Tritici befallen.

Bei dem Maisbrande, Ustilago Zeae, ist die Entwicklung in vielen Punkten von dem eben geschilderten Typus abweichend. Werden von diesem Pilz junge Keimpflanzen befallen, so werden sie sehr rasch getötet. U. Zeae ist jedoch auch befähigt, in die Gewebe der entwickelten Pflanze einzudringen. Er befällt dann meist nicht den Blütenstand, sondern er breitet sich an der Stelle des Stengels, welche er befallen hat, mehr oder weniger weit aus und regt diese Gewebe zu abnormem Wachstum an. Es entstehen dann an den Maispflanzen starke, kropfige Anschwellungen, in welchen sich die Brandsporen in ungeheurer Menge entwickeln und bei der Reife als ein dunkelbraunes Pulver frei werden, während alle übrigen Teile der Pflanze ganz normal bleiben und sich auch die Früchte gut entwickeln. Natürlich wird aber die Maispflanze durch den Parasiten doch sehr geschwächt, da dieser ihr viele Nährstoffe entzieht und zur Sporenbildung verbraucht.

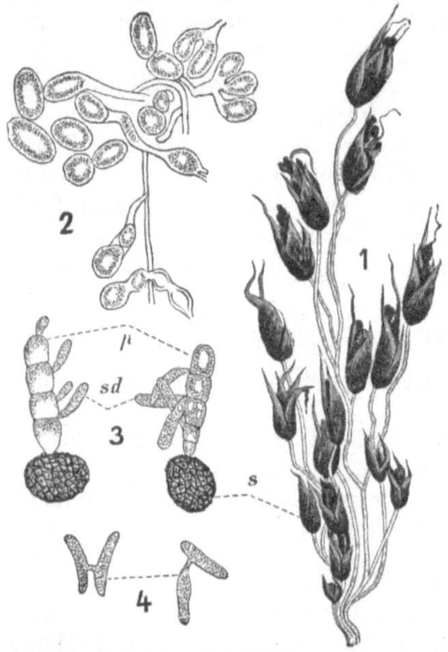

## Fam. **Tilletiaceae** (Brandpilze).

Biologisch verhalten sich die Arten dieser Familie fast ganz wie die der vorigen, besonders so, wie wir dies bei Ustilago Avenae kennengelernt haben. Sie dringen meist in die Keimpflanzen ein, wachsen mit der Vegetationsspitze mit, ohne die Pflanzen zu schädigen, und bilden dann ihre Brandsporen in den Fruchtanlagen der Wirtspflanzen. Morphologisch verhalten sich die Arten hingegen nicht wenig abweichend. Im Gegensatz zu den Ustilaginazeen besitzen ihre Basidien keine Querwände, die Basidiosporen stehen wirtelig am Ende der Basidien.

Es ist vor allem **Tilletia** Tritici anzuführen, der Erreger des sog. Stinkbrandes des Weizens. Bei den erkrankten Pflanzen sind die Fruchtknoten mit einer schmierig-klebrigen Masse, den Brandsporen, erfüllt, welche stark nach Heringslake riecht. Kommen solche erkrankte Körner unter das Getreide und werden gemahlen, so können dadurch große Mengen von Mehl gänzlich unbrauchbar werden.

Abb. 245. 1 ein Brandpilz (Ustilago Avenae) auf einer Haferrispe, natürliche Größe. 2 ein Teil des Myzels in Brandsporenbildung begriffen, stark vergrößert. 3 die diploiden Brandsporen haben je vier haploide Basidien gebildet, welche seitlich Basidiosporen erzeugen. 4 Kopulation der keimenden Basidiosporen. (Nach Frank und De Bary.)

## Fam. **Pucciniaceae** (Rostpilze).

Alle hierher gehörigen Arten sind echte Parasiten, welche lebende Pflanzen befallen und sich mittelst eines quer geteilten Myzels in deren Geweben ausbreiten. Teils durchwuchert ihr Myzel nur lokal bestimmte Stellen der Nährpflanzen, teils aber durchzieht es letztere auch mehr oder weniger vollständig. Infolgedessen fallen auch die Erkrankungen der Nährpflanzen je nach dem verschiedenartigen Verhalten des Parasiten verschieden aus.

In manchen Fällen ist kaum oder nicht nachzuweisen, daß die Wirtspflanze irgendwelchen direkten Schaden genommen hat, in anderen Fällen dagegen wird die Pflanze abgetötet oder wenigstens so stark geschwächt, daß sie nicht zur Fruchtbildung zu schreiten vermag. Wieder in anderen Fällen werden die Gewebe so sehr deformiert, oft zu übermäßigem, unnatürlichem Wachstum angeregt, oft auch im Wachstum zurückgehalten, daß dadurch Verunstaltungen hervorgerufen werden, z. B. die sog. Hexenbesenbildungen, die den befallenen Pflanzen oder Pflanzenteilen ein abnormes, auffallendes Aussehen verleihen.

Auch ihr morphologisches Verhalten ist außerordentlich verschieden und von allgemeinem Interesse, daß es angezeigt sein dürfte, mehrere charakteristische Vertreter kurz zu besprechen.

Einen ziemlich einfachen, d. h. reduzierten Entwicklungsgang zeigt **Puccinia Malvacearum** (vgl. Abb. 246). Sie entstammt tropischen Gebieten, machte jedoch vor einigen Jahrzehnten einen plötzlichen Vorstoß bis in die gemäßigten Klimate und brachte eine förmliche Epidemie hervor. Sie hat die Fähigkeit, sämtliche oder fast sämtliche Malvengewächse befallen zu können, und schädigt diese oft in so intensiver Weise, daß sie zum Absterben gebracht werden. Und so kam es, daß in manchen Gegenden schon wenige Jahre nach dem Auftreten des Pilzes kaum noch Malvengewächse anzutreffen waren: sämtlich waren sie der „Epidemie" zum Opfer gefallen. Seitdem ist der Pilz bei uns einheimisch geworden. Er tritt jedoch nie mehr in so gefährlicher Form auf, ein Verhalten, wie wir es in ganz ähnlicher Weise von Bakterienepidemien kennengelernt haben. Wenn ein Malvenblatt von einer Spore von Puccinia Malvacearum befallen wird, so keimt letztere sehr bald und sendet einen Keimschlauch in die Wirtspflanze hinein, wo sich dieser rasch verzweigt und in kurzer Zeit ein kräftiges Myzel entwickelt. Unter der Blattepidermis entstehen dann kleine polsterförmige Lager, in welchen sich die Myzeläste stark verzweigen und nach außen strecken. Bald wird hierdurch das Oberhautgewebe an kleinen Stellen zer-

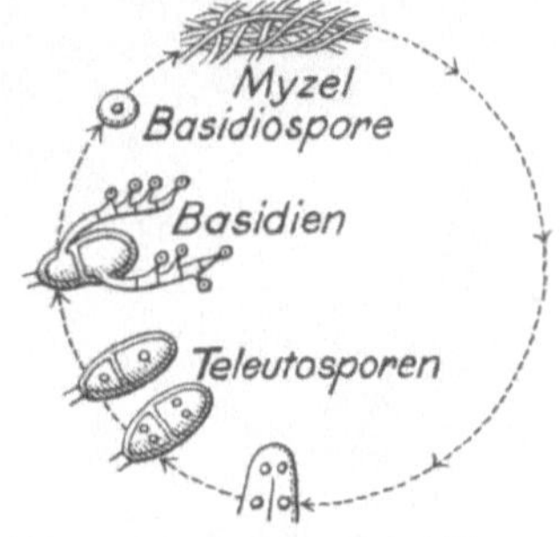
Abb. 246.  Reduzierter Entwicklungskreis von Puccinia Malvacearum.

rissen, und die Hyphenlager liegen frei da; durch Kopulation von je zwei Hyphenzellen werden zweikernige Hyphen gebildet. Am Ende jeder dieser gestreckten Hyphen nun wird eine zweizellige, spindelförmige Spore gebildet, welche mit fester Membran umgeben ist, eine Dauerspore (Teleutospore). Jede der Zellen besitzt jedoch in der dicken Wandung eine verdünnte Stelle, den Keimporus (vgl. Abb. 247, II, III). Sobald die beiden Kerne jeder Teleutospore zum Diploidkern verschmolzen sind und etwas feuchte Witterung eintritt, erfolgt die Keimung der meist abgefallenen Sporen, und zwar so, daß aus dem Keimporus ein vierzelliger Keimschlauch (Reduktionsteilung!) austritt. Dieser Keimschlauch stellt nun die Basidie dar (Abb. 247). Jede der vier Zellen derselben treibt nämlich einen kurzen Fortsatz (Sterigma) aus, an welchem sich eine einzellige Basidiospore bildet. Auch diese Sporen keimen bei günstigen Vegetationsbedingungen sofort, sie werden durch den Wind verweht, dringen mittelst eines Keimschlauches in eine Nährpflanze ein und von ihrem Myzel werden dann wieder Dauersporen in der erst geschilderten Weise gebildet. Es ist klar, daß bei einer so ununterbrochenen Fortentwicklung und der ungeheuren Anzahl der gebildeten Sporen die Verbreitung des Pilzes von Pflanze zu Pflanze sehr rasch erfolgen kann.

Bei vielen anderen Arten dieser Familie finden wir nun ein abweichendes Verhalten insofern, als hier mehrere Arten Sporen gebildet werden; ziemlich zartwandige, einzellige, mit zwei Kernen, welche gleich nach erlangter Reife auskeimen können, indem sie einen Keimschlauch treiben, der in eine Wirtspflanze eindringt. Erst im Spätjahr oder bei Eintritt ungünstiger Vegetationsbedingungen treten allmählich zwischen den eben geschilderten Sporen andere auf, welche in der Gestalt stark abweichen und allmählich immer reichlicher gebildet werden, so daß zuletzt die Sporenhäufchen nur noch aus ihnen bestehen. Sie sind meist zweizellig, dickwandig, vermögen ohne Schaden den Winter zu überstehen und keimen im nächsten Frühjahr aus, indem sie Basidien bilden (Abb. 250). Die im Sommer gebildeten Sporen werden allgemein als Uredo- oder Sommersporen, die im Spätjahr entstehenden als Teleuto- oder Wintersporen bezeichnet. — Die meisten Arten der Familie sind nun aber noch weiter entwickelt: wir finden bei ihnen drei verschiedene Sporenformen.

Befällt eine einkernige, haploide Basidiospore dieser Arten eine Wirtspflanze, so treten meist im zeitigen Frühjahr zunächst an den erkrankten Pflanzenteilen kleine, oft hell gefärbte Becherchen auf, die sog. Äzidien (Abb. 247, I a). Es sind dies Fruchtkörper, welche sich geschlossen unterhalb der Oberhaut der Wirtspflanze bilden. An ihrem inneren Grunde tritt eine Schicht nach außen gestreckter, dicker und kurzer Schläuche auf, von welchen mehr oder weniger lange Ketten von dickwandigen zweikernigen Äzidiosporen abgeschnürt werden. Sehr bald zerreißt über der Fruchtanlage die Oberhaut der Wirtspflanze; die von einer Hülle (Peridie) umgebenen Fruchtkörper öffnen sich becherartig, die unzähligen Sporen (Äzidiosporen) werden dadurch frei und von dem Wind verweht. Sobald diese auf eine Nährpflanze gelangen, keimen sie durch Austreiben eines Myzelschlauches, welcher in das Gewebe eindringt und sich dort zum Myzel entwickelt. Während die Äzidienbecher fast durchweg auf der Blattunterseite der Wirtspflanzen auftreten, findet man auch auf der Oberseite der Blätter kleine Fruchtkörper, die

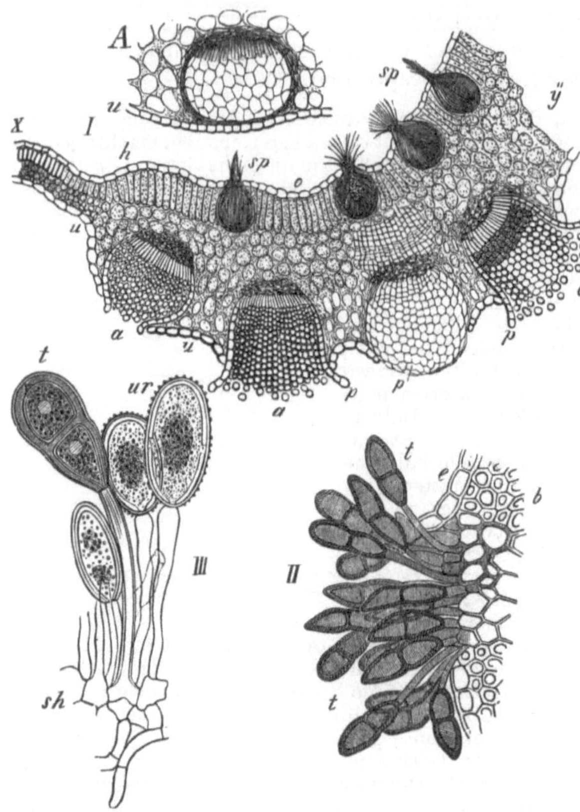

Abb. 247. Puccinia graminis. I Blattquerschnitt von Berberis mit Äzidien a; p deren Peridie; u Unter-, o Oberseite des Blattes, das an der Strecke xy durch den Schmarotzer verdickt ist; auf der Oberseite stehen Spermogonien (sp). A ein junges, noch nicht hervorgebrochenes Äzidium. II Teleutosporenlager (t) auf dem Blatt von Triticum repens, e dessen Epidermis. III Teil eines Uredosporenlagers ebendort; ur die Uredosporen; t eine Teleutospore. (Nach Sachs und De Bary.)

Spermogonien (Abb. 247, I, sp). Es sind dies meist etwa flaschenförmige, Nektar absondernde Gebilde, um welche herum sich Myzelschläuche radial gerichtet legen und nach dem Innern winzige und ziemlich dünnwandige Sporen abschnüren oder vielleicht Spermatien. Ihre Bedeutung für den Entwicklungsgang des Pilzes ist noch unbekannt. Neuerdings liegen Angaben vor, daß die Äzidienanlagen die weibliche Generation vorstellen, welche nach den Spaltöffnungen der Oberseite Myzelfäden (= verzweigte Trichogynen) aussenden, in welche dann die Kerne der Spermatien einwandern und im Blattinnern die Paarkernbildung vornehmen.

Die zweikernigen Äzidiosporen keimen aus und treiben ein dikaryotisches Myzel, von welchem dann den Sommer über gewöhnlich nur zweikernige Uredosporen gebildet werden. Erst gegen den Herbst stellen sich die Teleutosporen ein, in welchen eine Verschmelzung der beiden Kerne erfolgt und aus denen im folgenden Frühjahr sich bei gleichzeitiger Reduktionsteilung die Basidien mit ihren je vier haploiden Basidiosporen entwickeln.

Die auffallendste Erscheinung, welche bei den Pucciniaceae und vielleicht überhaupt im Pflanzenreiche auftritt, ist aber die, daß sich die Fruchtformen einer und derselben Art — wenigstens zum Teil — auf verschiedenen Nährpflanzen entwickeln. Es geschieht dies in der Weise, daß der Pilz auf der einen Nährpflanze mit Äzidiosporen und Spermogonien, auf einer anderen mit Uredo- und Teleutosporen auftritt, während die Basidiosporen auf dem Erdboden gebildet werden.

Es soll als Beispiel die Entwicklungsgeschichte des Pilzes angeführt werden, welcher infolge des großen, der Landwirtschaft zugefügten Schadens schon seit Jahrhunderten bekannt war (vgl. Abb. 248).

**Puccinia** graminis bedarf nämlich zu seiner Entwicklung der beiden Wirtspflanzen Getreide und Berberitze. — Auf den Blättern der letzteren treten im zeitigen Frühjahr hellgelbe Pusteln, Becherchen (Abb. 247, I) auf, welche die Äzidienform von Puccinia graminis darstellen. Die Äzidiosporen werden dann verweht und müssen, wenn sie keimen sollen, auf bestimmte Grasarten gelangen. Alle übrigen Sporen gehen zugrunde. Auf den Gräsern, d. h. also in unserem Falle auf dem Getreide, keimen die Äzidiosporen aus, dringen mit dem Keimschlauch ein und bilden ein starkes Myzel, bis sie dann nach kurzer Zeit zur Uredo- (Abb. 247, III) und zuletzt zur Teleutosporenbildung (Abb. 247, II) schreiten, welche beiden Fruchtformen eben den gefürchteten Getreiderost ausmachen.

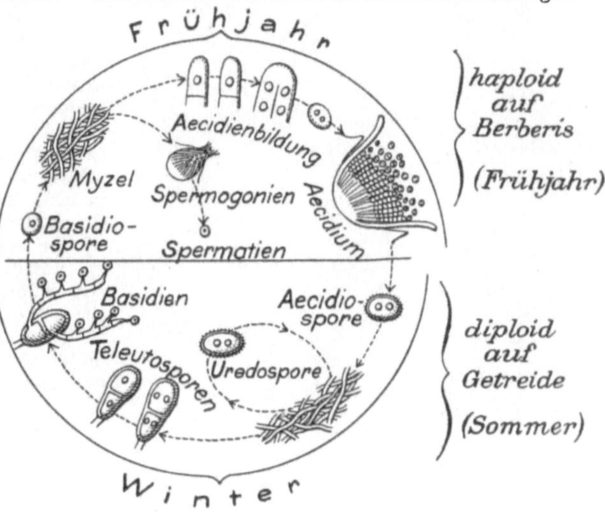


Abb. 248. Entwicklungskreis von Puccinia graminis (bzw. Aecidium Berberidis).

Diese letzteren Sporen überwintern, bilden (vgl. Abb. 247) im Frühjahr Basidiosporen, die zugrunde gehen, wenn sie nicht auf die Blätter der Berberitze gelangen. Dort beginnt dann der Pilz seinen Kreislauf wieder mit der Äzidienbildung. Bei diesem Entwicklungsgang des Pilzes ist es klar, daß dieser mit Notwendigkeit verschwinden muß, wenn ihm eine der beiden Wirtspflanzen entzogen wird, d. h. wenn eine Zeitlang kein Getreide mehr gebaut wird oder, noch besser, wenn die Berberitzensträucher sämtlich umgehauen werden.

Solche Arten der Pucciniaceae, welche sich wie Puccinia graminis verhalten, d. h. die notwendig an zwei Wirtspflanzen gebunden sind, werden obligatorisch heterözisch genannt. Man kennt jedoch auch solche, welche wohl für gewöhnlich diesen Wirtswechsel durchmachen, die aber beim Fehlen der zweiten Wirtspflanze nicht zugrunde gehen, sondern imstande sind, eine der Fruchtformen, die Äzidienbildung, vollständig auszulassen. Es befallen im Frühjahr die aus den Teleutosporen hervorgehenden haploiden Basidiosporen wieder dieselbe Wirtspflanze, auf welcher der Pilz dann den ganzen Sommer über Uredosporen erzeugt, bis endlich im Herbste allmählich nach vorhergegangener Kopulation zweier haploider Myzelkerne mehr und mehr Teleutosporen sich einstellen. Erscheint dann aber die zweite Nährpflanze in einem folgenden Jahre wieder, so bildet auf dieser im Frühjahr der aus den Teleutosporen bzw. Basidiosporen hervorgehende Pilz sofort wieder Äzidien. — Derartige Formen, welche befähigt sind, in Fällen der Not den Wirtswechsel aufzugeben, werden als fakultativ heterözisch bezeichnet.

Man weiß nun zwar, daß in den meisten Fällen zu einer Äzidienform auch die anderen Fruchtformen gehören und umgekehrt. Es ist aber oft sehr schwer, die zusammengehörigen Formen festzustellen, und in sehr zahlreichen Fällen ist dies auch noch nicht gelungen.

Die wichtigsten Formen der Pucciniaceae, der Rostpilze, sollen nun aufgeführt werden.

**Uromyces** pisi ist ein heterözischer Pilz, dessen Uredo- und Teleutosporen auf den Blättern der Erbse vorkommen und dort kleine dunkle Pusteln bilden. Die Äzidien dagegen treten auf Euphorbia cyparissias, einer bei uns sehr verbreiteten Wolfsmilchart, auf. Auffallend ist, daß hier das Myzel nicht auf einzelne Stellen beschränkt ist, sondern daß die ganze Wolfsmilchpflanze von demselben durchzogen wird. In dem ausdauernden Wurzelstock überwintert das Myzel, wächst dann im nächsten Frühjahr mit den austreibenden Sprossen mit, verändert dieselben krankhaft (Hypertrophie), so daß sie sich von den gesunden Pflanzen sehr stark unterscheiden, und entwickelt an den grünen Teilen die Äzidienbecher, durch deren Sporen der Pilz immer wieder verbreitet wird.

Von der Gattung **Puccinia** haben wir schon den gefährlichen Parasiten P. graminis kennengelernt. Es gehören hierher aber auch noch andere Arten, welche dem Getreidebau fast ebensolchen Schaden zuzufügen vermögen. Besonders ist dies der Fall bei P. rubigo vera, deren Äzidienform auf der Ackerochsenzunge (Anchusa arvensis) vorkommt. Ist einmal der Pilz in einer Gegend verbreitet, so kann er dem Getreidebau großen Abbruch tun. Es gibt dann nur eine Hilfe: die Unkräuter der Felder mit allen Mitteln auszurotten. Denn sobald Anchusa nicht mehr in der Nähe oder inmitten des Getreides wächst, muß der Pilz mit Notwendigkeit verschwinden. — Auch

Abb. 249. Euphorbia cyparissias.  A Von Uromyces pisi befallene Pflanze, B normale Pflanze.

P. coronata ist ein gefürchteter Getreideschädling. Seine Äzidienform kommt auf dem Faulbaum zur Entwicklung, dessen Blätter im Frühjahr oft ganz mit den gelben Becherchen bedeckt sind.

Die Gattung **Melampsora,** zu welcher viele gefährliche Parasiten gehören, ist dadurch ausgezeichnet, daß bei ihr die teleutosporenbildenden Hyphen zu festen, krustenförmig zusammenhängenden Lagern vereinigt sind.

Melampsora pinitorqua ist der Pilz, dessen Äzidienform die sog. Kieferndrehwüchsigkeit hervorruft. Die Uredo- und Teleutosporenform zeigt sich auf den Blättern der Zitterpappel in wenig auffälliger Form. — In ganz ähnlicher Weise zeigt sich M. larici-tremula, der sog. Lärchenrost, dessen Uredo- und Teleutosporenform ebenfalls auf der Zitterpappel vorkommt, während die Äzidienform auf Lärchen auftritt.

Noch viele hierher gehörige Arten sind als Forstverwüster zu bezeichnen und vermögen großen Schaden anzurichten. Doch müssen sie hier übergangen werden, da ihre Aufzählung zu weit führen würde.

Die Gattung **Gymnosporangium** ist dadurch charakterisiert, daß bei ihr die Teleutosporen in großen, kegelförmigen, gallertartigen Fruchtkörpern erscheinen. — Gymnosporangium sabinae bringt auf den Blättern des Birnbaumes den auffallenden und in manchen Distrikten Jahr für Jahr auftretenden Gitterrost hervor. Die Uredo- und Teleutosporen zeigen sich in ansehnlichen, gelben, gallertähnlichen Massen auf der Rinde des Sadebaumes (Juniperus sabina). Die Äzidienform dagegen entwickelt sich auf den Blättern des Birnbaumes, wo große orangefarbene oder oft grellrote, stark vorgewölbte Polster hervorgebracht werden. Diese Äzidien brechen nun nicht, wie wir dies vorhin bei Puccinia sahen, becherartig auf, sondern sie bleiben am Scheitel geschlossen und öffnen sich nur seitlich gitterartig mit einigen Längsrissen.

## 2. Unterklasse. *Eubasidii.*

Die Basidien entstehen hier als Fortsetzung gewöhnlicher Hyphen.

### 1. Reihe. Protobasidiomycetes.

Die Basidien sind bei dieser Reihe quer oder längs geteilt.

### Fam. Auriculariaceae.

Die Arten dieser Familie zeigen, was ihre Vermehrung betrifft, noch vielfache Übereinstimmung mit den Pucciniaceen insofern, als auch bei ihnen die Basidien quer geteilt, vierzellig sind und von jeder Basidienzelle eine einzige Spore auf einem langen Sterigma gebildet wird.

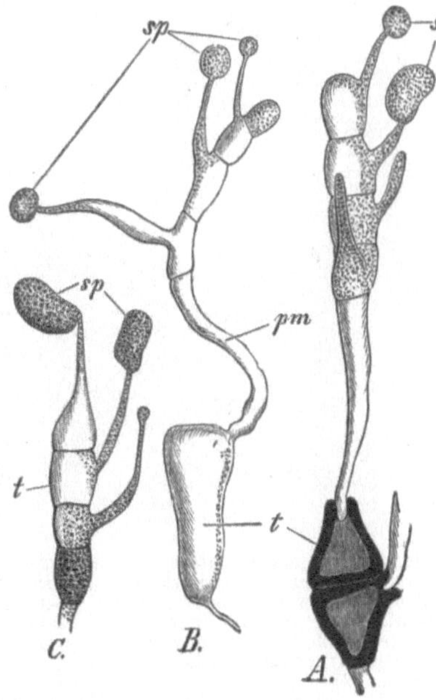

**Auricularia** auricula judae, ein Pilz, welcher sich an Holunderstämmen nicht selten findet, ist ausgezeichnet durch große, ohrförmige, gallertartige, aus dicht verflochtenen Hyphen gebildete Fruchtkörper und wird im Volksmunde häufig als „Judasohr" bezeichnet. Er war früher gebräuchlich und spielt auch jetzt noch hier und da in der Volksmedizin eine Rolle.

Abb. 250. Keimung der Teleutosporen verschiedener Uredineen. A von Puccinia (400). B von Melampsora (300). C von Coleosporium (230). *t* Teleutosporen, *pm* Basidie, *sp* Basidiosporen.

## 2. Reihe. Autobasidiomycetes.

Die Basidien sind einzellig, ungeteilt, mehr oder weniger keulenförmig, mit meist vier, selten zwei, sechs oder acht apikal gestellten Sterigmen (Abb. 251). Die Fruchtkörper sind nur selten noch locker und gallertartig, meist besitzen sie einen festen, fleischigen oder holzigen Bau, d. h. sie sind aus derben, miteinander fest verwachsenen und verflochtenen Fäden zusammengesetzt. Die Basidien entspringen zwar dem Myzel, aber meist nicht an jeder beliebigen Stelle desselben, sondern vom Myzel werden bestimmt geformte, charakteristisch und zweckmäßig gebildete Fruchtkörper hervorgebracht, an denen oder innerhalb derer sich Basidien und Basidiosporen entwickeln. Nebenfruchtformen kommen nur noch sehr selten vor.

## Fam. Clavariaceae (Keulen- oder Korallenpilze).

Hier finden wir recht auffallende, oft sehr große Fruchtkörper, bei denen wir deutlich eine Markschicht von einer Rindenschicht unterscheiden können. Letztere ist von einer Basidienschicht (einem Basidio‑hymenium) allseitig dicht überzogen.

**Clavaria** botrytis (Ziegenbart) ist ein häufiger Pilz unserer schattigen, humösen Wälder, der, wie alle Arten der Familie, gegessen werden kann. Der Fruchtkörper ist fleischig, stark korallenartig verzweigt, von auffallender schwefelgelber bis orangeroter Farbe und erreicht oft Kopfgröße.

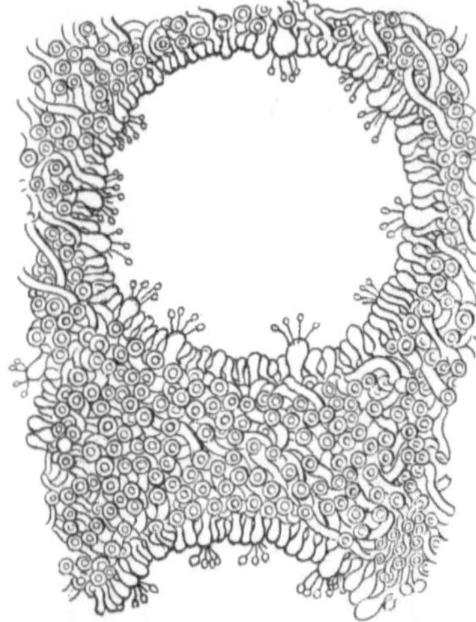

Abb. 251. Fomes igniarius, ein Röhrenschwamm. Ein Querschnitt der Röhren (Flächenschnitt zum Hut), welcher zeigt, wie diese auf der ganzen Innenfläche mit Basidien und den Paraphysen (dem sog. Basidiohymenium) ausgekleidet sind.

## Fam. Hydnaceae (Stachelschwämme).

Bei den Arten dieser Familie erfolgt die Basidienbildung nicht mehr an jeder beliebigen Stelle des Fruchtkörpers, sondern ist auf bestimmte Gebiete beschränkt. Die Form der Fruchtkörper ist bei dieser Familie noch sehr wechselnd. Eine und dieselbe Art kann je nach der Art der Unterlage und der größeren oder geringeren Menge von Nährstoffen sehr verschiedenartige Fruchtkörper bilden, und diese können von der krustigen bis zu der hutförmigen Gestalt alle Übergänge zeigen. Die Basidien entstehen jedoch stets nur an eigenartigen, stachelförmigen oder kammförmigen Vorsprüngen der Fruchtkörper, welche sich an hutförmigen Exemplaren meist auf der Unterseite entwickeln.

Alle Arten der Gattung **Hydnum,** welche fleischige und ansehnliche Fruchtkörper besitzen, werden gegessen; sie kommen in Wäldern oft massenhaft vor.

## Fam. Polyporaceae (Löcherschwämme).

Hierher gehören fast nur noch Formen, deren Fruchtkörper schon eine ganz bestimmte und für die Gattung und Art meist charakteristische Gestalt zeigen (z. B. Abb. 252) und nur an ganz besonders ausgebildeten Teilen die Basidien bilden. Charakteristisch ist für alle Polyporaceae, daß auf einem Teile des Fruchtkörpers, meist auf der Unterseite des Hutteils, mehr oder weniger tiefe Gruben oder Löcher, oft von wabigem Bau, auftreten, oder daß sich röhrenförmige oder labyrinthartig gewundene Kanäle ausbilden, an deren Wandung die Basidien entstehen und in welche hinein die Basidiosporen abgeschieden werden (Abb. 251).

**Merulius** lacrymans, der Hausschwamm, ist eine derjenigen Formen, bei welchen der Fruchtkörper noch keine bestimmte und fest gewordene Gestalt besitzt. Er kommt in Wäldern nur ziemlich selten vor, besonders auf Nadelhölzern, und tritt hier in wenig auffälliger Form und nur wenig Schaden anrichtend auf. Kommt er aber mit solchem Holz in ein Haus, d. h. werden Balken, in welchen das ausdauernde Myzel wuchert, zu Bauzwecken verwendet, oder aber entwickelt sich der Pilz erst aus Sporen in einem Haus, das nicht völlig ausgetrocknet ist, so breitet sich das Myzel mit großer Schnelligkeit nach allen Seiten aus. Besonders günstig sind für die Entwicklung des Pilzes solche Orte, welche wenig gelüftet werden und wo ständig eine feuchte Atmosphäre herrscht. Das Myzel wächst von Balken zu Balken, dringt auch durch starke Mörtellagen hindurch und durchzieht oft in wenigen Monaten bei günstigen Vegetationsbedingungen ganze Häuser. Von ihm werden Enzyme ausgeschieden, welche das Holz stark zersetzen und so mürbe machen, daß man es zwischen den Fingern zerreiben kann. Dieses mürbe Holz wirkt sodann wie ein Schwamm, d. h. es nimmt Wasser mit großer Leichtigkeit auf und leitet es weiter. Dazu kommt noch, daß auch das Pilzmyzel wasserleitend wirkt und das Wasser ständig an das morsche Holz abgibt, wodurch vom Grund des Hauses oder von feuchten Stellen desselben ständig Wasser nach trockenen Stellen hingeleitet wird. Dies zeigt sich sehr rasch in den Häusern, welche vom Hausschwamm befallen

sind. Die Wände derselben erweisen sich stets als feucht und übelriechend und wirken krankheitserregend. Hat sich nun das Myzel weithin ausgebreitet, sind genügend Nährstoffe gesammelt und gelangt es dann in einen Raum, wo ihm Licht und Luft geboten wird, z. B. in ein leerstehendes, wenig gelüftetes Zimmer, so schreitet der Pilz zur Fruchtkörperbildung. Die Fruchtkörper sind sehr verschiedenartig, stets krustenartig der Unterlage

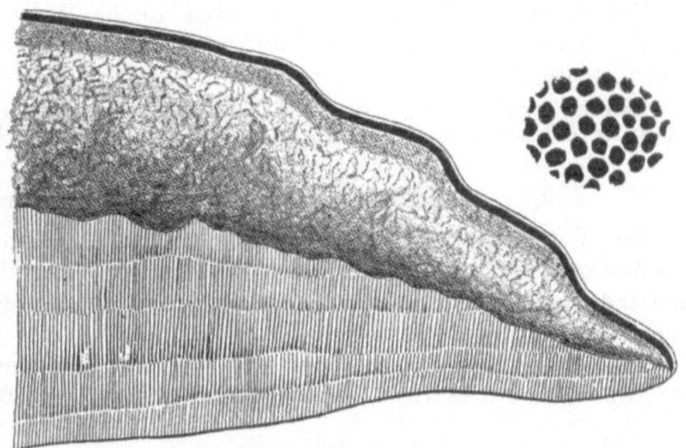

Abb. 252.  Zunderschwamm (Fomes fomentarius).  Links ein Pilzfruchtkörper in senkrechtem Durchschnitt, auf der Unterseite das Röhrenlager, oben die Zunderschicht aufweisend.  Rechts oben ein kleines Stückchen der Unterfläche des Hutes (der Röhrenschicht) im Querschnitt, stark vergrößert.

angeschmiegt, fleischig, anfangs schneeweiß, später braun gefärbt und weisen auf der Oberseite flache Runzeln oder unregelmäßig geformte Gruben auf, in welchen sich die Basidien bilden und wo die Sporen in ungeheurer Anzahl entstehen. Diese Sporen werden von jedem Lufthauche davongetragen und wirken stark gesundheitsschädigend, da sie zu schweren Reizungen der Atmungsorgane Veranlassung geben.

. Bei den Gattungen **Polyporus** und **Fomes** ist der fertile, untere Teil des konsolartig wachsenden Fruchtkörpers dicht von unzähligen tiefen, oft wabenartig angeordneten Poren durchsetzt, in welchen die Basidien und an diesen die Sporen entwickelt werden. Man erkennt die Poren schon mit bloßem Auge als feine, nadelstichartige Grübchen.

**Polyporus** destructor entwickelt sich häufig in Häusern in ganz ähnlicher Weise wie der Hausschwamm und wird mit diesem oft verwechselt. Schon dadurch ist er jedoch nicht schwer von jenem unterscheidbar, daß er das Wasser nicht so zu leiten vermag und deshalb auch keine Feuchtigkeit der Wände herbeiführt. Aber auch er ist sorgfältig zu bekämpfen, da er schon großen Schaden herbeigeführt hat.

**Polyporus** officinalis ist der sog. Lärchenschwamm, welcher früher als „Agaricus albus" oder „Fungus laricis" häufig in der Medizin Verwendung fand und auch jetzt noch gebraucht wird.  Er enthält ziemlich reichlich harzartige Stoffe und dient besonders als drastisch purgierendes Mittel.

**Fomes** (Polyporus, auch Ochroporus) fomentarius ist der Zunder- oder Feuerschwamm, welcher in früheren Zeiten große Wichtigkeit besaß. Er entwickelt sich meist auf Rotbuchen, seltener auf Birken, und kommt in manchen Gegenden sehr häufig vor; er bewirkt, wie die meisten verwandten Arten, eine Zersetzung und ein allmähliches Absterben der befallenen Bäume. Die Fruchtkörper erlangen eine bedeutende Größe und Härte. Ihre untere Schicht, die Röhrenschicht, ist hart und unbrauchbar, die obere, unfruchtbare Schicht dagegen besteht aus feinen, verflochtenen Myzelien, aus welchen der Zunder hergestellt wird. Diese Schicht wird stark geklopft und mit Salpeterlösung behandelt, worauf nach erfolgtem Trocknen das Handelsprodukt fertig ist. Es ist bekannt, welche große Bedeutung früher der Zunder für den Menschen besaß (Abb. 252).

**Fomes** igniarius ist dem Zunderschwamm sehr ähnlich, besitzt aber ein härteres Myzelgewebe. Aus seinem Fruchtkörper werden häufig als Spielerei Ornamente geschnitzt.

Zur Gattung **Boletus** rechnet man solche Polyporaceae, welche einen typisch hutförmigen Fruchtkörper ausbilden. — Hierher gehören viele Speisepilze.

**Boletus** bulbosus (= B. edulis) ist der bekannte und geschätzte Steinpilz. Er findet sich massenhaft in Nadelwäldern, aber auch häufig in Laubwäldern.

## Fam. Agaricaceae (Lamellen- oder Blätterschwämme).

Die Fruchtkörper besitzen fast durchweg Hutform und fleischige Konsistenz. Auf der Hutunterseite bilden sich die radial von dem Stielansatze ausstrahlenden Lamellen oder Leisten, an denen die Basidien stehen (Abb. 253).

Das Myzel der Agaricaceae ist, wie das der sämtlichen Basidiomyzeten und Askomyzeten, sehr zart und vielzellig.

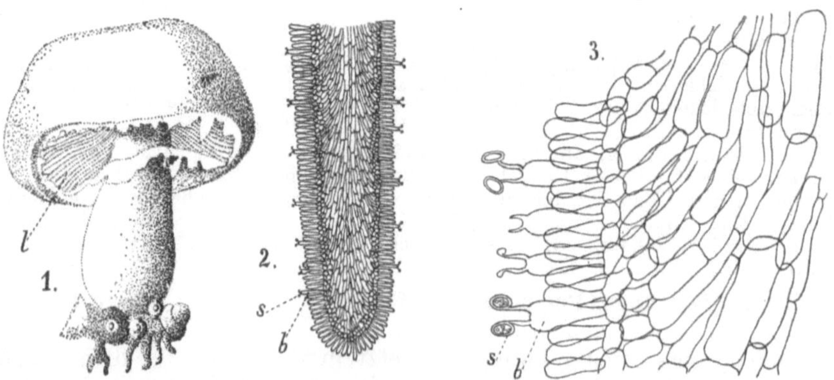

Abb. 253. 1. ein Basidienpilz (Hutpilz); Psalliota oder Agaricus campestris, der Champignon. 1. der gesamte Fruchtkörper, am Grunde mit den Resten des Myzels, *l* Lamellen. 2. eine Lamelle mit dem Hymenium im Querschnitt vergrößert. 3. die Randpartie einer Lamelle (das Hymenium) stärker vergrößert, *b* Basidien, *s* Sporen. (Nach Sachs.)

Erwähnenswert ist, daß bei manchen Formen eine Art von Milchsaftschläuchen vorkommt; wir finden hier im Fruchtkörper lange, reichverzweigte und unregelmäßig verlaufende, dicke, schlauchförmige Hyphen, die einen weißen oder gelbroten Milchsaft enthalten, welcher unter starkem Druck steht und sofort in großen Mengen austritt, wenn der Fruchtkörper verletzt wird.

Ferner ist auf die bei den Agaricaceae häufig vorkommenden **Dauer-zustände des Myzels** hinzuweisen, die **Sklerotien** und **Rhizo-morphen.**

Die **Sklerotien** entstehen durch eine starke Verknäuelung und Verästelung der Myzelien, in deren Zellen dann reichlich Nährstoffe, Reservestoffe, abgelagert werden. Die Außenschichten der Sklerotien werden oft dadurch sehr hart und fast holzartig starr, daß sich die Hyphen zu einem Pseudoparenchym vereinigen. Viele Sklerotien erhalten bedeutende Größen; solche von weit über Kopfgröße sind keine Seltenheit. Aus ihnen gehen nach einer gewissen Ruhezeit bei Anwesenheit genügender Wärme und Feuchtigkeit Fruchtkörper hervor, manchmal, nachdem jene jahrelang scheinbar leblos gelegen hatten und den ungünstigsten Vegetationsverhältnissen ausgesetzt waren. Infolge der angesammelten Nährstoffe sind viele dieser Sklerotien eßbar.

Die **Rhizomorphen** (= wurzelähnliche Körper) entspringen sehr häufig aus Sklerotien und ähneln oft täuschend den Wurzeln höherer Pflanzen. Schneidet man eine solche Rhizomorpha quer durch, so findet man bei Betrachtung des Querschnittbildes unter dem Mikroskop, daß sich dasselbe nur aus Hyphen zusammensetzt, welche im Zentrum ziemlich locker verlaufen und meist von weißer Farbe sind, während sie in der Rindenschicht pseudoparenchymatisch dichtgedrängt liegen und eine braune bis tiefschwarze Färbung aufweisen. Ein bei uns sehr häufiger Parasit der Nadelhölzer, der als Speisepilz geschätzte **Hallimasch (Armillaria mellea)** ist ganz besonders ausgezeichnet durch charakteristisch ausgebildete Rhizomorphen. Diese werden oft viele Meter lang und mehrere Millimeter dick und wachsen mittels Spitzenwachstums. Die Rhizomorphen entwickeln sich mit großer Schnelligkeit zwischen Rinde und Holz der Nadelhölzer und bohren sich ihre Bahn durch das weiche Kambium derselben, indem sie dort diesem Bildungsgewebe reichlich Nährstoffe entziehen. Von den Rhizomorphen gehen nach allen Richtungen feine Hyphenstränge ab, die ins Holz eindringen und hier Zerstörungen hervorrufen. Durch die Rhizomorphen verbreitet sich der Pilz auch von Baum zu Baum. Von einem pilzkranken Baum wachsen unterirdisch diese wurzelähnlichen Stränge nach einem benachbarten Baum hin, dringen dort in die Wurzeln ein und wachsen nach oben, um endlich, wenn sie später stark genug herangewachsen sind, reichlich Fruchtkörper zu bilden.

Von der formenreichen Familie der **Agaricaceae** sollen hier nur einige der allerwichtigsten Formen herausgegriffen werden.

Die Gattung **Lactaria** ist durch die Ausbildung von Milchsaftschläuchen in den Fruchtkörpern ausgezeichnet.

**Lactaria deliciosa** ist der sog. Blutreizker, einer der wohlschmeckendsten Speisepilze, welcher eigentlich ein sehr „giftiges“ Aussehen besitzt. Zerbricht man den schön gelb gefärbten Fruchtkörper, so tritt an der Bruchfläche sehr reichlich ein orangeroter Milchsaft aus, der an der Luft rasch erstarrt und eine grüne Färbung annimmt.

Am besten von allen Basidiomyzeten ist dem Laien der Champignon **(Psalliota** oder **Agaricus** campestris) bekannt (Abb. 253 u. 254). Dieser wertvolle Speisepilz kommt wildwachsend oft in großen Mengen auf sandigen Waldwiesen vor. Für den Handel wird der Pilz in großem Maßstabe kultiviert.

**Amanita** muscaria, der Fliegenschwamm (Abb. 255), stellt mit seinem roten, weiß gefleckten Hute eine auffallende Erscheinung unserer Wälder dar. Er ist ein sehr gefürchteter Giftpilz. Sehr nahe mit ihm verwandt ist einer der beliebtesten Speisepilze des südlichen Europa, der besonders in Italien sehr häufig ist und allgemein gegessen wird, **Amanita** caesarea, der Kaiserschwamm. Er zeichnet sich dadurch aus, daß er auf der Hutunterseite gelbe Lamellen hat, während diejenigen des Fliegenpilzes reinweiß sind. Der giftigste aller bei uns vorkommenden Pilze ist der Knollenblätterschwamm, **Amanita** phalloides.

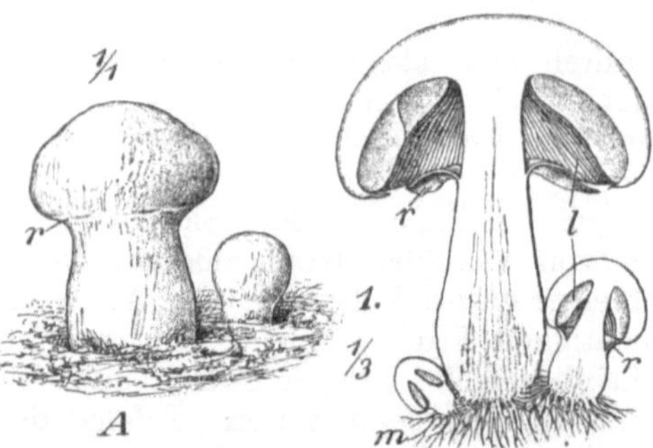

Abb. 254. Psalliota campestris, Feldchampignon. A junges Exemplar aus der Erde hervorbrechend, der Ring noch mit dem Hutrand verwachsen. B erwachsenes Exemplar mit zwei jüngeren rechts und links längs durchschnitten, *r* Ring, *l* Lamellen, *m* im Boden verlaufendes Myzel.

**Cantharellus** cibarius, der Pfefferling, ist ein sehr beliebter Speisepilz, welcher durch seine hellgelbe Farbe sehr auffällt. Er ist leicht von den übrigen

Agaricaceae dadurch zu unterscheiden, daß bei ihm die Lamellen noch an dem Stiel herab verlaufen. Diese Art kommt in Nadelwäldern, in trockenen wie in feuchten, oft in großen Mengen vor und hat als Volksnahrungsmittel eine nicht zu unterschätzende Bedeutung.

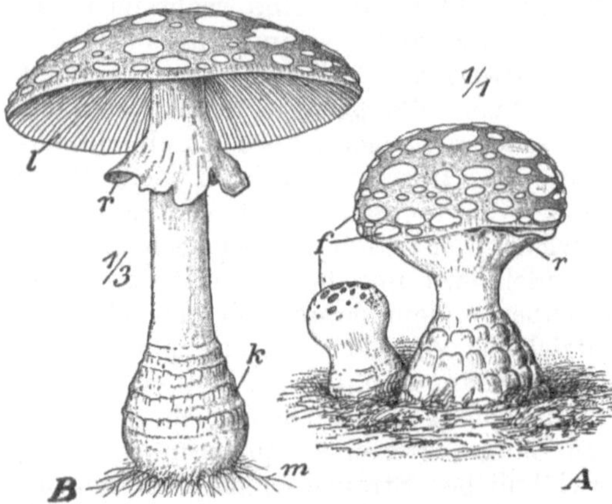

Abb. 255. Amanita muscaria (Fliegenpilz). A junges Stadium, die äußerste Hülle *f* löst sich links oben ab, rechts ist sie nur noch in Form weißer Fetzen auf dem Hut vorhanden, Ring *r* löst sich eben vom Hutrand. B ausgewachsener Pilz, *k* knollig verdickter Fuß, *l* Lamellen, *r* Ring am Stiel schlaff herabhängend, *m* in den Boden verlaufende Myzelstränge.

### Fam. Phallaceae.

Man hat die hierher gehörigen Pilze als „Pilzblumen" bezeichnet, und zwar aus sehr zutreffenden Gründen. Einmal finden wir unter den Fruchtkörpern der Phallaceae sehr schöne und auffallende Gestalten, ferner hauchen diese einen sehr charakteristischen, wenn auch für uns nicht angenehmen Eigengeruch aus, welcher zum Herbeilocken von Insekten dient, und endlich wissen wir auch mit Sicherheit, daß die Sporen durch diese Insekten verschleppt und verbreitet werden; also alles Fälle, welche wir auch bei den Blüten der höheren Pflanzen beobachten.

Die Fruchtkörper der Phallaceae sind vor der Reife kugelig oder eiförmig und werden umhüllt von einer fleischigen oder gallertartigen, völlig geschlossenen Hülle, der Volva. Im Innern finden wir einen Gewebekörper mit zahlreichen Kammern (die Gleba), deren Wände aus einem Lager von Basidien bestehen, und in welche dann die Sporen abgeschieden werden. Bei der Reife wird diese Gleba durch einen Stielteil,

Träger oder Rezeptakulum genannt, in die Höhe gehoben, nachdem durch dessen gewaltiges Wachstum die Volva am Scheitel zerrissen worden ist und dann am Grunde des Rezeptakulums als eine gallertartige Hülle bestehen bleibt. Sobald das Rezeptakulum sich gestreckt hat, zerfließt das gesamte Gewebe der Gleba und tropft von der Spitze des Rezeptakulums herab, in den Tropfen große Mengen der vorher gebildeten Basidiosporen mit sich führend.

Von der Gattung **Phallus**, welche mit ihren meisten Arten in den Tropen gedeiht, kommt Ph. impudicus, die sog. Gichtmorchel oder Stinkmorchel, auch bei uns vor. Dieser auffallende Pilz wächst hier und da in trockenen Nadelwäldern, am liebsten im dichten Waldesdunkel. Häufig wird man auf die Anwesenheit des Pilzes schon aufmerksam, lange bevor man ihn erblicken kann, und zwar infolge seines ekelerregenden Aasgeruches, welchen er bei seiner Entfaltung entwickelt.

## Fam. Lycoperdaceae.

Diese Familie steht den Phallaceae nahe. Doch wird hier die Hülle (Peridie) nicht vom Rezeptakulum durchbrochen, sondern bleibt bis zur Sporenreife geschlossen, worauf sie sich an der Spitze unregelmäßig oder regelmäßig öffnet. Das ganze Innere des Fruchtkörpers wird von der Gleba ausgefüllt, welche reichlich gekammert ist, und deren Kammerwände von einem Basidiohymenium bedeckt sind.

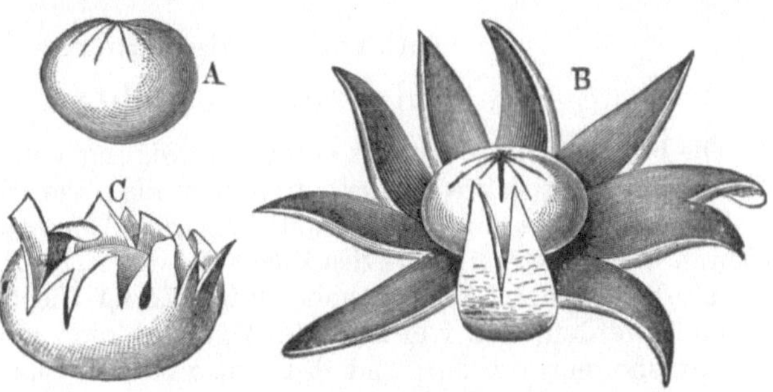

Abb. 256.  Geaster hygrometricus, der Erdstern. A junger Fruchtkörper. B dieser entwickelt mit spreizender, äußerer Peridie bei feuchter Luft. C derselbe in trockener Luft. (Nach Corda.)

Die Arten der Gattung **Lycoperdon** sind in der Jugend eßbar. Sie werden meist als Stäublinge bezeichnet. Sie besitzen einen schwachen Stielansatz und einen deutlich verdickten Kopfteil. In der Jugend ist der ganze Fruchtkörper durchweg von einem weißen Myzel zusammengesetzt und besitzt eine fleischige Konsistenz. Später ist auf einem Durchschnitt der gesamte Kopfteil schwarz, d. h. hier haben sich in den mit bloßem Auge nicht sichtbaren Kammern unzählige schwarze oder dunkle Sporen entwickelt. Bei der Reife reißt die Hülle am Scheitel unregelmäßig auf, so daß die Sporen bei jedem Windstoß als Staubwolke entlassen und weithin verbreitet werden.

Ganz ähnlich verhält sich auch der Riesenbovist, **Globaria** bovista, welcher bis zu 40 cm Durchmesser erlangen kann. Häufig findet man dieses riesige, weiße „Ei" auf Wiesen vor. Er ist im Jugendzustande, d. h. solange sich die Sporen noch nicht entwickelt haben und der Fruchtkörper noch fleischig ist, eßbar.

In vielen Punkten abweichend verhält sich die Gattung Geaster (= Erdstern). Hier schlägt sich bei der Reife die äußere Peridienschicht in zahlreichen scharf geformten Lappen zurück, während die Gleba von einer dünnen Hüllschicht umgeben frei daliegt. Die eigenartige Form der zurückgeschlagenen äußeren Peridialhülle hat der Gattung ihren Namen eingetragen (Abb. 256).

## Fam. Sclerodermataceae.

Zu dieser Familie gehört die sog. falsche Trüffel, **Scleroderma** vulgare, welche in unseren Wäldern nicht selten vorkommt. Sie besitzt einen kugeligen, harten Fruchtkörper, welcher einen undeutlichen Stielansatz aufweist. Beim Durchschnitt durch den Fruchtkörper erhalten wir ein Bild, das sehr an das entsprechende der echten Trüffel erinnert. Jener ist nämlich deutlich gekammert und wird von helleren und dunkleren „Adern" durchzogen, welche sich von der verschiedenartigen Stärke der Hyphenverflechtung herleiten. Die Kammern sind von den winzigen, dunklen Basidiosporen fast völlig erfüllt. Obgleich diese Art zweifellos giftig ist, wird sie doch recht häufig zur Verfälschung der echten Perigordtrüffel verwendet. Für jeden Mikroskopiker ist es jedoch leicht, die Fälschung aufzudecken, da eben hier der Fruchtkörper Basidien mit winzigen, freiliegenden Sporen enthält, während bei der echten Trüffel die großen, dichtwarzigen oder stacheligen Sporen in kugeligen Schläuchen hervorgebracht werden.

### Anhang zu Klasse 2 und 3.

**Fungi imperfecti.** Pilze mit mehrzelligem Myzel, von denen weder Aszi noch Basidien bekannt sind, welche aber zum Teil als Konidienformen von Askomyzeten anzusehen sind, oder aber auch Myzelformen von ganz unbekannter systematischer Stellung.

Hierher gehört vor allem Mykorrhiza, sehr feingegliederte Myzelfäden, welche mit Wurzeln höherer Pflanzen in Symbiose leben.

### Anhang zu den Pilzen.

# Lichenes. Flechten.

Die Flechten bestehen aus einer Vereinigung von Algen mit Pilzen; die Flechtenbildung kann daher entweder als eine Symbiose, als eine Lebensgemeinschaft zwischen Pilz und Alge, aufgefaßt werden oder aber als ein Parasitismus des Pilzes auf der Alge (Abb. 257). Wir wissen auch mit vollster Bestimmtheit, daß ständig Flechten auf diese Weise gebildet werden, daß frei lebende Algenkolonien von Pilzfäden ergriffen und umsponnen werden, und daß dann zuletzt aus diesen beiden Komponenten das Produkt hervorgeht, welches wir als Flechte bezeichnen und das oft auffallende Formen annehmen kann.

In bezug auf den Thallus der Flechten kann man leicht zwei ganz verschiedene Gruppen unterscheiden, welche man als homöomere oder als heteromere Flechten bezeichnet hat. Im ersteren Falle lebt der Pilz auf Algenkolonien, welche ihm an Größe weit überlegen sind und wo zwischen den zahlreichen Algenzellen (Gonidien genannt, Abb. 257) nur verhältnismäßig wenige Pilzfäden anzutreffen sind. Die Pilzfäden nehmen in der Flechte hier auch niemals eine bestimmte Lagerung ein, sondern durchziehen oder umwuchern regellos die Algen. Bei den heteromeren Flechten (Abb. 260) finden wir nun gerade das umgekehrte Verhalten. Hier bildet der Pilz den Hauptbestandteil der Flechte und die Alge tritt mehr oder weniger zurück. Infolgedessen ist es hier auch der Pilz, der fast oder ganz ausschließlich die Form der Flechte bedingt, während die Algen sich in größerer Menge nur an bestimmten Partien, in ganz bestimmten Schichten des Flechtenthallus finden.

Der Gestalt des Flechtenthallus nach unterscheiden wir Fadenflechten, Gallertflechten, Krustenflechten (Abb. 261 A), Laubflechten (Abb. 261 B) und Strauchflechten (Abb. 258 und 262), endlich noch die Steinflechten, die durch Auflösungsmittel sich Höhlungen in Gesteinen schaffen, in welchen sie ihren Thallus aufbauen.

Die Fruchtformen der Flechten sind sehr wechselnd. Es kann uns dies nicht wundern, wenn wir bedenken, daß die mit den Algen zusammentretenden Pilze den verschiedensten Gruppen angehören können und daß es die Pilze ausschließlich sind, welche die Fruchtformen der Flechten bilden. Es ist deshalb in rein wissenschaftlichen Werken schon durchgeführt worden, die Flechten nicht gemeinsam, zusammenhängend darzustellen, sondern sie denjenigen Pilzgruppen anzuschließen, zu welchen in jedem Falle die symbiotischen Pilze gehören. Weitaus der größte Teil der Flechten gehört in diesem Sinne zu den Ascomycetes (Ascoli-

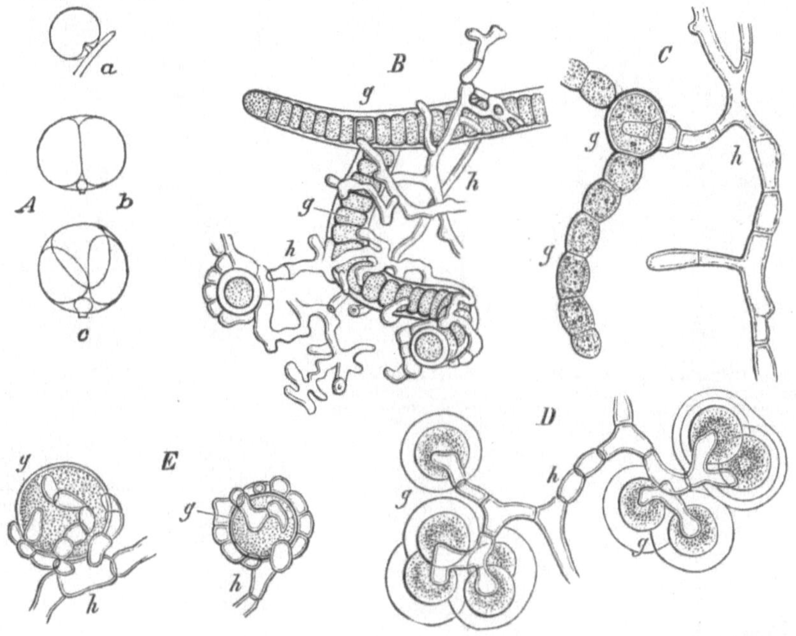

Abb. 257. Gonidientypen von Flechten. *g* Gonidien, *h* Hyphen. A keimende Spore von Xanthoria parietina auf Pleurococcus viridis. B Scytonemafäden von Stereocaulon ramulosum umsponnen. C Physma compactum, Hyphe in einen Nostocfaden eindringend. D Synalissa symphorea, die Gonidien sind Gloeocapsazellen. E Cladonia furcata. (Nach Bornet.)

chenes), und nur wenige Arten haben sich als Basidiolichenes, d. h. Flechten mit einem Basidienpilz, herausgestellt. Die Algen der Flechten haben die Fähigkeit der Fortpflanzung vollständig verloren, sie vermehren sich nur durch fortgesetzte Zweiteilung.

Wichtig ist die sog. Soredienbildung der Flechten, eine rein vegetativ erfolgende Vermehrung, welcher hauptsächlich die Flechten ihre ungemein große Verbreitung verdanken. Es lösen sich vom Flechtenthallus, besonders zu bestimmten Zeiten und an bestimmten Stellen, einzelne Algenzellen oder Gruppen derselben vom Thallus los, welche von lebenden Bruchstücken der Hyphen umsponnen sind. Diese winzigen Gebilde besitzen natürlich nur ein minimales Gewicht und bieten doch der Luft infolge der abstehenden Hyphenhülle so viele Angriffspunkte, daß sie auf weite Strecken hin verweht werden können. Kommen

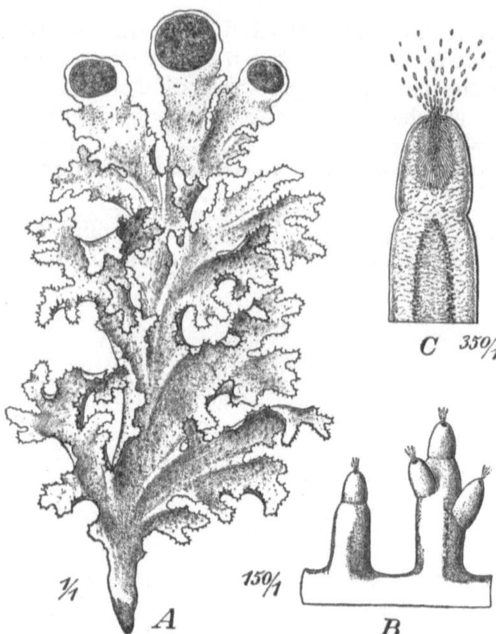

Abb. 258. Cetraria islandica. A Pflanze mit drei Apothezien an der Spitze (¹/₁). B Stückchen von dem Lappenrand mit Spermogonien (¹⁵⁰/₁). C ein einzelnes Spermogonium im Längsschnitt mit austretenden Spermatien (⁵⁵⁰/₁).

Abb. 259.  Cetraria islandica. Längsschnitt durch ein reifes Apothecium (⁵⁵⁰/₁). *par* Paraphysen, *asc* Schläuche (Aszi) mit Sporen *spor*; *subh* Subhymenialschicht, *gon* Gonidien, *ma* Markschicht, *u. ri* Untere Rindenpartie.

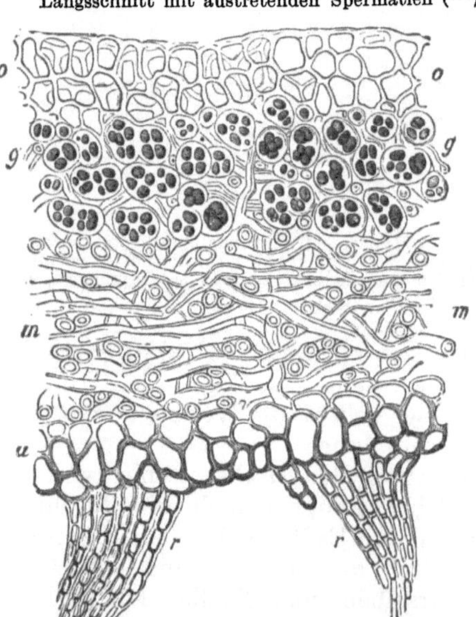

Abb. 260.  Querschnitt durch den heteromeren Thallus von Sticta fuliginosa (500 mal vergrößert); *o* und *u* Rindenschicht der Ober- und Unterseite, *m* Markschicht, *g* Gonidienschicht, *r* Rhizoiden. (Nach Sachs.)

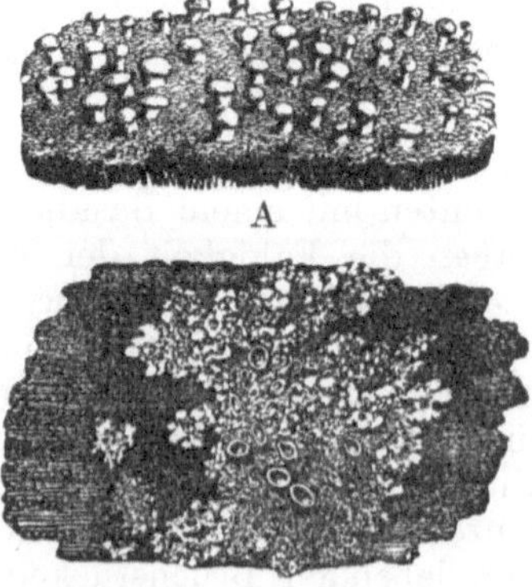

Abb. 261. A eine Krustenflechte (Baeomyces roseus).  B eine Laubflechte (Parmelia parietina).

sie dann an irgendeinem Orte zur Ruhe, wo ihnen nur eine einigermaßen genügende Feuchtigkeit geboten wird, so beginnt die Alge sich zu teilen und die Pilzhyphen fangen ein lebhaftes Wachstum an, so daß nach einiger Zeit wieder eine Flechte von der ursprünglichen Form resultiert. Es ist deshalb nicht verwunderlich, daß die Flechten durchweg die ersten Besiedler neuen Bodens und selbst an Stellen zu finden sind, wo keine andere Pflanze zu vegetieren vermag, auf den höchsten Berggipfeln und an den steilsten und völlig humuslosen Felsen. Die Algen selbst sind ja an Feuchtigkeit gebunden und kommen mit sehr wenigen Ausnahmen niemals an ständig trockenen Orten vor. In der Flechte vermögen sich jedoch die Algen unter dem Schutze der dicht verflochtenen Hyphenhülle lebhaft zu entwickeln und der größten Trockenheit Widerstand zu bieten. Es dürfte wohl auch nicht von der Hand zu weisen sein, daß die Pilzhyphen die Fähigkeit besitzen, Luftfeuchtigkeit aufzusaugen.

In der Lebensgemeinschaft hat also die Alge den Vorteil, vor Wassermangel geschützt zu sein, so daß sie sich ungestört zu vermehren vermag; der Pilz dagegen wird durch die kräftig assimilierende Alge ernährt.

## 1. Reihe. Ascolichenes.

Ascomycetes, welche mit Algen in Symbiose leben.

**Sticta** pulmonacea ist eine Laubflechte mit großem auffallendem Thallus, welche besonders in den höheren Lagen der Gebirge sehr häufig ist. Sie sitzt meistens an Baumrinden fest und war früher als „Lungenflechte" offizinell.

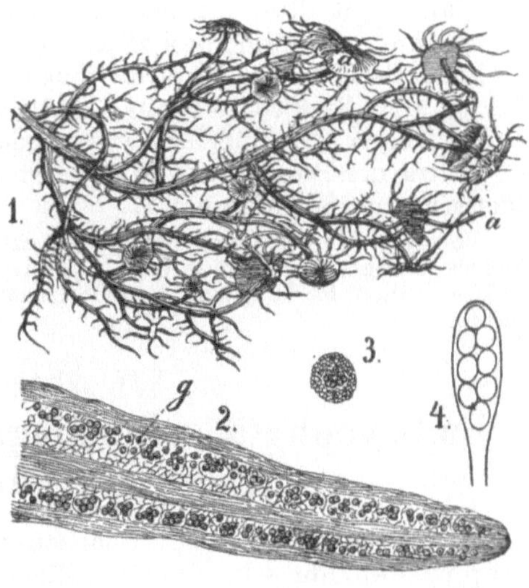

Abb. 262. Eine Strauchflechte (Usnea barbata). 1 Teil des Thallus, *a* Fruchtkörper, Apothezien. 2 Längsschnitt durch ein Thallusende vergrößert, *g* die Gonidien in besonderer Schicht. 3 Soredienbildung, d. h. eine aus dem Verbande gelöste Alge, von Pilzhyphen umgeben. 4 ein Sporenschlauch des Apotheziums; letztere beide Figuren stark vergrößert. (Nach Sachs.)

Off. **Cetraria** islandica, das isländische Moos (Abb. 258, 259), ist auf trockenen Heideflächen der Gebirge überall häufig und kommt auch nicht selten in großen Massen in den Ebenen vor, wo sie stellenweise unfruchtbaren Boden weithin fast allein überzieht. Diese Flechte ist als Lichen islandicus offizinell und wird gegen Erkrankungen der Respirationsorgane verwendet.

**Cladonia** rangiferina, die Rentierflechte oder das Rentiermoos, besitzt eine große Bedeutung. Sie ist überall häufig und eine der gewöhnlichsten Flechten in trockenen Wäldern und auf Heiden, von Mitteleuropa an bis nach dem äußersten Norden. Nur ihr ist es zu verdanken, daß die Polargegenden überhaupt noch bewohnbar sind. Denn für eine lange Zeit des Jahres bildet die Rentierflechte die einzige Nahrung für das Rentier. Die Flechte enthält reichlich Nährstoffe.

Eine gewisse Bedeutung für den Handel mancher Gebiete besitzt dann ferner die Strauchflechte **Roccella** tinctoria. Sie ist fast reinweiß gefärbt und bewohnt die Felsen tropischer und subtropischer Gebiete, wo sie in Menge gesammelt wird. Man gewinnt aus ihr durch geeignete Behandlung die Orseille, einen sehr geschätzten roten oder violetten Farbstoff, welcher zum Färben der Seide und Wolle Verwendung findet. Nicht minder verdient sie aber auch deshalb angeführt zu werden, weil man aus ihr den Farbstoff **Lackmus** herstellt, der für die Chemie große Bedeutung erlangt hat.

Endlich soll noch **Usnea** barbata (Abb. 262) angeführt werden, welche zwar als Nutzpflanze nicht von Bedeutung, dafür aber durch ihre auffallende Erscheinung und ihr stellenweise massenhaftes Auftreten ausgezeichnet ist. In den höheren Lagen der Gebirge, bisweilen allerdings auch in den Ebenen, hängt diese Flechte, weißlich oder grau gefärbt, in langen Strähnen bartartig von den Ästen herab, dieselben oft dicht bedeckend, weshalb der Volksmund für sie Namen, wie Bart-flechte, Rübezahlsbart usw. erfunden hat.

## 2. Reihe. **Basidiolichenes.**

Basidiomycetes, welche mit Algen in Symbiose leben.

Man kennt diese Formen erst seit verhältnismäßig kurzer Zeit genauer, ihre Auffindung besitzt jedoch eine außerordentlich große morphologische Bedeutung. Denn an ihnen ließ sich schlagend der Nachweis führen, daß die Flechten kein den Algen und Pilzen gleichwertiges Reich darstellen, da eben nun Pilze verschiedenartiger Gruppen, der Ascomycetes wie der Basidiomycetes, bekannt waren, welche mit Algen symbiotisch zusammenleben.

Von den wenigen hierher gehörigen Arten sei nur die in Bergwäldern Westindiens häufig vorkommende **Cora** pavonia angeführt, eine sehr schöne Flechte, welche in ihrer Färbung und dem Oberflächenbau an das Auge einer Pfauenfeder erinnert.

XII. Abteilung.

# Embryophyta asiphonogama (Archegoniatae). Moose und Farnpflanzen.

Es sind dies allermeist Pflanzen mit Stamm und Blättern (Kormophyten), nur selten noch thalloidische Gewächse, bei welchen eine Trennung in Stamm und Blatt noch nicht eingetreten ist. In ihrem Entwicklungsgang finden wir zwei Generationen, eine geschlechtliche und eine ungeschlechtliche. Die geschlechtliche oder proembryonale Generation, die haploide Phase, der Gametophyt, entwickelt Antheridien, in denen Spermatozoiden gebildet werden, und Archegonien, welche als Hauptelement die zu befruchtende Eizelle enthalten. Aus dieser Eizelle entsteht nach erfolgter Befruchtung ein Gewebekörper, der Embryo, resp. die ungeschlechtliche oder embryonale Generation, die diploide Phase, der Sporophyt, welche noch längere Zeit mit der geschlechtlichen Generation in Verbindung bleibt und von ihr ernährt wird.

### 1. Unterabteilung. *Bryophyta (Muscineae).*

**Moospflanzen.**

Der normale Entwicklungsgang der Moose ist in kurzen Zügen folgender (vgl. Abb. 263):

Bei der Keimung der Spore entwickelt sich aus ihr ein in seiner Gestalt sehr wechselnder Vorkeim (Protonema), welcher sich längere

Zeit hindurch algenähnlich verhält; er gleicht entweder einer Fadenalge oder einer Blattalge und besitzt die Fähigkeit, sich beliebig lange durch seinen Chlorophyllgehalt und die damit verbundene Assimilation zu ernähren. Nach kürzerer oder längerer Frist geht nun aus diesem Vorkeim durch seitliche Sprossung die eigentliche Moospflanze hervor, d. h. entweder ein blattloses, thalloidisches Gebilde (so z. B. bei vielen Lebermoosen) oder aber meist ein in Stengel und Blatt gegliedertes Pflänzchen (so bei vielen Lebermoosen und fast allen Laubmoosen). Auf diesen Moospflänzchen, der geschlechtlichen Generation, dem Gametophyten, welche niemals echte Wurzeln entwickeln und keine Leitbündel enthalten,

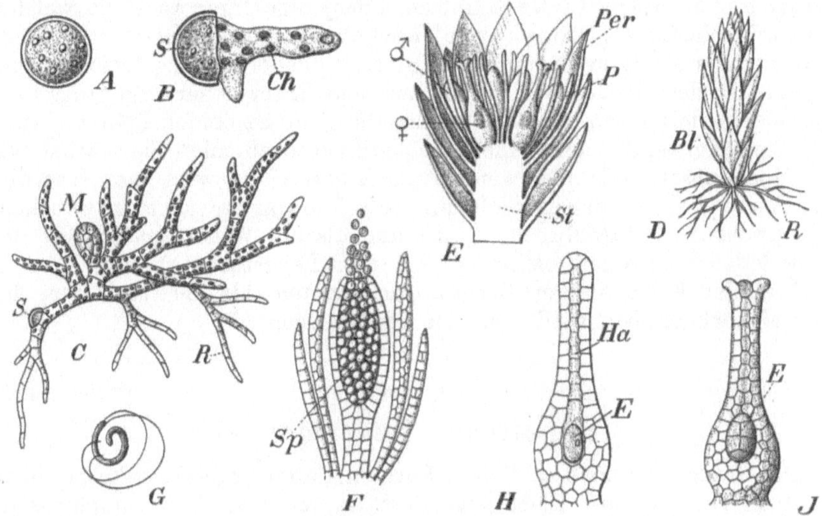

Abb. 263. Entwicklung eines Laubmooses. A Spore mit Fetttröpfchen, B Protonema aus der Spore *S* auskeimend, *Ch* Chlorophyllkörner. C Vorkeim, Protonema, *S* Rest der Spore, *R* Rhizoiden, *M* junge Moospflanzenknospe. D dieselbe zu einem jungen, noch sterilen Moospflänzchen herangewachsen, *Bl* Laubblätter. E Gipfel einer Moospflanze mit männlichen ♂ und weiblichen ♀ Befruchtungsorganen (Antheridien und Archegonien), umgeben von Paraphysen *P* und einer vielblätterigen Hülle, Perichaetium *Per*. F Antheridium im Längsschnitt, von vier Paraphysen umgeben, das Innere mit Spermatozoiden erfüllt, deren oberste bereits ausschwärmen. G reifes Spermatozoid mit den beiden Geißeln. H junges Archegonium im Längsschnitt, *Ha* Halskanal, durch welchen die Spermatozoiden nach Öffnung der Spitze zur Eizelle *E* gelangen. J reifes Archegonium mit der befruchteten Eizelle *E* (Embryo). (Alles etwas schematisiert.)

bilden sich nun die Geschlechtsorgane. Das männliche Organ, das Antheridium, besitzt meist einen deutlichen Stielteil und einen oberen, keulenförmigen oder mehr oder weniger kugeligen Teil, der von einer einschichtigen Wandung umhüllt wird. Das ganze Innere des Antheridiums wird erfüllt von winzigen, durchaus gleichartigen Zellen, von welchen jede ein Spermatozoid hervorbringt.

Das weibliche Organ, das Archegonium, ist komplizierter gebaut als das Antheridium. Im ausgebildeten Zustand besitzt es die Form einer Flasche, d. h. sein unterer Teil ist stark angeschwollen und läuft nach oben allmählich in einen mehr oder weniger langen Halsteil aus. Das ganze Gebilde besitzt wie das Antheridium eine einschichtige Wandung. Im unteren Teil des Archegons, dem Bauchteil, liegt die große Eizelle, darüber die Bauchkanalzelle, oberhalb welcher sich bis zum Ende des Halses die Halskanalzellen anschließen.

Bei der Reife des Archegoniums verquellen die Kanalzellen, sobald sie genügend Feuchtigkeit zugeführt erhalten, und nun können die Spermatozoiden durch den so entstandenen Kanal zur Eizelle vordringen und diese befruchten. Der erste Erfolg dieser geschlechtlichen Vereinigung ist der, daß sich die Eizelle mit einer Zellwandung umgibt. Bald aber treten in der so gebildeten Zelle sehr reichlich Teilungen ein, durch welche zuletzt ein vielzelliger Körper, der Embryo, gebildet wird. Mit ihm beginnt nun die diploide Generation (die ungeschlechtliche oder der Sporophyt), welche in der Hauptsache dasjenige Organ darstellt, welches man schlechthin als Mooskapsel bezeichnet, einer Generation, welche also niemals einen in Stamm und Blatt gegliederten Vegetationskörper besitzt. In der Mooskapsel, welche aus dem Embryo hervorgegangen ist, entwickeln sich durch die Reduktionsteilung die haploiden Sporen. Auch die Archegonwand macht einen Wachstumsprozeß mit. Sie wächst mit der Mooskapsel mehr oder weniger stark heran und wird zur „Haube" oder Kalyptra, welche entweder an der Spitze von der sich stark streckenden Mooskapsel durchbrochen wird und als ein Wulst am Grunde des Kapselstieles bestehen bleibt (so bei den Lebermoosen) oder aber in wechselnder Form an der Basis abgerissen und als „Mütze" von der Kapsel hochgehoben wird (bei den Laubmoosen).

## 1. Klasse.

# Hepaticae. Lebermoose.

Hier finden wir noch zahlreiche Formen, deren Vegetationskörper noch nicht in Stamm und Blatt gegliedert ist; aber auch kormophytische Formen kommen häufig vor, doch besitzen in diesem Falle die Blätter niemals Blattnerven. Das Protonema ist meist klein und rasch vergänglich; es schreitet meist fast sofort zur Bildung des Moospflänzchens. Die Kapsel ist häufig ungestielt und bleibt dann stets von dem angeschwollenen Bauchteil des Archegons umschlossen. Ist dagegen das Sporogon (Kapsel) gestielt und wird der Scheitel des Archegons durchbrochen, so bleibt das Archegonium einfach am Grund des Kapselstieles als Wulst oder Manschette sitzen. Bei den Lebermoosen springt die Kapsel fast stets mit vier Klappen auf, während sich die Kapsel der Laubmoose mittels eines Deckels öffnet; in den Lebermooskapseln finden wir häufig neben den Sporen auch noch unfruchtbare Schleuderzellen (Elateren) entwickelt, welche das Ausstreuen der Sporen vermitteln.

### Fam. Marchantiaceae.

Einer der bekanntesten Vertreter der Familie, **Marchantia** polymorpha (Abb. 264), kommt, wie viele andere Arten der Lebermoose, häufig auf feuchten Sandplätzen, auf Blumentöpfen und an feuchten Felsen vor. Sie besitzt einen großen, flachen, dunkelgrünen, gabelig verzweigten Thallus, welcher mehr- bis vielschichtig ist und große Luftkammern umschließt. Diese Luftkammern stehen durch eigenartige Bildungen, die an die Spaltöffnungen der höheren Pflanzen entfernt erinnern, mit der atmosphärischen Luft in Verbindung.

Eine vegetative Vermehrung besitzt Marchantia in den sog. Brutbecherchen, in welchen kleine grüne Knöspchen gebildet werden (Abb. 264, $3b^2$). Diese lösen sich los, fallen zu Boden und wachsen allmählich zu neuen Individuen heran. Die Geschlechtsorgane, die männlichen wie die weiblichen, entwickeln sich auf eigenartigen Trägern, und zwar auf verschiedenen Pflanzen (Diözie). Die Kapseln sind fast ungestielt und enthalten neben den Sporen auch noch Schleuderzellen (Elateren). Sie sitzen auf der Unterseite schildförmiger Gebilde (Rezeptakeln), die nachträglich durch einen Stiel hoch über den übrigen Thallus emporgehoben werden.

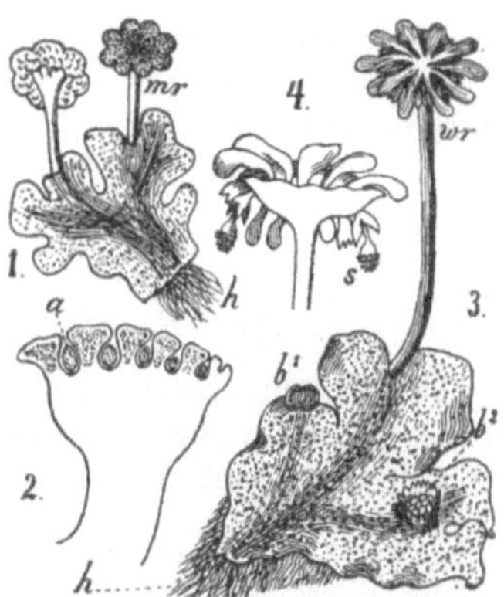

## Fam. Jungermanniaceae.

Zu dieser außerordentlich formenreichen Familie gehören thalloidische und kormophytische Arten (Abb. 265 und 266). Bei letzteren stehen die Blätter selten in zwei Reihen am Stämmchen, meist liegen sie in drei Zeilen, von denen zwei auf den beiden Rückenseiten des Stämmchens verlaufen, die Oberblätter, während die dritte Zeile sich auf der Bauchseite des dem Boden aufliegenden Stämmchens findet. Diese letzteren Blätter sind meist eigenartig krugförmig oder becherartig gestaltet und werden als Schattenblätter bezeichnet. Die Kapsel ist lang gestielt, enthält neben den Sporen reichlich Schleuderzellen und öffnet sich bei der Reife mit vier Klappen, worauf die Sporen mit ansehnlicher Kraft ausgeschleudert werden. — Die Arten der Familie sind, wie überhaupt sämtliche Lebermoose, typische Schattenpflanzen und bedürfen zu ihrem Gedeihen fast durchweg fortwährender und meist großer Feuchtigkeit. Sie fin-

Abb. 264. Ein thalloidisches Lebermoos (Marchantia polymorpha). 1 Stück einer Pflanze mit männlichen Befruchtungsorganen (*mr*). 2 Längsschnitt durch den Gipfel des männlichen Rezeptakulums mit den vertieften Antheridien (*a*), vergrößert. 3 Stück einer Pflanze mit weiblichen Befruchtungsorganen (*wr*). 4 Längsschnitt durch das weibliche Rezeptakulum mit Kapseln (*s*), vergrößert.

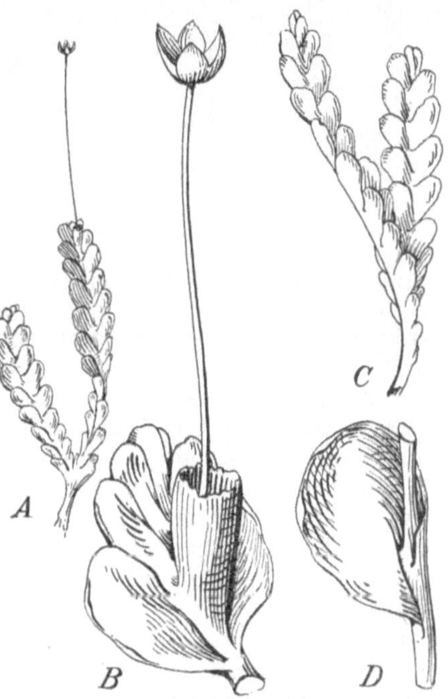

Abb. 265. Ein in Stamm und Blatt gegliedertes (kormophytisches) Lebermoos (Jungermannia furcata).

Abb. 266. Ein kormophytisches Lebermoos (Noteroclada porphyrorrhiza). A fruchtende Pflanze in natürlicher Größe. B Spitze derselben, vergrößert. C Sterile Pflanze in natürlicher Größe. D Blatt, von der Rückenseite gesehen, vergrößert. (Nach Hooker.)

den sich in unseren Gebieten sehr reichlich und fehlen wohl nie in
Wäldern, auf feuchten Felsen und auf quelligem Boden. Mit einer ganz
außerordentlichen Formenfülle finden wir sie jedoch in den Tropengebieten vertreten, besonders in den ewig feuchten und dunkeln Urwäldern.

## 2. Klasse.

# Musci (Musci frondosi). Laubmoose.

Das Protonema der Laubmoose ist fadenalgenartig und verharrt meist
längere Zeit in diesem Zustand, bis sich durch seitliche Sprossung ein
Knöspchen bildet, aus dem dann allmählich die in Stengel und Blatt gegliederte Moospflanze hervorgeht
(Abb. 263, *C, D, E*). Die Blätter
sind stets mit einer Mittelrippe
versehen. Der Stengel enthält
niemals echte Leitbündel, auch
wenn die Moospflanzen ansehnliche Höhen erreichen; ebenso
fehlen echte Wurzeln vollkommen; wir finden an deren Stelle
die sog. Rhizoiden, d. h. einfache
oder verzweigte Zellfäden, durch
welche die Pflänzchen sich
am Boden befestigen. Die Geschlechtsorgane unterscheiden
sich nicht von denen der Lebermoose; sie stehen entweder seitlich am fortwachsenden Sproß,
oder aber am Scheitel und be-
grenzen sein Wachstum.

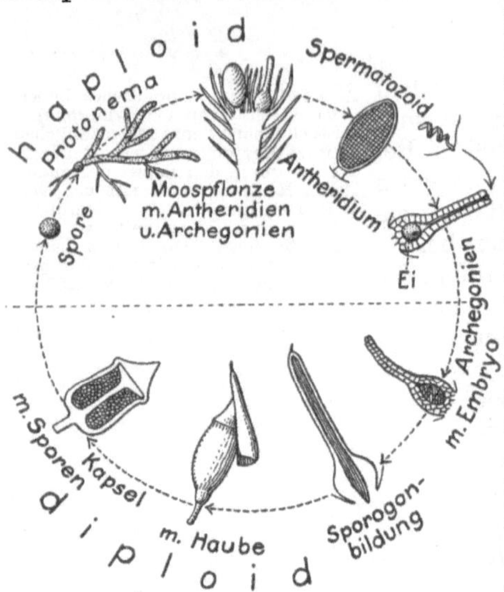

Abb. 267. Entwicklungskreis eines Laubmooses.

Die Kapsel der Laubmoose
(Abb. 268) ist dagegen von der-
jenigen der Lebermoose sehr stark verschieden. Es soll an dieser
Stelle nur darauf hingewiesen werden, daß die langgestielte Laubmooskapsel von der aus dem Archegon hervorgegangenen Haube
oder Kalyptra bedeckt ist, daß sich in der Kapsel sehr verschiedenartige
Schichten unterscheiden lassen, in deren einer nur Sporen gebildet
werden, daß eine unfruchtbare Schicht, die sog. Mittelsäule oder
Kolumella, von der Basis bis zur Spitze der Kapsel hindurchgreift,
daß die Kapsel sich stets mit einem Deckel öffnet und in ihr niemals
Schleuderzellen entwickelt werden. Wenn der Kapseldeckel bei der Reife
abgefallen ist, zeigt sich an der Kapselmündung eine dichte Reihe von
Zähnen, das Peristom; diese Zähne sind sehr stark hygroskopisch, d. h.
sie führen je nach den Änderungen der Luftfeuchtigkeit bestimmte Bewegungen aus: bei feuchtem Wetter verschließen sie fest die Kapsel, bei
trockenem Wetter, das für die Sporenverbreitung am zweckmäßigsten ist,
klaffen sie auseinander, so daß dann die Sporen aus der Kapsel heraus-
fallen oder herausgeweht werden können. Sehr interessant ist endlich,

daß man an der Basis der Laubmooskapseln echte Spaltöffnungen antrifft, während diese an den Blättern der Moospflanze selbst niemals vorkommen.

Laubmoose findet man in allen Zonen und Höhenlagen der Erde, soweit überhaupt Pflanzenleben anzutreffen und die Menge der Niederschläge nicht allzu gering ist. Ihre Bedeutung im Haushalt der Natur und besonders für die Waldwirtschaft beruht auf ihrer großen und raschen Aufnahmefähigkeit für Wasser, das sie nur langsam wieder abgeben, wodurch der Boden stets feucht und locker erhalten wird.

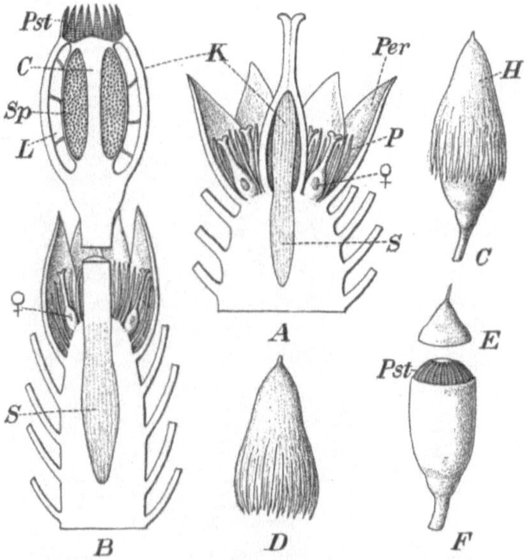

### Fam. Sphagnaceae (Torfmoose).

Es gehören hierher die blassen Moose, welche auf keinem Hochmoor fehlen und die gerade hier, in ungeheuren Mengen auftretend, in dichter Schicht den Boden bedecken. Sie sind deshalb von Bedeutung, da sie das Hauptmaterial für die Torfbildung geliefert haben und auch jetzt noch ständig liefern.

Das Stämmchen ist sehr dicht mit den kleinen Blättchen besetzt. Wenn nun der Pflanze reichlich Wasser zufließt, so erscheint sie grünlich oder hellgrün; verdunstet aber allmählich das Wasser, so erhält sie eine blasse, weißliche oder weiße Farbe. Dies ist auf eine sehr eigenartige und für die Torfmoose charakteristische Erscheinung zurückzuführen,

Abb. 268. Entwicklung einer Laubmooskapsel. A der Embryo wächst durch den Boden des Archegoniums ein Stück in den Gipfel des Moosstämmchens hinein und bildet hier den Schaft S des die Mooskapsel K tragenden Stieles, ♀ unbefruchtete Archegonien, Per Perichaetialblätter. B Längsschnitt durch die reife Mooskapsel, der größte Teil des langen Stieles ist weggelassen, S der Schaft des Stieles, ♀ unbefruchtete Archegonien, wie bei Fig. A, L Luftraum, den Sporensack Sp umgebend, in der Mitte die Columella C, oben am Rand die Zähne des Peristoms Pst. C reife Kapsel mit der Haube H. D abgefallene Haube. E abgefallener Deckel der Kapsel F, wo nun das Peristom Pst freiliegt. (Alle Figuren etwas schematisiert.)

die auch mit der Eigenschaft zusammenfällt, das Wasser wie ein Schwamm aufzusaugen und festzuhalten. Die jungen Blättchen bestehen aus lauter gleichartigen Zellen. Bald aber tritt eine Sonderung insofern ein, als ein Teil der Zellen stark heranwächst und blasenartig wird, während sich die anderen lang und eng schlauchartig umbilden und sich, untereinander netzartig verbunden, zwischen den großen Zellen hinziehen.

Aber auch in anderer Hinsicht sind die beiden Zellformen stark voneinander geschieden (Abb. 269). Die großen blasigen Zellen verlieren allmählich ihren Plasmainhalt und sterben ab, nachdem ihre Wände sich spiralig verdickt haben und zwischen den Spiralen große, runde Löcher entstanden sind. Sie sind es, welche das Wasser aufnehmen und die Schwammnatur dieser Arten herbeiführen. Die kleinen Schlauchzellen dagegen behalten ständig ihren Plasmainhalt und führen reichlich Chlorophyll.

In bezug auf die Kapselbildung unterscheiden sich die Torfmoose (**Sphagnum**-Arten) dadurch von den übrigen Moosen, daß die Kolumella nicht die ganze Kapsel durchsetzt, sondern am Gipfel von dem sporenbildenden Gewebe kappenartig bedeckt wird.

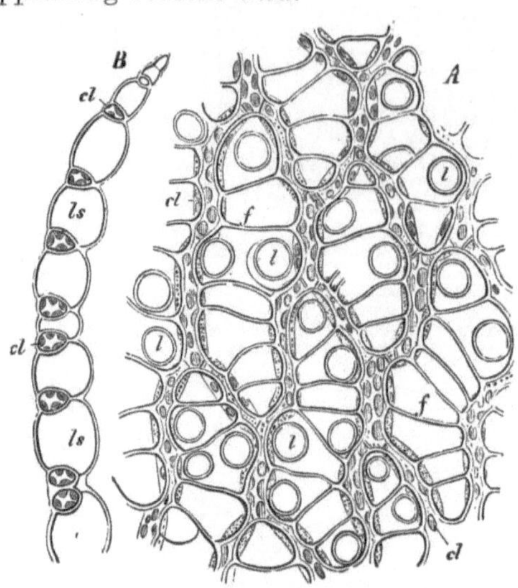

Abb. 269.  Sphagnum acutifolium.  Blatt von der Fläche (A) und im Durchschnitt (B) gesehen. *cl* schlauchförmige, chlorophyllführende Zellen, *ls* große, leere Zellen mit den Löchern *l* und spiraligen Verdickungen *f*. (Nach Sachs.)

### Fam. Bryaceae.

Es handelt sich hier um Waldmoose, die in größter Menge und auf weite Strecken den Boden bedecken können und auch den Fuß der Waldbäume häufig überziehen. — Die Bryaceae gehören zu den pleurokarpen Moosen, die meist stark verzweigt sind und die Geschlechtsorgane und später die Kapseln an den Seitenzweigen tragen.

### Fam. Polytrichaceae.

Hierher gehört eine der häufigsten und charakteristischsten Arten unserer Waldmoose, **Polytrichum** commune, welche große, dicke Polster bildet. Die Polytrichaceae gehören zu den akrokarpen Moosen, bei denen die Geschlechtsorgane und später die Kapseln sich am oberen Ende unverzweigter Stämmchen finden (Abb. 270).

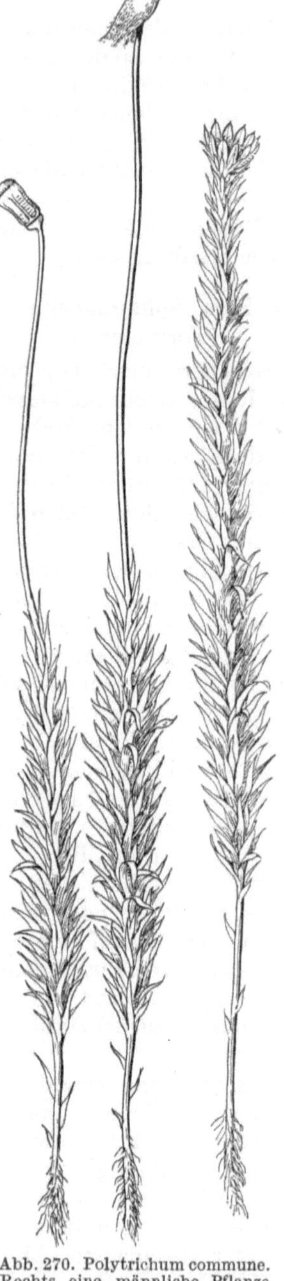

Abb. 270. Polytrichum commune. Rechts eine männliche Pflanze blühend. In der Mitte eine Pflanze, deren Kapsel noch von der filzigen Haube bedeckt ist. Links eine Pflanze mit freier Kapsel. Natürliche Größe. (Nach Luersson.)

## 2. Unterabteilung. *Pteridophyta. Farnpflanzen.*
(Auch Gefäßkryptogamen oder besser Leitbündelkryptogamen genannt).

Wie bei den Moosen entsteht auch bei den Farnen nach erfolgter Befruchtung der Eizelle durch die beweglichen Spermatozoiden der Sporophyt und wie jene zeigen auch die Farne einen ausgesprochenen Generationswechsel. Doch können wir gerade in der Ausbildungsweise der beiden Generationen einen einschneidenden Unterschied zwischen Moosen und Farnen feststellen.

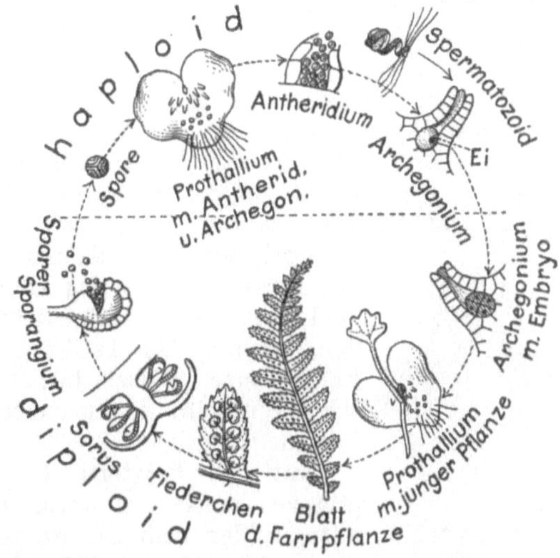

Wir sahen, daß der Gametophyt, die haploide Phase der Moose, die Moospflanze, ein ziemlich hoch entwickeltes Pflänzchen darstellt, an welchem die Geschlechtsorgane ent-

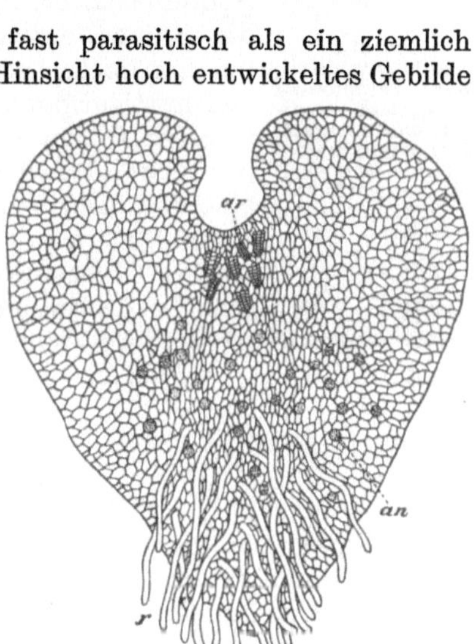


Abb. 271. Entwicklungskreis eines isosporen Laubfarns.

stehen und auf dem die diploide Generation, die Mooskapsel, fast parasitisch als ein ziemlich unscheinbares, wenn auch in mancher Hinsicht hoch entwickeltes Gebilde lebt. Bei den Farnen treffen wir nun gerade das umgekehrte Verhalten (Abb. 271). Hier erweist sich die haploide Phase (der Gametophyt) als ein winziges thalloidisches Gebilde, während die diploide Phase, der Sporophyt, die hoch entwickelte Farnpflanze darstellt, welche oft baumartig wird und zu den schönsten Typen der Pflanzenwelt überhaupt gehört.

Der Entwicklungsgang der Farne ist kurz folgender. Aus der Spore geht bei der Keimung ein winziger Vorkeim, hier Prothallium genannt, hervor (Abb. 272). Auf der Unterseite dieses winzigen grünen Pflänzchens, das an sehr kleine, blattartige Algen erinnert und höchstens bis zu 1 cm groß wird, entstehen die Geschlechtsorgane, Antheridien und Archegonien,

Abb. 272.  Prothallium eines Farns von der Unterseite gesehen. *an* Antheridien, *ar* Archegonien, *r* Rhizoiden.  Stark vergrößert.

welche sich meist noch ganz wie bei den Moosen verhalten, bei den höheren Farnen jedoch große Reduktionen, Vereinfachungen, erfahren (Abb. 273). Das Prothallium stellt also die haploide Phase, den Gametophyten, dar.

14*

Aus der befruchteten Eizelle entwickelt sich sodann die Farnpflanze (Abb. 274), die diploide Phase, der Sporophyt. Diese zeigt eine so hohe Ausbildung und Gewebedifferenzierung, daß sie schon in mancher Hinsicht an die Phanerogamen erinnert. Wir finden hier typische, Wasser und die verschiedenen Nährstoffe leitende Zellen, welche zu geschlossenen Leitbündeln vereinigt sind. Nur ausnahmsweise sind jedoch bei den Farnen echte Gefäße entwickelt, meist findet die Wasserleitung in Tracheïden statt. Dabei sind die Bündel stets konzentrisch, oder besser gesagt

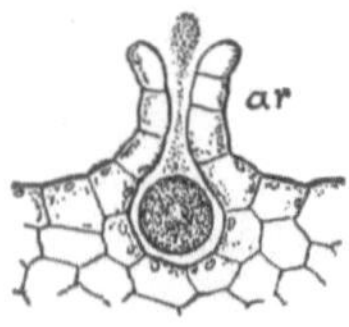

bikollateral (bei Osmunda kollateral) gebaut, d. h. der Holzteil wird an zwei Seiten von je einem Siebteil begrenzt. Bei einigen fossilen Farnen ist bereits kambiales Dickenwachstum festgestellt worden, ebenso bei Isoëtes. Die Farnpflanze besitzt ferner stets echte Wurzeln, welche Leitbündel führen.

Auf den Blättern der Farnpflanze, meist auf deren Unterseite, bilden sich die Sporangien (Abb. 279, 280, 281, 283), d. h. die Sporenbehälter, in deren Innerem die Sporen entstehen. Während bei den Moosen von einer Art stets gleichartige Sporen hervorgebracht werden, finden wir bei den Farnen nicht selten das Verhalten, daß eine und dieselbe Art verschiedenartige Sporen produziert, kleinere und in Menge erzeugte (Mikro-

Abb. 273. Geschlechtsorgane eines Farnprothalliums, stark vergrößert. *an* ein Antheridium, die Spermatozoiden entlassend, *ar* ein geöffnetes Archegonium mit der weiblichen Eizelle. (Nach Luerßen.)

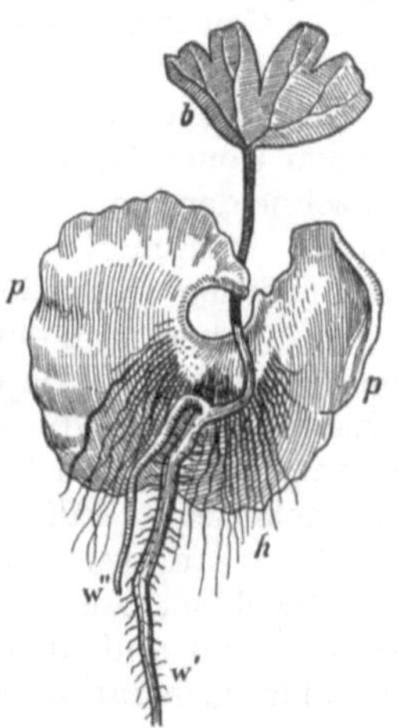

Abb. 274. Eine junge Farnpflanze, welche aus der befruchteten Eizelle, dem Embryo eines Farnprothalliums, hervorgeht. *p* Prothallium, *w'* die erste Wurzel, *w''* eine Nebenwurzel, *b* das erste Blatt (Wedel) der Farnpflanze. (Nach Sachs.)

sporen), aus welchen dann bei der Keimung ein männliches Prothallium hervorgeht, und größere und nur zu wenigen im Sporangium produzierte (Makrosporen), welche zu weiblichen Prothallien auskeimen.

<h3 align="center">1. Klasse.</h3>

# Lycopodiales.  Bärlappartige.

Die Formen dieser Klasse sind ausdauernde, sehr selten einjährige Pflanzen, deren meist ansehnlich verlängerter Stengelteil mit ziemlich kleinen, spiralig angeordneten, selten quirligen Blättern, dicht besetzt ist. Die Sporangien stehen nie auf der Blattunterseite, sondern entweder auf deren Oberseite oder aber in der Achsel derselben. Isospor und heterospor. Spermatozoiden mit zwei Geißeln.

<h3 align="center">Fam. Lycopodiaceae (Bärlappgewächse).</h3>

Die Stengel der hierhergehörigen Arten sind wie deren Wurzeln fast durchweg gabelig verzweigt. Die Sporangienblätter sind häufig von den vegetativen Blättern verschieden und stehen an den Stengelenden in Ährenform. Die Sporangien enthalten stets nur einerlei Sporen (Isosporen).

Die Arten der allein noch jetzt vorkommenden Gattung Lycopodium sind zwar hauptsächlich in den Tropengebieten der Erde verbreitet, doch kommen auch mehrere Arten in unserem Klima vor und sind besonders in unseren Gebirgsgegenden stellenweise sehr häufig.

**Lycopodium** selago, eine besonders in Gebirgsgegenden vorkommende, aufrecht wachsende Art, zeigt keine Differenzierung in sterile und fertile Blätter.

**L. clavatum** dagegen, eine der häufigsten Arten, hat ährenförmige Sporophyllverbände (Abb. 275), die sich von dem kriechenden Stamm senkrecht nach oben erheben. Die Sporen der verschiedenen Lycopodiumarten sind als Lycopodium, Hexenmehl oder Bärlappsamen offizinell.

## Fam. Selaginellaceae.

Die Arten dieser Familie ähneln denjenigen der Lycopodiaceae oft ganz außerordentlich. Die Sporangien stehen in ährenartigen Verbänden, welche dadurch auffallend sind, daß die fruchtbaren Blätter kleiner sind als die sterilen. Meistens werden in den unteren Teilen der Ähre Makrosporangien ausgebildet, während in ihrem oberen Teil Mikrosporangien entstehen. Die Selaginellaceae sind also „heterospor". Theoretisch wichtig für den Zusammenhang der Pteridophyten

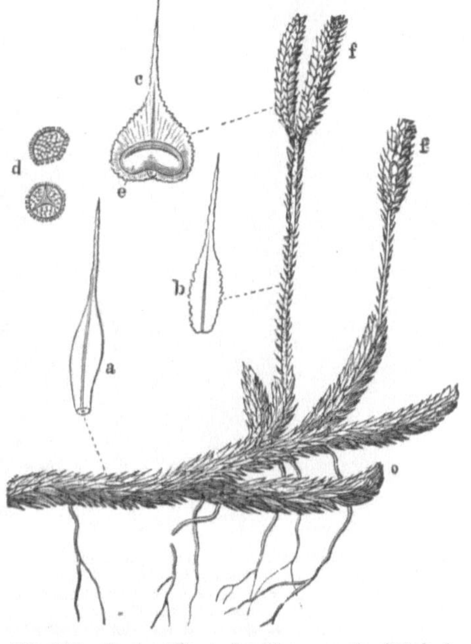

Abb. 275. Lycopodium clavatum. *o* ein Stück des Stengels mit den Sporangienähren (*f*); *a* und *b* Blätter des Stengels; *c* Sporangiendeckblatt mit dem ansitzenden Sporangium (*e*); *d* Sporen, *a—d* vergrößert.

mit den Phanerogamen ist, daß bei einigen Selaginellen die Entwickung des weiblichen Prothalliums schon auf der Mutterpflanze stattfindet, in ähnlicher Weise, wie es bei den Phanerogamen der Fall ist.

Die einzige Gattung **Selaginella** ist fast ausschließlich tropisch und zählt mehrere hundert Arten. In Mitteleuropa finden sich nur zwei Arten, **S.** spinulosa und **S.** helvetica, die aber meist nur auf Gebirgen anzutreffen sind.

2. Klasse.

# Isoëtales.

Grasrasenartige Pflanzen mit kurzem, in die Dicke wachsendem Stamm und zahlreichen, langen Blättern. Sporangien einzeln auf der Oberseite der Sporophylle, Heterospor; Spermatozoiden vielgeißlig.

## Fam. Isoëtaceae.

Die Arten der einzigen, mit vielen Arten über die Erde verbreiteten Gattung **Isoëtes** besitzen einen auffallenden, von dem der Farne sehr abweichenden Habitus. Ihr Stamm ist knollenförmig, mehrjährig und durch offene Gefäßbündel ausgezeichnet, weshalb er auch ein Dickenwachstum besitzt. An diesem Stamm sitzen spiralig, dichtgedrängt, die binsenförmigen Blätter, in deren unterem Teil, dicht über der Basis, die Sporangien wie in einer Tasche eingesenkt liegen.

**Isoëtes**, das Brachsenkraut (Abb. 276), ist die einzige Gattung. Zu ihr gehören meist in Seen untergetaucht lebende Arten. In Mitteleuropa finden sich stellenweise, besonders in vereinzelten Gebirgsseen, **I.** lacustris und **I.** echinospora.

## 3. Klasse.

# Equisetales.
# Schachtelhalmgewächse.

Die Schachtelhalme sind ausgezeichnet durch ihren stets verlängerten, nicht gestauchten Stamm, an dem die winzigen Blättchen stehen. Diese sind linealisch, schuppenförmig, ungestielt, stehen in vielzähligen Quirlen am Stamm und sind untereinander häufig tütenförmig verwachsen. Die Sporangien entstehen auf Blattorganen, welche hierdurch sehr stark umgebildet werden (Abb. 277). Diese „Fruchtblätter" stehen in dicht gedrängten Quirlen zusammen und finden sich stets an der Spitze der Stengel und Zweige, deren Wachstum sie abschließen.

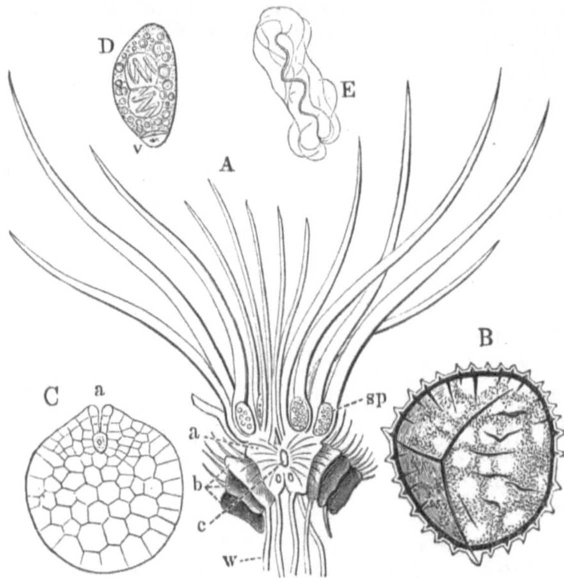

Abb. 276. Isoëtes lacustris. A ganze Pflanze im Längsschnitt, natürliche Größe, *a* Stengel, *b* dessen Rindenschichten, *c* zentrales Leitbündel, *w* Wurzeln, *sp* Sporangien. B eine Makrospore, 60 mal vergrößert. C dieselbe im Längsschnitt nach der Keimung, *a* ein Archegonium. D Mikrospore, gekeimt, mit dem Prothallium *v*, 500 mal vergrößert. E ein Spermatozoid, 500 mal vergrößert. (Nach Sachs.)

Die Sporangien tragenden Blätter entstehen entweder an der Spitze eigenartiger, chlorophylloser, braungefärbter Triebe (Abb. 278) oder aber (bei anderen Arten) an der Spitze der normalen grünen Sprosse. Sie bilden eine Ähre von kurzer, eiförmiger oder elliptischer Gestalt. Jedes einzelne Blatt ist schildförmig (Abb. 277, 2), in der Mitte gestielt und trägt am Rande auf der Unterseite die Sporensäcke. Der Stengel ist deutlich längsgestreift und mit Ausnahme der Knoten hohl. Die Membran der ganzen Pflanze ist stets stark mit Kieselsäure imprägniert und dadurch sehr starr. Stets finden wir geschlossene Leitbündel, in denen kein Kambium vorhanden ist, ausgenommen die fossilen Calamariales, die ein Dickenwachstum der Leitbündel besaßen. In den Sporangien werden nur gleichartige Sporen (Isosporen) gebildet. Die Sporen sind mit sehr hygroskopischen Schleuderorganen versehen (Abb. 277, 3, 4), welche zu ihrer Verbreitung dienen. Die jetzigen Equisetales sind isospor, die fossilen z. T. heterospor, ihre Spermatozoiden vielgeißlig.

## Fam. Equisetaceae.

Die Klasse der Equisetales umfaßt nur diese einzige Familie, diese nur die eine Gattung Equisetum.

**Equisetum** arvense, der Ackerschachtelhalm, mit blassen Frucht- und grünen Laubtrieben, ist als Herb. Equiseti minoris, E. hiemale,

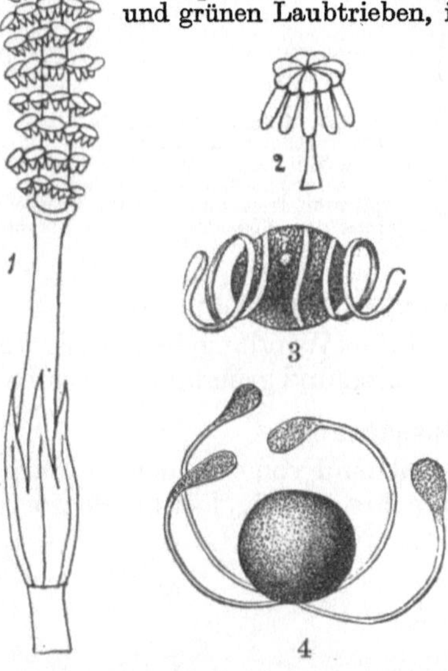

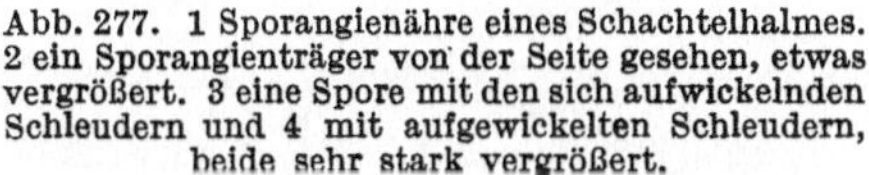

Abb. 277. 1 Sporangienähre eines Schachtelhalmes. 2 ein Sporangienträger von der Seite gesehen, etwas vergrößert. 3 eine Spore mit den sich aufwickelnden Schleudern und 4 mit aufgewickelten Schleudern, beide sehr stark vergrößert.

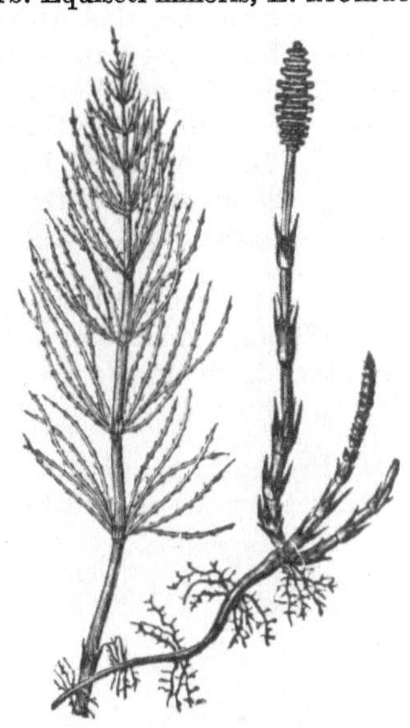

Abb. 278. Equisetum arvense mit fruchtbarem Stengel, links ein unfruchtbarer Stengel

mit ausdauernden grünen, sporentragenden Stengeln, als Herb. Equiseti majoris in den Apotheken gebräuchlich. Die grünen, harten Stengel vieler Arten dienen wegen ihres Kieselsäuregehalts als „Zinnkraut" zum Scheuern.

## 4. Klasse.

# Filicales. Echte Farnkräuter.

Hierher gehören alle die Formen, welche wir als Farnkräuter bezeichnen, meist ausdauernde, mehrjährige Gewächse mit kriechendem oder sehr kurzem, gestauchtem, selten verlängertem bis hoch baumartigem Stamm und dicht gestellten, schönen, großen und meist gefiederten, an der Spitze weiterwachsenden Blättern. Auf der Blattunterseite finden wir die Sporangien, welche meistens in besonderen Gruppen (Sporangienhäufchen = Sorus) zusammenstehen (Abb. 281). Die Sori werden meist von einer haut- oder haarartigen Wucherung, dem Schleier oder

Abb. 279. Unterseite eines Wedelabschnittes von Dryopteris filix mas mit den Sporangienhäufchen.

Indusium (Abb. 279, 280), bedeckt. Die Sporangien bestehen aus einer einschichtigen Wandung mit dem Sporeninhalt. An der Zellschicht der Wandung bemerken wir stets verstärkte Zellpartien, welche bei verwandten Arten immer in gleichartiger Weise auftreten und deshalb für die Einteilung der Farne von großer Bedeutung sind, den sog. Ring (Annulus, Abb. 281, 283). Dieser Ring hat die Aufgabe, das Aufreißen der Sporangien zu bewirken und damit zur Verbreitung der Sporen beizutragen. Die Filicales sind isospor oder heterospor, ihre Spermatozoiden vielgeißlig.

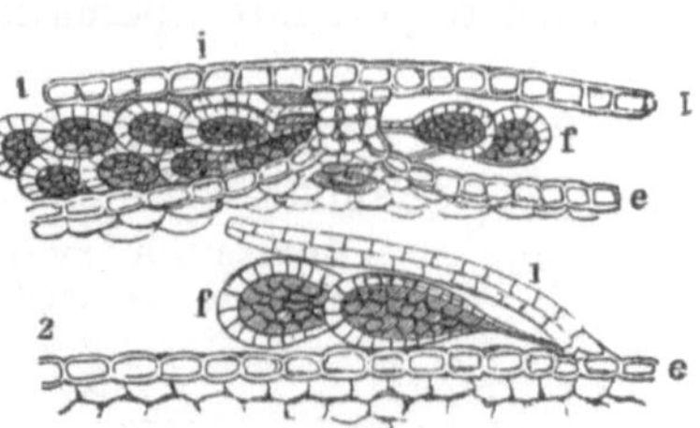

Abb. 280. *1* Sporangienhäufchen mit in der Mitte angeheftetem Indusium (*i*) von Dryopteris filix mas, 2 Sporangienhäufchen mit seitlich angeheftetem Indusium (*i*) von Asplenium trichomanes, *e* die untere Epidermis der Wedelfläche, *f* die Sporangien (vergrößert.)

## 1. Reihe. Filicales eusporangiatae.

ReifeSporangien mit derber, mehrschichtigerWandung, isospor, Prothallium unterirdisch und farblos oder oberirdisch und grün mit Pilzsymbiose.

### Fam. Ophioglossaceae.

Das Prothallium entwickelt sich, abweichend von den meisten Farnen, ganz oder teilweise unterirdisch und ist mehrschichtig, fast knollenförmig.

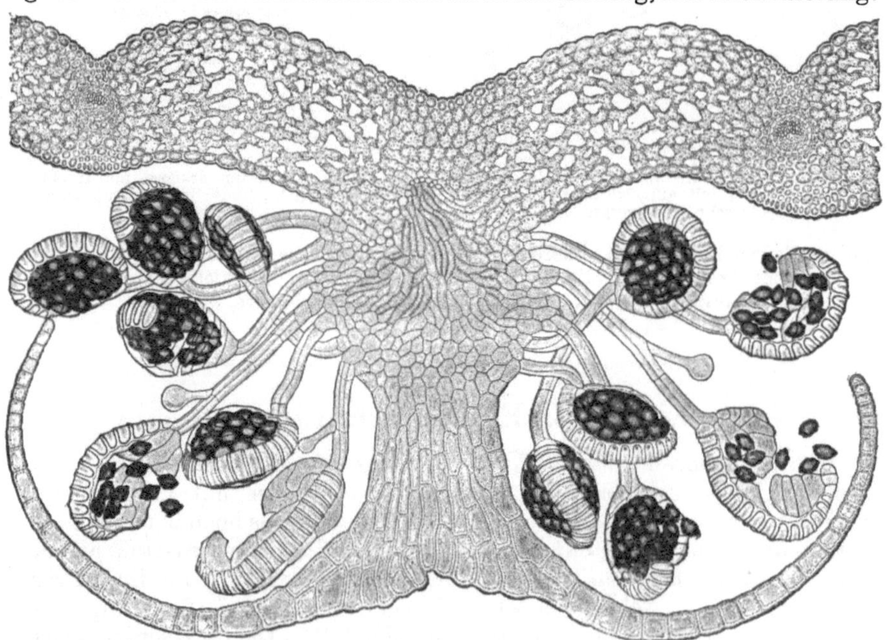

Abb. 281. Querschnitt durch einen Blattabschnitt von Dryopteris filix mas, den von dem Indusium bedeckten Sorus zeigend; die gestielten Sporangien teils geschlossen, teils geöffnet. (Nach Kny.)

Die Blätter verhalten sich ähnlich wie die des Königsfarn, d. h. ein Teil derselben ist steril, während der andere, obere, fruchtbar wird und durch die am Rande stehenden Sporangien ein eigenartiges Aussehen erlangt. Die Sporangien entwickeln sich aus Zellkomplexen.

**Ophioglossum** vulgatum, die sog. Natterzunge, kommt bei uns auf feuchten Wiesen nicht selten vor.

**Botrychium** lunaria hat Fiederblätter, deren untere Abschnitte halbmondförmig sind. Es findet sich auf sandigen Wiesen nicht selten, häufig besonders in Gebirgsgegenden (Abb. 282).

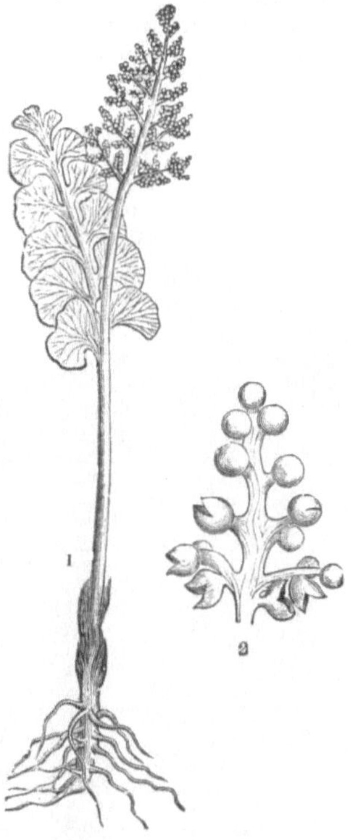

### Fam. Marattiaceae.

Die Sporangien der einzelnen Sori entwickeln sich als mehrschichtige Zellkomplexe und sind untereinander mehr oder weniger verwachsen. Es gehören hierher zahlreiche tropische Formen, welche ausgezeichnet sind durch mächtigen, dickkugeligen und nur wenig den Erdboden überragenden Stamm, von dem sehr große, viele Meter lange und schön gefiederte Blätter entspringen. — Einzelne Arten von **Marattia** werden in Warmhäusern kultiviert.

### 2. Reihe. **Filicales leptosporangiatae.**

Die Sporangien entwickeln sich (ähnlich wie Drüsenhaare) aus einzelnen Oberhautzellen des Blattes und besitzen daher eine einschichtige Wandung, Sporen alle gleichartig. Prothallium grün, selbständig, monözisch oder diözisch.

Abb. 282. 1 Botrychium lunaria, eine Farnpflanze mit besonders ausgebildeter, sporentragender Wedelhälfte. 2 Teil der letzteren vergrößert.

### Fam. Cyatheaceae.

Hierher gehören fast nur baumartige Formen von großer Schönheit. Bei ihnen ist das Sporangium mit einem vollständigen, schiefen Ring (Annulus) versehen.

Besonders **Alsophila** australis ist zu nennen, welche im tropischen Australien stellenweise in ausgedehnten Beständen auftritt und eine Zierde unserer Warmhäuser bildet.

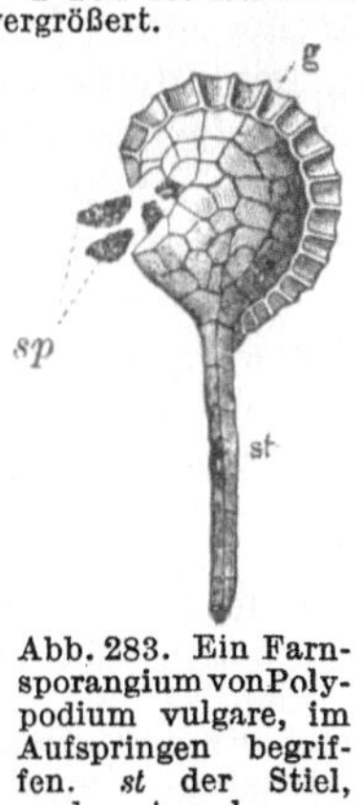

### Fam. Polypodiaceae.

Hierher gehören fast sämtliche bei uns vorkommende Farnkräuter, diese Zierden unserer feuchten und dunkeln Wälder, welche aber auch die mittleren Berghöhen in großen Mengen besiedeln. Sie besitzen unterirdische, kriechende, mit Spreuschuppen meist dicht besetzte Rhizome, aus denen die schönen gefiederten Blätter entspringen. Diese sind im Jugendzustand spiralig eingerollt. Die Sporangien springen mit Hilfe eines unvollständigen, vertikal verlaufenden, an der Basis nicht geschlossenen Ringes (Abb. 283) auf.

Abb. 283. Ein Farnsporangium von Polypodium vulgare, im Aufspringen begriffen. *st* der Stiel, *g* der Annulus, *sp* Sporen. Vergrößert.

**Pteridium** (oder **Pteris**) aquilinum, der Adlerfarn, ist über die ganzen gemäßigten und warmen Gebiete der Erde verbreitet und kann bisweilen 3—4 m hoch werden.

**Scolopendrium** vulgare, die Hirschzunge, ist ausgezeichnet durch ganzrandige, einfache, lanzettliche Blätter, was bei den Farnen nur sehr selten vorkommt.

Off. **Dryopteris** (oder **Aspidium** oder **Nephrodium**) filix mas, der Wurmfarn (Abb. 279, 280, 281, 284), ist bei uns eines der häufigsten Farnkräuter, ausgezeichnet durch einen dicken Wurzelstock. Dieser ist (offizinell als Rhizoma Filicis) samt den ansitzenden Blattbasen als Bandwurmmittel sehr geschätzt.

**Polypodium** vulgare, Engelsüß, ist bei uns sehr häufig.

**Adiantum** capillus veneris, Venushaar, ein sehr zierlicher Farn des Mittelmeergebietes, liefert Herb. Capilli Veneris.

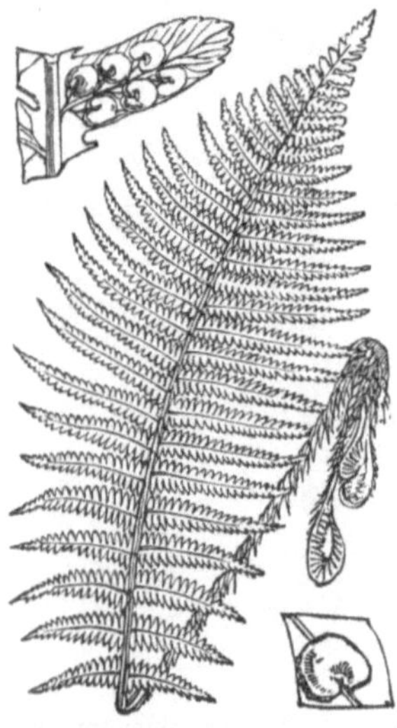

Abb. 284. Dryopteris filix mas. Stark verkleinert.

## Fam. Osmundaceae.

Hierher gehört der weit verbreitete und auch in Deutschland häufig vorkommende Königsfarn, **Osmunda** regalis, der durch seine auffallende Blattbildung ausgezeichnet ist. Der untere Teil der Blätter ist nämlich steril und scharf gegen die obere, fruchtbare und sporangientragende Region abgesetzt. Sporangien an der Spitze mit einer einseitigen Gruppe stärker verdickter Zellen, mit Längsriß sich öffnend.

## 3. Reihe. Hydropterides. Wasserfarne.

Hier treffen wir in den Sporangien durchweg zweierlei Sporen, Mikrosporen und Makrosporen. Die Mikrosporen werden in großer Anzahl in Mikrosporangien erzeugt. Bei der Keimung entspringt aus ihnen ein kleines Prothallium, an dem nur wenige Spermatozoiden hervorbringende Antheridien entstehen. Die Makrosporangien bringen nur je eine Makrospore hervor. Aus dieser entwickelt sich ein großes grünes Prothallium, welches wenige Archegonien, ja sogar oft nur ein einziges trägt. Die Sporangien werden in besonderen an der Basis der Blätter sitzenden Behältern, den Sporangienfrüchten (Sporokarpien) erzeugt; ihre einschichtige Wandung besitzt keinen Ring (Annulus). Prothallium stark reduziert, sich in der Spore entwickelnd.

Die Wasserfarne sind in ihrer Ausgestaltung von den gewöhnlichen Farnen ganz außerordentlich verschieden und lassen es nicht vermuten, daß sie ihren Fortpflanzungsorganen nach aufs engste mit den Farnen verwandt sind.

**Salvinia** natans kommt bei uns in Altwässern und Seen nicht selten vor (Abb. 285). Sie besitzt ein horizontal dem Wasser aufliegendes Stämmchen, an dem die Blätter in drei Reihen stehen. Stets finden wir zwei Reihen von Rückenblättern, welche flach dem Wasser aufliegen und als Schwimmblätter bezeichnet werden. Häufig ist aber auch noch auf der Bauchseite, d. h. auf der Unterseite des Stengelteils, eine Reihe von zerschlitzten Wasserblättern entwickelt, die durchaus das Aussehen von Wurzeln besitzen und an denen die Sporangienfrüchte stehen.

**Marsilia** quadrifolia bewohnt Sümpfe oder niedrige Gräben, besitzt ein kriechendes, horizontal wachsendes Stämmchen, an dem zwei Reihen von in der Jugend farnartig eingerollten Rückenblättern stehen. Diese sind im ausgebildeten

Zustand kleeähnlich, vierzählig, die Blättchen am Tage ausgebreitet, nachts zusammengeklappt. Am unteren Teil des langen Blattstieles entspringen die Sporangienfrüchte von Bohnenform.

**Pilularia** globulifera ist über ganz Europa verbreitet und bewohnt dieselben Standorte wie Marsilia, doch findet man sie fast stets völlig untergetaucht wachsend. Sie ist durch fadenförmige, schmal grasartige Blätter ausgezeichnet.

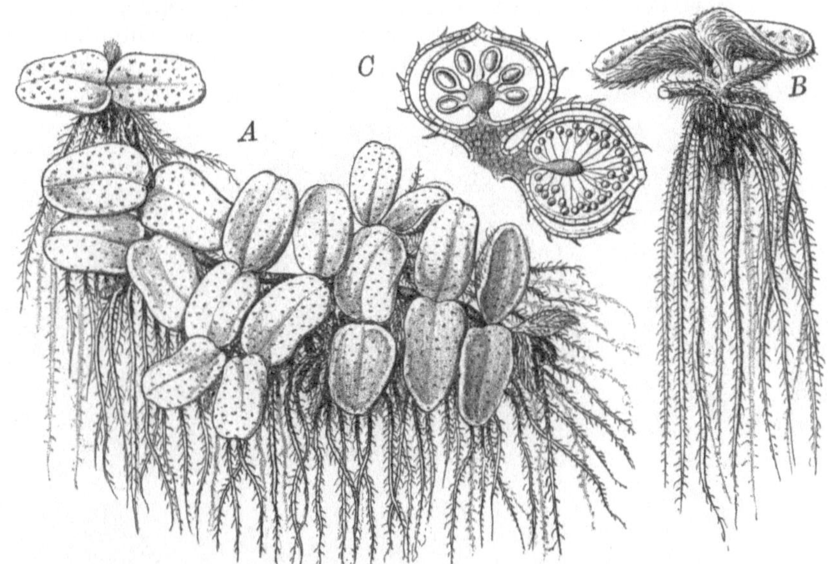

Abb. 285. Salvinia natans. A schwimmende Pflanze in natürlicher Größe. B Stück des Stengels mit zwei Luftblättern und dem zugehörigen, fruktifizierenden Wasserblatt, natürliche Größe. C zwei Sporokarpien im Längsschnitt, das obere mit Makro-, das rechte untere mit Mikrosporangien, schwach vergrößert und etwas schematisiert. (Nach Luerßen.)

### XIII. Abteilung.

# Embryophyta siphonogama. Siphonogamen, Phanerogamen oder Samenpflanzen.

Wie schon bei einer Anzahl Pteridophyten (den Schachtelhalmen und einer Anzahl von Farnen) die sporenbildenden Blätter von anderer Gestalt sind als die Laubblätter, so bilden sich auch die Geschlechtsorgane der Phanerogamen auf besonders ausgebildeten Blättern, deren Gesamtheit man als „Blüte" bezeichnet.

Die Staubblätter tragen Pollensäcke (Mikrosporangien), in denen die Pollenkörner (Mikrosporen) enthalten sind, und die Fruchtblätter tragen die Samenanlagen (Makrosporangien), in denen sich die Makrosporen bilden.

Im Pollenkorn entwickelt sich das männliche Prothallium (geschlechtliche Generation) der Phanerogamen. Es besteht aus einer zum Pollenschlauch auswachsenden vegetativen Zelle. welche die Befruchtung vermittelt, und noch einer oder wenigen kleineren Zellen, von denen die eine dem Antheridium der Pteridophyten entspricht. Diese teilt sich entweder im Pollenschlauch oder schon im Pollenkorn in zwei weitere generative Zellen, welche sich in einzelnen, seltenen Fällen zu Spermatozoiden umbilden, meist aber als Spermakerne im Pollenschlauch zur zu befruchtenden Eizelle wandern. Jedes Pollenkorn ist von einer zähen Haut umgeben, die aus einer äußeren (Exine) und einer inneren Hülle (Intine) besteht. Die Oberfläche des Pollenkorns ist häufig von Stacheln, Warzen und ähnlichen Auswüchsen besetzt (Abb. 48), zwischen denen sich dünnwandige Austrittsstellen befinden, durch welche der Pollenschlauch bei der Keimung herauswächst.

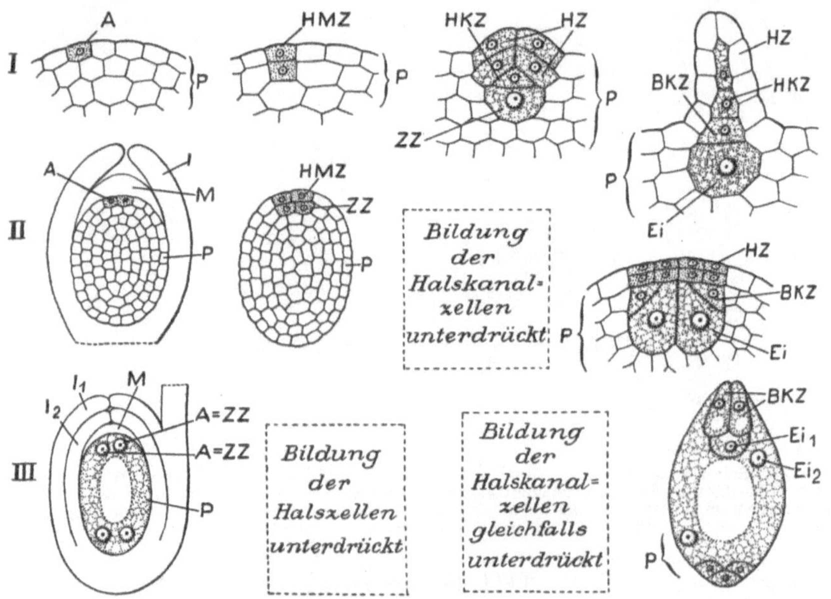



Abb. 286. Entwicklung der Archegonien. I bei den Farnen, II bei den Gymnospermen, III bei den Angiospermen. *A* Archegoniumanlage, *HMZ* Halsmutterzelle, *HZ* Halszelle, *HKZ* Halskanalzelle, *ZZ* Zentralzelle, *P* Prothallium, *I* Integument, *M* Archespor (Nuzellus).

Die Samenanlage, die von ein oder zwei Hüllen (Integumenten) umgeben ist, stellt das Makrosporangium dar. Meistens sind nur noch wenige Zellen des Makrosporangiums fertil und bilden dann Makrosporen, während die steril bleibenden als Nuzellus bezeichnet werden. Von den Makrosporen keimt meist nur noch eine einzige und bildet das ♀ Prothallium, auf welchem sich die Archegonien (bei den Gymnospermen aus Halszellen, Bauchkanalzelle und Eizelle bestehend) entwickeln. Bei den Angiospermen bilden sich auf dem ♀ Prothallium nur noch zwei Archegonien, die nur aus Bauchkanalzelle und Eizelle bestehen (vgl. Abb. 286).

Das ♀ Prothallium der Angiospermen bezeichnet man als Embryosack; dieser enthält vier Prothalliumkerne (die 3 Antipoden und den unteren freien Kern (Polkern) sowie die beiden Archegonien mit je einer Bauchkanalzelle (Synergiden) und je einer Eizelle (Eizelle und der obere freie Kern, zweiter Polkern). Bei oder auch vor der Befruchtung der beiden Archegonien durch die beiden Spermakerne verschmelzen die Polkerne.

Zwischen Pollenkorn und Samenanlage vollzieht sich der Befruchtungsvorgang (Abb. 287). Das Pollenkorn gelangt entweder unmittelbar in die
Mikropyle (bei den Gymnospermen, siehe weiter unten) oder auf die Narbe
des Fruchtknotens (bei den Angiospermen, vgl. Abb. 288). Hier bildet sich
aus einer der erwähnten Austrittsstellen der Pollenschlauch, welcher oft

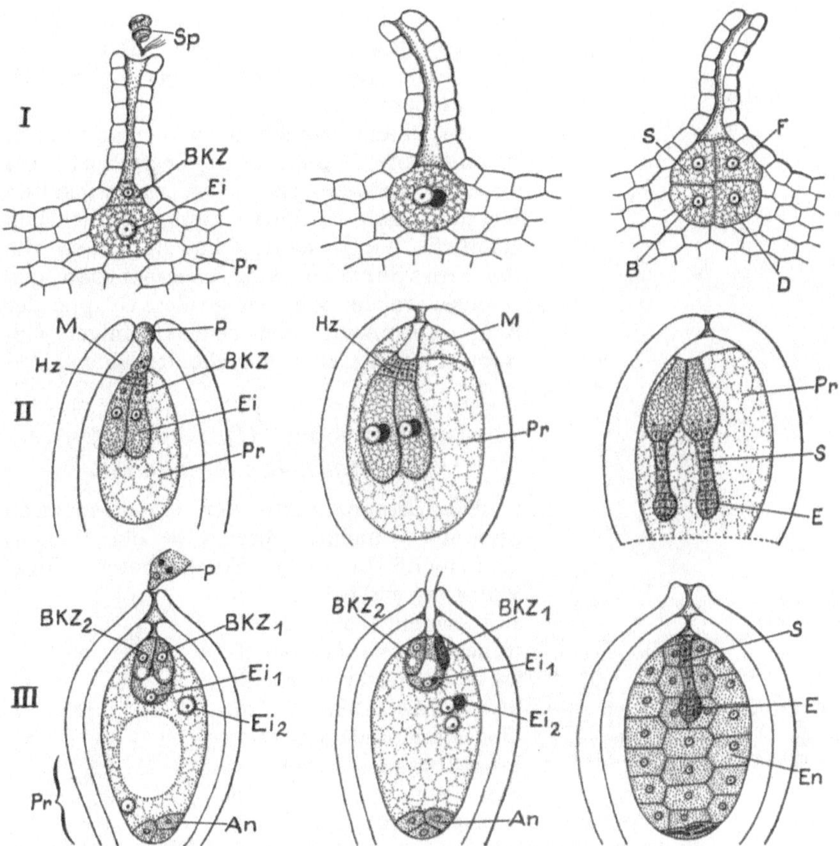



Abb. 287. Befruchtung und Embryobildung bei den Farnen I, Gymnospermen II und Angiospermen III. *Sp* Spermatozoid, *BKZ* Bauchkanalzelle, *S* Embryoträger, *B* Blattanlage, *F* Fuß,
*D* Wurzelanlage, *S* Stammscheitel, *P* Pollenschlauch, *M* steriles Archespor (= Nuzellus), *Hz* Halszellen, *Pr* Prothallium, *E* Embryo, *An* Antipoden, *En* Endosperm.

auf längerem Wege erst die zwei Spermakerne bis zu dem Embryosack
(♀ Prothallium) führt (Abb. 288 *ps*). Der Pollenschlauch dringt entweder durch die Chalaza sich einen Weg bahnend (Chalazogamie) oder
meist durch den Keimmund (Mikropyle) (Porogamie), sodann durch das
Gewebe des Nuzellus bis zu den an der Spitze des Embryosackes liegenden
beiden Archegonien vor, wo eine Auflösung der Membran an seiner Spitze
erfolgt. Von den beiden mitgewanderten Spermakernen vereinigt sich
der eine mit dem Kern der Eizelle, welche sich nun zum Embryo entwickelt, der andere mit den beiden freien oder verschmolzenen Kernen

(sekundärer Embryosackkern) des Embryosackes, durch dessen Teilung dann der Nährembryo (Nährgewebe, Endosperm) entsteht. Gleich darauf gehen die beiden Bauchkanalzellen (Synergiden) zugrunde. Weiterhin umgibt sich die Eizelle mit einer Zellhaut und bildet durch wiederholte Zellteilungen den Keimling oder Embryo, welcher durch einen Fortsatz, den sog. Suspensor, in das Innere des sich bildenden Nährgewebes geschoben wird. Der weitere Entwicklungsgang des Samens ist S. 42 f. beschrieben.

Die Phanerogamen oder Samenpflanzen zerfallen in zwei Gruppen, deren eine, bei weitem kleinere, den höchstentwickelten Kryptogamen entwicklungsgeschichtlich ziemlich nahe steht. Es sind dies die Gymnospermen oder nacktsamigen Gewächse, welche von der großen Gruppe der Angiospermen oder bedecktsamigen Gewächse streng zu unterscheiden sind.

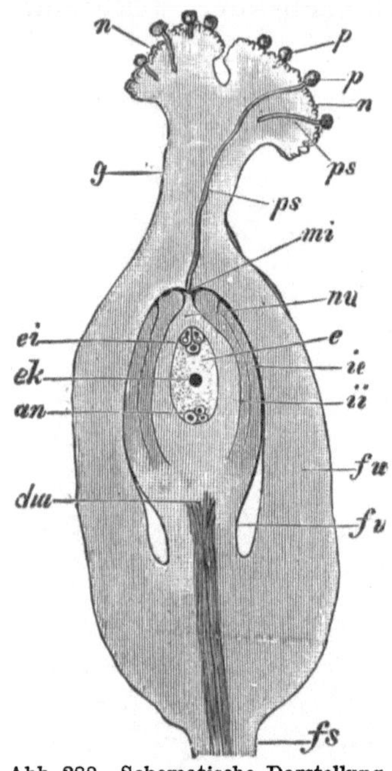

Abb. 288. Schematische Darstellung des Fruchtknotens einer bedecktsamigen Samenpflanze (Polygonum convolvulus). *n* die Narbe, *p* Pollenkörner, *ps* Pollenschlauch, *g* Griffel, *mi* Mikropyle, *nu* Nuzellus, *e* Embryosack, *ek* sekundärer Embryosackkern, *ei* Eiapparat, *an* Antipoden, *ie* äußeres Integument, *ii* inneres Integument, *fu* Funikulus, *fw* Fruchtknotenwandung.

## 1. Unterabteilung. *Gymnospermae.*
## *Nacktsamige Gewächse.*

Die Samenanlagen der Gymnospermen (gymnos = nackt, sperma = der Samen) sind nicht in einen Fruchtknoten eingeschlossen, wie bei den Angiospermen, sondern sie stehen nackt auf einem offen ausgebreiteten Fruchtblatte (Abb. 289, 295 *o*). Die Samenanlagen (Makrosporangien) haben nur ein Integument. Meist entwickelt sich nur eine Makrospore zum ♀ Prothallium, indem sie die übrigen Makrosporen und die steril gebliebenen Zellen des ♀ Archespors verdrängt. Das ♀ Prothallium bleibt zwischen dem Integument eingeschlossen und entwickelt mehrere Archegonien, die von einer Haube aus sterilen Archesporzellen (Nuzellus) bedeckt bleiben.

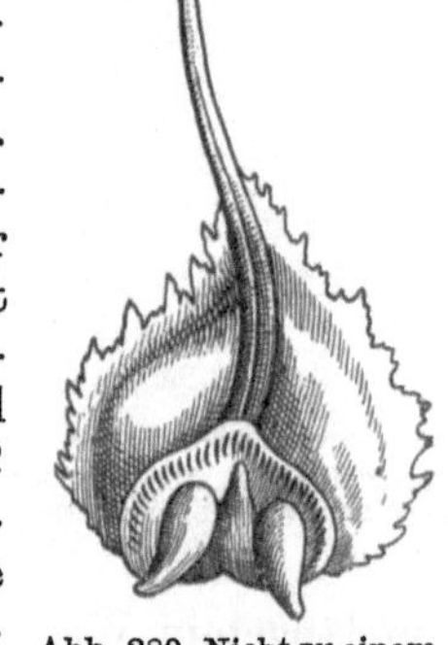

Abb. 289. Nicht zu einem Fruchtknoten verwachsenes Fruchtblatt mit zwei Samenanlagen.

Die meist zahlreich (nicht regelmäßig zu zwei oder vier, wie bei den Angiospermen) an den Staubblättern gebildeten Pollensäcke (Abb. 294) sind Mikrosporangien, die Pollenkörner Mikrosporen, welche vor dem Ausstäuben ein wenigzelliges Prothallium mit ein bis zwei vegetativen Zellen und eine Antheridiummutterzelle erzeugen (Abb. 290). Wenn dann die Pollenkörner durch den Wind auf die Mikropyle der Samenanlagen übertragen werden, gelangen sie in einen dort ausgeschiedenen, zuckerhaltigen „Bestäubungstropfen"; dieser verdunstet und zieht dadurch die Pollenkörner durch die Mikropyle auf den Nuzellusscheitel. Hier keimen die Pollenkörner, indem sie einen Pollenschlauch bilden, und gleichzeitig teilt sich die Antheridiummutterzelle und bildet zwei Spermatozoiden bzw. Spermazellen. Zwischen Be-

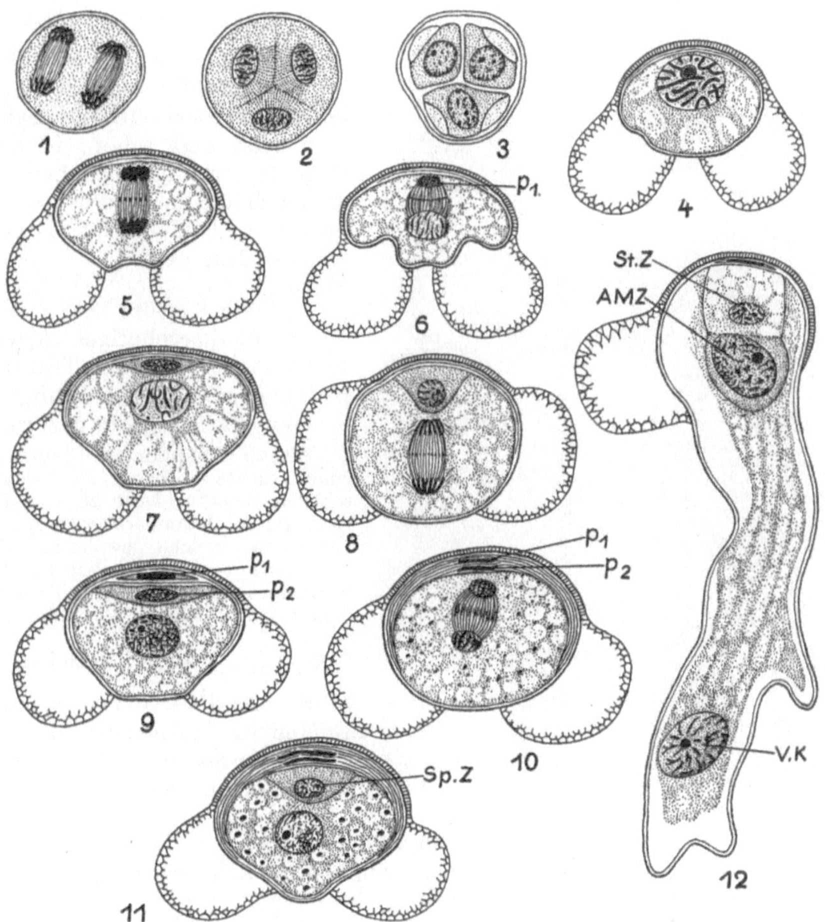

Abb. 290. Pinus Laricio. Entwicklung des Pollenkorns vom Stadium der Tredatenteilung der Pollenmutterzelle bis zur Bildung des Pollenschlauches. *P* Prothalliumzellen, *Sp* Spermatogene Zelle, *St.Z* Stielzelle, *AMZ* Antheridiummutterzelle. 1—11 Entwicklung von Anfang Mai bis Mitte Juni; 12. Ein Jahr später als 1. (Nach Coulter und Chamberlain.)

stäubung und Befruchtung liegt meistens ein längerer Zeitraum, manchmal über ein Jahr. Bei der Befruchtung wird in jedem der in Mehrzahl vorhandenen Archegonien durch Verschmelzung des Spermakerns mit dem Eikern ein Embryo erzeugt, während der Bauchkanalkern sich auflöst. Von den zahlreichen, zuerst angelegten Embryonen erreicht meist nur einer nach Verdrängung der anderen eine volle Ausbildung.

In jedem Pollenschlauch werden zwei Spermazellen erzeugt, doch ist der eine hiervon kleiner und zur Befruchtung untauglich geworden; nur wenn der Pollenschlauch die Eigenschaft angenommen hat, zwei nebeneinanderliegende Archegonien zu befruchten (wie bei den Angiospermen) bleiben beide Kerne gleich groß und befruchtungsfähig.

Abb. 291. Links Cycas Normanbyana, rechts zwei Stämme von C. media. (Nach F. v. Müller.)

## Klasse. Cycadales.

Stamm nicht oder nur sehr wenig verzweigt, ohne Gefäße im Holzkörper. Blätter meist sehr groß und schön, in der Regel fiederteilig oder gefiedert, an der Spitze des Baumes einen Schopf bildend. Spermatozoiden. — Nur eine

### Fam. Cycadaceae.

Die hierhergehörigen Arten sind fast ausschließlich Tropenbewohner und werden häufig in unseren Warmhäusern gezogen.

Die an den plumpen Stämmen einen dichten Schopf bildenden schönen Blätter (Abb. 291) mehrerer Arten, besonders von Cycas revoluta, welche gewöhnlich als „Palmzweige" oder „Palmwedel" bezeichnet werden, finden zu Trauerdekorationen häufig Verwendung.

## Klasse. Ginkgoales.

Stamm stark verzweigt, ohne Gefäße im Holzkörper. Laubblätter eingeschnitten, keil- bis fächerförmig. Spermatozoiden.

### Fam. Ginkgoaceae.

Die einzige jetzt noch lebende Art dieser in früheren Erdabschnitten mit vielen Arten vertretenen Familie, Ginkgo biloba, ist in Japan und China einheimisch und wird auch häufig bei uns kultiviert. Es ist dies ein schöner Baum, der durch seine auffallenden Blätter sehr charakteristisch ist (Abb. 292).

## Klasse. Coniferae. Zapfenträger, Nadelhölzer.

Die Nadelholzgewächse sind Holzpflanzen mit verzweigtem, gefäßlosem (nur Tracheiden!) Stamm und nadel- oder schuppenförmigen Blättern (Abb. 293). Ihre Blüten sind nackt (ohne Blütenhülle), eingeschlechtig und meist einhäusig, selten zweihäusig. Die männlichen Blüten bestehen nur aus Pollenblättern (Abb. 294), welche ährenförmig zu kleinen Zapfen (Kätzchen) angeordnet sind. Die weiblichen Blüten sind

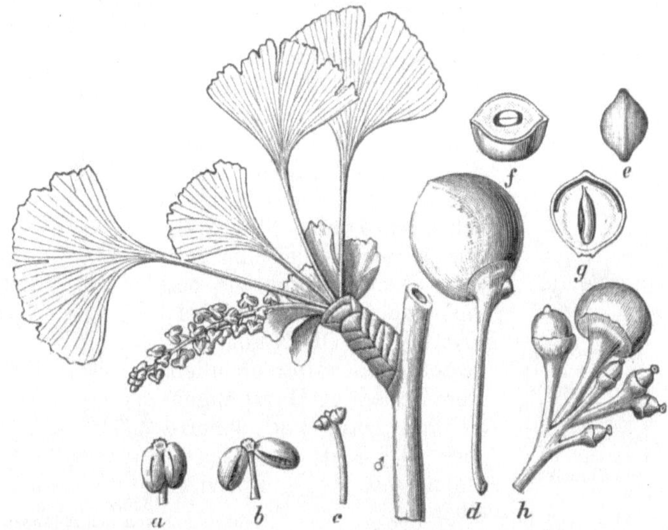

Abb. 292. ♂ Ginkgo biloba, der Ginkgobaum Chinas und Japans. Kurztrieb mit männlichen Blüten und Blättern, welche sich nach der Blütezeit noch ansehnlich vergrößern. Das übrige zeigt Blüten- und Fruchtverhältnisse. (Nach Eichler.)

Abb. 293. Taxus baccata, die Eibe, ♂ männlicher, ♀ weiblicher Blütenzweig, *fr* Fruchtzweig in natürlicher Größe. — Das übrige zeigt die Verhältnisse des Blüten- und Fruchtbaues teilweise stark vergrößert. (Nach Eichler.)

zapfenförmig, d. h. an einer gemeinsamen Spindel sitzen in spiraliger oder quirliger Anordnung Fruchtschuppen, welche auf ihrer Oberseite nahe an ihren Achseln die Samenanlagen tragen (Abb. 295, 296). Bei der Reife verholzen die Fruchtschuppen entweder und bilden Holzzapfen wie bei der Kiefer, Fichte und Tanne (Abb. 297), oder sie werden fleischig und bilden Beerenzapfen wie bei dem Wacholder (Abb. 295, 301, H und J). — Die Nadelholzgewächse enthalten in allen ihren Teilen in Harzgängen reichlich Harz und ätherisches Öl. Statt Spermatozoiden nur noch Spermazellen.

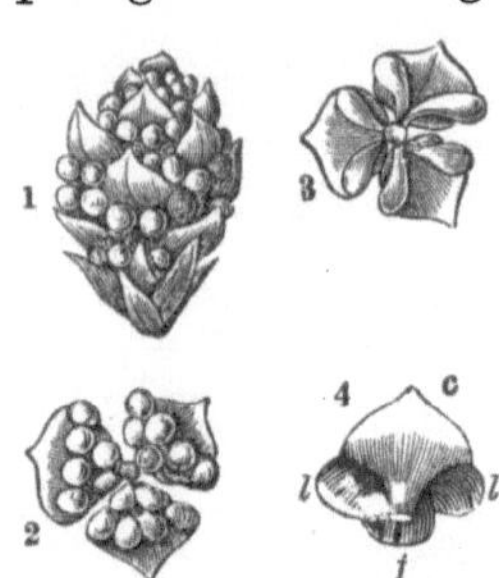

Abb. 294. 1 männliche Blüte (Blütenkätzchen) des Wacholders (Juniperus communis). 2 drei Staubblätter von unten gesehen. 3 desgleichen von oben. 4 ein einzelnes Pollenblatt von der Rückseite, *f* das Filament, *c* das Konnektiv, *l* die Pollensäcke.

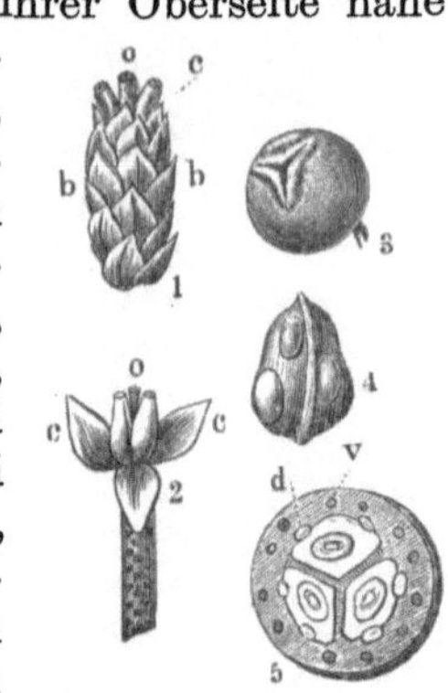

Abb. 295. 1 weibliche Blüte des Wacholders (Juniperus communis) *b* schuppenförmige Blätter, *c* Fruchtblätter, *o* die drei nackten Samenanlagen. 2 dieselben von den schuppenförmigen Blättern befreit. 3 der aus der Verwachsung der drei Fruchtblätter hervorgegangene Beerenzapfen. 4 ein Samen. 5 Querschnitt durch den Beerenzapfen mit Balsamgängen (*v*).

Man unterscheidet in der Klasse der Coniferae folgende Hauptfamilien

### Fam. Taxaceae.

♂ Blüten einzeln in den Blattachseln; ♀ Blüten mit einer terminalen Samenanlage, Samen mit Arillus, Sträucher oder Bäume mit meist nadelförmigen Blättern.

Sie zeigen meist nur wenige Fruchtblätter in der weiblichen Blüte oder ein einziges endständiges mit je einer Samenanlage. Der Samen ist steinfruchtartig und überragt die Fruchtblätter.

**Taxus** baccata, die Eibe (giftig!), früher in Mitteleuropa ein verbreiteter Waldbaum, jetzt überall sehr zurückgegangen, ist die einzige Konifere ohne Harzgänge in den Blättern. Sie ist ein beliebter Zierbaum für Parkanlagen und besitzt ein sehr hartes Holz. Der Samen ist bei der Reife von einem roten, fleischigen, ungiftigen Samenmantel (Arillus) umhüllt (Abb. 293). Die Samen müssen, um keimfähig zu werden, den Darmkanal von Vögeln passiert haben (das gleiche gilt von der Muskatnuß und den Samen von Ilex paraguariensis).

### Fam. Araucariaceae.

♂ Blüten groß, zapfenförmig, in den Blattachseln oder an kurzen Zweigen; ♀ Zapfen endständig, Fruchtzapfen zerfallend. Fruchtschuppe mit einer Samenanlage. Baumförmige Arten der südlichen Halbkugel mit breiten oder nadelartig zusammengedrückten Blättern.

Abb. 296.　Pinus silvestris.

**Agathis** dammara, ein immergrüner Baum des Indischen Archipels mit elliptischen Blättern und kugeligen Zapfen, liefert Manila-Kopal, **A.** australis auf Neuseeland den Kauri-Kopal (nicht Dammar, wie man früher glaubte).

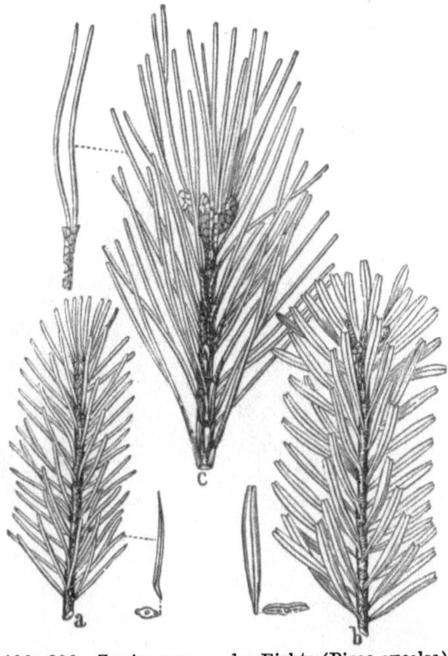

Abb. 297. Blütenkätzchen und Fruchtzapfen der Fichte (Picea excelsa).

Abb. 298. Zweige von: a der Fichte (Picea excelsa) mit ringsumstehenden, vierkantigen, einzelnen Nadeln; b der Edeltanne (Abies alba) mit zweizeiliggewendeten, flachen, an der Spitze ausgerandeten einzelnen Nadeln; c der Kiefer (Pinus silvestris) mit auf Kurztrieben paarig aufsitzenden, langen und spitzen Nadeln.

**Araucaria** excelsa, von den Norfolkinseln (Australien), wird als „Zimmertanne“ sehr viel kultiviert.

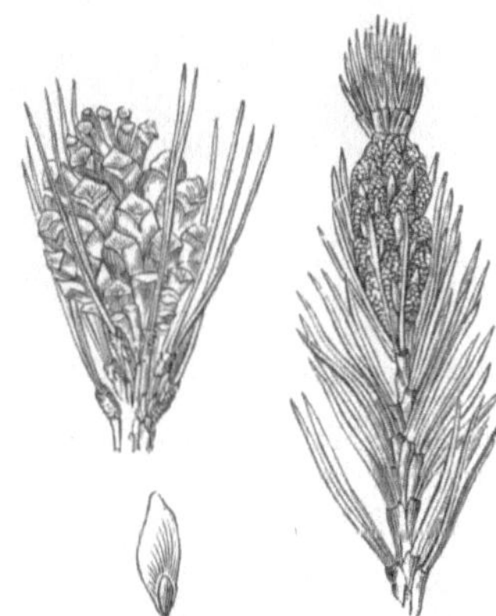

Abb. 299. Pinus pumilio.

## Fam. **Pinaceae**.

Blüten nackt, meist monözisch, Pollenkörner meist mit Flugblasen; ♀ Blütenzapfen mit vielen, spiralig angeordneten Deckschuppen, die auf der Oberseite eine Fruchtschuppe, diese wieder mit je 2 Samenanlagen auf ihrer Oberseite (Innenseite) tragen. Bei der Gattung Pinus stehen die Nadeln stets zu 2—5 vereinigt auf Kurztrieben beisammen. Off. **Pinus** silvestris (Abb. 296, 298 c), die besonders in Norddeutschland als verbreitetster Waldbaum auftretende Kiefer oder Föhre, **P.** australis, **P.** taeda (beide im südlichen Nordamerika sehr verbreitet),

Abb. 300. Larix europaea.

15*

**P. pinaster** (Südfrankreich) und **P. nigra** (= **P.** laricio [Südeuropa und Österreich]) liefern eine Anzahl offizineller Produkte, nämlich Terebinthina, woraus durch Destillation Ol. Terebinthinae und als Rückstand Kolophonium gewonnen wird. Resina Pini ist das wasserhaltige Harz. Durch trockene Destillation des harzreichen Holzes von Arten dieser und der nachfolgenden Gattung wird Pix liquida gewonnen. **P.** pumilio (Abb. 299), die Latschenkiefer der höheren Gebirge, liefert Ol. Pumilionis.

Die Gattung **Larix** besitzt Langtriebe mit einzeln stehenden und Kurztriebe mit büschelig stehenden, sommergrünen Nadeln. Off. **Larix** europaea (Abb. 300)

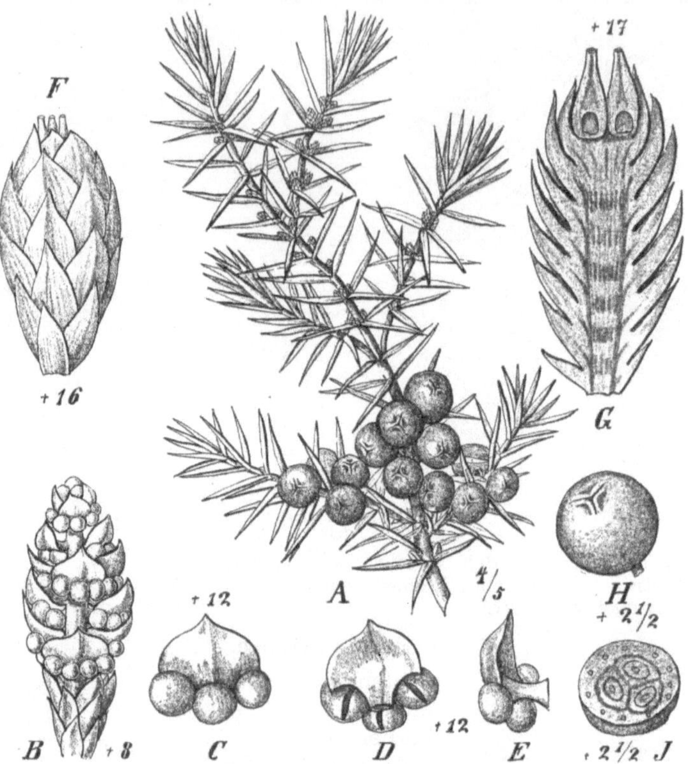

Abb. 301. Juniperus communis. A blühender und fruchtender Zweig. B männliche Blüte. C Staubblatt von außen, D von innen, E von der Seite gesehen. F weibliche Blüte. G diese im Längsschnitt. H Beerenzapfen, J Querschnitt desselben.

und **L.** sibirica, die Lärchen, liefern Lärchenterpentin (Terebinthina veneta) und Holzteer (Pix liquida).

Die **Tannen** unterscheiden sich von den im Wuchs ihnen oft sehr ähnlichen **Fichten** besonders durch aufrechtstehende Zapfen, während diese bei den letzteren herabhängen. **Abies** balsamea, die Balsamtanne, in Nordamerika einheimisch, ist die Stammpflanze des Balsamum canadense; **A.** alba ist die auf den Gebirgen Mitteleuropas einheimische und weitverbreitete Weiß- oder Edeltanne (Abb. 298 b).

**Picea** excelsa, die Fichte oder Rottanne (Abb. 297, 298 a), ist einer der verbreitetsten Waldbäume Mitteleuropas. (Betreffs der Unterschiede ihrer Nadeln vgl. Abb. 298).

<h3 style="text-align:center">Fam. Taxodiaceae.</h3>

♂ Blüten einzeln, terminal oder in den Blattachseln oder kopfig gehäuft oder in rispenartigen Blütenständen (Taxodium); ♀ Blütenzapfen

einzeln, terminal mit spiralig angeordneten Deckschuppen und ± ausgebildeten Fruchtschuppen. Hohe Bäume.

**Taxodium** distichum, virginische Sumpfzypresse, mit Atemwurzeln, südöst-
liches Nordamerika; in der Tertiärperiode auch im westlichen Nordamerika, Asien
und Europa, Hauptbestandteil mancher Braunkohlenflöze Mitteleuropas. **T.** mexi-
canum, immergrün, von Humboldt auf 4000 Jahre geschätztes Exemplar „der
große Baum von Tule", 50 m hoch, 44 m Stamm-
umfang.

**Sequoia** gigantea, Mammutbaum, Kalifornien.
Stämme bis 100 m hoch und 12 m dick.

### Fam. Cupressaceae.

♂ Blüten klein, einzeln, terminal oder
axillär, ♀ Blüten selten mit 1—3 terminalen
Samenanlagen (Juniperus), meist mit 1 bis
mehreren Paaren oder Wirteln von Fruchtschuppen. Samenanlage aufrecht am Grunde
der Fruchtschuppe. Fruchtzapfen mit ledrigen
oder meist holzigen, bei Juniperus ± fleischigen Schuppen. Niederliegende oder aufrechte, reichverzweigte Sträucher oder Bäume.
Da die Pollenschläuche stets zwei nebeneinanderliegende Archegonien befruchten, so sind
beide Spermakerne funktionsfähig geblieben.

**Callitris** quadrivalvis, in Nordwestafrika (besonders im Atlasgebirge) heimisch, ist die Stammpflanze des Sandarakharzes.

Off. **Juniperus** communis, der Wacholder
(Abb. 294, 295 u. 301), ein häufiger Strauch unserer
heimischen Wälder mit quirlig gestellten Nadeln, trägt
Beerenzapfen, welche durch Fleischigwerden der
drei Deckschuppen der Samenanlagen entstehen und
als Fruct. Juniperi offizinell sind. — **J.** sabina,
der Sadebaum (Abb. 302), in Südeuropa heimisch,
in Deutschland in Gärten noch ziemlich viel kultiviert, liefert die Summitates Sabinae (Zweigspitzen
mit Nadeln).

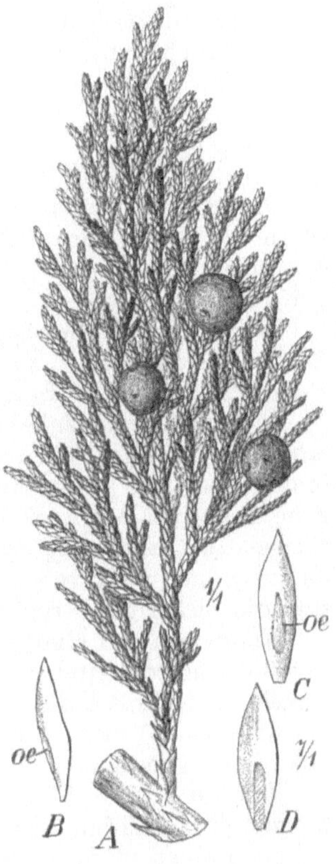


Abb. 302. Juniperus sabina. A
fruchttragender Zweig, B Blatt
von der Seite gesehen, C Blatt
von außen, D Blatt von innen
gesehen, oe Ölgang.

### Klasse.  Gnetales.

Stamm einfach oder verzweigt, mit echten
Gefäßen im Holzkörper. Blätter ungeteilt, gegenständig. Blüten mit
unscheinbaren Blütenhüllen.

Hierher gehören drei Familien von ganz außerordentlich voneinander
abweichendem Aussehen, deren Arten fast ausschließlich den Tropengebieten angehören.

### Fam. Ephedraceae.

Rutensträucher mit rudimentären, quirlständigen Blättern und auf
Kurztrieben endständigen Blütenzapfen.

**Ephedra** sinensis und **E.** Shennungiana, China, Stammpflanzen der Ma-
Huang-Droge, enthalten Ephedrin.

### Fam. Welwitschiaceae.

Nur eine Art: Welwitschia mirabilis, Wüstenpflanze mit zwei ausdauernden, gegenständigen, handförmigen Blättern; Blütenstände diözisch, zapfenartig. Südafrika.

### Fam. Gnetaceae.

Blüten diözisch in Quirlen auf Scheinähren. Lianen, seltener Bäume oder Sträucher mit gegenständigen, netzadrigen Lederblättern.

## 2. Unterabteilung.
### *Angiospermae. Bedecktsamige Gewächse.*

Die Samenanlagen der Angiospermen (angion = der Behälter, und sperma = der Samen) sind stets einzeln oder zu mehreren in einem Fruchtknoten eingeschlossen, auf dessen Narbe die Pollenkörner zur Keimung gelangen.

Bevor wir auf die Angiospermen selbst eingehen, scheint es geboten über die Grundsätze, nach denen die Einordnung der Familien in das natürliche System vorgenommen wird, einige Angaben zu machen.

Zuerst ist hervorzuheben, daß das natürliche System Anspruch darauf erhebt, alle Kennzeichen der Pflanzen bzw. der einzelnen Pflanzenfamilien in den Kreis der Verwertung zu ziehen. Daher beschränkt sich das natürliche Pflanzensystem nicht auf die Morphologie, sondern berücksichtigt ebenso die Anatomie, Zytologie, Physiologie, Pflanzengeographie usw. Ja, man hat auch versucht, die Serologie hierfür heranzuziehen, doch sind die bisherigen Ergebnisse sehr widerspruchsvoll gewesen.

Wenn wir nun eine ganze Anzahl divergierender Merkmale einander gegenübergestellt finden, so müssen wir die Entscheidung treffen, ob die einzelnen Merkmale als ursprünglich (primitiv) oder als Neuerwerbungen (Progressionen) anzusehen sind. Die Neuerwerbungen können Entfaltungen (Komplikationen) oder Rückbildungen (Reduktionen) darstellen.

Hat nun eine Pflanze in wichtigen Entwicklungstypen Neuerwerbungen aufzuweisen, so stellen wir sie im System höher als eine Pflanze, die noch einen ursprünglicheren Entwicklungstypus aufzuweisen hat.

Die große Schwierigkeit bleibt nun die Entscheidung, ob bestimmte Entwicklungstypen als ursprünglich oder als abgeleitet anzusehen sind, und ferner, ob die Unterschiede zwischen den betreffenden Merkmalen auch wichtige Entwicklungstypen betreffen. Eine solche Entscheidung hängt oft sehr von der persönlichen Einstellung des betreffenden Systematikers ab und hierdurch sind die Abweichungen in den Pflanzensystemen der verschiedenen Systematiker zu erklären.

Im allgemeinen ist man sich jedoch darüber klar, welche Kennzeichen als ursprünglich oder als abgeleitet zu gelten haben. So wissen wir, daß eine Blüte (vgl. die schematische Zeichnung 40A) mit dem Fruchtknoten abschließt; der mittelständige und der unterständige Fruchtknoten stellen daher eine Progression gegenüber dem oberständigen dar. Wenn wir ferner eine Pflanzenfamilie finden, die sich von einer ihr nahestehenden durch den Fortfall eines Blütenkreises, z. B. eines Antherenkreises, unterscheidet, wie z. B. die Iridazeen von den Liliaceen (die letzteren haben zwei Staubblattkreise [$A\,3+3$], die ersteren nur noch einen [$A\,3+0$]), so bedeutet diese Reduktion eine Neuerwerbung. Weitere wesentliche Neuerwerbungen sind z. B. die Verwachsung der Blütenblätter (Sympetalie), die Verwachsung mehrerer einzelner Fruchtblätter zu einem mehrfächerigen Fruchtknoten, die dekussierte Blattstellung, die gleichhälftige (zygomorphe) Blüte usw.

Nicht einig ist man sich dagegen, ob z. B. die nackte Blüte (Apetalie) in vielen Fällen ursprünglich ist, oder ob sie in allen Fällen durch Rückbildung entstanden ist, ferner ob die Chalazogamie eine ursprüngliche Form ist oder nicht.

Es wird daher zweckmäßig sein, bei den einzelnen Familien zu betonen auf Grund welcher Progressionen sie ihre Stellung im natürlichen System zugewiesen erhalten haben.

An einem Beispiel wollen wir klarlegen, auf Grund welcher Anschauungen die verschiedenen Systematiker zu einer verschiedenen Einreihung von Pflanzenfamilien in ihr System gekommen sind. Wir wählen als Beispiel die Glumiflorae, die in die Familien der Gramineen und Zyperazeen eingeteilt werden.

Engler stellt diese Reihe unmittelbar hinter die Helobiae, und zwar deshalb, weil er die Glumiflorae als ursprünglich apetal ansieht und die Zahl der Staubblätter, wenn auch nur noch selten, unbestimmt ist.

Andere Systematiker sehen die Apetalie bei den Glumiflorae als reduziert an und stellen die Reihe daher hinter die Liliiflorae. Betrachten wir an Hand dieser Gegenüberstellungen die einzelnen unterschiedlichen Merkmale genauer:

Bei den Liliifloren finden wir die regelmäßige, typische Blütenformel der Monokotyledonen $P\,3+3$, $A\,3+3$, G (3), bei der hierhergehörigen Familie der Iridaceae ist der eine Staubblattkreis reduziert, also $A\,3+0$; bei der Glumiflorae finden wir, abgesehen von dem Fehlen eines typischen Perigons nur bei Oryza und Bambusa 6 Staubgefäße, in den anderen Fällen fast stets 3. Engler sieht also hier den Weg zur Entwicklung der typischen Monokotyledonenblüte, während andere Systematiker hier ebenso wie bei den Iridazeen einen Reduktionsvorgang sehen.

Das Vorhandensein von drei Fruchtblättern oder aber nur zwei Fruchtblättern bei den Zyperazeen und von nur einem Fruchtblatt bei den Gramineen wird von anderen Autoren als Reduktionsvorgang und infolgedessen als Progression angesehen, während Engler die Gramineen (mit nur einem Fruchtblatt) als die primitivsten und die Cyperaceae mit zwei und drei Fruchtblättern als Progressionsfolge ansieht. Gegen die Ansicht Englers dürfte sprechen, daß sich bei den Zyperazeen, entsprechend den zwei oder drei Fruchtblättern, zwei oder drei Narben befinden, während die Gramineen, obwohl sie nur ein Fruchtblatt haben, zwei Narben ausbilden. Diese beiden Narben kann man als ein zweckmäßiges Überbleibsel aus vorher vorhandenen zwei Fruchtblättern auffassen; es ist aber nicht gut denkbar, daß sich bei ursprünglich nur einem Fruchtblatt und dementsprechend einer Narbe, eine zweite Narbe gewissermaßen als Vorläufer des zweiten Fruchtblattes entwickelt habe.

Da Engler die Apetalie bei den Glumifloren als primitiv ansieht, sieht er die Cyperaceae, die ein haarartiges und in sehr seltenen Fällen ein echtes Perigon besitzen, als höher entwickelt an als die Gramineen, die völlig apetal sind. Andere Systematiker, die die Apetalie als Reduktionsvorgang ansehen, stellen die Gramineae als höher entwickelt hinter die Cyperaceae.

Bei den Cyperaceae fehlen die Hüllspelzen und jede Blüte ist meist nur mit einer Spelze versehen; hingegen haben wir bei den Gramineen Hüllspelzen, Deckspelzen und Vorspelzen. Da diese eigenartigen Hochblätter in anderen Familien nicht ausgebildet sind, können sie nicht durch Reduktion entstanden sein und die größere Zahl derselben spricht für eine größere „Entfaltung" bei den Gramineen; auch der hohle mit Knoten versehene Halm der Gramineen stellt zweifellos eine Progression gegenüber dem dreikantigen Stengel der Zyperazeen dar.

Betrachten wir nunmehr die Ergebnisse der Zytologie, so finden wir bei den Liliifloren und den Zyperazeen je drei Antipoden im Embryosack; bei den Gramineen werden aber durch nachträgliche Teilungen die Antipoden auf etwa 150 vermehrt; es handelt sich hier um eine zweifellose Progression, die also die Gramineen auf eine höhere Stufe stellt als die Zyperazeen; das Endosperm bei den Helobiae bildet einen Basalapparat, indem nach der ersten Kernteilung eine Zellwand angelegt wird, während sodann in der oberen Endospermzelle ein nukleäres Endosperm gebildet wird. Bei den Liliifloren haben wir diese Bildung nur noch relativ selten und im übrigen das daraus entwickelte rein nukleäre Endosperm, bei dem die erste Zellplatte also nicht mehr entwickelt wird. Bei den Glumifloren finden wir ebenfalls ein nukleäres Endosperm. Dementsprechend stehen die Glumifloren höher nicht nur als die Helobiae, sondern auch als die Liliifloren, da das primitive Basalendosperm bei den Glumifloren nicht mehr vorkommt.

Wenn nun schon die Antipodenvermehrung der Gramineen zeigt, daß in zytologischer Beziehung die Gramineen höher organisiert sind als die Zyperazeen, so ist dies ein wesentlicher Faktor, der zugunsten jener Ansicht spricht, daß auch die anderen Unterschiede zwischen Gramineen und Zyperazeen sich in der aufsteigenden Richtung Zyperazeen —➤ Gramineen bewegen. Es wäre dann also auch die Apetalie der Gramineen und das Vorhandensein nur eines Fruchtblattes als Reduktionserscheinung und nicht als primitiv anzusehen.

Im folgenden seien noch kurz einige Progressionen aufgezählt, indem zuerst das primitive Verhalten und darauf folgend die Progression genannt sei:

Spiralstellung der Blätter und der Blütenteile —➤ Quirlstellung; nichtfixierte Zahl in den Blütenkreisen —➤ fixierte Zahl in den Blütenkreisen; freie Fruchtblätter —➤ verwachsene Fruchtblätter —➤ Reduktion zu einem einfächrigen, nur eine Samenanlage enthaltenden Fruchtknoten; zelluläres Endosperm —➤ Endosperm mit Basalapparat —➤ nukleäres Endosperm; zweikernige Pollenkörner —➤ dreikernige Pollen (bei denen sich die Antheridiummutterzelle bereits im Pollenkorn statt im Pollenschlauch geteilt hat). Tapetenzellen im Pollenfach —➤ Periplasmodien (die Tapetenzellen dringen zwischen die Pollen ein und verschmelzen untereinander); strahlige Blüten —→ gleichhälftige (zygomorphe) Blüten; Perisperm + Endosperm —→ nur Endosperm —→ Nährstoffe nur in den Keimblättern (vgl. auch Abb. 303).

Andererseits müssen wir uns vor Augen halten, daß gleiche Progressionen in den verschiedensten Ästen des Stammbaumes vorkommen

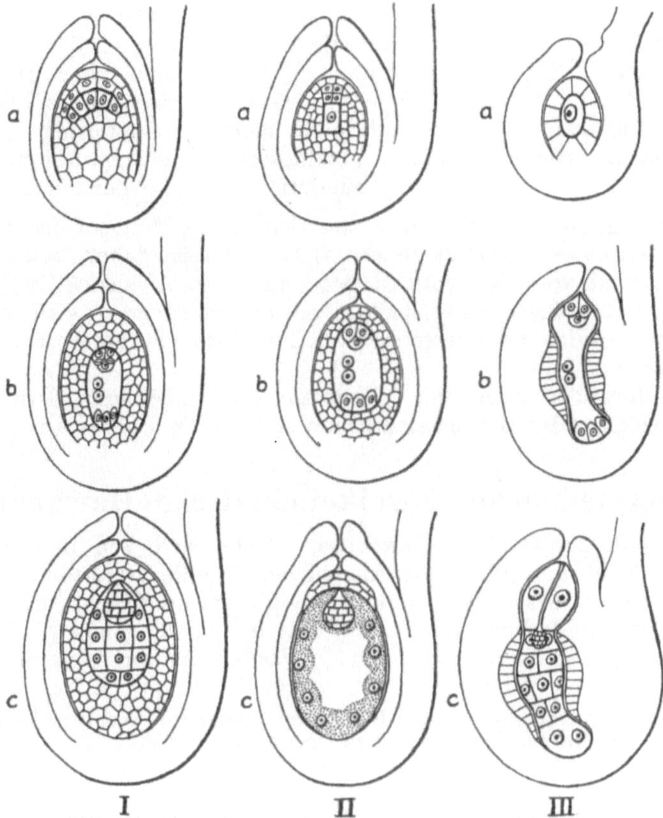

Abb. 303. Entwicklung des weiblichen Haplonten der Angiospermen. I. Primitiver Choripetalentypus (vielzelliges Archespor, Deckzellen, zelluläres Endosperm, Perisperm, 2 Integumente). II. Progressiver Choripetalentypus (einzelliges Archespor, Deckzelle, nukleäres Endosperm, kein Perisperm, 2 Integumente). III. Sympetalentypus (einzelliges Archespor, keine Deckzelle, Endosperm mit Haustorien, 1 Integument). *a* Stadium der Embryosackmutterzelle, *b* Stadium des reifen Embryosacks, *c* Stadium der Embryoentwicklung.

können, so daß auf gleicher Progressionsstufe befindliche Formen keineswegs immer als nächstverwandt angesehen werden können. Man spricht in solchen Fällen von Konvergenzerscheinungen. Zum Beispiel besitzen die Asklepiadazeen ebenso wie die Orchidazeen Verwachsung der ♀ mit den ♂ Blütenorganen, ferner Pollinien (Pollen vereinigt an einem stielartigen Gebilde); trotzdem sind beide Familien durchaus nicht als nahe verwandt zu betrachten.

Die Angiospermen hat man früher angesehen als aus zwei gleichwertigen Ästen bestehend, die man nach ihrem Hauptmerkmal als Monocotyledoneae und als Dicotyledoneae bezeichnete.

Die Zahl der Keimblätter ist jedoch nicht der einzige Unterschied dieser beiden großen Pflanzengruppen, sondern es gehen damit meist eine ganze Reihe wesentlicher Unterschiede Hand in Hand, so sind in der Regel:

|  | bei den Monokotylen: | bei den Dikotylen: |
|---|---|---|
| die Blätter . . . . | parallelnervig | fiedernervig |
| die Blüten . . . . | dreizählig | vier- oder gewöhnlich fünfzählig |
| die Leitbündel auf dem Querschnitt des Stengels | zerstreut, ohne Kambium (geschlossene Leitbündel) | ringförmig gelagert, mit Kambium (offene Leitbündel). |

Neuerdings sieht man von vielen Seiten die Monocotyledoneae als einen Seitenast der Dicotyledoneae an; wir haben daher, anderen Beispielen folgend, die Monocotyledoneae, um zum Ausdruck zu bringen, daß die zuerst aufgeführten Dicotyledoneae primitiver zu sein scheinen, hinter die Dicotyledoneae gestellt, da die Buchform eine stammbaumartige Anordnung nicht zuläßt.

Eine Übersicht über das in diesem Buche befolgte Englersche System zeigt das Inhaltsverzeichnis am Anfang des Buches an.


# Dicotyledoneae. Zweikeimblättrige Gewächse.

Die zweikeimblättrigen Gewächse, welche sich von den einkeimblättrigen nicht nur durch die Anzahl der Keimblätter, sondern auch, wie oben bereits erwähnt, durch verzweigt-nervige Blätter, meist fünfzählige Blüten und durch ringförmige Anordnung der offenen Leitbündel im Stamme auszeichnen (vgl. S. 110), lassen sich in folgender Weise klassifizieren:

**A.** Mit fehlenden oder getrennten Blumenkronblättern. . Archichlamydeae.
**B.** Mit Blumenkronblättern, welche zu einer röhren- oder glockenförmigen, nur am Rande geteilten Hülle verwachsen sind . . . . . . . . . . . . . . . . . . Metachlamydeae.

Beide Abteilungen zerfallen in Reihen, von denen jede eine gewisse Anzahl von Familien in sich schließt:


## 1. Unterklasse.
### *Archichlamydeae (Apetalae und Choripetalae).*

Blütenhülle auf niederer Stufe, d. h. (vgl. S. 17 und 18) 1. entweder ganz fehlend (achlamydeisch), oder 2. einfach (haplochlamydeisch), oder 3. doppelt (diplochlamydeisch), in letzterem Falle beide Kreise gleichartig (homöochlamydeisch) oder ungleichartig (in Kelch und Blumenkrone differenziert, heterochlamydeisch). Bisweilen können die Blumenblätter durch Rückbildung (Reduktion) verlorengehen (apopetale Blüten). Die Blumenblätter allermeist nicht miteinander verwachsen.

## 1. Reihe. Piperales.

Blüten nackt oder selten mit einfacher Blütenhülle. Staubblätter in der Zahl sehr wechselnd, 10—1; Fruchtblätter 4—1, frei oder verwachsen. Blüten sehr klein, in Ähren.

### Fam. Piperaceae.

Die Pfeffergewächse sind zumeist Klettersträucher, welche nur in den Tropen gedeihen. Ihre Blüten sind hermaphroditisch oder eingeschlechtig und stehen in dichten Ähren. Jede Blüte ist nur von einem Deckblatt gestützt und entbehrt jeglicher Blütenhülle. Die männlichen bestehen aus je zwei oder mehr Staubgefäßen, die weiblichen aus je einem unbehüllten, eine geradläufige Samenanlage einschließenden Fruchtknoten; bei hermaphroditischen Blüten (Abb. 304 a) liegen die Verhältnisse entsprechend. Die Frucht ist eine steinfruchtartige Beere. Die Samen besitzen Perisperm und Endosperm und einen winzigen Embryo. In allen Teilen der Pflanzen finden sich Zellen mit ätherischem Öl.

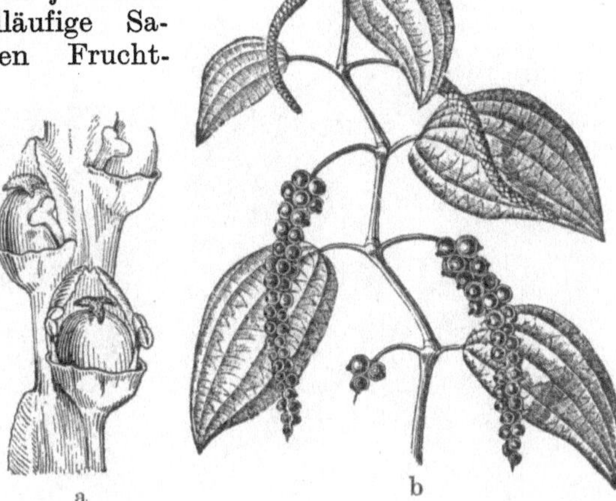

Abb. 304. Piper nigrum. a Stück einer Ähre mit Zwitterblüten, stark vergrößert. b Zweig mit Fruchtständen.

Off. **Piper** nigrum, der schwarze Pfeffer (Abb. 304), im indisch-malayischen Gebiet einheimisch, liefert die Drogen Fructus Piperis albi (reife Früchte) und Fructus Piperis nigri (unreife Früchte).

Off. **Piper** cubeba (auch Cubeba officinalis genannt), der Stielpfeffer, aus dem indisch-malayischen Gebiet stammend, ist die Stammpflanze der Fructus Cubebae.

**Piper** longum liefert Fructus Piperis longi, **P.** betle den Betelpfeffer. **P.** angustifolium die Folia Matico, **P.** methysticum die Kavakavawurzel.

## 2. Reihe. Salicales.

Blüten nackt, mit seitlichem oder becherförmigem Diskus. Staubblätter ∞—2. Der Fruchtknoten ist einfächerig und wird aus zwei Fruchtblättern zusammengesetzt. Samenanlagen zahlreich. Kapsel mit zahlreichen Samen; diese winzig, mit basalem Haarschopf. Die männlichen und weiblichen Blüten stehen in Kätzchen. Im Gegensatz zu den Piperales finden wir hier keine freien Fruchtblätter mehr; auch ist ihre Zahl nicht mehr schwankend.

### Fam. Salicaceae.

Diözische Sträucher oder Bäume. Die männlichen Blüten bestehen aus zahlreichen Staubgefäßen oder aus je 5—2. (Abb. 305. A), die weiblichen aus einem Fruchtknoten (Abb. 305. B).

**Salix** fragilis, die Bruchweide, **S.** alba, die gemeine Weide, **S.** pentandra, die Lorbeerweide, u. a., sind bei uns häufig und liefern Cortex Salicis; aus **S.** viminalis, der Korbweide, werden die Weidengeflechte angefertigt. — Die Weiden, die neben den Staubblättern je einen seitlichen, Honig abscheidenden Diskus tragen, werden durch Insekten bestäubt.

**Populus** alba, die Silberpappel, und **P.** nigra, die Schwarzpappel, desgleichen **P.** tremula (Abb. 305 C—G), die Espe oder Zitterpappel, sind unsere Pappelbäume, deren junge Blattknospen früher als Gemmae Populi medizinisch angewendet wurden. Neuerdings wird die sehr raschwüchsige **P.** canadensis viel angepflanzt und verwildert massenhaft. — Bei den Pappeln erfolgt die Bestäubung durch den Wind.

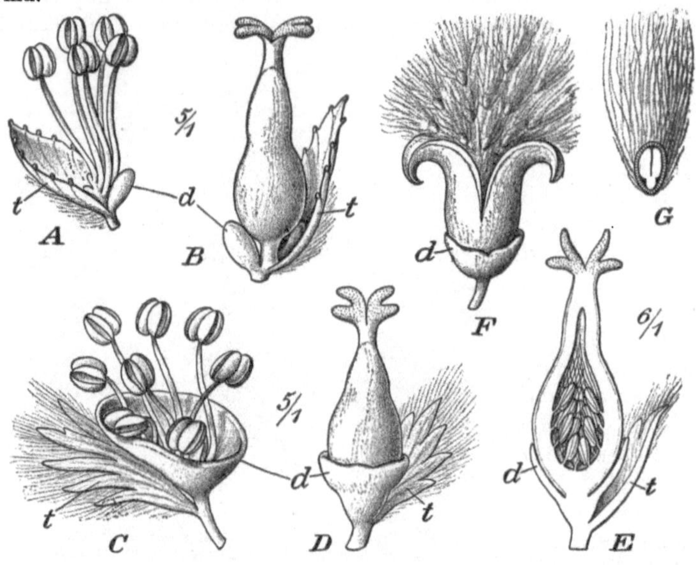

Abb. 305. A, B Salix pentandra (Lorbeerweide). A männliche Blüte. B weibliche Blüte. *t* Tragblatt, *d* Diskus. C—G Populus tremula (Zitterpappel). C männliche, D weibliche Blüte. *E* dieselbe im Längsschnitt. *t* Tragblatt, *d* Diskus. F aufspringende Frucht mit den hervorquellenden Samen. G ein Samen im Längsschnitt, oben mit den langen Haaren.

## 3. Reihe. **Juglandales.**

Blüten nackt, aber in einigen Fällen schon mit einfacher Blütenhülle, getrenntgeschlechtig, monözisch. Staubblätter ∞—3; Fruchtknoten einfächerig, aus zwei Fruchtblättern gebildet, eine geradläufige Samenanlage einschließend. Blüten in Kätzchen. Chalazogamie.

### Fam. **Juglandaceae.**

Die männlichen Blüten stehen in langen Kätzchen (Abb. 306) und besitzen zahlreiche bis 4 Staubgefäße mit unscheinbarer Blütenhülle. Die weiblichen Blüten stehen zu wenigen beisammen (Abb. 306). Die Nußbaumgewächse sind sämtlich Bäume mit gefiederten Laubblättern.

Off. **Juglans** regia, der Walnußbaum (Abb. 306), ist im Balkan und im Himalaya einheimisch, bei uns vielfach kultiviert und liefert außer den eßbaren Walnüssen und dem sehr wertvollen Holz die Droge Fol. Juglandis.

## 4. Reihe. **Fagales.**

Fruchtknoten unterständig; Blüten eingeschlechtig, mit schein-bar einfachem, in Wirklichkeit doppeltem, unscheinbarem Perigon; männliche Blüten in Kätzchen, die weiblichen in verschiedenartigen Blü-tenständen. Zahl der Staubblätter schwankend, häufig vor den Blüten-

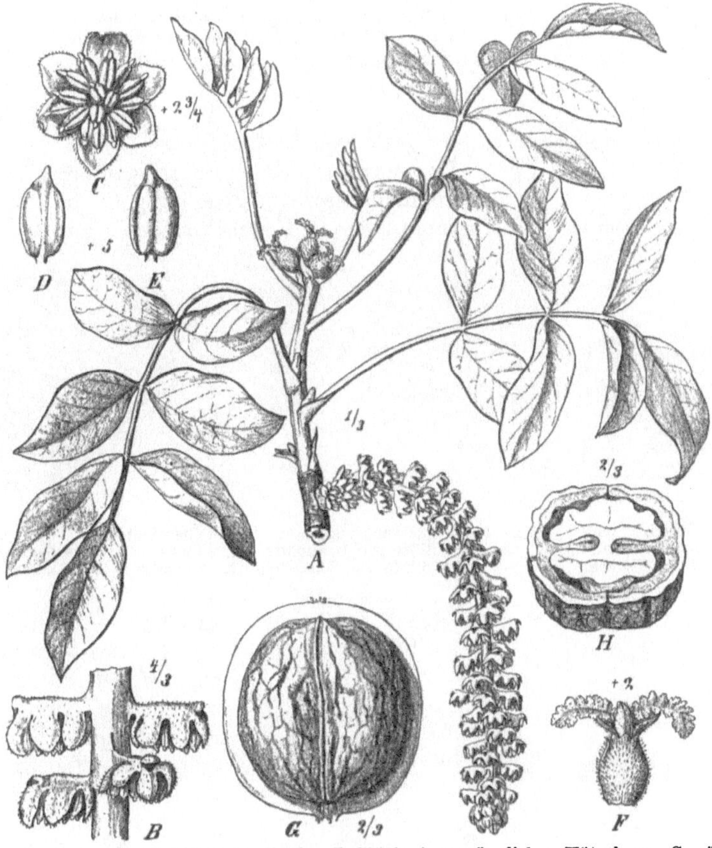

Abb. 306. **Juglans regia.** A blühender Zweig. B Stück eines männlichen Kätzchens. C männliche Blüte von oben gesehen. D Anthere von hinten, E von vorne gesehen. F weibliche Blüte. G Frucht nach Entfernung der oberen weichen Fruchtwandung. H Frucht und Samen im Querschnitt.

hüllblättern stehend, Fruchtblätter 6—2. Endosperm im Samen resor-biert. Sämtlich Holzgewächse.

### Fam. **Betulaceae.**

Der unterständige Fruchtknoten besteht aus zwei verwachsenen Fruchtblättern, ist meist zweifächerig und besitzt zwei Griffel. Die Frucht ist eine Schließfrucht; Endosperm im reifen Samen resorbiert.

**Carpinus** betulus ist die Hain- oder Weißbuche, ein in Mitteleuropa stellen-weise Bestände bildender Waldbaum.

**Corylus** avellana, die Haselnuß (Abb. 307), ist ein in Mitteleuropa überall an Wegen und Waldrändern verbreiteter, auch viel kultivierter Strauch.

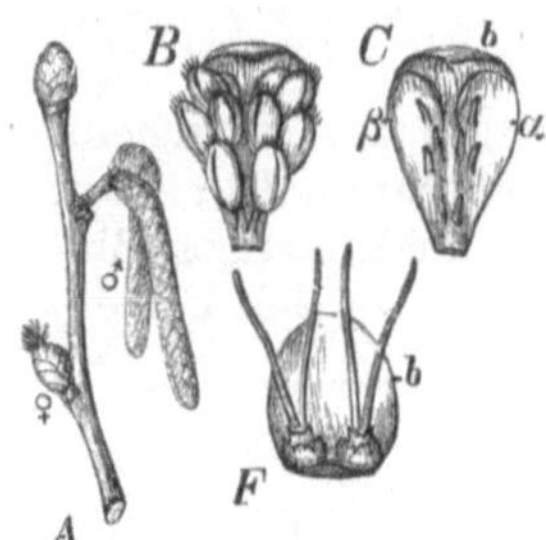

Abb. 307. Corylus avellana.
A blühender Zweig. B männliche
Blüte mit Deckschuppe von oben.
C dieselbe nach Wegnahme der
Antheren. F weibliche Blüten-
gruppe von innen, b Deckschuppe.
(Nach Eichler.)

**Betula** verrucosa und **B.** pubescens sind die in Mitteleuropa verbreiteten Birken. Erstere wächst vorzugsweise auf Sand, letztere mehr auf Moorboden und geht bis zum 71⁰ n. B. nach Norden. Sie gehören stellenweise auch in den Hochgebirgen zu den am höchsten aufsteigenden Holzgewächsen.

**Alnus** glutinosa (Abb. 308) und **A.** incana sind die in Deutschland vorkommenden, typische Bestände der Waldmoore bildenden Erlen.

Abb. 308. Fruchtstand der Erle (Alnus glutinosa).

## Fam. Fagaceae.

Der unterständige Fruchtknoten ist dreifächerig mit je zwei hängenden Samenanlagen; Fruchtknoten und

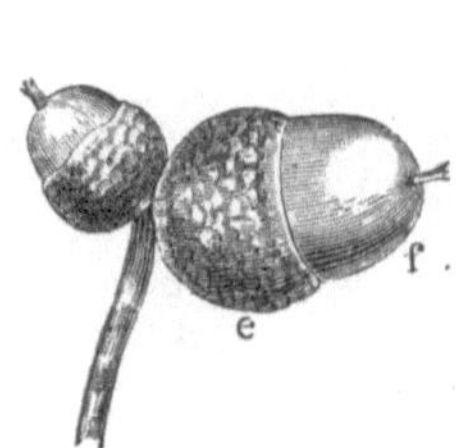

Abb. 309. Frucht von Quercus pedunculata.
e Kupula, f die Eichel.

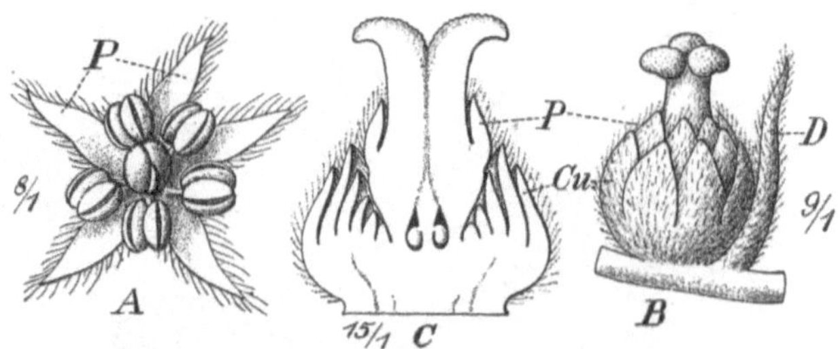

Abb. 310. Quercus sessilis. A männliche Blüte von oben gesehen. B weibliche Blüte mit Deckblatt (D) von der Seite gesehen. C weibliche Blüte im Längsschnitt, P Perigon, Cu Kupula.

Abb. 311. Quercus pedunculata. Blühender Zweig.

Frucht einzeln oder gruppenweise von einer becherförmigen Achsenwucherung, dem sog. Fruchtbecher (Kupula) umgeben. Frucht eine Schließfrucht, Endosperm im reifen Samen resorbiert.

**Fagus** silvatica, die Rotbuche, ist einer der bekanntesten und schönsten europäischen Waldbäume, welcher bis zum 60⁰ nach Norden geht.

**Castanea** vulgaris, die echte oder Edelkastanie, bildet in Südeuropa Wälder, gedeiht auch noch gut in Süddeutschland. Sie liefert die Kastanien oder Maronen.

Off. **Quercus** sessilis (= sessiliflora), die Wintereiche, und **Qu. pedunculata**, die Sommereiche (Abb. 309, 310, 311), sind die Eichbäume der deutschen Wälder und liefern die Eicheln sowie Cortex Quercus. (Linné faßte beide Arten als **Qu. robur** zusammen.) **Qu. suber**, die Korkeiche, ist in den feuchten Teilen des westlichen Mittelmeergebietes einheimisch

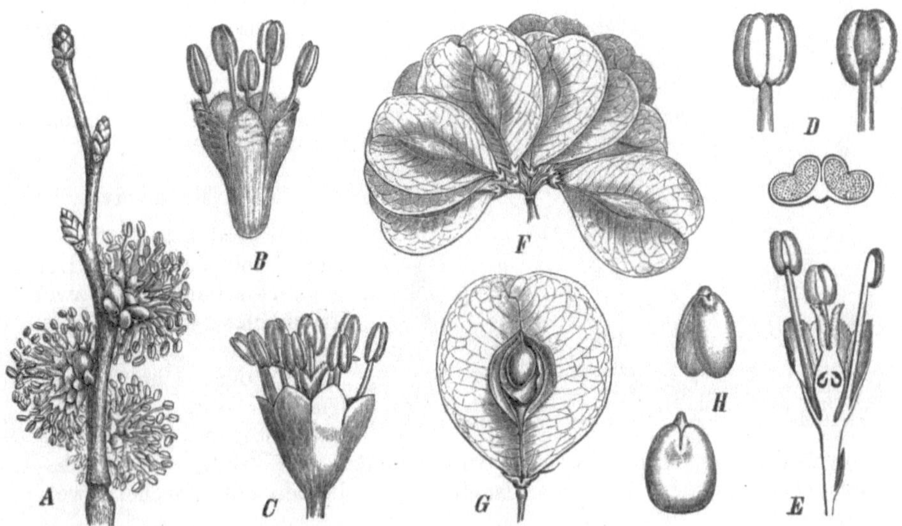

Abb. 312. Ulmus campestris (Feldrüster). A blühender Zweig mit drei Laubknospen oberhalb der Blütenstände. B eine 5männige Blüte ohne Fruchtknoten. C eine 8männige Blüte. D Antheren von vorn, von hinten und im Querschnitt. E Längsschnitt durch eine Blüte. F ein Fruchtbüschel. G eine Frucht, geöffnet. H Keimling in beiden Seitenansichten. (Nach Engler.)

und liefert den Flaschenkork. Auf den jungen Trieben von **Qu. infectoria** (auch Qu. lusitanica var. infectoria genannt) entstehen im östlichen Mittelmeergebiet durch den Stich einer Gallwespe die **Gallae**.

## 5. Reihe. Urticales.

Blüten oft eingeschlechtig, klein, mit meist doppeltem, aber scheinbar einfachem, kelchartigem Perigon. Staubgefäße den Perigonblättern gleichzählig, vor

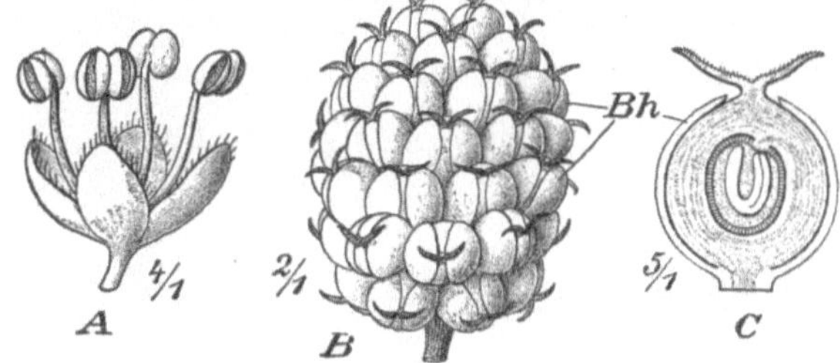

Abb. 313. Morus alba (Weißer Maulbeerbaum). A männliche Blüte. B reifer Fruchtstand. C eine Beere davon im Längsschnitt. *Bh* Blütenhülle.

ihnen stehend. Fruchtblätter 2—1, in ersterem Falle das eine verkümmernd. Fruchtknoten oberständig, einfächerig, mit einer Samenanlage. Kräuter und Holzgewächse mit dichten, meist trugdoldigen Blütenständen.

## Fam. Ulmaceae.

Blüten mit meist 4—5 Perigonblättern und in der Knospenlage geraden Staubgefäßen. Der Fruchtknoten besteht aus zwei Fruchtblättern, ist aber einfächerig, mit einer hängenden anatropen Samenanlage. Die Frucht ist eine geflügelte Nuß oder eine Steinfrucht. In den Blättern finden sich Zystolithen. Bäume.

**Ulmus** campestris, die Feldulme oder Rüster (Abb. 312), und **U.** effusa sind einzeln vorkommende Laubholzbäume und beliebte Alleebäume unseres Klimas.

## Fam. Moraceae.

Perigonblätter meist vier (Abb. 313, A). Der Fruchtknoten ist aus zwei Fruchtblättern gebildet, einfächerig. Frucht eine Nuß oder eine Steinfrucht. Blüten klein, in trugdoldigen Blütenständen, welche oft Köpfchen oder Ähren bilden und infolge von Wachstumsvorgängen der Blütenstandsachse zu Scheiben oder Bechern wer-

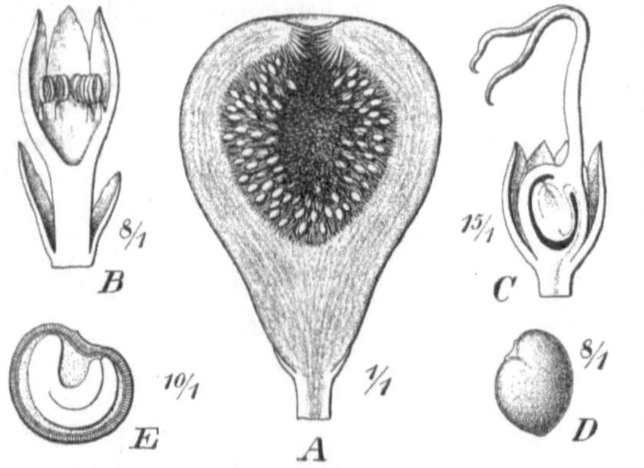

Abb. 314. Ficus carica. A Fruchtstand im Längsschnitt ($^1/_1$). B einzelne männliche Blüte im Längsschnitt ($^8/_1$). C weibliche Blüte im Längsschnitt ($^{15}/_1$). D steriler Samen aus einer sog. Gallenblüte ($^8/_1$). E fertiler Samen, längs durchschnitten ($^{10}/_1$).

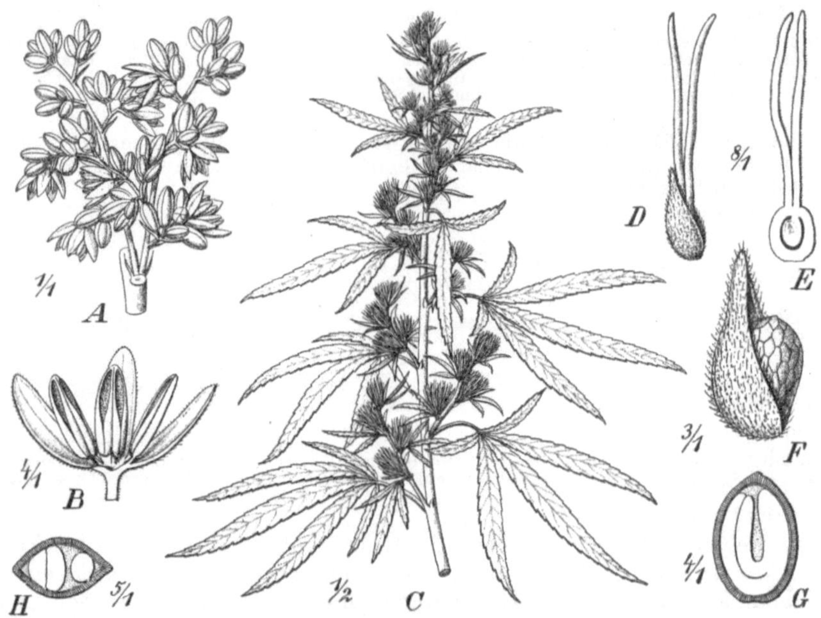

Abb. 315. Cannabis sativa. A Blütenstand der männlichen Pflanze ($^1/_1$). B männliche Blüte ($^4/_1$). C blühender Zweig der weiblichen Pflanze ($^1/_2$). D weibliche Einzelblüte ganz, E dieselbe längsdurchschnitten ($^8/_1$). F Frucht ($^3/_1$). G Längsschnitt, H Querschnitt derselben ($^4/_1$ und $^5/_1$).

den. Bäume oder Sträucher, seltener Kräuter, mit oft fleischig werdender Blütenhülle und getrenntgeschlechtigen Blüten. — In allen Teilen der

Pflanzen kommen Milchsaftschläuche vor; auch sind Zystolithen sehr häufig.

**Morus** alba und **M.** nigra sind die durch ihre eßbaren Fruchtstände (Abb. 313 B) bekannten Maulbeerbäume. Die Blätter der **M.** alba bilden die Hauptnahrung der Seidenraupen.

**Ficus** carica, der Feigenbaum (Abb. 314), ist in den Mittelmeerländern heimisch und liefert Caricae. Viele andere Arten dieser in den Tropen reich entwickelten Gattung liefern Kautschuk, z. B. **F.** elastica aus dem indisch-malayischen Gebiete. Die Feige ist ein fleischig gewordener Fruchtstand, und die im Innern derselben enthaltenen „Körner" sind die Früchte, jedes ein einsamiges Nüßchen darstellend.

**Artocarpus** integrifolia, der Jackbaum, und **A.** incisa, der Brotfruchtbaum, beide dem indisch-malayischen Gebiete entstammend, sind wichtige Nährpflanzen der Tropen.

**Castilloa** elastica, in Zentralamerika heimisch, liefert Kautschuk.

**Cannabis** sativa, der Hanf (Abb. 315), ist in Persien und Indien einheimisch und die Stammpflanze der stark narkotischen Herb. Cannabis indic. (Haschisch) sowie dementsprechend von Extract. Cannabis ind., er gedeiht zwar ebenfalls bei uns, liefert aber dann nur eine schwach narkotische Droge, dafür aber die wichtige Hanffaser sowie Fruct. Cannabis.

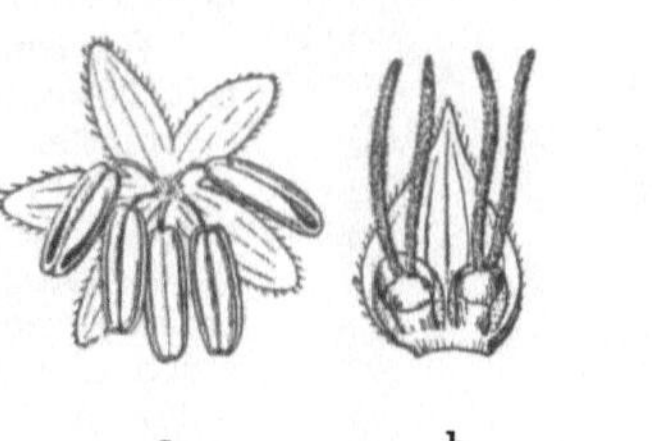

a           b           c

Abb. 316. Humulus lupulus. a männliche Blüte, b zwei weibliche Blüten, c Fruchtstand.

**Humulus** lupulus, der Hopfen (Abb. 316), dient zur Bierbereitung und liefert Glandulae Lupuli. Den Fruchtstand des Hopfens nennt man einen Strobulus (Abb. 316c). Strobuli Lupuli sind in der Volksmedizin gebräuchlich.

## Fam. Urticaceae.

Blütenhüllblätter 4—5, Staubblätter ebensoviel, vor den Perigonblättern stehend. Der Fruchtknoten ist stets einfächerig. Frucht eine Nuß oder eine Steinfrucht. Kräuter, seltener Sträucher mit meistens getrenntgeschlechtigen, selten hermaphroditischen, winzigen Blüten. Milchsaft fehlt. Charakteristisch sind die langen Bastfasern und die in den Blättern vorkommenden Zystolithen.

**Urtica** urens, einjährig, und **U.** dioica, ausdauernd, sind die als Unkräuter bekannten Brennesseln. Sie lieferten früher Gespinstfasern.

**Boehmeria** nivea, einheimisch in Ostindien, gibt hervorragend schöne Gespinstfasern, welche als Ramie bekannt sind.

## 6. Reihe. Santalales.

Blüten strahlig, mit meist einfacher Blütenhülle, die Staubblätter vor den Blütenhüllblättern, der unterständige Fruchtknoten meist aus 3—2 Fruchtblättern zusammengesetzt, zu jedem Fruchtblatt meist nur eine durch Reduktion der Integumente unbehüllte, d. h. integumentlose Samenanlage gehörig.

## Fam. Santalaceae.

Belaubte, halbschmarotzende Bodenpflanzen, vorwiegend der tropischen Zone mit einfächerigem Fruchtknoten.

**Santalum** album, der Santelholzbaum oder Sandelholzbaum, ein Baum Ostindiens, ist die Stammpflanze des Lignum Santali album und des Oleum Santali.

**Thesium** kommt mit einigen Arten in Mitteleuropa vor. Es sind dies niedrige chlorophyllführende Wurzelschmarotzer.

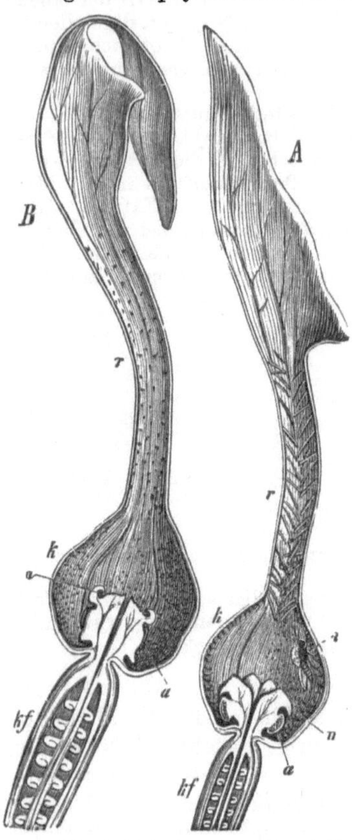



Abb. 317. Aristolochia clematitis. A die proterogynische Blüte vor und B nach der Bestäubung im Längsschnitt, vergr. (Nach Sachs.)

## Fam. Loranthaceae.

Auf Baumästen schmarotzende, belaubte Sträucher vorwiegend der tropischen Flora, mit einfachem, entweder blütenblatt- oder kelchartigem, vier- bis sechszähligem Perigon.

**Loranthus** europaeus, Riemenstrauch, kommt auf Eichen und Kastanien schmarotzend im Mittelmeergebiet und noch in Süddeutschland vor.

**Viscum** album, Weiße Mistel, schmarotzt, mit besonderen Rassen auf den verschiedenen Wirtspflanzen, auf sehr vielen Baumarten (Apfel, Birne, Kiefer, Fichte, Pappel, Linde) als kleiner, immergrüner Strauch, auffällig durch seine gabelige Verzweigung. Die Pflanze treibt zwischen Rinde und Holz ihres Nährastes einen aus wurzelartigen Strängen bestehenden holzigen Saugapparat. Die Verbreitung des Schmarotzers geschieht durch Vögel, welche die weißen klebrigen Beeren verzehren und die Samen unverdaut wieder abgeben. Die ganze Pflanze war als Stipites Visci früher medizinisch gebräuchlich.

## 7. Reihe. Aristolochiales.

Blüten mit einfacher, blütenblattartiger Blütenhülle, strahlig oder gleichhälftig (zygomorph). Fruchtknoten meist unterständig, drei- bis sechsfächerig mit zentralwinkelständiger Plazenta oder schon einfächerig mit wandständiger Plazenta und stets zahlreichen Samenanlagen.

## Fam. Aristolochiaceae.

Die Osterluzeigewächse sind Kräuter oder Klettersträucher mit herz- oder nierenförmigen Blättern, einfacher, blumenkronartiger, verwachsenblättriger Blütenhülle und mit 6 oder 12, oft mit dem Griffel verwachsenen Staubgefäßen (Gynostemium). Der Fruchtknoten ist unterständig, vier- bis sechsfächerig, die Frucht kapselartig. — Meist tropisch, nur wenige Arten gehören unserem Klima an. Ölzellen.

**Aristolochia** clematitis, Osterluzei (Abb. 317), eine stattliche Staude mit gelblichem, gleichhälftigem Perigon und Gynostemium, lieferte früher Rad. et Herb. Aristolochiae. **A. serpentaria**, in Nordamerika heimisch, ist die Stammpflanze von Rhiz. oder Rad. Serpentariae. **A. sipho**, der Pfeifenstrauch, ebenfalls aus Nordamerika stammend, wird bei uns als Schlinggewächs an Lauben häufig angebaut und zeichnet sich durch sehr große Blätter und eigentümliche, pfeifenartige Blüten aus.

**Asarum** europaeum, Haselwurz, eine niedrige Pflanze mit nierenförmigen Blättern und ganz versteckten grünbräunlichen Blüten, in Gebüschen und Laubwäldern vorkommend, ist die Stammpflanze von Rhizoma oder Rad. Asari.

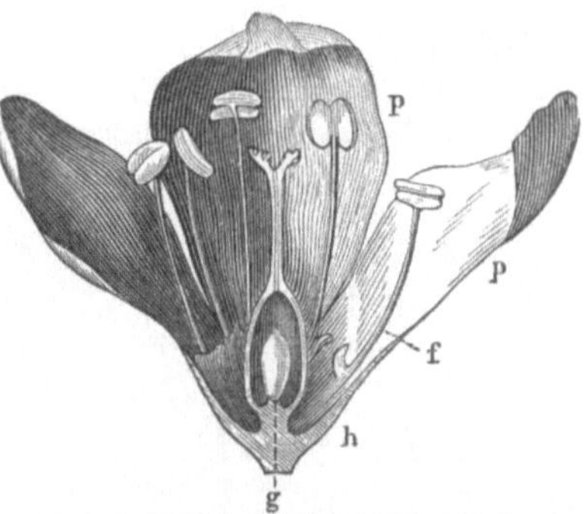
Abb. 319. Blüte von Polygonum. *g* die Samenanlage, *p* Perigon, *f* Staubgefäße.

Abb. 318. Grundriß der Rhabarberblüte.

## 8. Reihe. Polygonales.

Blüten mit einfacher oder bereits doppelter Blütenhülle. Fruchtknoten oberständig, einfächerig mit einer aufrechten Samenanlage Blätter gewöhnlich mit aus dem Nebenblatt gebildeter Blattscheide (Ochrea) versehen.

### Fam. Polygonaceae.

Die in Rispen oder Ähren angeordneten Blüten der Knöterichgewächse sind meist zwitterig und besitzen eine ursprünglich dreizählige, unscheinbare Blütenhülle, welche jedoch bei manchen Gattungen in den zweizähligen Typus übergeht. Die ebenfalls ursprünglich in der Dreizahl angeordneten Staubgefäße sind im äußeren Kreise zuweilen verdoppelt (z. B. bei Rheum, Abb. 318). Die Blütenformel ist $P\,3 - 6\,A\,3 - 9\,G^{(3-2)}$; bei Rheum $P\,3 + 3\,A\,6 + 3\,G^{(3)}$. Die Blütenformel entspricht also fast dem Normaltypus der Monokotyledoneen, die gleiche Zahl der Einzelglieder deutet auf eine hohe Stufe hin. Im Grunde des Fruchtknotens steht eine einzige gerade Samenanlage (Abb. 319). Die Frucht ist eine nußartige, scharfkantige Hautfrucht. Die wechselständig angeordneten Laubblätter sind mit je einer großen Nebenblatt-Tute (Ochrea) versehen. In der Knospenlage sind die Blattränder stets nach außen umgerollt.

Abb. 320. Polygonum bistorta.

**Polygonum** bistorta (Abb. 320), der Natternknöterich, auf Bergwiesen häufig, liefert Rhiz. Bistortae, **P. aviculare**, Vogelknöterich, ein gemeines Unkraut, den Homerianatee.

**Fagopyrum** esculentum (= Polygonum fagopyrum), der Buchweizen, aus Ostasien stammend, ist eine in Sandgegenden angebaute Mehlfrucht.

**Rumex** acetosa u. **R.** acetosella, Sauerampfer, und eine große Anzahl anderer, nicht sauer schmeckender Arten der Gattung Rumex sind in unserem Klima überaus verbreitete Vertreter dieser Familie.

16*

Off. **Rheum** palmatum var. tanguticum (Abb. 321), vielleicht auch andere in China einheimische **Rh.**-Arten liefern Rhiz. Rhei; **Rh.** rhaponticum liefert den obsolet gewordenen pontischen Rhabarber, Rad. Rhapontici.

## 9. Reihe. Centrospermae.

Blüten fünfzählig, meist mit kelchartigem Perigon oder mit Kelch und Blumenkrone. Fruchtknoten meist oberständig, meist einfächerig, mit einer basalen oder mehreren, an freier zentraler Plazenta sitzenden krummläufigen Samenanlagen. Die Samen haben einen gekrümmten, das Perisperm umschließenden Keim. Vorwiegend krautige Gewächse mit einfachen, nebenblattlosen Blättern.

Abb. 321. Rheum officinale, ganze Pflanze, Einzelblüten und Frucht. *n* Fruchtknoten von Staubgefäßen und Perigon befreit, *d* Honigwulst.

### Fam. Chenopodiaceae.

Blüten mit doppeltem, nur scheinbar einfachem, kelchartigem, krautigem Perigon, zuweilen eingeschlechtig. Der einfächerige Fruchtknoten besteht aus 5—2 Fruchtblättern mit einer Samenanlage und entwickelt sich zu einer nußartigen Frucht. Vorwiegend Kräuter mit zerstreuten, häufig fleischigen Blättern und dichten, kleinblütigen Blütenständen.

**Chenopodium**-Arten, Gänsefußgewächse, sind bei uns überaus häufige Unkräuter. **Ch.** botrys war früher als Herb. Botryos, **Ch.** bonus henricus als Herb. Boni Henrici, **Ch.** ambrosioides als Herb. Chenopodii mexicani arzneilich gebräuchlich.

**Beta** vulgaris, die Rübe oder Mangold, heimisch an den Küsten des Mittelmeeres, ist in vielen Varietäten, als Runkelrübe, Zuckerrübe, weiße Rübe, rote Rübe usw. für Gärten, Landwirtschaft und Zuckerfabrikation von großer Bedeutung.

**Spinacia** oleracea, der Spinat, ist eine verbreitete Gemüsepflanze.

Verschiedene **Atriplex**-Arten, Melde, sind gemeine Unkräuter.

### Fam. Caryophyllaceae.

Blüten strahlig, die Glieder sämtlicher Kreise meist in der Fünfzahl vorhanden. Die typische Blütenformel ist daher $K\,5\,C\,5\,A\,5 + 5\,G^{\underline{(5)}}$

(Abb. 322). Hier ist zum erstenmal der Typus der hochstehenden Dikotyledonenblütenformel erreicht.

Allen Nelkengewächsen gemeinsam ist der einfächerige Fruchtknoten, in welchem an einer Mittelsäule die meist zahlreichen Samenanlagen eingefügt sind (Abb. 323). Die Frucht ist eine Kapsel, welche teils fach-, teils wandspaltig, teils auch nur mit Zähnen an der Spitze aufspringt. Bemerkenswert sind die in dieser Familie vorkommenden, sog. genagelten Blumenblätter (z.B. bei Saponaria, Abb. 323). Diese sind oft dort, wo der Nagel in die Blattspreite übergeht, mit einem häutchenförmigen Anhängsel (einer Art Ligula, Abb. 323) versehen. Die Blütenstände sind durchweg zymös; die häufigste Form ist das Dichasium; an der Spitze der Triebe gehen die Dichasien häufig in Wickel über. Die Familie ist durch das Vorkommen von Saponin gekennzeichnet. — Man unterscheidet zwei Unterfamilien.

Abb. 322. 1 Grundriß der Karyophyllazeenblüte, *k* Kelch, *b* Krone, *s* Staubblätter, *n* Honigdrüsen, *f* Fruchtknoten, *e* Samenanlagen. 2 ein Staubblatt nebst Honigdrüsen.

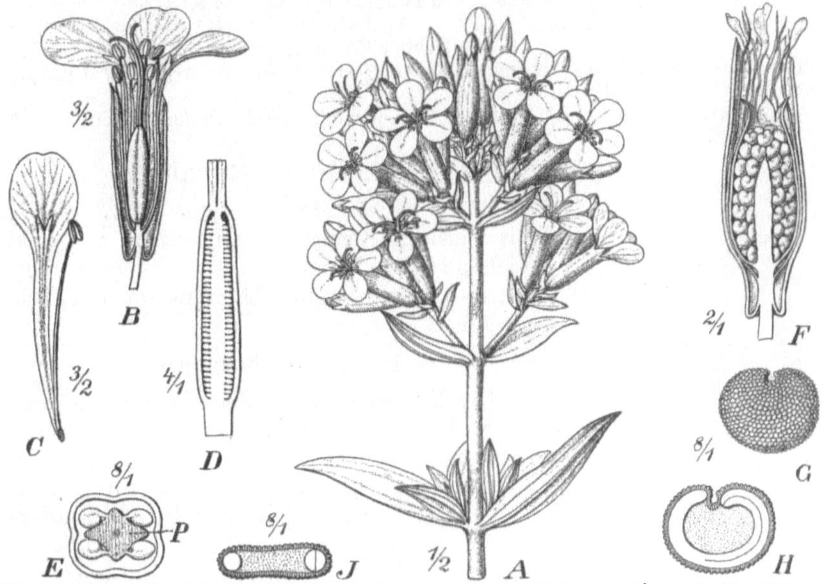

Abb. 323. Saponaria officinalis. A Spitze der blühenden Pflanze. B Blüte im Längsschnitt. C Blumenblatt mit davorstehendem Staubblatt. D Längsschnitt durch den Fruchtknoten. E Querschnitt durch denselben; man sieht die zentrale Plazenta *P* und die daran befestigten vier Reihen Samenanlagen. F reife Frucht im Längsschnitt, Samen meist schon von der in der Mitte stehenden Plazentarsäule losgelöst. G Samen. H Längsschnitt, J Querschnitt durch denselben.

### a) Alsinoideae.

Kelchblätter frei. Staubblätter meist perigynisch. Griffel frei oder verwachsen.
**Alsine** verna, Miere, ist eine kleine, rasenartige Frühlingspflanze unseres Klimas.
**Spergula** arvensis, Spark, ein auf Sandboden gedeihendes Futterkraut.
**Stellaria** media, Hühnerdarm, gemeine Sternmiere, Vogelmiere, sowie andere Stellaria-Arten, und **Cerastium** arvense, Ackerhornkraut, sind häufige Garten- und Wiesenunkräuter.

**Scleranthus** annuus und **Sc.** perennis, Knäuelkraut, sowie **Herniaria** glabra und **H.** hirsuta, Bruchkraut, sind häufig vorkommende sandliebende Gewächse; letztere sind als Herb. Herniariae medizinisch·gebräuchlich.

Abb. 324.   Silene nutans.

### b) Silenoideae.

Kelchblätter verwachsen, Blumenblätter und Staubblätter hypogynisch. Griffel frei.

**Silene** inflata, Blasiges Leimkraut, und **S.** nutans (Abb. 324) sind bei uns häufig vorkommende Vertreter der Gattung Silene.

**Dianthus** caryophyllus, die Gartennelke, wegen ihres an Gewürznelken erinnernden Geruches so benannt, hat der Familie Caryophyllaceae den Namen gegeben, obwohl die Droge „Caryophylli" mit dieser Familie nichts zu tun hat. Zahlreiche Sorten und Bastarde werden in Gärten und als Topfpflanzen kultiviert.

Off. **Saponaria** officinalis, die Seifenwurzel (Abb. 323), ist in Europa heimisch, aber nicht gerade häufig; sie liefert die saponinhaltige Rad. Saponariae.

**Agrostemma** githago, die Kornrade (Abb. 325) und verschiedene **Lychnis**-Arten (Lichtnelken) sind bei uns häufige Unkräuter; erstere Art ist wegen ihrer giftigen Samen im Getreide gefürchtet.

**Gypsophila** Arrostii, paniculata u. a. liefern die weiße Seifenwurzel.

Abb. 325.   Agrostemma githago.

## 10. Reihe. **Ranales.**

Blüte meist teilweise oder ganz spiralig, mit meist zahlreichen Staubgefäßen und zahlreichen freien Karpellen. Fruchtknoten ober-, mittel- oder unterständig. Kräuter und Holzgewächse.

### Fam. **Nymphaeaceae.**

Die Blüten sind meistens spirozyklisch gebaut, d. h. die Glieder einzelner der Blütenhüllkreise sind spiralig, andere in Kreisen angeordnet. So gehen z. B. bei Nymphaea die Kelchblätter ganz allmählich in die Blumenblätter, diese ganz allmählich in die Staubblätter über, während die Fruchtblätter in einem scharf abgesetzten Kreise stehen. Die Blumenblätter, Staubblätter und Fruchtblätter sind meist in großer Zahl vorhanden. Letztere sind frei oder miteinander verwachsen. — Meist Wasser- oder Sumpfpflanzen mit auf der Wasseroberfläche schwimmenden Blättern und schönen großen Blüten.

Die Gattung **Nymphaea** tritt in den Tropengebieten mit zahlreichen Arten auf; in Mitteleuropa z. B. **N.** alba, die weiße Seerose. **N.** lotus, fast in ganz Afrika verbreitet, ist die echte Lotosblume der Ägypter.

**Nuphar** luteum ist die gelbe Seerose unserer Teiche.

**Nelumbo** nucifera (trop. Asien) mit großen, schildförmigen, über das Wasser hoch emporragenden Blättern und schönen großen Blüten wird häufig in warmen Teichen kultiviert. Sie wird oft fälschlich als Lotosblume bezeichnet.

**Victoria** regia, im nördlichen Südamerika heimisch und häufig in Gewächshäusern kultiviert, ist durch die rasche Entwicklung ihrer riesigen Blätter auffallend.

## Fam. Ranunculaceae.

Staubblätter, zuweilen auch die Fruchtblätter spiralig angeordnet (Abb. 326).

Kelch und Krone können vorhanden sein oder eines von beiden kann

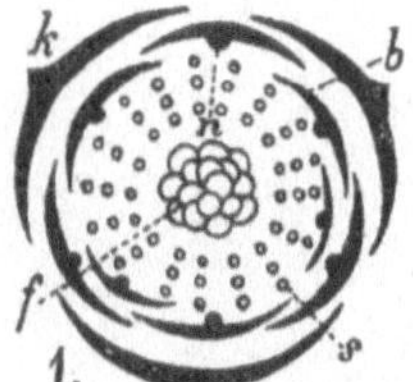

Abb. 326. 1 Grundriß einer Ranunkulazeenblüte, *k* Kelch, *b* Blumenblätter, *s* Staubblätter, *f* Fruchtblätter. 2 ein Blumenblatt mit der ansitzenden Honigdrüse (*n*).

Abb. 327. Clematis vitalba.

fehlen oder es können die Kelchblätter blumenblattartig ausgebildet sein, während die Blumenblätter (z. B. bei Helleborus) zu eigentümlich gestalteten Honigbehältern umgestaltet sind. Unter den Blüten der Ranunkulazeen kommen ebensowohl strahlige als gleichhälftige vor. Zuweilen kommt unterhalb der Blumenkrone am Stengel durch eng zusammengestellte, der Blüte nicht angehörige Hochblätter ein sog. Hüllkelch von rosettenartiger Form zustande (z. B. bei Pulsatilla und bei Hepatica).

Die Staubgefäße der Ranunkulazeenblüten sind stets zahlreich. Die nur aus einem einzigen Frucht-

Abb. 328. Anemone nemorosa.

Abb. 329. Pulsatilla vulgaris.

blatt bestehenden, meist zahlreichen Fruchtknoten sind einsamig oder vielsamig und wachsen bei der Reife zu Hautfrüchten oder zu Balgfrüchten aus; nur selten (bei Actaea) ist die Frucht eine Beere.

Die Ranunkulazeen sind fast durchweg Kräuter, selten Halbsträucher mit nebenblattlosen, häufig hand- und· fußförmig geteilten

Abb. 330.　Ranunculus acer.

Abb. 332.　Aconitum napellus.
A blühende Pflanze. B Blüte im
Längsschnitt. C Blüte nach Ent-
fernung der Hüllblätter. D und
E Staubblätter. F Balgfrüchte.

Blättern.　Sie enthalten z. T. wichtige Alkaloide.

**Clematis** vitalba (Abb. 327.), die Waldrebe, und
andere **Cl.**-Arten sind Klettergewächse, welche bei
uns teils wild wachsen, teils beliebte Gartenpflanzen sind.

**Anemone** nemorosa (Abb. 328), das Windröschen, ist eine sehr bekannte und verbreitete Frühlingsblume.

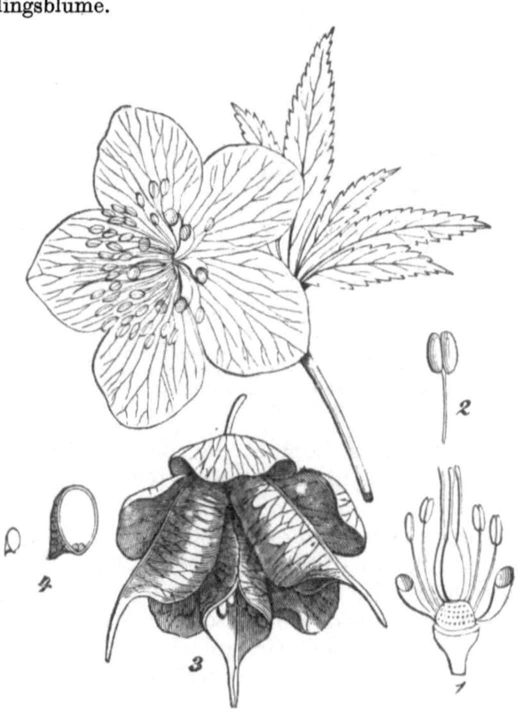

Abb. 331.　Helleborus viridis. 1 der Blütenboden mit drei
Fruchtblättern, nebst den Staubblättern und den zu Honigbehältern umgebildeten Blumenblättern.　2 ein Staubgefäß.
3 die zu drei Balgfrüchten ausgewachsenen Fruchtblätter.
4 Samen im Längsschnitt.

**Pulsatilla** vulgaris (Abb. 329) und **P.** pratensis, die beiden Küchenschellen, sind die Stammpflanzen der giftigen Herb. Pulsatillae und kommen in
Norddeutschland namentlich auf sandigen Hügeln vor.

**Hepatica** triloba, das Leberblümchen, ist wie
das Windröschen eine in Laubwäldern verbreitete
Frühlingsblume Deutschlands. Sie ist die Stammpflanze von Herb. Hepaticae.

**Adonis** vernalis, das Frühlings-Adonisröschen,
liefert die sehr giftige Herba Adonidis.

**Ranunculus** acer (Abb. 330), der scharfe Hahnenfuß, und zahlreiche andere Ranunkulusarten sind
namentlich auf Wiesen bei uns gemein. Das gleiche
gilt von **Ficaria** ranunculoides, der Feigwurz.

**Helleborus** viridis (Abb. 331) und **H. niger**, die grüne und schwarze Nieswurz, sind in Gebirgsgegenden, namentlich Süddeutschlands, heimische Gewächse, welche

Abb. 333. Delphinium consolida.

Abb. 334. Aquilegia vulgaris.

oft im Januar bereits zu blühen beginnen. Sie zeichnen sich, abgesehen von den bereits geschilderten Eigentümlichkeiten ihrer Blüten, durch die fußförmig geteilten Blätter aus. Sie liefern Rad. Hellebori viridis und nigri.

**Aconitum** napellus, blauer Eisenhut, hat unregelmäßige, gleichhälftige Blüten (Abb. 332). Die Blütenhülle besteht aus blauen, blumenblattartig ausgebildeten Kelchblättern, während von den acht Blumenkronblättern nur zwei in eigentümlicher Form ausgebildet sind (Abb. 332 C). Die übrigen sind nur als unscheinbare Schüppchen vorhanden. Blütenformel $K\,5\;C\,8\;A\,\infty\;G^{(5-3)}$. Die Pflanze liefert Tubera Aconiti.

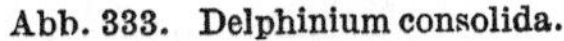

Abb. 335. Grundriß der Blüte von Podophyllum peltatum. *L* Laubblätter.

**Delphinium** consolida (Abb. 333), der Feldrittersporn, bemerkenswert durch ein gesporntes Kelchblatt, ist ein bekanntes Unkraut und liefert Herb. Consolidae, **D.** staphisagria, in Südeuropa einheimisch, ist die Stammpflanze des Sem. Staphisagriae.

**Aquilegia** vulgaris (Abb. 334), die Akelei, mit strahligen, fünffach gespornten Blüten, fand in früheren Zeiten ebenfalls medizinische Anwendung.

**Nigella** sativa, der Schwarzkümmel, ist die Stammpflanze von Semen Nigellae, **N.** damascena dagegen eine Gartenzierpflanze, deren Samen zu medizinischer Anwendung ungeeignet sind.

**Paeonia** officinalis, die Pfingst- oder Gichtrose, eine bei uns beliebte Gartenzierpflanze, liefert Flores, Semen und Rad. Paeoniae.

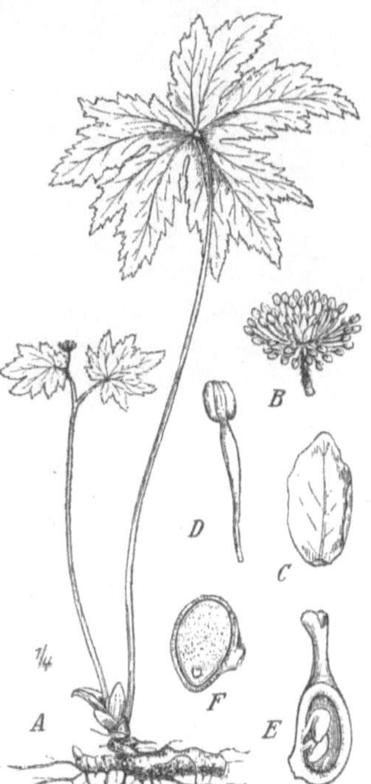

Abb. 336. Hydrastis canadensis. A blühende Pflanze. B Blüte. C Blumenblatt. D Staubgefäß. E Fruchtblatt im Längsdurchschnitt. F Samen im Längsschnitt.

Abb. 337.

Podophyllum peltatum.

Abb. 338.   Jatrorrhiza palmata.

## Fam. **Berberidaceae.**

Diese Familie hat Zwitterblüten, deren einzelne Glieder meist in der Dreizahl vorhanden sind. Der Fruchtknoten wird stets von einem einzigen Fruchtblatt gebildet (Abb. 335). Die typische Blütenformel ist: $K3 + 3C3 + 3A3 + 3G\underline{1}$. Zu beachten ist die Ähnlichkeit mit der Blütenformel der Monokotyledonen. Die Antheren springen oft mit Klappen, seltener mit Längsspalten auf.

Die Berberitzengewächse sind Sträucher und Kräuter der gemäßigten Zone.

Off. **Hydrastis** canadensis (Abb. 336), in Nordamerika einheimisch, ist die Stammpflanze des Rhiz. Hydrastis.

**Berberis** vulgaris, die Berberitze oder der Sauerdorn, ein bei uns verbreiteter dorniger Strauch mit gelben Blüten und roten Beeren, liefert Fruct. Berberidis und ist eine der Wirtspflanzen des Rostpilzes Puccinia graminis.

Off. **Podophyllum** peltatum (Abb. 335 u. 337), in Nordamerika einheimisch, liefert Rhiz. Podophylli und Podophyllin.

## Fam. **Menispermaceae.**

Die Familie der Mondsamengewächse hat ihren Namen von der halbmondförmigen Krümmung der Samen; diese Krümmung erstreckt sich, da die Einzelfrüchte stets einsamig sind, auch auf die Früchte. Die Gewächse dieser Familie sind tropische Schlingpflanzen mit getrenntgeschlechtigen, meist zweihäusigen Blüten. Ihre häufigste Blütenformel ist $K3 + 3C3 + 3A3 + 3G^3$.

**Off. Jatrorrhiza** palmata (Abb. 338), auch Cocculus palmatus, Menispermum palmatum, oder Menispermum calumba genannt, ist im tropischen Ostafrika heimisch und liefert Rad. Colombo.

**Anamirta** paniculata (= **A.** cocculus) ist in Ostindien heimisch und liefert die sehr giftigen, auch zum Betäuben der Fische benutzten Fruct. Cocculi.

**Chondrodendron** tomentosum, in Nordbrasilien und Peru heimisch, liefert die echte, medizinisch verwendete Radix Pareirae bravae.

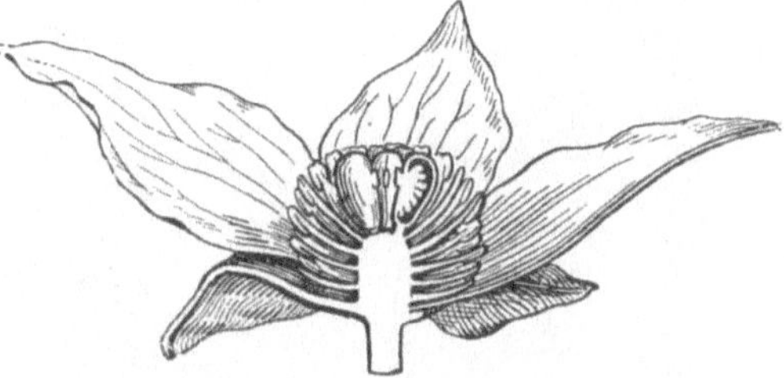

Abb. 339. Blüte von Drimys Winteri, längsdurchschnitten.

## Fam. Magnoliaceae.

Fast ausnahmslos in den Subtropen oder Tropen einheimische Holzpflanzen, bei denen die Spiralstellung der Blütenorgane meist noch sämtlichen inneren Kreisen von den Blumenblättern an eigen ist, während die Kelchblätter bereits zyklisch angeordnet sind. Die Blütenformel ist $K3\,C\infty\,A\infty\,\underline{G}\,\underline{\infty}$. Meist ist gleichzeitig eine Streckung der Blütenachse vorhanden (Abb. 339). — Ölzellen.

**Magnolia** grandiflora, die großblütige Magnolie, ist im südlichen Nordamerika einheimisch und wird bei uns oft als Zierstrauch kultiviert.

**Illicium** verum, der Sternanisbaum, ist im südöstlichen Asien (China)einheimisch; die aus zahlreichen, sternförmig gestellten Balgfrüchten bestehenden Sammelfrüchte, deren jede von einem einzigen, an seiner Bauchnaht sich öffnenden Fruchtblatt gebildet wird, sind die vielfach

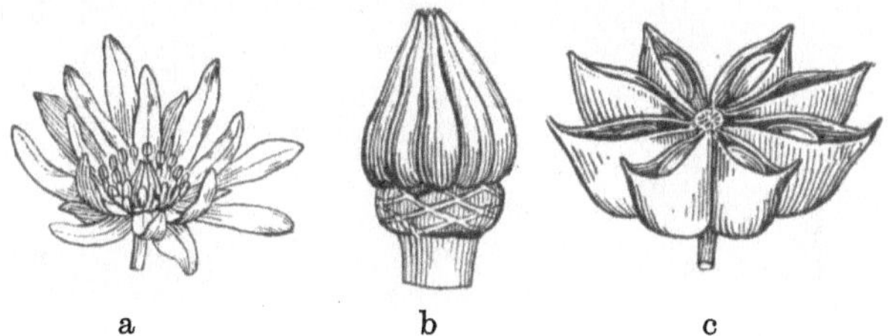

a        b        c

Abb. 340. Illicium anisatum. a Blüte. b Fruchtblätter der Blüte vergrößert. c Frucht.

offizinellen Fruct. Anisi stellati. **I.** anisatum (= **I.** religiosum) (Abb. 340), hat fast die gleiche Verbreitung (Japan) und besitzt giftige Früchte, Sikkimi genannt, welche leicht mit den Sternanisfrüchten verwechselt werden können.

**Drimys** Winteri (Abb. 339), in Südamerika einheimisch, liefert die früher gebräuchliche Droge Cortex Winteranus.

**Liriodendron** tulipifera, Tulpenbaum, ist in Nordamerika heimisch und wird als prächtig blühender Baum oft bei uns angepflanzt.

## Fam. Anonaceae.

Tropische Bäume oder Sträucher. Die Blüten besitzen teils spiralige, teils kreisförmige Anordnung ihrer Glieder. Die Blütenformel ist meistens $K3\,C3 + 3A\infty\,G\infty$. Die Fruchtblätter sind meist frei voneinander und werden bei der Reife beerenartig; die Früchte zeigen oft sehr auffallende Bildungen (vgl. Abb. 341 und 342). — Ölzellen.

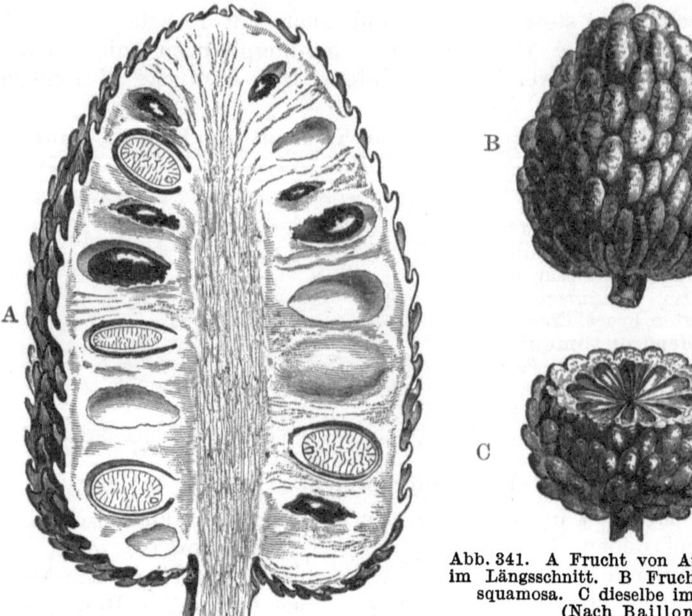

Abb. 341.  A Frucht von Anona muricata
im Längsschnitt.  B Frucht von Anona
squamosa.  C dieselbe im Querschnitt.
(Nach Baillon.)

**Anona** muricata und
andere Arten (Abb. 341) liefern in ihren Früchten ein geschätztes Tropenobst, das gelegentlich auch nach Deutschland eingeführt wird.

**Xylopia aethiopica** gibt
in den Früchten (Abb. 342)
den sog. Mohrenpfef-
fer, ein scharfes Gewürz,
das stellenweise in West-
Afrika sehr beliebt ist.

**Cananga** odorata, Ilang-Ilang,
liefert aus den Blüten das Makassaröl
sog. Orchideenparfüm.

### Fam. Myristicaceae.

Tropische, diözische Holzpflanzen. Sie besitzen, wie die Gewächse
der vorhergehenden Familie, nur
eine einfache Blütenhülle. Die Staubgefäße, welche in der Zahl von 15—3
vorhanden sind, sind zu einer Säule
verwachsen (Abb. 343 a). Die weiblichen Blüten besitzen stets einen einzigen Fruchtknoten, welcher von der
verwachsenen Blütenhülle eingeschlossen wird (Abb. 343 b, c). Die Frucht

Abb. 342.  Zweig von Xylopia
aethiopica mit Blüte und Frucht.
²/₃ natürlicher Größe. (Nach Baillon.)

ist eine Beere, welche bei der Reife, noch am Baume hängend, aufzuplatzen pflegt und zwischen dem Fruchtfleisch und der Samenschale den nach der Befruchtung herangewachsenen Samenmantel (Arillus) zeigt (Abb. 344 und 345).
Ölzellen.

Off. **Myristica** fragrans, der echte Muskatbaum (Abb. 343 bis 346), auf den Molukken einheimisch und in fast allen Tropengegenden kultiviert, liefert Semen Myristicae, Oleum Myristicae, Macis und Ol. Macidis.

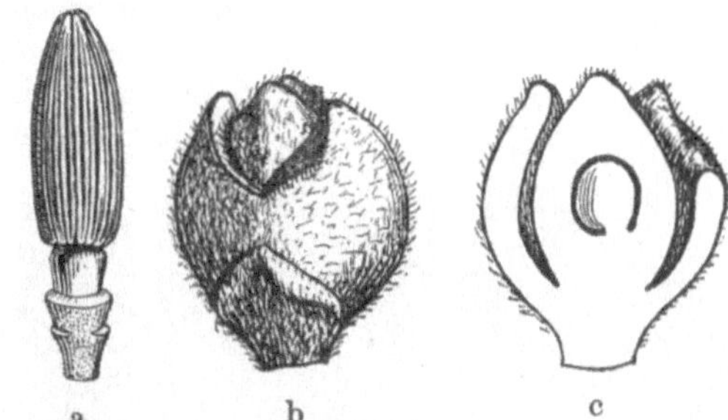


Abb. 343. Myristica fragrans. a die verwachsenen Staubgefäße der männlichen Blüte. b die weibliche Blüte. c dieselbe längsdurchschnitten.

## Fam. Lauraceae.

Immergrüne Holzpflanzen der warmen und tropischen Zone. Ihre Blüten zeichnen sich dadurch aus, daß sie eine doppelte, aber nicht als Kelch und Krone unterschiedene, kelchartige Blütenhülle besitzen. Die Antheren öffnen sich mit aufspringenden Klappen, von denen oft jedes der zwei in jeder Antherenhälfte übereinanderliegenden Pollenfächer eine besitzt, so daß jede Anthere mit vier Klappen aufspringt (Abb. 347). In den inneren Kreisen kommen verkümmerte Staubgefäße (Staminodien) vor. Der Fruchtknoten ist einfächerig und enthält eine einzige Samenanlage. Den Blütenblattkreisen liegt meist die Dreizahl zugrunde; die typische Blütenformel ist $P\,3+3\,A\,9\,G^{(3)}$. — Ölzellen.

Abb. 344. Myristica fragrans; Zweig mit Frucht.

Off. **Laurus** nobilis, der Lorbeerbaum, gedeiht in allen Mittelmeerländern und liefert Fruct. Lauri sowie Ol. Lauri, desgleichen Fol. Lauri.

Off. **Cinnamomum** zeylanicum, der Zimtbaum (Abb. 347), auf Zeylon heimisch, in Zimtgärten gezogen, liefert Cort. Cinnamomi zeylan. — C. cassia, im südöstlichen Asien heimisch, liefert Cort. Cinnamomi cassiae und Flores Cassiae. — C. camphora (auch Laurus camphora oder Camphora officinarum genannt), im südöstlichen Asien heimisch, liefert Camphora und Safrol.

Off. **Sassafras** officinale (auch Laurus sassafras genannt), im östlichen Nordamerika heimisch, liefert Lignum Sassafras.

## 11. Reihe. **Rhoeadales.**

Blüte mit doppelter Blütenhülle, vorwiegend zweizählig; die Blütenhülle besteht meist aus drei zweigliedrigen oder viergliedrigen, das Andrözeum oft aus zwei zweigliedrigen Quirlen. Der oberständige Fruchtknoten ist einfächerig oder mehrfächerig. Meist Kräuter mit wechselständigen, einfachen Blättern ohne Nebenblätter.

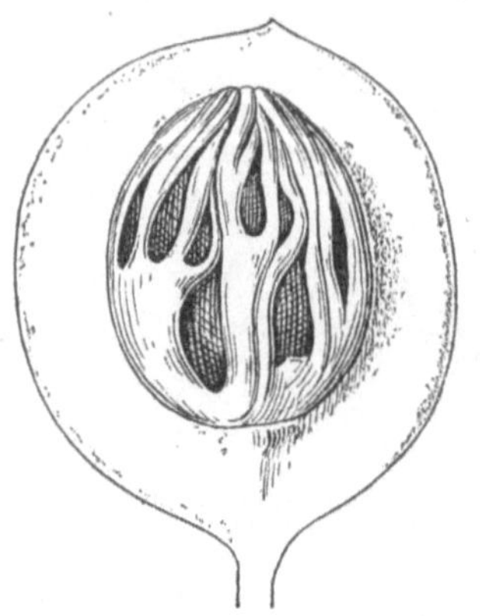

Abb. 345. Myristica fragrans. Samen vom Arillus umgeben, in der Frucht liegend; die obere Fruchthälfte entfernt.

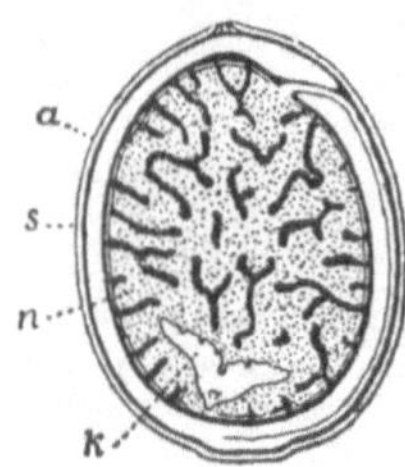

Abb. 346. Samen von Myristica, samt dem Arillus (Macis) im Längsschnitt. *a* Arillus, *s* Samenschale, *n* Endosperm und Perisperm, *k* Keimling.

Abb. 347. Blüte von Cinnamomum zeylanicum, längsdurchschnitten.

## Fam. Papaveraceae.

Die Mohngewächse besitzen hermaphroditische, strahlige oder gleichhälftige Blüten, die sich besonders durch die Zweizähligkeit ihrer Blütenblattkreise auszeichnen. Auffällig sind die zwei Kelchblätter, welche beim Entfalten der Blüten meist abfallen. Die vier Blumenblätter liegen in der Knospe meist nicht gefaltet, sondern zerknittert (Abb. 348). Die Staubgefäße sind meist zahlreich, seltener in begrenzter Anzahl vorhanden. Die Fruchtblätter sind mit ihren Rändern verwachsen und bilden, auch wenn zahlreich vorhanden, einen einfächerigen Fruchtknoten, welcher zuweilen mit falschen, nie aber mit echten Scheidewänden versehen ist. Die Samen sind wandständig. Die Frucht ist eine schotenförmige

Abb. 348. Aufbrechende Blütenknospe von Papaver rhoeas.

Abb. 349. Chelidonium majus.

(Abb. 349) oder eine oft mit Löchern aufspringende Kapsel (Abb. 350). Die Blütenformel ist: $K2\,C2 + 2A \infty\, G^{(\infty)\ \text{oder}\ (2)}$. Die Samen der Mohngewächse besitzen noch Endosperm und unterscheiden sich dadurch wesentlich von denen der Kreuzblütler. Die meisten Mohngewächse sind reich an Milchsaft, der aber manchmal wasserhell ist. Sie sind wichtig durch ihre Alkaloide.

Man unterscheidet zwei Unterfamilien:

## a) Papaveroideae.

Blüten strahlig. Blumenblätter ohne Sporn. Staubblätter und Fruchtblätter meist noch zahlreich.

Off. **Papaver** somniferum, der Schlafmohn (Abb. 350), ist im Orient heimisch, wird aber auch bei uns kultiviert; er liefert Fructus Papav. immat., Semen Papav. sowie das Opium. Von **P.** rhoeas (Abb. 348), Klatschrose oder Feuermohn, stammen die Flores Rhoeados. **P.** dubium, **P.** argemone und **P.** hybridum sind häufige Unkräuter, namentlich in Getreidefeldern.

**Chelidonium** majus, das Schöllkraut, durch lebhaft gelben Milchsaft ausgezeichnet (Abb. 349), ist gleichfalls ein häufiges Unkraut. Herb. Chelidonii wurde früher arzneilich angewendet.

## b) Fumarioideae.

Blüten gleichhälftig. Der Kelch ist zweiblätterig, die Korolle besteht aus zwei zweiblätterigen Quirlen, von den äußeren Blumenblättern ist das eine oder beide mit einem Sporn versehen. Die nur noch in Zweizahl vorhandenen Staubblätter sind dreiteilig und erscheinen wie zwei aus je drei

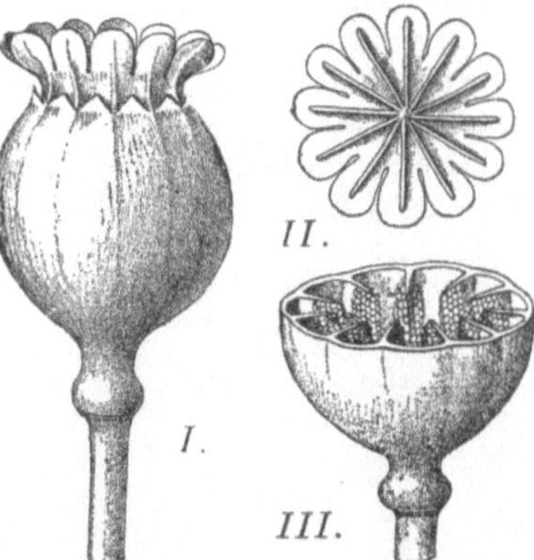

Abb. 350. Papaver somniferum. I Kapsel von der Seite gesehen. II Narbe von oben gesehen. III Kapsel im Querschnitt, die unvollständigen, mit Samen besetzten Scheidewände zeigend. Vergr. $^2/_3$.

Staubgefäßen mit nur halben Antheren verwachsene Bündel; $K\,2\,C\,2 + 2\,A\,2\,G^{(2)}$. Der Fruchtknoten ist einfächerig, ein- oder vielsamig.

**Fumaria** officinalis, Erdrauch, ein auf Äckern sehr gemeines Unkraut, liefert Herba Fumariae (Abb. 52, B).

**Corydalis** cava, in Laubgebüschen verbreitet, ist die Stammpflanze der früher gebrauchten Radix Aristolochiae rotundae cavae.

**Dicentra** spectabilis und formosa, aus Nordchina stammend, unter dem Namen „Flammendes Herz" beliebte Gartenzierpflanzen, sind durch ihre schlanken, einseitswendigen Blütentrauben und die herzförmige Gestalt ihrer Blüten auffällig.

## Fam. Capparidaceae.

Blüten besonders durch ihre Blütenachse sehr auffallend, welche ring- oder schuppenförmig oder seltener zu einem röhrenförmigen Gebilde innerhalb der Blüte entwickelt und meist unter dem Fruchtknoten, oft auch noch

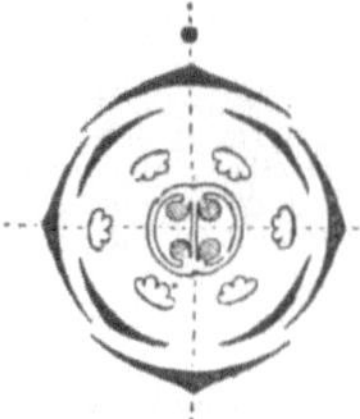

Abb. 351. Grundriß der Kruziferenblüte.

unterhalb der Staubblätter lang stielartig verlängert ist (Gynophor resp. Androgynophor). Die Blütenformel lautet $K\,4\,C\,4\,A\,\infty\,-\,6\,-\,4\,G^{(5-2)}$. Die Samenanlagen sind zahlreich, kampylotrop. Die Samen sind nierenförmig mit gekrümmtem Embryo.

**Capparis** spinosa, im Mittelmeergebiet heimisch, liefert in ihren Knospen die Kappern, das bekannte Gewürz.

## Fam. Cruciferae.

Stets Kräuter. Alle Blüten stehen seitlich und sind in Trauben angeordnet, an denen man während der vorgeschrittenen Jahreszeit

meist schon reife Früchte am unteren Teile findet, während an der Spitze
noch Knospen vorhanden sind. Deckblätter fehlen.

Die Blüten der Kreuzblütlergewächse (Abb. 351, 352) besitzen vier
Kelchblätter, welche in z w e i Kreisen angeordnet sind, ferner vier Blumenblätter in e i n e m Kreise, welche durch ihre kreuzförmige Stellung der
Familie den Namen gegeben haben. Der äußere Staubblattkreis wird
von zwei (kürzeren) Staubgefäßen, der innere von zweimal zwei (längeren) Staubgefäßen gebildet. Der Fruchtknoten besteht aus zwei Fruchtblättern, welche zur Zeit der Reife eine Schote oder ein Schötchen,
selten eine Gliederschote bilden. Die Blütenformel (Abb. 351) ist:
$K2 + 2C4 A2 + 2 \times 2G^{\underline{(2)}}$.

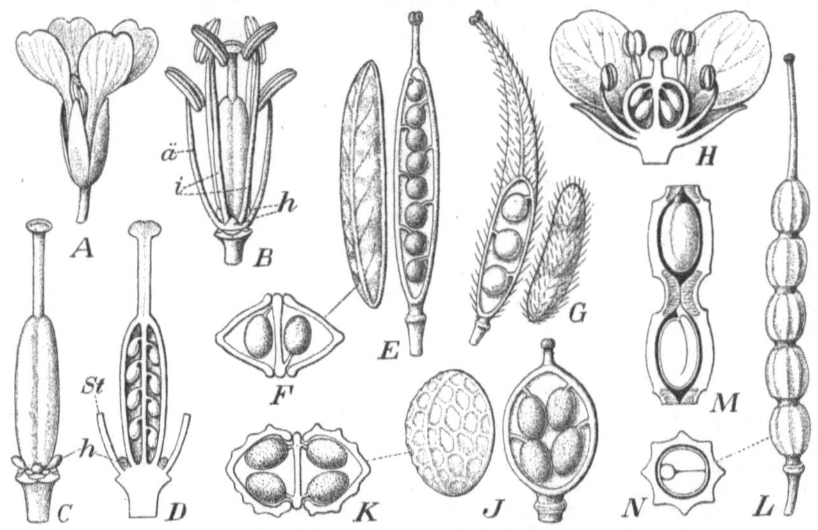

Abb. 352. Blüten und Früchte von Kruziferen. A—F Brassica nigra. A Blüte. B dieselbe nach
Entfernung der Kelch- und Blumenblätter, *ä* äußere, *i* innere Staubblätter, *h* Honigdrüsen am Grunde
derselben. C Fruchtknoten. D derselbe im Längsschnitt, *St* Staubfaden, *h* Honigdrüsen. E reife
Frucht, die vordere Klappe losgelöst. F Querschnitt durch dieselbe. G Sinapis alba, reife Frucht,
die vordere Klappe losgelöst. H—K Cochlearia officinalis. H Blüte im Längsschnitt. J reife Frucht,
die vordere Klappe schon losgelöst. K Querschnitt durch die Frucht. L—N Raphanus raphanistrum.
L reife Frucht. M ein Stück davon im Längsschnitt, N im Querschnitt.

Der Unterschied zwischen Schoten und Schötchen ist der, daß die
Schote mindestens $1\,^1/_2$ mal so lang als breit, meist aber viel länger ist
(Abb. 353, A), während das Schötchen jenes Längenmaß niemals erreicht
(Abb. 353 B). Schoten und Schötchen haben zwischen den beiden Randleisten, welche die Samen tragen und von denen sich die Fruchtschalen
zur Zeit der Reife von unten her ablösen (Abb. 353), eine papierdünne
Scheidewand, welche, weil sie nicht durch Einstülpung der Fruchtblätter
sondern als eine Wucherung der Randleisten entstand, als eine sog.
f a l s c h e   S c h e i d e w a n d anzusehen ist. Eine Abart dieser Fruchtform,
nämlich die dem Rettich (Raphanus) eigene G l i e d e r s c h o t e (Abb. 352 L)
zerfällt bei der Reife in die einzelnen Glieder.

Die Samen der Kreuzblütlergewächse sind sämtlich nährgewebelos,
d. h. sie besitzen fleischige Keimblätter, welche das Endosperm völlig

aufgezehrt und in ihrem Inneren die Nährstoffe für die Keimpflanze gespeichert haben. Die Kruziferen enthalten zum großen Teil Glykoside, welche durch gleichzeitige vorhandene Fermente bei Zerstörung der Zellen Senföle abspalten.

### a) Siliquosae. Schotenfrüchtige.

Off. **Brassica** nigra, der schwarze Senf (auch Sinapis nigra genannt) (Abb. 352, A—F), liefert Sem. Sinapis. Die Pflanze blüht gelb und ist ein häufiges Saatunkraut. Zur Samengewinnung wird sie felderweise angebaut. — **B.** juncea, der Sareptasenf (auch Sinapis juncea genannt), wird namentlich in wärmeren Klimaten zur Mostrichgewinnung kultiviert. — **B.** oleracea, der Kohl, ist das bekannte Küchengewächs, das infolge Jahrtausende alter Kultur die verschiedenartigsten Formen angenommen hat (z. B. Gartenkohl, Rosenkohl, Wirsingkohl, Rotkohl, Blumenkohl, Kohlrabi, Kohlrübe). Andere Arten der Gattung werden als Saatgewächse, namentlich zur Ölgewinnung [z. B. Raps (**B.** napus) und Rübsen (**B.** campestris)], angebaut.

Off. **Sinapis** alba, der weiße Senf (Abb. 352, G), liefert Sem. Erucae oder Sem. Sinapis alb. — **S.** arvensis ist ein lästiges Ackerunkraut.

**Dentaria** bulbifera, die knollentragende Zahnwurz, besitzt scharf riechende knollige Wurzeln, welche mit Spiritus destilliert ein wie Spir. Cochleariae wirkendes und häufig an dessen Stelle angewendetes Präparat geben.

**Matthiola** annua und incana, Sommer- und Winterlevkoje, sowie **Cheiranthus** cheiri, der Goldlack, sind beliebte Gartenzierpflanzen.

**Nasturtium** officinale, Brunnenkresse, und **Cardamine** pratensis, Wiesenschaumkraut, wurden früher medizinisch angewendet. Erstere wird als Salat sehr geschätzt.

**Barbaraea** vulgaris, Senfkraut, **Turritis** glabra, Waldkohl, **Arabis** hirsuta und **A.** Halleri, Gänsekresse, **Sisymbrium** officinale und **Alliaria** officinalis, Knoblauchhederich, sind häufige Unkräuter.

### b) Siliculosae. Schötchenfrüchtige.

Off. **Cochlearia** officinalis, das Löffelkraut (Abb. 352 H—K), mit weißen Blüten und breitwandigen, kugelig aufgedunsenen Schötchen, gedeiht besonders an den nordeuropäischen Meeresküsten und liefert Herb. Cochleariae, frisch destilliert Spiritus Cochleariae. — **C.** armoracia ist der seines scharfschmeckenden Rhizomes wegen kultivierte Mährrettich (Meerrettich).

**Capsella** bursa pastoris, das Hirtentäschel, ist ein sehr verbreitetes Unkraut, welches als Hämostyptikum empfohlen ist.

**Raphanus** sativus, der Rettich, ist in verschiedenen Kulturvarietäten, als Gartenrettich, Monatsrettich und Radieschen ein verbreitetes Gartengewächs, **R.** raphanistrum, Hederich (Abb. 352, L—N), ein lästiges Ackerunkraut.

**Isatis** tinctoria, Färberwaid, im Mittelmeergebiet heimisch, wurde früher zur Bereitung des deutschen Indigo in ausgedehntem Maße angebaut.

**Lepidium** sativum, Gartenkresse, wird als Salat- und Gewürzpflanze angebaut, **L.** campestre ist an Wegrändern häufig.

**Iberis** amara, Schleifenblume, **Thlaspi** arvense, Täschel- oder Hellerkraut, **Camelina** sativa, Leindotter, und **Erophila** verna, Hungerblümchen, sind in unserem Klima sehr verbreitete Vertreter dieser Pflanzengruppe.

**Draba**-Arten kommen in großer Anzahl besonders in den Hochgebirgen der Erde vor.

**Lunaria** rediviva und **L.** biennis, „Silberblatt", kommen wild selten vor, sind aber zu beliebten Gartenpflanzen geworden.

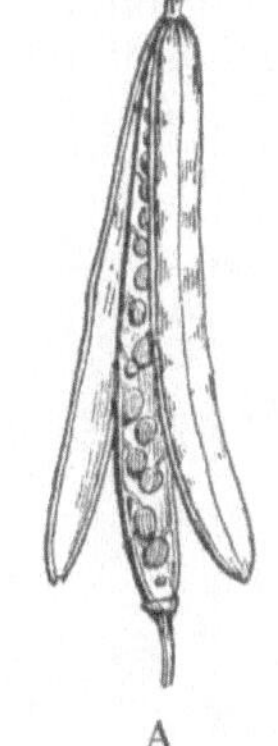

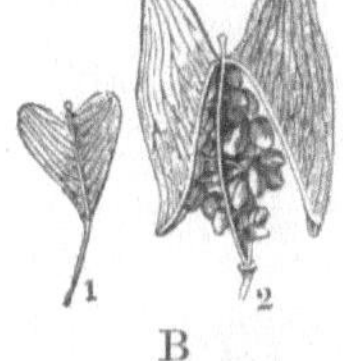

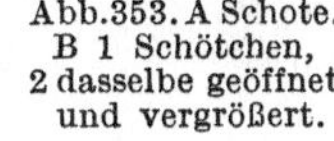

Abb. 353. A Schote. B 1 Schötchen, 2 dasselbe geöffnet und vergrößert.

## Fam. Resedaceae.

Blüten gleichhälftig, mit zerschlitzten Blumenblättern und 3—40 Staubgefäßen; Fruchtblätter 6—2, frei oder zu einem oben offenen, einfächerigen Fruchtknoten verwachsen (Gymnospermie!). Vorwiegend krautige, in den Mittelmeerländern heimische, kleinblütige Gewächse.

**Reseda** odorata, Reseda, ist eine aus Nordafrika stammende und wegen ihres Wohlgeruchs sehr beliebte Zierpflanze. **R.** luteola, Färberwau, wächst bei uns an Wegrändern wild.

## 12. Reihe. Sarraceniales.

Blüten mit doppelter, kelchartiger oder korollinischer Blütenhülle. Fruchtknoten oberständig 5- bis 3fächerig mit zahlreichen, zentralwinkelständigen oder wandständigen Samenanlagen. Samen klein, mit Nährgewebe.

Kräuter mit insektenfangenden und -verzehrenden Blättern.

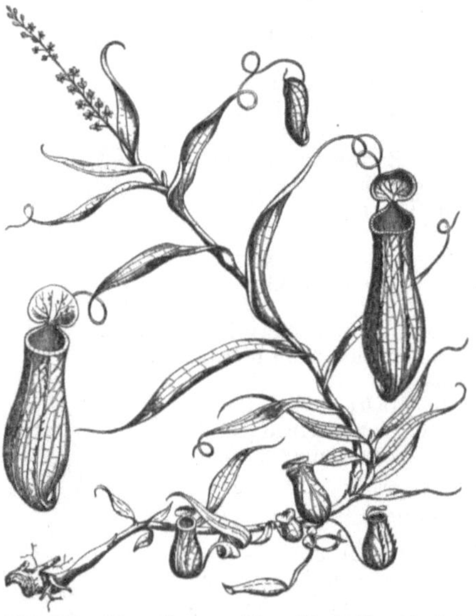

### Fam. Sarraceniaceae.

Sumpfpflanzen Amerikas mit einzelnen oder wenigen ansehnlichen, in lockeren Trauben stehenden Blüten. Die Blätter sind schlauchförmig, sondern im Innern Schleim und Honig ab und fangen Insekten. Ob diese in den Schläuchen verdaut werden, ist jedoch nicht ganz sicher.

**Sarracenia** purpurea ist in Nordamerika heimisch und wird nicht selten in botanischen Gärten kultiviert.

### Fam. Nepenthaceae.

Kletterpflanzen des indisch-malaiischen Gebietes mit spiralig

Abb. 354. Nepenthes gracilis. (Nach Korthals.)

gestellten Blättern und kleinen, unscheinbaren, getrenntgeschlechtigen Blüten in vielblütigen Trauben oder Rispen. Die oberen Blätter laufen in Ranken aus, bei den unteren ist die Blattspreite zu bedeckelten Schläuchen oder Kannen umgebildet. Die Wände dieser Kannen sind mit vielen Drüsen ausgekleidet, welche ein schleimiges, schwach säuerliches Sekret ausscheiden. Insekten, welche in die Kannen fallen, werden verdaut.

Die **Nepenthes**-Arten (Abb. 354) sind im indisch-malaiischen Gebiete verbreitet und werden häufig in Warmhäusern kultiviert; sie sind durch ihre großen und schön gefärbten Kannen sehr auffallende Gewächse.

### Fam. Droseraceae.

Gewächse mit regelmäßigen Blüten und fünf Staubgefäßen. Der Fruchtknoten ist einfächerig und entwickelt sich zu einer Kapselfrucht. Kräuter mit drüsig gewimperten, ,,fleischfressenden" Blättern.

**Drosera** rotundifolia, **D.** longifolia und **D.** intermedia, Sonnentau (Abb. 355), sind auf Torfmooren in unserem Klima heimische, kleine Gewächse. Die zahlreichen Drüsenhaare der Blätter sondern einen klebrigen Saft ab, mit welchem sie Insekten anlocken. Diese werden durch den Saft festgehalten, die Drüsenhaare schließen sich über dem Tier zusammen, scheiden sodann einen schwach sauren Saft ab und saugen die verdaulichen Teile der Insekten auf. Das Kraut war früher unter dem Namen Herba Rorellae medizinisch gebräuchlich.

**Dionaea** muscipula, Venusfliegenfalle (Abb. 356). Ihre Blatthälften klappen bei Berührung einer der 6 Fühlborsten rasch zusammen und fangen auf diese Weise Insekten, welche sodann verdaut werden. Die Pflanze ist in Sümpfen des südlichen Nordamerikas heimisch.

Abb. 355. Die drei deutschen Drosera-Arten.
A Drosera rotundifolia. B Drosera intermedia.
C Drosera longifolia, in Blüte. (Nach Drude.)

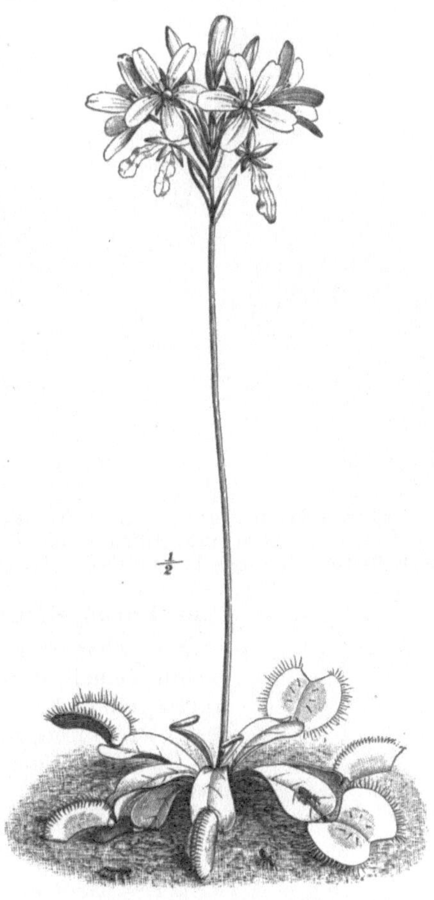

Abb. 356. Dionaea muscipula. (Nach Drude.)

## 13. Reihe. **Rosales.**

Blüten selten halbspiralig, meist strahlig, mit doppelter Blütenhülle, Fruchtknoten ober-, mittel- oder unterständig. Fruchtblätter häufig frei voneinander, manchmal aber auch verwachsen. Die Pollen sind zweikörnig.

### Fam. Crassulaceae.

Sukkulente Kräuter oder Halbsträucher, meist Felsenpflanzen. Die Blüten sind zwittrig mit Kelch und Krone versehen, die Gliederzahl wechselt. **Fruchtblätter meist frei** oder nur schwach vereint.

Hierher gehören die Gattungen **Sedum, Sempervivum, Bryophyllum,** letztere ausgezeichnet durch Knospenbildung in den Blattkerben.

17*

## Fam. Saxifragaceae.

Die Steinbrechgewächse besitzen meist **zwei**, je fünfgliedrige Staubblattkreise. Der Fruchtknoten besteht aus 5—2 **Fruchtblättern**, welche miteinander verwachsen sind. Die Samenanlagen stehen an dicken, zentralwinkelständigen Plazenten. Die Blütenformel ist:

$$K\,5\,C\,5\,A\,5 + 5\,G^{\underline{(5-2)}}.$$

**Saxifraga** granulata, der knollentragende Steinbrech, ist ein auf sonnigen Hügeln häufiges Kraut. — Andere Arten dieser formenreichen Gattung gehören zu den schönsten und charakteristischsten Gewächsen der Hochgebirge.

Abb. 357. Liquidambar orientale.

**Hydrangea** hortensia, die Hortensie, eine beliebte Zierpflanze.

**Ribes** vulgare und **rubrum**, die Stammpflanzen der roten Johannisbeere, **R.** nigrum, schwarze Johannisbeere, **R.** grossularia, Stachelbeere.

## Fam. Hamamelidaceae.

Sträucher oder Bäume mit kleinen, in dichte Ähren oder Köpfchen gestellten Blüten, welche oft von Hochblättern umhüllt sind.

Off. **Liquidambar** orientale (Abb. 357), ein platanenähnlicher Baum Kleinasiens mit handförmig gelappten Blättern und kleinen, in dichten Knäueln stehenden Blüten, liefert als pathologisches Produkt das Harz Styrax liquidus.

Abb. 358. Blatt von Rosa mit dem Blattstiel angewachsenen Nebenblättern.

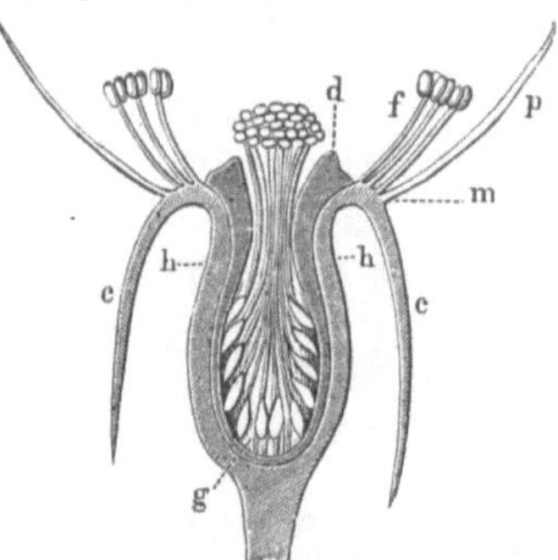

Abb. 359. Eine Blüte von Rosa, längsdurchschnitten. *h* der hinaufgewölbte Fruchtboden, *d* Honigwulst (Diskus), *c* Kelchblätter, *p* Blumenblätter, *m* Einfügungsstelle derselben, *f* Staubgefäße, *g* die zahlreichen freien Fruchtblätter.

## Fam. Rosaceae.

Kräuter, Bäume und Sträucher mit abwechselnden, häufig gefiederten und geteilten Blättern und mit Nebenblättern, welche oft an dem Blattstiele angewachsen sind (Abb. 358). Die Blüten sind vollkommen und regelmäßig, nach der Fünfzahl gebaut (Abb. 359). Die Blütenformel ist: $K\,5\,C\,5\,A\,\infty - 5\,G\,\infty - 1$. Der flach schüsselförmige bis tief krugförmige oder aber vorgewölbte Blütenboden, **Hypanthium** oder **Receptaculum**

genannt, beteiligt sich oft an der Frucht- bzw. Scheinfruchtbildung (Hagebutte, Erdbeere, Apfelfrucht). — Nach der Anzahl der Fruchtknoten
und nach der Art und Weise, in welcher die Fruchtbildung vor sich geht,
unterscheidet man eine Anzahl Unterfamilien:

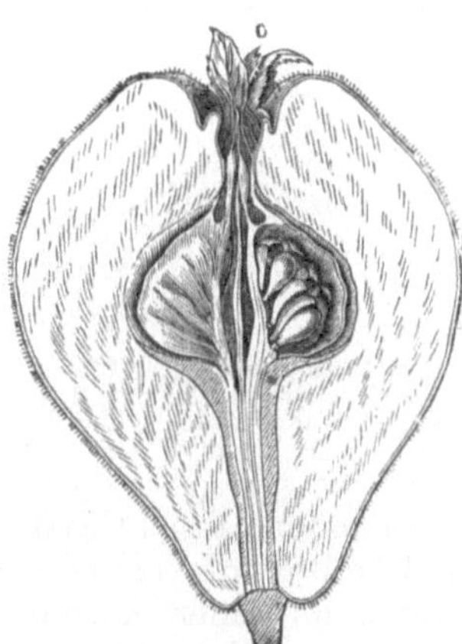

Abb. 360.    Scheinfrucht von
Cydonia   vulgaris,   längsdurchschnitten.

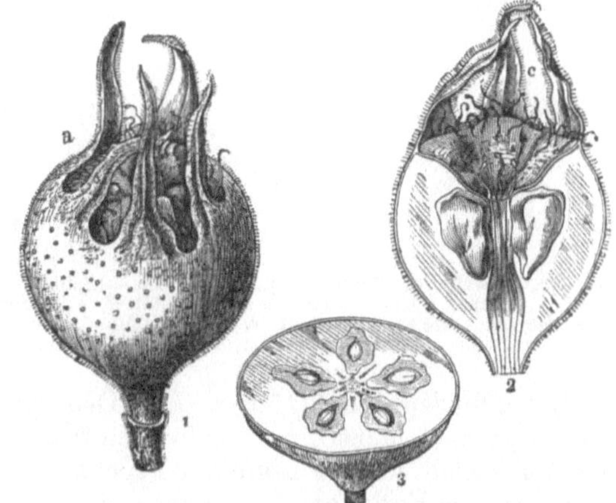

Abb. 361. 1 Scheinfrucht von Mespilus germanica. 2 dieselbe
längsdurchschnitten. 3 querdurchschnitten. *a* und *c* die Reste
des Kelches.

a) **Spiraeoideae**: $K\,5\,C\,5\,A\,\infty - 10\,G\,5{-}2$. Die meist zu fünf vorhandenen, weder der Blütenachse eingesenkten noch auf einem vorgewölb-
ten Blütenboden aufsitzenden Fruchtblätter wachsen bei der Reife zu
mehrsamigen Balgkapseln aus.

b) **Pomoideae**: $K\,5\,C\,5\,A\,\infty - 10\,G^{(5{-}2)}$.
Die Fruchtblätter sind sowohl unter sich,
als auch mit dem hohlen Blütenboden verwachsen. Beide werden mehr oder weniger
fleischig und bilden die sog. Apfelfrucht, d. i.
eine Scheinfrucht, welche an ihrer Spitze von
den   vertrockneten   Kelchblättern   gekrönt
wird (Abb. 360, 361).

c) **Rosoideae**: $K\,5\,C\,5\,A\,\infty G\infty$. Die Fruchtblätter stehen zahlreich und frei nebeneinan-
der, entweder dem gewölbten, halbkugeligen
bis kegelförmigen Blütenboden aufsitzend,
oder aber teils im Grunde, teils an der Wandung
des schwach vertieften oder meistens tief

Abb. 362. Eine Erdbeerblüte, längsdurchschnitten und vergrößert, um
die auf dem eßbaren, kegelförmigen
Fruchtboden   aufsitzenden   Einzel-
fruchtknoten zu zeigen.

krugförmigen, oben verengten Blütenbodens eingefügt, durch dessen
obere Öffnung nur die Griffel hervorragen.

Durch das Wachstum des Blütenbodens entstehen nach der Befruchtung Scheinfrüchte, an denen im erst geschilderten Fall die zahlreichen Früchtchen außen ansitzen; diese können nüßchenartig wie bei
der Erdbeere, oder beerenartig wie bei der Himbeere sein. Bei der Erdbeere ist der Blütenboden der rote eßbare Körper, welchem die Früchte
als kleine gelbe Nüßchen aufsitzen (Abb. 362). Bei der Himbeere und der

Brombeere hingegen ist der Blütenboden kegelförmig und nicht eßbar, während die saftigen Früchtchen miteinander verwachsen und gemeinsam die vom Blütenboden ablösbare Scheinfrucht (Sammelfrucht) bilden (Abb. 363, 3). Im zweiten Falle werden die Früchte zu harten Nüßchen, welche vom fleischigen Blütenboden umgeben sind (Hagebutte, Abb. 364).

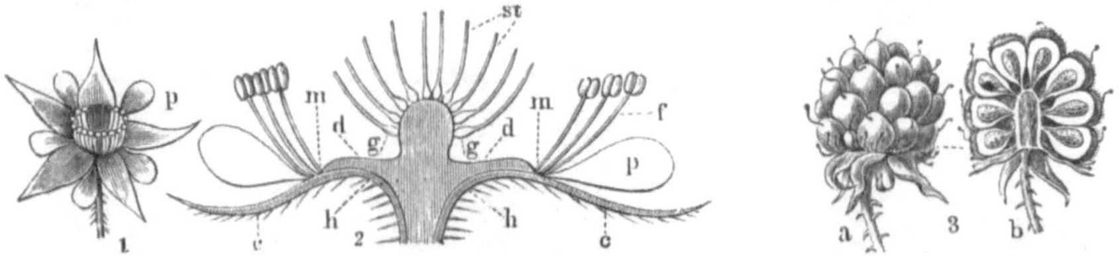

Abb. 363. 1 Blüte von Rubus idaeus. 2 dieselbe längsdurchschnitten und vergrößert, *h* der Blütenboden, *d* Diskus, *c* Kelchblätter, *p* Blumenblätter, *f* Staubgefäße, *m* Einfügungsstelle derselben, *g* die zahlreichen, freien Fruchtblätter, *st* die Griffel. 3a Sammelfrucht von Rubus idaeus, b dieselbe längsdurchschnitten.

d) **Prunoideae**: $K5\,C5\,A\infty\,G1$. Das einzige vorhandene Fruchtblatt wächst zu einer meist einsamigen Steinfrucht aus. Der Blütenboden fällt mit dem Kelch vor der Reife der Frucht ab. Die innen mit einem harten Steinkern (= Endokarp) versehene Steinfrucht besitzt saftiges Fleisch (Pflaume, Pfirsich) oder sie ist saftlos (Mandel, Abb. 365).

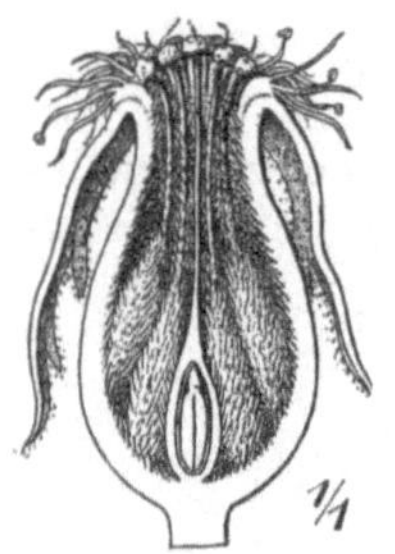

Abb. 364. Scheinfrucht von Rosa canina (Hagebutte).

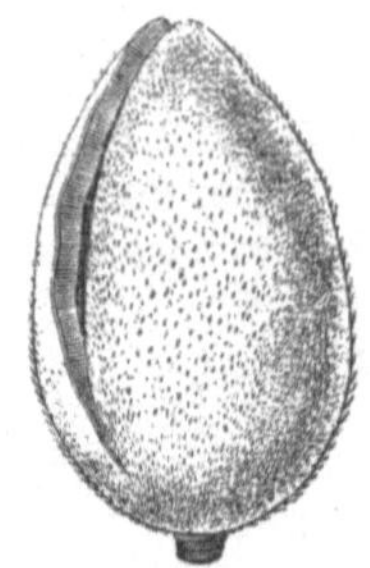

Abb. 365. Frucht von Prunus amygdalus im Begriff sich zu öffnen.

a) **Spiraeoideae.**

Spiraea-Arten werden häufig als Ziersträucher in unseren Gärten kultiviert.

Off. **Quillaja** saponaria, ein in Chile einheimischer Baum, ist die Stammpflanze von Cort. Quillajae.

b) **Pomoideae.**

**Pirus** malus (Abb. 366), der Apfelbaum, und **P.** communis (Abb. 367), der Birnbaum, sind allenthalben kultivierte Obstbäume, jeder derselben mit zahllosen Varietäten, deren Unterschiede auf Form, Größe und Geschmack der Früchte beruhen.

**Sorbus** aucuparia (Abb. 368), Vogelbeerbaum oder Eberesche, wird bei uns häufig an Landstraßen angepflanzt. Die Früchte als Fruct. Sorborum gebräuchlich (Abb. 369). — Die Gattung Sorbus wird häufig als Sektion zu Pirus gezogen.

**Cydonia** vulgaris, die gemeine Quitte, trägt gleichfalls eßbare Früchte (Abb. 360) und liefert schleimreiche Sem. Cydoniae. **C.** japonica, aus Japan stammend, ist ein häufig kultivierter, schön rotblühender Gartenstrauch.

**Mespilus** germanica trägt Früchte, welche ebenfalls eßbar sind (Mispeln, Abb. 361).

c) **Rosoideae.**

Off. **Rosa** canina, die Hundsrose (Abb. 364 u. 370), wächst bei uns wild und liefert Receptaculum (fälschlich Fructus) und Fructus (fälschlich Semen) Cynosbati. Von den zahlreichen anderen Rosenarten ist eine Anzahl als Gartenzierpflanzen durch Kultur zu einer ganz außerordentlichen Mannigfaltigkeit von Varietäten und Bastarden ausgebildet worden. Unter ihnen sind zu nennen **R.** gallica, die Essigrose, mit purpurroten Blumenblättern, und **R.** centifolia, die Zentifolie, mit rosafarbenen Blumenblättern. Beide liefern Flores Rosae. — **R.** damascena,

Abb. 366. Pirus malus. A blühender Zweig. B Blüte nach Entfernung der Blumenblätter. C Längsschnitt durch die Blüte. D Staubblätter. E Griffel. F Narbe. G Fruchtknotenquerschnitt. H Samen.
J und K Samenlängsschnitte. L Samenquerschnitt.

die Damaszener- oder Monatsrose, stammt 'aus dem Orient und liefert besonders in Bulgarien Oleum Rosae, welches neuerdings aus derselben Art auch
in Deutschland (Sachsen) gewonnen wird.

**Ulmaria** palustris (= U. pentape-
tala, Abb. 371 u.
372), an feuchten
Ufern und auf
Wiesen bei uns
häufig, liefert
Flores Ulmariae.
**U.** filipendula,
an denselben
Standorten wie
vorige Art, lie-
fert Rad. Fili-
pendulae.

**Potentilla** ver-
na, das Frühlings-
Fingerkraut, und
andere **P.**-Arten
sind bei uns häu-
fige Wiesenkräu-
ter. **P.** (Tormen-
tilla) erecta,

Abb. 367. Pirus communis.

Abb. 368. Sorbus aucuparia.

die Rotwurz, wächst ebenfalls bei uns wild und liefert Rhizoma Tormentillae.
**Geum** urbanum, die Nelkenwurz (Abb. 373), in feuchten Gebüschen wildwachsend.

**Rubus** idaeus, der Himbeerstrauch (Abb. 363 u. 374) und **R.** caesius, **R.** ulmifolius u. v. a. m., Brombeersträucher, liefern in zahllosen Formen beliebtes Beerenobst. Aus den Früchten des ersten wird Sirup. Rubi Idaei gewonnen.

**Fragaria** vesca, die Walderdbeere (Abb. 362 u. 375), wächst bei uns wild. Andere Arten, namentlich **F.** elatior und **F.** virginiana, sind in Kultur genommen und liefern mit ihren mannigfachen Varietäten und Bastarden die geschätzten „Ananas-Erdbeeren".

**Sanguisorba** minor (= Poterium sanguisorba) (Abb. 376), fälschlich Gartenpimpinelle genannt, wächst auf Wiesen wild.

**Agrimonia** eupatoria, Odermennig (Abb. 377), wächst in Gebüschen wild und liefert Herb. Agrimoniae.

Off. **Hagenia** abyssinica (auch Brayera anthelmintica genannt), der Kussobaum (Abb. 378 u. 379), ist in Abessinien und anderen Hochgebirgen des tropischen Afrika heimisch und zeichnet sich durch getrenntgeschlechtige Blüten und hinfällige Blumenblätter aus sowie durch das Vorhandensein eines Nebenkelches, dessen Blätter sich an den weiblichen Blüten nach dem Verblühen stark vergrößern. Liefert Flor. Koso.

Abb. 369. Scheinfrucht von Sorbus aucuparia.

Abb. 370. Rosa canina.

### d) Prunoideae.

**Prunus** insititia, die Pflaume, **P.** domestica, die Zwetsche, und eine weitere Anzahl Prunusarten, wie **P.** italica, die Reineclaude und **P.** armeniaca, die Aprikose, **P.** cerasus (Abb. 380a), die Sauerkirsche, **P.** avium, die Süßkirsche, liefern beliebtes Tafelobst. Sie stammen fast sämtlich aus Asien, nur die Süßkirsche

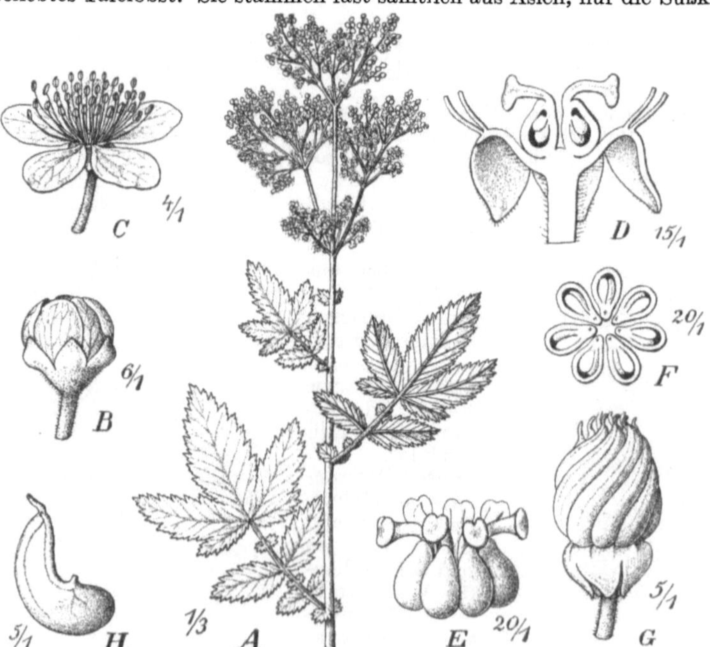

Abb. 371/2. Ulmaria palustris. A blühende Pflanze. B Knospe. C Blüte. D dieselbe im Längsschnitt. E Gynäzeum. F dasselbe quer durchschnitten. G Frucht. H Samen.

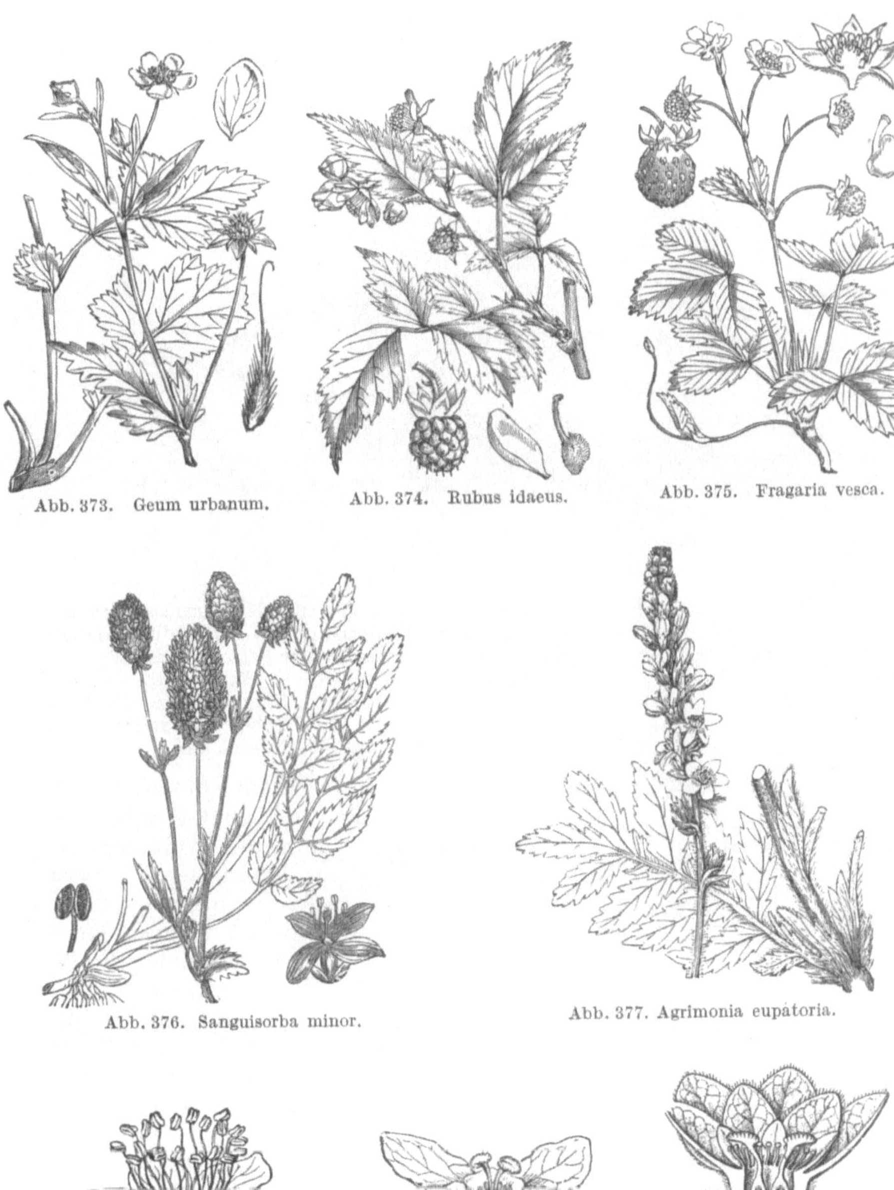

Abb. 373.  Geum urbanum.

Abb. 374.  Rubus idaeus.

Abb. 375.  Fragaria vesca.

Abb. 376.  Sanguisorba minor.

Abb. 377.  Agrimonia eupatoria.

Abb. 378. Hagenia abyssinica.  a männliche, fünfzählige Blüte mit großen Kelchblättern, welche den Nebenkelch verdecken.  b weibliche, vierzählige Blüte mit vergrößertem Nebenkelch und dem auf diesem aufliegenden, normalen Kelch; die kleinen, linealischen Blumenblätter sind weggelassen resp. schon abgefallen.  c weibliche Blüte im Längsschnitt.

ist europäischen Ursprungs. — **P.** spinosa, der Schlehdorn (Abb. 380b), ist die Stammpflanze der sog. Flores Acaciae. — **P.** laurocerasus, der Kirschlorbeer, in Kleinasien heimisch, bei uns im Freien aushaltend, hat blausäurehaltige Blätter, welche früher zur Bereitung von Aqua Laurocerasi dienten.

Abb. 379.  Hagenia abyssinica.

Off. **P.** amygdalus (= Amygdalus communis), der Mandelbaum, stammt aus Zentralasien, wird im Orient und in Südeuropa angebaut und liefert die Mandeln (Abb. 365). Süße und bittere Mandeln sind die Samen zweier Formen derselben Art.

**P.** persica ist die Stammpflanze der Pfirsiche. Sie stammt aus Nordchina.

## Fam. Leguminosae.

Blüten mit doppelter Blütenhülle, fünfgliederig, mit zahlreichen oder meist in zwei Kreisen stehenden Staubblättern, strahlig oder gleichhälftig. Nur noch 1 Fruchtblatt vorhanden, dieses einen einfächerigen

Abb. 380a.  Prunus cerasus.

Abb. 380b.  Prunus spinosa.

Fruchtknoten bildend mit zahlreichen Samenanlagen an der Bauchnaht. Frucht eine Balgfrucht, Hülse (Legumen). Samen nicht mehr mit Nährgewebe, mit dicken Kotyledonen.

Diese große und wichtige, etwa 7000 Arten umfassende Familie wird in folgende drei Unterfamilien (die auch oft als Familien behandelt werden) eingeteilt:

### 1. Unterfamilie *Mimosoideae.*

Holzgewächse oder Kräuter mit meist paarig gefiederten Blättern. Die Blüten sind strahlig, die Blumenblätter in der Knospenlage klappig.

Die Blütenformel ist: $K\,5\,C\,5\,A\,\infty - 10 - 5\,G\underline{1}$. In der Zahl der Staubgefäße herrscht große Mannigfaltigkeit. Die meist sehr kleinen Blüten stehen häufig in Köpfchen, welche oft wiederum ährenartig gruppiert sind.

**Mimosa** pudica, ein überall in den Tropen eingebürgertes Unkraut, wird wegen der auffallenden Reizbarkeit seiner Blätter und Blättchen häufig in Warmhäusern gehalten (Abb. 186).

Off. **Acacia** senegal (Syn. **A.** verek), **A.** arabica und andere Arten, welche im tropischen Afrika einheimisch sind, liefern Gummi arabicum; von ersterer Art stammt die offizinelle Sorte. **A.** catechu (Abb. 381) wächst in Indien und liefert die gerbstoffreiche Droge Catechu. Zahlreiche Arten von Acacia mit gefiederten Blättern (Afrika) oder mit Phyllodien (blattlose, aus Australien) werden neuerdings unter dem Namen „Mimosen" als Schnittpflanzen von der Riviera eingeführt.

## 2. Unterfamilie *Caesalpinioideae.*

Die Blüten dieser Unterfamilie sind in ihrem Bau denjenigen der Papilionatae oft ziemlich ähnlich, haben jedoch, trotzdem sie typisch

Abb. 381. Acacia catechu.

gleichhälftig sind, meist keine schmetterlingsförmige Gestalt. Die Blumenkronblätter sind in der Knospe in aufsteigender Deckung, also umgekehrt als bei den Papilionatae, eingefügt. Zuweilen sind die Blumenblätter unvollkommen, zuweilen fehlen sie ganz. Die Staubgefäße sind in Zahl und Stellung recht verschieden, oft stark reduziert, frei oder miteinander verwachsen. — Fast ausnahmslos Holzgewächse, seltener Kräuter wärmerer Klimate mit gefiederten Blättern.

**Caesalpinia** brasiliensis ist die Stammpflanze des Fernambukholzes, **C.** sappan diejenige des Sappanholzes. Beide Arten dienen zum Färben und sind im tropischen Amerika heimisch.

Off. **Cassia** angustifolia und **C.** acutifolia, in Indien bzw. Ägypten kultiviert, sind Halbsträucher mit paarig gefiederten Blättern, deren Fiederblättchen als Folia

Sennae offizinell sind. Neuerdings ist nur noch erstere gebräuchlich. **C. fistula** (Abb. 382) hat dasselbe Verbreitungsgebiet und ist die Stammpflanze der Fruct. Cassiae fistulae, Röhrenkassie.

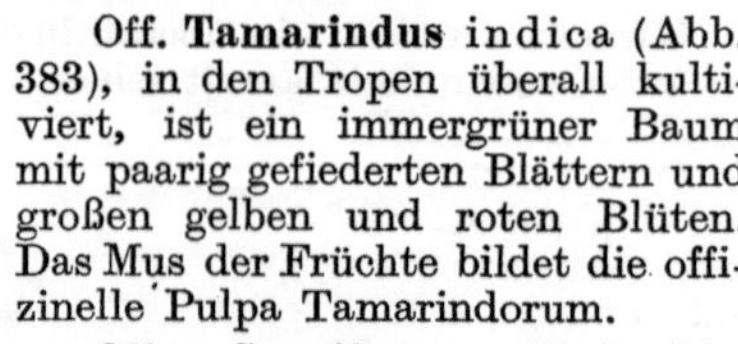

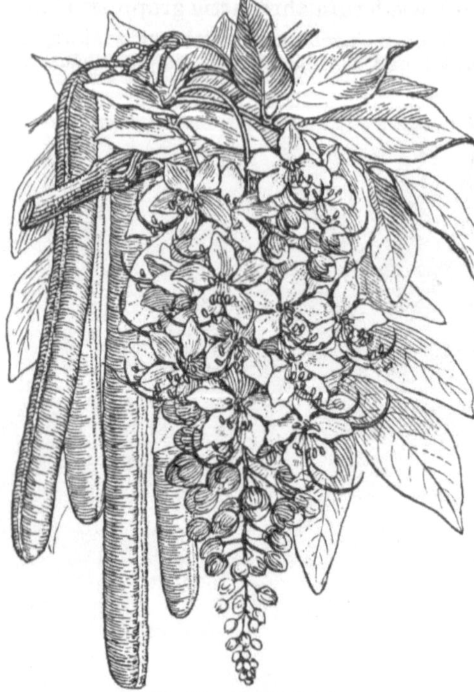
Abb. 382. Cassia fistula.

Off. **Tamarindus** indica (Abb. 383), in den Tropen überall kultiviert, ist ein immergrüner Baum mit paarig gefiederten Blättern und großen gelben und roten Blüten. Das Mus der Früchte bildet die offizinelle Pulpa Tamarindorum.

Off. **Copaifera** officinalis, **C.** guianensis und andere Arten, in Zentralamerika und dem nördlichen Südamerika heimische Bäume, sind die Stammpflanzen des Balsamum Copaivae.

**Trachylobium** verrucosum, ein in Ostafrika heimischer, hoher Baum, liefert den besten, den sog. Sansibarkopal, ein subfossiles Harz, zur Firnisherstellung.

Off. **Krameria** triandra, ein auf den Anden Perus einheimischer, niedriger, silberhaariger Strauch, ist die Stammpflanze von Rad. Ratanhiae.

**Haematoxylon** campechianum, in Mexiko heimisch, liefert Lignum Campechianum.

**Ceratonia** siliqua (Abb. 384), liefert Johannisbrot und gedeiht in den Mittelmeerländern.

Abb. 383. Tamarindus indica.

Abb. 384. Ceratonia siliqua.

## 3. Unterfamilie *Papilionatae*.

Die Schmetterlingsblütler haben ihren Namen von der charakteristischen Form der Blüte. Diese ist gleichhälftig (zygomorph) gebaut. Von den fünf Kelchblättern bilden zwei die Oberlippe, drei die Unterlippe oder eins die Oberlippe und vier die Unterlippe. Die Blumenkronblät-ter sind in absteigender Deckung (Abb. 385, 387a) eingefügt. Das oberste (hinterste) Blumenblatt(Abb. 385, 2 v) ist meist viel größer als die übrigen und wird die Fahne genannt. Die beiden seitlichen Blumen-

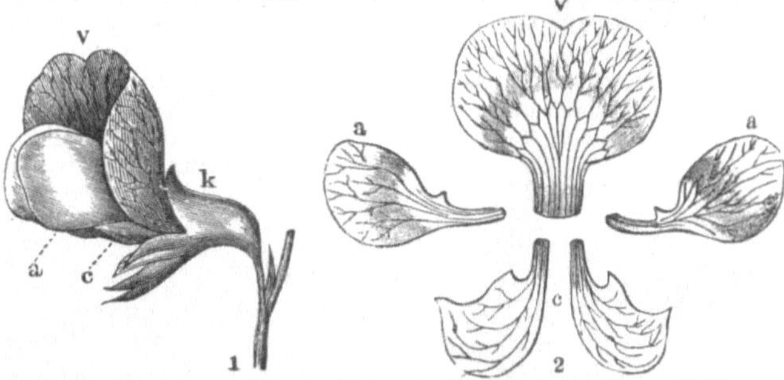

Abb. 385. 1 eine Papilionatenblüte. 2 die einzelnen Blumenblätter in ihrer gegenseitigen Stellung. v die Fahne, Vexillum; a die beiden Flügel, Alae; c der Kiel, Carina.

blätter (a) bilden die Flügel und die beiden unteren Blumenblätter (c) den Kiel. Die vorhandenen zehn Staubgefäße sind entweder sämtlich mit ihren Filamenten zu einem röhrenförmigen Bündel verwachsen, oder aber das oberste derselben ist von der Verwachsung freigeblieben (Abb. 386, A).
Die Blütenformel ist:

$$K5\,C5\,A5+5\,G\underline{1}$$

(Abb. 387a). Die

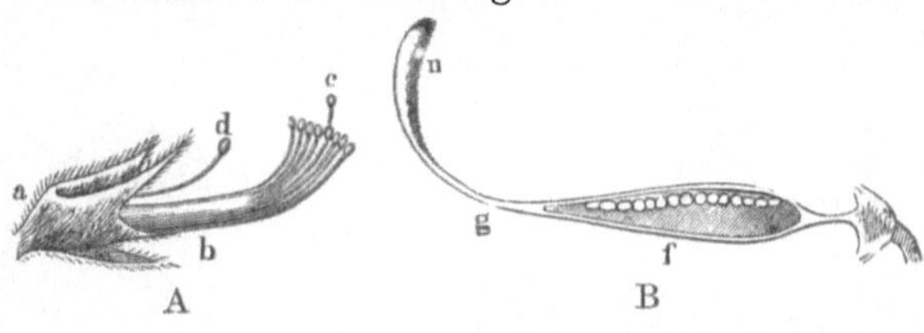

Abb. 386. A eine von den Blumenblättern befreite Papilionaten-blüte, a der Kelch, b neun Staubgefäße zu einem Bündel verwachsen, d das zehnte freie Staubgefäß, c die Narbe des Griffels. B das Gynä-zeum einer Papilionatenblüte, f der Fruchtknoten, g der Griffel, n die Narbe.

Frucht ist eine Hülse (Legumen), wird jedoch bei den Erbsenfrüchten (Abb. 387b) im Volksmunde fälschlicherweise als „Schote" bezeichnet (Schotenfrüchte besitzen fast nur die Kruzi-feren). Die Hülsen öffnen sich bei der Reife meist an Bauch- und Rückennaht zugleich. Durch Einschnürung und Bildung falscher Scheidewände zwischen den Samen entsteht die Gliederhülse. Diese kommt jedoch nur selten vor. Die Blüten bilden stets seitlich stehende, meist traubenförmige Blü-tenstände ohne Gipfel-blüte. Die Blätter der Pa-pilionatae sind gefiedert und mit Nebenblättern versehen. Die Papilionatae sind einjährige bis aus-

Abb. 387a. Grundriß einer Papilionaten-blüte.

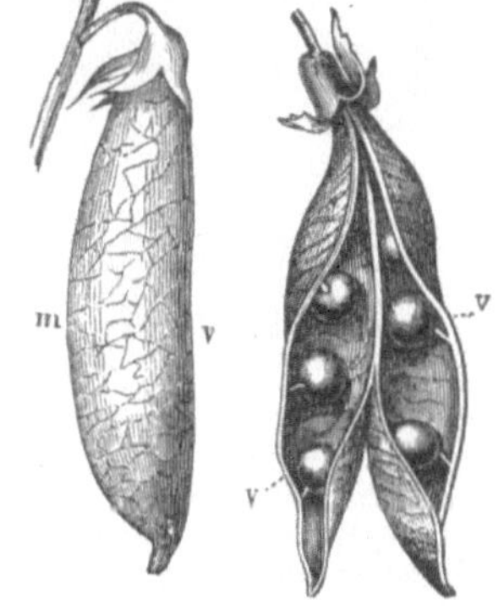

Abb. 387b. Frucht einer Papilio-nate (Pisum sativum). m Rük-kennaht, v Bauchnaht.

dauernde, häufig rankende Kräuter, Sträucher oder Bäume ge-mäßigter sowie auch heißer Klimate.

Off. **Melilotus** officinalis und **M.** altissimus, Honigklee (Abb. 388), auf Wiesen häufig, sind die Stammpflanzen der Herb. Meliloti und enthalten Kumarin.

Off. **Trigonella** foenum graecum, der Bockshornklee, wird als Viehfutter sowohl wie auch zur Gewinnung von Sem. Foenugraeci, namentlich im Mittelmeergebiet, angebaut.

Off. **Astragalus**-Arten (Abb. 389) wachsen in Kleinasien und Vorderasien und liefern Tragacantha. Die Gattung Astragalus ist mit über 1600 Arten wohl die artenreichste Gattung des gesamten Pflanzenreichs.

Abb. 388. Melilotus officinalis. A blühender Zweig ($^3/_4$). B ganze Blüte von der Seite gesehen ($^4/_1$). C Fahne. D Flügel. E Schiffchen ($^5/_1$). F Kelch mit Staubblattsäule und Griffel ($^5/_1$). G reife Frucht ($^6/_1$).

Abb. 389. Astragalus verus.

Off. **Glycyrrhiza** glabra, besonders die var. glandulifera (Abb. 390), wild in Südeuropa, in Südrußland und im Orient, wird häufig angebaut zur Gewinnung von Rad. Liquiritiae und Succus Liquiritiae (Lakritzen).

Off. **Ononis** spinosa, Hauhechel, ist stellenweise an Rainen ein lästiges Unkraut und liefert Rad. Ononidis (Abb. 391).

**Spartium** scoparium (Sarothamnus scoparius), der Besenginster, liefert Flor. Spartii.

**Genista** tinctoria ist dem vorhergehenden sehr ähnlich und wurde früher gleichfalls medizinisch angewendet.

**Laburnum** vulgare, der Goldregen, ist als Zierstrauch bei uns viel angepflanzt und wegen seiner giftigen Samen bekannt. **Cytisus** purpureus, Bohnenbaum;

**Laburnum Adami** ist ein Pfropfbastard, Chimäre, zwischen beiden Arten (vgl. S. 123).

**Trifolium,** der Klee, ist in zahlreichen Arten bei uns verbreitet. Die Blüten von **T.** arvense sind in der Volksmedizin gebräuchlich. **T.** pratense ist wichtigste Futterpflanze, auch hochgeschätztes Bienenfutter.

**Phaseolus,** die Bohne, **Vicia,** die Wicke, **Lens,** die Linse, **Pisum,** die Erbse, gehören zu den wichtigsten Kulturpflanzen und Nährstofflieferanten des Menschen (sog. Hülsenfrüchte); sie werden z. T. in zahlreichen Arten und verschiedenen Formen bei uns angebaut.

**Arachis** hypogaea, die Erdeichel oder Erdnuß, in Südamerika heimisch, zeichnet sich durch eigentümliche, unter der Erde zur Reife kommende Früchte aus, aus welchen das wie Olivenöl gebrauchte Arachisöl oder Erdnußöl gepreßt wird (Abb. 392).

Off. **Myroxylon** balsamum, var. Pereirae, ist ein immergrüner Baum der Westküste von Zentralamerika und liefert Balsamum peruvianum. **M.** balsamum, var. genuinum (Abb. 393), ein im nördlichen Südamerika heimischer, fiederblättriger Baum, ist die Stammpflanze des Balsamum tolutanum.

**Physostigma** venenosum (Abb. 394), eine bohnenähnliche Schlingpflanze des tropischen Westafrikas mit purpurnen Blütentrauben, ist die Stammpflanze der Fabae calabaricáe und des Physostigmins.

Off. **Andira** araroba, ein hoher Baum Südamerikas mit unpaarig gefiederten Blättern und violetten Blütenrispen, liefert Chrysarobin.

**Pterocarpus** marsupium und **P.** indicus, in Ostindien einheimisch, sind hauptsächlich die Stammpflanzen des Kino. **P.** draco liefert das amerikanische Drachenblut.

Abb. 390.
Glycyrrhiza glabra.



Abb. 391. Ononis spinosa. A blühender Zweig. B reife Frucht.

**Indigofera** tinctoria, ein Halbstrauch Ostindiens, ist die Stammpflanze des Indigo, welcher aus dem Kraute der Pflanze durch Gärung gewonnen wird, aber durch den künstlichen Indigo stark zurückgedrängt worden ist.

**Robinia** pseudacacia, in Nordamerika heimisch, ist in Europa als „Akazie" überall eingebürgert.

**Dipteryx** odorata, in Venezuela und Guiana heimisch, liefert Semen Tonca.

**Anthyllis**, Wundklee, **Lotus**, Schotenklee, **Medicago**, Schneckenklee, Luzerne, **Lupinus**, Lupine, **Lathyrus**, Platterbse, **Onobrychis**, Esparsette, **Coronilla**, Kronwicke, **Ornithopus**, Vogelfuß, Serradella, sind weitere Gattungen, welche die Unterfamilie der Papilionatae in unserem Klima vertreten.

Abb. 392.  Arachis hypogaea (die Erdnuß).  A blühende und fruchtende Pflanze.  B Hülse.  C aufgeschnittene und zwei Samen zeigende Hülse.

## 14. Reihe.  **Geraniales.**

Blüten mit doppelter Blütenhülle, fünfzählig, gewöhnlich strahlig mit meist vollzähligen Kreisen.  Der Fruchtknoten ist oberständig, gefächert, die Fruchtblätter sind miteinander verwachsen.  Die Samenanlagen sind anatrop, hängend mit der Samenleiste zugewandter Raphe und nach oben gekehrter Mikropyle oder, wenn mehr als eine Samenanlage vorhanden, einzelne mit abgewandter Raphe und der Mikropyle nach unten (Abb. 395).  Die Pollen sind dreikernig.

### Fam. Geraniaceae.

Die strahligen Blüten der Storchschnabelgewächse sind vorwiegend regelmäßig, mit fünf oder zehn Staubgefäßen und zwei Samenanlagen in jedem Fruchtknotenfache.  Die Karpelle sind nach oben grannenartig verlängert und lösen sich bei der Reife von der bleibenden Mittelsäule ab.

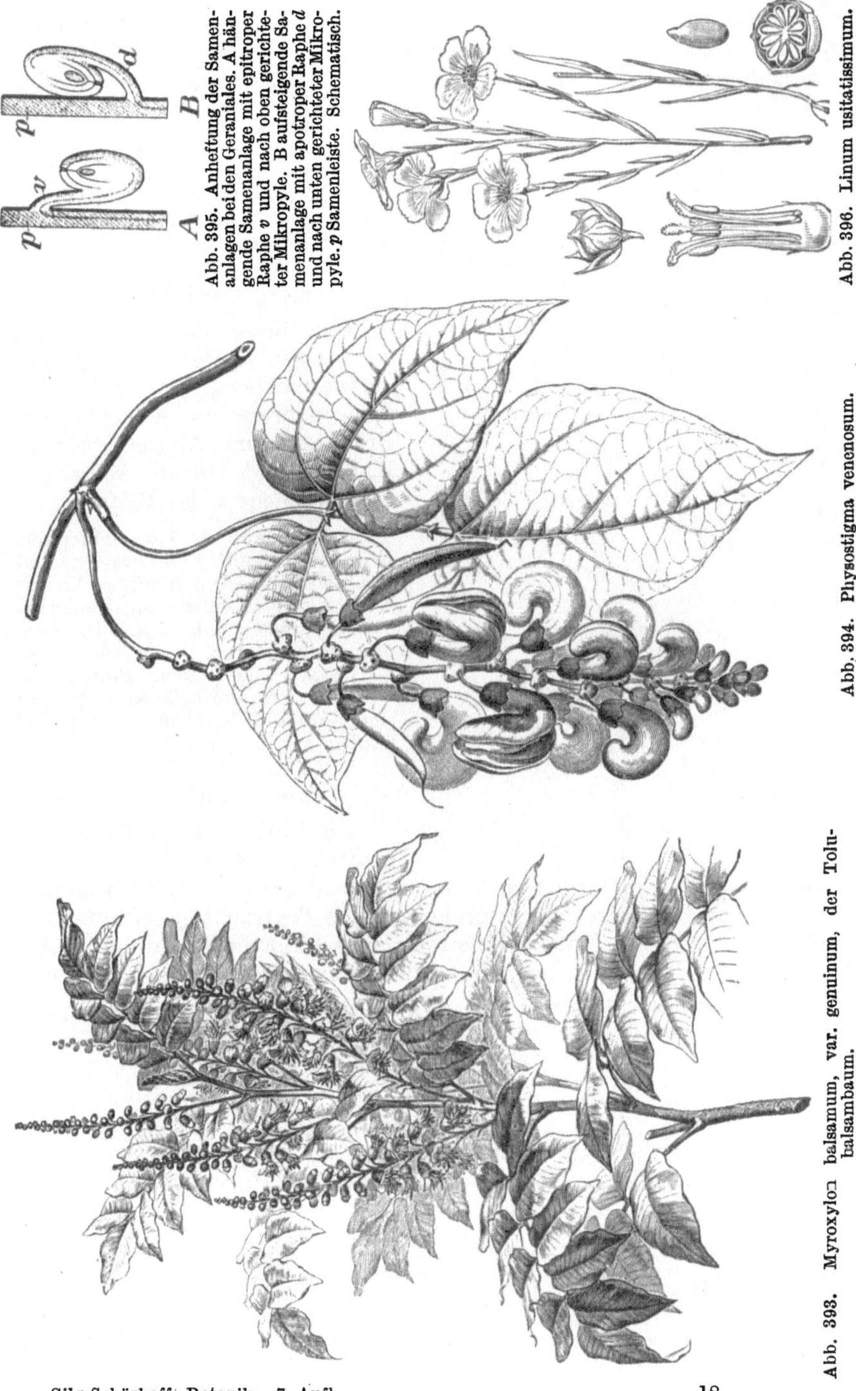

Abb. 395. Anheftung der Samenanlagen bei den Geraniales. A hängende Samenanlage mit epitroper Raphe v und nach oben gerichteter Mikropyle. B aufsteigende Samenanlage mit apotroper Raphe d und nach unten gerichteter Mikropyle. p Samenleiste. Schematisch.

Abb. 396. Linum usitatissimum.

Abb. 394. Physostigma venenosum.

Abb. 393. Myroxylon balsamum, var. genuinum, der Tolubalsambaum.

Es sind Kräuter oder Sträucher mit einfachen Blättern. Hauptverbreitungsgebiet der Familie ist das Kapland.

**Geranium** pratense, Wiesenstorchschnabel, und andere Arten dieser Gattung, wie **G. Robertianum**, **G. sanguineum**, **G. silvaticum**, **G. pusillum**, **G. rotundifolium** und **G. molle** kommen sämtlich in unserem Klima überaus häufig vor.

**Erodium** cicutarium, Reiherschnabel, ist ebenfalls ein sehr häufiges Unkraut. Die Fruchtgrannen von **E. gruinum** dienen häufig als Hygrometer.

**Pelargonium**-Arten, im Kaplande heimisch, sind bei uns beliebte Zimmerzierpflanzen.

## Fam. Oxalidaceae.

Die Blüten der Sauerkleegewächse besitzen zehn Staubgefäße und in jedem Fruchtknotenfache mehrere Samenanlagen. Die Frucht ist eine Kapsel. Es sind Kräuter und Holzgewächse mit zusammengesetzten Blättern.

**Oxalis** acetosella, Sauerklee, Hasenklee, ist ein in Laubwäldern und feuchten Gebüschen häufiges, kleines Kraut mit weißen, ansehnlichen, chasmogamen (d. h. sich öffnenden) und unscheinbaren, kleistogamen (stets geschlossen bleibenden) Blüten, die auch durch Heterostylie ausgezeichnet sind. Zwei gelbblühende Arten sind häufige Gartenunkräuter.

Abb. 397. Erythroxylum coca.

## Fam. Tropaeolaceae.

Die Blüten sind fünfgliederig, zwittrig. Bemerkenswert ist die Blütenachse, welche hinten in einen Sporn ausläuft. Zahl der Staubblätter 8. Die Frucht zerfällt in drei einsamige Teilfrüchte. Beliebte Zierpflanzen, oft mit dem Blattstiel kletternd und durch die Schildblätter ausgezeichnet. Die systematische Stellung dieser Familie ist noch recht unsicher.

**Tropaeolum** majus, Kapuzinerkresse, aus den Anden Südamerikas stammend, Zierpflanze.

## Fam. Linaceae.

Die Leingewächse besitzen strahlige Blüten mit fünfgliederigen Blütenblattkreisen. Die Blumenblätter sind in der Knospenlage gedreht. Die Blütenformel ist $K\,5\,C\,5\,A\,5\,G^{\underline{(5)}}$. Die Frucht ist eine Kapsel, welche durch falsche Scheidewände in doppelt so viele Fächer geteilt ist, als Fruchtblätter vorhanden sind.

Off. **Linum** usitatissimum, der Lein oder Flachs (Abb. 396), ist die Stammpflanze von Sem. Lini. Die Samen liefern Schleim, gepreßt reichlich Öl (Leinöl), das bei Sauerstoffzutritt rasch erstarrt (trocknet) und deshalb zu Firnis sowie zur Linoleumbereitung benützt wird. Die zähen Bastfasern des Stengels bilden nach geeigneter Herrichtung (Röste) die zu Leinengespinsten verarbeiteten Flachsfasern. **L. catharticum**, Purgierlein, ist ein häufiges Unkraut.

## Fam. Erythroxylaceae.

Die Kokagewächse besitzen strahlige Blüten. Ein Honigwulst verbindet die Staubgefäße an ihrem Grunde untereinander (Abb. 398a, c). Die Blumenblätter tragen eigentümliche Anhängsel (Abb. 398a, b). Die Blütenblattkreise sind durchweg fünfzählig. Die Kokagewächse sind Bäume und Sträucher der Tropengebiete und sind mit schuppenförmigen, blattachselständigen Nebenblättern versehen (Abb. 397).

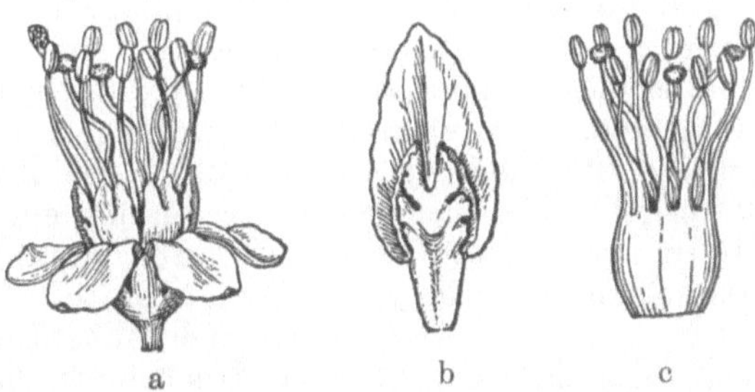

Off. **Erythroxylum** coca (Abb. 397) ist ein in den Anden Südamerikas heimischer Strauch mit unscheinbaren Blüten und kleinen roten

Abb. 398. Erythroxylum coca. a Blüte, b ein Blumenblatt, c die am Grunde verwachsenen Staubgefäße.

Früchten, dessen Blätter (Fol. Coca) behufs Gewinnung des Kokains gesammelt werden. Er wird, wie neuerdings auch **E. novogranatense**, in der alten und neuen Welt viel kultiviert.

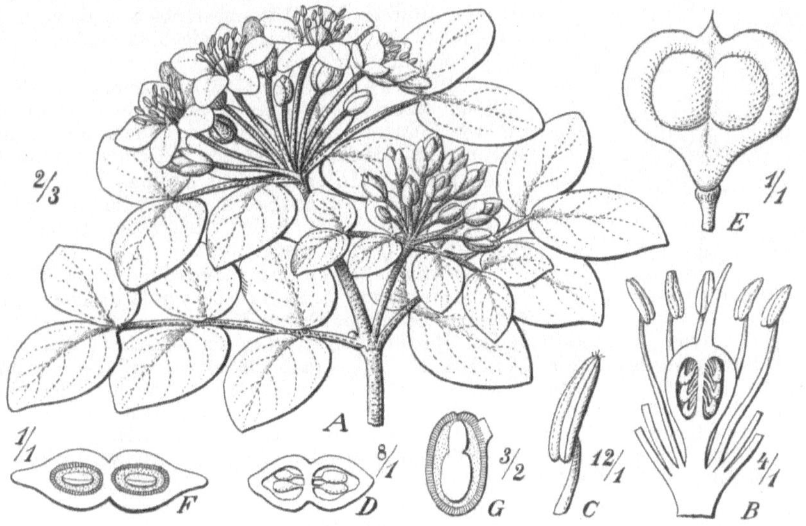

Abb. 399. Guajacum officinale. A blühender Zweig. B Blüte im Längsschnitt ohne Blumen- und Kelchblätter. C Staubblatt. D Querschnitt durch den Fruchtknoten. E reife Frucht. F dieselbe quer durchschnitten. G Samen im Längsschnitt.

## Fam. Zygophyllaceae.

Meist tropische Holzgewächse oder Kräuter mit oft geflügelten Blattstielen, meist paarig gefiederten Blättern und mit bleibenden Nebenblättern. Die Blüten sind regelmäßig, in allen Kreisen fünfzählig, mit zehn Staubgefäßen und nur wenig entwickeltem Diskus versehen.

Off. **Guajacum** officinale (Abb. 399), ein im tropischen Zentral- und nördlichen Südamerika heimischer Baum mit immergrünen, paarig gefiederten Blättern, liefert

18*

das offizinelle, sehr harte und deshalb auch zur Herstellung von Kegelkugeln usw. benutzte Lign. Guajaci. **G. sanctum** unterscheidet sich nur wenig von der vorhergehenden Art und ist ebenfalls offizinell. Das Splintholz ist reich an Saponinen.

## Fam. Rutaceae.

Die Rautengewächse sind Holzpflanzen oder Kräuter der wärmeren Zonen mit abwechselnden, gefiederten oder gedreiten, lysigene Sekretbehälter enthaltenden Blättern ohne Nebenblätter. Die Blüten sind regelmäßig und meist nach der Fünfzahl gebaut. In diesem Falle ist die typische Blütenformel $K\,5\,C\,5\,A\,10\,G^{(5-2)}$. Zwischen Staub- und Fruchtblättern befindet sich bei dieser Familie ein honigabsondernder Wulst, Diskus genannt (Abb. 401, C). Die Staubgefäße sind zuweilen (bei Citrus) zu Bündeln verwachsen (Abb. 401, C). Die Früchte sind entweder mehrfächerig oder seltener ist jedes einzelne Fruchtblatt für sich geschlossen.

**Ruta** graveolens, die Gartenraute (Abb. 400), in Südeuropa einheimisch, bei uns meist verwildert. Ihre Blüten sind gelb; die Gipfelblüte jedes Zweiges ist fünfzählig, alle übrigen Blüten vierzählig. Liefert Folia Rutae und Oleum Rutae.

**Dictamnus** albus, mit schönen, großen, rosafarbenen Blüten, im Mittelmeergebiet und noch in Süddeutschland wachsend, ist die Stammpflanze von Rad. Dictamni.

Off. **Pilocarpus** pennatifolius (Abb. 402), ein in Brasilien wachsender Strauch mit immergrünen gefiederten Blättern, und mehrere andere Arten der Gattung sind die Stammpflanzen der Folia Jaborandi.

**Cusparia** trifoliata (auch **Galipea** officinalis oder **Cusparia** febrifuga genannt), im tropischen Amerika einheimisch, liefert die aromatische Angosturarinde, Cortex Angosturae.

**Barosma** crenata und andere Barosma-Arten sowie **Empleurum** serrulatum, am Kap der Guten Hoffnung heimisch, liefern Folia Bucco.

Abb. 400. Ruta graveolens.

Off. **Citrus** aurantium, subspec. amara, die Pomeranze (Abb. 401), liefert Folia Aurantii, Flor. Aurantii, Fruct. Aurant. immatur. und Pericarpium Aurantii; von der subspec. dulcis stammen die Apfelsinen, die in Südeuropa, besonders auf Sizilien und im östlichen Spanien, viel angebaut werden. — C. medica liefert die Zitronen, Fruct. Citri sowie Pericarpium Citri. — C. bergamia liefert Ol. Bergamottae. — Einige Arten der Gattung Citrus zeichnen sich durch einen geflügelten Blattstiel aus (Abb. 401 A).

## Fam. Simarubaceae.

Tropische Holzgewächse. Der Blütenbau ist demjenigen der Rutaceae ganz ähnlich. Die Gewächse dieser Familie zeichnen sich durch reichen Gehalt an Bitterstoffen aus. Lysigene Öldrüsen fehlen.

Off. **Quassia** amara (Abb. 403), im tropischen Amerika heimisch, und **Picrasma** excelsa, auf Jamaica und den kleinen Antillen heimisch, liefern Lignum Quassiae, erstere Lignum Quassiae surinamense, letztere Lignum Quassiae jamaicense.

## Fam. Burseraceae.

Die Burseraceae, ebenfalls eine Familie tropischer Holzgewächse, weichen im Bau ihrer Blüten ebenso wie die Simarubazeen von dem-

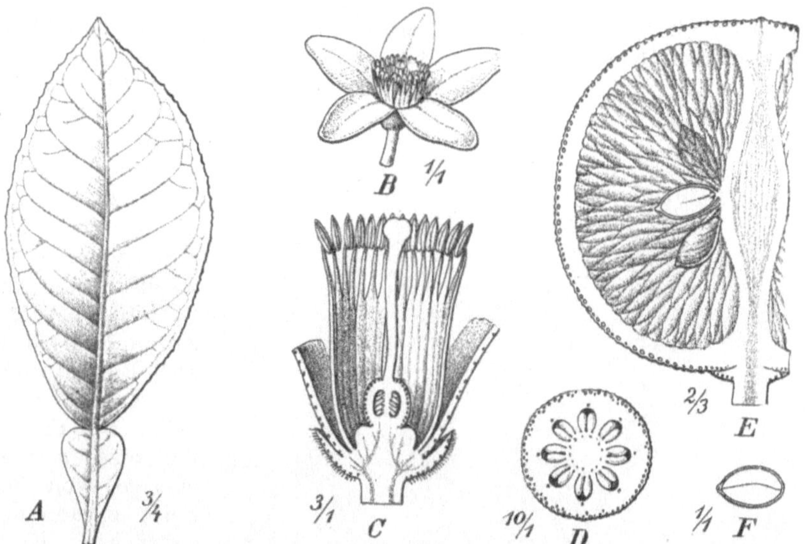

Abb. 401. Citrus aurantium. A Blatt mit geflügeltem Blattstiel. B Blüte. C dieselbe im Längsschnitt, die Blumenblätter größtenteils abgeschnitten. D Fruchtknoten im Querschnitt. E linke Hälfte einer längsdurchschnittenen Frucht. F Samen im Querschnitt.

jenigen der Rutazeenblüten nur unwesentlich ab. Ein Kennzeichen der Familie sind die in der Rinde der Stämme verlaufenden, starken schizolysigenen Harzkanäle.

**Off. Commiphora** (auch **Balsamodendron** genannt) abyssinica und andere Arten, in Nordostafrika heimisch, liefern Myrrha.

**Boswellia** Carteri und andere Boswellia-Arten, sämtlich im nordöstlichen Afrika heimisch, liefern Olibanum.

**Icica** icicariba, in Südamerika wachsend sowie **Canarium** commune, im indisch-malayischen Gebiet einheimisch, sind hauptsächlich die Stammpflanzen des Elemi.

## Fam. Polygalaceae.

Die Blüten der Polygalazeen sind gleichhälftig (Abb. 404 a). Der Bau der Polygalablüte ist folgender (Abb. 404 a u. b, 405): Von den fünf Kelchblättern sind die drei äußeren gleichmäßig als gewöhnlich grüne Kelchblätter (Abb. 404 b, 1 k), die beiden in-

Abb. 402. A und B Pilocarpus Selloanus. A blühender Zweig. B einzelne Blüte im Längsschnitt C Frucht von P. giganteus. D Samen von P. macrocarpus. E—J P. pennatifolius. E einzelne Blüte. F Blattquerschnitt (oben in der Mitte eine Drüse). G Epidermis der Unterseite. H Teil der Frucht. J längsdurchschnittener Samen. (Nach A. Meyer und Engler.)

neren jedoch ungleich größer und blumenblattartig ausgebildet (a). Diese sind so groß, daß sie durch flügelartiges Zusammenneigen die übrigen Blütenorgane fast völlig verdecken. Von den Blumenblättern sind nur drei entwickelt, und zwar das vordere unverhältnismäßig groß, schiffchenförmig, vorn mit einem Kamm versehen (Abb. 404 b, 1 c). Die vorhandenen acht Staubgefäße sind zu einem offenen, vorn tief gespaltenen Bündel verwachsen (Abb. 404 b, 4 st). Der Fruchtknoten ist zweifächerig mit nach hinten gekrümmtem Griffel. Die Blütenformel ist $K\,5\ C\,3\ A\,(8)\ G\,\underline{(2)}$. Die Frucht ist eine zweifächerige, von der Seite zusammengedrückte Kapsel. Die Kreuzblumengewächse sind

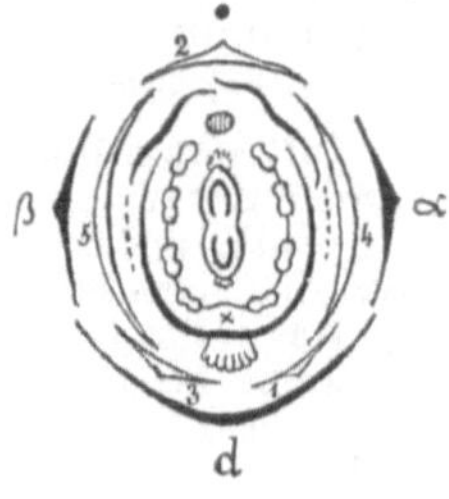

Abb. 403. Quassia amara. A blühender Zweig. B Blüte im Längsschnitt. C Antheren. D Staubblattbasis von vorn und von hinten. E Frucht.

Abb. 404 a.   Grundriß der Polygalablüte. d Deckblatt, α und β Vorblätter.

Kräuter oder Sträucher verschiedener Klimate mit stets ganzrandigen Blättern. Sie zeichnen sich durch Bitterstoff- und Saponingehalt aus.

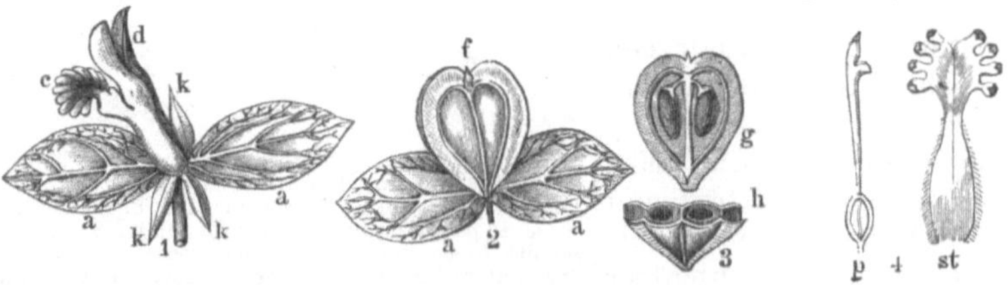

Abb. 404 b. 1 Blüte von Polygala vulgaris. k äußere Kelchblätter, a innere Kelchblätter oder Flügel, d bis zur Basis gespaltene Oberlippe, c Unterlippe mit Kamm. 2 Frucht mit den beiden Flügeln. 3 g geöffnete Frucht, h dieselbe im Querschnitt. 4 p Pistill, st die verwachsenen Staubgefäße.

Off. **Polygala** amara, die bittere Kreuzblume (Abb. 405), wächst bei uns wild und liefert Herba Polygalae. — **P.** senega, ein in Nordamerika wild wachsendes, kleines, schmalblättriges Kraut mit weißen oder rötlichen Blütentrauben, liefert Radix Senegae.

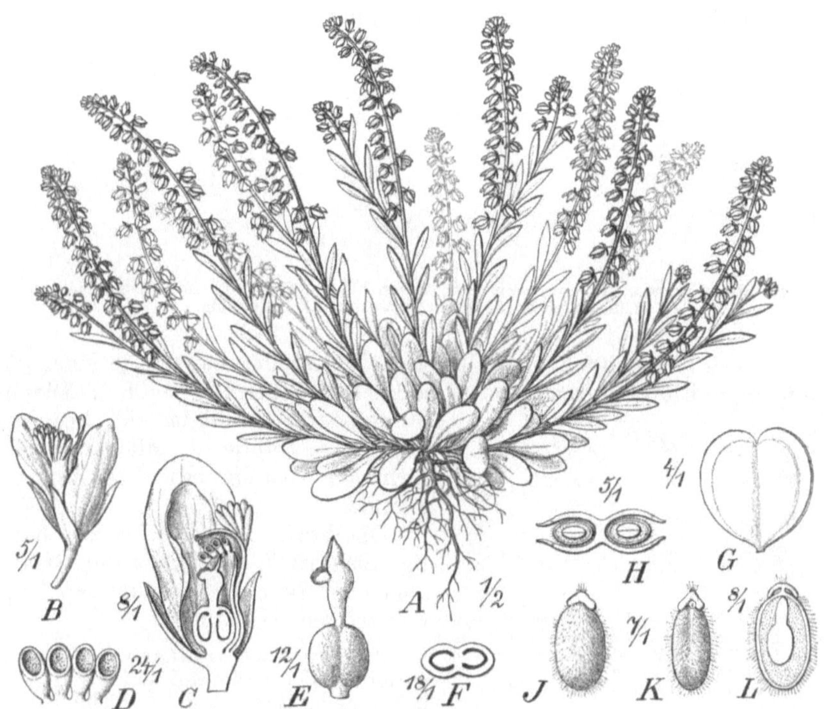

Abb. 405. Polygala amara. A Habitus ($^1/_2$). B ganze Blüte ($^6/_1$). C diese im Längsschnitt ($^8/_1$). D Staubbeutel von innen gesehen ($^{24}/_1$). E Fruchtknoten mit Griffel und Narbe ($^{12}/_1$). F Querschnitt durch den Fruchtknoten ($^{18}/_1$). G Frucht ohne die Blütenhülle ($^4/_1$). H diese quer durchschnitten ($^5/_1$). J, K Samen von der Seite und von vorn gesehen ($^7/_1$). L derselbe im Längsschnitt ($^8/_1$).

## Fam. Euphorbiaceae.

Die Familie der Wolfsmilchgewächse nimmt im Pflanzensystem eine ziemlich isolierte Stellung ein, denn ihre Blüten weisen mannigfache Eigentümlichkeiten auf. Sie sind stets getrenntgeschlechtig, einhäusig oder zweihäusig. Bei den meisten Wolfsmilchgewächsen ist eine einfache Blütenhülle (Perigon), zuweilen aber auch noch eine doppelte Blütenhülle (Kelch und Krone) vorhanden. Staubgefäße können in der Zahl $\infty - 1$ existieren; bei Rizinus sind sie verzweigt (Abb. 406). Fruchtblätter sind meist drei vorhanden. Die Frucht ist fast stets eine in drei Teilfrüchte sich spaltende Kapsel. Der Samen enthält reichlich Nährgewebe (Abb. 407).

Abb. 406. Verzweigtes Staubgefäß von Ricinus communis.

Bei der Gattung **Euphorbia** bilden die aus einem einzigen Staubgefäß bestehenden männlichen Blüten (Abb. 408 $h$) und die aus einem gestielten Fruchtknoten bestehenden weiblichen Blüten einen eigentümlichen Blütenstand, der wie eine Einzelblüte aussieht (Abb. 408 und 409) und Kyathium (kyathos = Becher) genannt wird. Er besteht aus 2—12 männlichen Blüten von der Form eines gegliederten Staubgefäßes, dessen

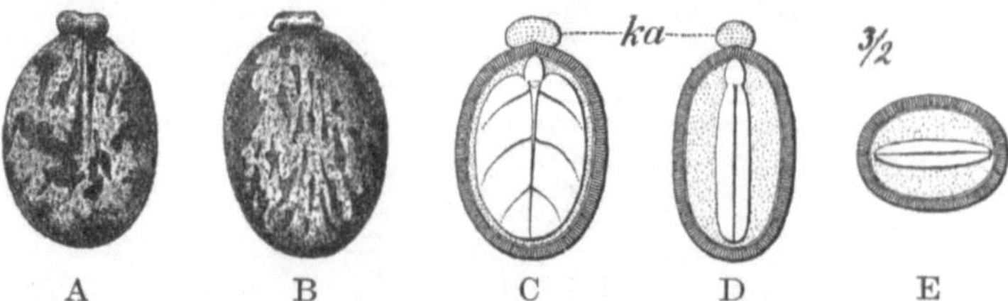

Abb. 407. Rizinussamen. A Samen von vorn, B von hinten. C und D die beiden verschiedenen
Längsschnitte. E Querschnitt ($^3/_2$). ka Karunkula.

unterer Teil (Abb. 408 $h$) den Blütenstiel darstellt, und aus je einer die
männlichen Blüten überragenden weiblichen Blüte (Abb. 408 $c$). Diesen

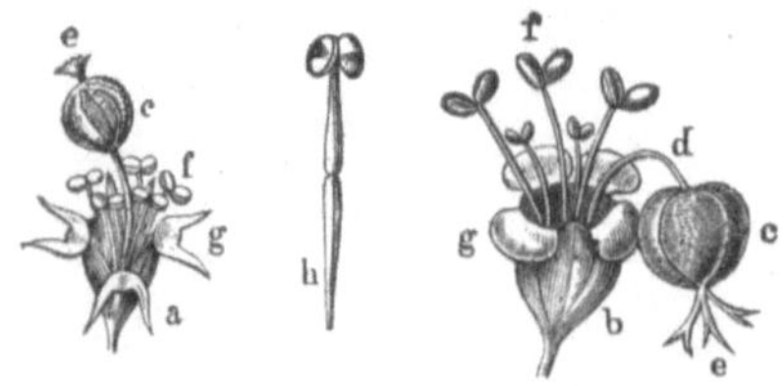

Blütenstand umhüllt ein krugförmiges, am Rande oft mit halbmondförmigen Drüsen besetztes Achsengebilde.

Die Wolfsmilchgewächse sind häufig Milchsaft führende Kräuter, Sträucher oder Bäume, von zuweilen kakteenartigem Habitus.

Abb. 408. a Blütenstand von Euphorbia peplus. b Blütenstand von Euphorbia helioscopia.
$a$ und $b$ Hülle, $g$ Honigdrüsen, $c$ weibliche,
$f$ männliche Blüten, $h$ eine aus einem einzigen
Staubfaden bestehende männliche Blüte.

**Ricinus** communis (Abb. 410), eine in
Ostindien oder Afrika einheimische Pflanze,
liefert Sem. Ricini und Ol. Ricini.

Off. **Croton** tiglium, ebenfalls in Ostindien heimisch, liefert Sem. Crotonis
und Ol. Crotonis. — **C.** eluteria, auf den Bahamainseln wachsend, ist die Stammpflanze von Cort.
Cascarillae.

Off. **Mallotus**
philippinensis
(auch Rottlera tinctoria genannt), ist
auf den Inseln des
Indischen Archipels
heimisch und liefert
Kamala (die Drüsenhaare der Früchte).

**Aleurites** moluccana, ein in den
Tropengebieten der
Erde jetzt überall
kultivierter Baum,
liefert in seinen Samen sehr reichlich
fettes Öl, welches, wie
das von **A.** Fordii

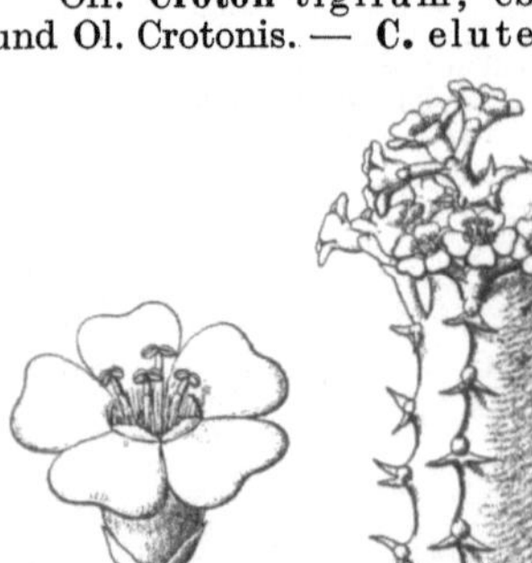

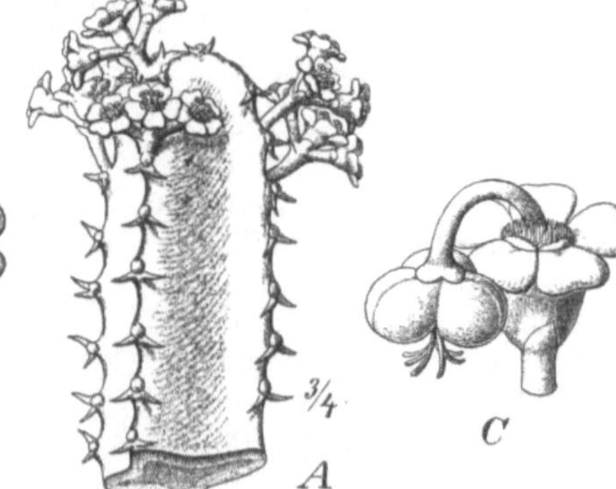

Abb. 409. Euphorbia resinifera. A Spitze eines blühenden Zweiges ($^3/_4$).
B junges männliches Kyathium ($^4/_1$). C ein anderes älteres, dessen einzige weibliche Blüte sich bereits zur Frucht entwickelt ($^3/_1$).

aus China, besonders in neuerer Zeit für die Technik sehr wichtig geworden
ist (Holzöl).

**Hevea** brasiliensis und andere Arten dieser Gattung, im tropischen Amerika
heimisch, in Hinterindien in Großkultur, liefern den besten, den sog. Parakautschuk.

**Manihot** Glaziovii und andere in Brasilien einheimische Arten der Gattung liefern Kautschuk und werden jetzt überall in den Tropen der Erde kultiviert. — **M.** utilissima, im tropischen Amerika heimisch, liefert eßbare Wurzelknollen und aus ihnen das geschätzte Maniokmehl.

Off. **Euphorbia** resinifera, ein in Nordafrika heimischer, laubloser, dorniger Strauch von kakteenähnlichem Aussehen (Abb. 409), ist die Stammpflanze des Euphorbium. — **E.** cyparissias, **E.** peplus, **E.** helioscopia und andere Euphorbia-Arten sind bei uns häufige Unkräuter. Ihr Milchsaft eignet sich wegen seines hohen Harzgehaltes nicht zur Kautschukgewinnung (Abb. 249, vgl. auch S. 109).

## 15. Reihe. **Sapindales.**

Die Blütenverhältnisse entsprechen der vorigen Reihe, aber die Samenanlage ist in entgegengesetzter Stellung, entweder hängend mit abgewandter Raphe

Abb. 410. Ricinus communis. Habitus. 1 weibliche, 2 männliche Blüte, 3 Samen.

und der Mikropyle nach oben, oder aufsteigend mit zugewandter Raphe und mit der Mikropyle nach unten (Abb. 411). Pollenkörner zweikernig.

## Fam. **Anacardiaceae.**

Die Sumachgewächse sind tropische oder subtropische Holzpflanzen mit schizolysigenen Harzgängen in der Rinde. Der Fruchtknoten ist zur Zeit der Reife stets einsamig, obwohl anfangs zuweilen mehrere Samenanlagen vorhanden sind. Die Frucht ist eine Steinfrucht (Abb. 412 und 413). Die meisten der Sumachgewächse sind durch einen Gehalt an sehr scharfen Stoffen (darunter Cardol) ausgezeichnet.

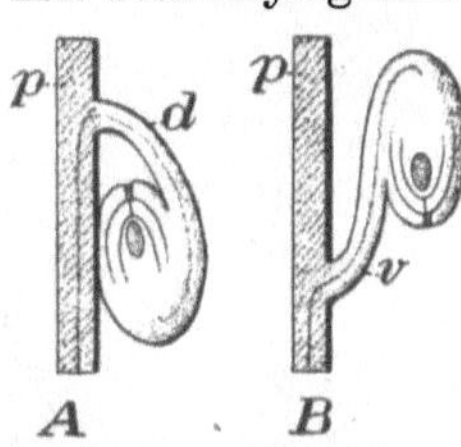

Abb. 411. Anheftung der Samenanlagen bei den Sapindales. A hängende Samenanlage mit apotroper Raphe *d* und nach oben gerichteter Mikropyle. B aufsteigende Samenanlage mit epitroper Raphe *v* und nach unten gerichteter Mikropyle. *p* Samenleiste. Schematisch.

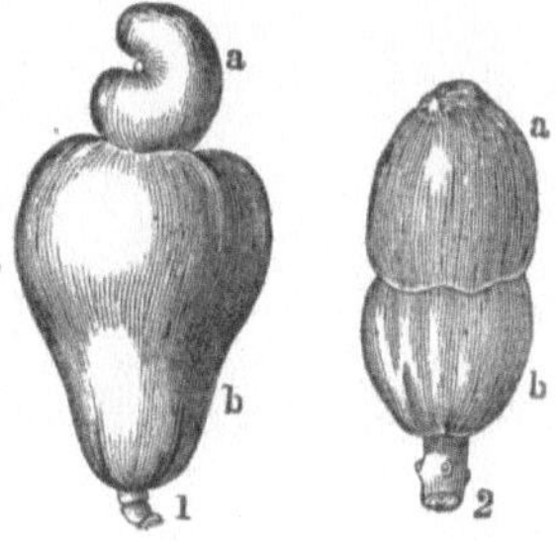

Abb. 412/13. 1 Frucht von Anacardium occidentale. 2 Frucht von Semecarpus anacardium. *a* Frucht, *b* fleischig verdickter Fruchtstiel (vgl. auch Abb. 82, S. 39).

**Mangifera** indica, der Mangobaum, liefert ein geschätztes Tropenobst.

**Anacardium** occidentale, in Westindien einheimisch, mit sehr auffallendem Blütenbau (Abb. 414), ist die Stammpflanze der Fruct. Anacard. occidental. (Abb. 413, 1).

**Semecarpus** anacardium, in Ostindien einheimisch, ist die Stammpflanze der Fruct. Anacard. oriental. (Abb. 413, 2). Bei Anacardium und Semecarpus beteiligt sich an der Fruchtbildung auch der Fruchtstiel, indem er bei ersterem birnförmig, bei letzterem wulstig anschwillt. Er stellt bei der Reife ein geschätztes Obst dar.

**Rhus** toxicodendron, der Gift-Sumach (Abb. 415), ein nordamerikanischer Strauch, liefert die Fol. Toxicodendri. Im Harzsaft der ganzen Pflanze ist ein scharfer, reizender Stoff enthalten, der, schon in geringster Menge auf die Haut gebracht, schwere Entzündungen hervorruft. Ein oberflächliches Berühren der Pflanze schadet dagegen nichts. — **Rh.** cotinus (= Cotinus coggygria), der Perückenbaum, liefert

Fisetholz, **Rh.** coriaria die zum Gerben verwendete Sumachlohe. Beide sind im Mittelmeergebiet heimisch. — Von der ostasiatischen **Rh.** semialata stammen die gerbstoffreichen Gallae chinenses.

**Schinopsis** Lorentzii und **Sch.** Balansae liefern das wichtige Gerbmaterial Quebrachoholz und -extrakt (tanninreich).

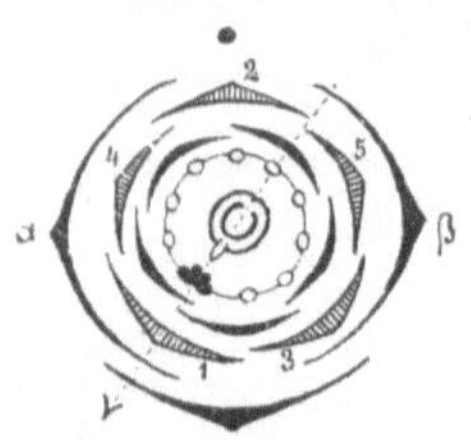

Abb. 414.   Grundriß der Blüte von Anacardium occidentale.

**Pistacia** lentiscus ist im ganzen Mittelmeergebiet heimisch und liefert auf den Inseln des griechischen Archipels Mastix. — **P.** vera, in Südeuropa wildwachsend und auch angebaut, liefert die mandelartigen, eßbaren Pistaziensamen (Pistaziennüsse), **P.** terebinthus, ebenfalls mediterran, liefert „Cyprischen Terpentin“ und sehr gerbstoffreiche Gallen.

## Fam. Aquifoliaceae.

Blüten klein, die Blumenblätter oft am Grunde mit den gleichzähligen Staubblättern vereinigt. Die Frucht ist eine 4—8kernige Steinfrucht. — Diözische Sträucher oder Bäume mit meist immergrünen, einfachen Blättern.

**Ilex** aquifolium, die sog. „Stechpalme“, ist in Süd- und Westeuropa verbreitet und findet sich stellenweise in Deutschland nicht selten. **I.** paraguariensis und andere Arten des tropischen Südamerika liefern den koffeinhaltigen sog. Matetee, welcher in Südamerika fast ausschließlich getrunken wird. Die Samen sind erst nach Hühnerdarmpassage oder Anätzen mit Säuren keimfähig.

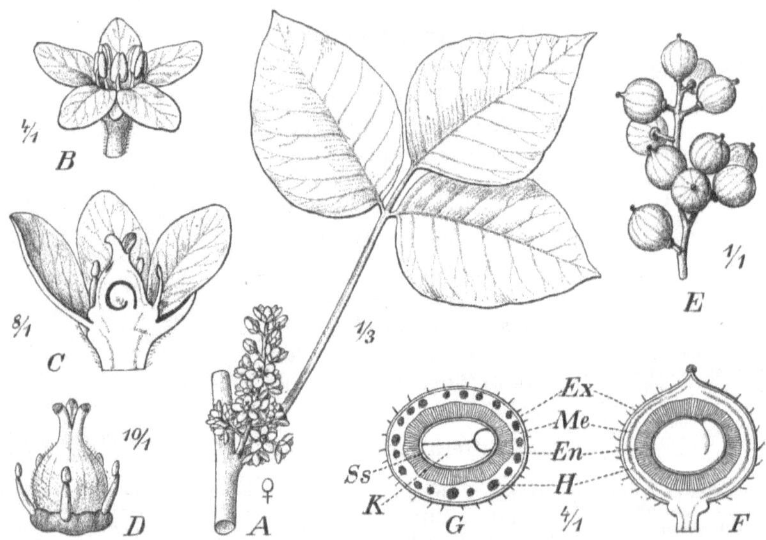

Abb. 415.  Rhus toxicodendron.  A Stück der blühenden ♀ Pflanze.  B ♂ Blüte.  C ♀ Blüte längsdurchschnitten.  D Fruchtknoten mit Diskus und daraufsitzenden fünf Staminodien.  E Fruchtzweig. F Längsschnitt.  G Querschnitt durch eine reife Frucht.  *Ex* Exokarp, äußerste Schale, *Me* Mesokarp, Mittelschicht mit Harzgängen *H*, *En* Endokarp, innere Steinschicht, *Ss* Samenschale, *K* Keimling.

## Fam. Aceraceae.

Die Ahorngewächse sind Bäume mit gegenständigen Blättern und strahligen, getrenntgeschlechtigen Blüten, acht Staubgefäßen und zweifächerigen Fruchtknoten mit zwei Samenanlagen in jedem Fache. Die Frucht ist eine geflügelte Spaltfrucht.

**Acer** campestre, Feldahorn, wächst in Süd- und Mitteldeutschland wild. Häufig angepflanzt werden **A.** platanoides, der spitzblätterige Ahorn, aus Süddeutschland stammend, und **A.** pseudo-platanus, der Bergahorn. **A.** saccharinum, der Zuckerahorn, in Nordamerika, liefert in seinem Frühjahrssaft Zucker (3 %).

## Fam. Sapindaceae.

Die Blüten der Seifenbaumgewächse sind durch einen außerhalb der Staubblattkreise liegenden, honigabsondernden Wulst (Diskus) gekennzeichnet. Die unregelmäßigen Blüten lassen sich nicht durch eine Linie, welche gleichzeitig die Achse schneidet, in zwei spiegelbildliche Hälften teilen, wohl aber durch eine schräg zur Achse stehende Linie: die Blüten sind also schräg gleichhälftig. Die durchschnittliche Blütenformel ist: $K\,5\,C\,5$ oder $4\,A\,8\,G^{\underline{(5)}}$. — Zu den Seifenbaumgewächsen gehören nicht allein Bäume, sondern auch holzige Schlinggewächse und Kräuter.

**Sapindus** saponaria, der Seifenbaum, in Südamerika einheimisch, hat der Familie den Namen gegeben. Das Fleisch seiner Früchte wird wegen seines Saponingehaltes wie Seife gebraucht.

**Paullinia** cupana (= **P.** sorbilis), ein in Brasilien heimisches Schlinggewächs, liefert die sehr koffeinhaltige, aus den Samen hergestellte Pasta Guarana.

**Aesculus** hippocastanum, die weiße Roßkastanie (Heimat Mazedonien), und **Pavia** rubra, die rote Roßkastanie (Heimat Nordamerika), sind bei uns beliebte Alleebäume. — Auf diese beiden Gattungen (welche auch häufig unter Aesculus zusammengefaßt werden) hat man eine besondere Familie, die der **Hippocastanaceae** begründet, welche allerdings mit den Sapindazeen nächstverwandt ist.

## Fam. Balsaminaceae.

Kräuter mit durchscheinenden Stengeln. Kelchblätter 5 oder 3 (die 2 vorderen nicht entwickelt), Blumenblätter 5, 2 seitliche meist vereint. Staubblätter 5, verwachsen. Kapsel meist elastisch aufspringend.

**Impatiens** noli tangere, das „Kräutchen Rührmichnichtan", bei uns in feuchten Wäldern sehr verbreitet. **I.** parviflora, sehr häufiges Unkraut, aus der Mongolei eingewandert.

## 16. Reihe. **Rhamnales.**

Blüten strahlig, mit doppelter Blütenhülle, die Staubblätter in einem Kreis vor den oft sehr kleinen Blumenblättern stehend. Diskus meist vorhanden. Fruchtknoten 5—2zählig, gefächert, ober-, seltener mittel- oder unterständig. — Meist Sträucher oder Lianen mit einfachen oder geteilten Blättern und kleinen Blüten.

## Fam. Rhamnaceae.

Die Blüten der Kreuzdorngewächse unterscheiden sich von denen der Weinrebengewächse namentlich durch die Ausbildung eines Achsengebildes (Rezeptakulum), welches hüllenförmig sich über den Fruchtknoten hinaufwölbt und auf seinem mit großen Kelchzähnen versehenen Rande nur unscheinbare Blumenblätter, sowie die Staubgefäße trägt (Abb. 416). Die Blütenblattkreise werden von der Fünf- oder Vierzahl beherrscht (Abb. 417, A und B). Die Frucht ist eine beerenartige Steinfrucht. Die Kreuzdorngewächse sind Bäume oder Sträucher.

Off. **Rhamnus** frangula, der Faulbaum, ein bei uns heimischer Strauch mit fünfzähliger Blüte, liefert Cort. Frangulae (Abb. 418). — **Rh.** Purshiana, in Nordamerika wachsend, ist die Stammpflanze der Cort. Rhamni purshianae oder Cascarae sagradae. — **Rh.** cathartica, der in Deutschland heimische Kreuzdorn mit vierzähliger Blüte,

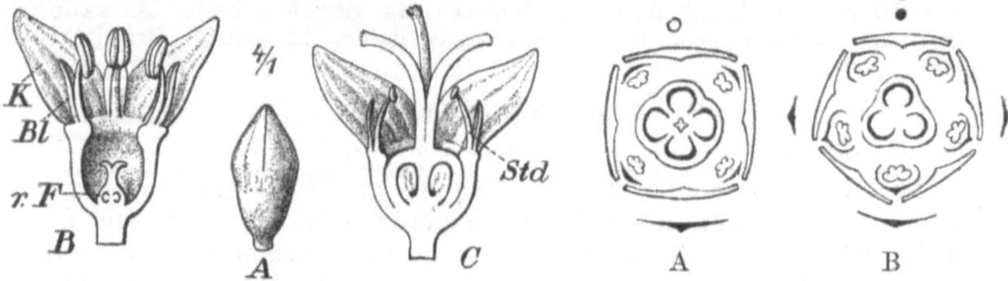

Abb. 416. Rhamnus cathartica. A Knospe. B männliche Blüte. C weibliche Blüte, beide im Längsschnitt. *K* Kelchblätter, *Bl* Blumenblätter, *Std* Staminodien, *r.F.* rudimentärer Fruchtknoten.

Abb. 417. A Grundriß der vierzähligen Blüte von Rhamnus cathartica, B der fünfzähligen Blüte von Rhamnus frangula.

liefert Fruct. Rhamni cathart. und Sirup. Rhamni cathart. sowie den Farbstoff „Saftgrün".

**Zizyphus** vulgaris, in den Mittelmeerländern heimisch, ist die Stammpflanze der Fruct. Jujubae.

## Fam. Vitaceae.

Die Weinrebengewächse sind fast ausnahmslos mit Ranken kletternde Gewächse, deren zu Rispen — fälschlich Trauben (Weintrauben) genannt — vereinigte Blüten ziemlich unscheinbar sind. Die Blütenblattkreise sind mit Ausnahme der Fruchtblätter fünf- oder vierzählig, der zwischen Staubgefäßen und Fruchtknoten gelegene, honigabsondernde Wulst (Diskus) ist stark ausgebildet; der Fruchtknoten ist zweifächerig mit je zwei Samenanla-

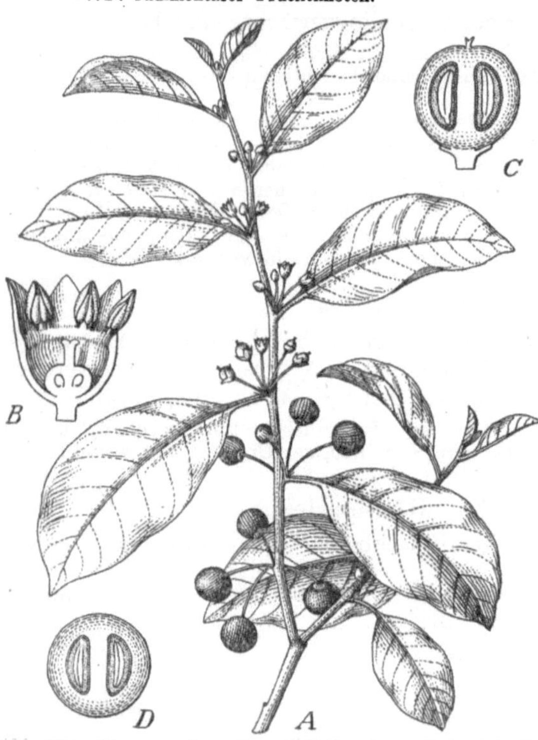

Abb. 418. Rhamnus frangula. A blühender und fruchtender Sproß. B Blüte im Längsschnitt, vergrößert. C Frucht im Längsschnitt, vergrößert. D Frucht im Längsschnitt, vergrößert.

gen in jedem Fruchtknotenfach (Abb. 419). Die Frucht ist eine Beere.

**Vitis** vinifera, Weinstock, im Mittelmeergebiet und noch in Süddeutschland wildwachsend, liefert die Weintrauben, die Rosinen und den Wein. Eine besondere (kernlose) Varietät ist die Stammpflanze der kleinen Rosinen oder Korinthen.

**Parthenocissus** quinquefolia ist der sog. wilde Wein, in Nordamerika heimisch, bei uns als Ziergewächs gebräuchlich. Neuerdings wird die mit Haftscheiben klimmende **P.** tricuspidata (= Vitis Veitchii) mit auffallender Heterophyllie (einspitzigen Blättern an jungen Trieben, dreispitzigen Blättern am alten Holz) viel zur Bekleidung von Mauern benützt.

## 17. Reihe. **Malvales.**

Blüten strahlig, Kelch und Blumenkrone fünfblätterig. Das Andrözeum ist in der Anlage fünfgliederig, wird aber durch Spaltung vielgliederig,
gleichwohl bleiben die Staubfäden verwachsen, während die Antheren
frei bleiben. Der Fruchtknoten ist oberständig und besteht aus zahlreichen
bis 2 Fruchtblättern, er ist in ersterem Falle durch Verwachsung zahlreicher Fruchtblätter entstanden und dieser Zahl entsprechend gefächert.

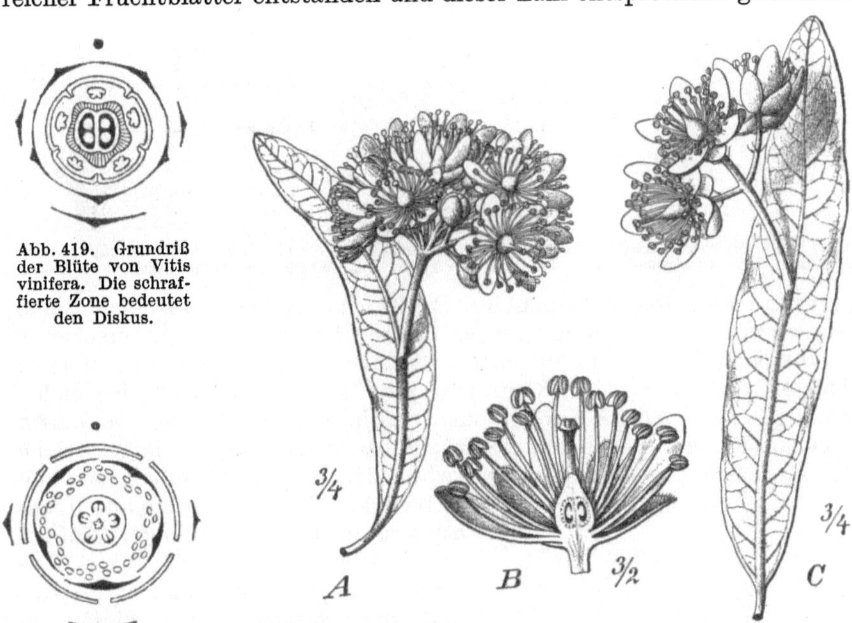

Abb. 419. Grundriß
der Blüte von Vitis
vinifera. Die schraf-
fierte Zone bedeutet
den Diskus.

Abb. 420.   Grundriß
der Lindenblüte.

Abb. 421. A Blütenstand der Winterlinde (Tilia cordata) ($^3/_4$). B einzelne Blüte im Längsschnitt ($^3/_2$). C Blütenstand der Sommerlinde
(Tilia platyphyllos) ($^3/_4$).

### Fam. **Tiliaceae.**

Meist Holzgewächse der gemäßigten Zone, aber auch Kräuter, deren
Blätter mit hinfälligen Nebenblättern versehen sind. Die Blüten sind
strahlig und namentlich durch zahlreiche Staubgefäße ausgezeichnet.
Kelchblätter und Blumenkronblätter sind nicht verwachsen (im Gegensatz zu den Malvaceae), die Staubfäden sind meist zahlreich und frei, nur
zuweilen, und dann nur am Grunde, gruppenförmig vereinigt. Die Blütenformel (Abb. 420) ist: $K5\,C5\,A\,\infty\,G^{(5)}$. Die Früchte sind Steinfrüchte
oder Nüßchen.

Off. **Tilia** platyphyllos, die Sommerlinde, und **T.** cordata (= **T.** ulmifolia),
die Winterlinde, sind beliebte Alleebäume und liefern Flor. Tiliae (Abb. 421). Gesammelt werden die mit einem eigentümlich blassen, häutigen Vorblatt (Abb. 421 A u. C)
versehenen Blütenstände. Beide Arten unterscheiden sich hauptsächlich dadurch,
daß erstere nur 2—3 Blüten (daher auch Tilia pauciflora genannt), letztere
hingegen 5—7 Blüten auf einem gemeinsamen Blütenstiele trägt.

**Corchorus** olitorius und **C.** capsularis, in Südasien heimisch, liefern die
unter dem Namen Jute bekannte Gewebefaser.

## Fam. Malvaceae.

Die Kelchblätter sind am Grunde verwachsen, und die Blumenkronblätter sind nicht allein am Grunde unter sich, sondern
auch mit den zu einer hohlen Säule vereinigten Staubfäden
verwachsen (Abb. 422, 1 und 2). Die sehr zahlreichen Staubgefäße
hingegen sind an ihrer Spitze wiederum gespalten, und jeder Faden

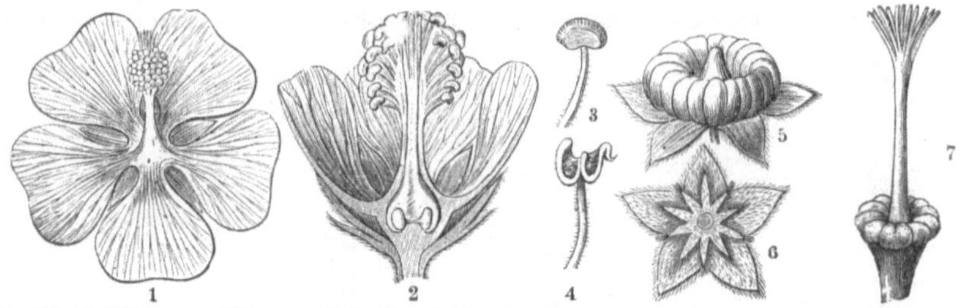

Abb. 422. 1 Blüte von Althaea officinalis. 2 dieselbe längsdurchschnitten. 3 Staubgefäß. 4 dasselbe nach dem Ausstreuen des Pollens. 5 Frucht. 6 Außenkelch von unten gesehen. 7 Pistill.

trägt nur eine halbe Anthere (Abb. 422, 3). Die Griffel sind zu einer Säule
verwachsen, welche oben in eine der Zahl der Fruchtblätter entsprechende
Anzahl Narben sich pinselförmig teilt (Abb. 422, 7). Die Blütenformel
(Abb. 423) ist daher $K(5)\,[C(5)\,A\,(\infty)]\,G^{\underline{(\infty)}}$. Die Frucht ist eine mehr-
fächerige, fachspaltige Kapsel, oder es sind zahlreiche, aus je einem
Fruchtblatt hervorgegangene Teilfrüchtchen ringförmig vereinigt, welche
zur Reifezeit auseinanderfallen (Abb. 422, 5). Eigentümlich ist den
Malvengewächsen ferner ein aus Hoch-
blättern gebildeter Hüllkelch (Außenkelch, Abb. 422, 6 u. 424, B $h$). Die
Blüten stehen in Wickeln, die Blätter
sind mit unscheinbaren, hinfälligen
Nebenblättern versehen. Viele Malvengewächse zeichnen sich durch
großen Schleimgehalt aus. Sie besitzen sternförmig angeordnete einzellige Haare.

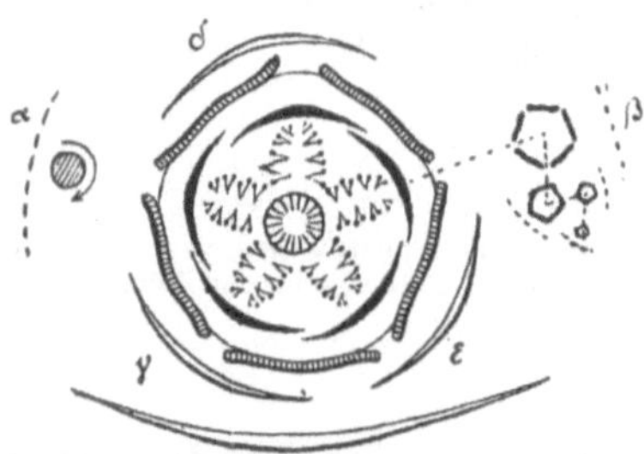

Abb. 423. Grundriß einer Malvenblüte (un-
terste Blüte eines Wickels). $\gamma, \delta, \varepsilon$ Außenkelch.

Off. **Malva** neglecta (= **M.** vulgaris) und
**M.** silvestris (Abb. 425) haben einen drei-
blätterigen Außenkelch und liefern Fol. Malvae, letztere auch die Flores Malvae.

Off. **Althaea** officinalis, der Eibisch (Abb. 426), sammetfilzig behaart, mit
6—9 blättrigem Außenkelch, liefert Rad. Althaeae. — **A.** rosea, die Stockrose,
ist eine beliebte Zierpflanze und in der dunkelrot blühenden Form die Stammpflanze der Flor. Malv. arboreae.

Off. **Gossypium** herbaceum (Abb. 424), **G.** arboreum, **G.** barbadense und
andere **G.**-Arten, sämtlich in tropischen und subtropischen Gebieten der neuen und
alten Welt einheimisch und angebaut, liefern in ihren Samenhaaren die Baumwolle (Abb. 427).

## Fam. Sterculiaceae.

Die Kakaobaumgewächse sind teilweise blumenblattlos. Es sind
ebenfalls zahlreiche Staubgefäße vorhanden, von denen eine Anzahl
unfruchtbar (antherenlos) bleibt; am Grunde sind meist alle Staubfäden

zu einer Röhre verwachsen. Die Kelchblätter sind gleichfalls am Grunde verwachsen. Die Frucht ist eine Kapsel oder Beere.

Off. **Theobroma** cacao, Kakaobaum (Abb. 428), in den meisten Tropengegenden angebaut, ist ein immergrüner Baum mit großen lanzettlichen Blättern und unmittelbar am Stamm aus der Rinde hervorbrechenden roten Blüten. Liefert Sem. Cacao und das daraus gewonnene Ol. Cacao.

**Cola** vera und **C.** acuminata, ebenfalls tropische Bäume, in Westafrika heimisch, sind die Stammpflanzen von Sem. Colae, die Koffein enthalten.

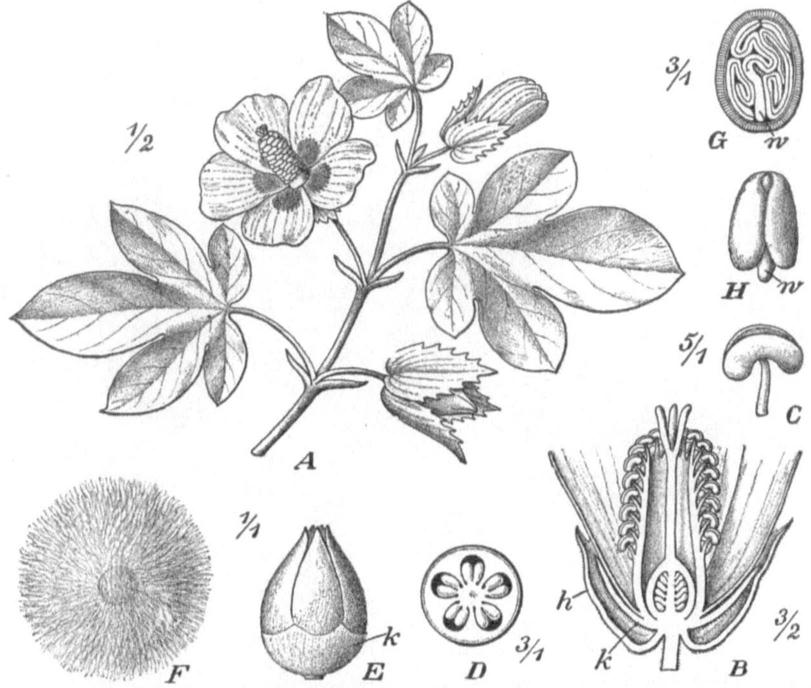

Abb. 424. Gossypium herbaceum, krautige Baumwolle. A Spitze eines blühenden Zweiges. B Blüte im Längsschnitt, Blumenblätter oben abgeschnitten, *h* Hüllkelch, *k* eigentlicher Kelch. C Anthere. D Fruchtknoten quer durchschnitten. E junge Frucht. F Samen von den Samenhaaren umhüllt (der Baumwolle, dem Stapel). G Samen im Längsschnitt ohne die Wollhaare, den vielfach gerollten Keimling zeigend, *w* Würzelchen des Keimlings. H der Keimling von außen gesehen.

## 18. Reihe. **Parietales.**

Blüten häufig mit zahlreichen Staubblättern und Fruchtblättern, mit doppelter Blütenhülle, mit oberständigem bis unterständigem Fruchtknoten. Samenanlagen häufig an wandständigen Samenleisten (daher der Name der Reihe), die aber seltener auch in der Mitte des Fruchtknotens zusammentreffen können.

### Fam. **Camelliaceae** (auch **Theaceae** oder **Ternstroemiaceae** genannt).

Diese Familie zeichnet sich durch zahlreiche Staubgefäße aus, welche auf dem Blütenboden eingefügt sind. Kelch- und Blumenblätter sind in der Fünfzahl vorhanden, der Fruchtknoten ist dreifächerig, die Frucht eine fachspaltige Kapsel.

**Camellia (Thea)** sinensis, der Teestrauch (Abb. 429), wird im südlichen Asien in ausgedehntem Maße kultiviert und liefert Thea nigra sowohl wie Thea viridis. **C.** japonica (Thea japonica) ist die Kamellie, ein in Japan heimischer, bei uns in Warmhäusern vielfach kultivierter Zierstrauch.

## Fam. Guttiferae.

Tropische Holzpflanzen mit schizogenen Harzgängen oder Sekretbehältern und regelmäßigen, denen der Teegewächse ähnlichen Blüten,

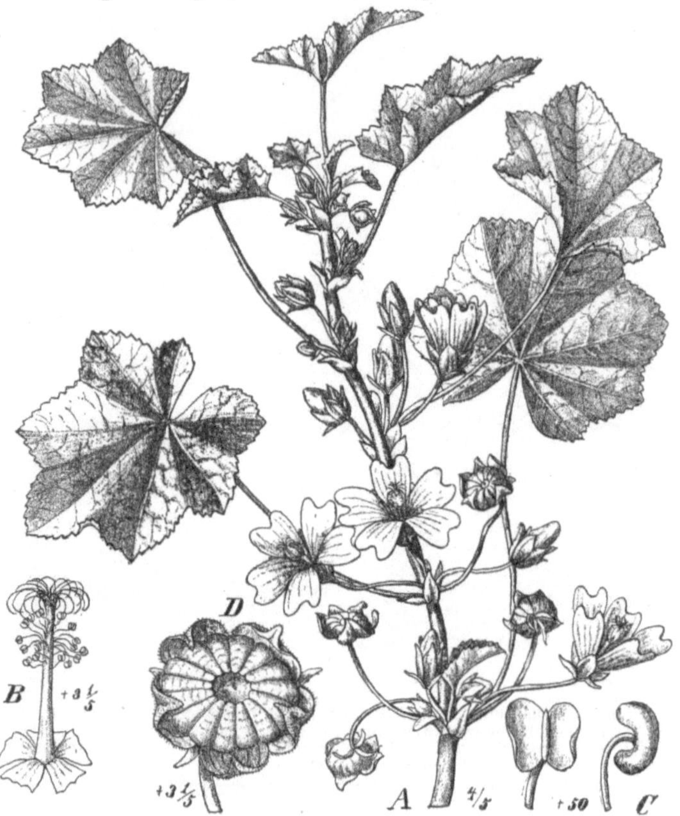

Abb. 425.  Malva silvestris. A blühender Zweig. B Staubblatt- und Griffelsäule. C Antheren, die linke nach dem Ausstreuen des Pollens. D Frucht.

welche jedoch häufig getrenntgeschlechtig sind und im Andrözeum eigenartige Spaltungen zeigen.

Off. **Garcinia** Hanburyi, der Gummiguttbaum, im südöstlichen Asien wildwachsend, und andere Arten liefern Gutti.

Hierher gehört auch die Gattung **Hypericum** mit regelmäßigen Blüten und zahlreichen Staubblättern, die in drei oder fünf Bündeln stehen. Der Fruchtknoten ist ein- oder mehrfächerig, mit wandständigen Samenleisten. Die Blätter sind gegenständig und enthalten Ölbehälter.

**Hypericum** perforatum, Hartheu oder Johanniskraut, ist neben anderen Arten dieser Gattung in Deutschland sehr verbreitet und die Stammpflanze der früher gebrauchten Herb. Hyperici.

## Fam. Dipterocarpaceae.

Die Blüten sind denen der Theaceae und Guttiferae ähnlich, doch wachsen bei der Reife entweder alle 5 oder nur 3 oder 2 Kelchblätter unter der Frucht zu oft sehr großen Flügeln aus. In der Rinde finden sich stets schizogene Harzgänge.

**Dryobalanops** camphora, auf Borneo heimisch, liefert den Baroskampfer.

**Dipterocarpus** turbinatus und andere Arten der Gattung, in Ostindien heimische, mächtige Bäume, liefern Harz (Gurjunbalsam). ⊩ | Off. Von mehreren Arten der Gattung **Shorea**, aber auch von Arten anderer Gattungen der Familie, wird auf Sumatra das Dammarharz gewonnen.

## Fam. Cistaceae.

Kleine Sträucher oder einjährige Gewächse der Mittelmeerländer mit strah-

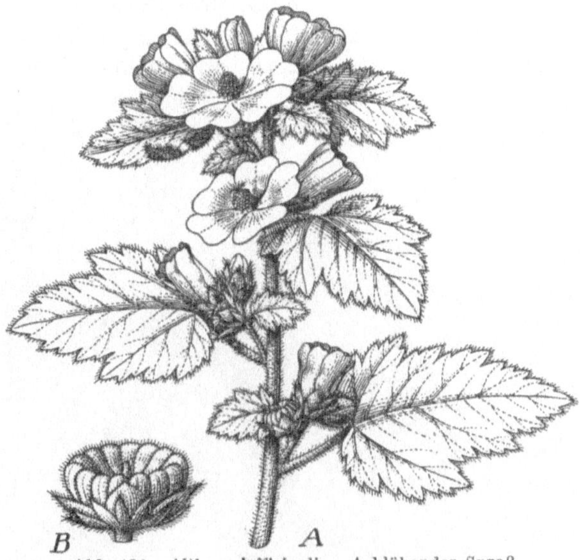

Abb. 426. Althaea officinalis. A blühender Sproß. B Frucht, vergrößert.

ligen Blüten und zahlreichen Staubgefäßen. Der Fruchtknoten, aus drei bis fünf Karpellen gebildet, ist einfächerig, mit wandständigen Samenleisten, der Griffel einfach, die Frucht eine Kapsel.

**Cistus** creticus und **C.** ladaniferus sind die Stammpflanzen des früher gebrauchten Ladanum.

**Helianthemum** vulgare, Sonnenröschen, ist einer der wenigen bei uns wild vorkommenden Vertreter dieser Familie.

## Fam. Violaceae.

Die Gewächse dieser Familie haben meist gleichhälftige Blüten, in deren Blütenblattkreisen die Fünfzahl vorherrscht.

Abb. 427. Aufgesprungene Frucht von Gossypium herbaceum mit der hervorquellenden Baumwolle.

Niemals sind zwei Staubblattkreise vorhanden. Die Blütenformel (Abb. 430) ist: $K\,5\,C\,5\,A\,5\,G\underline{(3)}$. Die Frucht ist eine einfächerige, fachspaltige Kapsel mit wandständig sitzenden Samen (Abb. 431, 2 und 3). Die Veilchengewächse sind vorwiegend Kräuter; ihre Blätter sind mit Nebenblättern versehen. Bei einigen Arten ist das Vorkommen von Inulin sichergestellt (z. B. Ionidium ipecacuanha) sowie von Saponin.

Off. **Viola** tricolor, das Ackerstiefmütterchen (Abb. 432), ist stellenweise auf Brachäckern überaus häufig. Seine Kelchblätter sind am Grunde mit Anhängseln versehen. Liefert Herb. Violae tricoloris. — **V.** altaica ist das in Gärten kultivierte Stiefmütterchen. — **V.** odorata, das wohlriechende Veilchen (Abb. 433), ist eine wegen ihres Wohlgeruchs beliebte Zierpflanze, die in den Kulturen Norditaliens und Südfrankreichs im Winter blüht (Parma-Veilchen) und durch Enfleurage das Veilchenparfüm liefert.

## Fam. Passifloraceae.

Rankende Kräuter und Sträucher mit großen, schön gefärbten Blüten, welche ein Androgynophor besitzen und oft eine aus röhrenförmigen

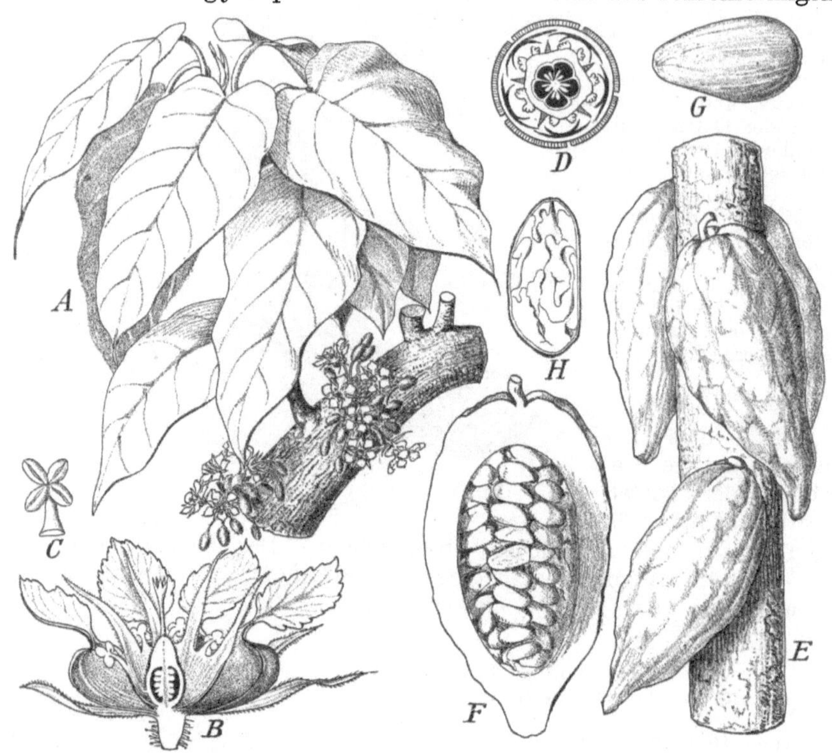

Abb. 428. Theobroma cacao, der Kakaobaum. A blühender Zweig. B Blüte im Längsschnitt. C Staubblatt. D Diagramm der Blüte. E fruchttragendes Stammstück. F Frucht im Längsschnitt, die Samen zeigend. G Samen. H Samen im Längsschnitt, die Zerknitterung der Keimblätter zeigend.

Blütenachsenerweiterungen bestehende Nebenkrone tragen (Abb. 434). Sie sind in den Tropen heimisch und bei uns als Zierpflanzen bekannt.

**Passiflora** coerulea, Blaue Passionsblume, ist ein Tropengewächs, an dessen Blüten Legenden vom Leiden Christi geknüpft werden.

## Fam. Caricaceae.

Blüten getrenntgeschlechtig, strahlig, mit röhriger oder glockiger Blütenachse. Blumenblätter verwachsen. Fruchtknoten einfächerig, mit zahllosen Samenanlagen an 3—5 wandständigen Samenleisten. — Krautbäume der Tropen, die sehr reich an Milchsaft sind und an der Spitze ihres meist unverzweigten Stammes einen Schopf mächtiger Blätter tragen.

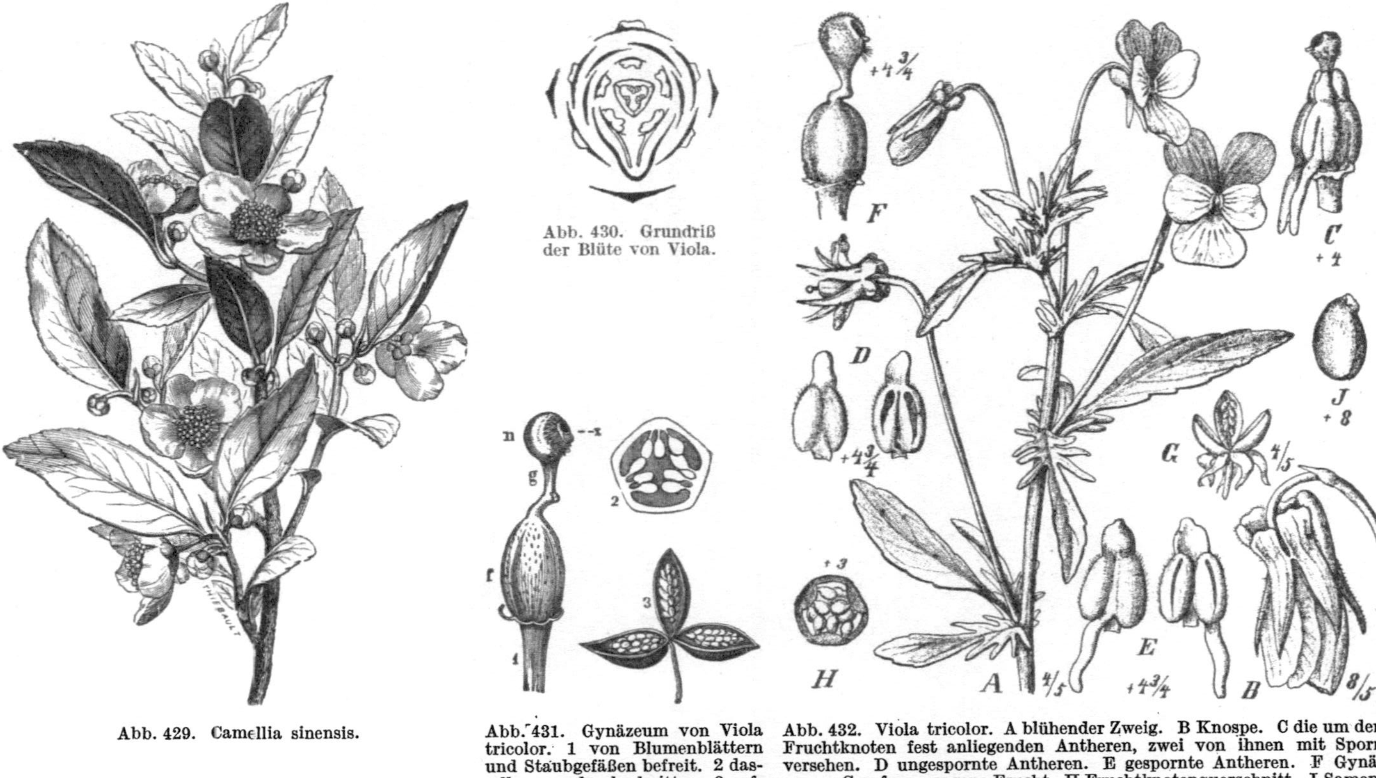

Abb. 429. Camellia sinensis.

Abb. 430. Grundriß der Blüte von Viola.

Abb. 431. Gynäzeum von Viola tricolor. 1 von Blumenblättern und Staubgefäßen befreit. 2 dasselbe quer durchschnitten. 3 aufgesprungene Frucht.

Abb. 432. Viola tricolor. A blühender Zweig. B Knospe. C die um den Fruchtknoten fest anliegenden Antheren, zwei von ihnen mit Sporn versehen. D ungespornte Antheren. E gespornte Antheren. F Gynäzeum. G aufgesprungene Frucht. H Fruchtknotenquerschnitt. J Samen.

**Carica** papaya, der Melonenbaum, wird seiner geschätzten Obstfrüchte halber überall in den Tropen kultiviert. Der Milchsaft enthält ein Ferment, das Eiweiß peptonisiert, frisches Fleisch schnell weich macht und Milch zum Gerinnen bringt.

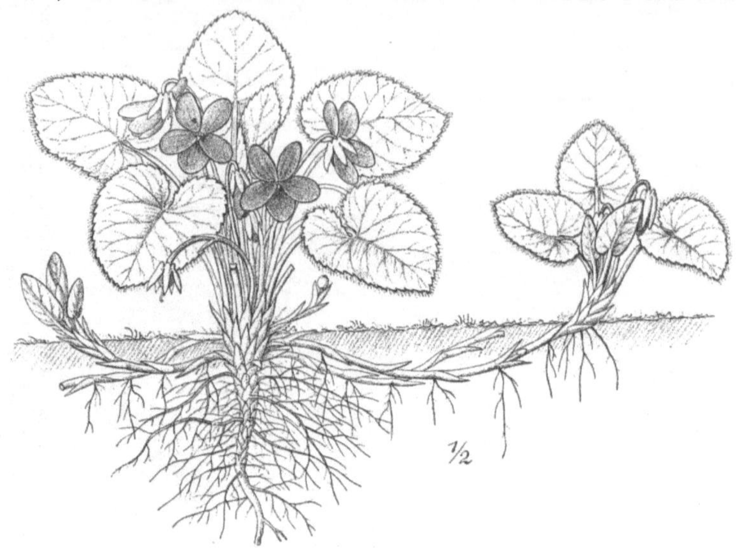

Abb. 433. Viola odorata. Eine blühende, reichlich Ausläufer entwickelnde Pflanze.

## 19. Reihe. Cucurbitales.

Blüten typisch fünfgliederig, Antheren mit zwei einfächerigen Theken, entweder fünf frei oder je zwei vereint oder alle fünf zu einem zentralen Synandrium verbunden.

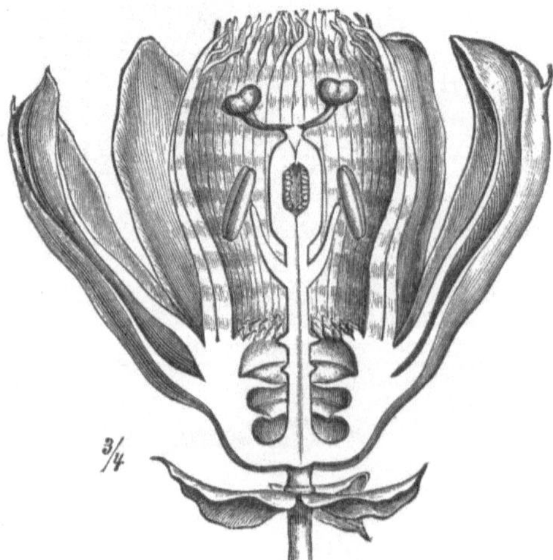

Abb. 434. Längsschnitt durch die Blüte von Passiflora edulis. (Nach Baillon.)

### Fam. Cucurbitaceae.

Die Kürbisgewächse sind Kräuter mit verhältnismäßig dicken, saftigen, kletternden Stengeln. Ihre Blüten sind fünfzählig und meist getrenntgeschlechtig. Die Blumenkrone ist verwachsenblättrig, glocken- oder trichterförmig. In den männlichen Blüten sind häufig nur drei Staubgefäße vorhanden, von denen jedoch zwei breiter und durch seitliche Verwachsung je zweier Staubblätter entstanden sind. Die Staubfäden sind häufig zu einer zentralen Säule verbunden, an welcher die Antheren wegen ihres stärkeren Längenwachstums wurmförmig gekrümmt erscheinen (Abb. 435, B). Der unterständige Fruchtknoten (Abb. 435, C) der weiblichen Blüten ist ursprünglich dreifächerig; er wird jedoch im Verlaufe des Wachstums durch von den Samenleisten gebildete, falsche Scheidewände, welche zwischen den echten Scheidewänden entstehen, oft sechsfächerig (Abb. 435, D).

**Cucurbita** pepo, der Kürbis, wird ebenso wie **Cucumis** melo, die Melone, wegen seiner eßbaren Frucht kultiviert; desgleichen **Cucumis** sativus, die Gurke.

Off. **Citrullus** colocynthis (Abb. 435, 436 a), ein in Afrika heimisches Rankengewächs mit tief fiederspaltigen Blättern, liefert Fruct. Colocynthidis. — **C.** vulgaris ist die Stammpflanze der Wassermelone.

**Bryonia** alba und Br. dioica, Zaunrübe, bekannte Unkräuter (Abb. 436 b).

## 20. Reihe.
## Opuntiales.

Blüten strahlig, im Perianth und Andrözeum spiralig; beide und das Gynäzeum aus einer großen unbestimmten Zahl von Gliedern bestehend; Fruchtknoten oberständig, einfächerig, mit zahlreichen wandständigen Samenleisten; Samenanlagen an langen Nabelsträngen; Beerenfrüchte.

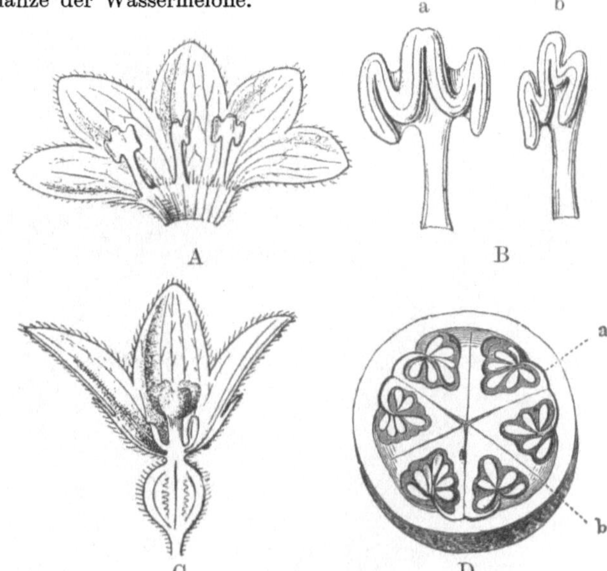


Abb. 435. Citrullus colocynthis. A eine männliche Blüte geöffnet. B a ein doppeltes, b ein einfaches Staubblatt. C eine weibliche Blüte längs durchschnitten. D Querschnitt durch die Frucht, a Samenleiste, eine falsche Scheidewand bildend, b echte Scheidewand.

## Fam. Cactaceae.

Die Kaktusgewächse sind in tropischen und subtropischen Steppengebieten Amerikas heimische, meist blattlose Gewächse mit dickfleischigen, säulenförmigen oder kugelförmigen, walzigen, stumpfkantigen oder abgeplatteten Stengeln, welche statt der Blätter Büschel von Stacheln auf Höckern tragen. Die Blüten sind meist vereinzelt, groß und farbenprächtig.

**Opuntia** coccionellifera, Cochenillekaktus, in Mexiko heimisch und z. B. in Südeuropa angebaut, ist die Pflanze, auf welcher die Cochenilleschildlaus, Coccus Cacti, lebt, die wegen ihres Karminfarbstoffes, der von einer in dieser symbiontisch lebenden Hefe produziert wird, gezüchtet wird.

**Opuntia** ficus indica ist der aus Mexiko stammende sog. Feigenkaktus, welcher jetzt in wärmeren Gebieten der ganzen alten Welt, besonders im Mittelmeergebiet, eingebürgert ist. Die Frucht ist ein beliebtes Obst.

**Echinocactus** Williamsii (Pellote) wird von den Eingeborenen Mexikos zu einem berauschenden Getränk verwandt.

## 21. Reihe. **Myrtiflorae.**

Fruchtknoten mittel- oder unterständig. Blüten meist mit doppelter Blütenhülle; Andrözeum aus einem oder zwei Kreisen bestehend, oft die einzelnen Glieder gespalten; Gynäzeum verwachsen mit vollständiger

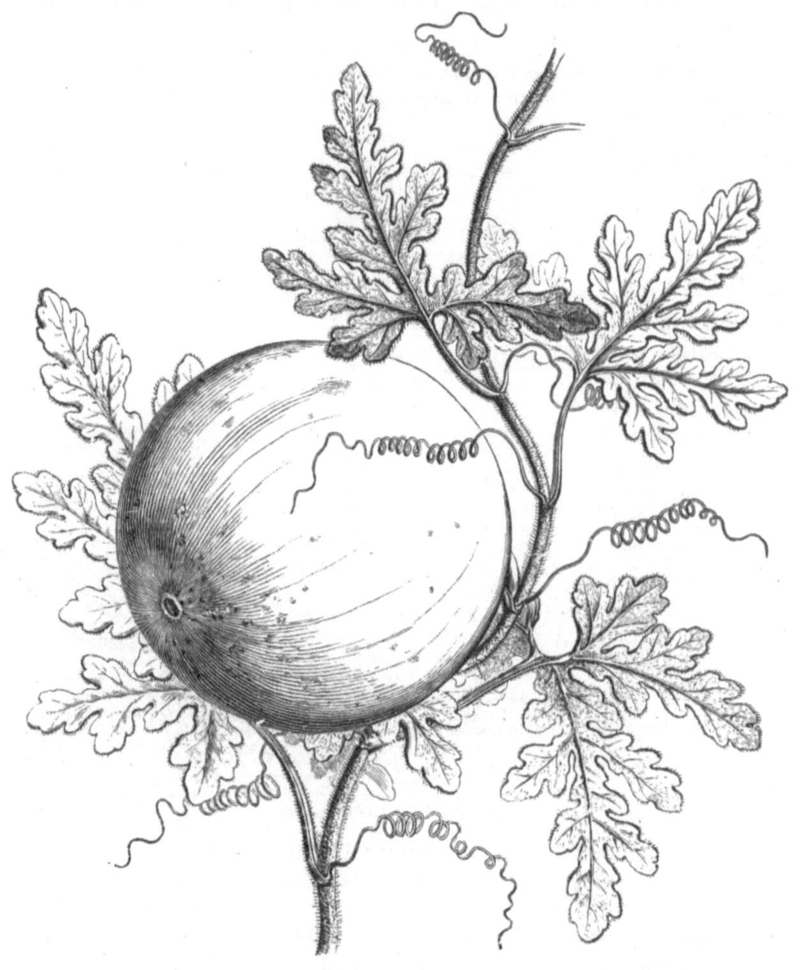

Abb. 436a.  Citrullus colocynthis.

Fächerung. Blätter meist gegenständig und ohne Nebenblätter. Kräuter und Holzgewächse, häufig mit schizogenen Sekretbehältern.

### Fam. **Thymelaeaceae.**

Holzpflanzen mit oft nach der Vierzahl gebauten, kleinen, regelmäßigen Blüten, deren Kelch blumenkronenartig ausgebildet ist, während die Blumenblätter meist fehlen. Fruchtknoten mittelständig. Häufigste Blütenformel: $K\,4\,C\,0\,A\,8\,G\underline{\;1\;}$. In der Rinde reichlich zähe Bastfasern.

**Daphne** mezereum, Seidelbast oder Kellerhals, ein Strauch mit rötlichen, hyazinthenartig riechenden und sehr zeitig im Frühjahr vor den Blättern erscheinenden Blüten, in Gebirgswäldern heimisch, ist die Stammpflanze von Cortex Mezeréi.

Aus den zähen, langen Bastfasern der Rinde mehrerer Arten der Familie **(Wikstroemia, Edgeworthia)** wird das beste japanische Papier hergestellt.

## Fam. Punicaceae.

Bäume mit ganzrandigen Blättern und schönen, axillären Blüten Blütenachse kreiselförmig. $K\,7{-}5\,C\,7{-}5\,A\,\infty\,G(\overline{\infty})$. Fruchtblätter in zwei Etagen übereinander stehend, mit der Blütenachse verwachsen. Frucht eine beerenartige Halbfrucht mit vielsamigen Fächern. Samen groß, mit saftreicher Schale.

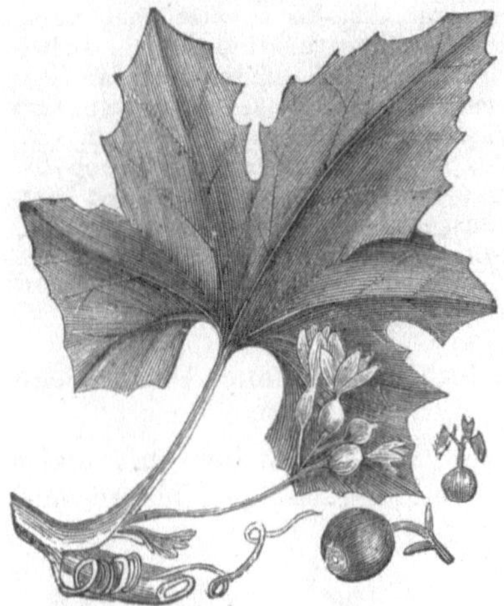

Abb. 436 b. Bryonia dioica.

Abb. 437. Punica granatum.

Off. **Punica** granatum, der Granatbaum (Abb. 437), ist einheimisch im Mittelmeergebiet und wird als Ziergewächs wegen seiner „granatroten" Blüten auch bei uns häufig gezogen. Die Frucht ist eine faustgroße, innen gefächerte, dicklederige Beere (Abb. 438). Die Fruchtknotenfächer sind meist in zwei Kreisen angelegt; in der Frucht stehen die Fächer in zwei Stockwerken, einem obern (meist 5 zähligen), aus dem äußeren Fruchtblattkreise hervorgegangenen, und einem unteren, aus dem inneren Fruchtblattkreise hervorgegangenen (meist 3 zähligen) (Abb. 438, A—C). Der Granatbaum liefert Flores Granati und Cortex Granati.

## Fam. Myrtaceae.

Die Myrtengewächse sind aromatische Bäume und Sträucher mit gegen- oder quirlständigen, immergrünen, lederigen Blättern; sie sind zumeist in den Mittelmeerländern und den Tropen heimisch. Die Blüten blattkreise der Myrtengewächse sind meist viergliedrig, mit zahlreichen Staubgefäßen. Der unterständige Fruchtknoten ist aus der Verwachsung von zwei oder vier Fruchtblättern hervorgegangen. Die Frucht ist eine Beere oder eine Kapsel mit vielsamigen Fächern. Die Blütenformel ist $K4\,C4\,A\infty\,G\overline{(4)}$ oder $\overline{(2)}$. Sie besitzen schizogene Sekretbehälter.

**Myrtus** communis, die Myrte, ein in Südeuropa wildwachsender Strauch, wird bei uns häufig als Zierpflanze gezogen und als Brautschmuck verwendet.

**Jambosa** caryophyllus (auch **Eugenia** caryophyllata genannt), der Gewürznelkenbaum, ist auf den Gewürzinseln (Molukken) heimisch, wird aber in vielen anderen Tropengegenden kultiviert (Abb. 439). Die getrockneten Blütenknospen sind die Flores Caryophylli (Abb. 440), die getrockneten unreifen Früchte die Anthophylli (Mutternelken).

**Melaleuca** leucadendron, der Kajeputbaum, ist ein in Australien und Hinterindien heimischer hoher Baum, aus dessen Blättern Oleum Cajeputi dargestellt wird.

**Eucalyptus** globulus, ein in Australien heimischer, im Mittelmeergebiet viel angepflanzter Riesenbaum mit hängenden, sichelförmigen Blättern, und andere Arten der Gattung liefern Folia Eucalypti. Bemerkenswert ist die bei zahlreichen Arten der Gattung vorkommende, sehr auffallende Heterophyllie (Gegensatz zwischen Jugendblättern und Blättern am ausgewachsenen Baum).

**Pimenta** officinalis ist im mittleren Amerika heimisch und liefert „englisches Gewürz", Fruct. Pimentae.

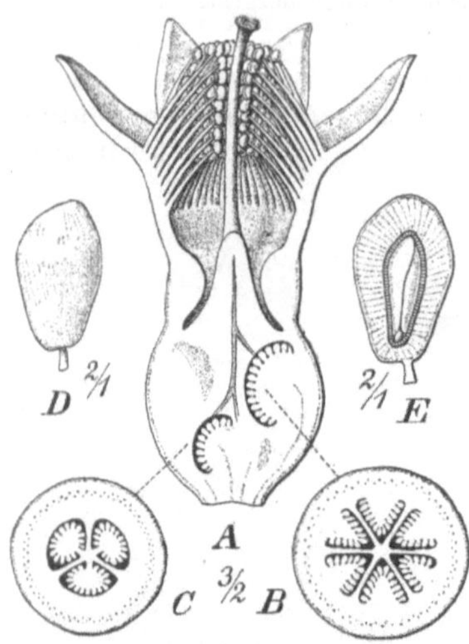

Abb. 438. Punica granatum. A Blüte im Längsschnitt. B Querschnitt durch die obere, C durch die untere Partie des Fruchtknotens. D Samen. E derselbe im Längsschnitt. (Nach Niedenzu.)

## Fam. Oenotheraceae (auch Onagraceae genannt).

Kräuter und Sträucher mit meist ansehnlichen, regelmäßigen Blüten und

Abb. 439. Jambosa caryophyllus. Blühender Zweig.

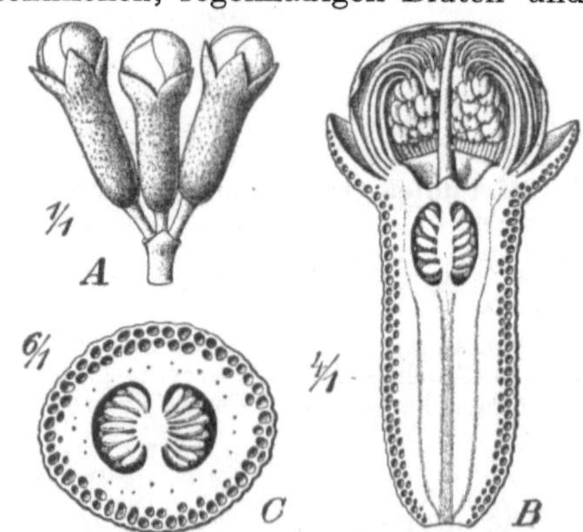

Abb. 440. Caryophylli. A Spitze eines Blütenzweiges mit drei Knospen ($^1/_1$). B eine Knospe im Längsschnitt. C Fruchtknotenquerschnitt.

unterständigem Fruchtknoten. Die Blüten sind durchweg nach der Vierzahl gebaut, die Früchte trocken oder saftig, vielsamig. Der Embryosack ist auf vier Kerne, die beiden Archegonien, reduziert.

**Epilobium** angustifolium, **E.** hirsutum, **E.** palustre und andere Arten, Weidenröschen, wachsen bei uns namentlich an feuchten Stellen und in Wäldern wild.

**Oenothera** biennis, Nachtkerze, welche ihre gelben Blüten des Abends öffnet, gehört, obgleich aus Nordamerika stammend, jetzt zu den völlig eingebürgerten Pflanzen unserer Heimat.

**Circaea** lutetiana ist das Hexenkraut, welches in schattigen Wäldern häufig ist.

**Fuchsia** coccinea, Fuchsie, aus Südamerika stammend, ist ein beliebtes, in unzähligen Varietäten kultiviertes Topfgewächs.

## 22. Reihe. Umbelliflorae.

Blüten strahlig, selten schwach gleichhälftig, mit doppelter Blütenhülle, im Perianth vier- bis fünfgliederig; Kelch sehr reduziert; Blütenboden mit intrastaminalem Diskus; Fruchtknoten meist aus zwei Fruchtblättern gebildet, unterständig, zweifächerig, mit einer Samenanlage in jedem Fache; Samen mit reichlichem Endosperm.

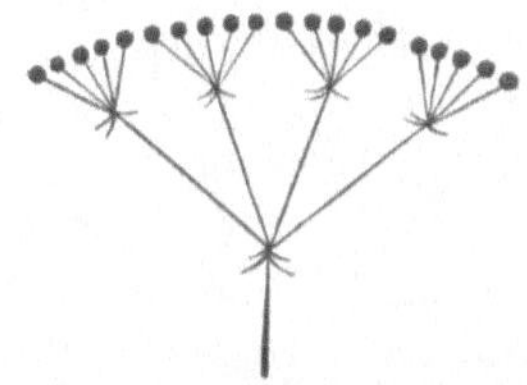

Abb. 441. Blütenstand der Umbelliferen (zusammengesetzte Dolde).

Blätter meist mit Scheide, zerteilt oder zusammengesetzt; Blüten klein, in Dolden oder doldenähnlichen Blütenständen. Pollen dreikernig.

### Fam. Araliaceae.

Die Blüten meist fünfgliederig, bisweilen mit undeutlichem Kelch. Staubblätter meist so viel wie Blumenblätter. Fruchtblätter $\infty-1$, Halbfrüchte beeren- oder steinfruchtartig mit $\infty-1$ getrennten Steinkernen. — Meist Sträucher, seltener Kräuter oder Bäume mit abwechselnden oder gegenständigen, sehr verschiedenartig gestalteten Blättern. Blüten meist in Köpfchen, Dolden oder Ähren, die zu Trauben oder Rispen vereinigt sind. Stets mit schizogenen Ölgängen in den vegetativen Teilen.

**Hedera** helix, der Efeu, mit charakteristischer Heterophyllie.

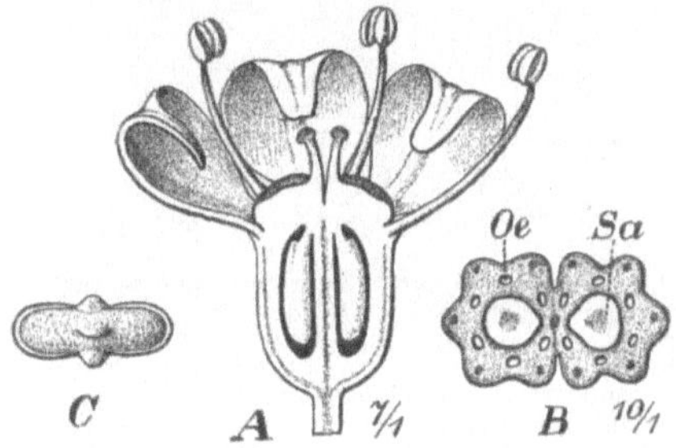



Abb. 442. Carum carvi. A Blüte im Längsschnitt. B Querschnitt durch den Fruchtknoten, in der Mitte die Samenanlagen *Sa*, umgeben von je sechs Ölgängen (*Oe*) in der Fruchtwand. C biskuitförmiges Pollenkorn mit drei Poren.

### Fam. Umbelliferae.

Die Umbelliferen verdanken ihren Namen ihrem charakteristischen Blütenstande, welcher in der Regel eine zusammengesetzte Dolde ist (Abb. 441). An jeder der beiden Verzweigungstellen sitzt meist ein Kranz von Hochblättern, von denen der untere „Hülle" (Involucrum) genannt wird, während der obere „Hüllchen" (Involucellum) heißt. Die Blüten sind meist regelmäßig, nur zuweilen neigen die am Rande der zusammengesetzten Dolde stehenden Blüten zu einseitiger Ausbildung der Blumenkrone. Die Blüten der Umbelliferen sind nach der Fünfzahl gebaut. Der Kelch wird aus fünf oft sehr kleinen Zähnchen gebildet. Die Blumenblätter sind klein und meist mit ihrer Spitze nach einwärts gekrümmt (Abb. 442, A). Den Staubblattkreis bilden stets fünf normal gebaute ·Staubgefäße. Der aus zwei Fruchtblättern bestehende Fruchtknoten ist stets unterständig und oft von einem Honigwulst (Diskus) gekrönt, aus welchem sich die zu zweien vorhandenen Griffel erheben. Die Blütenformel ist: $K\,5\,C\,5\,A\,5\,G_{\overline{(2)}}$ (Abb. 443). Die Frucht der Umbelliferen ist eine Doppelachäne, indem jedes Fruchtblatt zu einer Schließfrucht

auswächst, und wird, weil sie nur dieser Familie eigen ist, auch kurzweg Umbelliferenfrucht genannt. Die beiden Teilfrüchte liegen in ihrer Mitte dicht ·aneinander an, trennen sich aber zur Zeit der Reife meist an dieser Stelle und hängen dann nur mit ihren Spitzen an einem meist zweiteiligen Fruchtträger (Karpophor). An ihrem äußeren Umkreise weist jede Teilfrucht sehr häufig 5 Längsrippen auf (Abb. 444, *Hr*), so daß dadurch an jeder Teilfrucht wiederum 4 Tälchen (Valleculae, Abb. 444 *T*) gebildet werden. In der Mitte der Tälchen liegen im Gewebe der Frucht

Abb. 443. Grundriß einer Umbelliferenblüte.

schale häufig schizogene Sekretbehälter, Ölstriemen (Vittae). Solche befinden sich auch auf der Fugenfläche, wo beide Teilfrüchte aneinander anliegen (Abb. 444, *Oe*). Die beiden Seitenrippen sind oft flügelförmig ausgebildet.

In jedem Fruchtblatt liegt nur eine einzige Samenanlage. Der Samen ist reich an Endosperm (Abb. 444, *N*).

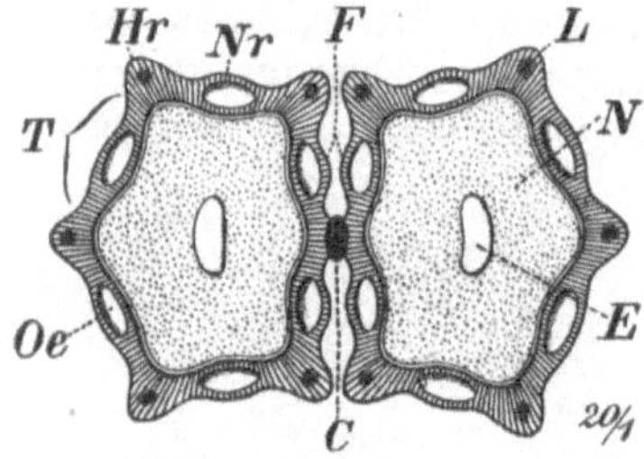

Abb. 444. Carum carvi (Kümmel). Querschnitt durch die reife Frucht. *C* Karpophor, Fruchtträger. *F* die innere, einander zugekehrte Fläche, Fugenfläche, der beiden Teilfrüchte. In der Fruchtschale sieht man die Hauptrippen *Hr* und die schwächeren Nebenrippen *Nr*, welche in den Tälchen *T* liegen. *Oe* Ölgänge, Ölstriemen genannt, *L* Leitbündel in den Hauptrippen, *N* Endosperm, *E* Embryo.

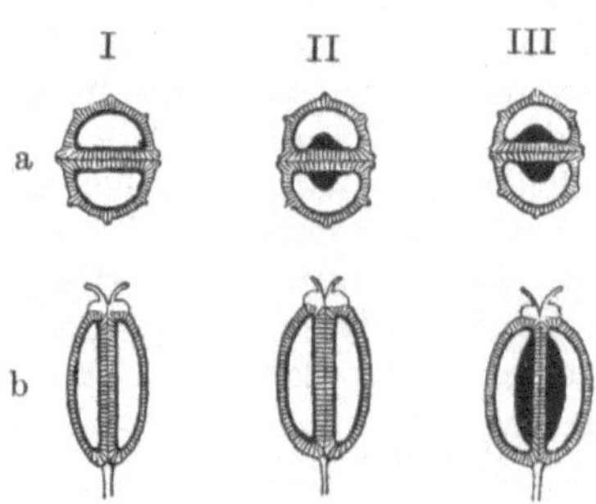

Abb. 445. Querschnitte (a) und Längsschnitte (b) der Umbelliferenfrüchte. I Orthospermae. II Campylospermae. III Coelospermae. Die Fruchtwand ist schraffiert, das Endosperm der Samen weiß. (C. Müller.)

Die Gewächse dieser Familie sind Kräuter mit meist fiederig zerschlitzten, wechselständigen Blättern. Die Scheiden der Blätter sind oft auffällig vergrößert und manchmal sogar tutenförmig ausgebildet. Die Umbelliferen enthalten in schizogenen Sekretgängen meist reichlich ätherisches Öl, sowie Harz und teilweise Gummiharze.

Man teilt vielfach die Umbelliferen nach der Gestalt des Nährgewebes ihrer Samen ein in:

        a) Geradsamige,
        b) Gekrümmtsamige,
        c) Hohlsamige.

a) Bei den Geradsamigen, Orthospermae (orthos = gerade, und sperma = der Samen), erscheint die Umrißlinie des Endosperms an der

Abb. 446. Carum carvi.

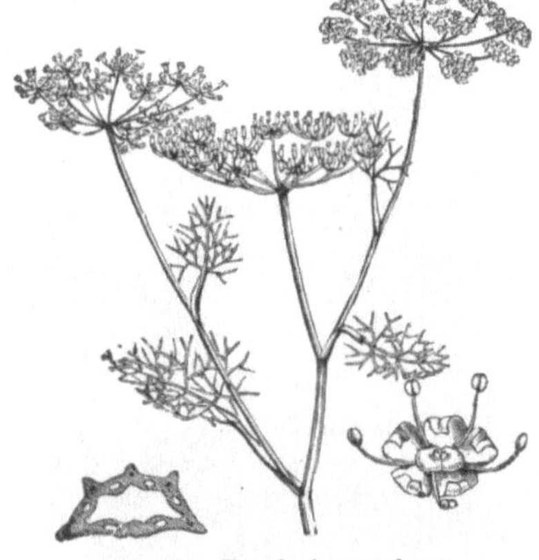

Abb. 448. Foeniculum vulgare.

Abb. 447. Pimpinella saxifraga.

Abb. 449. Archangelica officinalis. A Teil des Blütenstandes. B Frucht. C Frucht im Querschnitt, vergrößert.

Fugenseite (der Berührungsfläche beider Teilfrüchte) auf Quer- und Längsschnitt völlig flach (Abb. 445, I).

b) Bei den Gekrümmtsamigen, Campylospermae (kampylos = gekrümmt), besitzt das Endosperm auf der Fugenseite eine Längsfurche, so daß seine Umrißlinie auf dem Querschnitt einwärts gekrümmt, auf dem Längsschnitt jedoch gerade erscheint (Abb. 445, II).

c) Bei den Hohlsamigen, Coelospermae (koilos = hohl), ist das Endosperms jeder Teilfrucht völlig nach außen gewölbt und erscheint daher auf Quer- und Längsschnitt sichelförmig (Abb. 445, III).

### a) Orthospermae.

Off. **Carum** carvi, Kümmel (Abb. 442, 444 u. 446), wächst bei uns wild und wird zur Fruchtgewinnung angebaut. Seine Blätter sind zweifach fiederspaltig, sein Blütenstand besitzt keine oder nur sehr spärliche Hüllblättchen. Die Frucht ist seitlich zusammengedrückt, die Hauptrippen sind nicht geflügelt, und in jedem Tälchen befindet sich nur eine Ölstrieme (Abb. 444). Liefert Fruct. Carvi.

Off. **Pimpinella** saxifraga (Abb. 447) und **P.** magna wachsen bei uns wild und liefern Rad. Pim-

Abb. 450. Levisticum officinale. A Teil des Blüten-  standes, dahinter ein Blatt. B Frucht. C Frucht im  Querschnitt, vergrößert.

Abb. 451. Oenanthe phellandrium. A blü-  hender Zweig. B Blüte. C Frucht.

pinellae. — **P.** anisum (auch **Anisum** vulgare genannt) zeichnet sich dadurch aus, daß nur die mittleren Laubblätter gefiedert sind. Die Früchte sind flaumhaarig; in jedem Tälchen befinden sich zahlreiche Ölstriemen. Liefert Fruct. Anisi und wird angebaut.

Off. **Foeniculum** vulgare (auch Foeniculum officinale und Foeniculum capillaceum genannt) (Abb. 448) hat sehr schmale Fiederblättchen und gelbe, eingerollte Blumenblätter. Die Rippen der Teilfrüchte sind stumpf; in jedem Tälchen ist eine Ölstrieme; auf der Fugenseite befinden sich deren zwei (Abb. 448). Liefert Fruct. Foeniculi.

Off. **Archangelica** officinalis, die Engelwurz, zeichnet sich durch die flügelförmige Ausbildung der Seitenrippen ihrer Früchte aus (Abb. 449) sowie dadurch, daß bei der Reife die äußere Fruchtwand sich von der inneren trennt. Jedes Tälchen enthält mehrere Ölstriemen. Sie ist die Stammpflanze von Rad. Angelicae.

Off. **Levisticum** officinale, der Liebstöckel, hat Früchte, deren sämtliche Rippen flügelförmig ausgebildet sind (Abb. 450). Jedes Tälchen enthält nur eine Ölstrieme. Liefert Rad. Levistici.

**Oenanthe** phellandrium, der Pferdekümmel (Abb. 451), hat Früchte, welche abweichend von den meisten Umbelliferenfrüchten zur Zeit der Reife nicht auseinanderfallen. Wächst bei uns an Wassergräben und Sümpfen wild und liefert Fruct. Phellandrii (Abb. 452).

**Sanicula** europaea, der Sanikel, zeichnet sich dadurch aus, daß fast alle Blätter grundständig sind. Die Pflanze ist in Laubwäldern häufig und liefert Herb. und Rad. Saniculae.

**Cicuta** virosa, der Wasserschierling (Abb. 453), zeichnet sich durch seinen quergefächerten Wurzelstock aus (Abb. 454) sowie dadurch, daß die Fiederschnittchen seiner dreifach gefiederten Blätter scharf gesägt sind (Abb. 453). Der Wasserschierling ist unsere giftigste Doldenpflanze.

Abb. 453. Cicuta virosa.

**Petroselinum** sativum, die Petersilie, ist ein wegen seiner Blätter und Wurzeln angebautes Küchengewächs. Die Blätter sind glänzend, frischgrün und zwei- bis dreifach gefiedert (Abb. 455, A). Sie dürfen nicht verwechselt werden mit den feinen geteilten, halbmatten, dunkelgrünen Blättern der Hundspetersilie, **Aethusa** cynapium (Abb. 455, B) oder gar mit denen des Schierlings (s. unten).

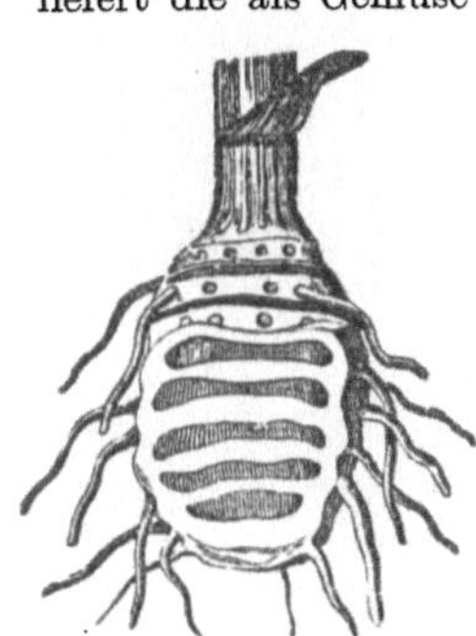

Abb. 452. Querschnitt der Frucht von Oenanthe phellandrium.

**Cuminum** cyminum, römischer Kümmel, in Südeuropa angebaut, ist die Stammpflanze der Fruct. Cumini oder Fruct. Cymini (Abb. 456).

**Daucus** carota, mit Früchten, deren Nebenrippen stark hervortreten und Stacheln tragen(Abb.457), liefert die als Gemüse

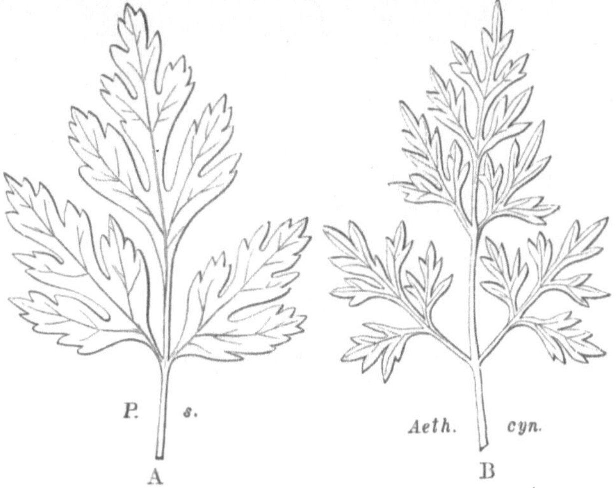


Abb. 454. Quergefächertes Rhizom von Cicuta virosa.

Abb. 455. Fiederblatt. A von Petroselinum sativum, B von Aethusa cynapium.

dienende, durch die Karotin enthaltenden Chromatophoren rot gefärbte Mohrrübe oder Möhre. In der Mitte der weißen Dolde finden sich regelmäßig eine bis mehrere rotschwarze, verkümmerte Blüten.

**Imperatoria** ostruthium, die Meisterwurz, in Gebirgsgegenden Mitteldeutschlands wildwachsend, liefert Rhiz. oder Rad. Imperatoriae.

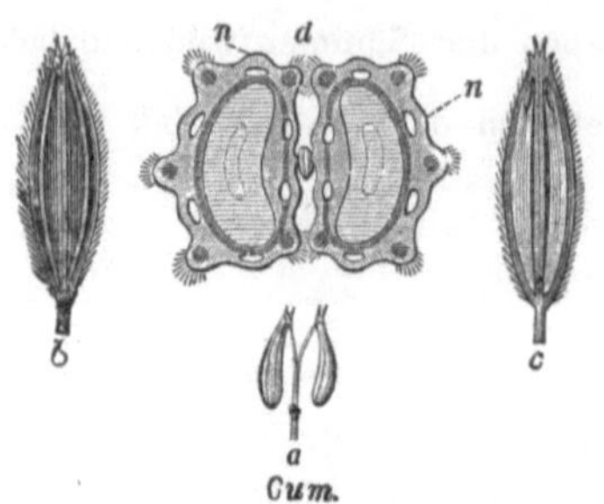

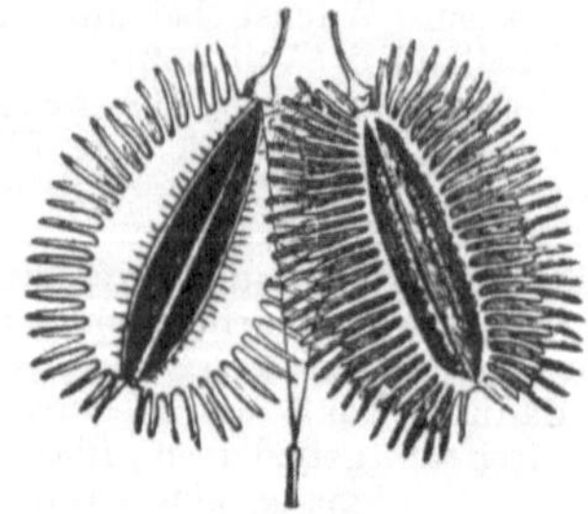

Abb. 456. Frucht von Cuminum cyminum. a beide
Teilfrüchte am Karpophor hängend, natürliche
Größe; b Frucht von der Seite; c im Längsschnitt,
vergrößert; d im Querschnitt, dreifach vergrößert.

Abb. 457. Frucht von Daucus carota, fünffach
vergrößert.

Abb. 458. Ferula foetida.

Abb. 459. Dorema ammoniacum.

Off. **Ferula** assa foetida, **F.** foetida (Abb. 458) und **F.** narthex sind die in Steppen Mittelasiens heimischen Stammpflanzen der Asa foetida. .— **F.** galbaniflua und **F.** rubricaulis, ebenda heimisch, liefern Galbanum. Die Arten der Gattung Ferula (welche mit der Gattung **Peucedanum** vielleicht als identisch bezeichnet werden können) sind meist übermannshohe Stauden mit früh verwelkenden Blättern und tutig bescheideten Stengeln. Die Früchte derselben sind vom Rücken her zusammen gedrückt

Abb. 460. Conium maculatum. Links blühende Pflanze; 1, 2, 3 Fruchtknoten in der Entwicklung begriffen, vergrößert; 4 reife Frucht; 5 Blattabschnitt.

und die geflügelten Seitennerven beider Teilfrüchte miteinander verwachsen.

Off. **Dorema** ammoniacum (Abb. 459) ist im Wuchs den vorigen sehr ähnlich und zeichnet sich im übrigen durch einfache Dolden von fast kugeligem Umfang aus. Auch sie ist in Steppengebieten Südpersiens heimisch. Liefert Ammoniacum.

### b) Campylospermae.

Off. **Conium** maculatum, der gefleckte Schierling (Abb. 460), eine mit unangenehmem Mäusegeruch behaftete Pflanze, hat einen hohen, glatten und völlig kahlen Stengel, welcher bläulich bereift und am Fuße oft rötlich gefleckt ist (daher der Name maculatum). Seine mit tiefen Sägezähnen versehenen Fiederblättchen sind oberseits dunkelgrün, unterseits heller und dürfen nicht mit Petersilienblättern (Abb. 455, A) verwechselt werden, da die ganze Pflanze durch das Alkaloid Koniin sehr giftig ist. Die Früchte

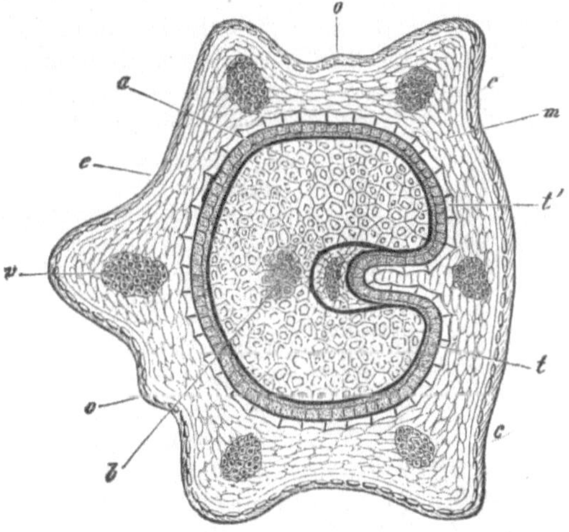

Abb. 461. Querschnitt durch die Teilfrucht von Conium maculatum. *a* Endosperm, *b* Embryo, *cc* Fugenfläche, *e* Epidermis, *m* Gewebe der Fruchtwand, *t'* innere Schicht der Fruchtwand, *t* Koniinschicht, *o* Tälchen, *r* Rippen.

tragen wellig gekerbte Längsrippen. Die Tälchen besitzen keine Ölstriemen (Abb. 461).

### c) Coelospermae.

**Coriandrum** sativum trägt kugelige Früchte (Abb. 462, A) mit wellig geschlängelten, aber flachen Hauptrippen und scharfen, stärker hervortretenden Nebenrippen. Die am Doldenumfang stehenden Blüten sind unregelmäßig gebaut (Abb. 462, C). Die Pflanze ist im Mittelmeergebiet heimisch. Liefert Fruct. Coriandri.

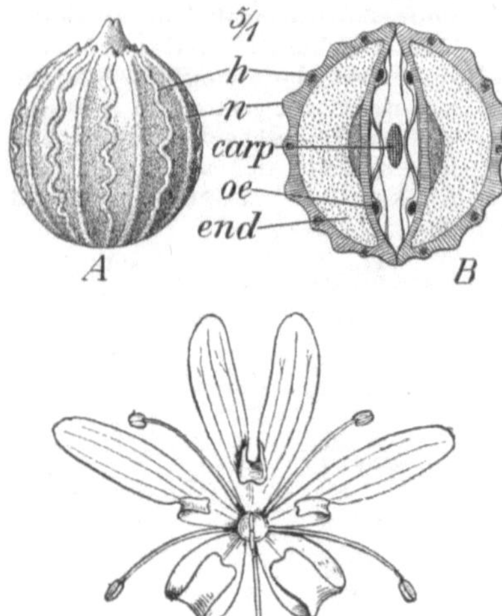

Abb. 462. Coriandrum sativum. A Frucht. B dieselbe im Querschnitt, *h* Hauptrippen, *n* Nebenrippen, *carp* Fruchtträger, *oe* Ölgänge, *end* Endosperm. C eine Blüte vom Rande der Dolde.

## 2. Unterklasse.
### *Metachlamydeae* oder *Sympetalae*.

Blütenhülle auf vorgeschrittener Stufe, stets der Anlage nach doppelt, die innere Hülle (Korolle) meistens verwachsenblätterig (vgl. auch Abb. 303, III).

## 1. Reihe. Ericales.

Blüten meist strahlig, meist fünfzählig, Andözeum obdiplostemon, der Krone nicht angewachsen, Pollen meist in Tetraden; Blumenblätter manchmal noch frei; Fruchtknoten meist oberständig, mehrfächerig. Meist immergrüne Holzpflanzen mit oft nadelförmigen oder lanzettlichen Blättern.

### Fam. Pirolaceae.

Ausdauernde Kräuter zum Teil immergrün, zum Teil chlorophyllos, in Nadel- und Laubwäldern der nördlichen Hemisphäre verbreitet. Blüten einzeln oder in Trauben, Blumenblätter häufig noch frei, die Frucht eine Kapsel.

**Monotropa** hypopitys, der Fichtenspargel, eine chlorophyllfreie, Mykorrhiza führende Humuspflanze, in unseren Wäldern nicht selten.

### Fam. Ericaceae.

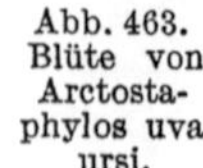

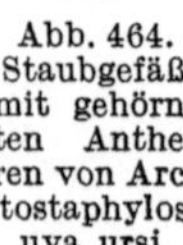

Abb. 463. Blüte von Arctostaphylos uva ursi.

Abb. 464. Staubgefäß mit gehörnten Antheren von Arctostaphylos uva ursi.

Die Heidekrautgewächse haben regelmäßige, meist fünfzählige, seltener vierzählige Blüten mit meist schon verwachsenblättriger und glockiger, am Rande kurz gezähnter Blumenkrone (Abb. 463). Die Staubbeutel sind zuweilen mit eigentümlichen Anhängseln versehen (gehörnte Antheren, Abb. 464). Der Fruchtknoten besteht aus meist 5 Fruchtblättern mit einfachem Griffel. Die Blütenformel ist: $K\,5\,C\,(5)\,A\,5 + 5\,G\,(5)$ oder $K\,4\,C\,(4)\,A\,4 + 4\,G\,(4)$. Der Fruchtknoten kann sowohl ober- wie unterständig sein, die Frucht ist eine vielsamige Beere oder Kapsel.

Man unterscheidet 4 Unterfamilien:

a) **Rhododendroideae** mit freien oder verwachsenen Blumenblättern, oberständigem Fruchtknoten, scheidewandspaltiger Kapselfrucht, ungehörnten Antheren.

b) **Arbutoideae** mit oberständigem Fruchtknoten, Beeren- oder fachspaltiger Kapselfrucht, Antheren mit borstenförmigen Anhängseln.

c) **Vaccinioideae** mit unterständigem Fruchtknoten und Beerenfrucht; Antheren gehörnt.

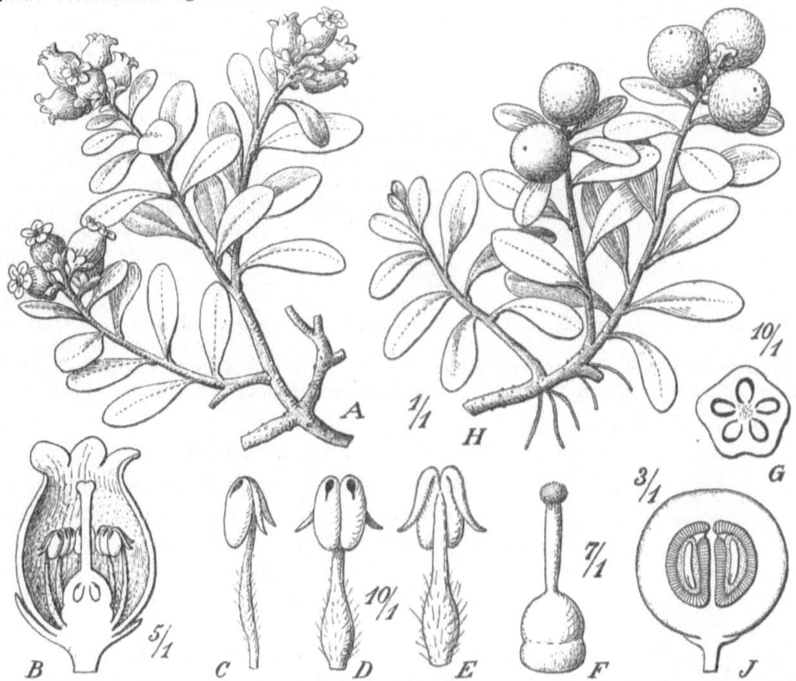

Abb. 465. Arctostaphylos uva ursi, Bärentraube. A blühendes Zweigende. B Blüte im Längsschnitt. C, D, E Staubblätter von der Seite, von vorn und von hinten gesehen. F Fruchtknoten. G derselbe im Querschnitt. H Zweigstück mit reifen Früchten. J eine Frucht längsdurchschnitten. (Nach Berg und Schmidt.)

d) **Ericoideae** mit oberständigem Fruchtknoten und meist fachspaltiger Kapselfrucht; Antheren meist gehörnt.

### a) Rhododendroideae.

**Rhododendron** hirsutum und **Rh.** ferrugineum, Alpenrosen, niedrige Sträucher der Alpen mit rosenroten Blüten, letztere Art mit unterseits rostfarbenen, lanzettlichen Blättern. Zahlreiche andere Arten, auf den Hochgebirgen des tropischen Asiens heimisch, gehören zu den schönsten Ziergewächsen unserer Gewächshäuser, halten zum Teil bei uns auch im Freien aus. **Rh.** indicum ist eine unter dem Namen „Azalee" sehr beliebte und in zahllosen Formen gezogene Topfpflanze.

**Ledum** palustre, Porst, ein Halbstrauch der nördlichen Torfmoore, liefert die aromatischen, narkotischen Folia Ledi.

### b) Arbutoideae.

Off. **Arctostaphylos** uva ursi (Abb. 465), die Bärentraube, gedeiht hauptsächlich auf Heideboden der Gebirge und ist die Stammpflanze der Fol. Uvae Ursi.

### c) Vaccinioideae.

**Vaccinium** myrtillus, die Heidelbeere (Abb. 466), und **V.** vitis idaea, die Preißelbeere (Abb. 467), in Laub- und Nadelwäldern besonders der Gebirge. Ihre Früchte sind ein beliebtes Beerenobst.

**Gaultheria** procumbens (Nordamerika) liefert Wintergrünöl (Methylsalizylat).

### d) Ericoideae.

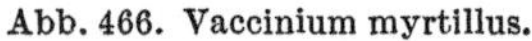

**Calluna** vulgaris, das Heidekraut, ist ein niedriger Strauch mit kleinen Blättern und traubigen Blütenständen, welcher weite Länderstrecken zu bedekken pflegt und diesen das charakteristische Gepräge der „Heide" verleiht. Das blühende Kraut als Volksmittel (Arbutingehalt!) und als Tee-Ersatz.

Die Gattung **Erica**

Abb. 466. Vaccinium myrtillus.　　Abb. 467. Vaccinium vitis idaea. ist mit mehreren hundert Arten besonders am Kap der Guten Hoffnung heimisch. Nur wenige Arten gedeihen im Mittelmeergebiet und in Mitteleuropa, von denen die „Glockenheide", **E.** tetralix, erwähnt sein möge.

Abb. 468. Primula officinalis.

## 2. Reihe. **Primulales.**

Blüten strahlig, nach der Fünfzahl gebaut, Andrözeum der Krone angewachsen, Fruchtknoten oberständig, einfächerig, mit freier, basaler, zentraler, zahlreiche Samenanlagen tragender Plazenta.

### Fam. **Primulaceae.**

Die Schlüsselblumengewächse zeichnen sich durch eine regelmäßige, meist trichterförmige Blumenkrone aus; sie besitzen zwei Kreise, meist jedoch nur einen Kreis von Staubblättern, deren Staubfäden mit der Blumenkrone verwachsen sind. Die Blütenformel ist: $K\,5\,C\,(5)\,A\,5\,G^{\underline{(5)}}$. Die Frucht ist eine ungefächerte, vielsamige Kapsel. Alle Teile der Pflanzen enthalten Saponin.

**Primula** officinalis (Abb. 468) und **P.** elatior, die Schlüsselblumen, sind sehr bekannte Frühlingsblumen; die Wurzeln finden wegen ihres Saponingehaltes medizinische Anwendung. **P.** auricula, Aurikel, in den Alpen heimisch, ist eine durch mannigfache Varietäten ausgezeichnete Gartenzierpflanze. Neuerdings sind zahlreiche ostasiatische Arten als Zierpflanzen bei uns eingeführt worden; **P.** obconica, mit aufgeblasenem, verkehrt kegelförmigem Kelch und feindrüsiger Behaarung, ruft — ebenso wie noch manche verwandte Arten — durch das Sekret ihrer Drüsenhaare schwere Entzündungen der Haut hervor.

**Lysimachia** vulgaris, nummularia und nemorum, Gilbweiderich, **Anagallis** arvensis, Gauchheil, wachsen auf Äckern und Wiesen wild.

**Cyclamen** europaeum, Alpenveilchen, und andere Arten der Gattung sind sehr bekannte Topfpflanzen. Anfangs ist nur ein Keimblatt ausgebildet, das zum ersten Laubblatt wird, das zweite folgt später nach.

## 3. Reihe. Plumbaginales.

Blüten stets mit nur e in e m Staubblattkreis; Blumenblätter frei oder vereint. Karpelle 5, verwachsen. Der oberständige einfächerige Fruchtknoten mit 5 Griffeln besitzt nur e i n e Samenanlage. — Einzige Familie:

### Fam. Plumbaginaceae.

Sträucher, Halbsträucher oder ausdauernde Kräuter mit meist zusammengesetztem Blütenstande.

**Armeria-** und **Statice**-Arten auf Salzsteppen und an Küsten häufig.

## 4. Reihe. Ebenales.

Blüten strahlig, vier- oder fünfzählig: Andrözeum der Krone angewachsen, Fruchtknoten gefächert, mit einer oder wenigen Samenanlagen in jedem Fache an zentralwinkelständiger Plazenta. Immergrüne tropische Holzgewächse.

### Fam. Sapotaceae.

Bäume mit zahlreichen Milchsaftschläuchen in Rinde, Mark und Blättern. Blüten wenig ansehnlich, einzeln oder meist zu wenigen achselständig. Staubblätter in 2—3 Quirlen. Frucht eine Beere. Samen mit charakteristisch glänzender, glatter Samenschale, an der die Ansatzfläche sehr stark vortritt. Meist ölreiches Nährgewebe.

**Palaquium** oblongifolium, **P.** gutta (Abb. 469) und andere Arten der Gattung, im indisch-malaiischen Gebiet heimisch, sowie **Payena** Leerii, aus demselben Gebiet stammend, liefern Guttapercha.

**Mimusops** balata, im nördlichen Südamerika, gibt die Balata, ein Ersatzmittel für Guttapercha.

### Fam. Ebenaceae.

Die Ebenholzgewächse sind im Bau der Blüten der vorhergehenden Familie ähnlich; es sind meist beide Staubblattkreise, manchmal sogar noch mehr Staubblätter entwickelt und der Fruchtknoten vielfächerig, jedoch wenigsamig; meist sind die Blüten getrenntgeschlechtig. Die Pflanzen dieser Familie sind meist in den Tropen einheimische Bäume oder Sträucher, viele mit hartem, schwerem, in der Farbe sehr verschiedenem Kernholz.

**Diospyros** ebenum, der Ebenholzbaum, ist in Ostindien heimisch. Sein schwarzes Kernholz bildet das sehr geschätzte Ebenholz.

### Fam. Styracaceae.

Sträucher und Bäume mit ganzrandigen oder gesägten Blättern und meist kleinen Blüten, mit Stern- oder Schuppenhaaren. Staubblätter doppelt so viel wie Blumenblätter, nur am Grunde oder selten höher zu einer Röhre vereinigt. Frucht eine Steinfrucht oder Schließfrucht.

**Off. Styrax** benzoin, ein auf Java und Sumatra heimischer Baum, liefert Sumatrabenzoë; die offizinelle Siambenzoë stammt von **St.** tonkinense und **St.** benzoides.

## 5. Reihe. **Contortae.**

Blüten strahlig, vier- oder fünfzählig; Die Kronblätter sind in der Knospenlage meist gedreht, die gleichzähligen, selten minderzähligen Staubgefäße der Krone angewachsen. Fruchtknoten oberständig, Blätter meist gegenständig, ganzrandig.

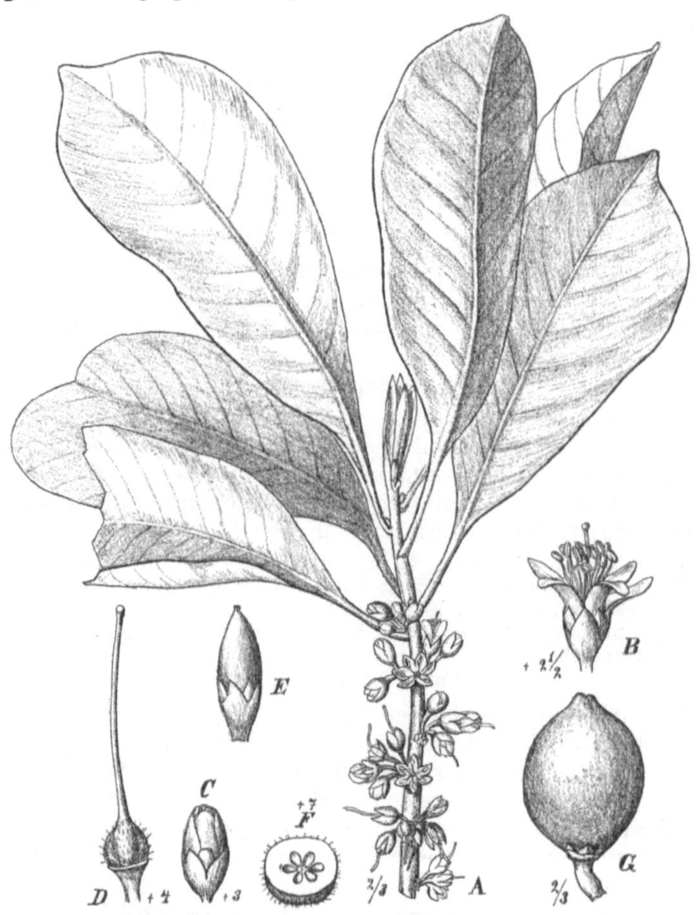

Abb. 469. **Palaquium gutta.** A blühender Zweig. B Blüte. C Knospe. D Fruchtknoten. E junge Frucht. F Fruchtknotenquerschnitt. G reife Frucht.

### Fam. **Oleaceae.**

Die Ölbaumgewächse zeichnen sich durch einen weniggliedrigen Staubblattkreis aus; die typische Blütenformel ist $K\,4\,C\,(4)\,A\,2\,G\underline{(2)}$ (Abb. 470). Vor allem ist hervorzuheben, daß stets nur zwei Staubblätter vorkommen und daß die Petalen manchmal unverwachsen sind, ja manchmal durch Unterdrückung ganz verschwinden. Die Fruchtblätter, welche mannigfache Ausbildung zu Kapseln, Schließfrüchten, Beeren oder Steinfrüchten erfahren, sind meist nur zweisamig. Die Oleazeen sind Holzgewächse mit gegenständigen Blättern.

Off. **Olea** europaea, der Ölbaum, Olive, ist im Mittelmeergebiet heimisch und wird in Südeuropa zum Zwecke der Gewinnung des Ol. Olivarum, dem aus dem Fleische seiner Früchte gewonnenen Öl, kultiviert. Die Oliven sind in ihrer Heimat ein wichtiges Nahrungsmittel (Abb. 471).

Off. **Fraxinus** ornus, die Mannaesche, ein mittlerer Baum Kleinasiens und Südeuropas, liefert die offizinelle Manna. — **F.** excelsior ist die bei uns gedeihende Esche mit gefiederten Blättern und sehr elastischem Holz.

**Syringa** vulgaris, der „spanische Flieder", ist wie mehrere andere ebenfalls aus Ostasien stammende Arten ein sehr verbreiteter Zierstrauch.

**Ligustrum** vulgare, Rainweide, ist ein bei uns häufig angepflanzter Heckenstrauch.

Abb. 470. Grundriß der Blüte von Olea europaea.

Abb. 471. Olea europaea. A blühender Zweig. B Knospe. C Blüte. D Fruchtknoten. E Antheren. F Blumenkrone aufgeschnitten und ausgebreitet.

**Forsythia** suspensa und andere Arten der Gattung, deren gelbe Blüten im ersten Frühjahr vor den Blättern erscheinen, sind vielfach in Gärten angepflanzte Sträucher Ostasiens.

**Jasminum**-Arten, in den Tropen Asiens und Afrikas gedeihend, liefern aus ihren schönen, duftenden Blüten das Jasminöl.

## Fam. **Loganiaceae.**

Die Brechnußgewächse besitzen im Bau ihrer Blüten große Ähnlichkeit mit den Enziangewächsen; ihr Fruchtknoten ist jedoch meist zweifächerig (Abb. 472). Die Frucht ist eine Kapsel oder Beere mit zahlreichen, oder auch nur einem einzigen, oft flachen Samen. — Meist Sträucher oder Bäume.

**Off. Strychnos** nux vomica, der Brechnußbaum, ist ein in Ostindien und dem indischen Archipel heimischer immergrüner Baum und liefert die harten (Reservezellulose! vgl. Abb. 107) Sem. Strychni (Abb. 473), welche meist zu wenigen in dem saftigen Fleische der kugeligen, hartschaligen Frucht eingebettet sind. **S.** tieute (Java) und **S.** toxifera (Guyana) liefern gefährliche Pfeilgifte, dasjenige der letzteren (Curare) wird auch medizinisch angewendet. **S.** Ignatii, auf den Philippinen heimisch, ist die Stammpflanze der Fabae Ignatii.

**Gelsemium** sempervirens, in Nordamerika heimisch, liefert Rad. Gelsemii.

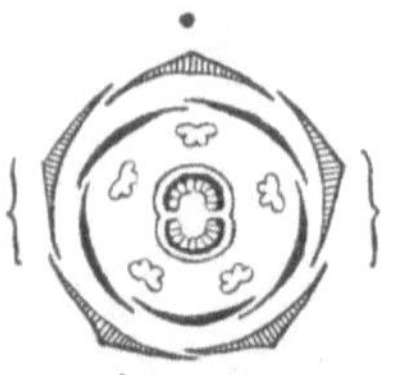

Abb. 472. Grundriß der Blüte von Strychnos nux vomica.

## Fam. Gentianaceae.

Die Blüten der Enziangewächse sind denen der vorhergehenden Familie durch das Vorhandensein von zwei oberständigen Fruchtblättern und durch viele andere Merkmale sehr ähnlich. Ihre Blüten sind stets regelmäßig und entweder nach der Fünfzahl oder der Vierzahl gebaut. Die Blüten-

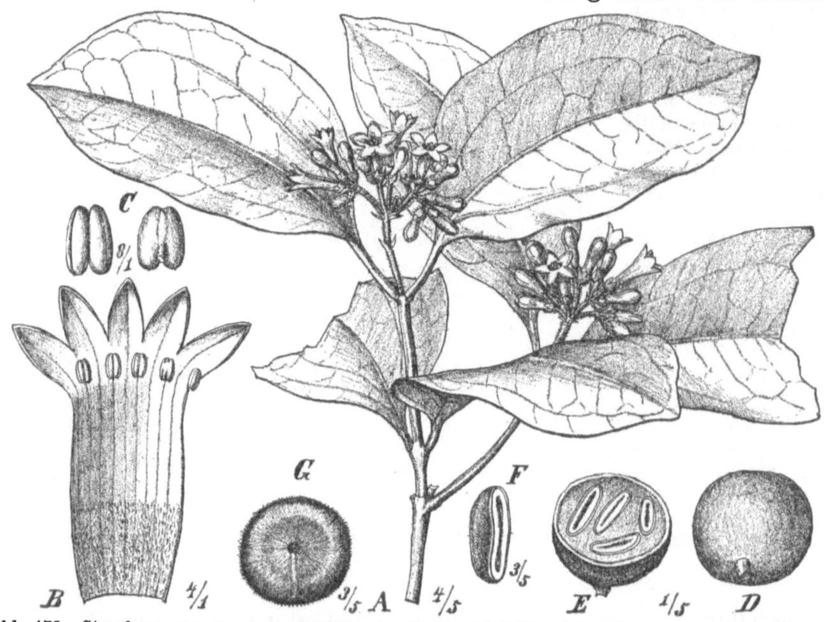

Abb. 473. Strychnos nux vomica. A blühender Zweig. B Blüte aufgeschnitten und ausgebreitet. C Antheren. D Frucht. E Frucht im Querschnitt. F Samenquerschnitt. G Samen.

formel ist daher: $K\,5\,C(5)\,A\,5\,G\underline{(2)}$ (Abb. 474) oder $K\,4\,C(4)\,A\,4\,G\underline{(2)}$. Die Fruchtblätter sind meist nur mit ihren Rändern verwachsen, und die Kapsel, zu der sie bei der Reife auswachsen, ist daher einfächerig. Kräuter mit gegenständigen, seltener abwechselnden (Menyanthes) Blättern.

**Off. Gentiana** lutea (Abb. 475), **G.** pannonica, **G.** purpurea und **G.** punctata, sämtlich in den Alpen und den Gebirgen des mittleren und südlichen Europa heimisch, sind die Stammpflanzen von Radix Gentianae. **G.** ciliata, **G.** campestris, **G.** germanica, **G.** amarella und **G.** cruciata sind durchweg blau oder violett blühende, bei uns einheimische, aber nicht sehr häufig vorkommende, prächtige Vertreter dieser besonders in den Hochgebirgen Amerikas, Europas und Asiens entwickelten Gattung. **G. pneumonanthe** ist auf Moorwiesen stellenweise auch in der Ebene häufig. **G. asclepiadea** tritt in den deutschen Mittelgebirgen oft in großer Menge auf.

Off. **Erythraea** centaurium, Tausendgüldenkraut (Abb. 476), mit fleischroten Blüten, zeichnet sich durch die Drehung der Antheren aus, welche bei dem Ausstäuben des Pollens erfolgt, und ist die Stammpflanze von Herb. Centaurii.

Off. **Menyanthes** trifoliata, Bitterklee oder Biberklee (Abb. 477), wächst auf sumpfigen Wiesen und trägt seine weißen Blütentrauben an der Spitze eines blattlosen Schaftes. Ihren deutschen Namen hat die Pflanze von der Form ihrer dreizähligen Blätter, welche als Fol. Trifolii fibrini offizinell sind.

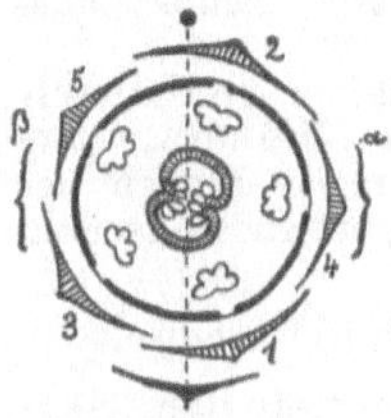

Abb. 474. Grundriß einer Gentianazeenblüte, Menyanthes trifoliata.

Abb. 475. Gentiana lutea. A Stück des Blütenstandes. B Knospen von verschiedenen Seiten gesehen. C Anthere von vorn und von hinten, D von der Seite gesehen. E aufgesprungene Frucht F Fruchtknotenquerschnitt.

# Fam. Apocynaceae.

Die Blüten der Hundstodgewächse sind denen der vorhergehenden Familie ähnlich und zeichnen sich wie diese durch die gedrehte Knospenlage der Blumenkrone aus. Die Blütenformel ist: $K\,5\;C\,(5)\;A\,5\;G^{\underline{(2)}}$. Die Fruchtblätter enthalten je zahlreiche Samenanlagen und sind untereinander nur mit ihren Griffeln verwachsen. Die Frucht ist meist eine Kapsel, die reifen Samen tragen häufig Haarschöpfe. Die Blüten stehen einzeln oder in Trugdolden. Die Apocynaceae sind vorwiegend tropische, stets milchsaftreiche Holzgewächse, mit meist gegen- oder quirlständigen, einfachen Blättern; sie führen in Stengeln, Blättern und Samen meist sehr heftig wirkende Glykoside, Herzgifte, die als Heilmittel viel angewendet werden.

Off. **Strophanthus** hispidus (Abb. 478), in Westafrika heimisch, und **St.** kombe, in Ostafrika heimisch, sind windende Sträucher mit großen elliptischen Blättern und buntfarbigen Blüten, deren Kronzipfel in lange, bandförmige Fortsätze auslaufen. Die flaumig behaarten und beschopften Samen beider Arten waren früher offizinell, heute ist **Str.** gratus, aus Kamerun, mit unbehaartem Samen offizinell.

Abb. 476. Erythraea centaurium. A oberer Teil. B unterer Teil der blühenden Pflanze. C Blüte im Längsschnitt. D Anthere nach dem Ausstäuben des Pollens. E Fruchtknoten mit Griffel und Narbe.

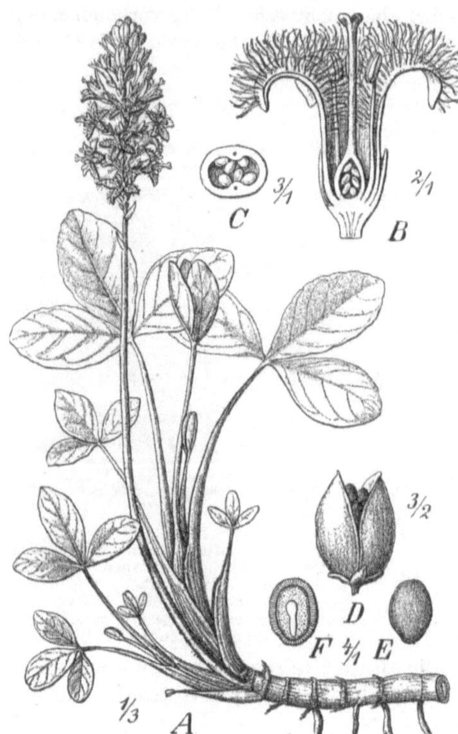

Abb. 477. Menyanthes trifoliata. A blühende Pflanze. B Blüte im Längsschnitt. C Fruchtknoten im Querschnitt. D Kapsel mit Samen. E Samen. F Samen im Längsschnitt.

**Aspidosperma** q u e b r a c h o b l a n c o, ein in Argentinien wachsender Baum mit kleinen stachelspitzigen Blättern und gelben Blüten, ist die Stammpflanze von Cortex Quebracho.

**Vinca** minor, das Immergrün oder Sinngrün, wird bei uns als Gartenzierpflanze gehegt und behält auch im Winter seine immergrünen Blätter.

**Nerium** oleander, im Mittelmeergebiet heimisch, ist der in Kübeln häufig gezogene Zierbaum Oleander, der sich durch schöne rote oder seltener weiße Blüten auszeichnet.

Arten der Gattungen **Landolphia, Kickxia, Clitandra, Carpodinus** u. a., meist Lianen des tropischen Afrika, liefern Kautschuk.

## Fam. Asclepiadaceae.

Die Blütenformel der Seidenpflanzengewächse ist dieselbe wie die der vorhergehenden Familie. Dennoch zeichnet sich die Asklepiadazeenblüte vor allen übrigen Dikotyledoneenblüten durch zwei Eigentümlichkeiten aus, indem die Pollenmasse je einer Antherenhälfte wie bei den Orchidazeen zu einem Pollinium verklebt und je zwei derselben miteinander und mit der Narbe des Fruchtknotens in eigentümlicher Weise verwachsen sind (Abb. 479). Die Fruchtblätter sind unten frei und nur die Griffel unter sich verwachsen. Die Asklepiadazeen sind meist tropische, milchsaft-

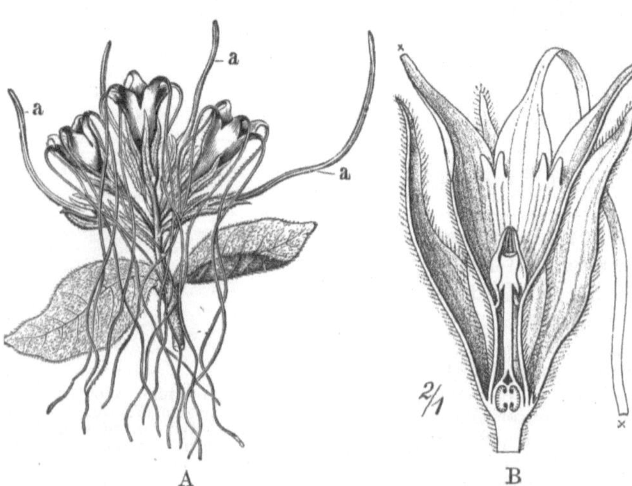

Abb. 478. Strophanthus hispidus. A Blütenzweig, a Knospen. B Längsschnitt durch eine Blüte, die langen Zipfel der Kronlappen bei × abgeschnitten.

reiche Holzgewächse oder Kräuter mit Kapselfrüchten und langbehaarten Samen.

Off. **Marsdenia** cundurango, ein an Baumstämmen emporklimmendes Schling-gewächs des nordwestlichen Südamerika liefert Cortex Condurango.

**Cynanchum** vincetoxicum, Hundswürger, in Gebüschen und lichten Wäldern vorkommend, der einzige in Deutschland einheimische Vertreter dieser Familie.

## 6. Reihe. **Tubiflorae.**

Blüten strahlig oder gleichhälftig, mit meist vier nach der Fünfzahl ge-bauten Kreisen. Andrözeum vollzählig oder durch Rückgang minder-

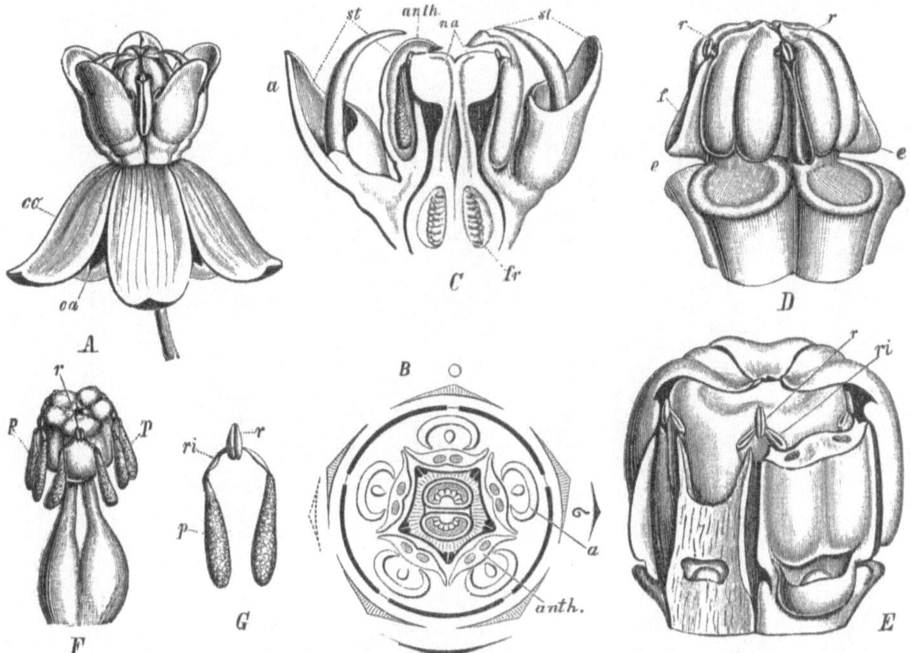

Abb. 479. Asclepias Cornuti. A Blüte. B Diagramm. C Längsschnitt der Blüte, *ca* Kelch, *co* Krone, *st* Staubblatt, *anth* innere fertile Hälfte, *a* äußere, sterile, taschenförmig ausgebildete Hälfte, *na* Narbenkopf. D Andrözeum, die sterilen Staubblatthälften entfernt, *e* blattartige Verbreiterung der fertilen Antherenhälfte, *f* der zwischen denselben liegende Spalt, über welchem die drüsigen Kanten *r* des Narbenkopfes hervortreten; das von *r* ausgeschiedene Sekret fließt in zwei Rinnen abwärts, und an ihm bleiben die beiden Pollinien haften. E junges Andrözeum, die Drüsen *r* und die beiden Rinnen *ri* zeigend. F Gynäzeum, nach Entfernung des Andrözeums, an *r* sind je zwei Pollinien *p* haften geblieben. G zwei Pollinien, durch die sich leicht loslösende Drüse *r* miteinander verbunden. (Nach K. Schumann.)

zählig, der Krone angewachsen. Fruchtknoten oberständig, zweifächerig, seltener dreifächerig, häufig durch falsche Scheidewände mehrkammerig, mit sehr zahlreichen bis 2 Samenanlagen in jedem Fache. — Meist Kräuter mit wechselständigen oder gegenständigen Blättern.

## Fam. **Convolvulaceae.**

Die Windengewächse besitzen regelmäßige, fünfzählige Blüten mit trichterförmigen, bis oben hinauf verwachsenen Blumenblättern, die in der

Knospenlage gedreht sind.  Die Staubblätter sind in der Fünfzahl vorhanden, der Fruchtknoten besteht aus zwei Fruchtblättern mit je zwei Samenanlagen und wird meist eine Kapsel.  Die Blütenformel ist: $K5\,C(5)\,A5\,G\underline{(2)}$ (Abb. 480).  Milchsaftführende, windende Gewächse mit langen dünnen Sprossen.

Off. **Exogonium** (Ipomoea) purga, die Jalapenwinde (Abb. 481), an den Abhängen der mexikanischen Anden gedeihend, Stammpflanze von Tubera und Resina Jalapae.

Abb. 480.  Grundriß einer Konvolvulazeenblüte.

Abb. 481.  Exogonium (Ipomoea) purga.

**Ipomoea** batatas, wichtige Kulturpflanze der Tropen, liefert die kartoffelähnlichen, stärke- und zuckerreichen Bataten.

**Convolvulus** sepium, Zaunwinde, und **C.** arvensis, Ackerwinde, häufige Unkräuter; **C.** scammonia, die Purgierwinde, in den östlichen Mittelmeerländern heimisch, liefert Radix und Resina Scammoniae (Scammonium).

**Cuscuta** europaea und andere Arten der Gattung, Kleeseiden, blatt- und chlorophyllose Parasiten unserer Kulturpflanzen mit fadendünnem Stengel und zu fast kugeligen Knäueln vereinigten Blüten.

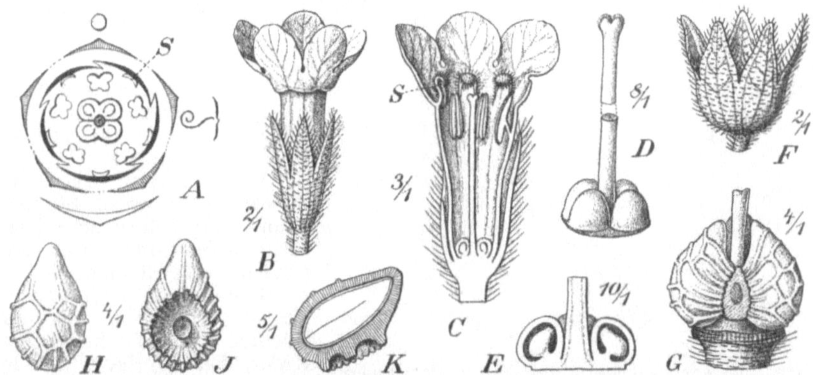

Abb. 482. Anchusa officinalis. A Diagramm der Blüte, S Schlundschüppchen. B Blüte. C dieselbe m Längsschnitt. D Fruchtknoten und Griffel. E beide im Längsschnitt. F Fruchtkelch. G die vier Teilfrüchte, Klausen, im Inneren jenes; die vordere ist entfernt. H Samen von außen, J von innen, K im Längsschnitt.

## Fam. Borraginaceae.

Die Blüten der Boretschgewächse zeigen, abgesehen vom Fruchtknoten, große Ähnlichkeit mit den Windengewächsen, nur mit dem Unterschiede, daß die Blumenkrone in der Knospenlage nicht gedreht, sondern dachig gefaltet ist. Die Blumenkronröhre besitzt häufig sog. Schlundanhängsel, welche sich nach innen klappenartig vorwölben (Abb. 482 C). Die Blütenformel ist: $K\,5\,C(5)\,A\,5\,G^{\underline{(2)}}$ (Abb. 482, A). Jedes der beiden vorhandenen Fruchtblätter schnürt sich in seiner Mitte so vollkommen bis zur Fruchtknotenachse ein, daß bei der Reife der ganze Fruchtknoten

Abb. 483. Myosotis palustris.

Abb. 484. Pulmonaria officinalis.

entsprechend der Stellung seiner vier Samenanlagen in vier Teilfruchtknoten zerfällt, deren jeder aus einem halben Fruchtblatt gebildet wird. Fälschlicherweise hat man die vier Teilfrüchte (Klausen), da sie bei der Reife sehr hart werden, als Nüßchen bezeichnet (Abb. 482 D, E, G). Infolge dieser Einschürung steht auch der Griffel nicht auf der Spitze des Fruchtknotens, sondern ist in die Mitte desselben eingesenkt. Man nennt dies einen gynobasischen Griffel Abb. 482, D, E, G.) Die

Blüten stehen in Wickeln. Die Borraginazeen sind meist krautige Gewächse unseres Klimas mit fast ausnahmslos rauhhaarigen Blättern (daher auch der früher oft gebrauchte Name Asperifoliaceae).

**Borrago** officinalis, der Boretsch, ist ein Gartengewächs mit schönen blauen Blüten. Seine Blätter werden als Salat oder meist als Beimengung zum Salat genossen.

**Myosotis** palustris und viele andere **M.**-Arten, Vergißmeinnicht (Abb. 483).

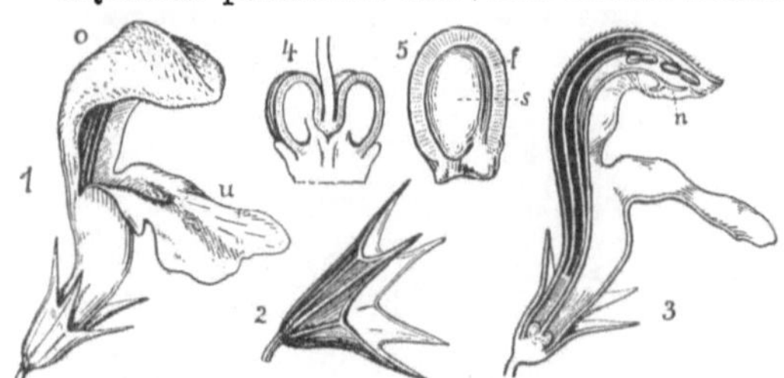

**Pulmonaria** officinalis, Lungenkraut (Abb. 484), liefert Herba Pulmonariae.

**Alkanna** tinctoria, in Südeuropa heimisch, Stammpflanze der früher zum Färben von Ölen und Fetten dienenden Rad. Alkannae.

**Symphytum** officinale, ein an Bachufern und auf feuchten Wiesen heimisches Kraut, lieferte die früher in der Tierheilkunde gebrauchte Rad. Consolidae majoris.

**Lithospermum** officinale und **L.** arvense, Steinsamen, verbreitete Unkräuter.

Abb. 485. Eine Labiatenblüte. 1 dieselbe von der Seite gesehen, *o* Oberlippe, *u* Unterlippe. 2 der Kelch, $^3/_2$ lippig. 3. die Blüte längsdurchschnitten, *n* die Narbe des Griffels. 4 der Fruchtknoten längsdurchschnitten. 5 ein Teilfrüchtchen (Klause), *f* die aus einem halben Fruchtblatt hervorgegangene Fruchtwand, *s* der Samen.

**Echium** vulgare, Natterkopf, **Anchusa** officinalis, Ochsenzunge (Abb. 482), und **Cynoglossum** officinale, Hundszunge, wachsen bei uns wild.

## Fam. Verbenaceae.

Die Familienkennzeichen sind denen der Labiaten sehr ähnlich, doch ist der Fruchtknoten meist ungelappt, mit gipfelständigem (terminalem) Griffel. Die Frucht ist meist eine Steinfrucht mit 1—4 Steinkammern.

Die Familie ist fast ausnahmslos in den Tropen heimisch.

**Verbena** officinalis, Eisenkraut, ein unscheinbares, an Wegrändern wachsendes Unkraut, der einzige Vertreter der Familie in unserem Klima. Mehrere nordamerikanische Arten sind Zierpflanzen unserer Gärten geworden.

**Tectona** grandis, der ostindische Teakholzbaum, liefert das beste Holz für Schiffsbauten.

Abb. 486. Grundriß einer Labiatenblüte mit nur zwei fruchtbaren Staubblättern (Salvia).

## Fam. Labiatae.

Die Familie der Lippenblütlergewächse hat ihren Namen von der gewöhnlich zweilippigen Gestalt der Blumenkrone. Zwei der fünf Kronblätter pflegen zu der meist helmförmigen, zuweilen jedoch auch sehr kleinen Oberlippe, drei zur Unterlippe verwachsen zu sein (Abb. 485). In gleicher Weise ist der Kelch meist derart geteilt, daß drei obere Kelchzipfel sich von zwei unteren deutlich abheben. Die Zahl der Staubgefäße ist meist vier (das hintere, obere fehlt stets), seltener zwei (bei Salvia und Rosmarinus, bei denen auch von den zwei vorhandenen nur die vorderen Staubbeutelhälften ausgebildet sind). Sind vier Staubgefäße vorhanden, so sind die beiden vorderen länger als die hinteren beiden. Der Fruchtknoten besteht aus zwei Fruchtblättern, welche, wie bei den Borraginazeen, eingeschnürt sind und zur Zeit der Reife vier Teilfrüchte (Klausenfrüchte) bilden.

Der Griffel ist gleichfalls wie bei den Borraginazeen in die Einschnürung des Fruchtknotens eingesenkt (gynobasischer Griffel). Die Blütenformel ist: $K(5)$ $C(5)$ $A4$ oder $2$ $G^{(2)}$ (Abb. 486). Die Blüten sind bei den Labiaten stets seitenständig und stehen meist in Wickeln, zu Scheinquirlen vereinigt, in den Achseln der Laubblätter. Die Laubblätter selbst sind gegenständig und an den vierkantigen Stengeln derart gestellt, daß je zwei gegenüberliegende Paare sich kreuzen. Fast sämtliche Lippenblütler führen in Drüsenschuppen, namentlich an ihren Blättern, reichlich ätherisches Öl.

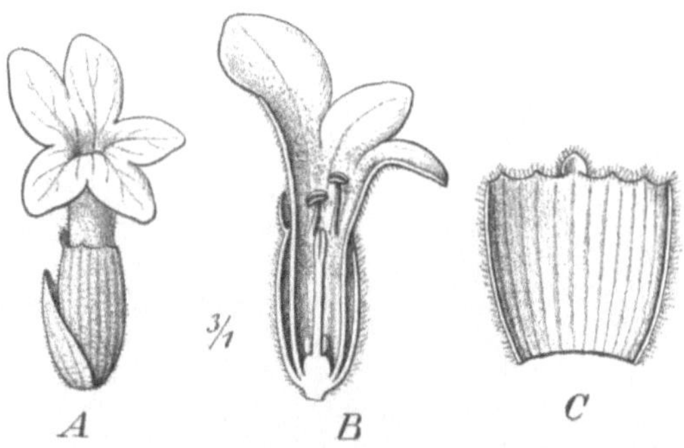

Abb. 487. Lavandula spica. A Blüte. B Längsschnitt durch dieselbe. C Kelch ausgebreitet und von innen gesehen ($^3/_1$).

Off. **Melissa** officinalis, Melisse, besitzt Blüten, deren lippenförmiger Charakter deutlich ausgeprägt ist; sie liefert Fol. Melissae.

Off. **Lavandula** spica, Spike oder Lavendel, zeichnet sich durch die nur schwachlippig ausgebildete Gestalt ihrer Blumenkrone aus (Abb. 487), besitzt blaublütige, ährenförmige Blütenstände und liefert Flor. Lavandulae.

Off. **Mentha** piperita, Pfefferminze (Abb. 488), ist ein Bastard, und zwar aus **M.** viridis und **M.** aquatica; die **M.** viridis ist selbst schon ein Bastard aus **M.** silvestris und **M.** rotundifolia, so daß also die M. piperita in Wirklichkeit ein Tripelbastard ist. Sie besitzt ebenfalls nur schwach lippenförmig ausgebildete Blüten und ausnahmsweise gleich lange Staubfäden (Abb. 488 D). Die in den Achseln der Laubblätter stehenden Blütenscheinwirtel sind bei vielen Mentha-Arten an den Sproßspitzen ährenförmig einander genähert. Liefert Fol. Menthae piperitae, Pfefferminzöl und Menthol. — **M.** crispa, Krauseminze, liefert Fol. Menthae crispae.

Abb. 488. Mentha piperita. A Spitze einer blühenden Pflanze ($^1/_1$). B Knospe ($^6/_1$). C Blüte ($^4/_1$). D dieselbe im Längsschnitt ($^5/_1$). E Staubblatt von vorn gesehen ($^{12}/_1$).

Off. **Thymus** vulgaris, Thymian (Abb. 489), ein niederer Halbstrauch der Mittelmeerländer mit aufsteigendem Stengel und länglich eiförmigen, am Rande zurückgerollten, unterseits weißgrauen Blättern, liefert Herb. Thymi, während **Th.** serpyllum, Quendel oder Feldkümmel (Abb. 490), die an Rainen überall häufige Stammpflanze der Herb. Serpylli, einen niedergestreckten, am Grund kriechenden Stengel und an ihrer Basis gewimperte Blätter besitzt.

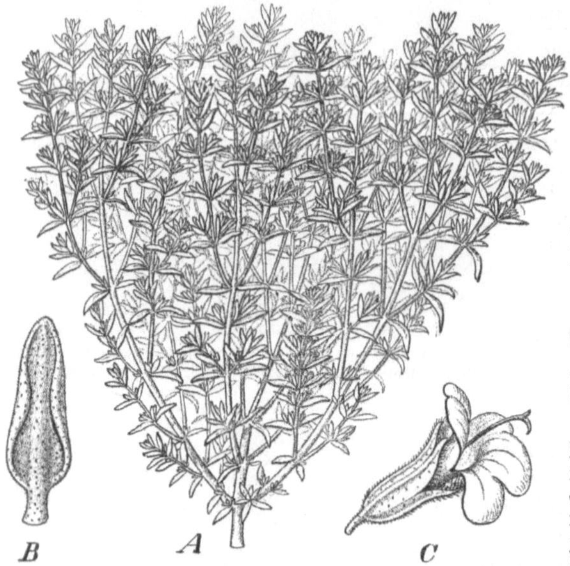

**Lamium** album, Taubnessel (Abb. 491), trägt Blüten mit helmförmiger Oberlippe, ist ein verbreitetes Unkraut und liefert Flor. Lamii alb.

**Glechoma** hederacea, Gundermann (Abb. 492), ebenfalls ein gemeines Unkraut, ist die Stammpflanze der Herb. Hederae terrestris.

Off. **Salvia** officinalis, Salbei (Abb. 493), nur mit zwei Staubgefäßen, deren Konnektiv hebelförmig vergrößert ist und nur je ein ausgebildetes Staubbeutelfach trägt (Hebelmechanismus), besitzt eine bauchig ausgesackte Blumenkronröhre und eine stark helmförmig ausgebildete Oberlippe. Liefert Fol. Salviae. Die aus Südeuropa stammende Pflanze wird bei uns häufig angebaut. Zahlreiche Arten mit petaloid gefärbtem Kelch, z. B. **S.** splendens (mit feuerroten Blüten), sind beliebte Zierpflanzen.

Off. **Rosmarinus** officinalis, Rosmarin, im Mittelmeergebiet heimisch, zeigt dieselbe Eigentümlichkeit der Staubgefäße wie Salvia, nur mit dem Unterschiede, daß das

Abb. 489. Thymus vulgaris. A blühende Pflanze, um die Hälfte verkleinert. B Blatt von unten gesehen. Vergr. $^4/_1$. C Blüte von der Seite gesehen. Vergr. $^5/_1$.

Abb. 490. Thymus serpyllum. A Stück einer blühenden Pflanze ($^3/_4$). B Blatt mit den ölhaltigen Drüsenschuppen ($^4/_1$). C Blütenknospe ($^4/_1$). D Blüte ($^3/_1$). E Staubblatt von vorn, F von hinten gesehen ($^{15}/_1$). G Samen. H derselbe längs und J quer durchschnitten ($^{10}/_1$).

Konnektiv nicht so deutlich gegliedert ist und der unfruchtbare Arm desselben nur ein unscheinbares Fähnchen bildet (Abb. 494). Liefert Fol. Ros-

marini und wird zu diesem Zwecke sowie als Ziergewächs auf dem Lande
häufig angebaut.

**Hyssopus** officinalis, in Südeuropa heimisch, liefert Herba Hyssopi, **Gale-opsis** ochroleuca, **G.** versicolor und **G.** tetrahit sind häufige Unkräuter auf Feldern und in Waldschlägen
und liefern Herba Galeopsidis,
**Betonica** officinalis, Betonie,
Herba Betonicae, **Marrubium**
vulgare, Andorn, Herba Mar-

Abb. 491. Lamium album.

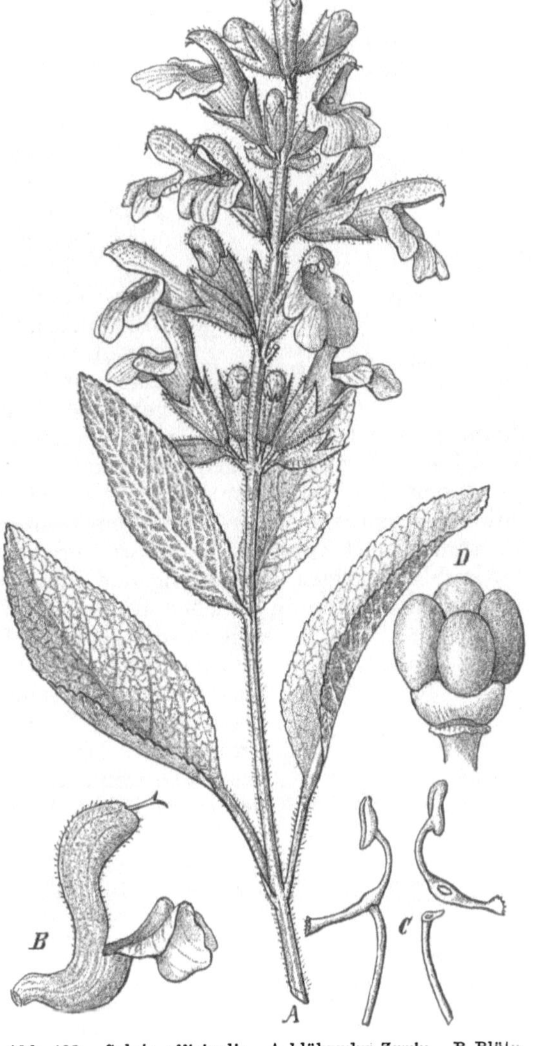

Abb. 492. Glechoma hederacea.    Abb. 493. Salvia officinalis. A blühender Zweig. B Blüte,
C die beiden fruchtbaren Staubgefäße. D Frucht.

rubii, **Ballota** nigra, Ballota, Herba Ballotae, **Brunella** vulgaris und **B.** grandi-flora Herba Brunellae, **Teucrium** flavum Herba Teucrii, **T.** marum Herba Mari veri und **T.** scordium Herba Scordii. Die meisten von ihnen sind in Deutschland einheimisch; die übrigen stammen aus den Mittelmeerländern.

**Ocimum** basilicum, Basilie, ist ein bekanntes Küchenkraut. — **Orthosiphon** stamineus, ein auf Java und Sumatra vorkommender Halbstrauch, liefert Folia Orthosiphonis, den Javatee, ein Diuretikum.

**Origanum** vulgare, Dost, ist auf sonnigen Hügeln häufig, **O.** majorana, Mairan oder Majoran, ist die Stammpflanze von Herba Majoranae und zugleich Küchen- und Gewürzkraut; desgleichen **Satureja** hortensis, Pfefferkraut. **Ajuga** reptans, Günsel, ist ein auf Wiesen und an Waldrändern häufiges Unkraut.

## Fam. Solanaceae.

Die pharmazeutisch überaus wichtige Familie der Nachtschatten-gewächse ist nach dem Bau der Blüten der vorhergehend beschriebenen

Abb. 494. Blüte von Rosmarinus offici-nalis. *st* Staubgefäß, *n* Griffel mit Narbe.

Familie nahe verwandt, zeichnet sich aber durch eine Anzahl sehr charakteristischer Besonderheiten aus, namentlich in bezug auf den Fruchtknoten. Dieser besteht zwar ebenfalls aus zwei Fruchtblättern, wird jedoch nicht vierfächerig wie bei den Borraginazeen und Labiaten, son-dern bleibt zweifächerig. Die Stellung des Querschnittbildes des Fruchtknotens zur Achse ist schräg (Abb. 495), d. h. eine durch die Mitte der Fruchtblätter gezogene Linie schneidet die Achse der Pflanze, an welcher die Blüte seitlich ansitzt, nicht. Die Nachtschatten-gewächse haben die Eigentümlichkeit, daß in der Blütenregion die vorhandenen Laubblätter bis zu einem gewissen Punkte mit den Infloreszenzsprossen oder die Infloreszenzsprosse mit der Hauptachse bis zum nächst höheren Laubblatt verwachsen, so daß häufig, infolge der laubblattartigen Ausbildung der Blütenvorblätter, Blätter der ver-schiedenen Knoten in gleicher Höhe, im Winkel von 90⁰, beieinander stehen, sog. gepaarte Blätter, die außerdem häufig ungleich groß sind. Die Frucht ist eine Beere oder Kapsel, beide mit sehr zahlreichen Samen an dicken Plazenten. Die Nachtschattengewächse sind meist Kräuter mit bikollateralen Leitbündeln und zahl-reichen Drüsenhaaren. Sie zeichnen sich fast durch-weg durch ihren Alkaloidgehalt aus, weshalb eine große Zahl medizinische Anwendung findet.

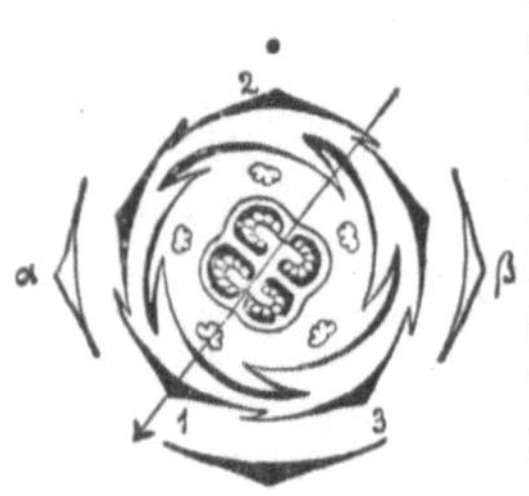

Abb. 495. Schräg gleichhälf-tige Solanazeenblüte von Datura stramonium.

**Solanum** tuberosum, die Kartoffelpflanze, stammt von den Anden Südamerikas und ist seit ihrer Ein-führung in Europa ihrer eßbaren Knollen wegen von großer volkswirtschaftlicher Bedeutung geworden. S. dulcamara, das Bittersüß (Abb. 496), ein in Europa namentlich an Flußufern verbreiteter, häufig an Bäumen hochkletternder Halbstrauch, liefert Stipites Dulcamarae. S. nigrum, Nachtschatten, ist ein verbreitetes, giftiges Unkraut, S. lycoper-sicum ist die aus Südamerika stammende Tomate mit roten, kugelig-wulstigen Früchten, die in zahlreichen Formen mit mehr als zwei Karpellen im Frucht-knoten gezogen werden.

Off. **Atropa** belladonna, die Tollkirsche (Abb. 497), wächst in Laubwäldern wild und hat durch ihre mit Kirschen allerdings kaum zu verwechselnden Beeren (Abb. 497, A) schon manche verhängnisvolle Vergiftung veranlaßt. Liefert Fol. Belladonnae und Radix Belladonnae. In allen Teilen der Pflanze ist Atropin ent-halten.

Off. **Capsicum** annuum, der Spanische Pfeffer (Abb. 498), ist ein in Mexiko heimisches, in Südeuropa kultiviertes strauchartiges Kraut mit bis fingerlangen,

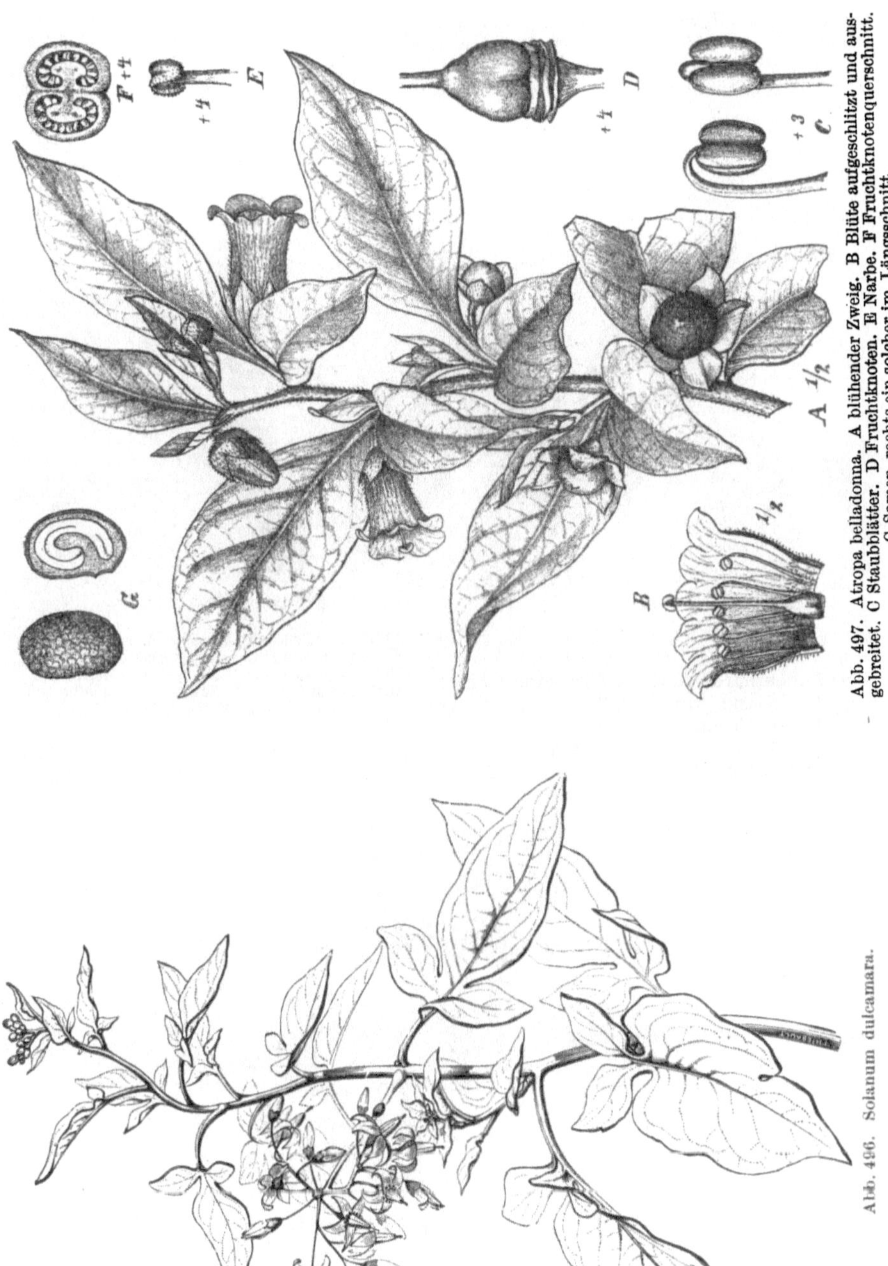

Abb. 497. Atropa belladonna. A blühender Zweig. B Blüte aufgeschlitzt und ausgebreitet. C Staubblätter. D Fruchtknoten. E Narbe. F Fruchtknotenquerschnitt. G Samen, rechts ein solcher im Längsschnitt.

Abb. 496. Solanum dulcamara.

kegelförmigen Beeren (Abb. 499), deren Fruchtfleisch beim Trocknen ganz verschwindet. Liefert das Gewürz Paprika sowie Fruct. Capsici.

**Physalis** alkekengi, Judenkirsche, mit scharlachroten Beeren in einem aufgebla-

Abb. 498. Capsicum annuum.

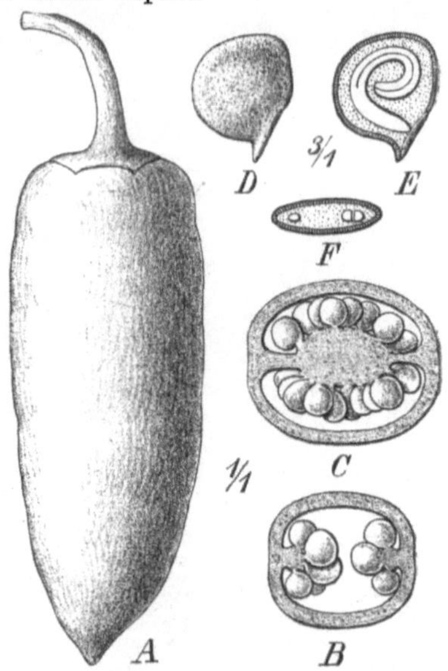

Abb 499. Fructus Capsici. A reife frische Frucht. B und C Querschnitt einer zweifächerigen Frucht, B oben, C unterhalb der Mitte geschnitten. D Samen. E derselbe im Längsschnitt. F im Querschnitt.

senen, mennigroten Kelch, ist eine Gartenzierpflanze und war früher medizinisch gebräuchlich (Fruct. Alkekengi).

Off. **Datura** stramonium, der Stechapfel (Abb. 500), besitzt eine weiße, trichterförmige Blumenkrone und trägt weichstachlige Kapseln (daher der Name

Abb. 500.
Datura stramonium.

Stechapfel), welche in vier Klappen aufspringen. Sie ist eine echte Schuttpflanze, liefert Fol. und Sem. Stramonii und enthält Atropin und verwandte Alkaloide.

Off. **Hyoscyamus** niger, das Bilsenkraut (Abb. 501), ein in Europa und auch anderweit besonders auf Schutt und den Dorfangern verbreitetes Unkraut, zeichnet sich durch seine mit einem Deckel aufspringenden Kapseln aus (Abb. 501, *A*). Liefert Fol. und Sem. Hyoscyami. Beide enthalten Hyoscyamin.

Off. **Nicotiana** tabacum, der. Tabak (Abb. 502), aus Südamerika stammend, aber in allen Tropengegenden sowie auch in gemäßigten Klimaten kultiviert, liefert Fol. Nicotianae und enthält Nikotin. **N.** rustica, der „Bauerntabak“.

## Fam. Scrophulariaceae.

Die Gewächse dieser Familie besitzen in ihrem Blütenbau große Verwandtschaft einerseits mit den Labiaten, andererseits, namentlich wegen ihrer zweifächerigen, vielsamigen Fruchtknoten, mit den Solanazeen. Der Kelch ist fünfzählig, bald regelmäßig, bald mit verkümmertem hinterem Kelchblatt (Abb. 503 C). Die Blumenkrone ist zuweilen fast völlig strahlig (bei Verbascum), zuweilen völlig zweilippig ausgeprägt. Bei einer Anzahl der hierher gehörigen Gewächse (z. B. Linaria, Antirrhinum) verschließt die Unterlippe durch eine gaumenförmige Ausstülpung den Zugang zur Blumenkronröhre fast vollständig (Abb. 504), und diese Eigentümlichkeit hat zu der Namengebung: „Rachenblütler oder Maskenblütler“ (Personatae)[1] Veranlassung gegeben. Die größte Mannigfaltigkeit waltet in der Ausbildung der

Abb. 501. **Hyoscyamus niger.** *A* reife **Frucht** (Deckelkapsel).

Staubgefäße. Sämtliche fünf Staubgefäße sind nur bei Verbascum ausgebildet (Abb. 503 A). Bei Digitalis fehlt das hintere Staubgefäß (Abb. 503 B). Bei Gratiola und Veronica fehlen außer dem hinteren Staubgefäß auch die beiden vorderen (Abb. 503 C). Aus dem aus zwei Fruchtblättern bestehenden Fruchtknoten bildet sich eine vielsamige Kapsel. Die Blüten stehen wie bei den Labiaten in den Achseln der Laubblätter oder sind an der Spitze des Sprosses traubenförmig einander genähert. Die Gewächse dieser Familie sind vielfach bei uns einheimische Kräuter, zum Teil auf Wurzeln anderer Pflanzen schmarotzend. Sie enthalten häufig Glykoside, darunter auch Saponine.

Scrophularia nodosa, Braunwurz, an Wassergräben und in Gebüschen häufig wild.

Off. **Verbascum** phlomoides und **V.** thapsiforme (Abb. 505), Königskerze, Wollkraut, zwei wenig voneinander verschiedene Arten mit beiderseits durch verzweigte Haare wollfilzig behaarten Laubblättern und hellgelben Blüten, deren zwei vordere Staubfäden kahl, die drei hinteren weißwollig behaart sind, liefern Flor. Verbasci. Die Blüten von **V.** thapsus sind nicht offizinell. Staubfäden violettwollig bei **V.** nigrum und **V.** blattaria.

Off. **Digitalis** purpurea, Fingerhut (Abb. 506), mit röhrenförmig bauchigen, purpurnen Blumenkronen (Abb. 506 a, b), welche zu endständigen, einseitswendigen

---

[1] Von persona = die Maske.

Trauben vereinigt sind, wächst in den deutschen Gebirgswäldern und ist die Stammpflanze der giftigen Fol. Digitalis. **D. ambigua**, Blüte schwefelgelb mit bräunlichem Adernetz. **D. lutea**, Blüte gelb, ungefleckt.

**Antirrhinum majus**, das Löwenmaul (Abb. 504), ist eine beliebte Gartenzierpflanze, die in vielen Farbenspielarten gezogen wird.

**Linaria vulgaris**, Leinkraut, liefert Herb. Linariae. **L. arvensis** ist auf Äckern häufig. Linaria besitzt, wie die vorige Gattung, gespornte Blüten.

**Veronica** - Arten, wie **V. officinalis**, **V. arvensis** u. a., Ehrenpreis, sind meist sehr verbreitete Unkräuter.

**Gratiola** officinalis, Gottesgnadenkraut, mit zweilippig gespaltenen Blüten, wächst an Flußufern wild und ist die Stammpflanze der giftigen Herb. Gratiolae.

**Euphrasia** officinalis, Augentrost, **Lathraea squamaria**, Schuppenwurz, chlorophylloser Wurzelparasit.

**Melampyrum**-Arten, Wachtelweizen, **Pedicularis silvatica** und palustris, **Rhinanthus**-Arten, Hahnenkamm, u. a. m. sind bei uns stellenweise häufige Pflanzen. Sie sind sämtlich Halbparasiten.

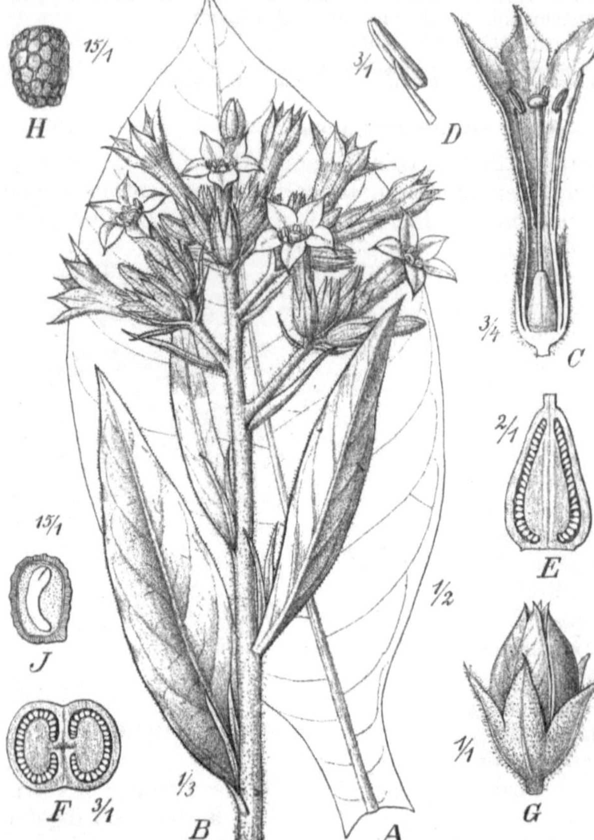

Abb. 502. Nicotiana tabacum. A Blatt von der Stengelmitte ($^1/_3$). B Spitze eines Blütenastes ($^1/_2$). C Blüte im Längsschnitt ($^3/_4$). D Staubblatt ($^3/_1$). E Fruchtknoten im Längsschnitt ($^2/_1$). F im Querschnitt ($^3/_1$). G Frucht ($^1/_1$). H Samen ($^{15}/_1$). J derselbe längs durchschnitten ($^{15}/_1$).

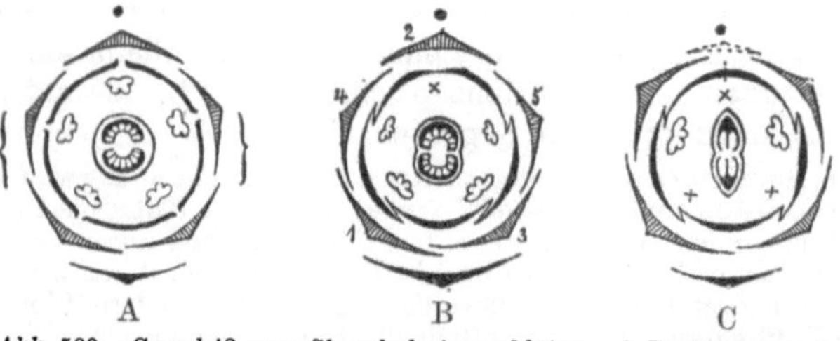

Abb. 503. Grundriß von Skrophulariazeenblüten. A Verbascum mit fünf, B Digitalis mit vier und C Veronica mit zwei Staubgefäßen.

# Fam. Orobanchaceae.

Chlorophyllfreie Wurzelparasiten mit den Skrophulariazeen ähnlichen Blüten. Staubblätter 4, zweimächtig. Fruchtblätter meist 2, verwachsen, jedes mit 2 wandständigen Samenleisten und zahlreichen umgewendeten Samenanlagen.

Zahlreiche einheimische **Orobanche-Arten** auf verschiedenen Wirtspflanzen. **O.** ramosa der „Hanfwürger".

## Fam. Lentibulariaceae.

Wasser- und Sumpfpflanzen mit meist gespornten Blüten und nur 2 Staubblättern, bemerkenswert durch Blätter, die zum Insektenfang eingerichtet sind.

**Utricularia**-Arten, meist Wasserpflanzen mit reusenartigen Fangblättern, **Pinguicula**-Arten mit flachen Fangblättern, die mit sezernierenden Tentakeln versehen sind.

## 7. Reihe. Plantaginales.

Blüten stets viergliedrig; bis auf die wenigerzähligen Fruchtblätter gleichzählig, strahlig, hermaphrodit oder seltener getrenntgeschlechtig, Fruchtknoten oberständig. — Meist Kräuter mit abwechselnden Blättern.

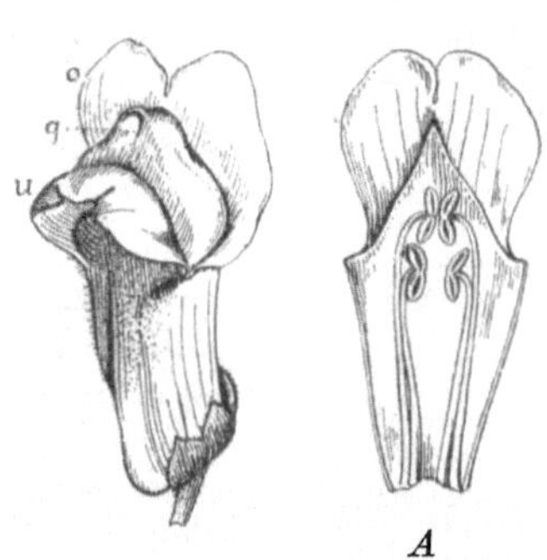

Abb. 504. Blüte von Antirrhinum majus. *o* Oberlippe, *u* Unterlippe, *g* gaumenförmige Ausstülpung derselben. *A* die Blumenkrone im Längsschnitt.

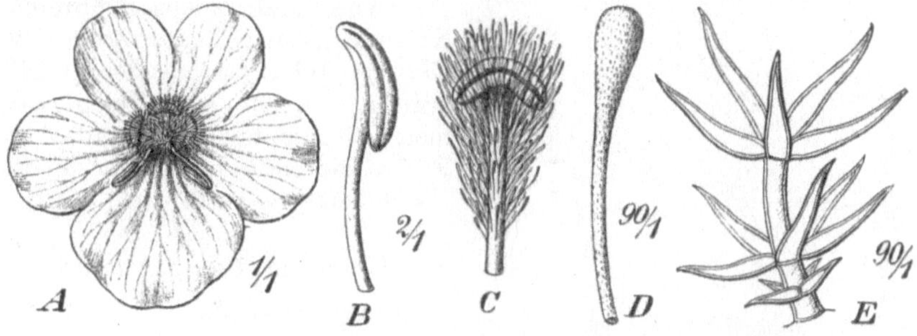

Abb. 505. Flores Verbasci. A Blumenkrone von oben gesehen ($^1/_1$). B unteres unbehaartes, C oberes, stark behaartes Staubblatt ($^2/_1$). D ein Haar davon ($^{90}/_1$). E Etagenhaar von der Außenseite der Blumenkrone ($^{90}/_1$).

## Fam. Plantaginaceae.

Kräuter mit regelmäßigen Blüten, welche (durch Unterdrückung des hinteren Kelchblattes und Staubgefäßes?) vierzählig erscheinen (Abb 507); die Blütenhülle ist unscheinbar, häutig, der Fruchtknoten ein- bis vierfächerig.

Abb. 506. Digitalis purpurea. a eine einzelne **Blüte**, b dieselbe im Längsschnitt.

**Plantago** major, **P.** media und **P.** lanceolata, Wegebreit, Wegerich, sind häufige Unkräuter, teilweise als Herba Plantaginis früher gebräuchlich. **P.** psyllium, in Südeuropa heimisch, ist die Stammpflanze von Semen Psyllii, Flohsamen.

Abb. 507. Blütendiagramm von Plantago media. (Nach Eichler.)

## 8. Reihe. Campanulatae.

Blüten typisch fünfgliedrig mit gleichzähligen Staubblättern und meist minderzähligen Fruchtblättern. Die Antheren der Staubblätter zusammenneigend und häufig miteinander teilweise oder sämtlich verwachsen. Fruchtknoten unterständig, mehrfächerig, mit zahlreichen Samenanlagen.

Abb. 508. Grundriß einer Lobeliablüte.

### Fam. Campanulaceae.

Die Glockenblumengewächse sind milchsaftführende Kräuter der gemäßigten Zone. Die Blüten sind strahlig oder gleichhälftig, mit entweder freien oder meist verklebten Antheren; der Fruchtknoten ist mehrfächerig, die Frucht eine Kapsel.

#### 1. Unterfam. *Campanuloideae.*

Blüten strahlig.

**Campanula** persicifolia, C. rotundifolia, C. patula, C. rapunculus, C. trachelium, C. rapunculoides und C. glomerata, Glockenblumen, sind sämtlich durch blaue, glockenförmige Blüten ausgezeichnete Kräuter unserer Wiesen und Gebüsche.

**Phyteuma** spicatum, Teufelskralle, ist eine seltenere Kampanulazee unserer Bergwiesen und Wälder.

**Jasione** montana kommt auf sandigen Anhöhen vor.

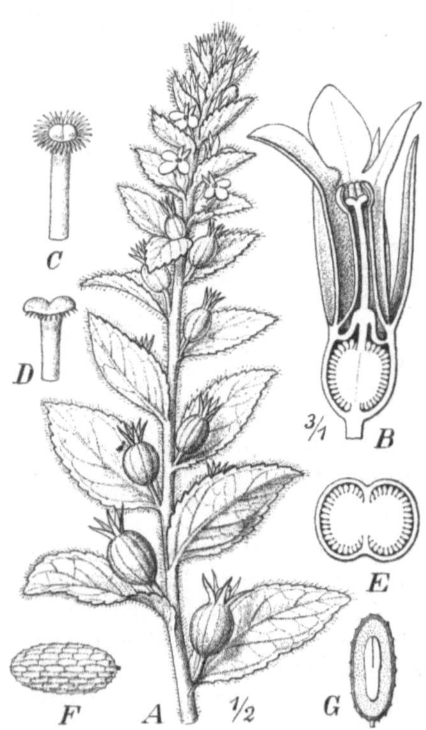

Abb. 509. Lobelía inflata. A Habitus der blühenden Pflanze, unten mit bereits halbreifen Früchten. B Längsschnitt durch die Blüte. C junger Griffel, Narbe noch geschlossen, die den Pollen aus der Staubbeutelröhre heraus fegenden Feghaare ausgebreitet. D älterer Griffel, Narbenschenkel ausgebreitet, empfängnisfähig, Feghaare größtenteils vertrocknet. E Querschnitt durch den Fruchtknoten. F reifer Samen. G derselbe im Längsschnitt. (Nach Berg und Schmidt.)

#### 2. Unterfam. *Lobelioideae.*

Diese Unterfamilie besitzt zwei Fruchtfächer; im übrigen herrscht im Blütenbau die Fünfzahl vor: $K 5\, C(5)\, A(5)\, G \overline{(2)}$ (Abb. 508). Die Blüten sind deutlich gleichhälftig und schwach lippenförmig ausgebildet. Die Staubbeutel sind zu einer Röhre verklebt. Die Frucht ist meist eine Kapsel.

Abb. 510. **Rubia tinctorum.** A blühender Zweig. B Blüte. C Knospe. D Blüte im Längsschnitt.
E Fruchtknoten nach Entfernung der Blütenorgane. F Fruchtknoten im Längsschnitt. G derselbe
im Querschnitt.

**Off. Lobelia inflata** (Abb. 509), in Nordamerika heimisch, liefert Herba Lobeliae.

**L. erinus** ist eine sehr beliebte, vom Kap stammende Gartenzierpflanze.

## 9. Reihe. **Rubiales.**

Fruchtknoten unterständig, Blüten strahlig oder gleichhälftig, vier- oder fünfzählig, Kelch oft sehr rückgebildet, Staubgefäße der Krone angewachsen. Fruchtknoten drei- oder zweifächerig, in jedem Fache mit zahlreichen oder nur noch einer Samenanlage. — Blätter gegenständig.

### Fam. **Rubiaceae.**

Die Blüten der Krappgewächse zeichnen sich allermeist durch einen

Abb. 511. Galium aparine.

sehr kleinen Kelch aus. Die Blüten sind fünf- oder vierzählig, also $K\,5\,C\,(5)\,A\,5\,G\,\overline{(2)}$ oder $K\,4\,C\,(4)\,A\,4\,G\,\overline{(2)}$ (zufällig ist die Vierzahl fast allen einheimischen, die Fünfzahl fast allen ausländischen Rubiazeen eigen).

Die Fruchtblätter wachsen stets zu einem gefächerten Fruchtknoten aus (Abb. 510, F, G). Die bei uns einheimischen Arten besitzen laubblattartige, geteilte Nebenblätter, welche an Größe den Laubblättern nicht nachstehen, so daß dadurch Blattrosetten, z. B. am Waldmeister, zustande kommen (Abb. 510, 511). Bei den meisten übrigen Rubiazeen sind die Neben-blätter zwischen den Blattstielen auch stets vorhanden, sie sind aber kleiner. Die einheimischen Arten sind Kräuter, die aus-ländischen meist Bäu-me und Sträucher. Viele enthalten Alka-loide.

Man unterschei-det zwei Unterfami-lien:

**a) Cinchonoideae.** Fruchtblätter mit zahl-reichen Samenanlagen.

Off. **Cinchona** suc-cirubra (Abb. 512) und andere Cinchona-Arten, wie **C.** calisaya, **C.** Ledgeriana, **C.** offi-cinalis, sämtlich an den Abhängen der An-den im nördlichen Süd-amerika heimische, auf den Gebirgen der meisten Tropengegenden jetzt angebaute Bäume mit elliptischen Blättern und rispenförmigen Blüten-ständen, liefern Cort. Chinae. Die erstgenannte Art ist offizinell.

**Pausinystalia** jo-himbe, in Kamerun heimisch, liefert die als Aphrodisiakum dienende Yohimberinde.

Abb. 512.  Cinchona succirubra.

Off. **Uncaria** oder **Ourouparia** gambir, ein kletternder Strauch des malaiischen Inselgebietes, ist die Stammpflanze des Gambir oder Gambir-Katechu.

**b) Coffeoideae.**  Fruchtblätter mit je einer Samenanlage.

**Coffea** arabica, der Kaffeebaum (Abb. 513), stammt aus Abessinien und wird wie **C.** liberica und neuerdings noch andere im tropischen Westafrika heimische Arten wegen seiner als Genußmittel dienenden, Coffeïn enthaltenden Samen (Kaffee-bohnen genannt) in allen Tropengegenden angebaut.

Off. **Uragoga** ipecacuanha, auch **Cephaëlis** oder **Psychotria** ipecacuanha (Abb. 514), ein kleiner Halbstrauch Brasiliens mit holzigem Rhizom, eiförmiger Blättern und kleinen weißen Blüten, liefert Rad. Ipecacuanhae.

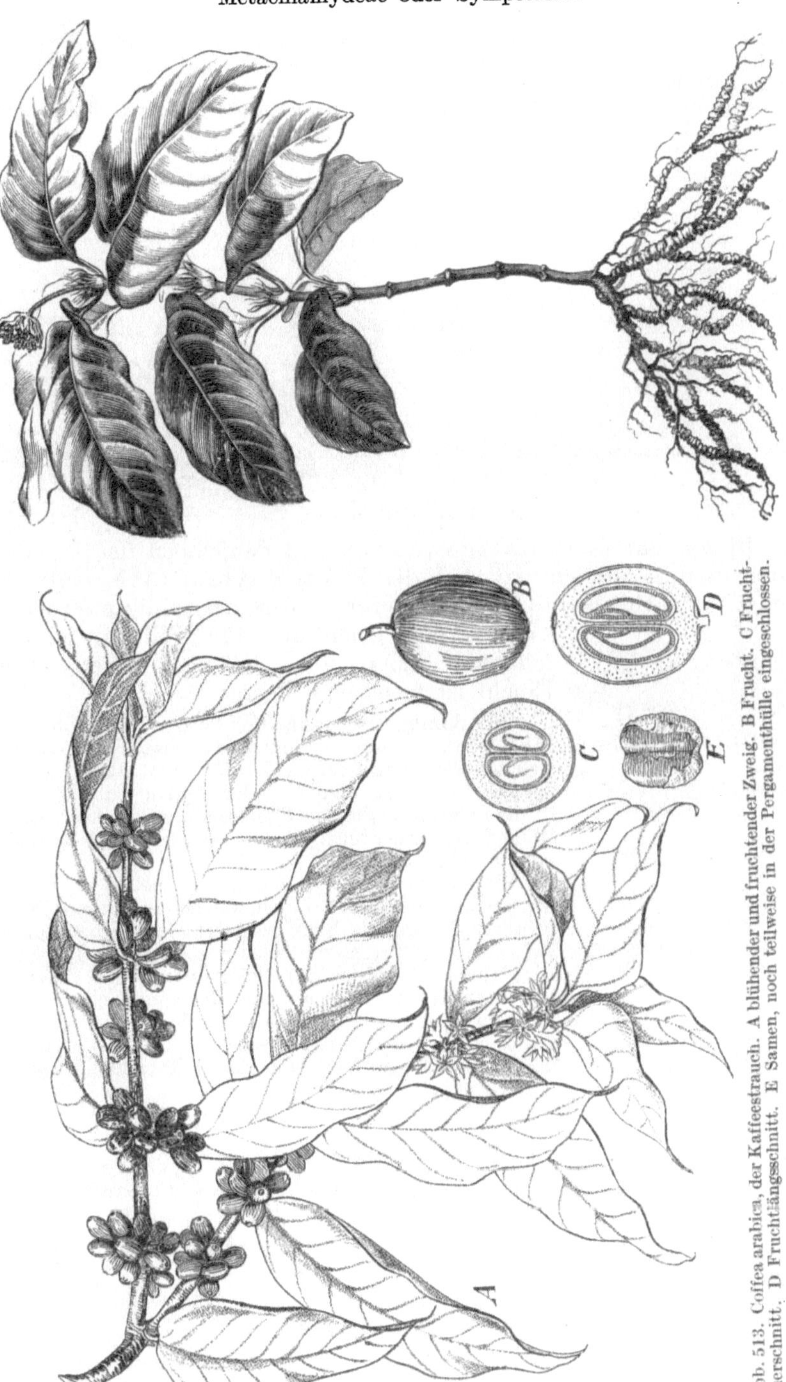

Abb. 513. Coffea arabica, der Kaffeestrauch. A blühender und fruchtender Zweig. B Frucht. C Frucht-querschnitt. D Fruchtlängsschnitt. E Samen, noch teilweise in der Pergamenthülle eingeschlossen.

Abb. 514. Uragoga ipecacuanha.

**Rubia** tinctorum, der Krapp (Abb. 510), hat der Familie den Namen gegeben und wird wegen der Färbkraft seiner Wurzel, die auch als Rad. Rubiae tinct. in Apotheken geführt wird, angebaut.

**Asperula** odorata, der Waldmeister, wird wegen seines Kumaringehaltes zur Bereitung der Maibowlen benutzt und ist die Stammpflanze der Herb. Asperulae. — Dieser Pflanze im Aussehen ähnlich sind die z. T. honigduftenden **Galium-** (Klebkraut- oder Labkraut-) Arten (Abb. 511), die bei uns in großer Menge vorkommen.

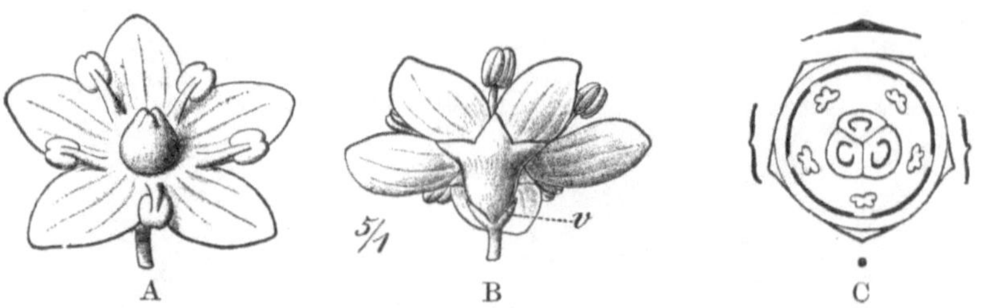


Abb. 515. Flores Sambuci. A Blüte von oben, B von unten gesehen ($^5/_1$), $v$ Vorblätter unter dem Kelch. C Grundriß der Blüte.

## Fam. Caprifoliaceae.

Die Blüten der Geißblattgewächse sind denjenigen der vorhergehenden Familie ähnlich und nach der Fünfzahl gebaut (Abb. 515); sie weichen hauptsächlich durch den Bau ihres meist dreizähligen Fruchtknotens von jenen ab. Ein Teil der Kaprifoliazeen besitzt unregelmäßige Blüten. Die Frucht ist meist eine Beere.

Off. **Sambucus** nigra, der Flieder oder Holunder (Abb. 516), ist ein bei uns wildwachsender Strauch, welcher Flor. Sambuci (Abb. 515) (mit Nektarhefen!) liefert. Auch **S.** ebulus, der Attich oder Zwergflieder, wurde früher medizinisch angewendet; seine Wurzel ist neuerdings wieder als Heilmittel in Aufnahme gekommen.

**Viburnum** opulus, Schneeball, ist ein an Bachufern wildwachsender Strauch, welcher auch in einer sog. gefüllten Form, die bloß geschlechtslose Schaublüten aufweist, als Gartenzierstrauch gezogen wird. **V.** prunifolium (Nordamerika) liefert die Cort. Viburni. **Lonicera**-Arten, Geißblatt oder Jelängerjelieber.

**Adoxa** moschatellina, Moschus- oder Bisamkraut, wächst in feuchten Gebüschen wild. — Sie wird häufig als einziger Vertreter einer besonderen Familie, **Adoxaceae,** hingestellt.

Abb. 516. Sambucus nigra.

## 10. Reihe. Aggregatae.

$K$, $C$ und $A$ 5zählig, $G_{\overline{(3-2)}}$, doch Fruchtknoten nur einfächerig und mit nur einer Samenanlage. $K$ meist papillös, rückgebildet oder unterdrückt; $A$ auf $C$ eingefügt. zuweilen, wie mitunter auch $C$ unvollständig. Blütenstand oft kopfig.

## Fam. Valerianaceae.

Die Baldriangewächse sind Kräuter mit gegenständigen, einfachen oder geteilten Blättern, deren stets unregelmäßige Blüten in Trugdolden angeordnet sind. Der Kelch ist meist verschwindend klein, oft erst nach der Befruchtung sich entwickelnd und dann einen sog. Pappus bildend (Abb. 517 D). Die am Saum unregelmäßige, glockige bis trichterförmige Blumenkrone trägt die drei vorhandenen Staubgefäße. Von den drei Fruchtknotenfächern trägt nur eins eine zur Reife gelangende Samenanlage. Die durchschnittliche Blütenformel ist

$$K\,0\;C\,(5)\;A\,3\;G\,\overline{(3)}\,.$$

Die Frucht ist eine Achaene.

Off. **Valeriana** officinalis, Baldrian (Abb. 517, 518), wächst an Bachufern bei uns wild und liefert Rad. Valerianae. Die japanische Varietät **Val.** off. var. angustifolia liefert das offizinelle Baldrianöl. **V.** dioica ist auf nassen Wiesen häufig, medizinisch aber nicht verwendbar.

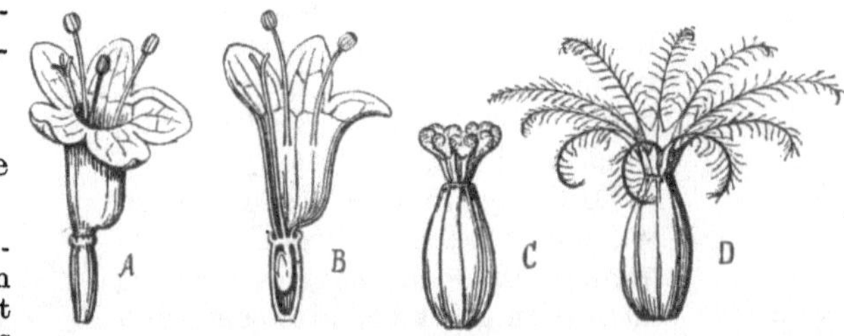

Abb. 517. A Blüte von Valeriana officinalis. B dieselbe längsdurchschnitten. C der Fruchtknoten nach dem Verblühen. D reife Frucht.

**Valerianella** olitoria und **V.** dentata, Rapünzchen, auf Brachäckern wildwachsend, liefert Blätter, die als Salat („Feldsalat") geschätzt sind.

**Centranthus** ruber, Spornblume, aus dem Mittelmeergebiet stammend, bei uns als Gartenzierpflanze, ist interessant, weil sie nur ein Staubgefäß besitzt.

## Fam. Dipsacaceae.

Die mit Außenkelch versehenen Blüten der Kardengewächse sind meist gleichhälftig, die Krone vier- bis fünflappig, mit vier freien Staubgefäßen und einfachem Griffel. Es sind Kräuter mit gegenständigen Blättern.

**Dipsacus** pilosus und **D.** silvestris sind zwei wildwachsende Kardendistelarten; **D.** fullonum, die Weberdistel, wird viel kultiviert und zum Rauhen der Stoffe benutzt.

**Succisa** pratensis, Teufelsabbiß. **Knautia** arvensis und **Scabiosa** columbaria sind auf Wiesen und Feldern häufig wildwachsende Pflanzen.

Abb. 518. Valeriana officinalis.

## Fam. Compositae.

Das eine Merkmal der Korbblütler ist die Verwachsung der fünf vorhandenen Staubbeutel zu einer Röhre (Abb. 519 $a$), während die Staubfäden frei sind. Das zweite hauptsächliche Merkmal besteht darin, daß die Einzelblüten stets zu Köpfchen vereinigt sind, d. h. zu einem Blütenstande, an welchem die Hauptachse sowohl, wie sämtliche Nebenachsen völlig unterdrückt sind und eine tellerförmige, kegelförmige oder kopfförmige Verdickung der Achse die Ansatzstelle für die zahlreichen Einzelblüten bildet; der Namen Compositae oder Korbblütler rührt daher, daß der gesamte Blütenstand körbchenförmig von einem meist vielreihigen

Kranze von Hüllblättern (Involukrum) umgeben wird (Abb. 520 a).
Außerdem besitzen die Einzelblüten aber auch meist noch Deckblättchen,
in deren Achsel sie eingefügt sind (Abb. 521 *s*), welche also neben den
Einzelblüten auf dem Blütenboden stehen und als Spreublättchen bezeichnet zu werden pflegen.

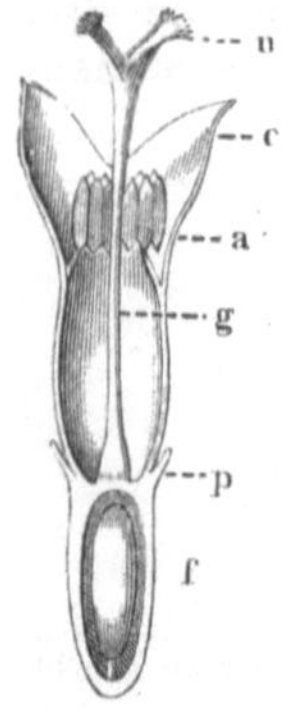

Man muß sich daher hüten, die Körbchen der Kompositen als Blüten anzusehen, als welche der Volksmund
sie bezeichnet. Die „Kornblume"
z. B. (Abb. 520.) ist keine Blüte,
sondern ein Blütenstand.

Die Einzelblüten der Kompositen zeigen verschiedene Form und
können ein- oder zweigeschlechtig
oder auch geschlechtslos sein, sind
jedoch ausnahmslos nach dem
Typus $K\,5 — \infty\ C\,(5)\ A\,(5)\ G\overline{(2)}$
(Abb. 522) gebaut. Der Kelch ist
wie bei den Valerianazeen zur
Blütezeit kaum mehr als angedeutet und wächst meist erst nach
der Befruchtung zu einer Haarkrone, Pappus genannt, aus. Die
Blumenkrone ist röhrenförmig und
entweder mit fünf regelmäßigen

Abb. 519. Zwitterige Scheibenblüte einer Komposite. *a* die zu einer Röhre verwachsenen Antheren, *f* Fruchtknoten, *p* Ansatz zum Kelch (Pappus), *g* Griffel, *n* Narbe, *c* die Blumenkrone.

Abb. 520. a Blütenköpfchen von Centaurea cyanus, b eine einzelne Randblüte, c eine einzelne Scheibenblüte.

Zipfeln versehen (Abb. 523 a), oder aber es sind alle fünf Zipfel zu einer
Lippe verbunden und lang ausgebreitet (Abb. 523 b). Ein dritter Fall, daß
drei der Zipfel eine Oberlippe und die beiden übrigen eine Unterlippe
bilden (Abb. 523 c), kommt nur bei einigen ausländischen Arten vor. Die
Staubgefäße besitzen, wie schon erwähnt, freie Staubfäden, aber ihre

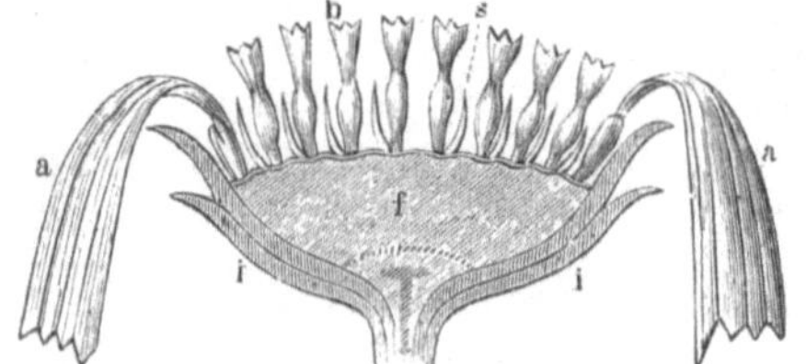

Abb. 521. Ein Kompositenköpfchen längsdurchschnitten. *f* die
kopfförmige Verdickung der Achse, *i* das Involukrum, *a* Randblüten, *b* Scheibenblüten, *s* Spreublättchen.

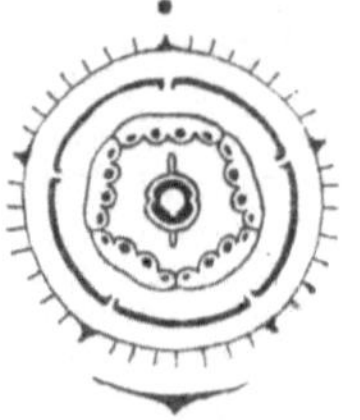

Abb. 522. Grundriß der
typischen Kompositenblüte.

Staubbeutel sind zu einer Röhre verbunden. Der in der Mitte hindurchwachsende Griffel befördert mit seiner Haarbürste (Fegeapparat) den
Pollen der Staubbeutel nach oben und bietet ihn den Insekten zur Übertragung auf die Narben anderer Pistille dar. Die empfängnisfähige
Stelle der Narbe befindet sich an der Trennungsstelle der beiden Narbenzipfel. Der unterständige, einfächerige Fruchtknoten besteht aus zwei
Fruchtblättern, trägt jedoch nur eine einzige Samenanlage und wird
bei der Reife zu einer Achäne, wie bei den Valerianazeen.

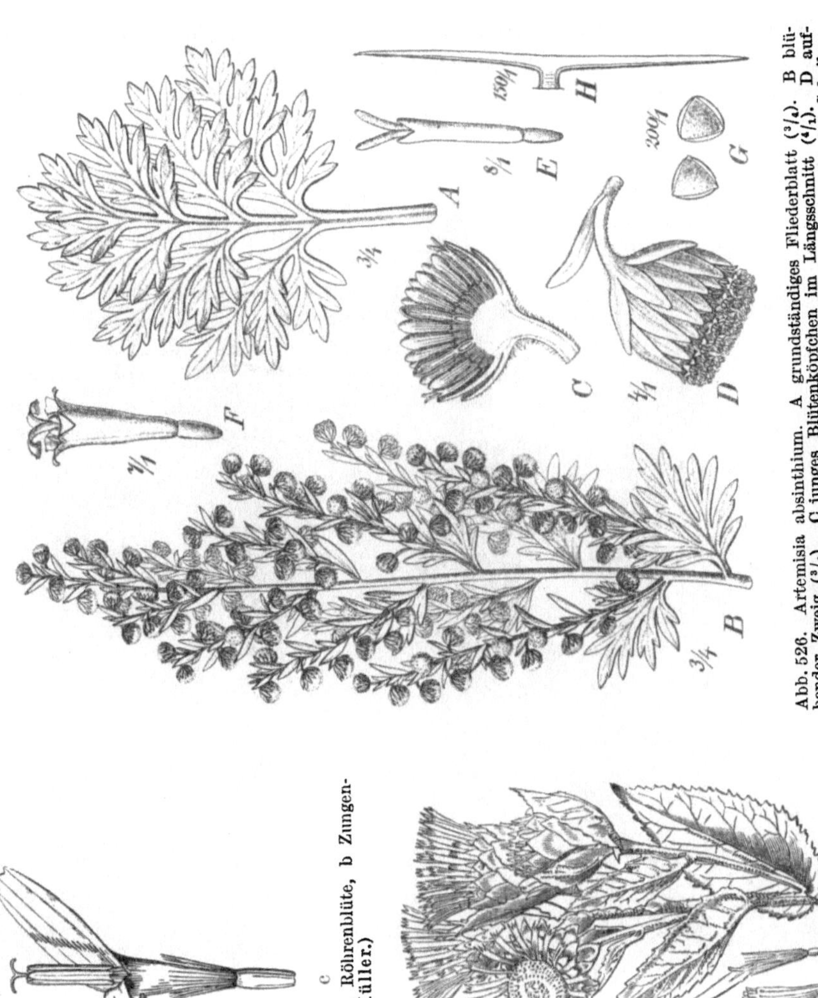

Abb. 526. Artemisia absinthium. A grundständiges Fliederblatt (³/₄). B blühender Zweig (³/₄). C junges Blütenköpfchen im Längsschnitt (⁴/₁). D aufgeblühtes Köpfchen (⁴/₁). E weibliche Randblüte (⁸/₁). F zwitterige Scheibenblüte (⁷/₁). G Pollenkörner (²⁰⁰/₁). H T-förmiges Haar vom Blütenstand (¹⁵⁰/₁).

Abb. 523. Formen der Kompositenblüten. a Röhrenblüte, b Zungenblüte, c Lippenblüte. (C. Müller.)

Abb. 525. Inula helenium.

Abb. 524. Tussilago farfara.

Nur selten sind alle Blüten eines Köpfchens gleich. Sind sie verschieden, so nennt man den äußeren Kreis Randblüten oder Strahlenblüten, die von diesen umgebenen dagegen Scheibenblüten. Der bei den Kompositen vorkommende Reservestoff ist Inulin.

Je nach der Gestalt der Einzelblüten teilt man die zu den Kompositen gehörigen Gattungen ein in:

a) Röhrenblütler (Tubuliflorae), bei denen entweder sämtliche Blüten des Köpfchens röhrenförmig, oder aber die Scheibenblüten röhrenförmig, die Randblüten zungenförmig, jedenfalls also die Scheibenblüten nicht zungenförmig sind; sie enthalten häufig schizo-

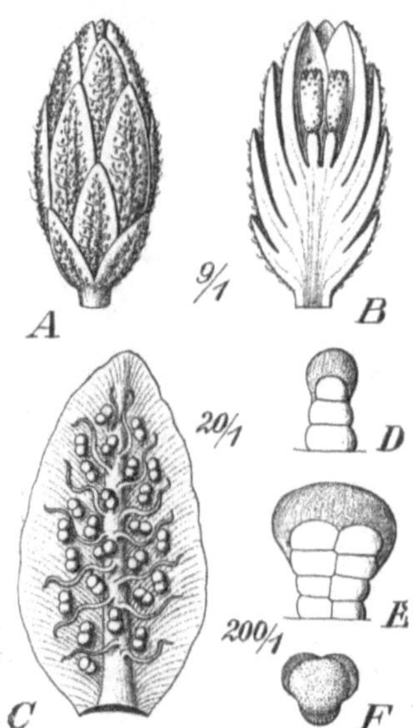

Abb. 527. Artemisia cina.

Abb. 528. Flores Cinae. A junges Blütenköpfchen. B dasselbe im Längsschnitt (9/1). C Blatt des Hüllkelches von außen (29/1). D, E Drüsenhaare. F Pollenkorn (266/1).

gene Sekretbehälter, niemals aber Milchsaftschläuche;

b) Zungenblütler (Liguliflorae), bei denen sämtliche Blüten zungenförmig sind; sie führen gegliederte Milchsaftschläuche.

### a) Röhrenblütler, Tubuliflorae.

Off. **Tussilago** farfara, Huflattich (Abb. 524), ein an Flußufern auf Lehmboden häufiges Kraut, liefert Fol. und Flor. Farfarae.

**Petasites** officinalis, Pestwurz, ist mit jenem nahe verwandt, aber nicht offizinell. Beide blühen im ersten Frühjahr vor Erscheinen der Blätter.

**Inula** helenium, Alant (Abb. 225), ist die Stammpflanze von Rad. Helenii.

Off. **Artemisia** absinthium, der Wermut (Abb. 526), ein im Mittelmeergebiet verbreiteter Halbstrauch, liefert Herb. Absinthii, **A.** cina (Abb. 527, 528) wächst in Turkestan und ist die Stammpflanze der Flor. Cinae. Auch noch andere Artemisiaarten liefern Santonin.

**A. dracunculus** (Mongolei), Estragon, **A. vulgaris**, Beifuß, in Mitteleuropa
verbreitet.

Off. **Arnica montana**, das Wohlverleihkraut (Abb. 529), meist auf Bergwiesen
gedeihend, liefert Flor. und Rad. Arnicae.

Off. **Cnicus benedictus**, das Kardobenediktenkraut (Abb. 530), in Südeuropa
gedeihend, ist die Stammpflanze der Herb. Cardui benedicti.

Off. **Matricaria chamomilla**, die Kamille (Abb. 531, 532), ein häufiges Unkraut
auf Getreideäckern und an Wegen, liefert Flor. Chamomillae. Der kegelförmige
Blütenboden derselben ist hohl und nackt (ohne Spreublättchen).

**Anthemis nobilis**, die römische Kamille (Abb. 533), in den Mittelmeerländern
wildwachsend, ist die Stammpflanze der Flor. Chamom. Roman. **A. arvensis**

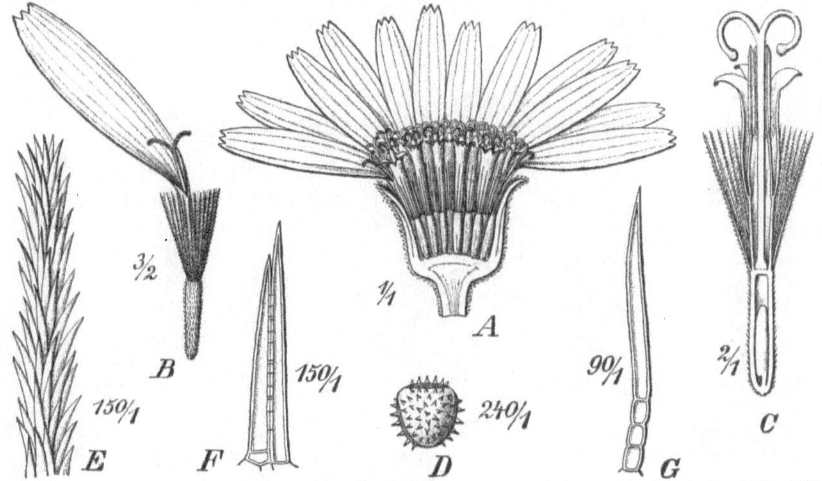

Abb. 529. Arnica montana. A Blüte im Längsschnitt ($^1/_1$). B Randblüte ($^3/_2$). C Scheibenblüte ($^2/_1$).
D Pollenkorn ($^{240}/_1$). E Spitze eines Pappushaares ($^{150}/_1$). F Doppelhaar vom Fruchtknoten ($^{150}/_1$).
G Haar von der Blumenkrone ($^{90}/_1$).

und **A. cotula**, die Acker- und Hundskamille, dürfen nicht mit der ähnlichen
Matricaria verwechselt werden und besitzen einen im Innern mit Mark erfüllten
Blütenboden.

**Anacyclus pyrethrum**, liefert Rad. Pyrethri, **A. officinarum**, die Rad.
Pyrethri germanici.

**Bellis perennis**, Gänseblümchen, ist auf Wiesen überaus häufig; die Blüten
wurden ehedem medizinisch verwendet.

**Spilanthes oleracea**, die Parakresse, wächst in Südamerika und liefert
Herba Spilanthis.

**Helianthus annuus**, die Sonnenblume, mit oft riesigen Blütenköpfen von
bis $^1/_2$ m Durchmesser, ist ein beliebtes Ziergewächs, aus dessen Samen ein sehr
wohlschmeckendes Öl gepreßt wird; es dient auch zur Vorfälschung des Olivenöls.
**H. tuberosus**, Topinambur, und **H. macrophyllus** liefern Knollen, die neuerdings
als „Helianthi" besonders von Zuckerkranken viel gegessen werden.

**Tanacetum vulgare**, der Rainfarn, bei uns an Wegen häufig, liefert Flor.
Tanaceti (Abb. 534).

**Achillea millefolium**, die Schafgarbe (Abb. 535), ist ebenfalls ein häufiges
Unkraut. Blüten und Blätter sind als Flor. und Herb. Millefolii noch gebräuchlich.

**Calendula officinalis**, die Ringelblume, liefert Flor. Calendulae und zeichnet
sich durch verschiedene Gestalt der äußeren und inneren Früchte aus.

**Lappa (Arctium) major** und **L. minor** (Abb. 536), die Kletten, an Wegrändern
häufige Unkräuter, liefern Rad. Bardanae.

**Carlina** vulgaris, gedeiht auf trockenen Hügeln. **C.** acaulis, in Mittelgebirgen, die Silber- oder Wetterdistel, ist die Stammpflanze von Rad. Carlinae, Eberwurzel.

**Centaurea** cyanus, die Kornblume (Abb. 520). Andere **C.**-Arten sind an Rainen und auf Hügeln häufig.

**Carthamus** tinctorius, die Färberdistel (Abb. 537), liefert Flor. Carthami, welche unter dem Namen Saflor als Safransurrogat gebräuchlich sind.

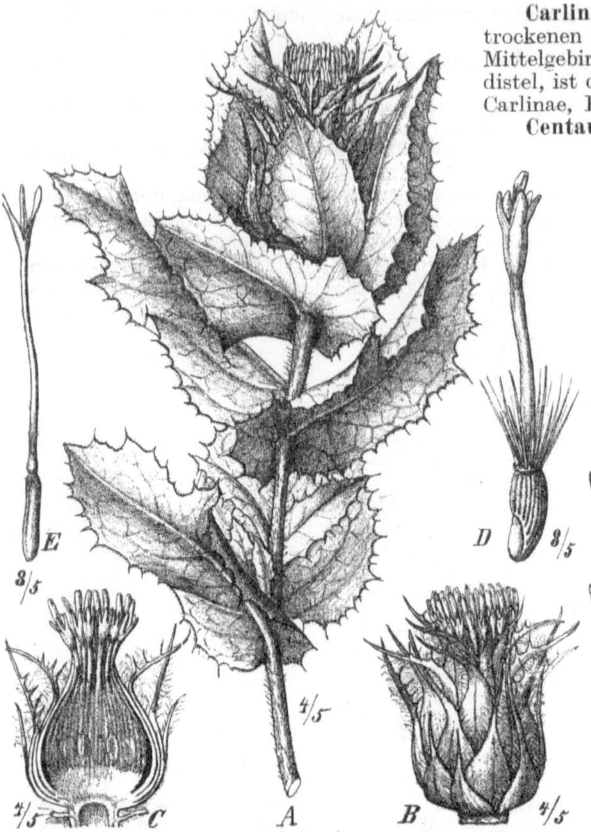

Abb. 530.  Cnicus benedictus.  A blühender Zweig.  B Blütenköpfchen.  C ein solches im Längsschnitt.  D normale Scheibenblüte.  E geschlechtslose Randblüte.

Abb. 531.  Matricaria chamomilla.

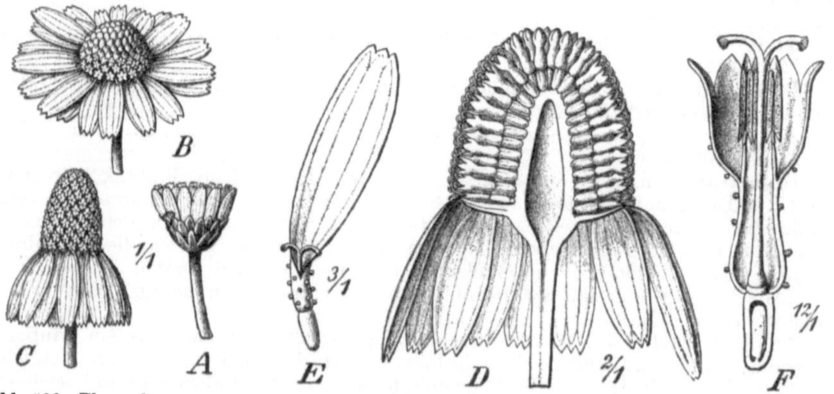

Abb. 532.  Flores Chamomillae.  A junges Blütenköpfchen, sich eben ausbreitend.  B dasselbe etwas älter, die Zungen der Randblüten horizontal ausgebreitet.  C altes Blütenköpfchen, die Zungen der Randblüten schlaff herabhängend ($^1/_1$).  D altes Blütenköpfchen längsdurchschnitten ($^2/_1$).  E ganze Randblüte ($^3/_1$).  F Scheibenblüte im Längsschnitt ($^{12}/_1$).

**Solidago** virga aurea, Goldrute, lieferte die früher gebräuchliche Herb. Virgaureae. **Gnaphalium** arenarium ist die Stammpflanze der Flor. Stoechados citrin. **Erigeron** canadense, aus Nordamerika stammend, ist überall auf Sandboden verwildert.

**Dahlia** variabilis, die aus Mexiko stammende „Georgine", wetteifert an Formen- und Farbenpracht mit den Chrysanthemen.

Abb. 533. Anthemis nobilis.

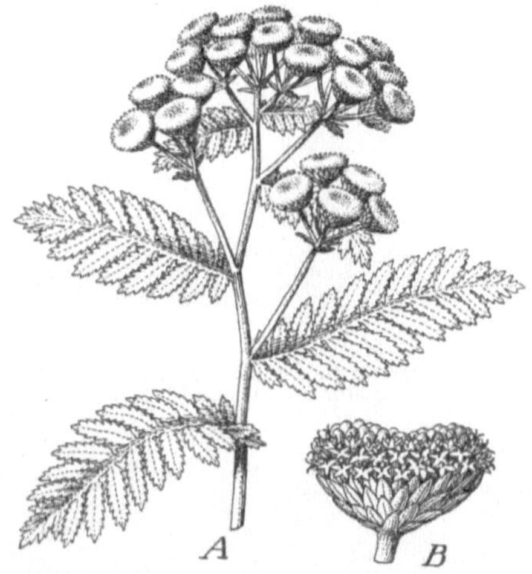

Abb. 534. Tanacetum vulgare. A Sproß mit Blütenständen. B ein einzelner Blütenstand, vergrößert.

**Chrysanthemum**-Arten sind die auf Wiesen wildwachsenden Wucherblumen oder Margeriten. **Ch.** indicum und **Ch.** sinense, in Japan und China heimisch, werden neuerdings in zahlreichen Spielarten mit prachtvollen, großen Köpfen kultiviert und sind jetzt wohl die beliebtesten Winterzierpflanzen.

Abb. 535. Achillea millefolium.          Abb. 536. Lappa minor.          Abb. 537. Carthamus tinctorius.

**Pyrethrum** cinerariifolium, in Dalmatien heimisch, liefert Dalmatinisches Insektenpulver, und **P.** roseum (Abb. 538) sowie **P.** Marschallii das persische Insektenpulver.

### b) Zungenblütler, Liguliflorae.

Off. **Taraxacum** officinale, der Löwenzahn (Abb. 539), ein lästiges Unkraut, liefert Rad. Taraxaci c. herba. Die Eizelle entwickelt sich stets ohne Befruchtung (Apogamie).

Off. **Lactuca** virosa, der Giftlattich (Abb. 540), welcher in Südeuropa wild wächst, in Frankreich und an der Mosel angebaut wird, ist die Stammpflanze des

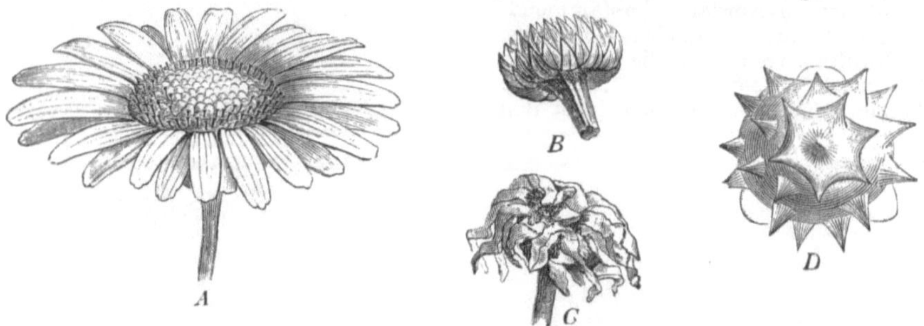

Abb. 538. Pyrethrum roseum. **A** geöffnetes Blütenkörbchen. B Hüllkelch von unten gesehen. C geöffnetes Blütenkörbchen getrocknet. D Pollenkorn, stark vergrößert.

Abb. 539. Taraxacum officinale.

Abb. 540. Lactuca virosa.

Abb. 541. Cichorium intybus.

Lactucarium; **L.** sativa hingegen ist der bei uns sehr geschätzte Kopfsalat.

**Cichorium** intybus, die Zichorie (Abb. 541), ein an Wegrändern häufiges Unkraut, wurde früher medizinisch verwendet. Ihre Wurzel liefert das bekannte Kaffeesurrogat. **C.** endivia gibt den bekannten Salat Endivie.

**Tragopogon** pratensis, Bocksbart, wächst auf Wiesen und Triften häufig.

**Hieracium**-Arten, Habichtskraut, beleben in zahlreichen Arten trockene Triften und Wiesen und sind besonders in den Gebirgen in zahlreichen, schwer trennbaren Arten verbreitet.

**Sonchus**-Arten, Gänsedistel, sind milchende, gelbblühende Weichdisteln und stellenweise sehr verbreitet.

**Scorzonera** hispanica, Schwarzwurzel, wird wegen ihrer Wurzeln als Gemüsepflanze kultiviert. Die Blätter dieser Pflanze sind die einzigen, welche die Maulbeerblätter bei der Seidenraupenzucht notdürftig zu ersetzen vermögen.

# Monocotyledoneae. Einkeimblättrige Gewächse.

Die Kennzeichen der Monocotyledoneae wurden bereits bei der Gegenüberstellung mit den Dicotyledoneae (vgl. S. 234) besprochen.

Nach der heute am meisten vertretenen Anschauung bilden die Monocotyledoneae einen Seitenast der Dicotyledoneae, der etwa bei den Ranales abzweigt. Man kann sich die Entwicklung dieses großen Astes am Stammbaum der Pflanzen vielleicht in der Weise vorstellen, daß die Urahnen der M. sich dem Leben im Wasser, wie auch manche Ranales, ganz besonders angepaßt haben. Da sie im Wasser nicht überwintern konnten, wurden sie zu einjährigen Pflanzen, verloren als solche das kambiale Dickenwachstum und brauchten als Wasserpflanzen nicht mehr für eine Biegungsfestigkeit des Stammes zu sorgen, wodurch wiederum die Anordnung der Leitbündel in einen Kreis unnötig wurde, so daß die Leitbündel nunmehr auf dem Querschnitt unregelmäßig verteilt wurden. Später sind dann manche Monokotylen wieder mehrjährig geworden, indem sie als Wasser- oder Sumpfpflanzen einen starken Wurzelstock ausbildeten oder wieder zu Landpflanzen wurden. Im letzteren Falle wurde das kambiale Dikkenwachstum durch Anlage eines peripheren Meristems, in welchem sich neue Leitbündel differenzieren, ersetzt.

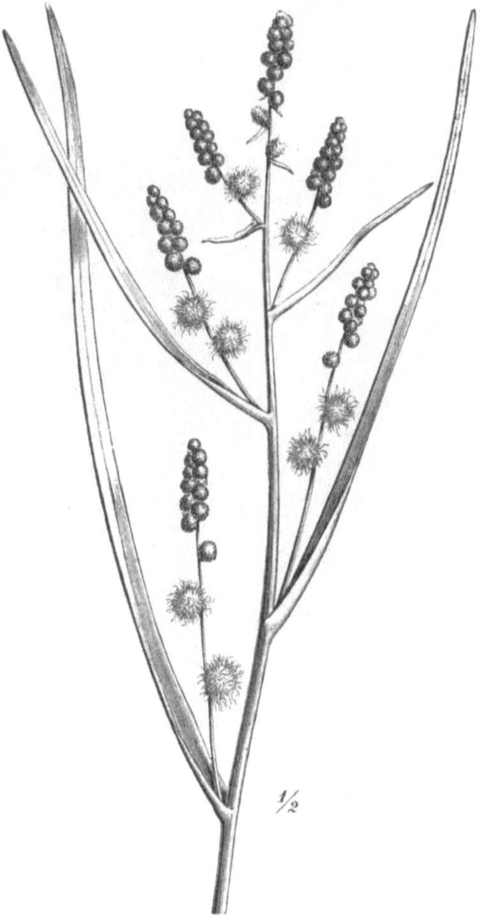

## 1. Reihe. **Pandanales.**

Die getrenntgeschlechtigen Blüten sind entweder nackt oder mit einer aus winzigen, unscheinbaren Blättchen gebildeten, gleichartigen Blütenhülle versehen. Die Zahl der Staubblätter in den männlichen und der Fruchtblätter in den weiblichen Blüten ist stark schwankend. Samen mit Endosperm. Die Blüten

Abb. 542.  Sparganium ramosum, der Igelkolben. (Nach Engler.)

22*

stehen in zusammengesetzten, kugeligen oder kolbenähnlichen Blütenständen. Antipoden vermehrt, Endosperm nukleär, Pollen zweikernig.

## Fam. **Typhaceae.**

Blüten vollständig nackt.

Die Arten der Gattung **Typha** sind als Lieschkolben bekannt und gehören
zu den charakteristischen Erscheinungen unserer Sumpf- und Teichflora.

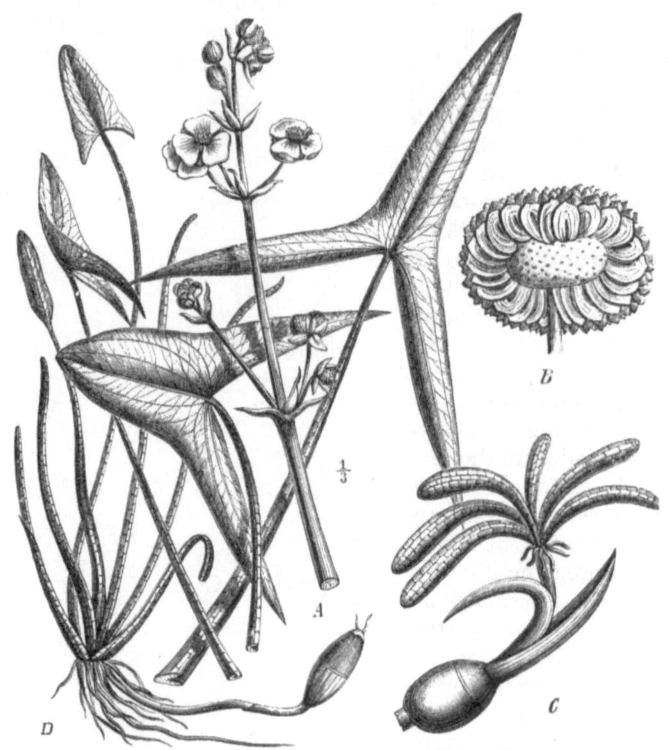

Abb. 543. Sagittaria sagittifolia. A Blatt und Blütenstand. B Frucht in Seitenansicht nach Entfernung einer Anzahl Früchtchen. C Knolle, zu einer jungen Pflanze auswachsend. D eine solche in
weiter vorgerücktem Stadium. (Nach Buchenau.)

## Fam. **Sparganiaceae.**

Blüten mit winziger, unscheinbarer Blütenhülle.

Die Gattung **Sparganium,** Igelkolben (Abb. 542), kommt in unserer Flora
mit zwei Arten häufig vor.

## 2. Reihe.  **Helobiae.**

Blüten nackt oder mit einfacher oder doppelter Blütenhülle, Staub-
blätter ∞ — 1, Fruchtblätter meist frei voneinander, unverwachsen.
Fruchtknoten ober- oder unterständig. Nährgewebe meist resorbiert.
Pollen dreikernig, Periplasmodium in den Antheren, Basalapparat des
Endosperms, riesige Ausbildung der Suspensorzelle.

## Fam. **Potamogetonaceae.**

Untergetauchte oder mit den Blättern auf der Wasseroberfläche schwimmende Kräuter. Blüten nackt.

Die Gattung **Potamogeton** (Laichkräuter) ist in unserer Flora mit zahlreichen Arten vertreten.

## Fam. **Alismataceae.**

Blüten mit Kelch und Blumenkrone mit der Formel $K\,3\,P\,3$ $A\infty-6, G\infty-6$. Fruchtknoten oberständig.

Hierher gehört **Alisma** plantago, der „Froschlöffel", eine sehr charakteristische Pflanze unserer Teichränder, ferner **Sagittaria** sagittifolia (Abb. 543), das Pfeilkraut, welches an denselben Standorten sich findet.

## Fam. **Hydrocharitaceae.**

Blüten fast dieselben Blütenverhältnisse zeigend wie bei voriger Familie, aber der Fruchtknoten unterständig.

**Hydrocharis** morsus ranae, der Froschbiß, und **Stratiotes** aloides, die Wasseraloe, sind zwei in unserer Flora heimische, frei auf der Wasserfläche schwimmende Arten dieser großen Familie.

**Helodea** canadensis, die Wasserpest, stammt aus Nordamerika, ist aber jetzt (nur in der weiblichen Pflanze!) bei uns eingebürgert.

## 3. Reihe. **Glumiflorae.**

Blüten von Hochblättern (Spelzen) bedeckt, zwitterig oder eingeschlechtig, selten mit sehr einfachem Perigon oder nackt mit einfächerigem, eine Samenanlage enthaltendem, oberständigem Fruchtknoten. Blütenstand viel- und kleinblütig. Blätter linealisch, parallelnervig, „grasartig". Pollen dreikernig, Endosperm nukleär. Wegen der Stellung dieser Reihe im System verweisen wir besonders noch auf unsere Ausführungen S. 231!

## Fam. **Gramineae.**

Die Grasgewächse besitzen kleine und durch das Fehlen des Perigons sehr unscheinbare Blüten. Diese sind in zusammengesetzten Ähren oder Rispen vereint, deren einzelne Glieder stets aus Ährchen bestehen. Als häufigste Blütenformel (Abb. 544) läßt sich die folgende ansehen: $P\,0$, $A\,3+0, G\,\underline{1}$ oder aber $P\,0+2, A\,3+0, G\,\underline{1}$ (wenn man die Schwellschüppchen als reduzierte Perigonblätter auffaßt, wie es gelegentlich geschieht). Sowohl die Blüte selbst als auch das ganze Ährchen sind von schmalen, harten, oft mit einer Granne versehenen Hüllblättern, Spelzen genannt, umgeben. So folgen z. B. am Weizenährchen (Abb. 545, vgl. auch Abb. 546) auf die beiden Hüllblätter des Ährchens ($g_1$ und $g_2$), die sog. Hüllspelzen, vier Blüten

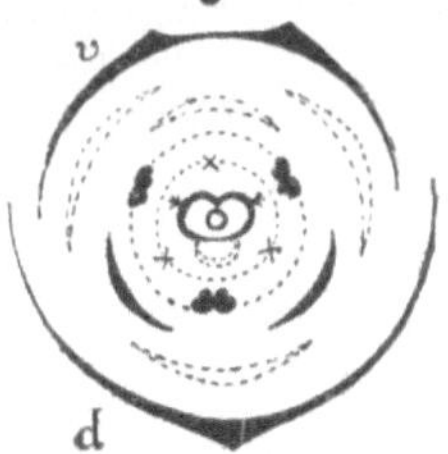

Abb. 544. Grundriß einer Grasblüte. *d* das Deckblatt (Deckspelze), *v* das Vorblatt (Vorspelze).

mit je einem Deck- und Vorblatt (*d* und *v*), die Deck- und Vorspelze genannt werden. Zwei am Grunde des Fruchtknotens stehende Schwellschüppchen, die Lodiculae (vgl. Abb. 545 $C, l$), werden manchmal (aber wohl unrichtig) als reduzierte Perigonblätter gedeutet; vgl. Abb. 544. Die Staubfäden der Gramineen sind sehr dünn, lang und leicht beweglich; desgleichen die Staubbeutel, welche in der Mitte ihrer Längsseite am Filament angeheftet sind und durch den Wind mit Leichtigkeit bewegt werden können, damit der Pollen ausstäubt. Der Fruchtknoten ist aus einem einzigen Fruchtblatt hervorgegangen, aber fast durchweg von zwei federigen Narben gekrönt. Der Samen (Abb. 547) verwächst bei der Reife

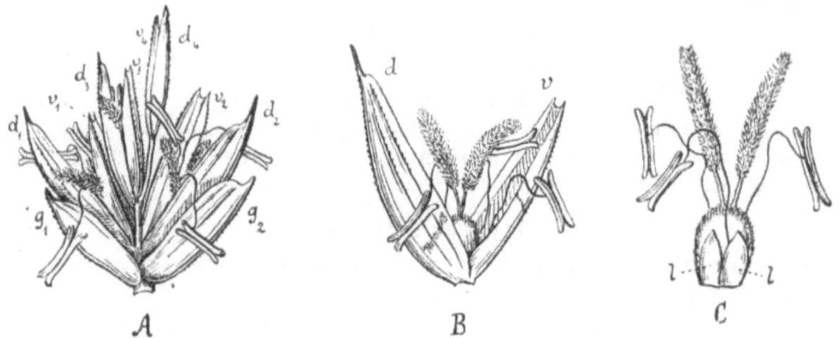

Abb. 545. A ein Weizenährchen mit den beiden Hüllspelzen $g_1$ und $g_2$ und vier von je einer Deckspelze ($d$) und einer Vorspelze ($v$) umhüllten Einzelblüten. B eine Einzelblüte. C dieselbe von Deck- und Vorspelze befreit, $l$ Lodiculae.

fest mit der dünnen Fruchtwand und bildet eine Hautfrucht oder Karyopse. Die Getreidekörner sind also keine Samen, sondern Früchte. Im Samen findet sich reichliches Endosperm, an dessen Vorderseite und Basis der nur von der Fruchtwandung bedeckte Embryo außen anliegt. Der Embryo besitzt eine schildförmige Erwei-

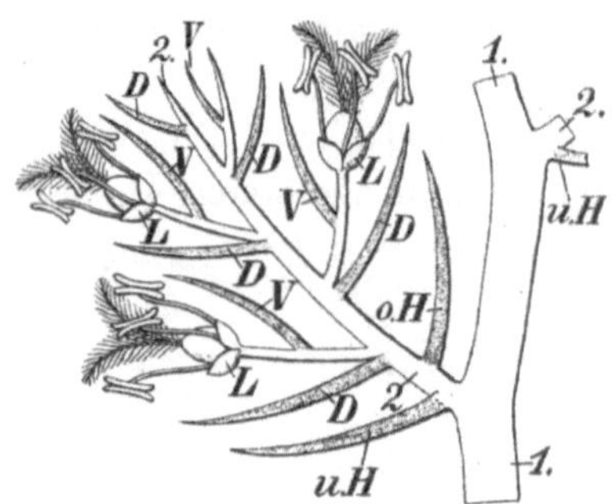

Abb. 546. Schema eines Grasährchens. *1* Hauptachse, *2* Seitenachsen des Teilblütenstandes, *uH* untere Hüllspelze, *oH* obere Hüllspelze, *D* Deckspelze, *V* Vorspelze, *L* Lodiculae.

Abb. 547. Längsschnitt der Frucht (Karyopse) von Zea mays. 6mal vergrößert. *c* Fruchtschale, *fs* Basis der Frucht, *ey* fester, *ew* weicher Teil des Endosperms, *sc* Skutellum (Keimblatt), *ss* dessen Spitze, *k* Knospe des Keimpflänzchens, *w* Wurzel, *ws* Wurzelscheide, *st* Stämmchen des Keims. (Nach Sachs.)

terung des Keimblattes (Skutellum), welche bei der Keimung des Samens als Saugorgan dient (Abb. 547, 15 *Sc*).

Im reifen Embryosack sind die Antipoden nachträglich stark vermehrt.

Die Grasgewächse sind einjährig oder unterirdisch ausdauernd (z. B. Triticum repens, Bambusa). Charakteristisch für den ganzen Habitus der Gräser ist der Stengel, welcher meist hohl ist und Halm genannt wird. An jeder Einfügungsstelle eines Blattes befindet sich ein Knoten, d. h. eine

Verdickung des Stengels, welche auch innen ausgefüllt ist, also die röhrenförmige Höhlung des Halmes durch eine Scheidewand unterbricht.

Die Blätter der Grasgewächse sind meist sehr lang, linealisch und oben zugespitzt. Sie sind am Grunde mit einer gespaltenen Scheide versehen, welche von einem Knoten bis zum andern reicht, so daß die eigentliche Blattfläche erst an dem nächsten, über der Einfügungsstelle gelegenen Knoten beginnt. An der Stelle, wo die Scheide in die Blattfläche übergeht, befindet sich ein farbloses, häutchenartiges Züngelchen, Ligula genannt (Abb. 30).

Abb. 548. Triticum repens.

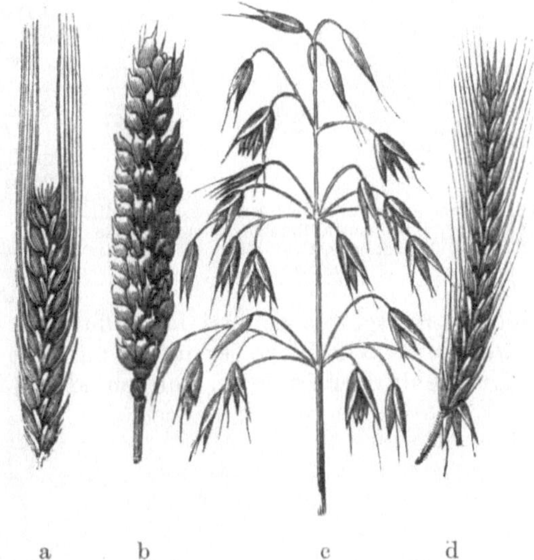



Abb. 549. a Hordeum vulgare, b Triticum vulgare, c Avena sativa, d Secale cereale.

Die Gattungen dieser Familie lassen sich in zwei Gruppen einteilen, und zwar in solche, bei denen jedes Ährchen von 3—6 Hüllspelzen (Glumae) umhüllt ist; diese werden nach der Gattung **Panicum**: Panicoideae genannt; — und solche mit nur 2 Hüllspelzen vor jedem Ährchen; letztere werden nach der Gattung **Poa**: Poaeoideae genannt.

### a) Panicoideae.

**Andropogon** sorghum, wichtigste Körnerfrucht der Tropen, besonders Afrikas.

**Panicum** miliaceum, echte Hirse, aus Ostindien stammend, wird bei uns in sandigen Gegenden als Nahrungsmittel angebaut.

**Zea** mays, Mais (Abb. 547, 194), stammt wahrscheinlich aus Zentralamerika und zeichnet sich dadurch aus, daß sein Halm mit Mark erfüllt ist. Er ist als Nähr- und Futterpflanze gleich wichtig.

**Oryza** sativa, der Reis, wahrscheinlich im tropischen Afrika heimisch, in feuchten Gegenden aller wärmeren Klimate als Volksnahrungsmittel gebaut, ist neben Bambusa das einzige Gras, welches sechs Staubgefäße besitzt.

**Saccharum** officinarum, das Zuckerrohr, besitzt wie der Mais mit Mark gefüllte Halme. Es ist in Ostindien heimisch, wird in allen feuchtwarmen Tropengebieten, im größten Maßstab auf den Antillen, angebaut und liefert einen Teil des Rohrzuckers sowie den Rum.

### b) Poaeoideae.

**Poa** annua, Rispengras, und andere im Gegensatz zu diesem ausdauernde Poaarten sind verbreitete Wiesengräser.

**Triticum** repens (auch Agropyrum repens genannt), Quecke (Abb. 548), liefert Rhizoma Graminis. **T.** vulgare, Weizen (Abb. 549 b), **Secale** cereale, Roggen (Abb. 549 d), **Hordeum** vulgare, Gerste (Abb. 549 a), **Avena** sativa, Hafer (Abb. 549 c), sind die wichtigsten Getreidearten.

**Lolium** perenne, englisches Raygras (L. temulentum, Taumellolch, enthält dagegen in den Früchten stets einen giftigen Pilz!), **Anthoxanthum** odoratum, Ruchgras (kumarinhaltig), **Alopecurus** pratensis, Fuchsschwanz, **Holcus** lanatus, Honiggras, **Dactylis** glomerata, Knäuelgras, **Briza** media, Zittergras, **Arrhenatherum** elatius, **Festuca**-Arten sind häufige Wiesengräser und gute Futtergräser. **Phragmites** communis, „Schilf", ist an Flüssen und Seen über die ganze Erde verbreitet.

**Bambusa** arundinacea ist das größte aller Gräser und wird bis über 20 m hoch. In Ostindien einheimisch.

Abb. 550. A Zwitterblüte einer Zyperazee, *s* die das Perigon vertretenden Borsten, *a* Staubgefäße, *st* Narben. B männliche, C weibliche Blüten einer Zyperazee.

## Fam. Cyperaceae.

Die unterscheidenden Merkmale dieser Familie von der Familie der Grasgewächse sind folgende: Die Ährchen besitzen keine Hüllspelzen, und jede Blüte ist meist nur mit einer Spelze versehen. Das Perigon fehlt oder ist durch Borsten oder Haare vertreten (Abb. 550 A, *s*). Der Fruchtknoten ist einfächerig und wird von zwei oder drei Fruchtblättern gebildet; der Griffel besitzt zwei oder drei Narben. Die Frucht ist ein einsamiges Nüßchen. Die Stengel sind knotenlos und dreikantig, auch die Blätter sind dementsprechend dreizeilig angeordnet. Die Scheiden der Blätter sind nicht

Abb. 551. Carex arenaria.

gespalten wie bei den Grasgewächsen, sondern geschlossen und besitzen keine Ligula. Bisweilen fehlen auch Blätter vollkommen (Scirpus lacuster). Die Riedgräser gedeihen vorzugsweise auf feuchtem Boden und sind der Hauptbestandteil der sog. „sauren Wiesen".

Man unterscheidet zwei Unterfamilien.

### a) Scirpoideae. Mit Zwitterblüten.

Die Gattung **Scirpus**, Simse, ist in zahlreichen deutschen Arten vertreten. **Cyperus** flavescens, Zypergras, hat der Familie den Namen gegeben. Sie ist auf nassen Triften häufig. **Cyperus** papyrus, in Afrika massenhaft, auch vereinzelt in Südeuropa, lieferte in dem Mark seiner Stengel den Rohstoff zu dem „Papyrus" des Altertums.

**Eriophorum** latifolium und andere Arten, Wollgras, durch ihre nach der Blütezeit zu langen weißen Haaren auswachsenden Perigonborsten charakteristisch, ist auf Sumpfwiesen gemein.

**b) Caricoideae.** Mit getrenntgeschlechtigen Blüten.

**Carex** arenaria, die Sandsegge (Abb. 551), wächst am Meeresstrande und auf sandigen Äckern Mitteleuropas. Sie zeichnet sich durch lange, zähe Rhizome aus, welche als Rhiz. Caricis auch medizinisch gebräuchlich sind.

Zahlreiche andere Arten der großen Gattung **Carex** sind in unserer Flora einheimisch.

## 4. Reihe. Principes.

Blüten meist eingeschlechtig, strahlig, sehr klein, mit 2 Kreisen winziger Blütenhüllblätter, 2 Kreisen von Staubblättern und einem oberständigen Fruchtblattkreis. Blütenstand einfache oder zusammengesetzte, kolbige Ähren. Pollen zweikernig, Endosperm nukleär. — Einzige Familie:

### Fam. Palmae.

Die Palmen sind fast durchweg in tropischem Klima einheimische, stammbildende Pflanzen mit einfachem, meist unverzweigtem Stamme und großen, fächerförmigen oder fiederförmig zerteilten Blättern (Abb. 552). Das Stehenbleiben der Scheiden der abgestorbenen Blätter gibt den Stämmen meist ein eigentümliches und für die Palmen charakteristisches Aussehen. Die Blüten der Palmen stehen meist in hängenden Rispen oder in Kolben; der ganze Blütenstand ist von

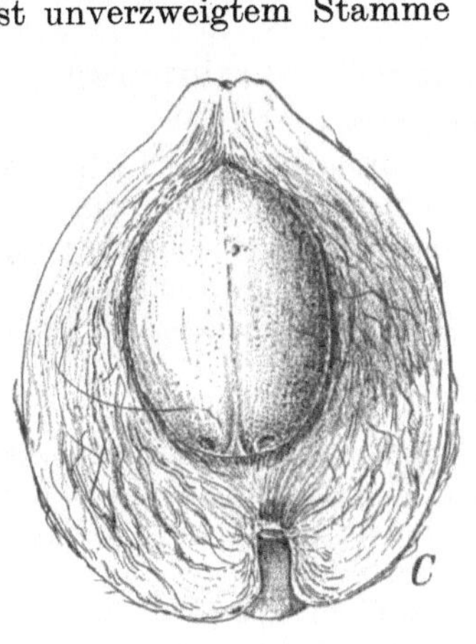
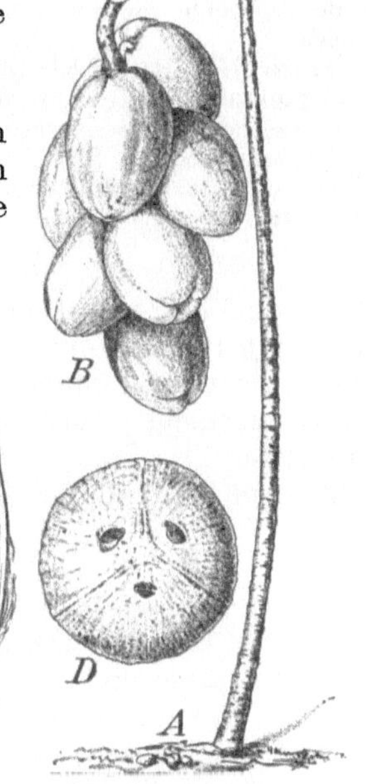

Abb. 552. Cocos nucifera, die Kokospalme. A Habitusbild. B Fruchtbundel. C Frucht im Längsschnitt. D der freigelegte Steinkern von unten gesehen, mit den drei Keimlöchern. Alles stark verkleinert.

einem Hochblatt umgeben. Die Blüten sind entweder Zwitterblüten, zusammengesetzt nach der Formel $P\,3 + 3\,A\,3 + 3\,G^{(3)}$, oder sie sind getrenntgeschlechtig. Die Perigonblätter sind meist unscheinbar, von lederiger Beschaffenheit, verwachsen oder frei. Die Frucht der Palmen ist eine Beere, eine Steinfrucht oder eine Nuß; sie ist ursprüng-

lich dreifächerig, wird aber durch Reduktion oft einfächerig und einsamig.

Off. **Cocos** nucifera, die Kokospalme (Abb. 552), in allen Tropengegenden
verbreitet, liefert Kokosnüsse und Öl. Cocos, das fette Öl des Endosperms;
das getrocknete Nährgewebe ist unter dem Namen Kopra im Handel. Es liefert
den Rohstoff zur Herstellung von Palmin und Palmona und anderer als Butter-
ersatzmittel verwendeter Pflanzenfette.

Off. **Areca** catechu, in Ostindien einheimisch, ist die Stammpflanze des
Sem. Arecae.

**Daemonorops** draco liefert Resina (Sanguis) Draconis, das ostindische
Drachenblut.

**Elaeïs** guineensis ist die afrikanische Ölpalme, aus deren Fruchtfleisch das
Palmöl gewonnen wird, während die Samen das Palmkernöl liefern.

**Chamaerops** humilis, die einzige in Europa heimische Palme, tritt in Portugal,
Südspanien und Sizilien auf.

**Calamus** rotang, Liane von oft über 200 m Länge, liefert im indisch-malaiischen
Gebiet Spanisches Rohr und Stuhlrohr.

**Copernicia** cerifera, im tropischen Südamerika, liefert das Karnaubawachs.
Auch andere Palmen liefern sog. Pflanzenwachs.

**Phoenix** dactylifera ist die Stammpflanze der Datteln. Sie ist am
Südrand des Mittelmeergebietes verbreitet und für die Araber von höchster
Wichtigkeit. Da die Dattelpalmenhaine nur aus weiblichen Pflanzen bestehen,
werden seit ältesten Zeiten während der Bestäubungsperiode männliche Blütenstände zwischen die weiblichen Bäume aufgehängt, worüber z. B. schon Plinius
berichtet.

**Metroxylon** Rumphii liefert aus dem Mark seines Stammes den echten Sago.

**Phytelephas** macrocarpa besitzt Samen mit überaus hartem Endosperm
(Reservezellulose, Plasmaverbindungen!), welche als sog. vegetabilisches Elfenbein
zu Drechslerarbeiten für Knöpfe usw. Verwendung finden. Auch noch andere
Palmensamen (z. B. von der Gattung **Coelococcus**) werden zu denselben Zwecken
gebraucht.

## 5. Reihe. Spathiflorae.

Blüten klein, mit einfacher oder doppelter, unscheinbarer Blütenhülle
oder durch Reduktion nackt und oft nur aus 1 Staubblatt oder 1 Fruchtknoten bestehend, zweigeschlechtig oder eingeschlechtig, stets an einfacher, von einem auffallenden Hochblatt (Spatha) umschlossener, kolbiger
Ähre (Spadix). Pollen dreikernig, Periplasmodium in den Antheren,
Endosperm teils zellulär, teils mit Basalapparat, teils nukleär.

### Fam. Araceae.

Zu den Aronsstabgewächsen gehören sowohl Wasserpflanzen als auch
Sumpf- und Landpflanzen. Sie zeichnen sich besonders durch ihre Blütenstände aus; diese sind kolbenförmig und meist, wenigstens im jugendlichen
Zustande, von einem Hochblatte, der sog. Spatha, umhüllt (Abb. 553 $p$).
Der Kolben (Spadix) ist zuweilen ganz (Abb. 554), zuweilen nur teilweise
(Abb. 553) mit Blüten besetzt; die Spitze bildet im letzteren Falle eine
fleischige Keule. Die Blüten sind entweder Zwitterblüten (Abb. 555), nach
der Formel $P\,3 + 3\,A\,3 + 3\,G^{(3)}$ zusammengesetzt, oder sie sind getrenntgeschlechtig und häufig auffallend reduziert. In letzterem Falle stehen
meist am unteren Teile des Kolbens die weiblichen, am oberen die männlichen Blüten. Zwischen beiden und oberhalb der männlichen Blüten befinden sich z. B. bei Arum solche mit rückgebildeten Geschlechtsorganen
(Abb. 553, rechts).

Von den zahlreichen Arten dieser Familie seien nur die folgenden hier erwähnt:
**Arum** maculatum, Gefleckter Aronsstab (Abb. 553), besitzt spießförmige, oft
braungefleckte Blätter. Der Kolben ist purpurrot, keulig, und wird von der Blütenscheide überragt. Die Früchte sind scharlachrote Beeren.
Liefert Tubera Ari.

Off. **Acorus** calamus, Kalmus (Abb. 554, 555),
besitzt schwertförmige Blätter, durch welche der Kolben zur Seite gedrängt wird. Die Pflanze ist sehr wahrscheinlich in Ostindien heimisch und bei uns vielleicht
nur verwildert; sie wächst hauptsächlich an den Rändern sumpfiger Seen. Liefert Rhizoma Calami.

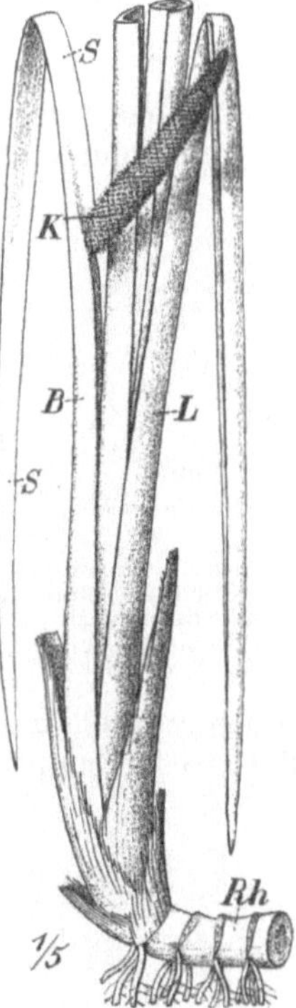

**Monstera** deliciosa, oft
fälschlich **Philodendron** pertu-
sum genannt, ist als Zimmer-
pflanze sehr beliebt.

**Anthurium** Scherzeria-
num u. a. A. mit schön gefärb-
ter Spatha werden als Zierpflanzen in Warmhäusern viel kultiviert.

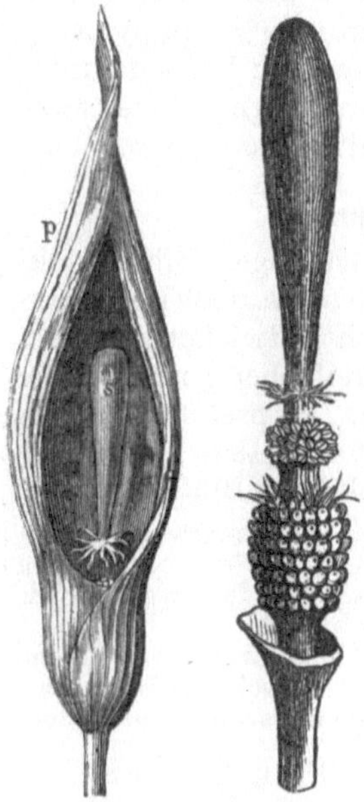

### Fam. Lemnaceae.

Blüten getrenntgeschlech-
tig, sehr reduziert, d. h. die
♂ Blüten aus 1 Staubgefäß,
die ♀ aus 1 Fruchtknoten bestehend. — Freischwim-
mende Wasserpflanzen mit
sehr reduziertem Vegeta-
tionskörper.

**Lemna** minor und andere
L.-Arten, Wasserlinsen, überziehen stehende Gewässer mit ihren
grünen, linsenförmigen, teilweise
unterseits bewurzelten Körpern.

Abb. 554. Acorus calamus.
Habitusbild der blühenden
Pflanze. *Rh* Rhizom, *B*
Blütenstiel, *K* Blüten-
kolben, *S* Spatha (Deck-
blatt des Kolbens), *L* Laubblätter.

Abb. 553.  Blütenkolben von
Arum maculatum, rechts von
der Spatha befreit und vergrößert.

### 6. Reihe.  Farinosae.

Blüten mit meist doppelter, unscheinbarer oder hochblattartig ge-
färbter Blütenhülle nach der Formel $P\,3 + 3,\ A\,3 + 3,\ G^{\underline{(3)}}$ (5 Kreise
zu je 3 Gliedern = pentazyklisch-trimere Blüte).
Manchmal kommt eine mehr oder weniger weitgehende Verkümmerung der Staubblätter vor.
Samen stets mit mehligem, stärkehaltigem Endosperm.

Von den zahlreichen, hierhergehörigen, sämtlich
oder fast sämtlich tropischen Familien soll nur die
folgende hier angeführt werden.

Abb. 555. Blüte von Aco-
rus calamus, vergrößert.

### Fam. Bromeliaceae.

Blüten mit Kelch und Blumenkrone, 2 Kreisen Staubblättern und
einem dreifächerigen ober- oder unterständigen Fruchtknoten. Die
Frucht ist eine Beere oder Kapsel. Oft lebhaft gefärbte Hochblätter.

**Ananas** sativus liefert in ihren fruchtähnlichen, fleischigen, von einem Blattschopf gekrönten Fruchtständen die Ananas.

**Tillandsia** usneoides, von Bäumen als wurzelloser Epiphyt in dichten, 2—3 m langen Bündeln herabhängend, als „Louisiana-Moos" zum Polstern dienend.

## 7. Reihe. Liliiflorae.

Strahlige, selten schwach gleichhälftige Blüten, stets mit Perianth und aus vollständigen, vollkommen ausgebildeten, dreizähligen Quirlen bestehend, meist das pentazyklisch-trimere Schema repräsentierend, Fruchtknoten ober- oder unterständig, dreifächerig, Samenanlagen anatrop oder kampylotrop, selten atrop; Embryo von ölreichem, nur bei den Junkazeen stärkehaltigem Endosperm umgeben. Pollen zwei- oder dreikernig, Endosperm mit Basalapparat oder nukleär.

Abb. 556. Grundriß der typischen (pentazyklisch-trimeren) Monokotylenblüte. *d* Deckblatt, *v* Vorblatt.

### Fam. Juncaceae.

Blüten strahlig, mit hochblattartiger Blütenhülle. Die Blütenformel ist wie die der Liliaceae, doch ist manchmal der innere Staubblattkreis nicht entwickelt. Fruchtknoten oberständig, ein- oder dreifächerig mit je einer oder zahlreichen Samenanlagen. Kapsel fachspaltig. Samen stärkehaltig. — Meist einjährige Kräuter mit schmalen, grasartigen Blättern und mannigfach zusammengesetzten, reichblütigen Blütenständen.

Abb. 557. Colchicum autumnale.     Abb. 558. Veratrum album.

**Juncus**-Arten, Binsen, sind auf feuchtem Boden fast auf der ganzen Erde verbreitet.

**Luzula**-Arten, Hainsimsen, Marbeln, meist in Wäldern massenhaft auftretend.

### Fam. Liliaceae.

Alle Gattungen und Arten dieser Familie besitzen vollkommen regelmäßige Blüten (Abb. 556). Der Kelchblattkreis und der Blumenblattkreis sind gleichmäßig blumenblattartig ausgebildet und bilden ein Perigon. Der Fruchtknoten ist stets dreiteilig und oberständig und bildet zur Zeit der Reife eine Kapsel oder eine Beere mit meist zahlreichen Samen.

Die Mehrzahl der Liliengewächse stirbt in ihren oberirdischen Teilen alljährlich ab, während die unterirdischen Wurzelstöcke (z. B. Spargel) oder Zwiebeln (z. B. Hyazinthe oder Tulpe) den Winter überdauern. Nur einige in den Tropen wachsende Liliengewächse, wie z. B. Aloe und der Drachenbaum, sind ausdauernd.

Die sehr zahlreichen Gattungen dieser Familie lassen sich in folgende Unterfamilien bringen.

### a) Melanthioideae.

Pflanzen mit Rhizom oder Zwiebelknolle und endständigem Blütenstand. Kapsel meist scheidewandspaltig aufspringend.

Off. **Colchicum** autumnale, die Herbstzeitlose (Abb. 557), ist die Stammpflanze von Bulbus und Semen Colchici. Die Pflanze zeichnet sich dadurch aus, daß sie im Herbst blattlos blüht (daher der deutsche Namen) und im Frühjahr Blätter und Früchte trägt.

Off. **Veratrum** album, die Nieswurz oder der weiße Germer (Abb. 558), liefert Rhiz. Veratri; sie ist in den Gebirgen Europas einheimisch.

Off. **Schoenocaulon** officinale, auch **Sabadilla** officinalis oder Veratrum sabadilla genannt, kommt in Venezuela auf Bergwiesen vor und liefert Sem. Sabadillae.

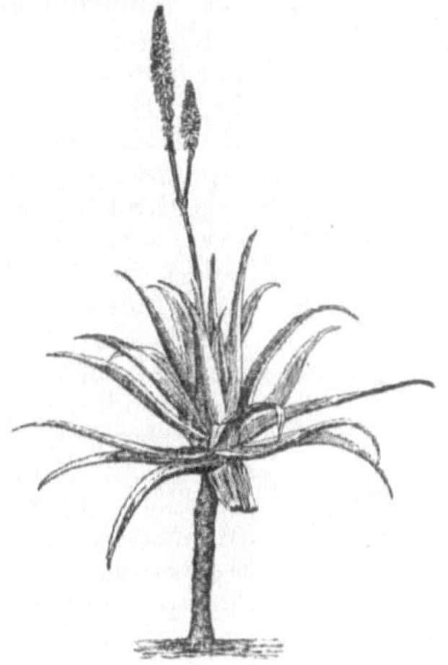

Abb. 559. Aloë vulgaris.

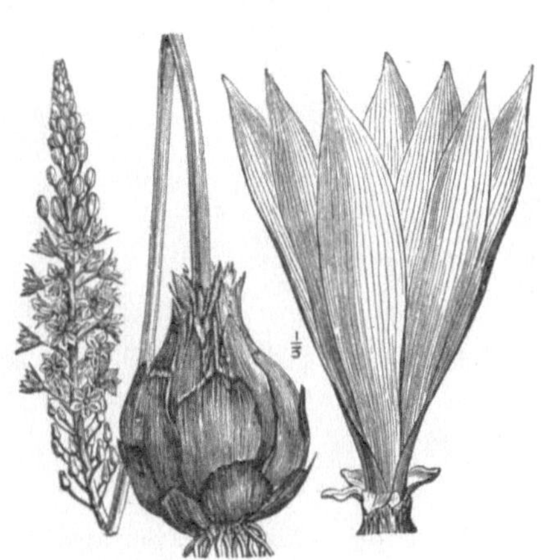

Abb. 560. Urginea maritima.

### b) Asphodeloideae.

Pflanzen meist mit Rhizom und grundständigen Blättern oder mit Stamm, der an seiner Spitze einen Blattschopf trägt. Kapsel in der Mitte jedes Faches (fachspaltig) aufspringend.

**Phormium** tenax, in Neuseeland einheimisch, liefert neuseeländischen Flachs.

Off. **Aloë** vulgaris (Abb. 559), **A.** spicata, **A.** africana, **A.** ferox, **A.** lingua und andere Arten sind sämtlich in den Tropen und Subtropen Afrikas einheimisch und liefern die Droge Aloe.

**Xanthorrhoea** hastile und **X.** australe, in Australien heimisch, liefern das Akaroidharz.

### c) Allioideae.

Pflanzen mit Zwiebel oder kurzem Rhizom. Blütenstand eine Schraubeldolde von zwei breiten Hüllblättern umschlossen.

**Allium** sativum ist der Knoblauch, **A.** schoenoprasum der Schnittlauch, **A.** ascalonicum die Schalotte, **A.** cepa die sog. Dolle oder Speisezwiebel, **A.** fistulosum die Winterzwiebel.

### d) Lilioideae.

Pflanzen mit Zwiebel. Blüten in Trauben. Kapsel fachspaltig aufspringend.

Off. **Urginea** maritima (auch Scilla maritima genannt), die Meerzwiebel (Abb. 560), an den Küsten des Mittelmeeres heimisch, liefert Bulbus Scillae.

**Lilium** candidum, die weiße Lilie, **Tulipa** Gesneriana, die Gartentulpe, **Fritillaria** imperialis, die Kaiserkrone, **Hyacinthus** orientalis, die wohlriechende Hyazinthe u. v. a. m., sind beliebte Ziergewächse.

### e) Dracaenoideae.

Meist große, oft baumförmige Gewächse mit eigenartigem Dickenwachstum des Stammes (vgl. Abb. 176). Frucht eine Beere oder Kapsel.

**Dracaena** draco, Drachenbaum, auf Teneriffa, und **D.** cinnabari, auf Socotra, liefern Drachenblut.

**Sansevieria**-Arten, im tropischen Afrika, liefern wichtige Gespinstfasern.

### f) Asparagoideae.

Pflanzen mit unterirdischem Rhizom, in oberirdische, blühende Zweige endigend. Frucht eine Beere.

**Asparagus** officinalis, der Spargel, **Convallaria** majalis (Abb. 561), das Maiglöckchen, **Paris** quadrifolia (Abb. 562), die Einbeere.

Abb. 561. Convallaria majalis.

Abb. 562. Paris quadrifolia.

### g) Smilacoideae.

Kletternde Sträucher oder Halbsträucher; Beerenfrucht; alle Arten enthalten Saponine.

Off. **Smilax** Kerberi, **S.** medica (beide in Mexiko), **S.** saluberrima und **S.** Tonduzii (beide in Kostarika und Honduras), und wahrscheinlich noch andere in Zentralamerika wachsende Smilaxarten sind die Stammpflanzen der Sarsaparillsorten; die Stammpflanze der offizinellen Sarsaparille ist **S.** saluberrima. **S.** china, in Japan und China heimisch, liefert Rhiz. oder Tubera Chinae.

## Fam. Amaryllidaceae.

Diese Familie zeigt dieselben Blütenverhältnisse wie die Liliaceae, besitzt jedoch als Progression einen unterständigen Fruchtknoten, wie auch alle folgenden Familien.

Hierher gehören viele unserer Zierpflanzen, so **Galanthus** nivalis, das Schneeglöckchen, **Leucojum** vernum, der Märzbecher, die Gattung **Narcissus** mit zahlreichen Arten, die Narzissen. Ferner ist hierher die Gattung **Agave** zu stellen, welche mit zahlreichen Arten im tropischen Amerika einheimisch ist. **A.** americana, die sog. „hundertjährige Aloe", hat sich in allen tropischen und subtropischen Gebieten (z. B. in den Mittelmeerländern) akklimatisiert, von ihr wird in Mexiko die Pulque, ein alkoholhaltiges Getränk, gewonnen. Andere Arten der Gattung (**A.** rigida, var. sisalana, in Deutschostafrika und Angola viel gebaut) liefern wertvolle Fasern (Sisalhanf).

## Fam. Dioscoreaceae.

Blüten zweigeschlechtig oder getrenntgeschlechtig, mit hochblattartiger Blütenhülle, die am Grunde meist zu einer kurzen Röhre vereinigt ist. Von den 6 Staubblättern die 3 inneren häufig als Staminodien ausgebildet. Fruchtknoten 3- oder 1 fächerig mit zentralwinkelständigen oder wandständigen Samenleisten. Frucht eine Kapsel oder Beere. — Kletternde oder schlingende Kräuter mit meist knolligen, stärkereichen Rhizomen, meist pfeilförmigen Blättern und in Trauben stehenden, kleinen Blüten.

**Dioscorea** batatas, Süßkartoffel, in China und Japan heimisch, und mehrere andere in Ostasien und dem südlichen Nordamerika heimische Arten, liefern die wie Kartoffeln eßbaren Yamsknollen und werden deshalb viel kultiviert.

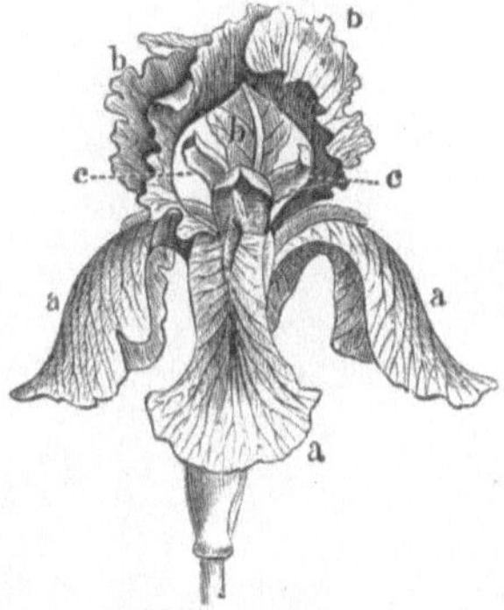

Abb. 564. Blüte von Iris pallida. *a* die blumenblattartigen, bunt gefärbten Kelchblätter, *b* die Blumenblätter, *c* die Narben.

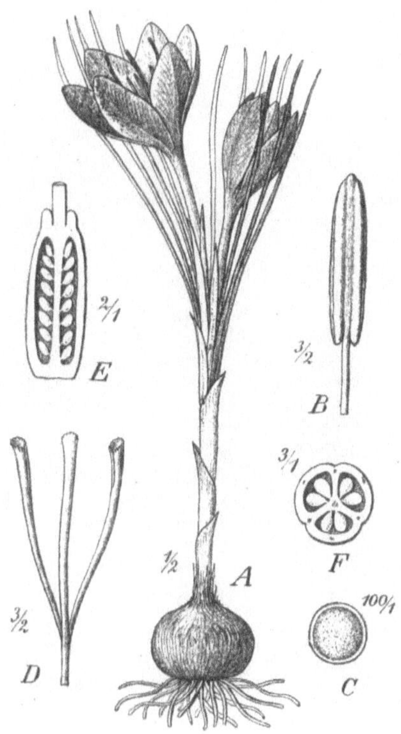

Abb. 563. Crocus sativus. A blühende Pflanze ($^1/_2$). B Staubblatt von der Innenseite ($^3/_2$). C Pollenkorn ($^{100}/_1$). D Griffel mit den drei Narben ($^3/_2$). E Fruchtknoten im Längsschnitt ($^2/_1$). F im Querschnitt ($^3/_1$).

Abb. 565. Iris germanica.

## Fam. Iridaceae.

Von den ihnen nahestehenden Liliengewächsen unterscheiden sich die Schwertliliengewächse erstens durch ihren unterständigen Fruchtknoten und zweitens dadurch, daß nur der äußere der beiden Staubblattkreise ausgebildet ist. Ihre Blütenformel ist $P3 + 3A3 + 0G_{\overline{(3)}}$. Die beiden Kreise des Perigons sind bei Crocus (Abb. 563) gleichartig gestaltet, bei Iris (Abb. 564) verschieden ausgebildet. Bei Gladiolus ist die Blüte gleichhälftig. Bei Iris sind die Narbenlappen blumenblattartig gestaltet, bei Crocus sind sie tief gespalten. Die Frucht ist eine dreifächerige Kapsel.

Die Schwertliliengewächse sind unterirdisch ausdauernd und besitzen knollige oder gestreckte Wurzelstöcke.

Off. **Iris** germanica (Abb 565), **I.** pallida (Abb. 564) und **I.** florentina, Schwertlilien, liefern Rhizoma Iridis.  Sie sind in den Mittelmeerländern heimisch, werden jedoch bei uns in Gärten häufig gezogen. Die hauptsächlich in der Provinz Florenz für industrielle Verwertung gezogene Iris wird botanisch meist als Iris Florentia L. bezeichnet; nach anderer Ansicht ist sie eine Form der Iris germanica L., und zwar einer hellen Abart, oder aber nichts anderes als Iris pallida. **I.** pseudacorus hingegen wächst in Deutschland wild und unterscheidet sich von jenen durch gelbe Blüten.

Off. **Crocus** sativus, der Safran (Abb. 563), ist in den Mittelmeerländern verbreitet. Von dieser Pflanze dient die dreispaltige Narbe des Griffels unter dem Namen Krokus oder Safran zu pharmazeutischem und anderweitigem technischem Gebrauch. Blüten unfruchtbar, Vermehrung nur durch die Zwiebeln (vgl. S. 122). Blüht im Herbst.

**Gladiolus** communis, Allermannsharnisch, in Deutschland sehr selten wild, häufiger in Südeuropa vorkommend, ist die Stammpflanze des Bulbus Victorialis rotundae. Mehrere andere **G.**-Arten werden als Zierpflanzen in Gärten kultiviert.

## 8. Reihe. **Scitamineae.**

Blüten stark gleichhälftig oder asymmetrisch, Andrözeum reduziert, meist teilweise blumenkronartig (petaloid) ausgebildet, Fruchtknoten unterständig, meist dreifächerig, Samenschale von einem Arillus umhüllt. — Meist durch Rhizome perennierende Kräuter mit fiedernervigen Blättern und ansehnlichen Blüten. Ölzellen in allen Teilen der Pflanzen.

Abb. 566. Gruppe der Banane, Musa sapientum, an der Loangoküste. (Nach Pechuel-Lösche.)

## Fam. **Musaceae.**

Die Blüten besitzen zwei Kreise von Blütenhüllblättern, meist nur 5 fruchtbare Staubblätter und eine Beeren- oder Kapselfrucht. —

Auffallende „Krautbäume“ der Tropengebiete mit einer schönen Krone riesiger, ungeteilter Blätter und einem aus den Blattscheiden gebildeten Scheinstamm, der erst beim Auftreten des Blütenstandes von einem echten, dünnen Stammgebilde im Zentrum durchwachsen wird.

**Musa** sapientum (Abb. 566) und **M.** paradisiaca, Banane, werden wegen der eßbaren, zucker- oder mehlreichen Früchte überall in den Tropen kultiviert, bei uns auch vielfach als dekorative Pflanzen den Sommer über im Freien aufgestellt. Bei den Kulturbananen bilden sich keine Samen mehr aus.

### Fam. **Zingiberaceae.**

Die Blüten der Ingwergewächse besitzen nur ein einziges Staubblatt. Alle übrigen Staubgefäße sind verkümmert, die drei des äußeren Kreises zuweilen zu einem lappigen Blattorgan mit größerem Mittellappen umgebildet (Abb. 567). Die drei vollkommen ausgebildeten Fruchtblätter bilden einen unterständigen, dreifächerigen Fruchtknoten mit vollständigen Scheidewänden. Die Frucht ist eine fachspaltige Kapsel oder eine Beere. Die Ingwergewächse sind mit Rhizomen versehene, ausdauernde Pflanzen, welche ausschließlich in den Tropen gedeihen. Sie enthalten meist reichlich ätherisches Öl in Ölzellen.

Off. **Zingiber** officinale, Ingwer (Abb. 568), ist in Ostindien heimisch und liefert Rhiz. Zingiberis.

Off. **Elettaria** cardamomum (Abb. 569) sowie andere E.-Arten liefern Fruct. Cardamomi. Vaterland gleichfalls Ostindien.

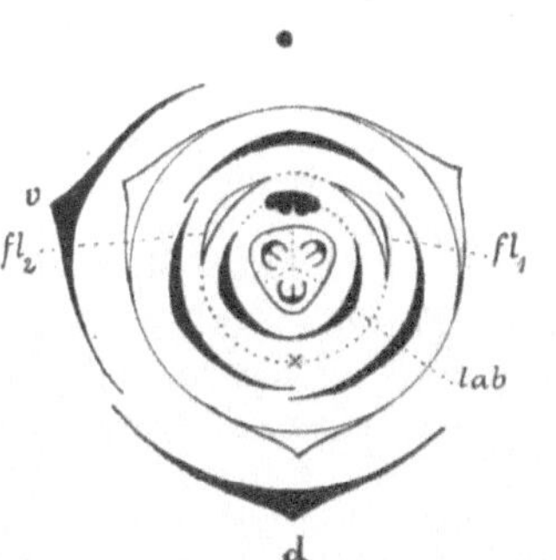

Abb. 567. Grundriß einer Zingiberazeenblüte. *d* das Deckblatt, *v* das seitliche Vorblatt, *fl* die verkümmerten beiden hinteren Staubgefäße des äußeren Kreises, *lab* die zu einem lappigen Blattorgan umgebildeten zwei vorderen Staubgefäße des inneren Kreises.

Abb. 568. Zingiber officinale. Sehr stark verkleinert.

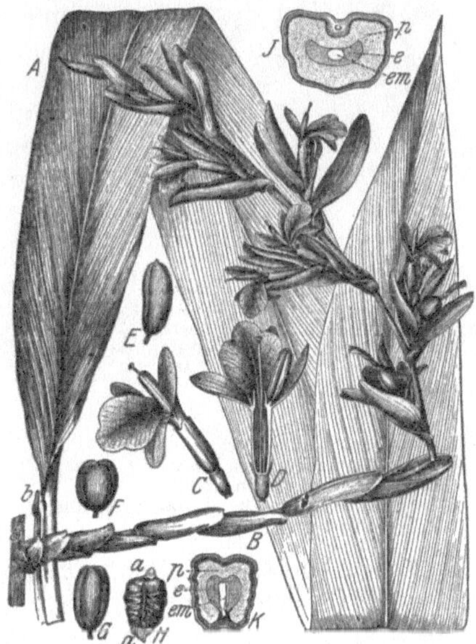

Abb. 569. Elettaria cardamomum. Blatt, Blütenstand, Blütenverhältnisse, Frucht und Samen. (Nach Luerßen, mit Benutzung von Berg und Schmidt.)

Off. **Alpinia** officinarum, in Südostasien heimisch, liefert Rhiz. Galangae.

Off. **Curcuma** longa, Gelbwurz, liefert Rhiz. Curcumae; und C. zedoaria, Zittwer, Rhiz. Zedoariae. Die Heimat beider ist Ostindien.

## Fam. Cannaceae.

Diese Familie zeichnet sich dadurch aus, daß fünf ihrer Staubgefäße in blumenblattartige Organe umgewandelt sind und nur eins, nämlich das der Achse zugekehrte (hintere) Staubblatt des inneren Kreises eine halbe Anthere trägt. Die Fruchtfächer sind mehrsamig und der Keim der Samen gerade.

**Canna** indica, das indische Blumenrohr, ist eine bei uns sehr beliebte, aus Indien stammende Zierpflanze.

## Fam. Marantaceae.

Diese Familie ist in ihren äußeren Merkmalen den Kannazeen ganz ähnlich. Das hintere Staubblatt des inneren Kreises trägt eine halbe Anthere. Jedoch sind die Fruchtfächer nur drei- bis einsamig und der Keim der Samen ist gekrümmt.

**Maranta** arundinacea, die Pfeilwurz, liefert neben anderen Arten dieser und der vorhergehenden Familie das westindische Amylum Marantae (Arrowroot), das ist das in den Rhizomen enthaltene Stärkemehl zu pharmazeutischem und diätetischem Gebrauch.

## 9. Reihe. Microspermae.

Blüten meist zwitterig, gleichhälftig; Perigon korollinisch; das Andrözeum auf zwei oder nur ein Glied reduziert, meist aus nur einem mit Anthere versehenem Staubgefäß bestehend, mit dem Griffel zu einer Säule verwachsen; Fruchtknoten unterständig, drei- oder oft einfächerig; Frucht meist eine Kapsel; Samen äußerst zahlreich und sehr klein.

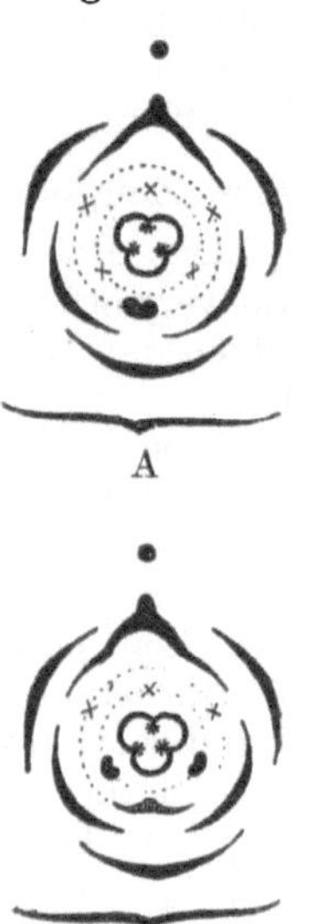

Abb. 571. Grundriß zweier Orchidazeenblüten. A mit einem, B mit zwei Staubgefäßen.

Abb. 570. A Blüte von Orchis mascula, *st* Stengel, *s* Deckblatt, *g* gedrehter Fruchtknoten, *p* obere Perigonzipfel, *l* das Labellum, *v* der Sporn, *a* Narbenfleck, *b* Anthere. B *1* Gynäzeum und Andrözeum derselben Blüte vergrößert, *g* der gedrehte Fruchtknoten, *b* die beiden Antherenfächer, *c* Konnektiv, *e* die beiden verkümmerten Antheren, *2* die Griffelsäule von hinten, *c* die verkümmerten Antheren.

## Fam. Orchidaceae.

Die Blüten der Orchisgewächse sind durch Drehung um 180° (Resupination), welche am Fruchtknoten deutlich erkennbar ist, derartig an der Achse eingefügt, daß der eigentlich obere Teil zum unteren geworden ist und umgekehrt, Abb. 570 B, *g*). Von den Perigonblättern ist das eine, Labellum genannt (Abb. 570, A, *l*), stets größer und anders geformt als die übrigen, häufig auch mit einem Sporn versehen. Von den Staubgefäßen ist gewöhnlich nur eins des äußeren Kreises ausgebildet (Abb. 571 A), seltener (z. B. bei Cypripedilum) zwei des inneren Kreises (Abb. 571 B); die übrigen fehlen oder sind verkümmert. Die Staubgefäße sind mit dem Griffel zu einer Säule verwachsen (Abb. 570 B, 572). Die Pollenkörner sind meist zu zwei gestielten, keulenförmigen Pollenmassen verklebt (Abb. 570, 572 B, *b*), welche am Rüssel der die Befruchtung ausführenden Insekten vermittels der am Fuße ihres Stieles vorhandenen Klebdrüsen haften bleiben. Die Blütenformel ist $P\,3 + 3\,A\,1 + 0$ (z. B. Orchis) oder $0 + 2$ (z. B. Cypripedilum)

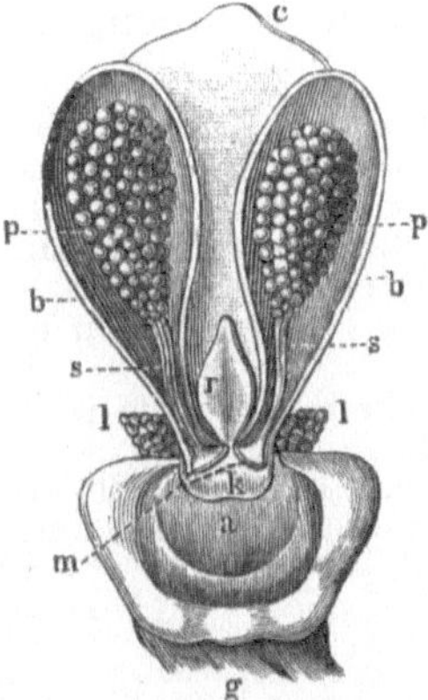

Abb. 572. Der Narbe (*a*) des Fruchtknotens (*g*) aufgewachsene Anthere (*b*) einer Orchis. *p* verklebter Pollen, *m* Klebdrüsen, *c* Konnektiv, *r* das sog. Schnäbelchen, *l* verkümmerte Antheren.

Abb. 573. Orchis mascula.

Abb. 574. Orchis morio.

Abb. 575. Platanthera bifolia.

$G_{\overline{(3)}}$ (Abb. 571). Die Frucht ist eine Kapsel, selten eine Beere. Die Orchidazeen sind die einzige Familie der Angiospermen, bei der trotz noch erfolgender doppelter Befruchtung kein Endosperm mehr angelegt wird.

Abb. 576. Die blühende Vanillepflanze (Vanilla planifolia). A Säule und Lippe. B Säule von der Seite. C Säulenspitze von vorn gesehen. D Anthere. E Samen. (Nach Berg und Schmidt.)

23*

Die einheimischen Orchidazeen besitzen meistens Knollen oder Rhizome und wachsen in Wäldern oder auf feuchten Wiesen. Sehr reich an Orchidazeen sind die Tropenländer, wo diese Gewächse meist als Epiphyten auf Bäumen gedeihen und sog. Luftwurzeln treiben. Die Samen der epiphytischen Orchidazeen entwickeln sich nur in einem Boden, der gewisse Mykorrhizen enthält.

Off. **Orchis** mascula (Abb. 573), **O.** morio (Abb. 574), **O.** militaris, **O.** ustulata, **Anacamptis** pyramidalis, **Gymnadenia** conopea, **Platanthera** bifolia (Abb. 575), sämtlich bei uns einheimisch, sowie andere verwandte Arten der Mittelmeerländer liefern Tubera Salep, das sind die Wurzelknollen dieser Pflanzen.

**Cephalanthera** pallens und **C.** ensifolia sowie **Epipactis** latifolia, **Listera** ovata, **Neottia** nidus avis und **Cypripedilum** calceolus gehören zu den in Deutschland meist zerstreut vorkommenden Orchidazeen.

Off. **Vanilla** planifolia (Abb. 576) ist in Mexiko einheimisch und die jetzt in den Tropen vielfach kultivierte Stammpflanze der Fruct. Vanillae.

Als Zierpflanzen werden zahlreiche tropische Orchidazeen mit herrlichen Blüten in Gewächshäusern gezogen, z. B. Arten der Gattungen Epidendrum, Catasetum, Dendrobium, Oncidium, Paphiopedilum u. v. a. m.


# Pflanzengeographie.

Die Pflanzengeographie hat die Aufgabe, die einzelnen Elemente der Floren zusammenzustellen (floristische Pflanzengeographie), die Pflanzengesellschaften, die Formationen, zu umgrenzen und zu gliedern (ökologische Pflanzengeographie), die Entwicklung der Pflanzenwelt in den einzelnen Erdepochen zu erforschen (genetische Pflanzengeographie) und endlich die Ergebnisse dieser drei Forschungszweige zusammenzufassen, um so eine Umgrenzung der Florengebiete und eine pflanzengeographische Gliederung der Erde als Erkenntnisse zu gewinnen.

Die floristische Pflanzengeographie stellt die Zusammensetzung der Flora innerhalb eines bestimmten Gebietes, sowie die Verbreitung, das Areal, bestimmter Arten fest. Sie geht ferner auf die Ursachen der Verbreitung ein, die Naturalisation (Helodea canadensis, Oenothera biennis, Erigeron canadense), die Mittel der Verbreitung (Wind, Vögel, Handelswege), die Schranken der Verbreitung (Ozeane, Gebirge, Kälte), das Wesen der Areale, ihre Größe und Geschlossenheit (kontinuierliche und zerstückelte). Die Areale bilden die Grundlage der Floristik.

Die ökologische Pflanzengeographie untersucht den Einfluß von Wärme, Licht, Wind und Luft, Wasser, Bodenbeschaffenheit, sowie von Mensch und Tier auf die Gewächse unter dem Gesichtspunkt ihrer heutigen Umgebung, ferner die Bedingtheit der Physiognomie und der sozialen Gruppe als Folge dieser Einwirkungen (Wucherformen, Mengenverhältnis der betr. Pflanzen). Die Pflanzengesellschaften, die eine bestimmte floristische Zusammensetzung, einheitliche Standortsbedingungen und einheitliche Physiognomie mit bestimmten Leitpflanzen aufweisen, bezeichnet man als Assoziation (z. B. Buchenwald), während man unter Formation eine Pflanzengesellschaft versteht, die durch einheitliche Standortsbedingungen und einheitliche Physiognomie mit bestimmten maßgebenden Wuchsformen (z. B. Sommerwald) gekennzeichnet ist.

Eine Formation kann mehrere Assoziationen umfassen. Als hauptsächlichste Formationen sind zu nennen: Meeres- und Süßwasservegetation (schwebende Pflanzen = Plankton, wurzelnde = Benthos), Mangrove (Stelzwurzeln, Atemwurzeln, Viviparie), Regenwald (kein periodischer Laubabfall), Monsunwald (Laubabfall in der Trockenperiode), Sommerwald (Laubabfall im Winter), Nadelwald (kein periodischer Laubabfall, ausgenommen bei der Lärche), Heide (Kräuter mit bleibendem, hartem Laub), Savanne (Gramineen, „Grasflur“), Steppe (xerophile Gramineen), Wiese (rasenbildende Gramineen), Wiesenmoor (Niedermoore mit Carex, Juncus usw.), Moosmoor (Sphagnum), Matte (Stauden, Aconitum, Gentiana, Geranium; Mittel- und Hochgebirge) und Trift (trockenes Klima, gewissermaßen Steppe mit zurückgetretenem Graswuchs; Gebirgstrift, arktische Trift, Wüste).

Die genetische Pflanzengeographie beschäftigt sich mit der Entwicklung der verschiedenen Floren entsprechend den einzelnen Erdperioden. Sie beruht also auf der Paläobotanik. Die ersten nachweisbaren Florenreiche treten im Tertiär auf, und man kann hier die Zusammenhänge mit den geographischen Ereignissen, z. B. die entstandene Verbindung von Südamerika mit Nordamerika, die Trennung Grönlands von Nordamerika usw. an der Flora verfolgen.

Im Quartär wird der Wechsel der Floren vor allem durch die Eiszeiten der nördlichen Halbkugel bestimmt.

Endlich gehört hierher noch die phylogenetische Methode, die in dem Aufsuchen des morphologisch Einfachen bei Unterstützung durch Erdkunde und Zoologie den räumlichen Ausgangspunkt für die genetischen Grundlagen und die Vorbedingungen der heutigen Pflanzenverbreitung zu gewinnen sucht.

Die floristische, ökologische und genetische Pflanzengeographie suchen vereint die Pflanzenwelt der Erde naturgemäß aufzuteilen.

Wir unterscheiden fünf Florenreiche, das holarktische oder boreale oder nördliche, extratropische, die Holarktis, das paläotropische, die Paläotropis, das neotropische, die Neotropis, das antarktische, australische Florenreich, die Australis und endlich das ozeanische Florenreich.

Die Holarktis umschließt das arktische Gebiet, das subarktische (besonders durch Koniferen gekennzeichnete), das mitteleuropäische, das Mittelmeergebiet, das zentralasiatische, das nordamerikanische. Die winterliche Ruheperiode ist mehr oder weniger ausgeprägt, die Vegetation verhältnismäßig gleichartig durch gemeinsames Vorkommen derselben Familien oder Gattungen (Coniferae, Salix, Rubus u. a.).

Die Paläotropis besteht vor allen aus dem nordafrikanisch-indischen Wüstengebiet, dem afrikanischen Wald- und Steppengebiet, Kapland, Madagaskar, Vorderindien und dem Monsungebiet.

Die Neotropis schließt hauptsächlich das mittelamerikanische Xerophytengebiet ein, ferner das tropische Amerika und das andine Gebiet.

Die Australis vereinigt die Gebiete des antarktischen Südamerika, sowie Australien und Neuseeland.

Das ozeanische Florenreich ist gekennzeichnet durch die Algen und in der Küstenregion durch wenige „Seegräser“ (Helobiae).

# Hilfsmittel für das Studium der Botanik.

## Anlegen des Herbariums.

Botanik muß, wie jede Naturwissenschaft, praktisch erlernt werden, und die Meinung ist ganz falsch, daß man durch das Studium von Büchern allein, selbst unter Benützung der besten Abbildungen, die nötigen Kenntnisse erwerben könne.

Auch in der Bekanntmachung des Reichskanzlers vom 18. Mai 1904, betreffend die Prüfung der Apothekergehilfen, wird der Nachweis gefordert, daß der junge Pharmazeut sich während seiner Praktikantenzeit praktisch mit der Botanik beschäftigt habe, und zwar durch die Bestimmung, daß bei der mündlichen Prüfung ein während der Praktikantenzeit angelegtes Herbarium vorgelegt werden muß.

Wie schon aus der Fassung dieser Bestimmung hervorgeht, ist die Hauptsache nicht das Vorhandensein des Herbariums in den Händen des Prüflings, sondern vielmehr die Gewähr dafür, daß dieser durch das Anlegen eines Herbariums sich mit den in der betreffenden Gegend gedeihenden Pflanzen in morphologischer und systematischer Hinsicht vertraut gemacht habe; denn alle mit dem Anlegen des Herbariums verbundenen Beschäftigungen sind geeignet, dem Anfänger botanische Kenntnisse zu erwerben, sie dann zu vermehren und zu befestigen. Was hier für den angehenden Apotheker vorgeschrieben ist, versteht sich für den Naturwissenschaftler in mindestens demselben Grade. Bei dem Botanisieren prägt man sich u. a. die Wachstumsweise und die Häufigkeit des Vorkommens der Arten, Gattungen und Familien ein, beim Bestimmen lernt man die Merkmale der Pflanzen bis ins eingehendste kennen, und beim Einordnen übt man die Kenntnisse von der Verwandtschaft der Gewächse auf das erfolgreichste.

Das Zustandebringen eines Herbariums ist das Resultat der folgenden vier Beschäftigungen, welche sich zeitlich eng aneinander anschließen, nämlich:

1. Sammeln der Pflanzen (Botanisieren);
2. Bestimmen der Pflanzen;
3. Pressen der Pflanzen, Trocknen, Präparieren;
4. Einordnen der Pflanzen.

## Sammeln der Pflanzen.

### Botanisieren.

Das Sammeln der Pflanzen soll nicht etwa das beiläufige Resultat gelegentlicher Spaziergänge sein, sondern es muß jeder, der mit Ernst das Anlegen eines Herbariums betreiben will, mit zweckentsprechender

Ausrüstung versehen sich zum Sammeln der Pflanzen anschicken. Im Anfang wird allerdings schon die allernächste Umgebung, ein Wegrand oder eine Wiese, reichliche Ausbeute gewähren, aber bald dürfte es notwendig sein, an ein planmäßiges Absuchen der Gegend zu gehen.

Zu solchem Zwecke rüstet man sich mit einer Reihe von Gerätschaften aus. Es sind dies:

1. ein handfester Spaten oder Pflanzenstecher;
2. ein kräftiges Taschenmesser;
3. eine Botanisiertrommel, oder an Stelle derselben besser
4. eine Pflanzengitterpresse oder Botanisiermappe.

Da man danach trachten muß, alle Pflanzen, welche man sammelt, dem Herbarium möglichst so vollständig einzuverleiben, daß man sich daraus ein vollkommenes oder nahezu vollkommenes Bild der betreffenden Pflanze machen kann, so empfiehlt es sich, ein Abschneiden blühender Zweige nur bei Holzgewächsen vorzunehmen; in diesem Falle trennt man jene mit einem kurzen, schiefen Schnitt von den Zweigen. Bei Krautgewächsen hingegen empfiehlt es sich, wenn die Exemplare nicht gar zu groß sind, diese möglichst mit der Wurzel zu sammeln; denn oft ist das Vorhandensein der Wurzel zum Bestimmen der Pflanzen unerläßlich. Häufig, wenigstens aus lockerem Erdreich, kann man die ganze Pflanze mit einem geschickten Griffe unversehrt

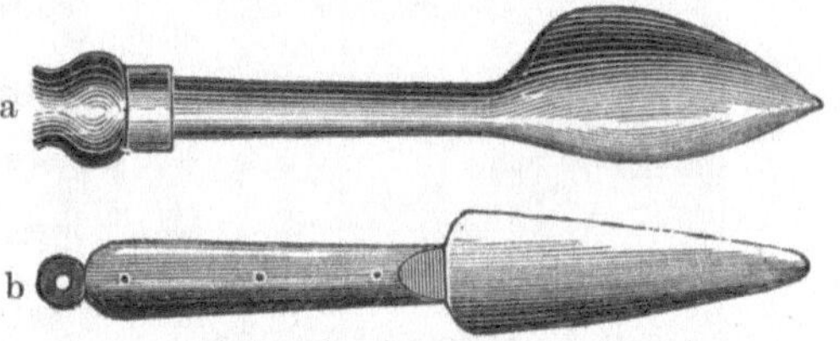

Abb. 577. Botanisierspaten oder Pflanzenstecher, a nach Professor Ascherson, b sog. amerikanische Form. Stark verkleinert.

ausreißen. Ist das Erdreich hart oder die Wurzel leicht zerbrechlich, oder hat man Zwiebelgewächse vor sich, so bedarf man des Spatens oder Pflanzenstechers (Abb. 577), mit welchem man vorsichtig das Erdreich in kleinem Umkreis um die Pflanze herum absticht; man kann jene dann leicht ausheben und den Wurzelstock von der noch anhängenden Erde befreien. Sogenannte Botanisierstöcke, an welche sich ein Spaten anschrauben läßt, sind, sofern sie sehr solid gearbeitet sind, auch verwendbar, meist aber nicht praktisch. Das Mitnehmen eines Krückstockes empfiehlt sich jedoch, um Zweige herabzubiegen oder Wasserpflanzen damit heranholen zu können. Zu letzterem Zwecke eignet sich noch besser ein an einer Schnur befestigter großer, möglichst vierspitziger Angelhaken.

Zum Unterbringen und Heimschaffen der gesammelten Pflanzen gibt es zwei verschiedene Methoden. Einige ziehen den Transport in der Botanisiertrommel, andere in der Gitterpresse vor. Verwendet man die erstere, so legt man die Pflanzen nebeneinander in die Trommel oder sondert sie, wenn man eine Trommel mit zwei Fächern verwendet, derart, daß man in das eine sperrige und dornige Gewächse, auch wohl die Wasserpflanzen legt, in das andere die Krautgewächse. Die Verwendung der Trommel hat jedoch viele Übelstände. Ist sie nicht ganz angefüllt, so beschädigen sich die Pflanzen gegenseitig beim Tragen durch die schüttelnde

Bewegung. Ist an einigen Wurzeln Erde hängengeblieben, was meist nicht zu vermeiden ist, so werden dadurch die Blüten anderer Pflanzen, namentlich wenn sie nicht ganz trocken sind, beschmutzt; Kronblätter fallen leicht ab; auch dürfen die Pflanzen in der Trommel nicht welken, weil sie zu Hause auseinandergesucht werden müssen. Endlich lassen sich die weiter unten zu beschreibenden Zettel mit der Standortsbezeichnung schlechter daran befestigen, fallen leicht wieder ab, kommen dann durcheinander und werden auch wohl durch Feuchtigkeit unleserlich. Manche dieser Nachteile lassen sich allerdings dadurch vermeiden, daß man die von jeder Pflanzenart gesammelten Exemplare jedesmal für sich vorsichtig einschlägt; sehr bald wird dann aber auch die größte Botanisiertrommel mit einer an Zahl verhältnismäßig nur geringfügigen Ausbeute vollständig gefüllt sein.

Ganz anders ist dies bei der Verwendung der Gitterpresse als Sammelmappe, welche in jeder Hinsicht der Botanisiertrommel vorzuziehen ist.

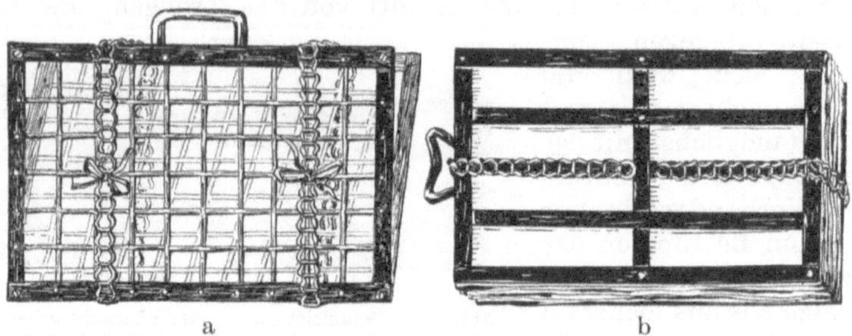

Abb. 578. Pflanzenpressen, a nach Auerswald, b nach K. W. Müller. Stark verkleinert.

Diese Gitterpressen (Abb. 578) lassen sich bequem auf der Wanderung mitführen und können am Handgriffe getragen oder an einem Riemen umgehängt oder bei großen Fußreisen auf den Rücken geschnallt werden. Es existieren zwei Formen dieser Pressen im Handel. Die ältere Form nach Auerswald (Abb. 578a) trägt einen Griff an der Langseite und besitzt vier Ketten zum Verschluß. Eine neuere Form, die Patentpflanzenpresse von K. W. Müller (Abb. 578b) hat den Handgriff an der Schmalseite, bedarf nur zweier Ketten, und ihre Gitterplatten werden durch Federkraft zusammengedrückt. Auch für längere Botanisierwanderungen bestimmte Pflanzentornister sind im Handel. Bedient man sich der Gitterpresse zum Einsammeln, so füllt man sie zu Hause mit einer entsprechenden Anzahl von Paketen aus je drei Bogen grauen Fließpapiers (Pflanzenpapier), welches zu diesem Zwecke nicht gerade ganz trocken zu sein braucht, aber auch nicht feucht sein soll. Außerdem versieht man sich mit einer Anzahl kleiner Zettel von Visitenkartengröße, in welche man zwei Schnitte in nachstehend angedeuteter Weise macht (Abb. 579).

Auf diese schreibt man unterwegs mit Bleistift den Standort und etwaige sonstige Notizen, welche bei dem zu Hause vorzunehmenden Bestimmen eine Erleichterung bieten können. Nennt ein erfahrener Begleiter schon unterwegs den Namen der Pflanze, so wird man auch diesen darauf notieren, wird ihn zu Hause jedoch lediglich zur Bestätigung des durch Bestimmen gefundenen Resultates benutzen. Die Zettel befestigt man an dem Stengel oder an einem Blatt, indem man sie mit Hilfe der beiden Einschnitte spangenförmig darüber schiebt. Die gefundenen Pflanzen legt man nun unterwegs zwischen die Fließpapierpakete, braucht dabei jedoch nicht so genau auf ihre Lage zu achten wie später, wenn man sie zu Hause zum Trocknen in die Presse legt. Es empfiehlt sich, von jeder Pflanze mehrere Exemplare mitzunehmen oder zum mindesten einem schönen Herbarexemplar mehrere Blüten noch lose beizulegen, da man von wenigblütigen Gewächsen leicht sämtliche Blüten zum Bestimmen allein verbraucht. Das Einsammeln mit Zwischenlagen von Fließpapier in der Gitterpresse, an deren Stelle man in gleicher Weise eine Mappe mit Deckel und drei Klappen aus Pappe oder Leder verwenden kann, hat den Vorteil, daß die Pflanzen auf dem Transport sich gegenseitig nicht beschädigen, daß kleine Pflanzen beim Aussuchen der Sammelschätze nicht übersehen werden können, daß die Exemplare derselben Art beisammen liegen bleiben, wie sie hineingelegt worden sind, daß die Standortsbezeichnungen nicht abfallen und durcheinanderkommen können und daß endlich die Pflanzen zu Hause etwas abgewelkt und gleichzeitig auf einer Ebene ausgebreitet ankommen, so daß das endgültige

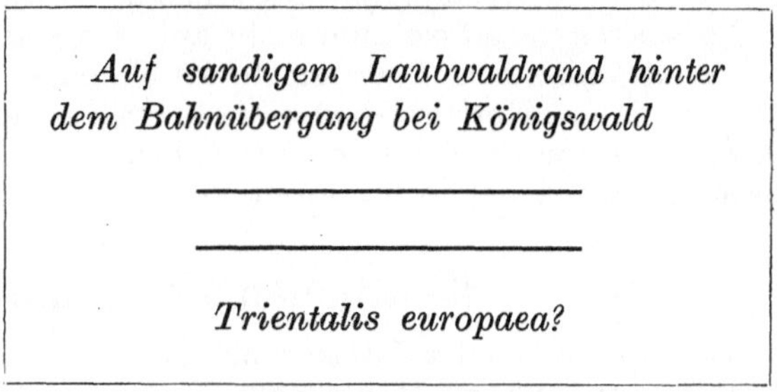

Abb. 579. Pflanzenzettel zur Aufzeichnung des Standortes.

Einlegen in die Presse viel leichter zu bewerkstelligen ist, als wenn die Pflanzen durch die Spannung ihrer Gewebe dem platten Ausbreiten zwischen die zum Pressen bestimmten Fließpapierlagen Widerstand entgegensetzen. Voraussetzung ist dabei, daß das Bestimmen alsbald nach der Ankunft zu Hause vorgenommen wird, während man in der Trommel gesammelte Pflanzen allenfalls einen Tag oder sogar länger in einer Umhüllung von feuchtem Fließpapier im Keller aufbewahren kann.

Für das Einsammeln von Pflanzen beachte man noch folgende Winke: Man hüte sich davor, anfangs gar zu viel zu sammeln. Exemplare von zwanzig verschiedenen Pflanzen, die man im Anfang ja schnell beisammen haben wird, dürften reichlich genug sein, wenn das Bestimmen aller mit Sorgfalt durchgeführt werden soll. Später, wenn man die am häufigsten vorkommenden Gewächse dem Herbarium einverleibt hat, wird man gut tun, sich an weniger betretene Wege zu halten, Feldraine, Laubwälder und Gebüsche abzustreifen, Waldblößen aufzusuchen und namentlich den Läufen kleinerer Gewässer zu folgen.

Die Botanisiergänge unternehme man nicht in der Tageszeit der größten Hitze, auch nicht unmittelbar nach Regen. Möglichst wähle man dazu die Morgenstunden, doch ist auch der spätere Nachmittag dazu geeignet. Sind die Pflanzen naß, so verlieren sie beim Transport leicht die Kronblätter und behalten beim Trocknen nicht die natürliche Farbe, sondern werden dunkel, ja sogar schwarz.

Man wähle, wo es angängig ist, Exemplare in verschiedenen Entwicklungsstadien aus, da häufig das Vorhandensein von Früchten oder wenigstens abgeblühten Blumen zum Bestimmen unerläßlich ist. Namentlich gilt dieses für Kruziferen und Umbelliferen, bei denen jedoch meist alle Entwicklungsstadien an ein und demselben Exemplar leicht zu finden sind.

Jedenfalls aber mache man es sich zur Aufgabe, nur Pflanzen in voller Blüte zu sammeln, auch Farne nur mit Sporenhäufchen, da Gewächse ohne Blüten (Farne ohne Sporenhäufchen) für das Studium wertlos sind. Bei Pflanzen mit getrenntgeschlechtigen Blüten versäume man nicht, nach den Blüten beiderlei Geschlechts zunächst an demselben Exemplar (meist Bäumen oder Sträuchern) zu suchen (Monözie!) und, falls dies erfolglos ist, falls also zweihäusige (diözische) Pflanzen vorliegen, sich in der Nähe nach Exemplaren des anderen Geschlechts umzusehen. Derartige Notizen versäume man nicht auf dem Standortszettel anzubringen.

Benutzt man zum Einsammeln die Trommel, so lege man ganz kleine Pflanzen in das Notizbuch oder in die etwa mitgenommene Taschenflora. Das Mitnehmen der letzteren hat jedoch, wenigstens für den Anfänger, meist nicht den davon erhofften Vorteil.

# Bestimmen der Pflanzen.

Das Bestimmen der Pflanzen nehme man, wie bereits erwähnt, alsbald nach der Ankunft zu Hause vor. Erfährt es einen Aufschub von auch nur einer Stunde, so versäume man wenigstens nicht, die Pflanzen samt der Presse oder Mappe inzwischen in den Keller zu legen. Hat man mit der Trommel botanisiert, so nehme man die Pflanzen aus dieser heraus und bringe sie, mit einer Hülle feuchten Fließpapiers umgeben, gleichfalls in den Keller.

In letzterem Falle muß man vor dem Bestimmen das Gesammelte sortieren und die Exemplare jeder Art in einzelnen Häufchen auf dem Tische ausbreiten. In ersterem Falle legt man die Presse oder Mappe aufgeschlagen neben sich und braucht darin nur wie in einem Buche weiterzublättern.

Beim Pflanzenbestimmen hat man eine Anzahl Geräte nötig, welche namentlich zum Zerlegen der Blüten mehr oder weniger wichtig sind. Es gehören dazu:

1. ein Skalpell zum Anfertigen von Schnitten durch die Fruchtknoten usw.;

2. eine Schere zum Aufschneiden von Blütenhüllen, Abtrennen von Staubgefäßen usw.;

3. einige Nadeln zum Sondieren;

4. zwei Pinzetten beliebiger Form zum Auszupfen der Blumenblätter, Festhalten einzelner Blütenteile usw.;

5. eine Lupe zur Besichtigung kleiner Pflanzenteile unter Vergrößerung.

— Ausgezeichnete Dienste beim Bestimmen der Pflanze, resp. beim

Untersuchen kleiner oder kompliziert gebauter Blüten, leisten die sog.
Präpariermikroskope (Abb. 580), deren Handhabung sehr einfach ist
und hier nicht beschrieben zu werden braucht. Es sei jedoch hervorgehoben, daß ein solches Präpariermikroskop zum Bestimmen der Pflanzen nicht unbedingt notwendig ist!

Die unter 1—4 aufgeführten Apparate sind meist zu sog. botanischen
Bestecken vereinigt im Handel käuflich (Abb. 581). Es ist jedoch zu
empfehlen, vielleicht gleich ein nur wenig teureres sog. Mikroskopier-
Besteck (vgl. später) zu erwerben, da in einem solchen sämtliche zu botanischen Arbeiten überhaupt notwendigen Werk-
zeuge vereinigt sind. Man hüte sich auf alle Fälle davor, ein zu bil-
liges Besteck zu kaufen, da die darin enthal-
tenen Apparate meist minderwertig sind und häufig dem Anfänger
durch ständiges Zer-
brechen die Freude am Arbeiten nehmen. In der Handhabung derselben muß man sich eine gewisse Fertigkeit aneignen.

Unter den zahlrei-
chen Büchern zum Bestimmen der Pflanzen wähle man das-
jenige aus, welches einem am besten zu-
sagt oder von einem erfahrenen Fachgenossen empfohlen wird.

Abb. 580. Präpariermikroskop zum Bestimmen der Pflanzen.
(Von E. Leitz, Wetzlar.)

Entweder wähle man eine der
Spezialfloren, welche dadurch, daß sie nur die Pflanzen des betreffenden
Gebietes berücksichtigen, das Auffinden unter der geringeren Anzahl von
Pflanzen erleichtern, oder man arbeite sich gleich in eine der Floren von
Deutschland ein, welche den Vorteil bieten, daß man eine größere Anzahl
von Gattungen und Arten gleich nebenher kennen lernt. Die bekannteste
unter diesen, welche Nord- und Süddeutschland zugleich berücksichtigt,
ist diejenige von A. Garcke; daneben die Floren für Deutschland von
O. Wünsche (herausgegeben von Abromeit), Schmeil und
Fitschen. Thomés Illustrierte Flora von Deutschland, sowie die
Illustrierte Flora von Mitteleuropa von Hegi sind teuere, aber durch
schöne farbige Tafeln geschmückte Bücher.

Abbildungswerke, wie die letztgenannten, benutze man nur zur
Bestätigung des beim Bestimmen gefundenen Resultates, hüte sich
aber davor, in solchen Werken die passende Abbildung, mit welcher man das zu bestimmende Exemplar für übereinstimmend hält,
aufzusuchen und den darunter gefundenen Namen für den richtigen
zu halten.

Wie man Pflanzen zu bestimmen hat, läßt sich nicht beschreiben.
Es ergibt sich dies bei Benutzung der Floren von selbst. Diese
stellen stets Fragen, von denen
zwei oder mehrere einander
gegenüberstehen, z. B. ob die
Blüten zwitterig oder eingeschlechtig, ob das Perigon fünf-
blättrig oder fehlend, verwachsenblättrig oder freiblättrig ist,

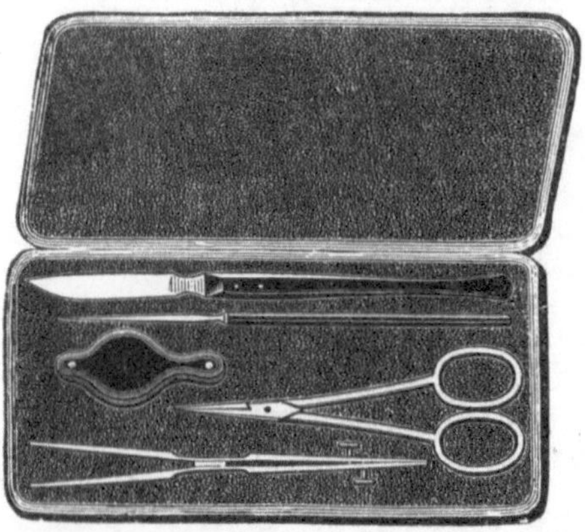

Abb. 581. Botanische Bestecke zum Bestimmen der Pflanzen. ¹/₃ natürliche Größe.

ob vier oder fünf Staubgefäße vorhanden, ob die Laubblätter ganzrandig oder gezähnt sind usw.

Durch fortgesetzte Beantwortung dieser Fragen, welche man, wenn
nötig, unter Zuhilfenahme der Lupe, sowie von Nadeln, Pinzette,
Messer und Schere löst, findet man Familie, Gattung und zuletzt die
Art, welcher die betreffende Pflanze angehört. Dabei verfahre man
genau und gewissenhaft. Denn man soll die Charaktereigentümlich-
keiten der Gattung und Art zum Zwecke des Bestimmens nicht allein
erkennen, sondern sie sich auch einprägen, um den erforderlichen
Nutzen davon zu haben.

Den gefundenen Namen gibt man, wenn man überzeugt ist, daß er
richtig ist, nebst Familie, auf dem obenerwähnten Standortzettel, oder,
wenn nötig, auf einem neuen Zettel von gleicher Gestalt an und heftet
ihn an die Pflanze; diese wird nun durch Trocknen zum Einlegen in das
Herbarium vorbereitet.

# Pressen der Pflanzen.

## Trocknen, Präparieren.

Was man unter Pressen der Pflanzen versteht, heißt zutreffender: Trocknen unter gelindem Druck, um die Verlegung aller Teile in eine Ebene zu bewirken. Es gilt hierbei, der Pflanze eine möglichst natürliche Lage zu geben und ihre Farben so gut als möglich zu erhalten.

Man nimmt graues Fließpapier, welches möglichst weich ist, und trocknet es in Paketen zu je drei oder mehr Bogen an der Sonne oder im Trockenschrank gut aus. Nachdem dies geschehen, nimmt man zuerst einige dieser Pakete übereinander und legt auf das oberste eine der gesammelten und bestimmte Pflanzen. Ist die Pflanze sehr lang, so zer-

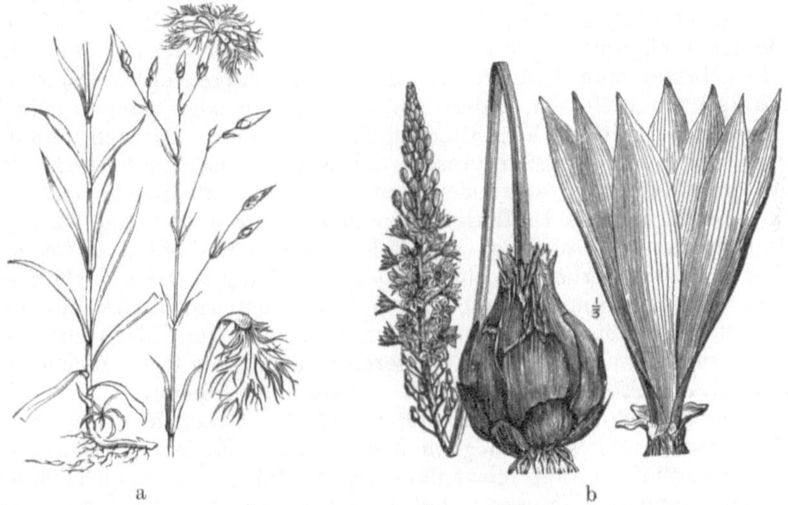



Abb. 582. Beispiel für das Einlegen von Pflanzen, a mit zerschnittenem, b mit geknicktem Stengel.

schneidet man sie entweder in Stücke von etwa Dreiviertel der Höhe eines Foliobogens und preßt diese nebeneinander, um sie später in der Reihenfolge, daß links der Wurzelteil, rechts die Spitze und in die Mitte etwaige Zwischenteile zu liegen kommen (Abb. 582a), einzukleben, oder man knickt den Stengel einige Male um, was übrigens weniger zu empfehlen und höchstens bei unbeblätterten Stengeln anzuwenden ist (Abb. 582b).

Die Pflanzen in die geeignete Lage zu bringen, hält meistens nicht schwer, wenn sie in der Gitterpresse gesammelt waren und ihre Gewebe nicht mehr so prall und widerstandsfähig sind, wie im frischen Zustande. Blattwirtel drückt man mit der Fingerspitze flach, ebenso die Blüten, von denen es sich empfiehlt, einige in Seitenansicht, einige in Vorderansicht zu bringen. Ist die Pflanze in geeigneter Lage ausgebreitet und ist möglichst dafür gesorgt, daß Blätter und Blüten nicht aufeinanderliegen, auch Stengel und Zweige sich nicht kreuzen, so legt man ein neues Papierpaket auf und fährt so fort, bis alle Pflanzen (jede unter Beifügung des dazu gehörigen Zettels) untergebracht sind; dann schließt man wieder mit zwei oder drei Paketen ab und beginnt mit dem Trocknen. Pflanzen, welche dem Glattlegen großen Widerstand entgegensetzen, ordne man in der angedeuteten Weise erst, nachdem sie einen Tag lang in der Presse gelegen haben, mithin etwas abgewelkt sind. Sehr zarte Pflanzen aber, z. B. jüngere Farnblätter, und solche mit feinen Fliederblättchen müssen im Gegensatz hierzu so früh wie möglich in die richtige Lage gebracht werden, da dies sonst die größten Schwierigkeiten verursacht.

Zum eigentlichen Trocknen stehen abermals verschiedene Wege offen. Meist bringt man das ganze Paket in die Gitterpresse und hängt diese, sofern die Luft im Freien nicht außergewöhnlich feucht ist, an das offene Fenster oder sonst an einen zugigen Ort. Hat man sehr viele Pflanzen zu trocknen oder benötigt man inzwischen die Gitterpresse zum abermaligen Botanisieren, so ist es zweckmäßig, falls keine zweite Gitterpresse zur Verfügung steht, einige Bretter vorrätig zu halten, welche die Größe der Fließpapierbogen ringsum um 1—2 cm übertreffen. In je zwei derselben bringt man dann Pflanzenpakete in entsprechender Dicke und schnürt sie mit Hilfe von Lederriemen zusammen oder man umschnürt sie krenzweise mit starkem Bindfaden. Mit diesen Paketen verfährt man wie sonst mit der Gitterpresse. Schraubenpressen zu verwenden ist nicht vorteilhaft, weil, abgesehen von ihrer Unhandlichkeit, leicht zu stark gepreßt und die Luftzirkulation dadurch beeinträchtigt wird.

Die zweite, meist schneller zum Ziele führende Methode des Pflanzentrocknens ist das Verbringen der Mappen über den geheizten Küchenherd oder in die „Bratröhre“, am besten jedoch, wenn ein solcher zur Verfügung steht, in einen Trockenschrank, und zwar kann dazu entweder der geheizte oder aber der mit wasserentziehenden Mitteln, namentlich Ätzkalk, beschickte Trockenschrank Verwendung finden.

Man mag trocknen wie man will, jedenfalls ist tägliches Umlegen in frisch getrocknetes, wenn möglich noch warmes Papier geboten. Am vierten oder fünften Tage pflegt dann das Verfahren, wenn nicht gerade besonders ungünstige Trockenverhältnisse vorliegen, beendet zu sein. Zur Feststellung dieses Zeitpunktes bedient man sich des Gefühls, indem die Pflanzen, mit dem Rücken der Hand in Berührung gebracht, sich nicht mehr kalt anfühlen dürfen. Gänzlich trockene Pflanzen biegen sich auch nicht.

Das empfehlenswerteste Trockenverfahren ist jedoch das folgende: Man legt die frisch gesammelten Pflanzen je in einen Bogen Fließpapier, indem man den Stengeln, Blättern, Blüten gleich die gewünschte Lagerung erteilt. Diesen Fließpapierbogen bringt man nun zwischen je zwei vollständig trockene Pakete von nicht zu starker Pappe, bis die Mappe eine bestimmte Dicke erreicht hat, die sie nicht überschreiten sollte. Am folgenden Tage werden die Pappepakete ausgewechselt, d. h. man bringt an die Stelle der feucht gewordenen solche, die „strohtrocken“ sind, die am besten über dem Feuer getrocknet wurden und noch warm sein dürfen. Dieses Verfahren hat den großen Vorzug, daß die Pflanzen selbst nicht umgelegt zu werden brauchen, was ziemlich zeitraubend ist und den Pflanzen auch meist nicht zum Vorteil gereicht. Man wird durch dieses einfachere Verfahren in den meisten Fällen ein sehr gutes Resultat erhalten.

Für besondere Fälle merke man, daß man sehr dicke Pflanzenteile halbiert oder von ihnen hinten so viel wegnimmt, als ohne Beeinträchtigung der Vorderansicht möglich ist; so bei dicken Stengeln, Wurzeln, Rhizomen, Knollen, Zwiebeln, Pilzen, Kompositenblütenköpfchen usw. Wenn dabei klebriger Saft auf der Schnittfläche austritt, so bedeckt man diese mit Wachspapier, um das Ankleben am Fließpapier zu verhindern.

Sehr widerstandsfähige Pflanzen, namentlich Sedumarten, müssen vor dem Pressen durch Eintauchen in siedendes Wasser oder indem man sie zwischen mehreren Lagen Fließpapier mit einem heißen Plätteisen überfährt, abgetötet werden, weil sie sonst in der Presse weiterwachsen.

Ein sehr gutes Verfahren, dicke, widerstandsfähige Pflanzen rasch zu trocknen, ist das folgende: Man legt die Pflanzen zwischen mehreren Lagen von Fließpapier auf den Fußboden und tritt auf das Paket mehrere Male fest, aber elastisch, mit dem beschuhten Fuße auf. Dadurch entstehen in der Oberhaut der Fettpflanzen mikroskopische, dem unbewaffneten Auge unsichtbare oder kaum sichtbare Sprünge, durch welche das in der Pflanze massenhaft festgehaltene Wasser beim ferneren, normalen Pressen rasch entweicht.

Papaverazeenblüten und andere sehr zarte Blüten, wie z. B. diejenigen der Konvolvulazeen, müssen zwischen glatt satiniertem Papier anstatt zwischen Fließpapier getrocknet werden, da die Blumenblätter sonst leicht ausfallen oder am Löschpapier kleben bleiben. Man nimmt entweder für die betreffende Pflanze je einen ganzen Bogen Konzeptpapier oder legt kleine Stückchen davon unter und auf die einzelnen Blüten. Pflanzen, welche beim Troknen leicht schwarz werden, wie z. B. Melampyrum- und Centaurea-Arten sowie Orchidazeen, werden vor dem Pressen geschwefelt, indem man nach ca. eintägigem Trocknen Schwefeldämpfe in einem fest geschlossenen Raum, evtl. einer Kiste, ca. eine Stunde lang darauf einwirken läßt. Die hierauf zunächst verschwundenen Farben stellen sich nach mehrtägigem Trocknen in ursprünglicher Frische wieder ein.

## Ordnen und Aufbewahren der Pflanzen.

Die völlig getrockneten Pflanzen werden zum Aufbewahren im Herbarium fertig gemacht, indem man sie mit möglichst schmalen, weißen oder farbigen, gummierten Papierstreifen auf der inneren Seite eines Foliobogens befestigt. Man verwende nicht einfache Blätter (halbe Bogen), da sonst die trockenen Pflanzen keinen Schutz haben und leicht beschädigt werden. Zum Aufkleben verwende man dünne Streifen von gummiertem Papier. An den Fuß des Blattes, auf welchem die Pflanze befestigt ist, schreibe man nach nochmaligem Vergleich mit den Angaben der zum Bestimmen benutzten Flora den lateinischen und deutschen Namen, den Autornamen, natürliche Familie und, wenn nötig, auch Unterfamilie, den Fundort, von welchem die Pflanze entnommen ist, Standortsbeschaffenheit und Fundzeit. Zu diesem Zwecke sind auch Etiketten im Handel, welche diese Angaben für die am häufigsten vorkommenden Pflanzen aufgedruckt tragen; da eine große Anzahl von Etiketten jedoch dennoch geschrieben werden muß, so erreicht man auch

Abb. 583.   Beispiel für die Ausstattung eines Herbariumbogens.

durch jene nicht das gleichmäßige Aussehen, das man vielleicht wünscht. Um das Ordnen zu erleichtern, empfiehlt es sich, am besten oben in der Ecke die Familie zu wiederholen. Ein solches Blatt würde dann wie Abb. 583 aussehen.

Beim Einreihen der Pflanzen bringe man zunächst die Arten einer Gattung zusammen in einen Gattungsbogen, welcher von demselben (Konzept-) Papier sein kann, wie die Art-Bogen. Als Familienbogen hingegen wähle man ein anderes Papier, entweder blaue Aktendeckel oder Packpapier. Man bezeichne Gattungs- und Familienbogen auf der Außenseite entsprechend und bringe die letzteren mit ihrem Inhalte dann in die dafür bestimmten Mappen unter. Am geeignetsten ist es, Mappen zu verwenden, welche aus zwei mit Band durchzogenen Pappdeckeln bestehen, so daß ihr Umfang sich beliebig erweitern und verengern läßt.

Die gesammelten Pflanzen können nun ihre Bestimmung, fortgesetzt zu Anschauungszwecken zu dienen, erfüllen, und sie tun dies am erfolgreichsten, wenn man sie recht häufig einer Durchsicht unterzieht. Dabei schützt man das Herbarium auch am sichersten vor seinen Feinden: den Schimmelpilzen und einigen Insekten, wie dem Kräuterdieb, dem Brotbohrer und der Staublaus. Schimmelpilze beseitigt man, wie oben bereits erwähnt, durch Bepinseln mit Sublimatlösung; da das Auftauchen jener ein Zeichen von Feuchtigkeit ist, so empfiehlt es sich, die ganze Mappe mit ihrem Inhalt in solchem Falle im Trockenschrank nachzutrocknen. Tiere aller Art, welche in Pflanzensammlungen auftauchen, tötet man am zuverlässigsten, indem man die betreffende Mappe mit ihrem Inhalt in eine Kiste bringt, in welcher ein Schälchen mit Schwefelkohlenstoff (feuergefährlich!) aufgestellt ist. Man beläßt die Pflanzen einige Tage in der gut verschlossenen Kiste. Will man den Schwefelkohlenstoff geruchlos machen, so schüttelt man ihn vor der Anwendung mit 1 proz. Sublimatlösung oder mit Bleisuperoxyd. Seine Wirksamkeit wird durch beide Mittel nicht beeinträchtigt.

# Studium der Pflanzenanatomie.

## Gebrauch des Mikroskops.

Während die Lupe (auch einfaches Mikroskop genannt) von dem durch sie betrachteten Gegenstande ein Bild entwirft, welches in gleicher Lage des Gegenstandes, aber vergrößert, vom Auge empfunden wird (scheinbares, virtuelles Bild), entwirft die dem Objekt zugekehrte Linse (Objektiv, Abb. 584 *Ob*) des zusammengesetzten Mikroskops ein verkehrtes und vergrößertes, reelles Bild, welches durch die dem Auge zugewendete Linse (Okular, Abb. 584 *Oc*) wie durch eine Lupe betrachtet wird und infolgedessen nochmals vergrößert als scheinbares (virtuelles) Bild eines umgekehrten, reellen Bildes sich darstellt. Alle Bilder erscheinen unter dem zusammengesetzten Mikroskop daher verkehrt, d. h. rechts und links, vorn und hinten ist vertauscht; das Präparieren eines Gegenstandes unter dem zusammengesetzten Mikroskop ist deshalb selbst bei Anwendung der allerschwächsten Vergrößerungen anfangs ganz

unmöglich und läßt sich erst nach langer Übung erlernen. Ist ein Präparieren erforderlich, so bedient man sich einer feststehenden Lupe (sog.
Präpariermikroskop, Abb. 580).

Das zusammengesetzte Mikroskop, Abb. 584, besteht aus einem
feststehenden Teil, dem Stativ, und dem darin beweglichen Teil, dem
Tubus oder der Mikroskopröhre mit den Linsen.

Der Fuß $F$ pflegt bei den heutigen Mikroskopen gewöhnlich hufeisen-
förmig zu sein. Er trägt den Objekttisch $T$, in dessen Mitte sich eine

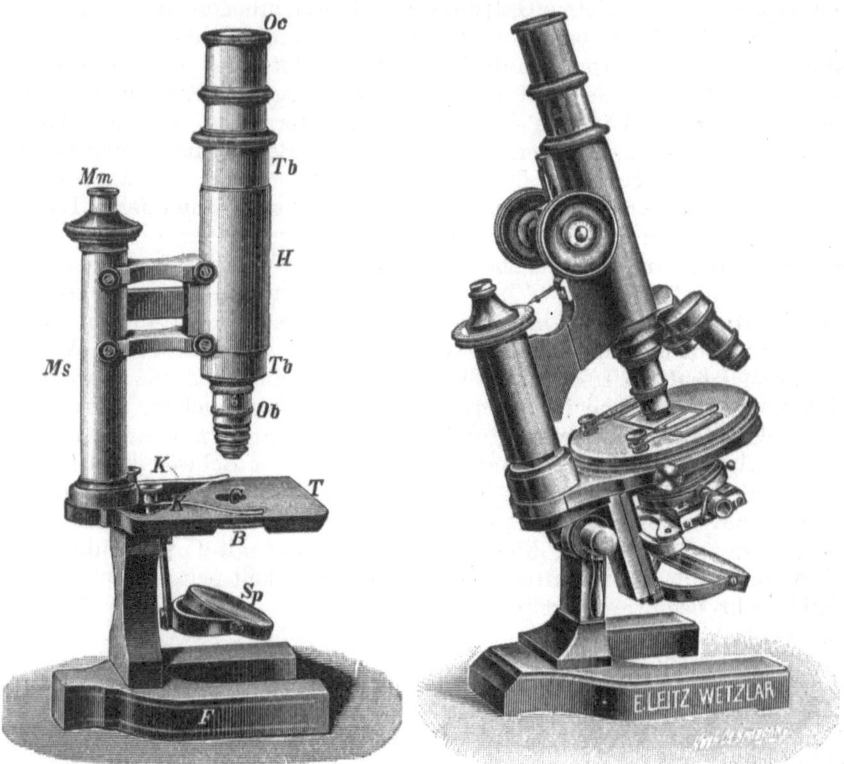


Abb. 584. Mikroskop, *F* Fuß, *T* Objekttisch,
*C* Objekttischöffnung, *B* Blende, *Sp* Spiegel,
*K* Klemmen, *Ms* Mikroskopsäule, *Mm* Mikrometerschraube, *H* Hülse. *Tb* Tubus, *Ob* Objektiv, *Oc* Okular.

Abb. 585.    Mikroskop von E. Leitz, Wetzlar
Stativ Ia mit Abbeschem Beleuchtungsapparat
und Irisblende, dreifachem Revolver, Objekt 3, 6, 8,
Okul. 1, 3. Vergrößerung 60—550.

Öffnung $C$ befindet. Auf den Objekttisch wird das Objektgläschen
(Objektträger) so gelegt, daß sein Objekt in der Mitte der Öffnung sich
befindet, wo es durch den Spiegel $Sp$ von unten her durchleuchtet wird.
Der Spiegel ist nach allen Richtungen verstellbar, um dem Lichte zugewendet werden zu können. Planspiegel und Hohlspiegel sind meist
vereinigt. Ein größerer oder geringerer Helligkeitsgrad wird durch Er-
weiterung oder Verengerung der Objekttischöffnung vermittelst der
Blende $B$ erzielt. Zur etwa nötigen Festhaltung des Objektträgers
dienen zwei einzusetzende Klammern $K$.

Auf der dem Mikroskopierenden zuzuwendenden Seite des Mikroskops erhebt sich über dem Objekttisch die Mikroskopsäule *Ms*. In ihr befindet sich ein Triebwerk, welches die feine Einstellung des Tubus bewirkt und durch die Mikrometerschraube *Mm* geregelt wird. Die grobe Einstellung bewirkt man bei den meisten einfacheren Instrumenten mit der Hand, indem man in der Hülse *H* den Tubus *Tb* durch Schieben oder etwas drehendes Schieben hebt und senkt.

Um das Objektiv zu wechseln, entfernt man den Tubus anfangs stets aus der Hülse. (Nur bei Instrumenten, welche zu diesem Zwecke sog. Revolverapparate besitzen, ist dies nicht nötig, Abb. 585). Man hebt zunächst das Okular aus dem Tubus und dreht diesen dann um, indem man das Objektiv zwischen die Finger der ruhenden linken Hand nimmt und mit der rechten Hand durch drehende Bewegungen den Tubus aus dem Gewinde des Objektivs löst. Umgekehrt verfahre man nicht, auch nicht beim Einschrauben der Objektive, denn der in der linken Hand ruhende Gegenstand ist dem Herunterfallen nicht ausgesetzt; daß ein Fallen dem wertvollen und leicht zu beschädigenden Objektiv nachteiliger ist als der Mikroskopröhre, welche nur aus einem Messingzylinder besteht, liegt auf der Hand.

Will man einen auf einem Objektträger liegenden und von einem Deckgläschen bedeckten, durchsichtigen oder durchscheinenden Gegenstand betrachten, so legt man ihn auf die Mitte des Objekttisches, versieht den Tubus in angegebener Weise mit einem schwachen Objektiv und schiebt ihn unter leicht drehender Bewegung in die Hülse, jedoch nicht zu weit, hinein. Darauf faßt man mit beiden Händen an den Spiegel des Mikroskops und verschiebt ihn, während man von oben durch den Tubus blickt, so lange, bis ein schönes gleichmäßiges Licht durch die Mikroskopröhre fällt. Man achte jedoch besonders darauf, daß der Mittelpunkt des Spiegels stets in der optischen Achse liegt, da durch „schiefe Beleuchtung" häufig falsche Beobachtungen vorgetäuscht werden. Nun setzt man ein schwaches Okular auf und sucht, mit einem Auge durch das Okular sehend, durch leichtes Heben und Senken des Tubus mit der rechten Hand denjenigen Abstand der Objektivlinse vom Objektiv auf, welcher nötig ist, um ein deutliches Bild zu erhalten. Vermag man die Umrisse des Bildes erst deutlich zu erkennen, so legt man die linke Hand an die Mikrometerschraube *Mm* und sucht durch Hin- und Herdrehen die Einstellung zu finden, welche das genaue Erkennen der Einzelheiten im mikroskopischen Bilde ermöglicht.

Bei schwachen Vergrößerungen ist der erforderliche Abstand zwischen Objekt und Objektiv größer, bei starken Vergrößerungen oft außerordentlich gering, und es ist in diesen Fällen größte Vorsicht geboten, um nicht Objekt und Objektiv durch unvorsichtiges Aufstoßen zu beschädigen.

Man betrachtet das Objekt, indem man beide Augen offen hält und mit einem derselben, am besten mit dem linken (namentlich, wenn man das Objekt auf ein danebengelegtes Papier zeichnet), durch das Okular in die Mikroskopröhre sieht. Anfangs sieht man Objekt und Umgebung gleichzeitig, aber bald gewöhnt man sich, die Aufmerksamkeit so auf das mikroskopische Bild zu richten, daß das der Umgebung gar nicht mehr

24*

zum Bewußtsein kommt. Die linke Hand läßt man an der Mikrometerschraube liegen, um durch mäßiges Bewegen derselben höhere und tiefere Schichten des Objektes in das Gesichtsfeld zu rücken. Mit der rechten Hand bewegt man zunächst den Objektträger hin und her, um alle Teile des Präparates in das Gesichtsfeld zu bekommen und denjenigen Punkt auszusuchen, welcher für die nähere Betrachtung ausersehen sein soll. Um diesen festzuhalten, kann man — es ist dies aber meist nicht notwendig — die Klammern $K$ auf den Objektträger drücken, ohne jedoch dabei das Deckgläschen zu berühren.

Will man nun einen Teil des Objektes in stärkerer Vergrößerung sehen, so stellt man diesen Punkt zunächst noch mit der schwächeren Vergrößerung genau in die Mitte des Gesichtsfeldes ein, weil bei stärkeren Vergrößerungen das Gesichtsfeld sich verkleinert und daher nur die vorher eingestellten, in der Mitte liegenden Partien mit Sicherheit wieder zu finden sind.

Beim Wechseln der Objektive verfahre man genau wie oben angegeben, entferne zunächst das Okular, ziehe dann den Tubus heraus, nehme das Objektiv in die ruhende linke Hand und drehe den Tubus mit der Rechten. Dann nehme man das neue Objektiv in die Linke, schraube den Tubus in das Gewinde desselben mit der Rechten ein, bringe den Tubus vorsichtig wieder in die Mikroskophülse, setze das Okular wieder auf und verfahre beim Einstellen wie oben; nur hat man mit zunehmender Vergrößerung entsprechend vorsichtiger dabei zu sein.

Starke Okulare werden selten, und zwar nur beim Studium bestimmter Einzelheiten im mikroskopischen Bild verwendet, weil sie das Bild nur auseinanderziehen, ohne weitere Feinheiten zu zeigen. Zunehmende Vergrößerungen erzielt man in erster Linie durch Wechseln der entsprechenden Objektive.

Bei schwachen Vergrößerungen läßt man der Öffnung im Objekttische ihre ganze Weite und wendet den Planspiegel zur Beleuchtung an. Bei starken Vergrößerungen konzentriert man die Lichtstrahlen mittels des Hohlspiegels auf das Objekt und wendet dementsprechend, um das übrige (Seiten-) Licht abzublenden, die Blendvorrichtung $B$ an. Unter Umständen ist es erwünscht, die Konturen des Bildes durch Schatten zu verdeutlichen, und man stellt zu diesem Zwecke den Spiegel seitlich.

Zur Arbeit wird das Mikroskop am besten auf einem Tische am Fenster oder in der Nähe des Fensters aufgestellt. Die geeignetste Lichtquelle ist das von weißen Wolken zurückgeworfene Sonnenlicht. Hingegen sind direktes Sonnenlicht und nicht abgeblendetes Lampenlicht zum Mikroskopieren unbrauchbar und für das Auge höchst schädlich.

## Herstellung mikroskopischer Schnitte.

Wenn man einzelne Zellen (z. B. Lykopodiumsporen, Blütenstaub) oder wenigzellige Gebilde (z. B. Hopfendrüsen, Kamala) mikroskopischer Betrachtung unterziehen will, so genügt es, diese in geringer Anzahl in einem Tropfen Wasser auf den Objektträger zu bringen und mit einem Deckgläschen zu bedecken. Der Zusatz eines der weiter unten genannten

Aufhellungsmittel genügt dann, um diese Objekte zur mikroskopischen Beobachtung geeignet zu machen.

Kommt es darauf an, aus komplizierten, zusammengesetzten Gewebeformen nur die einzelnen Gewebeelemente nach ihrem Aussehen kennenzulernen, so schabt man von dem Objekte kleine Teilchen ab, bringt sie in einen auf dem Objektträger befindlichen Tropfen Wasser und zerzupft jene, nachdem sie gehörig aufgeweicht, mit zwei Präpariernadeln. Liegen verholzte Elemente vor, so kocht man das Schabsel unter dem Abzug in einem Reagenzglase mit konzentrierter Salpetersäure unter Zusatz von chlorsaurem Kali und wäscht die jetzt isolierten Elemente durch Dekantieren mit Wasser aus, bevor man sie auf den Objektträger bringt (Mazerationsverfahren!).

Wesentlich größere Schwierigkeiten macht es, Teile eines Zellgewebes so zur Beobachtung zu bringen, daß aus dem gewonnenen Bilde die Lage

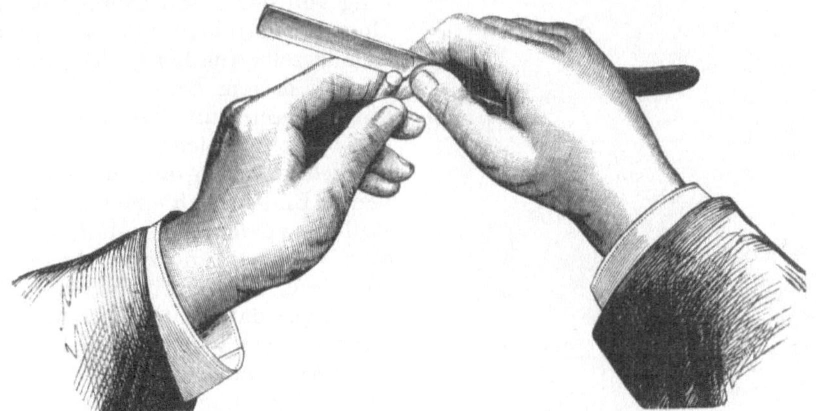

Abb. 586. Schnittführung beim Anfertigen mikroskopischer Schnitte.

und Anordnung der einzelnen Gewebeelemente deutlich hervorgeht, und noch schwieriger ist es, gleichzeitig auch die Inhaltsbestandteile der einzelnen Zellen zu beobachten und zu studieren. Man bedarf dazu außer den beim Pflanzenbestimmen bereits genannten Instrumenten, wie Nadeln, Skalpell, Schere und Pinzette, des hauptsächlichsten Werkzeugs für den Pflanzenanatomen, des Rasiermessers. Auch diese Instrumente sind zu Bestecken zusammengestellt käuflich.

Die Schnittführung mit dem Rasiermesser hat derart zu geschehen, daß man die Klinge mit ihrem unteren Ende flach auf einer frischen, glatten Schnittfläche (nicht am Rande!) des in der linken Hand gehaltenen Objektes auflegt und sie dann unter möglichst geringer Steilstellung langsam und gleichmäßig, ohne abzusetzen, darüber hinzieht (Abb. 586).

Um eine ruhige Haltung beider Arme zu erzielen, legt man den linken Ellbogen auf den Tisch auf. Ein Druck des Rasiermessers auf das Objekt oder nach vorn ist zu vermeiden. Bei den meisten Objekten, insonderheit bei solchen von saftiger Beschaffenheit, ist es erforderlich, daß die Klinge des Rasiermessers befeuchtet ist. Von der Dünne des Schnittes hängt seine

Brauchbarkeit für die mikroskopische Beobachtung ab. Die Herstellung des Schnittes bedarf einer nicht geringen Geschicklichkeit, welche man sich durch Übung jedoch leicht aneignet. Jedenfalls lasse man sich durch eine Anzahl zuerst ohne Zweifel mißlingender Versuche nicht entmutigen. Daß ein Schnitt zu dünn werden könnte, braucht der Anfänger jedenfalls niemals zu befürchten. Man stelle die Schnitte höchstens 1—2 mm² groß her und mache z. B. von Holz und Rinde getrennte Querschnitte; versucht man größere Schnitte herzustellen, so wird der Schnitt stets zu dick werden, und bei dickeren Schnitten leidet auch das Messer sehr.

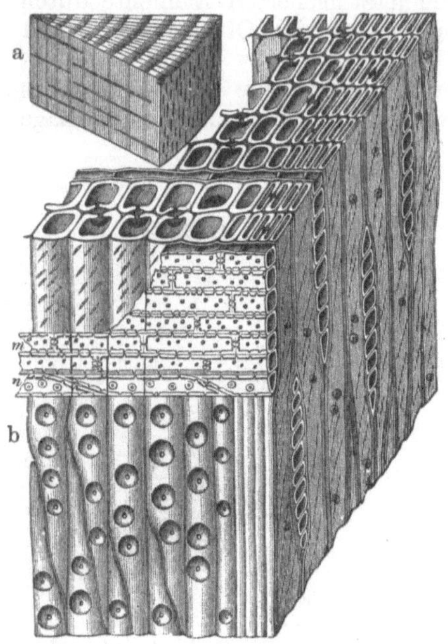

Abb. 587. Querschnitt, Radialschnitt und Tangentialschnitt durch Fichtenholz, a in natürlicher Größe, b ein Teil davon in 100 facher Vergrößerung. (R. Hartig.)

Viel kommt darauf an, daß man über die Richtung der Schnittführung genau orientiert ist. Denn es ist begreiflicherweise nötig, wenn man sich eine klare Vorstellung von der Beschaffenheit eines Gewebes machen will, daß man sich dasselbe aus dem Querschnittsbilde und dem Längsschnittsbilde konstruieren muß. Trifft man aber die Richtung nicht genau, so ist es nicht möglich, aus den gewonnenen Bildern sich eine klare Vorstellung zu machen. Man ersieht dies deutlich an dem Beispiele Abb. 587. Man wird daraus auch erkennen, daß es häufig notwendig ist, zwei verschiedene Längsschnitte zu machen, nämlich einen in der Richtung des Querschnittradius und einen in der Richtung der Querschnitt-Tangente. In Abb. 587a (ein Stück Fichtenholz) stellt die obere Fläche den Querschnitt des keilförmigen Holzstückes dar, die Fläche links ist die Radialschnittfläche, diejenige rechts ist die Tangentialschnittfläche. In Abb. 587b ist aus den drei Bildern, welche dünne Scheiben der genannten drei Schnittflächen bei hundertfacher Vergrößerung unter dem Mikroskop zeigen, das Bild rekonstruiert, welches ein Teil jenes Fichtenholzstückes ergeben würde, wenn es direkt mit dem Mikroskop betrachtet werden könnte. Man ersieht ohne weiteres, daß, wenn beispielsweise der Radialschnitt nicht genau senkrecht (in der Richtung der Wachstumsachse) geführt worden wäre, eine Menge nebeneinanderliegender Zellreihen angeschnitten sein würde, und man wird begreifen, daß auf diese Weise eine klare Vorstellung des anatomischen Baues nicht erhalten werden kann. Mit bloßem Auge oder, wenn nötig, mit Hilfe der Lupe wird man sich jedoch jederzeit leicht vergewissern können, ob die Schnittführung annähernd der gewünschten Richtung entspricht. Man muß auch stets eine größere

Anzahl Schnitte nebeneinander anfertigen, ehe man mit der Untersuchung beginnt, und findet dann unter dem Mikroskop mit Hilfe einer schwachen Vergrößerung bald, welcher von jenen für das Studium am geeignetsten ist.

Will man Schnitte durch kleine oder dünne Gegenstände anfertigen, so muß man sich in verschiedener Weise helfen, um die Objekte in eine solche Form zu bringen, daß sie sich in der Hand festhalten lassen und dem Messer hinreichenden Widerstand entgegensetzen. Blätter rollt man entweder zusammen oder klemmt sie mehrfach übereinandergelegt oder seitlich zusammengefaltet oder zusammengerollt, zwischen zwei Holundermark- oder Korkhälften ein, kleine Samen bettet man in ein Stück Paraffin, indem man mit einer erwärmten Nadel darin eine Höhlung bereitet und das Objekt im verflüssigten Paraffin erstarren läßt.

Auch müssen die Objekte überhaupt eine zum Schneiden geeignete Konsistenz haben. Trockene Pflanzenteile bröckeln meist, wenn sie nicht vorher in Wasser oder verdünnter Kalilauge, in Glyzerinwasser oder aber in verdünntem Ammoniak aufgeweicht sind; frische, sehr saftige und weiche Objekte hingegen müssen zuvor durch Einlegen in mäßig starken Alkohol gehärtet werden.

Um die erhaltenen Schnitte von dem Rasiermesser auf den Objektträger zu übertragen, nimmt man sie von der Klinge durch Berührung mit der Spitze eines etwas angefeuchteten, feinen Haarpinsels ab. Die Schnitte bleiben leicht an der Pinselspitze hängen. Dann werden sie in einen Wassertropfen überführt, der durch einen Glasstab auf die Mitte eines Objektträgers gebracht worden ist. Vor einer Übertragung der Schnitte durch Präpariernadeln ist zu warnen, da sonst zu leicht Beschädigungen eintreten können. Stets wird man mehrere Schnitte in denselben Wassertropfen nebeneinander auf diese Weise bringen. Dann nimmt man ein sorgfältig geputztes Deckgläschen, legt es mit einer Kante auf und läßt es dann hinabsinken. Etwa vorhandene und die Beobachtung störende Luftblasen entfernt man durch vorübergehendes Übertragen der Schnitte in absoluten Alkohol. So ist das Objekt vorläufig für eine orientierende Betrachtung bei mäßiger Vergrößerung fertig.

Zur Bequemlichkeit stellt man, wenn man in dieser Weise am Mikroskop arbeitet, vor sich ein Glas mit Wasser für zu reinigende und bereits gebrauchte Objektträger, daneben ein Schälchen mit Wasser zur Aufnahme der Deckgläschen und endlich womöglich ein Glas mit filtriertem, destilliertem Wasser nebst einem zugespitzten Glasstabe zum Befeuchten der Objekte und des Messers. Ein reines weiches Wischtuch muß jederzeit zur Hand sein zum Reinigen der Gläschen und der Instrumente. Daß das Mikroskop und alle Instrumente vor dem Weglegen auf das sorgfältigste gereinigt, namentlich letztere völlig trocken gerieben sein müssen, braucht wohl kaum erwähnt zu werden.

## Behandlung mikroskopischer Präparate.

Das auf dem Objektträger zunächst in einem Tropfen Wasser befindliche, gelungene Präparat beläßt man in solchem, sofern man es später noch mit Reagentien zu behandeln wünscht. Ist dies jedoch nicht der Fall, so bringt man sogleich mittelst des Glasstabes neben das Deckgläschen einen Tropfen verdünntes Glyzerin, so daß diese Flüssigkeit, in demselben Maße, wie das Wasser an den Rändern des Deckgläschens verdunstet, nachziehen kann und das Präparat auf diese Weise nach und nach in Glyzerin liegt. Dieses ist dem Verdunsten bekanntlich nicht ausgesetzt und gestattet ohne weiteres ein Aufbewahren des Schnittes für mäßig lange Zeit.

Meist wird man mit dem Präparat einige Reaktionen vorzunehmen haben, und man muß das Einbetten in Glyzerin oder in ein anderes Einbettungsmittel so lange aufschieben.

Um eine Streckung der oft geschrumpften Zellwände und gleichzeitig eine Aufhellung des Bildes zu bewirken, setzt man dem Präparat ein schwaches Alkali, meist verdünnte Kalilauge, in der Weise zu, daß man einen Tropfen davon rechts neben das Deckgläschen legt und auf der anderen Seite die Flüssigkeit mit einem Stückchen Fließpapier oder einem ausgedrückten Haarpinsel absaugt. Dies ist die Art und Weise, in welcher man jedes der Reagentien in Anwendung zu bringen pflegt. Da die Grundsätze für die Anwendung von Reaktionsmitteln bei mikroskopischen Präparaten dieselben sind, wie bei chemischen Operationen überhaupt, so muß man natürlich Sorge tragen, daß diese in einer indifferenten Flüssigkeit vorgenommen werden. Will man einen mit verdünnter Kalilauge aufgehellten Schnitt beispielsweise mit Chromsäure behandeln, um die Schichtung der Zellwände deutlicher hervortreten zu lassen, so muß das Alkali zuvor mit Wasser in der angegebenen Weise hinreichend wieder ausgewaschen sein.

Andererseits muß man stets auf die Veränderungen Rücksicht nehmen, welche vorher angewendete Reaktionsmittel an dem Objekte bewirkt haben. Will man also beispielsweise Stärkekörner durch Jodlösung deutlich sichtbar machen, mit welcher sich jene intensiv blau färben, so darf der Schnitt nicht zuvor mit Alkalien behandelt oder aber erhitzt worden sein, weil dadurch die Stärkekörner gelöst bzw. verkleistert sein würden.

Zum Aufhellen der Präparate bedient man sich verdünnter Kalilauge, verdünnten Ammoniaks oder einer Natriumhypochlorit- oder Chloralhydratlösung. Zum Nachweis von Stärke dient Jodjodkaliumlösung und Jodchloralhydrat (Blaufärbung), zum Nachweis unveränderter Zellulose Chlorzinkjod (Violettfärbung), zum Nachweis verholzter Zellmembranen Phlorogluzin und Salzsäure (Rosafärbung) sowie Anilinsulfat (Gelbfärbung), zum Nachweis verkorkter Zellmembranen Chromsäure oder Schwefelsäure (Unlöslichkeit), zum Nachweis von Eiweißstoffen Millons Reagens (Rotfärbung), zur Deutlichmachung von Zellkernen Alaunkarmin (Tiefrotfärbung), zum Nachweis von Gerbstoffen Eisenchloridlösung (Grün- oder Blaufärbung) usw. Näheres hierüber muß man, wenn man sich eingehender mit Mikroskopie und mikroskopischer Technik (Fixieren, Härten, Färben, Mikrotomtechnik) beschäftigen will, z. B. in Strasburger „Botanisches Praktikum", in A. Meyer „Erstes botanisches Praktikum", in dem bekannten Buche Hager-Tobler „Das Mikroskop und seine Anwendung", oder in Sieben „Einführung in die botanische Mikrotechnik", nachlesen. Jedenfalls ist bei der Einführung in das mikroskopische Studium überhaupt die Anleitung eines erfahrenen Lehrers unentbehrlich.

In Kürze möge noch eine der Herstellungsweisen für mikroskopische Dauerpräparate beschrieben sein, da die Herstellung von solchen die Freude am Studium sehr zu erhöhen vermag. Hat man einen guten Schnitt, welcher des Aufhebens wert ist, so empfiehlt sich die Einschließung in Glyzeringelatine; doch hat diese den Übelstand, daß das Objekt nicht in dem zuerst angefertigten Präparat unter dem Deckgläschen verbleiben kann, sondern in die Gelatinemasse übertragen werden muß. Die Gelatinemasse stellt man sich dar, indem man 7,0 Gelatine in 42,0 destilliertem Wasser erweicht, dann darin durch Erwärmen und unter Zusatz von 50,0 Glyzerin löst und endlich 1,0 Phenol. liquefact. hinzusetzt. Einen kleinen Tropfen dieser erwärmten Lösung bringt man auf die Mitte eines erwärmten Objektträgers und überträgt dann in diesen den Schnitt aus Glyzerin mittels einer Nadel. Man läßt hierauf schnell das gleichfalls erwärmte Deckgläschen darauffallen, drückt es leicht an und entfernt nach dem Erkalten die darunter hervorgequollene Gelatine. Den sorgfältig gesäuberten Rand überzieht man zuletzt mit Maskenlack.

Noch zweckmäßiger ist die Einbettung in die Hoyersche

Abb. 588. Mikroskopisches Dauerpräparat.

Einschlußflüssigkeit (Chloralhydrat 10,0 Glyzerin 5,0 Gummi arab. electiss. 15,0 Wasser 50. Das Gummi löst sich innerhalb weniger Tage), nachdem man zweckmäßig die Präparate, besonders Schnitte durch Drogen, in Chloralhydrat aufgehellt hat. Ein weiterer Verschluß der Präparate ist nicht nötig, da das Gummi am Rand des Deckglases binnen 24 Stunden zu einer homogenen festen Masse eintrocknet.

Das vielfach angewendete Einschließen von Präparaten in Kanadabalsam ist für den Anfänger nicht ratsam, da die Objekte vor dem Übertragen in den Balsam meist in mehr oder weniger komplizierter Weise mikrochemisch behandelt werden müssen, um nachträgliche Schrumpfungen oder Trübungen der Präparate zu vermeiden.

Die aufzubewahrenden Dauerpräparate müssen sorgfältig signiert sein. Man bringt zu diesem Zwecke zwei Schilder auf den beiden Seiten des Objektträgers an, auf welchen die Pflanze, der Pflanzenteil, die Art des Schnittes, das Einbettungsmittel, die etwa mit dem Objekt vorgenommene Reaktion oder Färbung und endlich das Datum der Anfertigung angegeben ist (Abb. 588). Diese Dauerpräparate werden in geeigneten Kartons aufbewahrt, in welchen jeder Druck auf die Deckgläschen vermieden wird, da ein solcher die Präparate verderben könnte. Hierbei sind mappenartige Kartons mit flacher Aufbewahrung der Objektträger bei Präparaten in reinem Glyzerin den kastenartigen mit senkrechter Stellung der Objektträger unbedingt vorzuziehen.

# Sachverzeichnis.

**Grundzüge der chemischen Pflanzenuntersuchung.** Von Dr.
**L. Rosenthaler,** a. o. Professor an der Universität Bern. D r i t t e, verbesserte
und vermehrte Auflage. Mit 4 Abbildungen. IV, 160 Seiten. 1928. RM 9.—

**Die Pflanzenalkaloide.** Von Dr. **Richard Wolffenstein,** a. o. Professor an
der Technischen Hochschule zu Berlin. D r i t t e, verbesserte und vermehrte
Auflage. VIII, 506 Seiten. 1922. Gebunden RM 18.—

**Arzneipflanzenkultur und Kräuterhandel.** Rationelle Züchtung,
Behandlung und Verwertung der in Deutschland zu ziehenden Arznei- und
Gewürzpflanzen. Eine Anleitung für Apotheker, Landwirte und Gärtner.
Von **Theodor Meyer,** Apotheker in Colditz i. Sa. V i e r t e, verbesserte Auf-
lage. Mit 23 Textabbildungen. IV, 190 Seiten. 1922. Gebunden RM 6.—

**Volkstümliche Anwendung der einheimischen Arznei-
pflanzen.** Von Medizinalrat **G. Arends,** Chemnitz. Z w e i t e, vermehrte
und verbesserte Auflage. VIII, 90 Seiten. 1925. RM 2.40

**Kleines Praktikum der Vegetationskunde.** Von Dr. **Friedrich Mark-
graf,** Assistent am Botanischen Museum Berlin-Dahlem. (Bd. IV der „Biologischen Studienbücher".) Mit 31 Abbildungen. VI, 64 Seiten. 1926.
RM 4.20; gebunden RM 5.40

**Pflanzensoziologie.** Grundzüge der Vegetationskunde. Von Dozent Dr.
**J. Braun-Blanquet,** Montpellier. (Bd. VII der „Biologischen Studienbücher".)
Mit 168 Abbildungen. X, 330 Seiten. 1928. RM 18.—; gebunden RM 19.40

**Biologie der Blütenpflanzen.** Eine Einführung an der Hand mikroskopischer Übungen. Von Prof. Dr. **Walther Schoenichen.** (Bd. II der „Biologischen Studienbücher".) Mit 306 Originalabbildungen. 216 Seiten.
1924. RM 6.60; gebunden RM 8.—

**Volkstümliche Namen der Arzneimittel, Drogen, Heilkräuter
und Chemikalien.** Eine Sammlung der im Volksmunde gebräuchlichen
Benennungen und Handelsbezeichnungen. Von Medizinalrat **G. Arends,**
Chemnitz. E l f t e, verbesserte und vermehrte Auflage. IV, 298 Seiten.
1930. Gebunden RM 8.—

**Die Tierwelt in Heilkunde und Drogenkunde.** Von Dr. **Hjal-
mar Broch,** Dozent für Zoologie an der Universität Oslo. Übersetzt aus
dem Norwegischen. Mit 30 Abbildungen. 90 Seiten. 1925. RM 3.90